谨以此书

献给

业师林辰①先生九十寿辰

业师江泽坚②先生八十五寿辰

---

① 林辰．福建师范大学数学系教授，原系主任，福建省数学会原理事长．

② 李荣华、孙善利撰写：江泽坚．中国现代数学家传（第四卷）：323～338．江苏教育出版社．2000 年．

《现代数学基础丛书》编委会

现代数学基础丛书·典藏版 79

巴拿赫空间结构和算子理想

钟怀杰 著

科学出版社

北京

内 容 简 介

本书是数学专业泛函分析中 Banach 空间和算子理论有机结合研究的尝试. 全书分为 7 章, 在了解经典 Banach 空间结构, 了解算子理想丰富种类的基础上, 通过对黎斯算子类的专门探讨, 反映较之于 Hilbert 空间算子理论、一般 Banach 空间算子理论的特殊性. 全书的后 2 章集中地对 Banach 空间结构理论的国际前沿——Gowers-Maurey 系列成果进行介绍, 进而初步探索 Banach 空间上算子代数 K 理论的新格局.

本书适合于泛函分析专业的研究生、高年级大学生以及数学工作者用作教材或参考书. 对于希望了解和欣赏 Gowers W. T. 获 (1998′柏林) 菲尔兹奖的主要工作成就的数学爱好者也有一定参考价值.

图书在版编目(CIP)数据

巴拿赫空间结构和算子理想/钟怀杰著. —北京: 科学出版社, 2005
(现代数学基础丛书·典藏版; 79)
ISBN 978-7-03-014484-3

Ⅰ.B… Ⅱ.钟… Ⅲ.巴拿赫空间-线性算子理论 Ⅳ.O177.2

中国版本图书馆 CIP 数据核字(2004)第116154号

责任编辑: 胡 凯 陈玉琢 / 责任校对: 刘小梅
责任印制: 徐晓晨 / 封面设计: 王 浩

科 学 出 版 社 出版
北京东黄城根北街 16 号
邮政编码: 100717
http://www.sciencep.com

北京厚诚则铭印刷科技有限公司 印刷

科学出版社发行 各地新华书店经销

*

2005 年 3 月第 一 版 开本: B5(720×1000)
2015 年 7 月 印 刷 印张: 19 3/4
字数: 360 000

定价: 118.00 元

(如有印装质量问题, 我社负责调换)

《现代数学基础丛书》序

对于数学研究与培养青年数学人才而言，书籍与期刊起着特殊重要的作用．许多成就卓越的数学家在青年时代都曾钻研或参考过一些优秀书籍，从中汲取营养，获得教益．

20 世纪 70 年代后期，我国的数学研究与数学书刊的出版由于文化大革命的浩劫已经破坏与中断了十余年，而在这期间国际上数学研究却在迅猛地发展着．1978 年以后，我国青年学子重新获得了学习、钻研与深造的机会．当时他们的参考书籍大多还是 50 年代甚至更早期的著述．据此，科学出版社陆续推出了多套数学丛书，其中《纯粹数学与应用数学专著》丛书与《现代数学基础丛书》更为突出，前者出版约 40 卷，后者则逾 80 卷．它们质量甚高，影响颇大，对我国数学研究、交流与人才培养发挥了显著效用．

《现代数学基础丛书》的宗旨是面向大学数学专业的高年级学生、研究生以及青年学者，针对一些重要的数学领域与研究方向，作较系统的介绍．既注意该领域的基础知识，又反映其新发展，力求深入浅出，简明扼要，注重创新．

近年来，数学在各门科学、高新技术、经济、管理等方面取得了更加广泛与深入的应用，还形成了一些交叉学科．我们希望这套丛书的内容由基础数学拓展到应用数学、计算数学以及数学交叉学科的各个领域．

这套丛书得到了许多数学家长期的大力支持，编辑人员也为其付出了艰辛的劳动．它获得了广大读者的喜爱．我们诚挚地希望大家更加关心与支持它的发展，使它越办越好，为我国数学研究与教育水平的进一步提高作出贡献．

2003 年 8 月

前　　言

泛函分析是一门很优美的数学，它的高度概括性、应用的广泛性以及表述的严谨与简洁性，常能激发善学者的赞美和喜悦（徐利治先生语）. 80 年前这门学科的形成与发展，创下过一段与量子力学发展交相辉映的科学发展史佳话. 如今，以研究无限维空间分析结构为基本使命的这门学科，不仅作为现代数学大厦的基础之一，而且也正悄然地顺应着自然科学众多分支的新理论构建趋势. 例如，现代物理学正在孕育的新统一论的核心——超弦理论的研究就已经应用到 36 维空间结构.

以 Gowers W. T. 获（1998′柏林）菲尔兹奖为亮点，Gowers-Maurey 系列成果标志着 Banach 空间结构研究取得重大突破和重要进展，确实让人领略到空间结构的奇珍异彩和无限风光：20 世纪 60～70 年代，Tsirelson 空间的问世，实现了空间理论研究的第一次飞跃，人们终于否定了 Banach 1932 年提出的“每个无限维 Banach 空间总含有经典序列空间 c_0 或 l_p”的猜测；而到了 90 年代，Gowers W. T. 和 Maurey B. 综合应用组合数学工具、算子代数和 K 理论思想，构造出第一例遗传不可分解的 Banach 空间，彻底否定 Banach-Mazur 时代“无条件基序列普遍存在”的猜测，随之如多米诺骨牌效应般的 G-M 系列成果可谓一夜春风来，万树梨花开，令人目不暇接：超平面问题被否定解答了，三分枝问题被否定解答了，非平凡的素空间被构造出来了，齐性 Banach 空间问题被肯定解答了，Schroeder-Bernstein 问题被彻底否定解答了（见本书第 6 章）……G-M 系列成果称为 Banach 空间结构研究的第二次飞跃，不仅在于使人们大开眼界，发现 Banach 空间这一家族的后花园里竟然还有如此之多的奇葩异草，不仅在于量变，更在于质变——观念的转变、工具的更新、思维的创造.

本书写作的初衷是结合本人的工作，通过介绍 G-M 系列成果，介绍结合算子理论研究空间结构的盎然兴味和现实意义. 空间与算子的结合，研究二者之间互相联系、互相作用、互相制约的内在规律性，说来玄乎，究其实不过是返璞归真，唯因分工日益细密、微观与宏观毕竟视野不同而已.

G-M 系列成果研究的近几年新动向使本书的初衷得以深化：不仅要研究空间结构与算子构成的互动作用，还应该深入到空间结构——算子构成——空间上算子代数 K 群结构三级互动作用. Gowers-Zsak 构想：对预先给定的两个交换群 G 和 H，构造一个 Banach 空间 X，使其上算子代数 $B(X)$ 的 K 群正好是 $K_0(B(X))=G, K_1(B(X))=H$. 这种实现二级回跳的大胆设想乍听起来，匪夷所思．惟其如此，本书增加了原写作提纲所没有的第 7 章：Banach 空间上算子代数 K 理论．

本书的前三章是 Banach 空间结构和算子理论的基础．江泽坚先生和马吉溥老师向来谆谆教诲笔者：新思想往往有源头活水，是从经典分析的思想中孕育、渊源造化出的．正如有关 BIR 算子（也称强不可约算子）的工作得到国际算子理论界承认与关注一样，实际上正是江先生毕生"寻求 Jordan 块在无限维空间的恰当替代物"思想的努力实践．在介绍经典 Banach 空间结构方面，我们突出了可补子空间问题的探讨，因为我们认为这正是一般 Banach 空间结构区别于 Hilbert 空间结构的本质所在，以至于导致了算子代数 K 理论研究的困难与特色——惟其困难，方显特色．前三章的阅读需要以泛函分析入门知识为前提，这方面的国际公认优秀教材，Johnson W. B. 和 Lindenstrauss J. 新近编辑的文献［7］的开篇中有很精要的开列介绍，其实国内这方面的优秀教材比比皆是，如文献［88］,［14］,［5］和［6］等．正在选修泛函分析，"成熟"（套用文献［7］的用语）的大学生阅读本书前三章是没有困难的．

第 4 章本应分列为广义算子理想和空间理想两章．我们的观点是：Banach 空间结构的差异，应该并且可能通过算子理想的研究表现和反映．最经典的例证就是自反空间类与弱紧算子理想的互动决定特征（见本书的命题 4.2.11 和 4.2.12)．Johnson 和 Lindenstrauss 也强调空间理论研究离不开最常见的几类算子：紧算子、弱紧算子、严格奇异算子、绝对可和算子等．恰好它们都是广义算子理想，于是 Pietsch A．的专著《算子理想》自然被我们认定是研究空间结构与算子结构联系理论体系成熟的标志．本章除了后三节与我们的工作诸多结合外，前三节基本上是该专著的入门介绍．

第 5 章是作者博士学位论文的内容，得到过业师江泽坚和林辰两位老师的悉心指导．由于是专题研究，独立性较强，除黎斯算子概念外，其主要内容与全书其余章节没有太多联系．反之，由于黎斯算子的 West 分解问题至今没有圆满解决，对有志于深入研究者，建议循序渐进地阅读本书参考文献［41］,［144］,［147］,［73］和［148］等，而后再读本章．较之于 Hilbert 空间算子理论，一般 Banach 空间算子理论，尤其算子谱理论，本章反映了丰富多彩但难臻体系完美的两重性．

第 6 章可谓是 Gowers 获菲尔兹奖的工作介绍．由于偏重于可读性，兼之原文原著的许多构造性论证本来就极为复杂，多描述性语言，少公式推证，有意于深入研究者，也需结合原始资料阅读．尤其按算子构成的预先设计，构造Banach 空间的 G-M 基本定理，建议阅读其原文出处[48]．

第 7 章的原始材料基本上由 Gowers 在剑桥大学主持的 Banach 代数 K 理论讨论班的书面提纲、Laustsen 的文献［216］，Zsak 的文献［217］和我们的文献

[240] 等新文献组成．相关问题的讨论未必成熟，仅供参考．

总之，上述说明告诉读者，如果已经对经典 Banach 空间基本结构和算子理论基本概念有一定了解，阅读本书时完全可以分别直接地进入本书的相对独立的三个部分：A．广义算子理想和空间理想（第 4 章）；B．黎斯算子（第 5 章）；C．G-M 成果与 K 理论（第 6 章和第 7 章）．

本书的问世得到了国内泛函界许多学长的热心支持和帮助，谨此向李炳仁、吴从炘、马吉溥、刘培德、蒋春澜、定光桂、赵俊峰等老师致以诚挚的谢忱；步尚全和程立新两位学兄为 G-M 成果的国际前沿动向提供过宝贵讯息和资料、参与过与笔者的交流，也一并深表致谢；福建师范大学泛函分析专业的师生们为本书的录入与校对等繁冗工作付出了辛劳，尤其感谢博士生苏维钢副教授，研究生林鸿钊、林丽琼、张云南、江樵芬和陈晓玲的全过程帮助；本书得到“福建师范大学陈德仁育才基金”部分资助，在此一并表示感谢．

本书是在作者为研究生开设同名课程讲义的基础上形成的．囿于作者的学识视野和水平，尤其是对 G-M 成果理解尚属肤浅，K 理论知识更是在江泽坚先生、林辰先生的关心和帮助下蹒跚起步，错讹疏漏、内容编排方面等不周之虞想必多多，诚望同行学长和诸位读者不吝指正（可来函或发 E-mail: zhonghuaijie@sina.com）．

于福建师范大学数学系

2004 年 7 月

凡　　例

本书在可数的情况下，一般地以 $\sum$, $[\,]$, span，代替 $\sum_{n=1}^{\infty}$，$[\,]_{n=1}^{\infty}$，$\mathrm{span}_{n=1}^{\infty}$.

$\mathbf{N}$ 表示自然数集，$\mathbf{Z}$ 表示整数集，$\mathbf{Q}$ 表示有理数集，$\mathbf{R}$ 表示实数集，$\mathbf{C}$ 表示复数集.

c_0，l_p，$L_p[0,1]$，$L_p(\mu)(1\leqslant p\leqslant\infty)$，$C[0,1], C(K)$ 其中 K 为紧的 Hausdorff 空间.

$\overline{A}$ 是 A 的范数闭包，$\overline{A}^{w}$ 是 A 的 w 闭包，$\overline{A}^{w^*}$ 是 A 的 w^* 闭包.

$B_X=\{x\in X:\|x\|\geqslant 1\}, U_X=\{x\in X:\|x\|<1\}, S_X=\{x\in X:\|x\|=1\}$.

$\mathrm{co}A$：A 的凸包，$\overline{\mathrm{co}}A$：A 的闭凸包.

$\mathrm{aco}A$：A 的绝对凸包，$\overline{\mathrm{aco}}A$：A 的闭绝对凸包.

$\dim X$：X 的维数，$\mathrm{codim}X$：X 的亏维.

$d(x,A)=\inf\{\|x-y\|:\ y\in A\}$.

$M^0=\{x^*\in X^*:\ x^*(y)=0,$任意 $y\in M\}$，$M\subseteq X$.

${}^0M=\{x\in X:\ y^*(x)=0,$任意 $y^*\in M\}$，$M\subseteq X^*$.

$N(T)=\ker(T)=\{x\in X:\ Tx=0\}, T\in B(X,Y)$.

$R(T)=\mathrm{Im}(T)=\{y\in Y:\ y=Tx,$ 对某个 $x\in X\}, T\in B(X,Y)$.

$\mathrm{span}\{x_n\}_{n=1}^{m}$ 是 $\{x_n\}_{n=1}^{m}$ 张成的子空间 (类似地有 $\mathrm{span}(A)$).

$\overline{\mathrm{span}}\{x_n\}_{n=1}^{\infty}=[x_n]_{n=1}^{\infty}$ 是 $\{x_n\}_{n=1}^{\infty}$ 张成的闭子空间，类似地有 $\overline{\mathrm{span}}(A)$.

$\mathrm{Sub}(X)$：X 的所有（无限维闭）子空间的集合.

投影 $P{:}X\longrightarrow Y$ 是有界线性算子，$P^2=P, PX=Y$.

可补：存在投影 $P:X\longrightarrow Y, Y\subseteq X$.

1 可补：存在投影 $P:X\longrightarrow Y, \|P\|=1$.

c 可补：存在投影 $P:X\longrightarrow Y, \|P\|\leqslant c$.

$X\approx Y$：X 与 Y 同构，即线性同构且范数拓扑同胚.

$d(X,Y)=\inf\{\|T\|\cdot\|T^{-1}\|:\ T$ 是 X 到 Y 上的线性同构 $\}$.

$X\overset{a}{\approx}Y$(即 X 与 Y a 同构): X 与 Y 同构且有同构映射 T 满足 $\|T\|\cdot\|T^{-1}\|\leqslant a$.

$X\cong Y$：X 与 Y 等距同构.

$X\not\approx Y$: 不同构.

$X\overset{\lambda}{<}Y$：对 X 的每个有限维子空间 X_n，存在 Y 的有限维子空间 Y_n，使 $d(X_n,Y_n)<1+\lambda$.

$X\leftrightarrow Y$：X 与 Y 不可比.

$X\overset{co}{\leftrightarrow}Y$：$X$ 与 Y 余不可比.

$X \overset{ess}{\leftrightarrow} Y$：$X$ 与 Y 本性不可比.

$X \times Y$：X 与 Y 的乘积空间.

$X \bigoplus Y$：X 与 Y 的拓扑直和.

$X \perp Y$：一个空间的两个子空间 X 与 Y 互相垂直.

$X = X_1 \bigvee X_2$：X 的两个子空间 X_1 与 X_2 合成了 X.

$X \overset{c}{\subseteq} Y$：$X$ 是 Y 的可补子空间.

$X \hookrightarrow Y$：$\exists Z \subseteq Y$ 使 $Z \approx X$.

$X \overset{c}{\hookrightarrow} Y$：$\exists$ 可补子空间 $Z \subseteq Y$ 使 $Z \approx X$(特别地，在第四章中用 $X \prec Y$ 表示).

$X \overset{1+\varepsilon}{\hookrightarrow} Y$: 存在 $Z \subseteq Y$ 使 $Z \approx X$ 且 $d(X, Z) \leq 1 + \varepsilon$.

$X \not\hookrightarrow Y$：X 不可嵌入 Y.

X/Y：商空间.

$(\sum_{n=1}^{\infty} \bigoplus X_n)_p = \{(x_n)_{n=1}^{\infty}：x_n \in X_n, (\sum_{n=1}^{\infty} \| x_n \|^p)^{\frac{1}{p}} < \infty\}, 1 \leqslant p < \infty$.

$(\sum_{n=1}^{\infty} \bigoplus X_n)_\infty = \{(x_n)_{n=1}^{\infty}：x_n \in X_n, \sup_n \| x_n \| < \infty\}$.

$\subseteq$: 包含.

$B(X, Y) = \{T : X \to Y$ 是有界线性算子 $\}$.

$DP(X, Y) = \{T \in B(X, Y) : T$ 把 X 中的 w 紧集映为 Y 中的范数相对紧集 $\}$.

$F(X, Y) = \{T \in B(X, Y) : T$ 是有限秩算子 $\}$.

$K(X, Y) = \{T \in B(X, Y) : T$ 是紧算子 $\}$.

$J(X)$：非本性算子理想 (也称根算子理想).

$R(X)$：黎斯算子类.

$S(X, Y) = \{T \in B(X, Y) : T$ 是严格奇异算子 $\}$.

$SC(X, Y) = \{T \in B(X, Y) : T$ 是严格余奇异算子 $\}$.

$WK(X, Y) = \{T \in B(X, Y) : T$ 是 w 紧算子 $\}$.

$\Phi_-(X, Y) = \{T \in B(X, Y) : R(T)$ 闭，$\dim N(T) < \infty\}$.

$\Phi_+(X, Y) = \{T \in B(X, Y) : R(T)$ 闭，$\operatorname{codim} R(T) < \infty\}$.

$\Phi(X, Y) = \Phi_-(X, Y) \bigcap \Phi_+(X, Y)$.

$\Phi(T) = \{\lambda : \lambda I - T \in \Phi(X)\}$.

J_X：$X \to X^{**}$ 是典则嵌入映射.

$T|_M$: T 在子空间 M 上的限制.

$T \smile K$：T 与 K 可交换.

T_M：由 T 在商空间 X/M 上诱导的商映射.

本书以空心的大写英文字母表示广义算子理想，包括可以成为广义算子理想的算子理想，特别的有

$\mathbb{F}$：有限秩算子理想.

$\overline{\mathbb{F}}$：逼近算子理想.

$\mathbb{K}$：紧算子理想.

$\mathbb{W}$：弱紧算子理想.

$\mathbb{V}$：完全连续算子理想.

$\mathbb{U}$：无条件收敛算子理想.

$\mathbb{X}$：可分算子理想.

$\mathbb{S}$：严格奇异算子理想.

$\mathbb{SC}$：严格余奇异算子理想.

$\mathbb{R}_o$: Rosenthal 算子理想.

$\mathbb{A}^n$：算子理想 $\mathbb{A}$ 的 n 次幂.

$(\mathbb{A},\mathbb{B})$: $(\mathbb{A},\mathbb{B})$ 型算子理想.

$\mathbb{A}\circ\mathbb{B}$: 算子理想 $\mathbb{A}$ 和 $\mathbb{B}$ 的乘积.

$\mathbb{A}^{-1}\circ\mathbb{B}(\mathbb{A}\circ\mathbb{B}^{-1})$: 算子理想 $\mathbb{A}$ 和 $\mathbb{B}$ 的左 (右) 商.

$O_P(\mathcal{A})$：所有可 $\mathcal{A}$ 分解的算子集合 ($\mathcal{A}$ 为某空间理想).

本书以花体的大写英文字母表示空间类以及空间理想，特别地有

$\mathcal{F}$：有限维 Banach 空间理想.

$\mathcal{W}$: 自反空间理想.

$\mathcal{V}$：有 Schur 性质的 Banach 空间理想.

$\mathcal{U}$：有 Pelczynski 性质的 Banach 空间理想.

$\mathcal{X}$：可分空间理想.

Space($\mathbb{A}$) = {Banach 空间 X: 恒等算子 $I_X\in\mathbb{A}$}($\mathbb{A}$ 为某算子理想).

$\sigma(T)$：T 的谱点集；$\rho(T)=\mathbf{C}\backslash\sigma(T)$：$T$ 的正则点集.

$a(T)$=dim $N(T)$, $b(T)$=codim$R(T)$.

$a(T_\lambda)$=dim $N(\lambda I-T)$, $b(T_\lambda)$=codim$R(\lambda I-T)$.

ind(T)(或 $i(T)$) $=a(T)-b(T)$: T 的 Fredholm 指标.

$\alpha(T)$：T 的升指数；$\beta(T)$：T 的降指数.

$\alpha(T_\lambda)$：$\lambda I-T$ 的升指数；$\beta(T_\lambda)$：$\lambda I-T$ 的降指数.

$C(X)=B(X)/K(X)$: Calkin 代数.

$e_1 \bigoplus e_2$: Banach 代数中元素 e_1 与 e_2 的直和.

$x \perp y$: Banach 代数中幂等元 x 与 y 是正交的.

$G(A)$: Banach 代数 A 中的可逆元群.

$A^+ = A \bigoplus \mathbf{C}$.

$y \leqslant x$: x, y 为 Banach 代数中幂等元，满足关系 $xy = yx = y$.

$G_n^0(A)$: $G_n(A)$ 的主分量.

$G^0(A)$： $G_\infty(A) = \bigcup_{n=1}^\infty G_n(A)$ 的主分量.

$\mathrm{Gro}(V)$： 交换半群 V 的 Grothendieck 群.

$K_i(A)$:Banach 代数 A 的 K_i 群， $i = 0, 1, \cdots$

$\sim_a$: Banach 代数中的幂等元代数等价.

$\sim_h$: Banach 代数中的幂等元同伦等价.

$\sim_s$: Banach 代数中的幂等元相似等价.

子空间不作特别声明时，一般指无限维闭线性子空间.

目　录

（销售部电话：010-62136131，编辑部电话：010-62138978-8001）

第 1 章　经典 Banach 空间结构的概述

本书前言中已经提到，对于 Banach 空间这一大家族的认识，经历了两次大的飞跃：从包括 Hilbert 空间在内的 l_p，c_0 等经典 Banach 空间到 Tsirelson 空间，又从 Tsirelson 型空间到 G-M 型空间．尽管如此，经典 Banach 空间的地位和作用，在空间理论研究中仍然在发挥其基本的、参照系的作用，只是研究日益深入，认识日益深刻．本章只是经典 Banach 空间结构的一个提要，多数基础性结果在诸如文献 [1], [2], [3], [4], [5] 和 [6] 等都有详尽系统推导与严格证明，本书从略．提要性地介绍它们，在某种程度上是为全书展开作一铺垫，并提供检索方便．本章选取的要点，基本上参照文献 [7] 的开篇，即 Johnson W. B. 与 Lindenstrauss J. 合作的 " Basic concepts in the geometry of Banach spaces "．众所周知，除了我们熟悉的可分 Hilbert 空间 $l_2 \cong L_2$ 外，序列空间 c_0 和 l_1 的地位和作用特别重要．故本章对它们的结构性质介绍较多． §1.2 关于 c_0 和 §1.3 关于 l_1 的介绍则采用文献 [6] 的体例，先开列要点，后分述．到了 §1.4 关于 l_p， §1.5 关于 l_∞ 和 §1.6 关于 $C(K)$ 空间的结构，由于基本概念已在前两节中展开，就只开列提要，不再分述推证，只对每一结构性质给出证明的出处．

§1.1　Schauder 基和基序列

除了 Schauder 基，有时也会用到 Hamel 基 (线性基) 和 M 基 (Markuševič 基) 概念，例如前者被用以证明每个无限维 Banach 空间中都有不连续的线性泛函；后者则是研究 AP(逼近性质) 的有力工具，因为每个可分 Banach 空间都有 M 基．我们在第 6 章还用它来刻画遗传不可分解空间的特征 (见定义 6.1.36 和定理 6.1.39).

当然，最重要的还是 Schauder 基. Johnson 和 Lindenstrauss 在文献 [7] 的开篇称之为是研究 Banach 空间性质的非常有力的工具.

定义 1.1.1　设 X 是 Banach 空间， $\{x_n\}_{n=1}^\infty$ 是 X 中的一个序列．若对 X 的每个元，存在唯一数列 $\{a_n\}_{n=1}^\infty$，使 $x=\sum_{n=1}^\infty a_n x_n$，其中级数按范数收敛，则称 $\{x_n\}$ 为 X 的一个 Schauder 基 (简称为基), 而 X 称为具 Schauder 基 (简称具基) 的 Banach 空间， a_n 称为 x 关于基 $\{x_n\}$ 的第 n 个坐标． X 的一个序列 $\{x_n\}_{n=1}^\infty$ 称为 X 的基序列，如果 $\{x_n\}$ 是它的闭线性张 $[x_i]_{i=1}^\infty$ 的基.

在一个具基 $\{x_n\}$ 的 Banach 空间 X 中，如果把每个

$$x=\sum_{n=1}^{\infty} a_n x_n \in X$$

与相应惟一确定的数列 $\{a_n\}_{n=1}^{\infty}$ 看作一样的话，那么，X 可考虑为一个序列空间. 因此，一旦 Banach 空间 X 具有基的话，那么就可较“直观地”进行讨论.

设 $\{x_n\}_{n=1}^{\infty}$ 是 X 的基，对每个 $x=\sum_{n=1}^{\infty}a_nx_n\in X$, 令

$$|||\, x \,||| = \sup_n \| \sum_{k=1}^{n} a_k x_k \|,$$

显然 $|||\cdot|||$ 是 X 上一个范数, 且 $\| x \| \leqslant ||| x |||$, 任意 $x\in X$. 容易证明 $(X, |||\cdot|||)$ 是完备的 (实际上可仿照 l_p 是完备的进行证明). 由 Banach 逆算子定理即知 $\|\cdot\|$ 与 $|||\cdot|||$ 等价.

于是，我们有

命题 1.1.2 设 $\{x_n\}_{n=1}^{\infty}$ 是 Banach 空间 X 的基, 令 $P_n: X\to X$, $P_n(\sum_{k=1}^{\infty}a_kx_k) = \sum_{k=1}^{n}a_kx_k$, 则 P_n 是投影，且

$$\sup_n \| P_n \| < +\infty.$$

定义 1.1.3 命题 1.1.2 中的 $(P_n)_{n=1}^{\infty}$ 称为关于基 $\{x_n\}_{n=1}^{\infty}$ 的自然投影. $\sup\limits_n \| P_n \|$ 称为 $\{x_n\}_{n=1}^{\infty}$ 的基常数，基常数为 1 的基称为单调基.

容易看到，$\{x_n\}_{n=1}^{\infty}$ 关于 $(X, |||\sum_{n=1}^{\infty}a_nx_n||| = \sup\limits_n \|\sum_{i=1}^{n}a_ix_i\|)$ 是单调基. 这表明对任何具基的 Banach 空间可再赋等价范数，使这个基在新范数下是单调基. 由此也可证明 $\{x_n\}_{n=1}^{\infty}$ 相应的坐标泛函 $\{x_n^*\}_{n=1}^{\infty}\subseteq X^*$, 其中

$$x_n^*\left(\sum_{i=1}^{\infty}a_ix_i\right) = a_n, \text{任意} \sum_{i=1}^{\infty}a_ix_i\in X.$$

如下判断基的准则是常用的.

命题 1.1.4(基判定准则) 设 $\{x_n\}_{n=1}^{\infty}\subseteq X$, 则 $\{x_n\}_{n=1}^{\infty}$ 是 X 的基当且仅当 $\{x_n\}_{n=1}^{\infty}$ 满足下列条件:

(1) $x_n\neq 0$, 任意 n;

(2) 存在常数 K, 使对任何数列 $\{a_i\}_{i=1}^{\infty}, n<m$, 有

$$\| \sum_{i=1}^{n}a_ix_i \| \leqslant K \| \sum_{i=1}^{m}a_ix_i \|;$$

(3) $[x_i]_{i=1}^{\infty} = X$.

命题中的 (1) 与 (2) 则是 (x_n) 成为基序列的条件.

称基 (x_n) 是规范化的，如果 $\| x_n \| = 1 (n=1,2,\cdots)$; 称基 (x_n) 是半规范的，如果存在 $0<c_1<c_2$, $c_1\leqslant\| x_n \|\leqslant c_2 (n=1,2,\cdots)$. 在大多数情况下，我们只需要研讨规范或半规范基 (基序列).

命题 1.1.5 每个无限维 Banach 空间包含一个基序列.

这个定理的证明基于下面的 Mazur 引理.

引理 1.1.6(Mazur) 设 X 是无限维 Banach 空间, B 是 X 的有限维子空间, $\epsilon > 0$, 则存在 $x \in S_X$, 使

$$\| y \| \leqslant (1+\epsilon) \| y+\lambda x \|, \text{任意} y \in B, \text{数}\lambda.$$

证 不妨设 $\epsilon < 1$. 令 $\{y_i\}_{i=1}^m$ 是 S_B 的 $\frac{\epsilon}{2}$ 网, 选

$$\{y_i^*\}_{i=1}^m \subseteq S_{X^*},$$

使 $y_i^*(y_i) = 1, 1 \leqslant i \leqslant m$. 由于 X 是无限维 Banach 空间, 故存在 $x_0 \in S_X \bigcap (\bigcap_{i=1}^m {}^0 y_i^*)$. 对任意 $y \in S_B$, 存在 $y_i, 1 \leqslant i \leqslant m$, 使

$$\| y_i - y \| \leqslant \frac{\epsilon}{2}.$$

则对任何数 λ

$$\begin{aligned} \| y+\lambda x_0 \| &\geqslant \| y_i+\lambda x_0 \| - \| y_i - y \| \geqslant \| y_i+\lambda x_0 \| - \frac{\epsilon}{2} \\ &\geqslant y_i^*(y_i+\lambda x_0) - \frac{\epsilon}{2} = 1 - \frac{\epsilon}{2} \geqslant \frac{1}{1+\epsilon} \| y \|, \end{aligned}$$

从而

$$\| y \| \leqslant (1+\epsilon) \| y+\lambda x_0 \|, \text{任意} y \in B, \text{数}\lambda.$$

证毕.

命题 1.1.5 的证明 令 $\epsilon > 0$, 取 $\{\epsilon_n\}_{n=1}^\infty$, 使 $\epsilon_n > 0$ 且

$$\prod_{n=1}^\infty (1+\epsilon_n) < 1+\epsilon.$$

令 $x_1 \in S_X$, 由引理 1.1.6 可归纳构造 $\{x_n\}_{n=1}^\infty \subseteq S_X$, 使得对每个 n,

$$\| y \| \leqslant (1+\epsilon_n) \| y+\lambda x_n \|, \text{任意} y \in [x_i]_{i=1}^{n-1}, \text{数}\lambda.$$

易见 $\{x_n\}_{n=1}^\infty$ 是基序列, 特别地, $\{x_n\}_{n=1}^\infty$ 的基常数 $\leqslant 1+\epsilon$. 证毕.

注 1.1.7 Mazur 引理富于应用潜力. 我们很重视由 Mazur 引理导出的一个适用于一般 Banach 空间的, 所谓"有限维空间总可以几乎好可补"的事实: 任给一个 n 维子空间 $X_n \subseteq X$, 任给 $\epsilon > 0$, 总存在一个亏维有限的闭子空间 $X_0(\dim(X/X_0) < \infty)$, 使得 $X_n \subseteq X_0$, 且 X_n 在 X_0 是 $(1+\epsilon)$ 可补的, 即存在 X_0 到 X_n 上的连续线

性投影 P_n, 使得 $\| P_n \| < 1+\epsilon$(参见文献 [48] 的 ch.III, 引理 1.1). 我们在 §2.2 还要用它来进行不可补子空间普遍存在的一种构造.

除了 Mazur 引理, 命题 1.1.5 的证明技巧处就是应用一个无穷乘积实现叠加效果来构造基序列. 这也是基理论中的常用技法之一. 如下著名的、非常有用的 B-P 基序列选择原理, 也是用这种无穷乘积技法.

命题 1.1.8(Bessaga-Pelczynski 基序列选择原理) 如果 $(x_n) \subseteq X$, x_n 弱收敛于零, 但不范数收敛于零, 则对每个 $\epsilon > 0$, 可选取子列 $(x_{n_i}) \subseteq (x_n)$, 使 (x_{n_i}) 是一个有基常数小于 $1+\epsilon$ 的基序列.

下面引入基 (基序列) 等价的概念.

定义 1.1.9 设 (x_n) 和 (y_n) 分别是 Banach 空间 X 和 Y 的基, 称它们是等价的, 如果对每一数列 (a_n), 级数 $\sum a_n x_n$(按范数) 收敛当且仅当级数 $\sum a_n y_n$ 收敛.

注 1.1.10 由闭图像定理, 易知由 $Tx_n = y_n$ 决定的算子, 在 (x_n) 与 (y_n) 等价的设定下, 实现了 $X \approx Y$.

现在可以叙述非常有用的基 (基序列) 摄动原理了.

命题 1.1.11(基序列摄动原理) 设 (x_n) 是 Banach 空间 X 的基序列, 如果 $(y_n) \subseteq X$, 满足

$$\sum \frac{\| x_n - y_n \|}{\| x_n \|} < \frac{1}{2k},$$

其中 k 是 (x_n) 的基常数, 则 (y_n) 也是基序列, 且与 (x_n) 等价.

命题 1.1.12(可补基序列摄动原理) 设 (x_n) 是 Banach 空间 X 的可补基序列, 即有连续线性投影 $P: X \to [x_n]$, 如果 $(y_n) \subseteq X$ 满足

$$\sum \frac{\| x_n - y_n \|}{\| x_n \|} < \frac{1}{8k \| P \|},$$

则不仅 (y_n) 与 (x_n) 是等价的基序列, 且 $[y_n]$ 在 X 中也可补.

正如 Johnson 和 Lindenstrauss 在文献 [7] 的开篇中所述, 基序列的摄动原理的第一个应用就是如下 (在有基空间中) 比命题 1.1.5 更强的结果.

命题 1.1.13 设 $\{x_n\}_{n=1}^{\infty}$ 是 Banach 空间 X 的基, Y 是 X 的一个无限维子空间, 则存在 Y 的一个子空间 Z, 具有一个基与 $\{x_n\}_{n=1}^{\infty}$ 的某个块基 $\{y_n\}$ 等价. 并且同构算子 $T: [y_n] \to Z$ 还可以延拓为 $T_1: X \to Z$.

基序列摄动原理的第二个应用如下.

命题 1.1.14 (1) 设 $(x_n) \subseteq X$ 和 $(y_n) \subseteq Y$ 分别是两个 Banach 空间中的基, T 是由子空间 $X_0 \subseteq X$ 到 Y 中的有界线性算子, 但 T 不是紧算子, 则存在 X 上的自同构 U 和 Y 上的自同构 V,(x_n) 的规范块基 (z_n), $z_n \in U^{-1}X_0$, 使得 $(VTUz_n)$ 是 (y_n) 的半规范块基序列.

(2) 对 $1 \leqslant p < r < \infty$, 总有 $B(l_r, l_p) = K(l_r, l_p)$, 特别地，当 $1 \leqslant p \neq r < \infty$ 时，空间 l_p 与 l_r 是不可比的 (即没有同构的无限维子空间).

基序列摄动原理的第三个应用就是证明 l_1 的 Schur 性质，甚或更强的结果：l_1 中的每个弱 Cauchy 列是范数收敛列 (从而 l_1 是弱序列完备的). 其叙述的思路远远比通常证明所谓的复杂的“滑背法”简捷得多：如果 $(x_n) \subseteq l_1$ 弱收敛于零，却不范数收敛于零，则由基序列选择与摄动原理，必有子序列 (x_{n_k}), 它等价于 l_1 的自然基的块基，只要承认后者也等价于 l_1 的自然基本身 (见小结 1.3.1 的 (14)), 就得出 l_1 的自然基弱收敛于零的矛盾了.

为了介绍无条件基的概念，需要 Banach 空间中级数无条件收敛的预备知识 (见文献 [1] 或 [5]).

定义 1.1.15　Banach 空间 X 的基 (x_n) 称为是无条件的，如果每个 $x = \sum a_n x_n \in X$, 级数 $\sum a_n x_n$ 都是无条件收敛的.

类似于命题 1.1.13 的进一步加强，对于有无条件基的空间，也有如下关于基序列存在的结果.

命题 1.1.16　设 Y 是有无条件基 (x_n) 的 Banach 空间 X 的一个无限维子空间，则 Y 含有一个无条件基序列.

对无条件基，下面不等式是经常使用的.

命题 1.1.17　设 $\{x_n\}_{n=1}^{\infty}$ 是具无条件基常数为 K 的无条件基序列，则对任何有界数列 $\{\lambda_n\}_{n=1}^{\infty}$ 及 $\sum_{n=1}^{\infty} a_n x_n \in [x_n]_{n=1}^{\infty}$, 有

$$\| \sum_{n=1}^{\infty} \lambda_n a_n x_n \| \leqslant 2K \sup_n | \lambda_n | \cdot \| \sum_{n=1}^{\infty} a_n x_n \| .$$

还有下面两种特殊的基，在空间结构的讨论中经常用到.

定义 1.1.18　(1) 称 Banach 空间 X 的基 (x_n) 是收缩的，如果其相应的双直交泛函列 $(x_n^*) \subseteq X^*$, (x_n^*) 也是 X^* 的基.

(2) 称 Banach 空间 X 的基 (x_n) 是有界完备的, 如果部分和列 $\{\sum_{i=1}^{n} a_i x_i\} \subseteq X$ 是范数有界时必蕴涵级数 $\sum a_n x_n$ 收敛.

空间的自反性有极其多的特征刻画 (见 [5]), 其中之一是如下.

命题 1.1.19　设 X 是有基的 Banach 空间，则 X 自反的充分必要条件是 X 有基既是收缩的，又是有界完备的.

对于有无条件基的 Banach 空间，典型地反映了 c_0 与 l_1 的结构对立性，即有如下.

命题 1.1.20　设 Banach 空间 X 有无条件基，那么

(1) X 有某个 (或每一个基都是) 有界完备基的充分必要条件是 $c_0 \not\hookrightarrow X$.

(2) X 有某个 (或每一个基都是) 收缩基的充分必要条件是 $l_1 \not\hookrightarrow X$.

下面的结果则反映了对有无条件基的 Banach 空间类而言，三分枝原理是成立的.

命题 1.1.21　设 Banach 空间 X 有无条件基，那么 X 自反当且仅当 X 不含 c_0-copy, 且不含 l_1-copy, 当且仅当 X^{**} 可分. 特别地，三分枝原理对有无条件基的 Banach 空间成立：　X 含一个子空间，或自反，或与 c_0 同构，或与 l_1 同构.

下面介绍对称基和次对称基.

定义 1.1.22　Banach 空间 X 的基 $\{x_n\}_{n=1}^{\infty}$ 称为对称基，如果对正整数的任何置换 π, $\{x_{\pi(n)}\}_{n=1}^{\infty} \approx \{x_n\}_{n=1}^{\infty}$.

由于基序列 $\{x_n\}_{n=1}^{\infty}$ 是无条件基序列当且仅当对正整数的任何置换 π, $\{x_{\pi(n)}\}_{n=1}^{\infty}$ 是基序列，即知对称基一定是无条件基.

定义 1.1.23　Banach 空间 X 的基 $\{x_n\}_{n=1}^{\infty}$ 称为次对称基，如果 $\{x_n\}_{n=1}^{\infty}$ 是无条件基，且对正整数的每个增加序列 $\{n_i\}_{i=1}^{\infty}$ 有

$$\{x_{n_i}\}_{i=1}^{\infty} \approx \{x_n\}_{n=1}^{\infty}.$$

可以证明对称基一定是次对称基，也有例子表明反之不然.

让我们以两个有趣的事实结束本节. 第一个为文献 [7] 的开篇所提及，用以说明对称基的普遍性 (prevalent): 任何一个有无条件基的 Banach 空间，都同构于一个有对称基空间的一个可补子空间. 具体地表现为如下.

命题 1.1.24　存在一个 Banach 空间 Y, 它有对称基，也有一个无条件基 (z_n), 使得每个有无条件基的 Banach 空间 X, 其每个无条件基都等价于 (z_n) 的一个子列 (z_{n_i}), 进而 $[z_{n_i}]$ 还在 Y 中可补.

另外一个有趣的事实是：有无条件基的复 Banach 空间，其算子谱的结构是最富足 —— 应有尽有的.

命题 1.1.25　设 X 是一个有无条件基的复的 Banach 空间，则对复平面 $\mathbf{C}$ 中的每个有界闭子集 σ, 都有一个算子 $T \in B(X)$, 使得算子 T 的谱 $\sigma(T) = \sigma$.

证　设 (x_n) 是 X 的无条件基，取 σ 的可数稠子集 $\sigma_0 := \{\lambda_n\}$, 定义 $Tx = \sum \lambda_n a_n x_n$, 对每个 $x = \sum a_n x_n$. 由命题 1.1.17, 即知 $T \in B(X)$, 不难验证 $\sigma(T) = \sigma$.

注 1.1.26　在第 6 章，我们将发现有一个与命题 1.1.25 截然相反的事实，恰好也有一种根本不含无条件基序列的 Banach 空间 —— 遗传不可分解空间，其上每个算子谱是最贫乏的：是至多可数集，且本性谱仅有一点！这里称之为达到贫乏之最，是因为算子谱理论的常识告诉人们，每个无限维复 Banach 空间，都至少有一个紧算子，其谱是一个 (无限) 可数集.

§1.2 序列空间 c_0

1 c_0 的各种性质

我们先列举 c_0 的众多性质，然后择要说明.

小结 1.2.1

(1) 自然基 $\{e_n\}_{n=1}^{\infty}$ 是 c_0 的单调基和收缩基 (见文献 [1] 或 [5]), 其中 $e_n = (\underbrace{0,0,\cdots,1}_{n},0,0,\cdots), n=1,2,\cdots$;

(2) c_0 是可分的 Banach 空间，具有可分空间的共性. 从几何性质看， c_0 自身的凸性很弱，不是严格凸空间，但可赋一等价范数改进其凸性成为弱局部一致凸空间 (见文献 [5] 或 [8]);

(3) c_0 不是共轭空间，即不存在 Banach 空间 X, 使得 $X^* \approx c_0$, 进而 c_0 不能嵌入可分的共轭空间 (推论 1.2.13);

(4) c_0 有子空间 X_0, X_0 没有 AP(逼近性质), 更没有基 (见文献 [1]);

(5) c_0 是素 (prime) 空间 (定义 1.2.30, 命题 1.2.33);

(6) c_0 是可分 $\mathcal{P}_2$ 空间， $WCG\ \mathcal{P}_2$ 空间 (命题 1.2.20, 注 1.2.21(2));

(7) c_0 是等可卡空间 (定义 1.2.22, 命题 1.2.23);

(8) c_0 不具有 KMP, 也不具有 RNP(注 1.2.4, 命题 1.2.7);

(9) c_0 不是弱序列完备的 (命题 1.2.24);

(10) c_0 具有 $wBSP$(命题 1.2.26);

(11) c_0 不是 B 凸空间 (见文献 [6] 的定理 6.1.7);

(12) c_0 是 Asplund 空间 (命题 1.2.35);

(13) 任何紧算子都可通过 c_0 因子分解 (命题 3.2.12);

(14) c_0 是 DP 空间 (定义 1.2.36, 推论 1.2.41);

(15) c_0 没有无限维的自反子空间 (由 (5) 和下面的 (25) 可得出);

(16) c_0 是 LP 空间 (定义 1.2.46, 命题 1.2.47);

(17) c_0 有一个商空间不是 LP 空间 (见文献 [6] 的推论 6.2.6);

(18) c_0 有一个光滑子空间 (见文献 [6] 的推论 6.2.5);

(19) c_0 的每个 (半) 规范无条件基等价于自然基 (见文献 [6] 的定理 6.1.20);

(20) c_0 是 $\mathcal{L}_{1+}^{\infty}$ 空间 (定义 1.2.42, 命题 1.2.43);

(21) 当 $2<p<r<\infty$, 则 $B(c_0,l_p)=\prod_r(c_0,l_p)$, 但 $B(c_0,l_p)\neq\prod_p(c_0,l_p)$(命题 1.2.45(2));

(22) 当 $1\leqslant p\leqslant 2$, 则 $B(c_0,l_p)=\prod_2(c_0,l_p)$(命题 1.2.45(1));

(23) c_0 的每个商空间同构于 c_0 的一个子空间 (见文献 [1] 的 p.107);

(24) c_0 在 l_∞ 中不可补 (命题 1.2.48);

(25) c_0 具有次投影性质 (或者说 c_0 是次投影空间, 简记为 SPP)(定义 1.2.28, 命题 1.2.29);

(26) c_0 不是 Grothendieck 空间 (定义 1.2.49 及其后例子);

(27) c_0 不与 c 等距同构, 但 $c_0^* \cong c^* = l_1$(见文献 [11]pp.241~242);

(28) c_0 在 c 中可补但非 1 可补 (见文献 [12]p.155,5.45 题);

(29) c_0 关于自然基的每个规范块基 $\{u_j\}_{j=1}^{\infty}$ 都与自然基等价, 且 $[u_j]_{j=1}^{\infty}$ 在 c_0 中 1 可补 (命题 1.2.27).

下面让我们择要逐一说明 c_0 的上述各种性质. 由于就我们所知, 迄今为止, 空间理论研究中, KMP 是否等价于 RNP 问题仍没有圆满解决, 故我们先从 c_0 的这方面性质论起.

定义 1.2.2 设 A 是线性空间 X 的一个凸子集, $x \in A$ 称为是 A 的端点, 如果 x 不可能成为 A 中某一线节的内点, 即当有 $y, z \in A$, 使对某 $0 < t < 1, x = ty+(1-t)z$ 时, 必 $y = z = x$. A 的端点组成的集记为 ext A.

著名的 Krein-Milman 定理 (见文献 [5]) 说明, 当 A 是局部凸拓扑线性空间的一个非空紧凸子集时, A 可以表为其端点的闭凸包, 即 $A = \overline{\text{co}}(\text{ext}A)$.

那么, 由于有界闭凸集 (特别地, 单位球) 弱紧是自反空间的一个特征性质, 从而对自反空间而言, 端点闭凸包还可以表示一切有界闭凸子集, 正因如此导入如下

定义 1.2.3 设 X 是 Banach 空间, 如果对每个有界闭凸集 A, 都有 $A = \overline{\text{co}}(\text{ext}A)$, 则称 X 具有 Krein-Milman 性质, 简记为 KMP.

注 1.2.4 容易证明 c_0 的单位球无端点, 即 ext $B_{c_0} = \emptyset$, 故 c_0 无 KMP.

在测度论中,有一个为人熟知的数值测度的 Radon-Nikodym 定理: 假设 (Ω, Σ, μ) 是完备 σ 有限的测度空间, ν 关于 μ 绝对连续, 则存在 Ω 上一个有限可测函数 f, 使得对每个 $e \in \Sigma$, 有

$$\nu(e) = \int_e f d\mu.$$

这是揭示测度与积分关系的漂亮结果 (可见于文献 [13] 或 [14] 的 §3.8), 可以看作是积分的 Newton-Leibniz 公式的推广. 人们希望把它推广到向量测度上, 于是引入

定义 1.2.5 设 X 是 Banach 空间, (Ω, Σ, μ) 是完备的有限测度空间, 如果对每个有界变差且关于 μ 绝对连续的向量测度 $\nu : \Sigma \to X$, 都存在一个 Bochner 可积函数 $f \in B(\Omega, X, \mu)$, 使得对一切 $e \in \Sigma$ 都成立

$$\nu(e) = \int_e f d\mu$$

就称 X 关于 (Ω, Σ, μ) 具有 Radon-Nikodym 性质. 如果关于每一完备的有限测度空间都有 R-N 性质, 就称 X 有 R-N 性质, 简记为 X 有 RNP.

自从 Lindenstrauss 于 1973 年证明 X 有 RNP⇒ X 有 KMP 以来 (见文献 [5]), 人们十分关注如下

问题 1.2.6 是否 Banach 空间的 RNP 与 KMP 等价?

空间的 RNP 研究本身大致可分为算子方向、分析方向、几何方向等, 内涵十分丰富. 我们首先来看正反两例, 恰好可作为 c_0 性质研究的开端.

命题 1.2.7(见文献 [8] 或 [15] 的 §1.4.4) c_0 不具有 RNP.

证 取 $\Omega=[0,1],\Sigma$ 为 $[0,1]$ 中 Lebesgue 可测集全体, m 为 Lebesgue 测度. 定义映射 $F:\Sigma\to c_0$ 为

$$F(E)=\left\{\int_E \sin(2^n\pi t)dm\right\}$$

由 Riemann-Lebesgue 引理确认 $F(E)\in c_0$, 且

$$\|F(E)\|=\sup_n\left|\int_E \sin(2^n\pi t)dm\right|\leqslant m(E)$$

因此, F 是有有界变差的 c_0 值测度, 且关于 m 绝对连续的. 如果存在 Bochner 可积函数 $f:\Omega\to c_0$, 使得 $F(E)=\int_E f(t)dm$, 设 $f(t)=\{f_n(t)\},I_n$ 表示第 n 个坐标值, 则 $I_nF(E)=\int_E I_nf(t)dm=\int_E f_n(t)dm$, 故对几乎所有的 $t,f_n(t)=\sin(2^n\pi t)$, 即 $f(t)\overset{\text{a.e.}}{=}\{\sin(2^n\pi t)\}$. 但如记 $E_n=\{t:\sin(2^n\pi t)>\frac{1}{\sqrt{2}}\}$, 则对一切 $n,m(E_n)=\frac{1}{2}$, 从而

$$m(\lim E_n)\geqslant \lim m(E_n)=\frac{1}{2}$$

所以 $m(\{t:f(t)\in c_0\})\leqslant\frac{1}{2}$, 则 f 并非几乎处处为 c_0 值的, 矛盾. 命题证毕.

注 1.2.8 命题 1.2.7 的结论也可由前述 RNP⇒ KMP, 而已知 c_0 无 KMP 直接得出.

命题 1.2.9(Dunford) 设 Banach 空间 X 有有界完备基, 则 X 有 RNP(见文献 [15] 的 §1.4.4).

推论 1.2.10 由于 $l_p(1\leqslant p<\infty)$ 的自然基 $\{e_n\}$ 是有界完备基, 故 $l_p(1\leqslant p<\infty)$ 有 RNP.

推论 1.2.11 c_0 没有有界完备基.

命题 1.2.12 (1) 设 X 是 Banach 空间, 其共轭空间 X^* 是可分的, 则 X^* 有 RNP;

(2) Banach 空间 X 有 RNP⇒ X 的每个可分闭子空间有 RNP;

(3) (Huff-Morris-Stegall)Banach 空间 X 的共轭空间 X^* 有 RNP⇔ X^* 有 KMP⇔ X 的每个可分闭子空间 M 有可分的共轭空间.

由于命题 1.2.12 的证明涉及 RNP 专论的一些前期深刻结果，需要向量测度的其他知识工具作铺垫，从略．有兴趣的读者请见文献 [16] 的系统论证．

推论 1.2.13 c_0 不可能嵌入一个可分的共轭空间，特别地 c_0 不是共轭空间．

定义 1.2.14 Banach 空间 X 称为 $\mathcal{P}_\lambda$ 空间 $(\lambda \geqslant 1)$, 如果任一含 X 为子空间的 Banach 空间 Z, 都存在投影 $P: Z \to X$, 使得 $\|P\| \leqslant \lambda$.X 是 $\mathcal{P}_\lambda$ 空间时也称 X 是内射空间 (injective).

定义 1.2.15 Banach 空间 X 称为有 λ 延拓性质 $(\lambda \geqslant 1)$, 如果对任何 Banach 空间 Y 及 Y 的任何子空间 Z, 和任一算子 $T \in B(Z, X)$, 都存在 T 的延拓 $\tilde{T} \in B(Y, X)$, 使得 $\|\tilde{T}\| \leqslant \lambda \|T\|$, 见图 1.2.15.

$$\begin{array}{lll} Y & & \\ \bigcup & \searrow \tilde{T} & \\ Z & \xrightarrow{T} & X \end{array}$$

图 1.2.15

从定义可以说，实数空间或复数空间有 1 延拓性质；故空间有延拓性质的概念可视为是泛函保范延拓概念的推广．

命题 1.2.16 Banach 空间 X 是 $\mathcal{P}_\lambda$ 空间当且仅当 X 有 λ 延拓性质．

证 必要性 设 X 是 $\mathcal{P}_\lambda$ 空间，任取 Banach 空间 Y 及 Y 的子空间 Z 和 $T \in B(Z, X)$, 取 $(x_r^*)_{r\in\Gamma} \subseteq S_{X^*}$ (S_{X^*} 表示 X^* 的单位球面，下同), 使

$$\|x\| = \sup\{|x_r^*(x)| : r \in \Gamma\}, \quad 对任一 x \in X.$$

定义 $l_\infty(\Gamma) := \{(a_r)_{r\in\Gamma} : a_r \in \mathbf{R}, \|(a_r)\|_\infty = \sup\limits_r |a_r| < \infty\}$, 且定义算子 $S: X \to l_\infty(\Gamma)$ 为 $Sx = (x_r^*(x))_{r\in\Gamma}$, $x \in X$.

易知 S 是 X 到 $l_\infty(\Gamma)$ 内的线性等距，由于 X 是 $\mathcal{P}_\lambda$ 空间，故存在投影 $P: l_\infty(\Gamma) \to S(X)$, 使 $\|P\| \leqslant \lambda$(即 X 成为 $l_\infty(\Gamma)$ 的 λ 可补子空间).

对每个 $r \in \Gamma, T^*x_r^* \in Z^*$, 由 Hahn-Banach 泛函延拓定理 ,$T^*x_r^*$ 可保范延拓为 $y_r^* \in Y^*$.

令 $\hat{T}_0 : Y \to l_\infty(\Gamma), \hat{T}_0(y) = (y_r^*(y))_{r\in\Gamma}$, 任一 $y \in Y$. 则 $\tilde{T} := S^{-1}P\hat{T}_0 : Y \to X$ 就是 T 的延拓，且 $\|\tilde{T}\| \leqslant \lambda\|T\|$, 即 X 有 λ 延拓性质．

充分性 设 X 有 λ 延拓性质，任取包含 X 为子空间的 Banach 空间 Y, 令 $I: X \to X$ 是恒等算子，则由 X 有 λ 延拓性质，存在 I 的延拓 $\tilde{I} \in B(Y, X)$, 使 $\|\tilde{I}\| \leqslant \lambda$, 则 $\tilde{I}$ 是 Y 到 X 上符合要求的投影．

推论 1.2.17 l_∞ 是 $\mathcal{P}_1$ 空间，即 l_∞ 有 1 延拓性质．

实际上，命题 1.2.16 的证明已蕴涵这一结论：每个 $T : X \to l_\infty$ 可表示为 $Tx = \{x_n^*(x)\}$, 然后用 Hahn-Banach 定理把每个 x_n^* 保范延拓成 $y_n^* \in Y^*$, 得到 $\tilde{T}y = \{y_n^*(y)\}$.

推论 1.2.18 X 是 $\mathcal{P}_\lambda$ 空间当且仅当对任一包含 X 为子空间的 Banach 空间 Y, 任一 Banach 空间 Z, 任一算子 $T\in B(X,Z)$, 都存在 T 的延拓 $\tilde{T}$, 使 $\|\tilde{T}\|\leqslant\lambda\|T\|$.

推论 1.2.18 的证明从略.

注 1.2.19 (1)Nachbin 和 Kelly(在 1952 年) 证明: Banach 空间 X 是 $\mathcal{P}_1$ 空间当且仅当 $X\approx C(\Omega)$, 其中 Ω 是某个 Stone 空间 (也称极端不连通的紧 T_2 空间, 其每个开集的闭包仍为开集)(见文献 [17] 和 [18]). 另外, 对 σ 有限测度空间 $(\Omega,\Sigma,\mu), L_\infty(\mu)$ 是 $\mathcal{P}_1$ 空间 (见文献 [19]p.222).

(2) 可以证明 l_∞ 是 "最小的" 无限维内射空间, 就是说, 每个无限维内射空间都含有 l_∞ 为子空间. 故 c_0 不是内射空间, 但还是有如下:

命题 1.2.20 c_0 是可分 $\mathcal{P}_2$ 空间, 即对每个可分的 Banach 空间 $X\supseteq c_0$, 都有投影 $P:X\to c_0, \|P\|\leqslant 2$.

证 设 X 是一个含 c_0 为子空间的可分 Banach 空间, 由于 $c_0^*=l_1$, 取 l_1 的自然基 $\{e_n^*\}_{n=1}^\infty$, 把每个 e_n^* 保范延拓为 $x_n^*\in X^*$.

先说明若有子列 $x_{n_i}^*\xrightarrow{w^*}x_0^*$, 则 $x_0^*\in(c_0)^0$. 事实上, 由于对每个 $\alpha\in c_0, x_{n_i}^*(\alpha)\to x_0^*(\alpha)$, 故 $e_{n_i}^*(\alpha)\to x_0^*(\alpha)$, 但 $e_{n_i}^*(\alpha)\to 0$, 故 $x_0^*(\alpha)=0$, 即 $x_0^*\in(c_0)^0$.

由于 X 可分, 故 (B_{X^*},w^*) 是可度量化的 (例如, 见文献 [5] 的定理 1.1.4). 设 d 为 (B_{X^*},w^*) 上的平移不变度量, 则 $d(x_n^*,B_{X^*}\bigcap(c_0)^0)\to 0$, 选取 $z_n^*\in B_{X^*}\bigcap(c_0)^0$, 使 $d(x_n^*,z_n^*)\to 0$, 因而 $x_n^*-z_n^*\xrightarrow{w^*}0$. 再令 $Px=((x_n^*-z_n^*)(x))_{n=1}^\infty, x\in X$, 则 $Px\in c_0$, 且对任一 $x_0\in c_0$, 有 $Px_0=x_0$, 因此 P 是 X 到 c_0 上的投影, 且 $\|P\|=\sup\limits_n\|x_n^*-z_n^*\|\leqslant 2$.

注 1.2.21 (1)Zippin(1977) 有更深刻的结果: 每个可分 $\mathcal{P}_2$ 空间 $X\approx c_0$, 见文献 [1].

(2) 利用 WCG 空间 (弱紧生成 Banach 空间的简写) 的一个性质: 如果 WCG 空间 X 含可分空间 Y 为子空间, 则存在 X 的一个可分子空间 Z, 使 $Y\subseteq Z$ 且 Z 在 X 中 1 可补 (见文献 [16]), 立即又可知 c_0 是 WCG $\mathcal{P}_2$ 空间, 即当 $c_0\subseteq X\in$ WCG 时, c_0 在 X 中 2 可补.

(3) 文献 [7] 的 p.22 强调, 对 $\lambda<2, c_0$ 不是 $\mathcal{P}_\lambda$ 空间.

定义 1.2.22 如果 Banach 空间 X 的 n 次乘积空间 $\underbrace{X\times X\times\cdots\times X}_{n}$ 可补地嵌入 X, 简记为 $X^n\overset{c}{\hookrightarrow}X$, 就称 X 是 n 阶可卡的, 特别地, 当 $X^n\approx X$ 时, 就称是 n 阶等可卡的. 当 $n=2$ 时, 又相应地有 X 可卡 (等可卡) 的简称.

命题 1.2.23 经典 Banach 空间 $c_0, l_p, C[0,1]$ 和 $L_p[0,1](1\leqslant p\leqslant\infty)$ 等都是等可卡的.

证 以 c_0 为例, 令 $c_0':=\{(x_n)\in c_0:$ 对每一$n=2k, k\in\mathbf{N}, x_n=0\}$ 和 $c_0'':=\{(x_n)\in c_0:$ 对每一$n=2k-1, k\in\mathbf{N}, x_n=0\}$, 则显然 $c_0=c_0'\bigoplus c_0''$ 且有

$c_0' \approx c_0$ 和 $c_0'' \approx c_0$. 其余各例的证明从略.

命题 1.2.24　c_0 不是弱序列完备的.

证　对 c_0 的自然基 $(e_i)_{i=1}^{\infty}$, 令 $x_n = \sum_{i=1}^{n} e_i$, 则 $(x_n)_{n=1}^{\infty}$ 是 c_0 中的弱 Cauchy 列, 但不弱收敛于 c_0 中元.

定义 1.2.25　Banach 空间 X 称为有 Banach-Saks 性质 (简记为 BSP), 如果对每一列 $(x_n)_{n=1}^{\infty} \subseteq B_X$, 存在 $(x_n)_{n=1}^{\infty}$ 的子列 $(y_n)_{n=1}^{\infty}$, 使 $\left\{\dfrac{1}{n}\sum_{i=1}^{n} y_i\right\}_{n=1}^{\infty}$ 是收敛的; X 称为是有弱 Banach-Saks 性质 (简记为 wBSP), 如果对每一列 $(x_n)_{n=1}^{\infty} \subseteq X, x_n \xrightarrow{w} 0$, 存在子列 $(y_n)_{n=1}^{\infty}$, 使 $\left\|\dfrac{1}{n}\sum_{i=1}^{n} y_i\right\| \longrightarrow 0 (n \longrightarrow \infty)$.

命题 1.2.26　c_0 有 wBSP.

证　设 $(x_n)_{n=1}^{\infty} \subseteq c_0, x_n \xrightarrow{w} 0$, 不妨设 $\|x_n\| \leqslant 1$ $(n \in \mathbf{N})$, 若 $\|x_n\| \to 0$, 则易知可有 $\dfrac{1}{n}\sum_{i=1}^{n} x_i \to 0$. 命题已证, 否则就有子列 (仍记为 (x_n)), 使 $\|x\| \geqslant \epsilon > 0$, 那么由基序列选择原理, 存在 (x_n) 的子列 (仍记为 (x_n)), 使 (x_n) 等价于 c_0 自然基 (e_n) 的一个块基 (u_n), 由于 $\epsilon \leqslant \|x_n\| \leqslant 1$, 故存在 $m, M > 0$, 使

$$m \leqslant \|u_n\| \leqslant M, \quad 对任一 n \in \mathbf{N}.$$

因而 $\left(\dfrac{u_n}{\|u_n\|}\right)_{n=1}^{\infty}$ 是 c_0 的规范化块基, 由下面的命题 1.2.27 知, $\left(\dfrac{u_n}{\|u_n\|}\right) \approx (e_n)$, 从而存在 $k_1, k_2 > 0$, 使

$$k_1 \sup_n |a_n| \leqslant \left\|\sum_{n=1}^{\infty} a_n x_n\right\| \leqslant k_2 \sup_n |a_n|, 对每一 (a_n) \in c_0.$$

现在已证得 $\left\|\sum_{i=1}^{n} x_i\right\| \leqslant k_2$, 对每一 n 成立. 故 $\frac{1}{n}\sum_{i=1}^{n} x_i \to 0$, 即 c_0 有 wBSP.

命题 1.2.27　设 $(u_j)_{j=1}^{\infty}$ 是 c_0 的自然基 $(e_n)_{n=1}^{\infty}$ 的规范化块基, 则

(1) $(u_j)_{j=1}^{\infty}$ 等价于 $(e_n)_{n=1}^{\infty}$, 且 $[u_j]_{j=1}^{\infty} \approx c_0$;

(2) $[u_j]_{j=1}^{\infty}$ 是 c_0 的 1 可补子空间.

证　(1) 设 $u_j = \sum_{i=m_j+1}^{m_{j+1}} \lambda_i e_i$ 且 $\|u_j\| = \max\{|\lambda_i| : m_j + 1 \leqslant i \leqslant m_{j+1}\} = 1, j \in \mathbf{N}$. 那么, 对每一 $(a_j) \in c_0$,

$$\left\|\sum_{j=1}^{\infty} a_j u_j\right\| = \max_{1 \leqslant j < \infty} \{|a_j| \cdot \max\{|\lambda_i| : m_j + 1 \leqslant i \leqslant m_{j+1}\}\} = \max_{1 \leqslant j < \infty} |a_j| = \left\|\sum_{j=1}^{\infty} a_j e_j\right\|$$

这表明 (u_j) 等价于 c_0 的自然基, 且 $[u_j] \approx c_0$.

(2) 对每个 j, 容易找到 $u_j^* \in [e_i^*]_{i=m_j+1}^{m_{j+1}} \subseteq c_0^* = l_1$, 使得 $\|u_j^*\| = u_j^*(u_j) = 1$, 则 $u_j^*(u_k) = 0, k \neq j$.

令 $Px = \sum_{j=1}^{\infty} u_j^*(x) u_j$, 对每一 $x \in X$, 则易见 $P^2 = P$, 且 $PX = [u_j]$, 下证 $\|P\| = 1$.

若 $x=\sum_{i=1}^{\infty}a_ie_i\in c_0$, 则

$$\begin{aligned}\|Px\| &= \Big\|\sum_{j=1}^{\infty}u_j^*(x)u_j\Big\| = \max_j|u_j^*(x)| = \max_j\Big|\sum_{i=m_j+1}^{m_{j+1}}a_iu_j^*(e_i)\Big| \\ &\leqslant \max_j \max_{m_j+1\leqslant i\leqslant m_{j+1}}|a_i| = \max_i|a_i| = \|x\|,\end{aligned}$$

故 $\|P\|\leqslant 1$, 而非零投影范数 $\|P\|\geqslant 1$ 是当然的，故 $\|P\|=1$.

定义 1.2.28 称 Banach 空间 X 有次投影性质，如果 X 的每个无限维闭子空间 Y 都含有一个在 X 中可补的无限维闭子空间 Z. 有次投影性质的空间也称为次投影空间，简记为 SPP.

命题 1.2.29 c_0 是次投影空间.

证 设 Y 是 c_0 的任一无限维子空间，应用命题 1.1.13 就可取得 $\{y_n\}\subseteq Y$ 和相应的一个 c_0 自然基 (e_n) 的规范块基序列 (u_n), 使得

$$\sum_{n=1}^{\infty}\|y_n-u_n\|<\frac{1}{8k}=\frac{1}{8}\quad(\text{这里}(u_n)\text{的基常数是}k=1).$$

现在，对 $[u_n]$ 用命题 1.2.27, 就存在 $X=c_0$ 到 $[u_n]$ 上的投影 $P,\|P\|=1$. 又令 $Z=[y_n]$, 那么由命题 1.1.12,$Z=[y_n]$ 在 X 中是可补的，且 $Z\approx[u_n]$, 但又由命题 1.2.27,$[u_n]\approx c_0$, 于是证得 $Z\approx c_0$, 命题证毕.

从命题 1.2.29 的证明中可知， c_0 不仅仅是次投影空间，而且所找到的可补无限维子空间实际上都与 c_0 同构. 这种现象一方面导致我们对次投影空间的进一步研讨和分类 (见后面的 §2.2). 另一方面，下面要说明 c_0 是素空间，从而完全肯定了“当且仅当与全空间 c_0 同构”的无限维子空间可补现象.

定义 1.2.30 Banach 空间 X 称为素 (prime) 空间，如果 X 的每个无限维可补子空间都与 X 同构. Banach 空间 X 称为准素 (primary) 空间，如果 X 上每个投影 P, 或者 $PX\approx X$, 或者 $(I-P)X\approx X$.

为了证明 c_0 是素空间，要介绍所谓 Pelczynski 方法.

先承认一个基本事实：两个 Banach 空间 X 和 Y 的直和 $X\bigoplus Y$, 有时也称为 (Cartesian) 乘积，记为 $X\times Y$, 在一般泛函分析教材中都是取为 $\|(x,y)\|_1=\|x\|+\|y\|$, 或者 $\|(x,y)\|_\infty=\max\{\|x\|,\|y\|\},(x,y)\in X\bigoplus Y$.

相应的标识范数取法的直和空间就被记为 $(X\bigoplus Y)_1$ 或 $(X\bigoplus Y)_\infty$, 但事实上不标明也罢，因为 $\|(\cdot,\cdot)\|_1$ 与 $\|(\cdot,\cdot)\|_\infty$ 是等价范数. 同样，也还可有等价直和范数 $\|(\cdot,\cdot)\|_p, 1\leqslant p\leqslant\infty$. 推广到有限个空间直和结论也成立.

引理 1.2.31 设 X,Y,Z 是 Banach 空间，则

(1) $((X\bigoplus Y)\bigoplus Z)\approx(X\bigoplus(Y\bigoplus Z))$;

(2) $Y\approx Z\Rightarrow X\bigoplus Y\approx X\bigoplus Z$;

(3) $((X\bigoplus X\bigoplus\cdots)_p\bigoplus X)_p\approx(X\bigoplus X\bigoplus\cdots)_p,\quad 1\leqslant p\leqslant\infty$;

(4) $(\sum\bigoplus(X\bigoplus Y)_p)_p\approx((\sum\bigoplus X)_p\bigoplus(\sum\bigoplus Y)_p)_p,\quad 1\leqslant p\leqslant\infty$.

证 略 (见文献 [6] 的定理 1.2.4 的证明).

引理 1.2.32(Pelczynski 分解方法) 设 X,Y 是 Banach 空间 ,$X\overset{c}{\hookrightarrow}Y$ 且 $Y\overset{c}{\hookrightarrow}X$ 且满足如下条件之一:

(1) $X\approx X\bigoplus X,\ Y\approx Y\bigoplus Y$;

(2) $X\approx(\sum\bigoplus X)_p, 1\leqslant p\leqslant\infty$;

(3) $X\approx(\sum\bigoplus X)_{c_0}$.

则 $X\approx Y$.

证 略 (见文献 [6] 的定理 1.2.5 的证明).

命题 1.2.33 c_0 是素空间.

证 设 Y 是 $X=c_0$ 的无限维可补子空间, 当然有 $Y\overset{c}{\hookrightarrow}X$, 由命题 1.2.29 的证明知, 又有 $Z\subseteq Y, Z\approx X, Z\overset{c}{\subseteq}X$, 更有 $Z\overset{c}{\subseteq}Y$, 故 $X\overset{c}{\hookrightarrow}Y$. 现在容易验证 $X=c_0$ 满足引理 1.2.32 的条件 (3), 故 $X\approx Y$.

定义 1.2.34 Banach 空间 X 称为是 Asplund 空间, 如果在 X 的每个开凸子集 E 上定义的连续凸函数 f 在 E 的一个稠 G_δ 集上是 Frechet 可微的.

关于 Asplund 空间的讨论见文献 [5] 的第 7 章.

命题 1.2.35 c_0 是 Asplund 空间.

证 注意一个事实: Banach 空间 X 是 Asplund 空间当且仅当 X^* 有 RNP(见文献 [5]). 现在 $c_0^*=l_1$, 而 l_1 的自然基是有界完备基, 由命题 1.2.9 和推论 1.2.10, 证毕.

定义 1.2.36 设 $T\in B(X,Y)$, 如果 T 把 X 的每个 w 紧集映射为 Y 的范数相对紧集, 则称 T 是 Dunford-Pettis 算子 (DP 算子).$B(X,Y)$ 中 DP 算子的全体记为 DP(X,Y). Banach 空间 X 称为 DP 空间, 如果 $WK(X,Y)\subseteq$DP(X,Y), 对每一 Banach 空间 Y, 这里 $WK(X,Y)$ 是弱紧算子集. 在第 4 章我们还要深化对 DP 算子和 DP 空间的认识.

引理 1.2.37 (1) 设 K 是一个紧 T_2 空间, 则 $C(K)$ 是 DP 空间;

(2) 设 (Ω,Σ,μ) 是完备有限测度空间, 则 $L_1(\mu)$ 是 DP 空间;

(3) 设 Banach 空间 X 是 DP 空间, 则对每个 $T\in WK(X),T^2\in K(X)$(这里 $K(X)$ 表示 $B(X)$ 中紧算子集).

证 见文献 [6] 的定理 1.2.9, 定理 1.2.10 和定理 2.3.24 等, 或文献 [18] 的 p.294 和 p.508 等.

命题 1.2.38 设 X 是 Banach 空间, 则如下各陈述是等价的:

(1) X 是 DP 空间;

(2) 对任何 Banach 空间 Y, 任一 $T\in WK(X,Y)$, 任一列 $x_n\xrightarrow{w}0$, 有 $Tx_n\xrightarrow{\|\cdot\|}0$;

(3) 对任何 Banach 空间 Y, 任一 $T \in WK(X,Y), T$ 把 X 中每一 wCauchy 列映为范数收敛列;

(4) 任意 $(x_n) \subseteq X, (x_n^*) \subseteq X^*$, 当 $x_n \xrightarrow{w} 0, x_n^* \xrightarrow{w} 0$ 时，有 $x_n^*(x_n) \to 0$.

证 见文献 [1] 或 [6] 的定理 6.1.9.

推论 1.2.39 如果 X^* 是 DP 空间，则 X 是 DP 空间.

证 由命题 1.2.38 的 (4) 立即可得出.

推论 1.2.40 如果 X 有 Schur 性质 (即 X 中序列的 w 收敛与范数收敛一致), 则 X 是 DP 空间，特别地， l_1 是 DP 空间.

证 由命题 1.2.38 的 (2) 立即得证.

推论 1.2.41 c_0 是 DP 空间.

证 由上面两个推论可知.

定义 1.2.42 设 $1 \leqslant p \leqslant \infty, 1 \leqslant a < \infty$, Banach 空间 X 称为 $\mathcal{L}_a^p$ 空间，如果对 X 的任何有限维子空间 E, 存在另一个有限维子空间 F, 使 $E \subseteq F$ 且 $d(F, l_p^n) \leqslant a$, 其中 $n = \dim F$.

Banach 空间 X 称为是 $\mathcal{L}_{a+}^p$, 如果对一切 $a' > a, X$ 是 $\mathcal{L}_{a'}^p$ 空间. Banach 空间 X 称为是 $\mathcal{L}^p$ 空间，如果对某个 $1 \leqslant a < \infty, X$ 是 $\mathcal{L}_a^p$ 空间.

从定义可看出， $\mathcal{L}^p$ 空间类是用“局部观点”，对经典 Banach 空间的一种推广， Lindenstrauss 在文献 [3] 中对 $\mathcal{L}^p$ 空间类作过深入探讨.

命题 1.2.43 (1) $c_0, l_\infty, L_\infty[0,1], C(K)$ 都是 $\mathcal{L}_{1+}^\infty$ 空间;

(2) 对 $1 \leqslant p < \infty, l_p, L_p[0,1]$ 都是 $\mathcal{L}_{1+}^p$ 空间.

证 见文献 [3] 或 [6] 的 §5 和 §6.

定义 1.2.44 设 $1 \leqslant p < \infty, T \in B(X,Y)$ 称为是 p(绝对) 可和算子，如果对 X 中满足 $\sum_{n=1}^\infty |x^*(x_n)|^p < \infty (x^* \in X^*$ 是任意的) 的 $(x_n) \subseteq X$, 都有 $\sum_{n=1}^\infty \| Tx_n \|^p < \infty$. $B(X,Y)$ 中 p 可和算子集记为 $\prod_p(X,Y)$. 特别地，当 $p = 1$ 时， $T \in \prod_1(X,Y)$ 也称为绝对可和算子， $\prod_1(X,Y)$ 简记为 $\prod(X,Y)$.

绝对可和算子的研究，源于 Grothendieck(1956), 他引入绝对可和算子与 2 可和算子，用简单方法证明了 1950 年的著名的 Dvoretzky-Rogers 定理：当且仅当 Banach 空间 X 是有限维时， X 中的每个无条件收敛级数都是绝对收敛级数. 文献 [6] 的第四章专论了这方面的演化史实.

命题 1.2.45 (1) 当 $1 \leqslant p \leqslant 2$ 时， $B(c_0, l_p) = \prod_2(c_0, l_p)$;

(2) 当 $2 < p < r < \infty$ 时， $B(c_0, l_p) = \prod_r(c_0, l_p)$, 但 $B(c_0, l_p) \neq \prod_p(c_0, l_p)$.

证 见文献 [6] 的第四章.

定义 1.2.46 实无限维 Banach 空间 X 称为是 Lindenstrauss-Phelps 空间 (简称 LP 空间), 如果端点集 $\text{ext}(B_{X^*})$ 是可数的.

命题 1.2.47 c_0 是 LP 空间.

证　验证 $\text{ext}(B_{l_1}) = \{\pm e_n\}_{n=1}^{\infty}$, 其中 (e_n) 是 l_1 的自然基.

命题 1.2.48　c_0 在 l_∞ 中不可补.

这是不可补子空间的一个典型结果，最早的证明是由 Phillips(1940) 给出，后有 Jamesen 的简化. 随着空间理论研究的发展，可以从多视角来认识这一结果，我们将在第 2 章中展示. 当然，最简单的证明是应用 l_∞ 是素空间这一事实 (小结 1.5.1).

定义 1.2.49　Banach 空间 X 称为是 Grothendieck 空间，如果 X^* 中序列的 w 收敛与 w^* 收敛是一致的.

例如，c_0 显然不是 Grothendieck 空间，因为 $c_0^* = l_1$ 中自然基序列显然 w^* 收敛于 0, 但不 w 收敛于 0(在 l_1 中序列 w 收敛与范数收敛一致). 我们在后面将用到 c_0 不是 Grothendieck 空间这个事实，对 c_0 在 l_∞ 中不可补给出一个很简单的证明 (例 2.2.23).

2　含 c_0 的空间 · 相关算子

先把有关结论列出，再逐一说明.

小结 1.2.50　(1)$c_0 \hookrightarrow X$ 蕴涵 $c_0 \overset{1+\epsilon}{\hookrightarrow} X$, 这里 $X \overset{1+\epsilon}{\hookrightarrow} Y$ 是指存在 $Z \subseteq Y, X \approx Z$ 且 $d(X,Z) \leqslant 1+\epsilon$(命题 1.2.51);

(2) 对每一子空间 $M \subseteq c_0$, $c_0/M \overset{1+\epsilon}{\hookrightarrow} c_0$(见文献 [1]);

(3) 每个 c_0 到自身的等距同构 (双射) 算子 T 由一个符号序列 $(\theta_i), \theta_i = \pm 1$ 和自然数的一个置换 $\pi : \mathbf{N} \to \mathbf{N}$ 完全确定，使

$T(a_1, a_2, \cdots) = (\theta_1 a_{\pi(1)}, \theta_2 a_{\pi(2)}, \cdots)$(命题 1.2.52);

(4) $c_0 \hookrightarrow X^* \Longleftrightarrow l_1 \overset{c}{\hookrightarrow} X \Longleftrightarrow l_\infty \hookrightarrow X^* \Longleftrightarrow l_\infty \overset{c}{\hookrightarrow} X^*$(命题 1.2.53);

(5) LP 空间遗传地 (即每个无限维子空间) 含 c_0(见文献 [6]);

(6) $c_0 \not\hookrightarrow X \Longleftrightarrow X$ 中每个 w 无条件 Cauchy 级数都无条件收敛 (命题 1.2.57);

(7) $c_0 \not\hookrightarrow X \Longleftrightarrow$ 任何 $(x_n) \subseteq X$ 使

$$\sum_{n=1}^{\infty} | x^*(x_n) | < \infty, \quad 对每个 x^* \in \text{ext} B_{X^*},$$

则 $\sum_{n=1}^{\infty} x_n$ 是无条件收敛的 (文献 [6] 的定理 6.1.39);

(8) $c_0 \not\hookrightarrow X \Longleftrightarrow c_0 \not\hookrightarrow L_p(\mu, X), 1 < p < \infty$ (见文献 [2] 或 [6]);

(9) $c_0 \not\hookrightarrow X \Longleftrightarrow B(C(\Omega), X) = WK(C(\Omega), X)$, 其中 Ω 是紧 T_2 空间 (见文献 [16] 的 p.159);

(10) 若 X 有无条件基 (x_n), 则 $c_0 \not\hookrightarrow X \Longleftrightarrow (x_n)$ 是有界完备基 $\Longleftrightarrow X$ 是弱序列完备的 (见文献 [5] 或 [21]);

(11) $B(c_0)$ 中紧算子理想 $K(c_0)$ 是惟一真闭算子理想 (见 §3.3).

命题 1.2.51 设 c_0 嵌入 Banach 空间 X, 则对任一 $\epsilon > 0$, c_0 可 $1+\epsilon$ 地嵌入 X, 即存在子空间 $Z \subseteq X$, 使得 $d(c_0, Z) < 1+\epsilon$.

证 由 $c_0 \hookrightarrow X$, 则存在 m, M 及 $(x_n) \subseteq X$, 使对每一 $(a_n) \in c_0$

$$m \sup_n | a_n | \leqslant \| \sum_{n=1}^{\infty} a_n x_n \| \leqslant M \sup_n | a_n | .$$

对任何 $n \in \mathbf{N}$, 令 $A_n = \{(a_i) \in c_0 : a_i$ 仅有限项不为 0, 前 n 项均为 0, 且 $\sup_i | a_i | = 1\}$, 则

$$A_1 \supseteq A_2 \supseteq \cdots \supseteq A_n \supseteq A_{n+1} \supseteq \cdots ,$$

令

$$K_n = \sup\{\| \sum_{i=1}^{\infty} a_i x_i \| : (a_i) \in A_n\}$$

则

$$m \leqslant K_{n+1} \leqslant K_n \leqslant M, \quad \text{对每一} n \in \mathbf{N},$$

故 $\lim_n K_n = K$ 存在, 且 $m \leqslant K \leqslant K_{n+1} \leqslant K_n \leqslant M$, 对每一 $n \in \mathbf{N}$.

令 θ, θ', 使 $0 < \theta < 1 < \theta'$, 且

$$\frac{1}{1+\epsilon} < \frac{2\theta - \theta'}{\theta}.$$

选 p_1, 使 $K_{p_1} < \theta' K$, 又由于 $\theta K < K_n$, 故可归纳选取 $p_1 < p_2 < \cdots < p_n < \cdots$, 使 $\| y_n \| > \theta K$, 对每一 n, 其中

$$y_n = \sum_{i=p_n}^{p_{n+1}-1} a_i^{(n)} x_i, \ (a_i^{(n)}) \in A_{p_n}.$$

对任何 $(b_i) \in c_0$, (b_i) 仅有限项不为 0 者, 则

$$\| \sum_{i=1}^{\infty} \frac{b_i}{\| (b_i) \|} y_i \| \leqslant K_{p_1} < \theta' K.$$

从而

$$\| \sum_{i=1}^{\infty} b_i \frac{y_i}{\theta' K} \| \leqslant \sup_i | b_i |, \text{对任何}(b_i) \in c_0,\ (b_i)\text{仅有限项不为 0 者}.$$

令 $u_i = \dfrac{y_i}{\theta' K}$, 则 $\| \sum_{i=1}^{\infty} b_i u_i \| \leqslant \| (b_i) \|$, 对任何 $(b_i) \in c_0$, (b_i) 仅有限项不为 0 者.

另一方面, 对任一 $(b_i) \in c_0$, $\| (b_i) \| = 1$, (b_i) 仅有限项不为 0 者, 存在 k, 使

$$\sup_i | b_i | = | b_k | = 1, \ \| b_k y_k - \sum_{i=1, i \neq k}^{\infty} b_i y_i \| \leqslant \theta' K,$$

故

$$\| \sum_{i=1}^{\infty} b_i y_i \| \geqslant \| 2b_k y_k \| - \| b_k y_k - \sum_{i=1, i\neq k}^{\infty} b_i y_i \| \geqslant 2\theta K - \theta' K,$$

从而

$$\| \sum_{i=1}^{\infty} b_i u_i \| > \frac{2\theta K - \theta' K}{\theta' K} = \frac{2\theta - \theta'}{\theta'} > \frac{1}{1+\epsilon}.$$

易得

$$\frac{1}{1+\epsilon} \sup_{1\leqslant i\leqslant n} | b_i | \leqslant \| \sum_{i=1}^{n} b_i u_i \| \leqslant \sup_{1\leqslant i\leqslant n} | b_i |,$$

由此，可得对任一 $(b_i) \in c_0$, 有

$$\frac{1}{1+\epsilon} \sup_i | b_i | \leqslant \| \sum_{i=1}^{\infty} b_i u_i \| \leqslant \sup_i | b_i |,$$

这就证明了 $c_0 \overset{1+\epsilon}{\hookrightarrow} X$.

命题 1.2.52　设 $T \in B(c_0)$ 是个等距双射，则必存在 $(\theta_i)_{i=1}^{\infty}, \theta_i = \pm 1$, 以及自然数集的一个置换 π, 使

$$T(a_1, a_2, \cdots) = (\theta_1 a_{\pi(1)}, \theta_2 a_{\pi(2)}, \cdots).$$

证　(1) 首先易知对 $x = (a_i), y = (b_i) \in c_0$

$\| x + y \| = \| x - y \| = \max\{\| x \|, \| y \|\} \iff a_i b_i = 0$, 对每一 $i \in \mathbf{N}$.

(2) 设 (e_n) 是 c_0 的自然基，则由 (1),$(Te_n)_{n=1}^{\infty}$ 具有不相交的支撑.

(3) 因为 T 是满射，故必存在 $(\theta_i)_{i=1}^{\infty}$, 其中 $\theta_i = 1$ 或 -1, 及自然数置换 $\pi(i)$, 使 $Te_i = \theta_i e_{\pi(i)}$, 证毕.

命题 1.2.53　设 X 是一个 Banach 空间，则如下各陈述等价：

(1) $c_0 \hookrightarrow X^*$;

(2) $l_1 \overset{c}{\hookrightarrow} X$;

(3) 存在 $Z \subseteq X^*$, 使

　(a) 存在 (满射) 线性同胚 $T : Z \to l_\infty$, 使 T 还是 w^*-w^* 连续

　(b) 存在投影 $P : X^* \to Z$, 使 P 还是 w^*-w^* 连续;

(4) $l_\infty \overset{c}{\hookrightarrow} X^*$;

(5) $l_\infty \hookrightarrow X^*$.

证　(1) ⇒ (2) 设 $T : c_0 \to X^*$ 内的线性同胚，(e_n) 是 c_0 的自然基. 令 $S : X \to l_1, Sx = (Te_i(x))_{i=1}^{\infty}$, 则 $Sx = (T^* |_X)x$, 对每一 $x \in X$. 事实上，$(T^* |_X)x(e_i) = \widehat{x}(Te_i) = Te_i(x)$, 故 $S = T^* |_X$.

由于 T 是单射，故 T^* 是满射，由于 B_X 在 $B_{X^{**}}$ 中 w^* 稠，因此 SB_X 在 $T^*B_{X^{**}}$ 中 w^* 稠，且 $T^*B_{X^{**}}$ 是 l_1 中含 0 点的一个 w^* 邻域，故存在常数 K, 使得对每个 n, 存在 $x_n \in X, \| x_n \| \leqslant K, Te_n(x_n) = 1$, 且

$$\sum_{i=1}^{n-1} | Te_i(x_{n-1}) | < \frac{1}{n},$$

因此， $\| Sx_n \| \geqslant 1$, $Sx_n(e_k) \to 0, n \to \infty$, 对每一 k, 因而由基序列选择原理，存在子序列 $(Sx_{n_k})_{k=1}^{\infty}$, 使得

$$(Sx_{n_k})_{k=1}^{\infty} \approx (y_k)_{k=1}^{\infty}$$

其中 (y_k) 是 l_1 的自然基 $(e_n^*)_{n=1}^{\infty}$ 的块基. 不妨设 (y_k) 是规范化块基 (在相差一个小摄动下), 则由小结 1.3.1 中的 (23),$(y_k) \approx (e_k^*)$, 且 $[y_k]$ 在 l_1 中可补，于是 $(Sx_{n_k})_{k=1}^{\infty} \approx (e_k^*)_{k=1}^{\infty}$, 且 $[Sx_{n_k}]$ 在 l_1 中可补.

令 $P : l_1 \to [Sx_{n_k}]$ 是投影.

由 $(Sx_{n_k}) \approx (e_k^*)$, 存在 $L, M > 0$, 使对任何 $(a_k) \in l_1$, 有

$$M \sum_{k=1}^{\infty} | a_k | \leqslant \| \sum_{k=1}^{\infty} a_k Sx_{n_k} \| \leqslant L \sum_{k=1}^{\infty} | a_k |,$$

故对任何 $(a_k) \in l_1$, 有

$$\begin{aligned}\| \sum_{k=1}^{\infty} a_k x_{n_k} \| &\leqslant K \sum_{k=1}^{\infty} | a_k | \leqslant KM^{-1} \| \sum_{k-1}^{\infty} a_k Sx_{n_k} \| \\ &\leqslant KM^{-1} \| S \| \cdot \| \sum_{k=1}^{\infty} a_k x_{n_k} \|,\end{aligned}$$

即 S 限制在 $Y = [x_{n_k}]_{k=1}^{\infty}$ 上是可逆的，故 $Y \approx l_1$.

令 $P_1 = S^{-1}PS : X \to Y$, 则 P_1 是 X 到 Y 上的投影， $l_1 \overset{c}{\hookrightarrow} X$, 证毕.

(2) $\Rightarrow$ (3) 设 $X = M \bigoplus N$, 通过算子 $T \in B(M, l_1)$, $M \approx l_1$, $P : X \to X$ 是沿着 N(即 $PN = 0$) 到 M 上的投影，则

$$X^* = M^* \bigoplus N^*,\ M^* \overset{T^*}{\approx} l_\infty,$$

故 T^* 是 w^*-w^* 连续的，又可得 $P^* : X^* \to X^*$ 是投影， $P^*X^* = M^*, P^*N^* = 0$, 故 $P^* : X^* \to X^*$ 是 w^*-w^* 连续的，证毕.

(3) $\Rightarrow$ (4),(4) $\Rightarrow$ (5),(5) $\Rightarrow$ (1) 都是显然的，命题证毕.

下面我们转入用空间中级数的收敛性来刻画含 c_0 空间的特征，就是介绍著名的 Bessaga-Pelczynski 定理 (见文献 [21]).

定义 1.2.54　设 X 是 (实)Banach 空间，序列 $(x_n) \subseteq X$.

如果 $\sum_{n=1}^{\infty} \| x_n \| < \infty$, 则称级数 $\sum x_n$ 绝对收敛.

如果 $\| \cdot \| - \lim\limits_{k\to\infty} \sum_{i=1}^{k} x_i$ 存在, 则称级数 $\sum x_n$ 收敛, 记为 $\| \cdot \| - \sum x_n < \infty$ (这里是为明确起见, 用 $\| \cdot \| -$ 表示按范数拓扑取极限, 下面也用 " w− " 表示按弱拓扑收敛).

如果 $\text{w}-\lim\limits_{k\to\infty} \sum_{i=1}^{k} x_i$ 存在, 则称 $\sum x_n$ 弱收敛, 记为 $\text{w} - \sum x_n < \infty$.

如果对自然数集的任何置换 π,$\| \cdot \| - \sum_{n=1}^{\infty} x_{\pi(n)} < \infty$, 则称级数 $\sum x_n$ 无条件收敛 (简记为 uc).

如果对自然数集的任何置换 π,$w - \sum_{n=1}^{\infty} x_{\pi(n)} < \infty$, 则称级数 $\sum x_n$ 弱无条件收敛 (wuc).

如果对自然数集的任何置换 π,$\left(\sum_{n=1}^{k} x_{\pi(n)}\right)_{k=1}^{\infty}$ 是 X 中弱 Cauchy 列, 则称级数 $\sum x_n$ 是弱无条件 Cauchy 的 (wuC).

例如, 在 $X = c_0$ 中, 令 $x_n = \dfrac{1}{n} e_n$, 其中 (e_n) 是自然基, 则 $\sum x_n$ 是典型的无条件收敛而非绝对收敛的例子, 而级数 $\sum e_n$ 则是典型的 wuC 而非 wuc, 更非 uc 的例子. B-P 定理的妙趣在于说明只要空间不含 c_0, 则 X 中级数 $\sum x_n$ wuC $\Leftrightarrow$ uc. 为此需要如下.

引理 1.2.55 设 $(x_n) \subseteq X$, 则如下各陈述是等价的:

(1) $\sum x_n$ 是 wuC 的;

(2) 对任一 $x^* \in X^*$, $\sum_{n=1}^{\infty} | x^*(x_n) | < \infty$;

(3) 存在 $c > 0$, 使得 $\sup\limits_{n} \| \sum_{i=1}^{n} t_i x_i \| \leqslant c \sup\limits_{n} | t_n |$, 对任一 $(t_n) \in l_\infty$;

(4) 对任一 $(t_n) \in c_0$,$\sum_{n=1}^{\infty} t_n x_n < \infty$;

(5) 对任一 $(t_n) \in c_0$,$\sum_{n=1}^{\infty} t_n x_n$ 无条件收敛;

(6) 存在 $c > 0$, 使 $\| \sum_{n\in\sigma} \pm x_n \| \leqslant c$, 其中 σ 为 $\mathbf{N}$ 的任何有限子集.

证 (1) $\Rightarrow$ (2) 取定 $x^* \in X^*$, 对 $\mathbf{N}$ 的任一置换 π, 则 $\sum_{n=1}^{\infty} x^*(x_{\pi(n)})$ 收敛, 故 $\sum_{n=1}^{\infty} x^*(x_n)$ 无条件收敛, 由数项级数的 Riemann 定理, $\sum_{n=1}^{\infty} | x^*(x_n) | < \infty$, 证毕.

(2) $\Rightarrow$ (1) 对 $\mathbf{N}$ 的任一置换 π, 任何 $x^* \in X^*$, 由于

$$\sum_{n=1}^{\infty} | x^*(x_{\pi(n)}) | = \sum_{n=1}^{\infty} | x^*(x_n) | < \infty,$$

知 $(\sum_{i=1}^{n} x^*(x_{\pi(i)}))_{n=1}^{\infty}$ 是 Cauchy 数列, 故 $\sum_{i=1}^{n} x_{\pi(i)}$ 是弱 Cauchy 列, 即 $\sum x_n$ 为 wuC, 证毕.

(2) $\Rightarrow$ (3) 令 $T : X^* \to l_1$, $Tx^* = (x^*(x_n))$, 对每一 $x^* \in X^*$, 易知 T 是闭算子, 用闭图像定理得 $T \in B(X^*, l_1)$, 从而 $T^* \in B(l_\infty, X^{**})$.

对任一 $(t_n) \in B_{l_\infty}$，$x^* \in B_{X^*}$，

$$\begin{aligned} | x^*(\sum_{i=1}^n t_i x_i) | &= | (t_1, \cdots, t_n, 0, \cdots)(Tx^*) | \\ &= | T^*((t_1, \cdots, t_n, 0, \cdots))(x^*) | \\ &\leqslant \| T^* \| = \| T \| . \end{aligned}$$

故 $\| \sum_{i=1}^n t_i x_i \| \leqslant \| T \| \sup\limits_n | t_n |$, 对任一 $(t_n) \in l_\infty$, 证毕.

(3) ⇒ (4) 设 $(t_n) \in c_0$, 则对 $n > m$, 有

$$\| \sum_{i=m}^n t_i x_i \| \leqslant c \sup_{m \leqslant i \leqslant n} | t_i | \to 0.$$

故 $\sum_{i=1}^\infty t_i x_i$ 收敛，证毕.

(4) ⇒ (5) 因为 $(t_n) \in c_0$, 则 $(\pm t_n) \in c_0$, 故 $\sum_{i=1}^\infty \pm t_i x_i < \infty$, 从而 $\sum_{i=1}^\infty t_i x_i$ 是无条件收敛，证毕.

(5) ⇒ (6) 令 $T: c_0 \to X$, $T(t_i) = \sum t_i x_i$, 对每一 $(t_i) \in c_0$,
易知 T 是闭算子，由闭图象定理， $T \in B(c_0, X)$, 从而

$$\| \sum_{n \in \sigma} \pm x_n \| \leqslant \| T \|,$$

对 $\mathbf{N}$ 的任一有限子集 σ 与 $\pm$ 的任何选取，证毕.

(6) ⇒ (2) $x^*(\sum_{n \in \sigma} \pm x_n) \leqslant \| \sum_{n \in \sigma} \pm x_n \| \leqslant c$, 对任一 $x^* \in B_{X^*}$, 故易知 $\sum | x^*(x_n) | < \infty$, 对任一 $x^* \in X^*$, 证毕.

推论 1.2.56 如果 (x_n) 是 Banach 空间 X 中的基序列，且 $\sum x_n$ 是 wuC 的， $\inf \| x_n \| > 0$, 则 $(x_n) \approx (e_n)_{c_0}$.

证 由于 $\sum x_n$ 是 wuC 的，由引理 1.2.55, 对任一 $(t_n) \in c_0$, $\sum t_n x_n < \infty$.

反之，如果 (t_n) 使 $\sum t_n x_n < \infty$, 则 $(\sum_{i=1}^n t_i x_i)$ 为 Cauchy 列，因此

$$\begin{aligned} | t_n | &= \frac{1}{\| x_n \|} \| \sum_{i=1}^n t_i x_i - \sum_{i=1}^{n-1} t_i x_i \| \\ &\leqslant \frac{1}{\inf\limits_i \| x_i \|} \| \sum_{i=1}^n t_i x_i - \sum_{i=1}^{n-1} t_i x_i \| \to 0 \end{aligned}$$

故 $\sum t_n e_n < \infty$(其中 (e_n) 为 c_0 的自然基).

令

$$T: c_0 \to [x_n], T(\sum t_n e_n) = \sum t_n x_n,$$

由上面证明，T 是可以定义的，且易见 T 为闭算子，由闭图像定理，T 是有界线性算子. 由于 (x_n) 是基序列，即 (x_n) 是 $[x_n]$ 的基，故 T 是双射，即 T 是 c_0 到 $[x_n]$ 上的线性同胚，且 $Te_n = x_n$, 故 $(x_n) \approx (e_n)_{c_0}$. 证毕.

命题 1.2.57(Bessaga-Pelczynski 定理)　设 X 为 Banach 空间，则 $c_0 \not\hookrightarrow X \Longleftrightarrow$ ($\sum x_n$ 是 wuC 的 $\Rightarrow \sum x_n$ 是 uc 的).

证　$\Leftarrow$ 若 $c_0 \hookrightarrow X$, 则由 $\sum e_n$ 为 wuC 但非 uc, 矛盾.

$\Rightarrow$ 若有 $(x_n) \subseteq X$, 使 $\sum x_n$ wuC 而非 uc, 则存在 $(p_n),(q_n)$, 使 $p_1 < q_1 < p_2 < q_2 < \cdots$, $y_n = \sum_{i=p_n}^{q_n} x_i$,

$$y_n \xrightarrow{w} 0, \ \inf_n \| y_n \| > 0,$$

将 (y_n) 规范化 (即考察 $\dfrac{y_n}{\| y_n \|}$), 仍记为 (y_n), 由基序列选择原理，(y_n) 有子列，仍记为 (y_n) 是基序列，显然此时 $\sum y_n$ 仍是 wuC, 由上一推论，$(y_n) \approx (e_n)_{c_0}$, 矛盾，证毕.

注 1.2.58　上述引理和命题与某种途径证明 Dvoretzky-Rogers 定理密切相关. 概述为：要证每个无限维 Banach 空间都有无条件收敛但非绝对收敛级数. 分两种情况：(1) 若 $c_0 \hookrightarrow X$, 则如前例中考虑由 c_0 中自然基 (e_n) 加权后的级数 $\sum \frac{1}{n} e_n$;(2) 若 $c_0 \not\hookrightarrow X$, 用反证法，如果所有级数 $\sum x_n$ 无条件收敛 $\Leftrightarrow$ 绝对收敛，那么用我们刚证毕的命题 1.2.57, 就说明 X 中所有级数 $\sum x_n$ wuC $\Leftrightarrow uc \Leftrightarrow$ 绝对收敛. 这表明，按绝对可和算子定义，恒等算子 I 是绝对可和算子，即 $I \in \prod(X)$. 再利用一个定理：当 $1 \leqslant p < \infty$ 时，每个 $T \in \prod_p(X,Y)$ 都是 w 紧算子，也是 DP 算子 (把 w 紧集映为范数相对紧集的算子), 那么，现在从 $I \in \prod(X)$, 既有 $I \in WK(X)$, 又有 $I \in \mathrm{DP}(X)$, 就得出 $I^2 = I \in K(X)$, 当恒等算子是紧算子时，必有 $\dim(X) < \infty$, 矛盾.

注 1.2.59　江泽坚先生在文献 [222] 把不含 c_0-copy 的 Banach 空间类称为 OP 型空间. 吉林大学的同行们深入研究了 OP 型空间与算子谱分解理论的关系，发现 “ OP 型空间是使谱算子许多性质得以成立的最佳可能空间”, 例如，在文献 [223] 的定理 4.8.3 证明： Banach 空间 X 上每个谱算子 T 之共轭 T^* 皆是谱算子的充分必要条件是 X^* 是 OP 型空间. 这些结果是揭示空间结构与算子结构内在联系的很深刻的研究成果. 我们在第 4 章还将提到 OP 型空间实际上构成一个空间理想，见定义 4.2.19 和命题 4.2.21.

§1.3　序列空间 l_1

1　l_1 的各种性质

我们先列举 l_1 的众多性质，然后逐一说明.

小结 1.3.1

(1) 自然基 (e_n) 是 l_1 的规范、单调、对称 (无条件) 基，并且它是有界完备基而非收缩基 (见文献 [1] 和 [5] 等);

(2) l_1 是等可卡的，即 $l_1 \approx l_1^2$(定义 1.2.22, 命题 1.2.23);

(3) l_1 是素空间 (定义 1.2.30, 命题 1.3.4);

(4) l_1 有 Schur 性质，即其中序列的 (范数) 收敛与弱收敛一致 (见 §1.1);

(5) l_1 是 DP 空间 (定义 1.2.36, 推论 1.2.40);

(6) l_1 是弱序列完备的 (有 Schur 性质的空间的共性);

(7) l_1 不是 Asplund 空间 (定义 1.2.34, 命题 1.3.2);

(8) l_1 有 wBSP(定义 1.2.25, 命题 1.3.3);

(9) l_1 不是 B 凸空间 (见定义 2.2.30 和命题 2.2.31);

(10) l_1 是次投影空间 (定义 1.2.28, 命题 1.3.4);

(11) l_1 没有无限维自反子空间 (或者从 (10) 和 (3) 直接得知，或者从有 Schur 性质空间没有无限维自反子空间这一事实得知);

(12) l_1 有提升性质 (命题 1.3.9);

(13) l_1 的商空间对可分空间类万有，即每个可分 Banach 空间都同构于 l_1 的一个商空间 (命题 1.3.5);

(14) l_1 的每个 (半) 规范无条件基都与自然基等价 (见文献 [6] 的定理 6.1.20);

(15) l_1 具有 Grothendieck 性质，故 $B(l_1, l_2) = \prod(l_1, l_2)$ (见文献 [6] 的定义 6.1.5 和定理 6.1.19);

(16) l_1 是可分的共轭空间 (具有可分共轭空间的共性);

(17) l_1 是 $\mathcal{L}_{1+}^1$ 空间 (定义 1.2.42, 命题 1.2.43);

(18) $B(l_1)$ 中有算子 T, T 没有非平凡的不变子空间 (见文献 [22] 或 [23]);

(19) l_1 不是 Polish 空间 (由于 Polish 空间的共轭空间可分，见文献 [6] 的定义 6.1.7 和定理 6.2.11);

(20) l_1 有子空间不具 AP, 故没有基 (见文献 [1]);

(21) l_1 有 RNP(KMP)(由性质 (1) 连同命题 1.2.9);

(22) 有无数个不同构的 Banach 空间 X, $X^* \approx l_1$(见文献 [24] 的 p.297);

(23) l_1 关于自然基的每个规范块基 $\{u_j\}_{j=1}^{\infty}$ 都与自然基等价，且 $[u_j]_{j=1}^{\infty}$ 在 l_1 中 1 可补 (证明类似命题 1.2.27);

(24) 若 X 有商空间同构于 l_1, 则 $l_1 \overset{c}{\hookrightarrow} X$(见文献 [20] 的定理 20.7).

下面给出必要的证明.

命题 1.3.2 l_1 不是 Asplund 空间.

证 由于 $l_1^* = l_\infty$, 而 l_∞ 非 RNP 空间 (一种理解： RNP 空间对子空间是遗传的，而在命题 1.2.7 已证明 l_∞ 的子空间 c_0 非 RNP 空间), 我们在命题 1.2.35 的

证明中提到的一个事实 (X 是 Asplund 空间 $\Leftrightarrow X^*$ 是 RNP 空间), 就证明了 l_1 非 Asplund 空间.

命题 1.3.3 l_1 有 wBSP.

证 事实上任何有 Schur 性质的空间都有 wBSP. 当 $(x_n) \subseteq l_1$ 时, $x_n \xrightarrow{w} 0$, 由 Schur 性质 $x_n \xrightarrow{\|\cdot\|} 0$, 当然得出 $\dfrac{1}{n}\sum_{i=1}^n x_i \to 0$.

命题 1.3.4 设 $X = l_p(1 \leqslant p < \infty)$, 则 X 是次投影空间, 也是素空间.

证 与命题 1.2.29 和命题 1.2.33 的证明完全类似.

下面的结果说明, 与熟知的 $C[a,b]$ 对可分空间万有, $l_\infty \approx L_\infty[a,b]$ 对可分空间类及其共轭类万有相比, l_1 也有一个非常"好"的特色: l_1 的商空间类是对可分空间万有的!

命题 1.3.5 设 X 是任一可分的 Banach 空间, 则存在一个从 l_1 到 X 上的满射的连续线性算子. 进而可以更精确地说, 每个可分 Banach 空间都线性等距于 l_1 的某个商空间.

证法一 取单位球 B_X 中可数稠子集 $\{x_n\}$, 令 $T: l_1 \to X, T(a_n) = \sum a_n x_n$, 任一 $(a_n) \in l_1$, 则 $\| T \| \leqslant 1$.

再证 T 是满射, 且令 $\widehat{T}: l_1/\ker(T) \to X$, 然后证明 $\widehat{T}$ 是等距满射, 具体验证从略.

证法二 令 (x_n) 是单位球面 S_X 的可数稠集. 令 $T: l_1 \to X, T(a_n) = \sum a_n x_n$, 任一 $(a_n) \in l_1$, 则 $T \in B(l_1, X)$, 故 $T^* \in B(X^*, l_\infty)$, 且

$$\| T^* x^* \| = \sup_n | T^* x^*(e_n) | = \sup_n | x^*(Te_n) | = \sup_n | x^*(x_n) | = \| x^* \|,$$

其中 (e_n) 为 l_1 的自然基.

因此, T^* 是线性等距, 从而 T 是满射. 令

$$\widehat{T}: l_1/\ker(T) \to X, \widehat{T}\left(\sum a_i e_i + \ker(T)\right) = \sum a_i x_i,$$

则 $\widehat{T}$ 为 1-1 满射, 对任何 $[y] \in l_1/\ker(T)$,

$$\begin{aligned}
\| [y] \| &= \sup\{| z^*([y]) | : z^* \in (l_1/\ker(T))^*, \| z^* \| \leqslant 1\} \\
&= \sup\{| w^*(w) | : w^* \in (\ker(T))^0, \| w^* \| \leqslant 1, w \in [y]\} \\
&= \sup\{| T^*x^*(w) | : \| x^* \| \leqslant 1, w \in [y]\} (\text{因 } T^* \text{ 为等距, 故 } R(T^*) = (\ker(T))^0) \\
&= \sup\{| x^*(Tw) | : \| x^* \| \leqslant 1, w \in [y]\} \\
&= \sup\{| x^*(\widehat{T}[y]) | : \| x^* \| \leqslant 1\} = \| \widehat{T}[y] \|.
\end{aligned}$$

因此, $\widehat{T}$ 为线性等距, 从而 X 线性等距于 l_1 的某个商空间. 证毕.

推论 1.3.6 从任何一个不含 l_1-copy 的可分无限维 Banach 空间 X(例如取 $X = l_2$ 或 c_0) 出发, 都对应地可"构造"出一个 l_1 的不可补子空间 M, 使得 $l_1/M \approx X$.

证 由命题 1.3.5, 因 X 可分, 就有满射算子 $T \in B(l_1, X)$, 令 $M := \ker(T)$, 则显然 l_1/M 与 X 同构. 现在我们说明 M 是 l_1 的不可补子空间. 若不然, 就应有拓扑直和分解 $l_1 = M \bigoplus Y$, 于是又有 $l_1/M \approx Y$, 这样 X 就与 l_1 的子空间 Y 同构了, 但命题 1.3.4 告诉我们 X 中必有 l_1-copy, 矛盾.

注 1.3.7 就子空间的可补性讨论而言, 空间 l_1 是"非常可爱"的: 一方面, 它 (通过命题 1.3.4) 可以让你轻易地、"随时随地" 构造出无限维的可补的真子空间来, 这一点与 l_2 几近雷同; 另一方面从某种意义上说, 推论 1.3.6 又教我们如何轻易地构造出 l_1 的不可补子空间来. 在 Banach 空间结构研究中, 子空间可补性始终非常重要. 一般说来判定一个无限维子空间可补或不可补, 都是非常困难的.

现在我们转入讨论 l_1 的另一重要性质 —— 提升性质, 它与前面 (定义 1.2.15) 的延拓性质是呈对偶性表现的. 如果细心地比较这里的交换图 1.3.8 和前面的交换图 1.2.15, 对偶性确乎工整而又形象.

$$\begin{array}{ccc} & & Y \\ & \nearrow \widehat{T} & \downarrow S(\text{满射}) \\ l_1 = X & \xrightarrow{T} & Z \end{array}$$

图 1.3.8

定义 1.3.8 Banach 空间 X 称为有提升性质, 如果对任意两个空间 Y 和 Z, 任一满射算子 $S \in B(Y, Z)$, 那么对任一算子 $T \in B(X, Z)$, 都存在 $\widehat{T} \in B(X, Y)$, 使得 $T = S\widehat{T}$.

命题 1.3.9 l_1 有提升性质, 而且当 S 是商映射时, 还可有 $\|\widehat{T}\| \leqslant (1+\epsilon)\|T\| (\epsilon > 0$ 任意给定).

证 设 (e_n) 是 l_1 的自然基, 令 $Te_n = x_n$, 任一 $n \in \mathbf{N}$, 则 $T(\sum a_n e_n) = \sum a_n x_n$, 对任一 $(a_n) \in l_1$, 且有 $\sup \| x_n \| \leqslant \| T \|$.

由于 S 是 Y 到 Z 上的满射, 由开映射定理, 存在 Y 中的有界点列 $(y_n) \subseteq Y$, 使得 $Sy_n = x_n$, 任一 $n \in \mathbf{N}$.

令 $\widehat{T}(\sum a_n e_n) = \sum a_n y_n$, 对任一 $(a_n) \in l_1$, 则

$$S\widehat{T}\left(\sum a_n e_n\right) = S\left(\sum a_n y_n\right) = \sum a_n x_n = T\left(\sum a_n e_n\right), \text{对任一}(a_n) \in l_1,$$

故已证毕 $T = S\widehat{T}$.

当 S 是商映射, 则对每个 $\epsilon > 0$, 可选 (y_n), 使 $Sy_n = x_n$, 且

$$\| y_n \| \leqslant (1+\epsilon) \| x_n \|, \text{对任意} n \in \mathbf{N}.$$

故对任一 $(a_n) \in l_1$

$$\| \widehat{T}\left(\sum a_n e_n\right) \| = \| \sum a_n y_n \| \leqslant \left((1+\epsilon)\sup_n \| x_n \|\right) \sum | a_n |,$$

故 $\|\widehat{T}\|\leqslant(1+\epsilon)\|T\|$, 证毕.

命题 1.3.10 若 X 是具有提升性质的可分 Banach 空间, 则 X 同构于 l_1.

证 由于每个可分 Banach 空间是 l_1 的一个商空间, 设 $Q_X: l_1\to X$ 是商映射. 令 $I_X: X\to X$ 是恒等映射, 由于 X 有提升性质, 故存在 $\widehat{I}_X: X\to l_1$, 使 $Q_X\widehat{I}_X=I_X$. 现在由

$$\|x\|=\|I_Xx\|=\|Q_X\widehat{I}_Xx\|\leqslant\|\widehat{I}_Xx\|\leqslant\|\widehat{I}_X\|\cdot\|x\|,\text{对每一}x\in X,$$

可知 $\widehat{I}_X$ 是 X 到 l_1 中的一个嵌入.

又容易验知 $\widehat{I}_XQ_X: l_1\to\widehat{I}_XX\subseteq l_1$ 是一个投影, 由于 l_1 是素空间, 故 $\widehat{I}_XX\approx l_1$, 从而 $X\approx l_1$, 证毕.

注 1.3.11 由命题 1.3.9 的证明可知, 对任何指标集 $\Lambda, l_1(\Lambda)$ 也具有提升性质, Kothe(在文献 [25]) 也证明若 Banach 空间有提升性质, 则对某 $\Lambda, X\approx l_1(\Lambda)$.

2 含 l_1 的空间 · 相关算子

目前关于含 l_1(不含 l_1) 的空间的研究已经有了极为丰富的结果. 其中, 最著名、最重要的结果是 Rosenthal 二分枝原理.

命题 1.3.12 (Rosenthal 二分枝原理) 设 (x_n) 是 Banach 空间 X 中的有界序列, 则

(1) 或者有一子列 (x_{n_i}) 等价于 l_1 的单位向量基 (e_i);

(2) 或者有一子列 (x_{n_i}) 是弱 Cauchy 列.

从而 X 不含 l_1 为子空间的充分必要条件是 X 的单位球是弱条件紧 (记为 wCC).

这一结果先由 Rosenthal(1974) 在实空间中证得, 后又由 Dor 在复空间中也证明, 故 Rosenthal 二分枝原理也称为 Rosenthal-Dor 定理 (R-D 定理),Rosenthal 关于 l_1 定理 (原理) 等.

这一结果不仅在空间结构理论中地位显要, 更因为其数学方法论方面的标新立异开创先河而久享盛誉. 从此以后, 通过建立组合数学中各种 Ramsey 型定理来解决 Banach 空间理论问题的方法得到了相当重视和许多应用. 例如, Brunel 与 Sucheston 得到了关于 Banach 空间序列 spreading 模的结果; Odell 的三分枝结果: 每个 Banach 空间或含 c_0, 或含 l_1, 或含非 DPP 空间, 等等.

注意到近年来组合数学, 包括各种 Ramsey 型定理在科技领域的应用方面研究相当活跃, 而作为泛函分析学科的学习研究者, 尤其应该重视在空间理论研究的国际前沿中, 以 Gowers-Maurey 系列成果为代表, 组合论方法的渗入与交叉应用. 菲尔兹奖得主 Gowers W.T. 的代表性工作, 就是 Banach 空间理论和组合论兼有之. 本书原稿曾特设一小节讨论 Ramsey 定理和 R-D 关于 l_1 定理证明, 当我们获

知文献 [26] 的第 24 个专题为 Gowers 的 " Banach 空间理论中的 Ramsey 理论方法" 后，删去了. 初等的证明可见于文献 [6] 、 [21] 和 [27] 等.

小结 1.3.13

(1) $l_1 \not\hookrightarrow X \Longleftrightarrow X$ 的单位球弱条件紧 (wCC)(见命题 1.3.12);

(2) $l_1 \not\hookrightarrow X \Longleftrightarrow L_1[0,1] \not\hookrightarrow X^*$(见文献 [6] 的定理 6.2.20);

(3) $l_1 \not\hookrightarrow X \Longleftrightarrow L_1[0,1]$ 不 G_δ 嵌入 X^*(定义 1.3.14, 证明见文献 [6]);

(4) $l_1 \not\hookrightarrow X \Longleftrightarrow C[0,1]^* \not\hookrightarrow X^*$(命题 1.3.15);

(5) $l_1 \not\hookrightarrow X \Longleftrightarrow B(L_1, X^*) = DP(L_1, X^*)$(证明见文献 [6] 定理 6.2.20);

(6) $l_1 \not\hookrightarrow X \Longleftrightarrow X^*$ 中每个 w^* 紧凸集 K, 有 $K = \overline{\text{co}}(\text{ext}K)$ (证明见文献 [6]);

(7) $l_1 \not\hookrightarrow X \Longleftrightarrow$ 每个算子 $T \in B(X, L_\infty)$ 把 X 中的有界列射为具有几乎处处收敛子列的序列 (文献 [6] 的定理 6.2.24);

(8) $l_1 \not\hookrightarrow X \Longleftrightarrow X^*$ 有弱 RNP(定义 1.2.5, 证明见文献 [6]);

(9) $l_1 \not\hookrightarrow X \Longleftrightarrow$ 每个 $x^{**} \in X^{**}$ 在 X^* 的每个紧集 M 的限制作用 $x^{**}|_{(M,w^*)}$ 有一个连续点 (见文献 [6]);

(10) $l_1 \not\hookrightarrow X \Longleftrightarrow X^*$ 的每个有界集 A 是在 (X^*, w) 中 w^* 可凹 (dentable) 的 (见文献 [6]);

(11) $l_1 \not\hookrightarrow X \Longleftrightarrow X^*$ 的每个有界集 A 是 w^* 纯量可凹的 (见文献 [6]);

(12) $l_1 \not\hookrightarrow X \Longleftrightarrow$ 恒等算子 $I : (B(X^*), w^*) \longrightarrow (B(X^*), \|\cdot\|)$ 是万有 (universal) 纯量可测 (即对 $(B(X^*), w^*)$ 上每个有限正则 Borel 测度 μ, 每个 $x^{**} \in X^{**}$ 是 μ 可测的)(见文献 [6]);

(13) $l_1 \not\hookrightarrow X \Longleftrightarrow X^*$ 是强正则的 (见文献 [6]);

(14) $l_1 \not\hookrightarrow X \Longleftrightarrow$ 存在 $Y \subseteq X$, 及 Y 上一个等价范数 $|||\cdot|||$, 使 $(Y, |||\cdot|||)$ 一致 G 可微性刻画紧性 (见文献 [6]);

(15) $l_1 \not\hookrightarrow X \Longleftrightarrow DP(X, Y) = K(X, Y)$, 对每个 Banach 空间 Y(见文献 [6]);

(16) $l_1 \not\hookrightarrow X \Longleftrightarrow B(Y, X^*) = DP(Y, X^*)$, 对每个 DP 空间 Y(见文献 [6]);

(17) $l_1 \not\hookrightarrow X \Longleftrightarrow$ 对每个 $K \subseteq X^*$ 满足: $\lim\limits_{n\to\infty} \sup\limits_{x^* \in K} |< x_n, x^* >| = 0$, 其中 $(x_n) \subseteq X, x_n \xrightarrow{w} 0$, 则 K 是相对紧集 (见文献 [6]);

(18) X 可分时有: $l_1 \not\hookrightarrow X \Longleftrightarrow \overline{X}^{sw^*} = X^{**}$(这里 $\overline{X}^{sw^*}$ 表示 X 嵌入作为 X^{**} 的子集, 其 w^* 序列的闭包. 证明见文献 [6] 的定理 6.2.25);

(19) X 可分时有: $l_1 \not\hookrightarrow X \Longleftrightarrow \overline{B_X}^{sw^*} = B_{X^{**}}$ (证明同上);

(20) X 可分时有: $l_1 \not\hookrightarrow X \Longleftrightarrow X$ 的每一有界集 A,$\overline{A}^{sw} = \overline{A}^{w}$(证明同上);

(21) X 可分时有: $l_1 \not\hookrightarrow X \Longleftrightarrow X^{**}$ 的每一有界集 A, $\overline{A}^{sw^*} = \overline{A}^{w^*}$(证明同上);

(22) X 可分时有: $l_1 \not\hookrightarrow X \Longleftrightarrow X^*$ 有 (w) 性质 (即 X^{**} 的每个有界序列有 w^* 收敛子序列)(证明同上);

(23) $l_1 \not\hookrightarrow X^* \Longrightarrow X$ 具有 (w) 性质 $\Longrightarrow l_1 \not\hookrightarrow X$(文献 [6] 的定理 6.2.27) ;

(24) 设 X 是实 Banach 空间, $l_1 \hookrightarrow X^*$ 且任何 w^* 收敛于 0 的序列 (x_n^*) 都有 $(x_n^*) \nsim (e_n)_{l_1}$, 则 $l_1 \hookrightarrow X$(文献 [6] 的定理 6.2.28) ;

(25) 若 X 是可分 Banach 空间, 则 $l_1 \not\hookrightarrow X^* \Longleftrightarrow c_0 \nsim X/M$, 对每个 $M \subseteq X$(文献 [6] 的定理 6.2.35);

(26) 设 X 是实 Banach 空间, 则 $l_1 \hookrightarrow X^* \Longrightarrow$ 或者 $l_1 \hookrightarrow X$, 或者 $c_0 \approx X/M$, 对某个 $M \subseteq X$(文献 [6] 的定理 6.2.36);

(27) 若 X 是无限维 Schur 空间, 则 X 遗传地含 l_1(文献 [6] 的定理 6.2.37);

(28) 若 X 是 Polish(Banach) 空间, 则 $l_1 \not\hookrightarrow X$(文献 [6] 的定理 6.2.38);

(29) $l_1 \not\hookrightarrow Y$, $l_1 \not\hookrightarrow X/Y \Longrightarrow l_1 \not\hookrightarrow X$(见文献 [6]);

(30) 紧算子理想 $K(l_1)$ 是 $B(l_1)$ 中惟一的真闭非平凡算子理想 (见 §3.3);

(31) 存在 X^* 不可分, $l_1 \not\hookrightarrow X$ 的空间 X(见文献 [11]);

(32) 对有无条件基的 Banach 空间, 三分枝定理成立: 即含一子空间, 它或与 c_0 同构, 或与 l_1 同构, 或自反 (命题 1.1.21);

(33) $l_1 \hookrightarrow X \Longrightarrow$ 对任一 $\epsilon > 0, l_1 \overset{1+\epsilon}{\hookrightarrow} X$ (见文献 [6] 的定理 6.4.2, 也称 James 定理);

(34) $l_1 \hookrightarrow X \Longleftrightarrow C[0,1] \approx X/M$, 对某个 $M \subseteq X$.

下面作部分说明.

定义 1.3.14 单射的有界线性算子 $T: X \to Y$ 称为 G_δ 嵌入, 如果对 X 的每个范数闭有界集 A, TA 是 Y 中范数 G_δ 集, 此时称 X 是 G_δ 嵌入 Y.

命题 1.3.15 设 X 是 Banach 空间, 则 $l_1 \not\hookrightarrow X \Longleftrightarrow C[0,1]^* \not\hookrightarrow X^*$.

证 $\Rightarrow$ 先证明一个事实: L_1 与 $C[0,1]^*$ 的一个闭子空间等距同构:

对给定的一个 $f \in L_1$, 令

$$\Phi_f(g) = \int_0^1 fg dt, \text{对每一} g \in C[0,1], \text{则} \Phi_f \in C[0,1]^*, \text{且} \| \Phi_f \| = \| f \|.$$

故从 $l_1 \not\hookrightarrow X \Longleftrightarrow L_1 \not\hookrightarrow X^*$(见上述汇总结果 (2)), 立即可知 $C[0,1]^* \not\hookrightarrow X^*$.

$\Leftarrow$ 如果 $l_1 \hookrightarrow X$, 设 $l_1 \approx Y \subseteq X$. 由于 $C[0,1]$ 可分, 就存在满射算子 $T: Y \to C[0,1]$(见命题 1.3.5), 故存在 $r > 0$, 使

$$rB_{C[0,1]} \subseteq TB_Y.$$

令 J_0 是 $C[0,1] \to C[0,1]^{**}$ 的典则嵌入, J_1 为 $C[0,1]^* \to C[0,1]^{***}$ 的典则嵌入, 容易验证 $J_0^* J_1 : C[0,1]^* \to C[0,1]^*$ 为恒等映射, $J_0 T : Y \to C[0,1]^{**}$ 是有界线性算子. 由于 $C[0,1]^{**}$ 是内射空间 (因为 $C[0,1]^*$ 是有 w 单位的抽象 L_1 空间, 从而 $C[0,1]^* \approx L_1(\mu)$, 对某个有限测度空间, 故 $C[0,1]^{**} \approx L_\infty(\mu)$, 详见文献 [65]), 故存在 $J_0 T$ 的延拓 $\widetilde{T}: X \to C[0,1]^{**}$.

我们来证 $(\widetilde{T})^*J_1: C[0,1]^* \to X^*$ 是嵌入算子. 事实上, 显然, $\widetilde{T}B_X \supseteq rJ_0(B_{C[0,1]})$, 故对每个 $\mu \in C[0,1]^*$, 有

$$\begin{aligned} \| (\widetilde{T})^*J_1\mu \| &= \sup_{x\in B_X} |< x, (\widetilde{T})^*J_1\mu >| = \sup_{x\in B_X} |< \widetilde{T}x, J_1\mu >| \\ &\geqslant r \sup_{y\in B_{C[0,1]}} |< J_0y, J_1\mu >| = r \sup_{y\in B_{C[0,1]}} |< y, J_0^*J_1\mu >| \\ &= r \sup_{y\in B_{C[0,1]}} |< y, \mu >| = r \| \mu \| . \end{aligned}$$

证毕.

命题 1.3.16 设 X 是可分的 Banach 空间, 则 $l_1 \hookrightarrow X \Longleftrightarrow C[0,1] \approx X/M$, 对某个 $M \subseteq X$.

证 $\Leftarrow$ 若 $l_1 \not\hookrightarrow X$, 则从上一命题知 $C[0,1]^* \not\hookrightarrow X^*$, 故对任一子空间 $M \subseteq X$, $C[0,1] \not\approx X/M$, 否则 $M^0 \approx (X/M)^* \approx C[0,1]^*$, 而 $M^0 \subseteq X^*$, 故 $C[0,1]^* \hookrightarrow X^*$, 矛盾.

$\Rightarrow$ 要用 Pelczynski 的一个定理: 若 W 是可分 Banach 空间, 且 $C[0,1] \approx U \subseteq W$, 则存在 $V \subseteq U$, 使 $V \approx C[0,1]$, 且 V 在 W 中可补 (见文献 [6] 的 p.381).

现在设 $l_1 \approx Y \subseteq X$, 由于 $C[0,1]$ 是可分的, 故存在 l_1 到 $C[0,1]$ 上的满射, 于是有 Y 到 $C[0,1]$ 上的满射 T. 把 $C[0,1]$ 嵌入到 l_∞ 中, 又利用 l_∞ 是内射空间 (见推论 1.2.17), 得到 T 的延拓 $\widetilde{T}: X \to l_\infty$, 因 X 是可分的, 故 $\overline{\widetilde{T}X}$ 是可分的, 且 $C[0,1] \subseteq \overline{\widetilde{T}X}$, 应用 Pelczynski 定理, 存在 $V \subseteq C[0,1]$, 使 $V \approx C[0,1]$, 且 V 在 $\overline{\widetilde{T}X}$ 中可补, 设 $P: \overline{\widetilde{T}X} \to V$ 是投影, 则 $P \cdot \widetilde{T}: X \to V$ 是满射, 从而 $X/\ker(P \cdot \widetilde{T}) \approx V \approx C[0,1]$, 证毕.

§1.4 序列空间 $l_p(1<p<\infty)$

1 $l_p(1<p<\infty)$ 的各种性质

$l_p(1<p<\infty)$ 是最接近可分 Hilbert 空间的一类 Banach 空间，当 $p=2$ 时，$l_2\approx L_2[0,1]$ 就是标准的可分 Hilbert 空间.

我们先列举 l_p 的各种性质，然后加以说明.

小结 1.4.1

(1) 自然基 (e_n) 是 l_p 的对称基、既是有界完备基也是收缩基 (见文献 [5]);

(2) l_p 是等可卡的，即 $l_p\approx l_p^2$(命题 1.2.23);

(3) l_p 是素空间 (命题 1.4.3);

(4) l_p 是次投影空间 (命题 1.4.2);

(5) l_p 是超投影空间 (见文献 [157]);

(6) l_p 是超自反空间 (见文献 [5]);

(7) l_p 是一致凸空间 (见文献 [5],[8] 或 [23] 等);

(8) l_p 是可分的共轭空间;

(9) l_p 关于自然基的每个规范块基 $\{u_j\}_{j=1}^{\infty}$ 都与自然基等价，且 $[u_j]_{j=1}^{\infty}$ 在 l_p 中 1 可补 (证明类似命题 1.2.27);

(10) l_p 有 RNP(由于每个可分的共轭空间都有 RNP, 见文献 [5]);

(11) l_p 是弱序列完备的 (自反空间共性);

(12) l_p 是 Asplund 空间 (见文献 [5]);

(13) l_p 是 DP 空间 (见文献 [5]);

(14) l_p 是 $\mathcal{L}^p$ 空间 (见文献 [3]);

(15) l_p 有 BSP(见文献 [8]);

(16) l_p(在 $p\neq 2$ 时) 有子空间不可补 (见 §2.2);

(17) l_p(在 $p\neq 2$ 时) 有子空间没有逼近性质，也没有基 (见文献 [1]);

(18) 对给定的 $p>1,l_p$ 具有型常数 p(不具有型 $p'>p$)(见文献 [5]);

(19) l_p 具有 B 凸空间的一个重要性质：一致局部次投影性质 (见命题 2.2.32).

由于对 $l_p(1<p<\infty)$ 这类空间，许多性质已为人们所熟悉，在泛函分析同类教材中也多见. 我们这里只侧重于与可补子空间有关的论述.

命题 1.4.2 设 $X=l_p(1\leqslant p<\infty)$, 则 X 有很强的次投影性质：每个无限维子空间 $Y\subseteq X$, 都含有一个与 X 同构，且在 X 中可补的子空间.

命题的证明从略，方法与命题 1.2.29 类似，详见文献 [1] 的命题 2.a.2.

命题 1.4.3 设 $X=l_p(1\leqslant p<\infty)$, 则 X 是素空间，即 X 的每个无限维可补子空间都与 X 同构.

证 与命题 1.2.33 的证明类似，详见文献 [1] 的定理 2.a.3.

2 含 l_p 的空间 · 相关算子

我们的下列各结论，有的证明已在前节，也有的移入函数空间中考虑，故不再指明出处.

小结 1.4.4

(1) 当 $1 \leqslant p \leqslant 2$ 时， $B(c_0, l_p) = \prod_2(c_0, l_p)$;

(2) 当 $2 < p < r < \infty$ 时， $B(c_0, l_p) = \prod_r(c_0, l_p)$, 但 $B(c_0, l_p) \neq \prod_p(c_0, l_p)$;

(3) 对 $1 \leqslant p, q < \infty$, $p \neq q$, l_p 不能嵌入 l_q;

(4) 对每个 $1 \leqslant p < \infty$, c_0 不能嵌入 l_p, 且 l_p 不能嵌入 c_0;

(5) 对每个 $1 \leqslant p < \infty$, $l_p \overset{c}{\hookrightarrow} L_p$;

(6) 对每个 $1 \leqslant p < \infty$, $p \neq 2$, l_p 不同构于 L_p;

(7) 对每个 $1 < p < 2$, $X \subseteq L_p$, 则或有 $r > p$ 使 $X \hookrightarrow L_r$, 或有 $Y \subseteq X$, 使得 $l_p \approx Y$ 在 L_p 中可补;

(8) 对每个 $1 < p < \infty$, L_p 的每个可补 (无限维) 子空间 X 或同构于 l_2 或 X 含有一个与 l_p 同构且在 L_p 中可补的子空间 Y.

下面我们对 l_p 的性质作一点说明.

命题 1.4.5 $c_0, l_p(1 \leqslant p < \infty)$ 中没有一个同构于另一个的子空间.

证 首先, 应用数学分析数列与级数的性质, 容易证明这些空间的自然基是互不等价的.

其次, 设 X 和 Y 分别是 $c_0, l_p(1 \leqslant p < \infty)$ 中任何两个不同的空间, 分别记 X 和 Y 的自然基为 (e_n) 和 $(e_n^{'})$, 如果存在嵌入同构 $T: X \to Y$, 则 $\inf \| Te_n \| > 0$, 且 $Te_n \xrightarrow{w} 0$, 由基序列选择原理 (命题 1.1.8),$\{Te_n\}$ 含一子列 $\{Te_{n_i}\}$ 等价于 $(e_n^{'})$ 的一个块基, 现在由命题 1.2.27 及其类似方法, 既有 $(e_n) \approx (e_{n_i})$, 又有 $(Te_{n_i}) \approx (e_n^{'})$, 从而 $(e_n) \approx (e_{n_i}) \approx (Te_{n_i}) \approx (e_n^{'})$, 矛盾, 证毕.

与 c_0, l_1 相关性质相比较 (见前面命题 1.2.51 和小结 1.3.13 中的 (33)),l_p 是否能几乎等距嵌入的问题似乎仍是未解决的, 即有如下.

问题 1.4.6 对 $1 < p < \infty$, 如果已知 $l_p \hookrightarrow X$, 是否对任一 $\epsilon > 0$, 都有 $l_p \overset{1+\epsilon}{\hookrightarrow} X$?

§1.5 不可分的序列空间 l_∞

l_∞ 是一般泛函分析入门者认识的第一例不可分的 Banach 空间, 第一例表述直观的不自反的二次共轭空间 $c_0^{**} = l_1^* = l_\infty$. 由于它比 $C[0,1]$ 有更多的包容性: 不仅对可分空间类万有, 而且对可分空间类的共轭类万有, 我们不能指望它有好的几何性质. 但是, l_∞ 的特性是非常突出的, 如素性的和 1 延拓性等. 另外, 目前我们所知的 G-M 型空间都是可分空间, 故也都为 l_∞ 所包容. 我们不知道将来第一例遗传不可分解的不可分空间是否也同构嵌入于 l_∞.

另有一种观点，把 l_∞ 作为与其等距同构的连续函数空间看待：$l_\infty \cong C(\beta\mathbf{N})$，其中 $\beta\mathbf{N}$ 是正整数集 $\mathbf{N}$(取离散拓扑) 的 Stone-Cech 紧化 (见文献 [19] 的 p.113 和文献 [28] 的 §20 等)，视 l_∞ 为一个特殊的紧 T_2-Stone 空间上的连续函数空间，对研讨 l_∞ 的性质，会带来方便.

1　关于 l_∞ 的性质

小结 1.5.1

(1) l_∞ 是可分万有空间，也是可分空间的共轭空间的万有空间 (定义 1.5.2, 文献 [19] 的 §4.25);

(2) l_∞ 是素空间 (见文献 [6] 的定理 1.2.7);

(3) l_∞ 是 $\mathcal{P}_1$ 空间，从而具有 Hahn-Banach 延拓性质，更是内射空间 (推论 1.2.17);

(4) l_∞ 是不可分的共轭空间;

(5) l_∞ 不具 wRNP(见文献 [6] 的定义 6.2.2 和定理 6.3.1);

(6) l_∞ 不是 wAsplund 空间，从而也不是 Asplund 空间 (见文献 [6] 的定理 6.3.2);

(7) l_∞ 不具 (w) 性质 (文献 [6] 的定理 6.3.2);

(8) $l_\infty^* \cong (l_1 \bigoplus (c_0)^0)_1$, 其中 $(c_0)^0 := \{f \in l_\infty^* : f(x) = 0$, 对每个 $x \in c_0 \subseteq l_\infty\}$(见文献 [6] 的定理 6.3.11);

(9) l_∞ 是 Grothendieck 空间 (定义 1.2.49, 命题 1.5.9);

(10) l_∞ 不是 Mazur 空间 (定义 1.5.10, 推论 1.5.12);

(11) l_∞ 不是 B 凸的 (命题 1.5.13);

(12) $l_\infty \approx$ SC(可再赋等价严格凸范数)(见文献 [6] 的定理 6.3.12);

(13) $l_\infty \not\approx$ wLUR(见文献 [6] 的定义 3.1.3, 定理 6.1.13);

(14) $l_\infty \not\approx sm$(见文献 [6] 的推论 6.3.22);

(15) l_∞ 的每个 w 紧子集是范数可分的 (见文献 [6] 的推论 6.3.24);

(16) l_∞ 的每个可分商空间是自反的 (命题 1.5.14);

(17) $l_\infty/c_0 \not\approx sm$(见文献 [6] 的定理 3.3.37);

(18) 商空间 l_∞/c_0 不能赋等价严格凸的范数 (见文献 [32]).

定义 1.5.2　设 $\mathcal{A}$ 是某类 Banach 空间，Banach 空间 X 称为 $\mathcal{A}$ 万有 ($\mathcal{A}$-universal) 空间，如果任何 $Y \in \mathcal{A}, Y$ 线性等距于 X 的某个子空间.

注 1.5.3　§1.1 提到过对有无条件基空间类 (可补) 万有的空间. 另外，Bourgain 在文献 [29] 证明过不存在可分空间是仅仅关于可分自反空间类万有的.

定义 1.5.4　Banach 空间 X 称为是 wAsplund 空间，如果 X 的每个开凸集 E 上定义的连续凸函数 f 在 E 的一个稠 G_δ 集上是 Gateaux 可微的.

比较定义 1.2.34, 显然 Asplund 空间是 wAsplund 空间， Asplund 空间的讨论见文献 [5] 的第 6 章，其深化见文献 [30] 和 [31].

定义 1.5.5　Banach 空间称为具有 (w) 性质，如果 X^* 的单位球 B_{X^*} 是 w^* 序列紧的.

回顾 Banach 空间 X 称为 Grothendieck 空间，如果 X^* 中每个 w^* 收敛的序列是 w 收敛的 (定义 1.2.49).

为了证明 l_∞ 是 Grothendieck 空间，我们先证明 Grothendieck 空间的若干等价条件.

命题 1.5.6　设 X 是 Banach 空间，则如下各陈述是等价的：

(1) X 是 Grothendieck 空间；

(2) $B(X,Y)=WK(X,Y)$, 对每一具 (w) 性质的 Banach 空间 Y;

(3) $B(X,Y)=WK(X,Y)$, 对每一可分 Banach 空间 Y;

(4) $B(X,c_0)=WK(X,c_0)$.

证　(1) $\Rightarrow$ (2) 设 Y 是具 (w) 性质的 Banach 空间，任取 $T\in B(X,Y)$, 为了证明 $T\in WK(X,Y)$, 只须证明 $T^*\in WK(Y^*,X^*)$. 任取 $(y_n^*)\subseteq B_{Y^*}$, 由于 Y 具 (w) 性质，故存在 (y_n^*) 的子列 $y_{n_i}^*$, 使 $y_{n_i}^*\overset{w^*}{\to}y^*\in B_{Y^*}$, 由于 T^* 是 w^*-w^* 连续的，所以 $T^*y_{n_i}^*\overset{w^*}{\to}T^*y^*$, 但 X 是 Grothendieck 空间，故 $T^*y_{n_i}^*\overset{w}{\to}T^*y^*$. 这表明 $T^*\in WK(Y^*,X^*)$. 证毕.

(2) $\Rightarrow$ (3) 显然.

(3) $\Rightarrow$ (4) 显然.

(4) $\Rightarrow$ (1) 设 $x_n^*\in X^*$, $x_n^*\overset{w^*}{\to}0$, 令

$$T:X\to c_0, Tx=(x_n^*(x))_{n=1}^\infty.$$

显然 $T\in B(X,c_0)$, 由假设 $T\in WK(X,c_0)$, 从而 $T^*\in WK(l_1,X^*)$, 且 $T^*e_n=x_n^*$, 其中 (e_n) 为 l_1 的自然基，故 (x_n^*) 有子列 $(x_{n_i}^*)$, 使 $(x_{n_i}^*)$ 是 w 收敛的. 易见 $x_n^*\overset{w}{\to}0$, 故 X 是 Grothendieck 空间. 证毕.

注 1.5.7　上述命题及其证明引自于文献 [6] 的定理 6.3.5, 更全面的论述可参见文献 [16] 的 VI.5.

我们要用到一个重要结果，其证明参见文献 [16] 的 p.156, 定理 10.

引理 1.5.8(Rosenthal)　任何紧 T_2-Stone 空间 Ω, 如果 $l_\infty\not\hookrightarrow X$, 则 $B(C(\Omega),X)=WK(C(\Omega),X)$, 这里 WK 表示弱紧算子集.

命题 1.5.9　l_∞ 是 Grothendieck 空间.

证　$l_\infty\cong C(\beta\mathbf{N})$, 其中 $\beta\mathbf{N}$ 是自然数集具离散拓扑的 Stone-Cech 紧化，故由引理 1.5.8 知， $B(l_\infty,c_0)=WK(C(\beta\mathbf{N}),c_0)$, 应用命题 1.5.6 知， l_∞ 是 Grothendieck 空间，证毕.

定义 1.5.10 Banach 空间 X 称为 Mazur 空间, 如果 X^* 上任何 w^* 序列连续线性泛函是 w^* 连续的 (从而属于 $J_X(X)$).

命题 1.5.11 若 X 是 Grothendieck 空间, 且 X 是 Mazur 空间, 则 X 是自反的.

证 任取 $x^{**}\in X^{**}$, 任取 $x_n^*\in X^*$, 使 $x_n^*\xrightarrow{w^*}x^*$, 则由于 X 是 Grothendieck 空间, $x_n^*\xrightarrow{w}x^*$, 从而 $x^{**}(x_n^*)\to x^{**}(x^*)$, 这表明 x^{**} 是 w^* 序列连续线性泛函, 由于 X 还是 Mazur 空间, 故 $x^{**}\in J_X(X)$, 因此 X 是自反的. 证毕.

推论 1.5.12 l_∞ 不是 Mazur 空间.

命题 1.5.13 l_∞ 不是 B 凸的.

证 由于 B 凸空间的子空间仍是 B 凸的, 而 c_0 不是 B 凸的 (见小结 1.2.1), 故 l_∞ 不是 B 凸的. 证毕.

命题 1.5.14 l_∞ 的可分商空间是自反的.

证 设 l_∞/Y 是可分商空间. 令 $Q: l_\infty\to l_\infty/Y$ 是商映射, 由于 l_∞/Y 是可分的, 故 $l_\infty \not\hookrightarrow l_\infty/Y$, 因此, 由引理 1.5.8(Rosenthal 定理) 知 Q 是 w 紧的, 又 $B_{l_\infty/Y}=QB_{l_\infty}$, 故 $B_{l_\infty/Y}$ 是 w 紧的, 从而 l_∞/Y 是自反的. 证毕.

2 关于含 l_∞ 的空间

小结 1.5.15

(1) l_∞ 是最小的无限维内射空间, 即每个无限维内射空间都含有 l_∞-copy(见文献 [6] 的定理 6.3.38);

(2) X^* 不含 l_∞-copy 当且仅当 X^* 中的每一 w^* 无条件 Cauchy 级数都是无条件收敛级数. 这里对 $(x_n^*)\subseteq X^*$, 称级数 $\sum x_n^*$ 是 w^* 无条件 Cauchy(简记为 w*uC), 是指对每一 $x\in X$, $\sum|x_n^*(x)|<\infty$(见文献 [6] 的定理 6.3.20);

(3) X 具有 (w) 性质时, X 不含 l_∞-copy(见文献 [6] 的推论 6.3.4);

(4) $l_\infty\approx L_\infty[0,1]$(命题 1.5.16);

(5) $l_2\approx l_\infty/Y$, 对某一 $Y\subseteq l_\infty$(命题 1.5.18);

(6) l_∞/Y 自反时, 则必 $l_\infty\hookrightarrow Y$(见文献 [1] 的 p.110);

(7) 对紧 T_2-Stone 空间 Ω, 当 X 不含 l_∞-copy 时, 必有 $B(C(\Omega),X)=WK(C(\Omega),X)$ (引理 1.5.8).

命题 1.5.16 l_∞ 与 $L_\infty[0,1]$ 同构.

证 由于已知 $L_1^*\cong L_\infty$, 而 l_∞ 是关于可分空间的共轭类万有的, 故应有某 Y, 使得 $L_\infty\cong Y\subseteq l_\infty$, 但 L_∞ 是 $\mathcal{P}_1$ 空间, 就进一步得知 L_∞ 可补地嵌入 l_∞.

另一方面, 我们要证明一个易见的事实: $l_\infty\hookrightarrow L_\infty$. 这只要选取 [0,1] 中两两

不相交的一列闭区间列 (E_n), 定义 $T: l_\infty \to L_\infty[0,1]$ 为

$$Tx = \sum_{n=1}^{\infty} x_n \chi_{E_n}, \text{ 对每一} x = (x_n) \in l_\infty.$$

就可知 T 把 l_∞ 嵌入了 L_∞. 再次应用 l_∞ 是 $\mathcal{P}_1$ 空间的事实, 又得知, l_∞ 也可补地嵌入了 L_∞.

下面的证明与 §1.2 中证明 c_0 是素空间时所用的 Pelczynski 方法完全类似了.

$L_\infty \approx l_\infty \bigoplus Z \approx (l_\infty \bigoplus l_\infty) \bigoplus Z \approx l_\infty \bigoplus (l_\infty \bigoplus Z) \approx l_\infty \bigoplus L_\infty \approx (X \bigoplus L_\infty) \bigoplus L_\infty \approx X \bigoplus (L_\infty \bigoplus L_\infty) \approx X \bigoplus L_\infty \approx l_\infty$, 证毕.

注 1.5.17 (1) 命题证明中所用的有趣的 Pelczynski 分解方法为 Casazza 在文献 [33] 所专门研究过.

(2) 从 Holmes 在文献 [19], 到 Johnson 与 Lindenstrauss 在文献 [7] 的开篇, 都很强调泛函分析的抽象存在性证明与具体构造性证明的差异. 以此命题为例, 他们都提出是否能具体构造出一个 l_∞ 与 L_∞ 之间同构算子的问题.

命题 1.5.18 l_∞ 有商空间与 l_2 同构.

证 由于 $l_2 \hookrightarrow L_1$(见小结 1.6.2), 故 $l_2 \approx L_\infty/Y_1$, 对某个 $Y_1 \subseteq L_1^* = L_\infty$, 但由命题 1.5.16,$L_\infty \approx l_\infty$, 故 $l_2 \approx l_\infty/Y$, 对某一 $Y \subseteq l_\infty$.

§1.6 函 数 空 间

应该说明的是, 本章作为经典 Banach 空间基本结构的讨论, 本节仍主要限于经典函数空间 $L_p[0,1](1 \leqslant p \leqslant \infty)$ 和 $C[0,1]$ 的讨论. 一些基本而又典型的结果, 在涉及抽象函数空间时只是顺便提及. 与许多书一样, 以下经常简记 $L_p[0,1]$ 为 L_p.

要使本节的结果对更一般的 Banach 空间结构有更多的作用, 如下一些观点是必要的 (见于文献 [3] 和 [4] 等论述):

观点 1.6.1

(1) 当对自然数集 $\Omega = \mathbf{N}, \Sigma = 2^{\mathbf{N}}$, 每个 $A \in \Sigma$ 取计数测度 $\mu A = \overline{\overline{A}}$ 时, l_p 就成为 $L_p(\mathbf{N}, \Sigma, \mu)(1 \leqslant p \leqslant \infty)$;

(2) 对每个测度空间 (Ω, Σ, μ), 当 $L_p(\mu)$ 是可分空间且 μ 是纯非原子测度 (即单元素集, $\mu(\{a\}) = 0$, 对任一 $a \in \Omega$) 时, $L_p(\mu)$ 就与 $l_p^n(n = 1, 2, \cdots), l_p, L_p[0,1]$, $(L_p[0,1] \bigoplus l_p^n)_p(n = 1, 2, \cdots)$ 和 $(L_p[0,1] \bigoplus l_p)_p$ 中的某一个等距同构, 故我们一般研究可分的 p 方可积函数空间只需限于考虑 L_p(见文献 [4] 的命题 III.A.1);

(3) $L_p(\Omega, \mu)(1 \leqslant p < \infty)$ 空间的每个可分子空间 X, 都包含在某个可分的 $Y \subseteq L_p(\Omega, \mu)$ 中, Y 又与某一 $L_p(\Omega, \mu_1)$ 等距同构 (见文献 [4] 的命题 III.A.2, 这一事实是我们主要研究可分 $L_p[0,1]$ 的依据);

(4) 经常设 K 是一个紧 T_2(即 Hausdorff) 空间，考虑 $C(K)$—— 由 K 上一致连续函数组成，取函数值绝对值上确界范数的连续函数空间．对于这类空间，$C(K)$ 与 $C(K')$ 等距同构的充分必要条件是 K 与 K' 同胚．有时把 l_∞ 视为 $C(\beta\mathbf{N})$，其中 $\beta\mathbf{N}$ 是 $\mathbf{N}$ 的 Stone-Cech 紧化 (拓扑空间 Ω 称为 Stone 空间，如果 Ω 中每个开集的闭包是开集)；

(5) 从子集 (或非闭子空间) 包含关系来说，我们可以形式地得到空间链：

$$\cdots \subseteq C^n[0,1] \subseteq C^{n-1}[0,1] \subseteq \cdots \subseteq C[0,1] \subseteq$$
$$\subseteq L_\infty[0,1] \subseteq L_p[0,1] \subseteq L_{p'}[0,1] \subseteq L_1[0,1],$$

其中 $n \in \mathbf{N}$,$C^n[0,1]$ 表示 n 阶连续可导函数空间，$1 < p' < p < \infty$. 也有

$$l_1 \subseteq l_{p'} \subseteq l_p \subseteq \cdots \subseteq c_0 \subseteq c \subseteq l_\infty,\ 1 < p' < p < \infty.$$

(但要注意，强调上述包含关系只是纯粹集合元素的从属关系．例如，作为一个泛函分析标准练习题，试证 $C[0,1]$ 中闭子空间的元素连续可微时，是有限维的.)

(6) 任何一个 Banach 空间 X 都可视为等距嵌入某个 $C(K)$ 空间：$X \subseteq C(K)$. 事实上只要取 $K = B_{X^*}$，以及 K 取 w^* 拓扑.

1 空间 L_p

小结 1.6.2(以下各结果的出处与推导除个别注明外均见于文献 [6] 的 §1.3)

(1) 对 $1 \leqslant p < \infty$, 阶梯函数列 —Haar 函数组 $(h_n(t))$ 是 L_p 的单调 (但不规范) 基 (见文献 [6] 的定义 1.3.1, 定理 1.3.1), 对 $1 < p < \infty$ 时，还是无条件基 (文献 [3] 的定理 II.3.23);

(2) 对 $1 \leqslant p < \infty$,Radmacher 函数列按 L_p 中范数张成的闭子空间 R_p 与 l_2 同构，故 $l_2 \approx R_p \subseteq L_p$(文献 [6] 的定义 1.3.2, 推论 1.3.4);

(3) L_1 是 DP 空间;

(4) 对 $1 < p < \infty$,$l_2 \approx R_p$ 是 L_p 的可补子空间 (文献 [6] 的定理 1.3.6);

(5) $l_2 \approx R_1$ 在 L_1 中不可补 (L_1 不含可补的自反子空间)(文献 [6] 的定理 2.3.25);

(6) 对每个 $1 \leqslant p < \infty$,$l_p \overset{c}{\hookrightarrow} L_p$(文献 [6] 的定理 1.3.9);

(7) 对 $2 \leqslant p < \infty$,L_p 是次投影空间 (见文献 [66] 或 [254], 也见文献 [6] 的定理 1.3.10);

(8) 对 $1 \leqslant p < 2$,L_p 不是次投影空间 (命题 2.3.2(b));

(9) $X \subseteq L_1$, 则或 X 自反 (故不含可补子空间), 或 X 含一个与 l_1 同构且在全空间中可补的子空间;

(10) 对每个 $1 \leqslant p \leqslant \infty$,$L_p$ 是准素 (primary) 空间;

(11) 当 $(r-2)(p-2) < 0$ 或者 $| r-2 | < | p-2 |$ 时，不存在无限维闭子空间 $Y \subseteq L_p[0,1]$, 使得 $Y \hookrightarrow L_r[0,1]$, 特别地，$L_p[0,1] \not\hookrightarrow L_r[0,1]$(见文献 [3] 的 II.3.c);

(12) $1 < p < \infty$ 时，每个可补子空间 $Y \subseteq L_p[0,1]$ 或同构于 l_2 或包含一个与 l_p 同构且在 $L_p[0,1]$ 中可补的子空间 (文献 [3] 的定理 II.3.11)；

(13) $2 \leqslant p < \infty$ 时，$L_p[0,1]$ 中的每个与 l_2 同构的子空间都可补 (见文献 [3] 的定理 II.3.11)；

(14) $1 \leqslant p < 2$ 时，有子空间 $l_2 \approx Y \subseteq L_p$，且 Y 不可补 (见文献 [3])；

(15) $1 \leqslant r \leqslant p \leqslant 2$ 时，L_p 等距同构于 L_r 的一个子空间 (见文献 [3])；

(16) 对 $1 < p < \infty, H_p \approx L_p$(见文献 [3])；

(17) L_1 是弱序列完备的，没有无条件基；

(18) 对 $1 \leqslant p < 2, X \subseteq L_p$，则或 $X \hookrightarrow L_r[0,1]$ 对某 $r > p$ 或 $l_p \approx Y \subseteq X$，且 Y 在 L_p 中可补，特别地，L_1 的自反子空间必同构于某 $L_r(r > 1)$(见文献 [3])；

(19) $1 \leqslant p < 2$ 时，L_p 中任一对称基序列都等价于某一 Orlicz 序列空间的单位向量基 (见文献 [3])；

(20) 对 $1 \leqslant p < \infty$，单位圆盘 D 上的解析函数构成的 Hardy 空间 $H_p(D)$ 可以视为 $H_p(T) \subseteq L_p(T)$，且当 $1 < p < \infty$ 时，$H_p(T) \approx L_p(T)$(见文献 [4] 的 I.B.19 和练习 9)；

(21) 一阶 Lipschitz 函数空间 $L_{ip_1}[0,1] \approx L_\infty[0,1]$(见文献 [4])；

(22) Sobolev 空间 $W_p^k(T^s) \hookrightarrow L_q(T^s)$，对 $p \leqslant q \leqslant \dfrac{sp}{(s-kp)}$(文献 [4] 的 I.B. 定理 31)；特别地 $W_p^1(T^2) \approx L_p(T^2)$，对 $1 < p < \infty$；

(23) $L_p[0,1] \bigoplus l_p \approx L_p[0,1]$；

(24) 每个到 $L_p(1 \leqslant p < \infty)$ 的紧算子可通过 l_p 分解；

(25) 对每个 $1 < p < \infty, L_p(\Omega, \mu)$ 有 Banach-Saks 性质；

(26) $L_p[0,1]$ 是型 $\min(2,p)$ 的，余型 $\max(2,p)$ 的；

(27) $L_p[0,1]$ 是 $\mathcal{L}^p$ 空间且是 $\mathcal{L}^p_{1+\epsilon}$ 空间，对任一 $\epsilon > 0$；

(28) 当 X 有无条件基时，$L_1[0,1] \not\hookrightarrow X$；特别地，$L_1[0,1]$ 没有无条件基；

(29) $L_1[0,1]$ 没有预共轭空间，即不存在空间 X，使得 $X^* \approx L_1[0,1]$；

(30) $l_2 \approx L_2[0,1]$ 和 $l_\infty \approx L_\infty[0,1]$，但 $l_p \not\approx L_p[0,1](1 \leqslant p < \infty, p \neq 2)$.

2 空间 $C(K)$

如本节开头所述，我们主要着眼于 $C[0,1]$ 的性质和结构.

小结 1.6.3(以下各结果的出处与推导主要见于文献 [4] 和 [34])

(1) $C[0,1]$ 是对可分空间万有的，即每个可分 X 与 $C[0,1]$ 的一子空间等距同构；

(2) 设 K_1 和 K_2 是紧 T_2 空间，则 $C(K_1)$ 与 $C(K_2)$ 等距同构当且仅当 K_1 和 K_2 同胚；

(3) 当 K 是一个不可数的紧距离空间时， $C(K) \approx C[0,1]$;

(4) 当 K 是一个紧 T_2 空间， H 是 K 的可度量化的闭子空间，则存在 $C(K)$ 的一个子空间 Y,Y 与 $C(H)$ 等距同构，且有 $C(K)$ 到 $C(H)$ 上的压缩 (即范数为 1 的) 投影;

(5) Banach 空间 X 是一个 1 内射空间当且仅当 X 等距同构于某个 $C(K)$ 空间，其中 K 是一个极端不连通的紧 T_2 空间;

(6) 设 X 是 $C[0,1]$ 的一个可补子空间， X^* 不可分，则必 $X \approx C[0,1]$;

(7) $C[0,1]$ 中每个与 $C[0,1]$ 同构的子空间 Y, 都含有一个在全空间中可补的 $Z \approx C[0,1]$;

(8) 设 K 是紧 T_2 空间， A 是复 $C(K)$ 中的一个子代数，A 是自共轭的，$1 \in A$, 且 A 在 K 上可分点，则 A 在 $C(K)$ 中稠密 (即 Stone-Weierstrauss 定理);

(9) $C[0,1] \approx (\sum \bigoplus C[0,1])_0$; $C[0,1] \bigoplus c_0 \approx C[0,1]$;

(10) $C(K)$ 是 $\mathcal{L}^\infty$ 空间；当 K 是紧 T_2 空间时， $C(K)$ 还是 $\mathcal{L}^\infty_{1+\epsilon}$ 空间，对任一 $\epsilon > 0$;

(11) $C[0,1]$ 没有无条件基;

(12) $C[0,1]$ 的每个可补子空间都含 c_0;

(13) $C[0,1] \not\approx C[0,1] \bigoplus l_1$;

(14) $C[0,1]$ 不含可补的无限维自反子空间；

(15) $C[a,b]$ 是 DP 空间 (见引理 1.2.37).

问题 1.6.4 $C[0,1]$ 的每个可补子空间同构于 $C[0,1]$ 或者某 $C(K)$,K 是一个可数距离空间吗？

作为本小节的结束，需要说明：如前观点 1.6.1(6) 所述， $C(K)$ 空间可谓最大，最复杂的一类 Banach 空间，随着拓扑空间 K 的不同取向，千差万别，包罗万象. 文献 [26] 的第 36 个专题，是 Rosenthal H.P. 关于这方面研究的最新长篇综述.

第 2 章　可补子空间

细心的读者会发现，我们在第 1 章介绍经典 Banach 空间基本结构时，注重于子空间的可补性. 我们认为，对一个给定的空间，研究其子空间结构，最基本的问题有二：首先是它都含有些什么样的子空间？其次是含有多少可补子空间？后者之所以重要，是出于算子研究的需要：当空间分解为若干个子空间的拓扑直和后，一个算子就相应分解成由若干个算子组成的算子矩阵来研究. 正因为 Hilbert 空间的每个子空间都有 (惟一的) 正交补，从而每个子空间都 1 可补. 这一特别好的性质，使 Hilbert 空间上算子理论，特别是算子谱理论相当完善和成熟.

人们早就发现，一般 Banach 空间的可补子空间问题千差万别、异常复杂. 早在 Banach-Mazur 时代，就陆续发现了经典 Banach 空间中有的子空间不可补. 数量的积累必导致性质的诘问：也许每个 (同构意义下) 非 Hilbert 空间，都至少有一个不可补子空间？继 1939 年 Kakutani 证明，凡维数超过 3 的 Banach 空间，其每个闭子空间 1 可补的充分必要条件是它与 Hilbert 空间等距同构以后，直至 1971 年， Lindenstrauss 和 Tzafriri 才完全证明，每个闭子空间都可补是 Hilbert 空间的同构特征.

从可补子空间结构研究角度看 Gowers-Maurey 系列成果，也有一个新突破的标志： G-M 所构造出的第一例遗传不可分解空间 (也简记为 H.I. 空间)X_{G_1} 不含非平凡的可补子空间！就是说， X_{G_1} 中每个亏维无限的无限维闭子空间都是不可补的. 从而告知世人，在 Banach 空间家族的大花园里，有这样一类奇花异草：每个 (非平凡) 子空间都不可补的空间. 这与每个子空间都可补的 Hilbert 空间形成了强烈反差.

让我们从最基本的可补子空间概念开始.

§2.1　基本概念与结果

1　代数补子空间

让我们先回顾线性空间的一些有关概念. 设 X 是线性空间， M 和 N 分别是 X 的线性子空间， $M+N$ 表示所有形如 $m+n, m\in M, n\in N$ 的集合，它也就是 X 中包含 M 和 N 的最小子空间，当 $M\bigcap N=\{0\}$ 时，我们也记 $M+N$ 为 $M\dot{+}N$，称为 M 与 N 的代数直和.

当线性空间 X 可表示为两个子空间的直和，即 $X=M\dot{+}N$ 时，我们称 M 和

N 是一对代数互补的子空间，也称 $M(N)$ 是 $N(M)$ 的代数补子空间.

命题 2.1.1　线性空间 X 的每个子空间 M 都至少存在一个代数补子空间 N.

命题的证明可用 Zorn 引理扩充 Hamel 基 (也称线性基) 的方法，从略.

命题 2.1.2　满足 $P^2 = P$ 的线性映射 $P : X \to X$, 惟一确定了线性空间 X 的一个代数直和分解 $X = R(P) \bigoplus N(P)$.

命题 2.1.3　设 $T : X \to Y$ 是线性空间 X 到线性空间 Y 中的线性映射，则对 $N(T) \subseteq X$ 的任何一个代数补子空间 W, T 在 W 上的限制实现了 W 到 $R(T) \subseteq Y$ 的线性同构 $T : W \to R(T)$, 故有 $\dim X = \dim N(T) + \dim R(T)$, 并且有如下正合列

$$0 \to N(T) \xrightarrow{i} X \xrightarrow{T} Y \xrightarrow{q} Y/R(T) \to 0$$

其中 i 表示包含 (即恒同) 映射，q 表示线性商映射.

2　拓扑补子空间和投影算子

定义 2.1.4　设 (X, τ) 是一拓扑线性空间，M 是 X 的一个子空间 (注意这里不事先要求 M 闭), 如果存在 M 的一个代数补子空间 N, 使得由代数直和分解 $X = M \dot{+} N$ 确立的代数投影 $P^2 = P : X \to X$ 使得 P 是连续线性投影，则称 $M = R(P)$ 是 X 的一个拓扑可补的子空间，$N = N(P)$ 就称为 M 的一个拓扑补子空间.

定理 2.1.5　(1) 拓扑线性空间 (X, τ) 满足 T_0 公理时，X 的每一拓扑可补子空间都是闭子空间；

(2) 当 X 是 Frechet 空间时，闭子空间 $M \subseteq X$ 在 X 中拓扑可补的充分必要条件是存在一个 X 的闭子空间 $N \subseteq X$, 使得 $N \bigcap M = \{0\}, X = M \dot{+} N$. 今后也称两个闭子空间的代数直和为拓扑直和，记为 $M \bigoplus N$.

命题的证明留给读者，请注意我们这里的 Frechet 空间是指完备的准范空间 (如大多数泛函分析著作所指).

推论 2.1.6　Banach 空间 X 中的 (闭) 子空间 M(拓扑) 可补的充分必要条件是 X 关于 M 有拓扑直和分解 $X = M \bigoplus N$.

下面的两个命题为人们所熟知，它们是说每个 Banach 空间总有两类平凡的 (拓扑) 可补闭子空间：维数或亏维有限者.

命题 2.1.7　Banach 空间 X 的每个亏维有限的闭子空间 M 是拓扑可补的.

证明从略.

命题 2.1.8　Banach 空间 X 的每个有限维子空间 M 是拓扑可补的.

证一　不妨设 $M \neq \{0\}, \dim M = n \in \mathbf{N}$, 取 M 中一组基 $e_1, \cdots, e_n$, 并设 $M_i = [e_1, \cdots, e_{i-1}, e_{i+1}, \cdots, e_n]$ 是去掉 e_i 后由其余 e_j 张成的 $(n-1)$ 维子空

间，则每个 M_i 都是 X 的闭子空间，且 $e_i \notin M_i$. 由 Hahn-Banach 定理，存在 $f_i \in X^*$, 使得 $f_i(e_i) = 1$, 而对每个 $x \in M_i, f_i(x) = 0$, 定义算子 P 为

$$Px = \sum_{i=1}^{n} f_i(x)e_i, \quad x \in X$$

则容易验证 $P^2 = P, R(P) = M$, 且 $P \in B(X)$, 即 P 是连续线性投影，故 M 拓扑可补.

证二 由 Auerbach 引理 (例如，见文献 [1] 的命题 1.c.3):n 维线性赋范空间 M 中必存在 $(f_i)_{i=1}^n \subseteq M^*$ 和 $(e_i)_{i=1}^n \subseteq M$, 使得 $f_i(e_j) = \delta_{ij}$ 和 $\| f_i \|=\| e_i \|= 1$ 对每一 $i = 1, \cdots, n$ 成立. 于是由 $P = \sum_{i=1}^n f_i \bigotimes e_i$ (当然视各 $f_i \in X^*$ 是从 M 到 X 上的保范延拓), $P^2 = P \in B(X)$ 就确定了一个 $\| P \| \leqslant n$ 的，X 到 M 上的连续线性投影，故 M 可补.

现在，我们首先说明 Banach 空间中第一类平凡的可补子空间在一般拓扑线性空间中仍然是平凡的可补子空间，即把命题 2.1.7 作如下推广.

定理 2.1.9 拓扑线性空间 X 中每一个亏维有限的闭子空间 M 是拓扑可补子空间.

证明从略.

其次，我们要说明，对 Banach 空间中第二类平凡的可补子空间，即有限维子空间类，在一般拓扑线性空间中未必是可补的.

例 2.1.10 $L_p[0,1](0 < p < 1)$ 中每个非零的有限维子空间都不可补.

此例的证明主要应用一个事实：对 $0 < p < 1, L_p[0,1]$ 上的每个非零线性泛函都不连续. 这个事实见于文献 [5] 的 p.30, 文献 [35] 的 p.116, 例 10.1 和文献 [36].

例 2.1.10 的结论本身的证明从略.

虽然这个具有极端性质的例子说明“有限维子空间必可补”现象不能从 Banach 空间推广到一般拓扑线性空间，但是对相当普遍的一类拓扑线性空间，有限维子空间还都是可补的，即有对命题 2.1.8 的如下推广.

定理 2.1.11 设 X 是满足 T_0(从而 T_2) 分离公理的局部凸拓扑线性空间，则 X 的每个有限维子空间都是可补的.

证 与命题 2.1.8 的证一方法完全相同，从略. 这里起决定作用的是局部凸空间中有“足够多”的连续线性泛函.

注 2.1.12 (1) 定理 2.1.11 的分离公理条件去掉后，实际上结论仍然成立. 但是正如通常讨论局部凸空间的许多问题一样，有分离公理是方便的、自然的. 否则证明起来，处理方法将变得十分麻烦.

(2) 从例 2.1.10 实际上可以得到一个一般性命题：对一个有 T_0 分离公理的无限维拓扑线性空间 X, 存在一个 (非零) 有限维子空间可补的充分必要条件是存在

一个 (非零) 连续线性泛函.

(3) 就可补子空间定义本身而言，并没有要求一个可补子空间一定是闭子空间. 在这里倒是分离公理起主导作用. 与定理 2.1.5(1) 的结论类似，有一个容易证明的结果：有 T_0 分离公理的拓扑线性空间中的每个有限维线性子空间一定是闭子空间. 另外，正如定理 2.1.9 的证明中所用的一个普遍结论一样，任意拓扑线性空间中的任一闭子空间加上有限维子空间 (无论后者是否闭) 后仍是闭子空间. 证明留给读者，或见于较详尽的有关拓扑线性空间的著述. 但是要注意，一般说来两个闭子空间的和未必是闭子空间. 可以证明，在任何无限维的 Banach 空间中，都存在两个闭子空间 M 和 N, 使得 $M+N$ 非闭.

(4) 定理 2.1.5 及推论 2.1.6 告诉我们, 从 Banach 空间推广到 Frechet 空间, 都有判定一个闭子空间 M 是否 (拓扑) 可补的纯空间结构的准则. 这在使用中是非常简明方便的. Frechet 空间是仅次于 Banach 空间在数学物理中常见的空间类. 作为一种典型的线性度量空间, 开映射定理、闭图像定理在其空间框架中都适用, 故有重要作用. 但是，应该说明，不仅仅限于 Frechet 空间，可能还有一些具体空间也适用这种可补子空间的判定准则. 下面的例就说明这点，注意到对任一无限维 Banach 空间 X, 其共轭空间 X^* 按 w^* 拓扑都是不可度量化的，故不是 Frechet 空间.

例 2.1.13　设 X 是一个 Banach 空间，那么在取 w^* 拓扑的 (X^*,w^*) 中，每个 w^* 闭子空间 $M\subseteq(X^*,w^*)$ 拓扑可补的充分必要条件是存在 w^* 闭子空间 $N\subseteq X^*$, 使得 $X^*=M\bigoplus N$(记号 $\bigoplus$ 见定理 2.1.5(2) 中的陈述).

证　必要性　由定义 2.1.4 和定理 2.1.5(1) 直接可得到. 只要注意到 (X^*,w^*) 是典型的满足分离公理的局部凸线性空间 (但不是 Frechet 空间).

充分性　设 $X^*=M\bigoplus N$, 取沿着 N 到 M 上的相应代数投影 P, 我们的目的是要证 P 是 w^*-w^* 连续的. 容易验知 $X={}^0N\dot{+}{}^0M$, 设 Q 是相应沿着 ${}^0M$ 到 ${}^0N$ 上的代数投影. 于是只要说明 $Q^*=P$, 从而 P 作为共轭算子就 w^*-w^* 连续，具体验证从略. 实际上由下面的结果也可知.

为方便起见, 把涉及投影算子与可补子空间的一些基本事实, 用下面命题表述之，证明则从略.

命题 2.1.14　(1) 设 X 和 Y 是两个 Banach 空间， X_1 是 X 的 (拓扑) 可补子空间，带有 (拓扑) 补子空间 X_2, 又设 T 是 X 到 Y 上的同构，那么 $T(X_1)$ 是 Y 的可补子空间， $T(X_2)$ 是其补子空间.

(2) 对于投影算子 $P^2=P\in B(X)$, 和其相应的 X 的拓扑直和分解 $X=R(P)\bigoplus N(P)$, 就有一个对应的投影算子 $(P^*)^2=P^*\in B(X^*)$, 和其相应的 X^* 的拓扑直和分解 $X^*=R(P^*)\bigoplus N(P^*)$. 它们之间有关系： $N(P^*)=R(P)^0, R(P^*)=N(P)^0, R(P)^*\approx R(P^*)$, 因而 $X^*\approx R(P)^*+N(P)^*$, 今后也简写为 $X^*=(R(P)\bigoplus$

$N(P))^* = N(P)^0 \bigoplus R(P)^0 = R(P)^* \bigoplus N(P)^*$. 另外，也还有 $X/R(P) \approx N(P)$, $X/N(P) \approx R(P), N(P^*) \approx (X/R(P))^* \approx R(P)^0, X^*/R(P)^0 \approx R(P)^*$, 等等.

(3) 设 P 和 Q 是 Banach 空间 X 上的两个投影算子. 那么，$P+Q \in B(X)$ 是投影算子的充分必要条件是 $PQ = QP = 0$. 这时 $R(P+Q) = R(P) \bigoplus R(Q), N(P+Q) = N(P) \bigcap N(Q)$.

(4) 设 P 和 Q 是 Banach 空间 X 上的两个投影算子，满足 $PQ = QP$. 那么，PQ 是一个投影. 这时 $R(PQ) = R(P) \bigcap R(Q), N(PQ) = N(P) + N(Q)$.

(5) 设 P 和 Q 是 Banach 空间 X 上的两个投影算子，满足 $PQ = QP = P$. 今后我们简记这一事实为 $P < Q$. 那么如下各陈述是等价的：

e_1 $P < Q$;

e_2 $R(P) \subseteq R(Q)$, 且 $R(P^*) \subseteq R(Q^*)$;

e_3 $R(P) \subseteq R(Q)$, 且 $N(Q) \subseteq N(P)$.

(6) 设 X 是一个 Banach 空间，那么在相差一个等距嵌入的意义下，X^* 在 X^{***} 中可补.

注 2.1.15 关于 (6), 其证明用到一个称为 Dixmire 投影的定义，即设 $P : X^{***} \to X^*$ 为 $P(f) = f\ |_{X^*}, f \in X^{***}$; 另外结论 (6) 不仅有趣，其一般通用性有时还很好用. 例如，如果先接受 c_0 在 l_∞ 中不可补的事实前提 (在第 1 章中提到，下面还给出这一事实在方法论上的多视角探讨), 那么我们就轻而易举地说明了 c_0 不是共轭空间：如果有 Banach 空间 X, 使得 $X^* = c_0$, 那么由 (6),$c_0 = X^*$ 在 $X^{***} = c_0^{**} = l_1^* = l_\infty$ 中可补，矛盾.

3 投影常数与延拓常数

我们知道一个投影算子 $P \in B(X)$ 与 Banach 空间 X 的一种直和分解 $X = R(P) \bigoplus N(P)$ 是一一对应的. 而从算子范数的定义很容易推出 (设 $P \neq 0, I$)：

$$\| P \| = \frac{1}{d(S_{R(P)}, N(P))} \geqslant \frac{1}{d(S_{R(P)}, S_{N(P)})}.$$

这种最基本的关系式，已经在一定程度上反映出算子 (范数) 与子空间结构的关系，或者也可以说在一定程度上说明投影范数的几何意义. 在这一基础上，研究子空间之间与所谓距离有关的各种参数，并且通过它们来研究算子各种摄动 (如小范数摄动，紧摄动) 等等，是算子理论基本的方法，例如见于文献 [37] 和 [38] 等.

对于一个给定的可补子空间 $M \subseteq X$ 而言，一般可以有无数个到 M 上的投影 P, 因而 M 的补子空间也无数 (除非 $M = 0$ 或 X). 我们当然希望选取范数尽可能小的 P 来处理问题. 在 $X = H$, 即 Hilbert 空间情况，问题圆满解决：每个 Hilbert 空间中的非零闭子空间，只要取其上的正交投影，范数就达到最小值 1.

在一般 Banach 空间，计算或估计一个可补子空间尽可能小的投影范数，是非常艰巨、复杂的. 即使是有限维子空间相应的投影范数测定，也成为空间局部理论研究长期的基本课题. 本小节只是介绍一些最基本的常识和工具.

投影算子是特殊的 (恒等) 算子延拓问题，故讨论投影常数与延拓常数联系是自然的. 我们在第 1 章讨论空间 l_∞ 的结构性质时，曾经遇到有延拓性质的空间，当时我们也用内射 (injective) 来等价描述过：如果对每个 Banach 空间 Y 及其每个子空间 Z, 以及每个算子 $T: Z \to X$, 都存在一个延拓 $\widetilde{T}: Y \to X$. 于是我们先给出如下.

定义 2.1.16 设 X 是一个 Banach 空间，则定义其延拓常数为

$e(X) = \inf\{c$: 对每个空间 $Y \supseteq Z$ 与算子 $T: Z \to X$ 都存在一个延拓算子 $\widetilde{T}: Y \to X$, $\widetilde{T}|_Z = T$ 且 $\|\widetilde{T}\| \leqslant c\|T\|\}$.

当然, 可能有 $e(X) = \infty$ 或根本失去意义的情况, 这时不妨一律记为 $e(X) = \infty$.

命题 2.1.17 (1) 一维空间 $K = \mathbf{R}$ 或 $\mathbf{C}$ 有延拓常数 $e(K) = 1$;

(2) 对序列空间 l_∞, 有延拓常数 $e(l_\infty) = 1$;

(3) 对每个有限测度空间上的函数空间 $L_\infty(\mu)$, 有延拓常数 $e(L_\infty(\mu)) = 1$;

(4) 每个内射空间 X, 都有 $e(X) < \infty$.

证 (1) 和 (2) 都是 Hahn-Banach 定理的直接应用.

(3) 见文献 [4] 的定理 III.B.2 的证明.

(4) 如果 $e(X) = \infty$, 就取一列空间 $Y_n \supseteq Z_n$ 与算子列 $T_n: Z_n \to X, \|T_n\| = n$, 使得每个延拓算子 $\widetilde{T}_n: Y_n \to X$ 有 $\|\widetilde{T}_n\| \geqslant n^2$. 令 $Y = (\sum_{n=1}^\infty \bigoplus Y_n)_2 \supseteq Z = (\sum_{n=1}^\infty \bigoplus Z_n)_2$, 且定义 $T: Z \to X$ 为 $T(z_n) = (T_n(z_n))$. 容易看出 $T \in B(Z, X)$ 而 T 不能连续延拓到 Y 上. 证毕.

定义 2.1.18 设给定一对 Banach 空间 $Y \supseteq X$, 我们定义

$\widetilde{e}(X,Y) := \inf\{c$: 对每一算子 $T: X \to Z$ 存在一个延拓 $\widetilde{T}: Y \to Z$, $\|\widetilde{T}\| \leqslant c\|T\|\}$.

$\lambda(X,Y) := \inf\{\|P\|: P$ 是 Y 到 X 上的投影 $\}(\lambda(X,Y) := \infty$, 当 X 在 Y 中不可补).

又对单个空间 X, 我们定义

$\widetilde{e}(X) := \sup\{\widetilde{e}(X_1, Y): X_1$ 是一个与 X 等距的 Y 的子空间 $\}$.

$\lambda(X) := \sup\{\lambda(X_1, Y): X_1$ 是一个与 X 等距的 Y 的子空间 $\}$.

$r_\infty(X) := \inf\{\|\alpha\| \cdot \|\beta\|: X \xrightarrow{\alpha} L_\infty(\mu) \xrightarrow{\beta} X$ (μ 是一个任意有限测度), 且 $\beta\alpha = I_X\}$(这里及以后 I_X 强调是 X 上的恒等算子).

引理 2.1.19 对每一对 Banach 空间 $Y \supseteq X$, 都有 $\widetilde{e}(X,Y) = \lambda(X,Y)$.

证 一方面，由于 Y 到 X 上的投影算子是恒等算子 I_X 的到 Y 上的一个延拓，立即可知 $\lambda(X,Y) \leqslant \widetilde{e}(X,Y)$. 另一方面，每个 Y 到 X 上的投影 P, 对每个算

子 $T: X \to Z$ 有延拓 $\widetilde{T} = TP$, 且 $\| \widetilde{T} \| \leqslant \| P \| \| T \|$. 这又说明 $\widetilde{e}(X, Y) \leqslant \lambda(X, Y)$.

命题 2.1.20 设 X 是一个 Banach 空间, X_1 是 $L_\infty(\mu)$ 中某一个与 X 等距的子空间, 那么

$$e(X) = \widetilde{e}(X) = \lambda(X) = r_\infty(X) = \widetilde{e}(X_1, L_\infty(\mu)) = \lambda(X_1, L_\infty(\mu)).$$

而且, 如果 X 是有限维的, X_1 是某 $C(K)$ 空间中与 X 等距的子空间, 则 $\lambda(X) = \lambda(X_1, C(K))$.

证 由引理 2.1.19 我们推得 $\widetilde{e}(X) = \lambda(X)$ 与 $\widetilde{e}(X_1, L_\infty(\mu)) = \lambda(X_1, L_\infty(\mu))$. 显然 $r_\infty(X) \leqslant \lambda(X_1, L_\infty(\mu)) \leqslant \lambda(X)$. 如果我们有 $X \xrightarrow{\alpha} L_\infty \xrightarrow{\beta} X, \beta\alpha = I_X$ 与 $\| \alpha \| \cdot \| \beta \| \leqslant r_\infty(X) + \epsilon$, 以及给定 $Y \supseteq Z$ 与 $T: Z \to X$, 那么命题 2.1.17 给出一个算子 $S: Y \to L_\infty$, 满足 $S|_Z = \alpha T$ 且 $\| S \| = \| \alpha T \|$. 由于对 $z \in Z$ 我们有 $\beta S(z) = \beta\alpha T(z) = T(z)$, 算子 βS 是 T 的延拓, $\| \beta S \| \leqslant \| \alpha \| \cdot \| \beta \| \cdot \| T \|$, 那么 $e(X) < r_\infty(X)$. 如果 X 是 Y 的一个子空间, 我们可以延拓 $I: X \to X$ 为投影 $P: Y \to X$, 有 $\| P \| \leqslant e(X)$, 那么 $\lambda(X) \leqslant e(X)$, 这就证明了命题的长递推等式.

另外, 注意到由定义, $\lambda(X_1, C(K)) \leqslant \lambda(X)$. 反之, 如果 P 是 $C(K)$ 到 X_1 上的投影, 则 $P^{**}: C(K)^{**} \to X_1$ 是到 X_1 上同范数的投影, 那么 $\lambda(X_1, C(K)) \geqslant \lambda(X_1, C(K)^{**})$. 由于 $C(K)^{**} \approx L_\infty(\mu)$ 对某个 $L_\infty(\mu)$, 从命题原有的长递推等式就又证明了命题 "而且" 后面的结论, 证毕.

推论 2.1.21 对任意两个 Banach 空间 X 与 Y, 我们有 $\lambda(X) \leqslant \lambda(Y) \cdot d(X, Y)$.

证 由定义 $r_\infty(X) \leqslant r_\infty(Y) \cdot d(X, Y)$, 然后由上一命题就得证.

文献 [4] 在 III.B, 通过对 n 维子空间 X, 相对于 $L_p(\mu)$ 的投影常数的较为精确的估计, 把命题 2.1.8 证二中对 n 维空间投影常数的粗略估计 $\lambda(X_n) \leqslant n$ 精确为 $\lambda(X_n) \leqslant \sqrt{n}$, 即有如下.

命题 2.1.22 设 X 是 $L_p(\mu)(1 < p < \infty)$ 的一个 n 维子空间, 则存在一个到 X 上的投影 P, $\| P \| \leqslant n^{|\frac{1}{2} - \frac{1}{p}|}$. 如果 X 是任意 Banach 空间 Y 的任一 n 维子空间, 那么存在一个 Y 到 X 上的投影 P, $\| P \| \leqslant \sqrt{n}$. 特别地, 对任一 Banach 空间 X, 我们有 $\lambda(X) \leqslant \sqrt{\dim X}$.

推论 2.1.23 设 $X \subseteq Y$ 是一个亏维为 n 的子空间, 则 $\lambda(X, Y) \leqslant \sqrt{n} + 1$.

证 设 P 是由 Y^* 到 X^0 上的投影, $\| P \| \leqslant \sqrt{n}$. 我们记 $P(y^*) = \sum_{j=1}^n y_j^{**}(y^*) x_j^0$, 其中 $x_j^0 \in X^0$ 与 $y_j^{**}(x_k^0) = \delta_{jk}$. 应用局部自反原理 (例如见于文献 [4] 的 II.E.14), 对 $\operatorname{span}(y_j^{**})_{j=1}^n$, 我们取 $(y_j)_{j=1}^n \subseteq Y$ 使得 $x_j^0(y_k) = \delta_{jk}$, 并且使得 $\widetilde{P}$ 定义为 $\widetilde{P}(y) = \sum_{j=1}^n x_j^0(y) y_j$ 是一个投影, 有范数 $\| \widetilde{P} \| \leqslant \sqrt{n} + \epsilon$. 显然地 $N(\widetilde{P}) = X$, 那么 $I - \widetilde{P}$ 是一个到 X 上的投影, 有范数 $\| I - \widetilde{P} \| \leqslant \sqrt{n} + 1 + \epsilon$. 由于 $\epsilon > 0$ 是任意的, 证毕.

推论 2.1.24 设 $M \subseteq N$ 是 Banach 空间 X 的子空间, $\dim M = m \leqslant \dim N =$

n, 那么

$$\frac{\lambda(M,X)}{\lambda(N,X)} \leqslant \sqrt{n-m}+1, \qquad \frac{\lambda(N,X)+1}{\lambda(M,X)+1} \leqslant \sqrt{n-m}+1$$

证　易知 $\lambda(M,X) \leqslant \lambda(M,N)\cdot\lambda(N,X)$, 并且推论 2.1.23 给出 $\lambda(M,N) \leqslant \sqrt{n-m}+1$. 再考虑 X 到 M 上的投影 R 与由 $N(R)$ 到 $N(R)\bigcap N$ 上的投影 Q, 我们令 $P=R+Q(I-R)$, 验证 P 是一个 X 到 N 上的投影且 $\| P \| \leqslant \| R \| + \| Q \| (\| R \| +1)$. 那么

$$\lambda(N,X)+1 \leqslant (\lambda(M,X)+1)(\lambda(N(R)\bigcap N, N(R))+1).$$

由于 $\dim(N(R)\bigcap N)=n-m$, 命题 2.1.22 就给出了第二式估计.

下面的一个命题对具体空间的投影常数的计算很有用，见于文献 [4] 的定理 III.B.13 和文献 [49] 的定理 5.18.

命题 2.1.25　设 Y 是 Banach 空间 X 的一个可补子空间. 设 G 是一个紧群，$g\to T_g$ 是 G 到 $B(X)$ 中的一个表示，使得

(1) 对每个 $x\in X$, $T_g(x)$ 是 g 的连续函数;

(2) $T_g(Y)\subseteq Y$, 对任一 $g\in G$.

那么对每个 $\epsilon>0$, 存在一个投影 $P: X\to Y$ 使得 $T_gPT_{g^{-1}}=P$ 对每个 $g\in G$ 成立，且 $\| P \| \leqslant (\lambda(Y,X)+\epsilon)\sup\limits_{g\in G}\| T_g \|^2$, 此时，称 P 为不变投影.

证　共鸣定理说明 $\sup\limits_{g\in G}\| T_g \| < \infty$. 让我们取一个 X 到 Y 上的投影 Q, 使得 $\| Q \| \leqslant \lambda(Y,X)+\epsilon$, 并且对每个 $x\in X$, 定义

$$P(x)=\int_G T_gQT_{g^{-1}}(x)dg$$

其中 dg 表示紧群 G 上的 Haar 测度. 条件 (1) 为这个积分的存在提供了保证. 对于每个 $x\in X$, 我们看出 $T_gQT_{g^{-1}}(x)\in Y$, 而对于 $y\in Y$, 我们看出 $T_gQT_{g^{-1}}(y)=y$, 那么 P 是一个到 Y 上的投影. 对于 $h\in G$

$$T_hPT_{h^{-1}}=\int_G T_hT_gQT_{g^{-1}}T_{h^{-1}}dg=\int_G T_{hg}QT_{(hg)^{-1}}dg=P$$

也得到

$$\| P(x) \| = \int_G \| T_g \|\cdot\| Q \|\cdot\| T_{g^{-1}} \|\cdot\| x \| dg \leqslant \| Q \|\cdot\| x \| \sup_{g\in G}\| T_g \|^2 .$$

在许多具体应用中 T_g 是等距算子而且不变投影还是惟一的. 在这种情况下，这个不变投影的范数就等于 $\lambda(Y,X)$.

例 2.1.26 让我们简记 n 维欧氏空间 l_2^n 的单位球面 $S(l_2^n)$ 为 $S_n=\{(z_1,\cdots,z_n)\in \mathbf{C}^n:\sum_{j=1}^n|z_j|^2=1\}$. 并设 σ 是 S_n 上规范旋转不变测度. $\mathbf{C}^n$ 上 m 阶齐次多项式的全体构成的空间表示为 $W_m(S_n)$, 赋以范数 $\|P\|_\infty=\sup\limits_{\zeta\in S_n}|P(\zeta)|$ 后表示为 $W_m^\infty(S_n)$. 而赋以范数

$$\|P\|_2=\left(\int_{S_n}|P(\zeta)|^2d\sigma(\zeta)\right)^{\frac{1}{2}}$$

后表示为 $W_m^2(S_n)$. 易知每个多项式可以惟一地写为 $P=\sum_{k=0}^m P_k$, 其中 $P_k\in W_k(S_n)$. $\mathbf{C}^n$ 上酉算子全体的紧群用 $U(n)$ 表示, 它在 $C(S_n)$ 上的作用由 $U(n):g\to T_g$ 决定, 其中 $T_gf=fg$, $f\in C(S_n)$. 显然 T_g 是 $C(S_n)$ 上的等距算子, 引用函数论的理论和方法技巧 (例如文献 [39] 等), 本质上用命题 2.1.20 和命题 2.1.25 可以求出命题 2.1.25 中惟一的不变投影 P, 进而得出空间 $W_m^\infty(S_n)$ 的投影常数 $\lambda(W_m^\infty(S_n))\leqslant 2^{n-1}$, 最终得到 l_2^n 的准确投影常数表达式:

$$\sqrt{n}\geqslant\lambda(l_2^n)=\Gamma(1.5)\frac{\Gamma(n+1)}{\Gamma(n+\frac{1}{2})}\geqslant\frac{\sqrt{\pi}}{2}\sqrt{n}.$$

这是现代分析数学中一个非常深刻的结果, 详细推证可参阅文献 [4] 等.

4 共轭空间和共轭算子的视角

从 Banach 空间 X 的一个可补子空间 M, 或者说空间拓扑直和分解 $X=M\bigoplus N$ 出发, 相应得到一个投影算子 P, 继而又有 X^* 上的投影算子 P^*,P^* 又相应地确定了 X^* 的一个拓扑直和分解 $X^*=M^*\bigoplus N^*=N^0\bigoplus M^0$, 其间的联系不仅有趣, 而且重要. 我们还要做一些稍微深入的讨论.

定义 2.1.27 设 X 是 Banach 空间, 称集 $A\subseteq X^*$ 分离 X 的点, 如果对任意 $x_1,x_2\in X,x_1\neq x_2$ 时必有 $f\in A$ 使 $f(x_1)\neq f(x_2)$, 简称 A 是 (对 X) 分离的. 又称 A 是 c 赋范的, 如果存在常数 $c>0$, 使得对每个 $x\in X$ 成立

$$\sup\{f(x):f\in A\bigcap B_{X^*}\}\geqslant\frac{1}{c}\|x\|.$$

简称 A(对 X) 是赋范的, 如果对某一 $c\geqslant 1$, A 是 (对 X)c 赋范的.

命题 2.1.28 设 $(X,\|\cdot\|)$ 是 Banach 空间, 闭子空间 $Y\subseteq X^*$, 定义 $\|x\|^Y:=\sup\{|y^*(x)|:y^*\in B_Y\}$, 那么

(1) $\|\cdot\|^Y\leqslant\|\cdot\|$ 是一个半范.

(2) $\|x\|^Y=\operatorname{dist}(x,Y^0)$(在 X^{**} 中).

(3) Y 分离 $\Leftrightarrow$ $\|\cdot\|^Y$ 是 X 上的一个范数 $\Leftrightarrow$ 在 X^{**} 中 $X\bigcap Y^0=\{0\}$.

(4) Y 是赋范的 $\Leftrightarrow \|\cdot\|^Y$ 是 X 上的一个等价范数 $\Leftrightarrow$ 按 X^{**} 中的距离 $\mathrm{dist}(S_X, Y^0) > 0 \Leftrightarrow X + Y^0$ 在 X^{**} 中闭，即为拓扑直和 $X \bigoplus Y^0$.

(5) Y 是 1 赋范 $\Leftrightarrow \|\cdot\|^Y = \|\cdot\| \Leftrightarrow \mathrm{dist}(S_X, Y^0) = 1 \Leftrightarrow$ 闭子空间 $X \bigoplus Y^0$(沿着 Y^0) 到 X 的投影 P 有范数为 1.

命题证明从略.

有了以上准备，我们可以从共轭空间的视角，对可补子空间作新的刻画.

定理 2.1.29　设 M 是 Banach 空间 X 的闭子空间，那么 M 在 X 中可补的充分必要条件是存在闭子空间 $Y \subseteq X^*$, 使得 Y 是 M 的赋范子空间且 $\dim(X/(M + {}^0Y)) < \infty$. 这里 Y 是 M 的赋范子空间是指对每个 $m \in M, \| m \|^Y \geqslant c \| m \|$ 成立 (其中 $c = c(M, Y) > 0$ 是某个常数).

证　设 M 在 X 中可补，则有闭子空间 $N \subseteq X$, 使得 $X = M \bigoplus N$, 令 $Y = N^0 \subseteq X^*$, 那么显然由于 ${}^0Y = {}^0(N^0) = N$, 故 $X/(M + {}^0Y) = 0$. 设 P 是从 X(沿着 N) 到 M 上的投影，则对于 $X^* = N^0 \bigoplus M^0$, P^* 是沿着 M^0 到 N^0 上的投影 (见命题 2.1.14(2)). 现在考虑任一 $0 \neq m \in M$, 由 Hahn-Banach 定理，就有 $f \in X^*, \| f \| = 1, f(m) = \| m \|$. 设相应于空间分解 $X^* = N^0 \bigoplus M^0, f = f_1 + f_2, f_1 \in N^0, f_2 \in M^0$, 则 $1 = \| f \| \geqslant \dfrac{1}{\| P^* \|} \| P^* f \| = \dfrac{1}{\| P^* \|} \| f_1 \|$, 于是 $\| m \|^Y = \| m \|^{N^0} = \sup\{| y^*(m) |: y^* \in B_{N^0}\} \geqslant \dfrac{f_1}{\| f_1 \|}(m) = \dfrac{f_1 + f_2}{\| f_1 \|}(m) = \dfrac{f(m)}{\| f_1 \|} = \dfrac{\| m \|}{\| f_1 \|} \geqslant \dfrac{1}{\| P^* \|} \| m \|$, 由 $m \in M$ 的任意性与 $c = \dfrac{1}{\| P^* \|} > 0$ 与 m 的无关性，已证得 $Y = N^0$ 是 M 的赋范子空间.

反之，若 Y 是 M 的赋范子空间，从命题 2.1.28 容易说明 $M + {}^0Y = M \bigoplus {}^0Y$ 是 X 的闭子空间，且存在从 $M \bigoplus {}^0Y$ 到 M 上的投影. 又由条件 $M + {}^0Y$ 是亏维有限的，命题 2.1.7 说明 $M + {}^0Y$ 在 X 中可补，就证明了 M 在 X 中可补，定理证毕.

定理 2.1.29 实际上提供了描写空间分解性的一种方法，我们在第 6 章还要用到它.

5　可补子空间和的可补性

首先指出，正如前面 (命题 2.1.14(3)) 提到过两个投影算子的和未必还是投影算子，一般说来，两个可补子空间的和未必可补. 例如，虽然在 Hilbert 空间中每个闭子空间都是可补子空间，但也存在两个闭 (可补) 子空间 M 和 N (见注 2.1.12(3)), $M+N$ 不闭，当然不可补.

其次，我们也说明，存在 Banach 空间 X, 其中任意两个可补子空间 M 和 N, 其和 $M + N$ 都是可补的，例如，考虑取 X 为遗传不可分解空间 (见定义 6.1.11).

下面给出可补子空间的和可补的一个充分条件，它说明了与相应投影算子的关系. 为此，需要如下引理.

引理 2.1.30 三个投影算子有关系 $P(X) \subseteq P'(X)$, $Q(X) \subseteq (I-P')(X)$ 时，成立

$$P(X)+Q(X)=PP'(X)+Q(I-P')(X)=(PP'+Q(I-P'))(X)$$

证明从略.

定理 2.1.31 对 Banach 空间 X 的两个可补子空间 M 与 N, 当相应的投影算子 P 和 Q $(M=P(X),\ N=Q(X))$ 的乘积 PQ 是黎斯算子时， $M+N$ 也是可补子空间. 其中黎斯算子的定义见于第 5 章.

证明从略，详见文献 [75].

推论 2.1.32 任一可补子空间与任一有限维子空间的和是可补子空间.

证 设 $M=P(X)$ 是一可补子空间， $N=Q(X)$ 是一有限维子空间，那么 Q 是一有限秩算子，故 PQ 是有限秩算子，更是黎斯算子，由定理 2.1.31, $M+N$ 可补.

6 可补子空间在算子作用下的可补性

我们先从一个基本事实议起. 设 X 与 Y 是两个 Banach 空间， $T\in B(X,Y)$ 是一个从 X 到 Y 上的全空间同构的连续线性算子. 那么， X 中任意一个可补子空间 M, 设 P 是某个投影算子，使 $M=P(X)$, 就相应有一个 Y 中的子空间 $T(M)$, 它也是在 Y 中可补的. 如图所示，实际上 $T(M)$ 就是 Y 上的投影算子 TPT^{-1} 的值域： $T(M)=TPT^{-1}(T(X))$.

$$\begin{array}{ccc} X & \xleftarrow{T^{-1}} & Y=T(X) \\ {\scriptstyle P}\downarrow & & \downarrow{\scriptstyle TPT^{-1}} \\ M & \xrightarrow{T} & T(M)=N \end{array}$$

反之亦然，当 T 是全空间同构时， Y 中一个可补子空间 N 就相应地导出 X 中一个可补子空间 $T^{-1}(N)$.

问题在于，如果 $T\in B(X,Y)$ 只是一般的连续线性算子，它只有部分的同构. 例如， T 在 X 的一个闭子空间 $M\subseteq X$ 上的限制是同构： $T|_M: M\to T(M)$, 那么：

(1) M 在 X 中可补时， $T(M)$ 在 Y 中可补吗？

(2) $T(M)$ 在 Y 中可补时， M 在 X 中可补吗？

我们对问题 (1) 的回答为：否，下面是最典型的反例.

例 2.1.33 令 $X=Y=c_0\bigoplus l_\infty$. 取 $T\in B(X)$ 为 $T=JP$, 其中 P 是 X 中沿着 l_∞ 到 c_0 上的投影，即对每个 $x=x_1+x_2$, $x_1\in c_0$, $x_2\in l_\infty$, 令 $Px=x_1$, 而

$J: c_0 \to l_\infty$ 是一个恒等嵌入映射 (由于 c_0 是 l_∞ 的一个闭子空间，故 J 是自然嵌入).

显然 $T|_{c_0} = J: c_0 \to l_\infty$ 是一个部分同构映射，这时 $M = c_0$ 在 X 中显然是可补的，但 $T(M) = T(c_0) = J(c_0) \subseteq l_\infty$，$c_0$ 在 l_∞ 中是不可补的 (见后面的例 2.2.23)，故 $T(M)$ 在 Y 中更是不可补的.

如下定理则是对问题 (2) 的肯定回答.

定理 2.1.34　算子 $T \in B(X,Y)$ 在 X 的一个闭子空间 M 上的限制是一个同构，且 $T(M)$ 在 Y 中可补，N 是 $T(M)$ 在 Y 中的补子空间，则 M 在 X 中可补，且 $T^{-1}(N)$ 是 M 在 X 中的补子空间.

证　因为 $N \bigoplus T(M) = Y$, 又 T 在 M 上是同构，所以 $T^{-1}(N) \bigcap M = \{0\}$.

注意因命题只设 T 在 M 上是同构，故并未预先设定 T 在 $T^{-1}(N)$ 上的作用是同构，这里 $T^{-1}(N) = \{x \in X : Tx \in N\}$, 但由于 N 在 Y 中闭，T 是连续映射，故 N 的原象 $T^{-1}(N)$ 也是 X 的闭子空间. 我们以下要进而证明 $X = T^{-1}(N) \bigoplus M$. 为此只需证 $X \subseteq T^{-1}(N) \bigoplus M$.

对任一 $x \in X$, 由 $Tx = y \in Y = N \bigoplus T(M)$, 就有 $Tx = y = y_1 + y_2, y_1 \in N, y_2 \in T(M)$, 就应有 $m \in M$, 使得 $Tm = y_2$, 从而 $T(x-m) = y_1 + y_2 - y_2 = y_1 \in N, x - m \in T^{-1}(N)$, 于是 $x = (x-m) + m \in T^{-1}(N) + M$.

定理证毕.

最后，虽然例 2.1.33 对问题 (1) 给予否定回答，我们仍然用下面的定理表明，在一定条件下，T 也可以把可补子空间映射为可补子空间.

定理 2.1.35　设 $T \in B(X,Y)$, N 是 Y 的一个亏维无限的闭子空间，使得 $Q_N T : X \to Y/N$ 是满射，且 $N \subseteq T(X)$,$T^{-1}(N)$ 在 X 中可补，M 是其一个补子空间，则 N 在 Y 中可补，且 $T(M)$ 是 N 的一个补子空间.

证　(1) 先验证 $T(M) \bigcap N = \{0\}$, 现由 $T^{-1}(N) \bigoplus M = X$, 从而 $T^{-1}(N) \bigcap M = \{0\}$ 可推出. 事实上，若 $Tm \in N$, 则 $m \in T^{-1}(N) \bigcap M$, 故必 $m = 0$.

(2) 再证 $T(X) + N \subseteq T(M) + N$. 对任一 $y = Tx_1 + n \in T(X) + N$, 其中 $x_1 \in X, n \in N$, 注意到按分解 $X = M \bigoplus T^{-1}(N)$, 又有 $x_1 = m_1 + x_1'$, 其中 $m_1 \in M, x_1' \in T^{-1}(N)$, 于是 $y = Tx_1 + n = T(m_1 + x_1') + n = Tm_1 + (Tx_1' + n) = Tm_1 + n'$, 其中 $n' = Tx_1' + n \in N$(由 $x_1' \in T^{-1}(N), Tx_1' \in N$, 故 $Tx_1' + n = n' \in N$), 由 $y \in T(X) + N$ 的任意性，已证明 $T(X) + N \subseteq T(M) + N$.

(3) 最后证明 $Y \subseteq T(X) + N$. 若不然, 存在 $y \in Y$, 对每个 $n \in N$, $y + n \notin T(X)$, 于是在商映射 $Q_N : Y \to Y/N$ 下，$[y] = Q_N y \notin [T(X)] := \{[Tx] = Q_N(Tx)\}$, 此与所设 $Q_N T$ 是到 Y/N 上的满射矛盾.

综合 (1),(2) 和 (3), 已证明了

$$Y \subseteq T(X) + N \subseteq T(M) + N = T(M) \bigoplus N \subseteq Y,$$

故 $T(M) \bigoplus N = Y$, 至于 $T(M)$ 的闭性，由已证得的 T 是满射，故是开映射，就可知. 定理证毕.

§2.2 从子空间可补性论 Hilbert 空间同构特征

1 每个闭子空间都可补的 Banach 空间

在空间结构研究中， Hilbert 空间同构特征问题在泛函分析各个发展阶段都有深刻研究，取得大批成果. 其中与本书相关，也是近 30 年来最著名的结果应是如下三个.

[可补子空间问题]Lindenstrauss-Tzafriri 于 1971 年证明：每个闭子空间都可补的 Banach 空间与 Hilbert 空间同构.

[型与余型问题]Kwapien 于 1972 年证明：既有型 2 又有余型 2 的 Banach 空间与 Hilbert 空间同构.

[齐性空间问题]Gowers 于 1996 年证明：每个无限维闭子空间同构的 Banach 空间与可分无限维 Hilbert 空间 l_2 同构.

当然，其中的每一结果都只是某一专题系列研究链条中的最后一环，是在众多学者接力工作的基础上取得的. 以可补子空间问题为例，我们这里展示如下论证过程链接图：

X与Hilbert空间同构 $\xrightarrow{\text{基本知识}}$ X的每个闭子空间可补

$\xrightarrow{\text{Davis-Dean-Singer}}$ X的有限维子空间一致可补 $\xrightarrow{\text{L-T 用 Dvoretzky定理}}$

X在l_2中一致有限表示 $\xrightarrow{\text{Joichi}}$ X与Hilbert空间同构

让我们先证明上述链接中的 (Davis-Dean-Singer) 定理.

命题 2.2.1(Davis-Dean-Singer 定理) 若 Banach 空间 X 的每个闭子空间是可补的，则 X 的有限维子空间是一致可补的，即存在 λ, 使得对 X 的任何有限维子空间 E, 存在投影 $P_E : X \to E$, 使 $\|P_E\| \leqslant \lambda$.

回顾 $\lambda(E, X) = \inf\{\|P\| : \text{投影}P : X \to E\}$, 则命题意味着 $\lambda_f(X) := \sup\{\lambda(E, X) : E\text{是}X\text{的有限维子空间}\} \leqslant \lambda$.

证 令 $\mathcal{L} = \{L : L\text{是}X\text{的有限维子空间}\}$. 反证法，取 $E_1 \in \mathcal{L}$, 使 $\lambda(E_1, X) \geqslant 1$. 取 $A_1 = \{x_1^*, \cdots, x_n^*\} \subseteq S_{X^*}$, 使

$$\|x\| \leqslant 2\sup\{x_i^*(x), 1 \leqslant i \leqslant n\}, \text{对任一}x \in E_1.$$

取下零化子 $Y_1 = {}^0A_1$,令$P_1 : E_1 \bigoplus Y_1 \to E_1, P_1(x+y) = x$,对任一$x \in E_1, y \in Y_1$, 则

$$\begin{aligned}\|P_1(x+y)\| &= \|x\| \leqslant 2\sup\{x_i^*(x), 1 \leqslant i \leqslant n\} \\ &= 2\sup\{x_i^*(x+y), 1 \leqslant i \leqslant n\} \leqslant 2\|x+y\|,\end{aligned}$$

故 P_1 是有界投影 ,$P_1(Y_1) = 0, \|P_1\| \leqslant 2$.

我们可以选取 $E_2 \in \mathcal{L}$, 使 $E_2 \subseteq Y_1$, 且 $\lambda(E_2, X) \geqslant 2$. 事实上，否则对任意 $E_2 \in \mathcal{L}, E_2 \subseteq Y_1, \lambda(E_2, X) < 2$, 则对任意 $F \in \mathcal{L}$, 由于 $F = (F \bigcap Y_1) \bigoplus (F \bigcap E_1)$, 从而存在投影 $Q_1 : Y_1 \to F \bigcap Y_1, Q_2 : E_1 \to F \bigcap E_1, \|Q_1\| \leqslant 2, \|Q_2\| \leqslant \dim E_1$, 从而 $Q = (Q_1, Q_2) : X \to F$ 是投影且 $\|Q\| \leqslant \max\{2, \dim E_1\}$, 由 F 的任意性即知命题已得证.

再取有限子集 $A_2 \subseteq S_{X^*}$, 使 $A_1 \subseteq A_2$, 且

$$\|x\| \leqslant 2\sup\{x^*(x) : x^* \in A_2\}, \text{对任一} x \in E_1 \bigoplus E_2,$$

令 $Y_2 = {}^0A_2$, 则同上理由可选取投影 $P_2 : E_1 \bigoplus E_2 \bigoplus Y_2 \to E_1 \bigoplus E_2$ 使 $\|P_2\| \leqslant 2$. 继续这个过程，可得 (E_n, Y_n, P_n), 使 $\|P_n\| \leqslant 2, \lambda(E_n, X) \geqslant n, E_n \subseteq Y_{n-1}$.

令 $E = \{\sum_{n=1}^{\infty} x_n : x_n \in E_n, \sum_{n=1}^{\infty} x_n < +\infty\}$, 易见 E 是 X 的闭子空间. 下面证明 E 在 X 中不可补. 事实上, 若存在投影 $P : X \to E$, 则 $(I - P_{n-1})P_nP : X \to E_n$ 是一个投影，且

$$n \leqslant \lambda(E_n, X) \leqslant \|(I - P_{n-1})P_nP\| \leqslant 6\|P\|$$

从而 $\|P\| = +\infty$, 矛盾. 证毕.

其次，我们来证明上述链接中的 L-T 定理. 首先介绍被誉为泛函分析最深刻的定理之一的 Dvoretzky 定理.

引理 2.2.2(Dvoretzky) Hilbert 空间 H 在每个无限维 Banach 空间中有有限表示. 即对任一 n 维 Euclid 空间 l_2^n(即 H 的任何 n 维子空间) 与任何 $\epsilon > 0$, 总存在 X 的一个 n 维子空间 X_n, 使得 Mazur 距离 $d(l_2^n, X_n) < 1 + \epsilon$.

Dvoretzky 定理的原始证明极其复杂，见于被称为 Banach 空间局部理论的开山大作 [42] 中. 在文献 [6] 的第 4 章为这个定理后来的简化作了专题介绍.

命题 2.2.3(L-T 定理) 如果 Banach 空间 X 的有限维子空间是一致 (λ) 可补的, 则存在一个正数 $\alpha^* = \alpha^*(\lambda)$, 使得 X 在 Hilbert 空间 H 中有 α^* 有限表示，即每个 n 维子空间 $X_n \subseteq X$, 有 $d(X_n, l_2^n) < 1 + \alpha^*$.

证 令 $\mathcal{L} = \{L : L\text{是}X\text{的有限维子空间}\}$. 取 $L \in \mathcal{L}$, 设 $\dim L = n$. 令

$$\alpha_L = \inf\{\|T^{-1}\| : T\text{是}L \to l_2^n\text{的线性同胚}\},$$

则存在线性同胚 $W : L \to l_2^n$使$\dfrac{1}{\alpha_L}\|x\| \leqslant \|Wx\| \leqslant \|x\|$,对任一$x \in L$. 为了证明 $X \overset{\alpha^*}{<} H$, 只须证明 $\sup\{\alpha_L : L \in \mathcal{L}\} = \alpha^* < +\infty$.

为了简化起见下面记 $\alpha_L = \alpha$.

由于 X 的有限维子空间是一致可补的，故存在 $\lambda > 1$, 及投影 $Q : X \to L$, 使 $\|Q\| \leqslant \lambda$. 又因 $(I-Q)X$ 是无限维的, 由 Dvoretzky 定理, 存在 $Y \subseteq (I-Q)X, \dim Y = n$, 及线性同胚 $U : Y \to l_2^n$, 使

$$\frac{1}{2}\|y\| \leqslant \|Uy\| \leqslant \|y\|, \qquad \text{对任一} y \in Y,$$

令 $T = \dfrac{1}{2}U^{-1}W : L \to Y$, 则

$$\frac{1}{2\alpha}\|x\| \leqslant \|Tx\| \leqslant \|x\|, \qquad \text{对任一} x \in L,$$

令 $D_a = \{x + aTx : x \in L\}$, 再由一致可补性，存在 $P_a : X \to D_a$, 使 $\|P_a\| \leqslant \lambda$($a$ 为待定系数).

令 $V = QP_aT$, 我们有

$$(I - Q)P_a x = aT(I - aV)x, \qquad \text{对任一 } x \in L. \tag{2-1}$$

事实上，若 $x \in L$, 则 $P_a x = z + aTz$, 对某个 $z \in L$, 故

$$(I - Q)P_a x = z + aTz - Qz - aQTz = aTz,$$

又

$$x + aTx = P_a(x + aTx) = P_a x + aP_aTx,$$

故

$$aP_aTx = x + aTx - P_a x,$$

从而

$$\begin{aligned} aT(I - aV)x &= aTx - a^2TQP_aTx \\ &= aTx - aTQx - a^2TQTx + aTQP_a x \\ &= aTQP_a x = aTQ(z + aTz) \\ &= aTQz = aTz = (I - Q)P_a x. \end{aligned}$$

即 (2-1) 式成立．并且对 $x \in L$,

$$\begin{aligned} \|(I - Q)P_a x\| &= \|aT(I - aV)x\| \geqslant \frac{a}{2\alpha}\|x - aVx\| \\ &\geqslant \frac{a(\|x\| - a\|Vx\|)}{2\alpha} \geqslant \frac{a(\|x\| - a\lambda^2\|Tx\|)}{2\alpha}. \end{aligned}$$

定义 $S_0 : L \to (l_2^n \bigoplus l_2^n)_2, S_0x = (\frac{1}{2}UTx, \frac{1}{4\lambda^2}U(I-Q)P_ax)$, 对任一 $x \in L$. 易见，对任一 $x \in L$,

$$\max\{\frac{1}{4}\|Tx\|, \frac{a}{16\alpha\lambda^2}(\|x\| - a\lambda^2\|Tx\|)\} \leqslant \|S_0x\| \leqslant \|x\|.$$

由于 T 是 1-1 算子, 故 S_0 也是 1-1 算子, 从而 $\dim S_0(L) = n$, 因此 $S_0(L) = l_2^n$, 由 α 的定义知 , $\|S_0^{-1}\| \geqslant \alpha$, 从而存在 $y_0 \in l_2^n$, 使 $\|y_0\| = 1$, 但 $\|S_0^{-1}y_0\| \geqslant \alpha$, 令 $y_0 = S_0x_0$, 对某个 $x_0 \in L$. 则 $\|x_0\| \geqslant \alpha\|S_0x_0\|$, 令 $x_1 = \frac{x_0}{\|x_0\|}$, 则 $\|x_1\| = 1$, 且 $\|S_0x_1\| \leqslant \frac{1}{\alpha}$. 由此，即得 $\alpha \leqslant \max\{\frac{32\alpha\lambda^2}{a}, 8a\lambda^2\}$. 事实上,

如果 $a\lambda^2\|Tx_1\| < \frac{1}{2}$, 则

$$\frac{1}{\alpha} \geqslant \|S_0x_1\| \geqslant \frac{a}{16\alpha\lambda^2}(\|x_1\| - a\lambda^2\|Tx_1\|) \geqslant \frac{a}{32\alpha\lambda^2}.$$

如果 $a\lambda^2\|Tx_1\| \geqslant \frac{1}{2}$, 则

$$\frac{1}{\alpha} \geqslant \|S_0x_1\| \geqslant \frac{1}{4}\|Tx_1\| \geqslant \frac{1}{8a\lambda^2}.$$

总之

$$\frac{1}{\alpha} \geqslant \min\{\frac{a}{32\alpha\lambda^2}, \frac{1}{8a\lambda^2}\},$$

即

$$\alpha \leqslant \max\{\frac{32\alpha\lambda^2}{a}, 8a\lambda^2\}.$$

如果 $a > 32\lambda^2$, 则只可能 $\alpha \leqslant 8a\lambda^2$, 因此,

$$\alpha < 8 \cdot 32\lambda^2(1+\delta)\lambda^2, \text{对任一} \delta > 0,$$

从而 $\alpha \leqslant 256\lambda^4$. 故 $\alpha^* \leqslant 256\lambda^4$, 从而 $X \overset{\alpha^*}{<} H$, 证毕.

我们从 L-T 定理的证明中感受到一种难以想象的技巧. 历史事实确实如此：为了证明“每个子空间可补”等价于“与 Hilbert 空间同构”，在前述链接中， Davis-Dean-Singer 定理与下面的 Joichi 定理是先建立的． L-T 凭着高超的技巧建立 L-T 定理，完成了链接的最后一环．精彩的评述与推导请参阅 L-T 定理的原出处 [43].

为了完成 (Joichi 定理) 这一链接, 我们需要应用现代群论中著名的 Day 定理：每个交换半群是顺从 (amenable) 半群. 一般的空间理论著作在证明 Joichi 定理时，对 Day 定理不用笔墨推演介绍，只是直接引用. 本书考虑到 C^* 代数与 K 理论中的现代研究中 Day 定理有特殊的地位与作用，特地详作介绍．为此，必须从 Brouwer 不动点定理说起：如果拓扑空间 Ω 同胚于 l_2^n 的单位球 $B_{l_2^n}$, 则 Ω 到自身的连续映射 $F : \Omega \to \Omega$ 有不动点 $\omega \in \Omega, F(\omega) = \omega$.

1930 年 Schauder 将 Brouwer 不动点定理推广到赋范空间的紧凸子集情况. 事实上, 我们有下面更一般的 Tychonoff 不动点定理 (1935).

引理 2.2.4(Tychonoff 不动点定理) 令 K 是局部凸线性拓扑空间 L 的紧凸子集. $F:K\to K$ 是连续映象, 则 F 在 K 中具有不动点.

证 用有限维逼近方法.

由于 F 是紧集上的连续映象, 故 F 是一致连续的, 即对 0 点的每个均衡凸邻域 W, 存在 0 点的均衡凸邻域 V, 使 $V\subseteq W$, 且当 $x,x'\in K, x-x'\in V$ 时, 有 $F(x)-F(x')\in W$.

令 $\mathcal{U}=\{W: W\text{是 0 点均衡凸邻域}\}$,$\mathcal{U}$ 按包含关系定向.

任取 $W\in\mathcal{U}$, 考虑一致连续性中相应的 $V\in\mathcal{U}$, 由 K 是紧的, 故存在 $(x_1,\cdots,x_n)\subseteq K$, 使 $K\subseteq\bigcup\limits_{i=1}^{n}(x_i+V)$.

令 $K_W=\mathrm{co}(x_i)_{i=1}^n$, 则 K_W 同胚于 l_2^n 的一个多面体, 故 K_W 可分成两两不相交的开单纯形 $\sigma_1,\cdots,\sigma_m$, 使得每个 $\sigma_j, 1\leqslant j\leqslant m$, 被含于某个 $x_i+V, 1\leqslant i\leqslant n$.

下面定义 $F_W: K_W\to K_W$ 如下: 设 y 是 σ_j 的一个顶点, 定义 $F_W(y)\in K_W$, 使 $F(y)-F_W(y)\in V$, 如果 $x\in K_W$, 则 $x\in\sigma_j$, 对某个 $j, 1\leqslant j\leqslant m$. 设 $(y_1,\cdots,y_l)$ 是 σ_j 的顶点, 则

$$x=\sum_{t=1}^{l}a_t y_t,$$

其中 $a_t\geqslant 0$, 且 $\sum_{t=1}^{l}a_t=1$. 令

$$F_W(x)=\sum_{t=1}^{l}a_t F_W(y_t).$$

容易看到 F_W 是连续的, 且当 $x\in K_W$ 时 , $F_W(x)-F(x)\in 3W$.

由 Brouwer 不动点定理, 存在 $p_W\in K_W$, 使 $F_W(p_W)=p_W$.

由于 $(p_W)_{W\in\mathcal{U}}\subseteq K$, 且 K 是紧的, 故存在子网 p_{W_α}, 使 $p_{W_\alpha}\to p\in K$. 我们说 $F(p)=p$. 事实上, 任取 0 点的均衡凸邻域 U, 由于

$$\begin{aligned}F(p)-p&=F(p)-F(p_{W_\alpha})+F(p_{W_\alpha})-F_{W_\alpha}(p_{W_\alpha})+p_{W_\alpha}-p\\&\in F(p)-F(p_{W_\alpha})+3W_\alpha+p_{W_\alpha}-p.\end{aligned}$$

考虑到 $p_{W_\alpha}\to p$, 及 $F(p_{W_\alpha})\to F(p)$, 因此存在 α_0, 使得当 $\alpha>\alpha_0$ 时, 有 $F(p)-p\in U+3W_\alpha+U$, 再取 $\alpha_1>\alpha_0$, 使

$$3W_{\alpha_1}\subseteq U,$$

则

$$F(p)-p\in U+3W_{\alpha_1}+U\subseteq 3U.$$

由 U 的任意性，即知 $F(p)=p$，证毕.

引理 2.2.5(Markov 不动点定理)　设 K 是局部凸线性拓扑空间 L 中紧凸子集，$(F_s)_{s\in S}$ 是一族 K 到自身的连续可换仿射映象，S 为一指标集，则 (F_s) 具共同不动点. 这里 F_s : 称为仿射的，如果对 $x,y\in K, 0<t<1$，有

$$F_s(tx+(1-t)y)=tF_s(x)+(1-t)F_s(y).$$

证　令 K_s 是 F_s 的不动点集，由 Tychonoff 不动点定理，每个 K_s 是非空的. F_s 的仿射性保证 K_s 是凸的. 由 F_s 的连续性得出 K_s 是闭的.

对任意 $s_1,s_2\in S, K_{s_1}\bigcap K_{s_2}\neq\emptyset$. 事实上，因 K_{s_1} 为紧凸集，且 $F_{s_2}K_{s_1}=F_{s_2}F_{s_1}K_{s_1}=F_{s_1}F_{s_2}K_{s_1}$，故 $F_{s_2}K_{s_1}\subseteq K_{s_1}$，再应用 Tychonoff 定理，有 $x\in K_{s_1}$，使 $F_{s_2}x=x$，从而 $x\in K_{s_2}$，因此 $K_{s_1}\bigcap K_{s_2}\neq\emptyset$. 归纳地可证明 $\bigcap\limits_{i=1}^{n}K_{s_i}\neq\emptyset$，对任意 $n\in\mathbf{N}$. 由于 K 是紧集，故 $\bigcap\limits_{s\in S}K_s\neq\emptyset$. 证毕.

下面我们再引入若干记号及定义.

设 Σ 是一个集合，$m(\Sigma)$ 表示 Σ 上一切有界函数按照范数 $\|f\|=\sup\{|f(a)|: a\in\Sigma\}$ 组成的 Banach 空间.

定义 2.2.6　若 Σ 是一个集合 .X 是 $m(\Sigma)$ 的线性子空间，且 X 含有恒等于 1 的函数 e. X 上的一个平均 μ 指的是 $\mu\in m(\Sigma)^*$，且

$$\inf\{x(a):a\in\Sigma\}\leqslant\mu(x)\leqslant\sup\{x(a):a\in\Sigma\},\qquad \text{对任一}x\in X.$$

注 2.2.7　若记 $M=\{\mu:\mu\text{ 是 }X\text{ 上的平均 }\}$，则易见 M 是赋值泛函 $\{\delta_a:a\in\Sigma\}$ 的 w^* 闭凸包，其中 $\delta_a(x)=x(a)$，对任一$x\in X$.

定义 2.2.8　若 Σ 是一个半群，由 $\sigma\in\Sigma$ 决定的 $m(\Sigma)$ 中的左 (右) 平移 l_σ (r_σ) 指的是对一切 $x\in m(\Sigma)$，$(l_\sigma x)(\tau)=x(\sigma\tau)((r_\sigma x)(\tau)=x(\tau\sigma))$，对任一$\tau\in\Sigma.m(\Sigma)$ 的子空间 X 上的一个平均 μ 称为左 (右) 不变平均，如果对每个 $\sigma\in\Sigma, l_\sigma(X)\subseteq X(r_\sigma(X)\subseteq X)$，且 $l_\sigma^*\mu=\mu(\ r_\sigma^*\mu=\mu)$，其中 l_σ^*,r_σ^* 表示 l_σ,r_σ 的共轭算子. 半群 Σ 称为左 (右) 顺从 (amenable)，如果 $m(\Sigma)$ 上至少存在一个左 (右) 不变平均. 既是左顺从又是右顺从的半群，称为顺从半群.

引理 2.2.9(Day 定理)　每个 Abel 半群是顺从半群.

证　设 A 是 Abel 半群. 令 $M=\{\mu:\mu\text{是}m(A)\text{上的一个平均}\}$. 由注 2.2.7 知，$M$ 是 $m(A)^*$ 中的 w^* 紧凸集. 对每个 $\sigma\in A,\tau\in A, l_\sigma^*|_M:M\to M$ 是 w^*-w^* 连续仿射的，且 $(l_\sigma^*|_M)(l_\tau^*|_M)=(l_\tau^*|_M)(l_\sigma^*|_M)$. 应用 Markov 不动点定理，$\{l_\sigma^*|_M,\sigma\in A\}$ 有共同的不动点 μ. 即 $l_\sigma^*\mu=\mu$，对任一$\sigma\in A$，故 A 是左顺从，同理可证 A 是右顺从，故 A 是顺从半群. 证毕.

注 2.2.10　Day 定理表明 Abel 半群 A 上必存在 $m(A)^*$ 中元 μ，使

(1) $\|\mu\| = 1$;

(2) $\mu(e) = 1$, 其中 e 为恒等于 1 的函数;

(3) $\inf\{x(a) : a \in A\} \leqslant \mu(x) \leqslant \sup\{x(a) : a \in A\}$, 对任一$x \in m(A)$;

(4) $\mu(x) = \mu(x_\sigma)$, 对任一$\sigma \in A, x \in m(A)$, 其中 $x_\sigma(\tau) = x(\sigma\tau) = x(\tau\sigma)$, 对任一$\tau \in A$.

有了 Day 定理，我们就可以完成链接中最后的一个环节，即证明 Joichi 定理了.

命题 2.2.11(Joichi 定理) 若 X 是 Banach 空间且 $X \overset{\lambda}{<}$ Hilbert 空间 H, 则 $X \approx H$.

证 令 $\mathcal{L} = \{L : L是X的有限维子空间\}$. 则 $\mathcal{L}$ 按照通常向量加法 " + " 构成幂等交换半群，且 $\mathcal{L}$ 在包含关系下是偏序集. 由 Day 定理 ,$\mathcal{L}$ 是顺从半群，即存在 $\mu \in (m(\mathcal{L}))^*$, 使

(1) $\|\mu\| = 1$;

(2) $\mu(e) = 1$, 其中 e 是 $m(\mathcal{L})$ 中恒等于 1 的函数;

(3) $\mu(f) = \mu(f_V)$, 对任一$f \in m(\mathcal{L})$, 和任一 $V \in L$ ($f_V(L) = f(L+V)$, 对任一$L \in \mathcal{L}$);

(4) $\inf\{f(L) : L \in \mathcal{L}\} \leqslant \mu(f) \leqslant \sup\{f(L) : L \in \mathcal{L}\}$, 对任一$f \in m(\mathcal{L})$. 其中 $m(\mathcal{L})$ 表示 $\mathcal{L}$ 上一切有界函数 f 按范数 $\|f\| = \sup\{|f(L)| : L \in \mathcal{L}\}$ 构成的 Banach 空间， $(m(\mathcal{L}))^*$ 表示 $m(\mathcal{L})$ 的共轭空间.

对每个 $x \in X$, 令 $p(x) = (\mu(f_x^2))^{\frac{1}{2}}$, 其中

$$f_x(L) = \begin{cases} 0, & x \notin L, \\ \|T_L x\|, & x \in L. \end{cases}$$

T_L 是 L 到 Hilbert 空间 H 内的线性同胚.

由条件知,

$$\|x\| \leqslant \|T_L x\| \leqslant \lambda\|x\|, \qquad 对任一x \in L.$$

我们还可证明 $\|x\| \leqslant p(x) \leqslant \lambda\|x\|$, 对任一$x \in X$. 事实上，对任一 $x \in X, p^2(x) = \mu(f_x^2) \leqslant \|f_x^2\| \leqslant \sup\limits_{x \in L} \|T_L x\|^2 \leqslant \lambda^2\|x\|^2$, 另一方面，对固定 $x_0 \in X$, 取 $L_0 \in \mathcal{L}$, 使 $x_0 \in L_0$, 则

$$\begin{aligned} \|x_0\|^2 &\leqslant \inf\{\|T_L x_0\|^2 : L \in \mathcal{L}\} \leqslant \inf\{\|T_{L+L_0} x_0\|^2 : L \in \mathcal{L}\} \\ &= \inf\{f_{x_0}^2(L + L_0) : L \in \mathcal{L}\} = \inf\{(f_{x_0}^2)_{L_0}(L) : L \in \mathcal{L}\} \\ &\leqslant \mu((f_{x_0}^2)_{L_0}) = \mu(f_{x_0}^2) = p^2(x_0), \end{aligned}$$

即

$$\|x\| \leqslant p(x) \leqslant \lambda\|x\|, \qquad 对任一x \in X.$$

对任何 $x, y \in X$, 令 $L_0 = \mathrm{span}\{x, y\}$, 则对任一 $L \in \mathcal{L}, L \supseteq L_0$, 有

$$\begin{aligned}2f_x^2(L) + 2f_y^2(L) &= 2\|T_L x\|^2 + 2\|T_L y\|^2 \\ &= \|T_L x - T_L y\|^2 + \|T_L x + T_L y\|^2 = f_{x-y}^2(L) + f_{x+y}^2(L).\end{aligned}$$

由此，立即得到

$$\begin{aligned}2p^2(x) + 2p^2(y) &= 2\mu(f_x^2) + 2\mu(f_y^2) = 2\mu((f_x^2)_{L_0}) + 2\mu((f_y^2)_{L_0}) \\ &= \mu(2(f_x^2)_{L_0} + 2(f_y^2)_{L_0}) = \mu((f_{x-y}^2)_{L_0} + (f_{x+y}^2)_{L_0}) \\ &= \mu(f_{x-y}^2) + \mu(f_{x+y}^2) = p^2(x-y) + p^2(x+y)\end{aligned}$$

即 p 满足平行四边形法则.

易见 , $p(x) \geqslant 0, p(x) = 0$ 当且仅当 $x = 0$, 且

$$p(\alpha x) = |\alpha| p(x).$$

为了证明三角不等式，只须证明 $U_p(x) = \{x : p(x) \leqslant 1\}$ 是凸的. 反证法，若存在 $x, y \in X$, 使 $p(x) = p(y) = 1$, 但 $p(\alpha x + (1-\alpha)y) > 1$, 对某个 $\alpha, 0 < \alpha < 1$. 由 $p(\cdot)$ 的连续性，存在 α_1, α_2, 使 $0 \leqslant \alpha_1 < \alpha < \alpha_2 \leqslant 1$, 使得 $p(\alpha_i x + (1-\alpha_i)y) = 1, i = 1, 2$, 且对 $\alpha_1 < \beta < \alpha_2$, 有 $p(\beta x + (1-\beta)y) > 1$. 令 $x_i = \alpha_i x + (1-\alpha_i)y, i = 1, 2$. 则由平行四边形法则

$$\begin{aligned}4 &= 2(p^2(x_1) + p^2(x_2)) = p^2(x_1 + x_2) + p^2(x_1 - x_2) \\ &\geqslant p(x_1 + x_2)^2 = 4p\left(\frac{x_1 + x_2}{2}\right)^2 > 4\end{aligned}$$

矛盾. 这就证明 $p(\cdot)$ 是 X 上一个范数, 从而是 X 上等价的 Hilbert 范数. 即 $X \overset{\lambda}{\approx} H$. 证毕.

注 2.2.12 可以证明：若 $X < H$, 则对任何 $\epsilon > 0, X \overset{1+\epsilon}{\approx} H$.

上面通过命题 2.2.1, 命题 2.2.3 和命题 2.2.11, 完成了 Hilbert 空间同构特征是每个闭子空间可补的链接式证明. 为今后引用方便起见，我们把上述结果综合为如下.

命题 2.2.13 设 X 是一个 Banach 空间，则如下陈述是等价的：

(1) X 与 Hilbert 空间同构；

(2) X 的每个闭子空间可补；

(3) X 的有限维子空间一致可补，即 $\lambda_f(X) := \sup\lambda(X_n, X) < \infty$, 其中上确界取遍 X 的每个有限维子空间 $X_n, \lambda(X_n, X)$ 见定义 2.1.18;

(4) X 在 l_2 中一致有限表示，即存在一个 $c>0$, 使对 X 的每个 n 维子空间 $(n=1,2,\cdots)$, 都有 $d(X_n,l_2^n)\leqslant c$.

下面我们给出若干推广性结果.

定理 2.2.14 Banach 空间 X 与 Hilbert 空间同构的充分必要条件是 X 的每个可分的闭子空间可补.

证 只需证明充分性. 由已知条件：每个可分闭子空间可补，由命题 2.2.13 的 (3), 只要能推出 $\lambda_f(X)<\infty$ 就证明了 X 同构于 Hilbert 空间. 但从命题 2.2.1 证明中我们看到，若 $\lambda_f(X)=\infty$, 实际上就得到了一可分的闭子空间 E, E 在 X 中不可补，故命题证毕.

定理 2.2.15 Banach 空间 X 与 Hilbert 空间同构的充分必要条件是对于 X 的每个可分闭子空间 M, 都存在闭子空间 $Y\subseteq X^*$, 使得 Y 是 M 的赋范子空间，且 $\dim(X/(M+{}^0Y))<\infty$.

证 由定理 2.1.29, 本定理所设条件实际上就是每个可分的闭子空间可补，故由定理 2.2.14, 证毕.

为了证明我们得到的另一个 Hilbert 空间同构特征，需要引入空间 X 的一个新的参数.

定义 2.2.16 $\Lambda_f(X)=\sup\{\Lambda(E,X):E\text{是}X\text{的有限维子空间}\}$, 其中 $\Lambda(E,X)=\sup\limits_{\{e_i\}}\inf\{\|A\|:A\in B(X),AX\subseteq E$ 且 A 在 E 上的限制 $A|_E$ 在基 $\{e_i\}$ 下表为主对角线元均为 1 的上三角矩阵 $\}$.

由定义直接可知：$1\leqslant\Lambda_f(X)\leqslant\lambda_f(X)\leqslant\infty$, 并且当 X 是 Hilbert 空间 H 时，$\Lambda_f(X)=\lambda_f(X)=1$, 这里 $\lambda_f(X)$ 同命题 2.2.13.

引理 2.2.17 E 是有限维 Banach 空间，对 E 上的每个线性算子 $T\in B(E)$, 定义

$$\langle S,T\rangle=\operatorname{trace}(ST),\quad S\in B(E).$$

它确定了 $(B(E),\|\cdot\|)$ 上的一个有界线性泛函，且依此泛函表示，有 $(B(E),\|\cdot\|)^*=(B(E),\|\cdot\|_N)$, 其中 $\|\cdot\|_N$ 是 $B(E)$ 的核算子的核范数.

引理 2.2.17 是文献 [44]§9.2.3(p.127) 的直接结果.

引理 2.2.18 E 是有限维 Banach 空间，子空间 $E_0\subseteq E$, 则 E_0 在 E 中的投影常数

$$\lambda(E_0,E)=\sup\{|\operatorname{trace}(T|_{E_0})|:T\in B(E),\|T\|_N=1,TE_0\subseteq E_0\}$$

证 见文献 [47].

引理 2.2.19 对于每一对有限维 Banach 空间 E 和 $E_0, E_0\subseteq E$, 都有 $\Lambda(E_0,E)=\lambda(E_0,E)$.

证 见文献 [47].

由上述引理，我们就可以证明如下

定理 2.2.20 Banach 空间 X 同构于 Hilbert 空间的充分必要条件是 $\Lambda_f(X) < \infty$.

证 如果 X 与 Hilbert 空间同构, 则由命题 2.2.13, $\lambda_f(X) < \infty$, 但依定义 2.2.16, 立即就得出 $\Lambda_f(X) \leqslant \lambda_f(X) < \infty$. 反之, 如果 $\Lambda_f(X) < \infty$, 则易知存在 $0 < c_1 < \infty$, 使对每一对有限维子空间 $E_0 \subseteq E \subseteq X, \Lambda(E_0, E) \leqslant c_1$, 应用引理 2.2.19, 这又意味着相对投影常数 $\lambda(E_0, E) = \Lambda(E_0, E) \leqslant c_1 < \infty$. 注意到 c_1 与有限维空间 $E_0 \subseteq E$ 的取法无关 (只与 X 有关). 这就是说, 考察任一取定的有限维空间 $E = E_n, \dim E_n = n$, 对 E 的每个子空间 E_0, 都有一个范数不超过 c_1, 从 E 到 E_0 上的投影, 由文献 [46] 的命题 6.7, $d(E, l_2^n) \leqslant c \cdot c_1^{32}$ (常数 c 与 E 的选取及其维数无关). 这就证明了 X 在 l_2 中有一致有限表示，由命题 2.2.13 的 (4),X 与 Hilbert 空间同构，证毕.

空间 X 的参数 $\Lambda_f(X)$ 引入的意义在于讨论黎斯算子的 West 分解的几种类型时 (见文献 [47] 和本书第 5 章) 可以得出： Banach 空间 X 上的每个黎斯算子都有 c 上三角阵型和 c-L 型分解时 ,X 与 Hilbert 空间同构.

2 不可补子空间的几种构造与实例

一般说来，在 Banach 空间中构造出一个不可补子空间并非易事，甚至判断给定的一个闭子空间是否可补也很困难. 这里应用命题 2.2.13 的思想，演绎出不可补闭子空间的一种构造法. 首先，需要反复应用下面两个基本事实.

事实 A 设闭子空间 $X^{(1)}, \cdots, X^{(n)}$ 的每个在 X 中的亏维都是有限的，则它们的交集也是 X 中的一个亏维有限的闭子空间，即 $\dim(X/\bigcap\limits_{k=1}^{n} X^{(k)}) < \infty$.

事实 B 设 X 是一个无限维的 Banach 空间 ,$X_n \subseteq X$ 是 X 的一个有限维子空间，那么对任一给定的 $\epsilon > 0$, 存在一个亏维有限的无限维闭子空间 $X^{(n)}, X_n \subseteq X^{(n)} \subseteq X$, 使得有一个 $X^{(n)}$ 到 X_n 上的投影 $P_n, \|P_n\| < 1 + \epsilon$.

事实 B 见注 1.1.7.

现在对一个给定的无限维 Banach 空间 X, X 不与 Hilbert 空间同构. 我们要充分应用命题 2.2.13 的 (3) 和上述两个事实，用滑背法构造出一个无限维的不可补子空间 X_0.

(i) 由于 X 不与 Hilbert 空间同构，依据命题 2.2.13 的 (3), 存在一个有限维子空间 $X_1 \subseteq X$, 使得 X_1 的投影常数 $\lambda(X_1, X) > 2$. 又对 X_1 应用上述事实 B, 存在 $X_1 \subseteq X^{(1)} \subseteq X, \dim(X/X^{(1)}) < \infty$, 以及投影算子 $P_1 : X^{(1)} \to X_1, \|P\| < 2$. 设 $X_1' := N(P_1) = X^{(1)} \ominus X_1$, 则由于 X_1' 在 $X^{(1)}$ 中亏维有限，且 $X^{(1)}$ 又在 X 中亏维有限，故 X_1' 在 X 中的亏维是有限的.

(ii) 从 X_1' 在 X 中的亏维有限这一事实出发，易知 X_1' 与 X 一样，也不与 Hilbert 空间同构. 于是又可对 X_1' 用命题 2.2.13 的 (3), 存在一个有限维子空间 $X_2 \subseteq X_1' = N(P_1) \subseteq X^{(1)}$, 使得 X_2 关于 X_1' 的投影常数 $\lambda(X_2, X_1') > 2^2$, 然后又对 $X_1 \bigoplus X_2$(注意到 $\dim(X_1 \bigoplus X_2) \leqslant \dim X_1 + \dim X_2 < \infty$.) 用事实 B, 就存在 $X_1 \bigoplus X_2 \subseteq X^{(2)} \subseteq X, \dim(X/X^{(2)}) < \infty$, 以及投影算子 $P_2 : X^{(2)} \to X_1 \bigoplus X_2, \|P\| \leqslant 2$, 设 $X_2' := N(P_2) = X^{(2)} \ominus (X_1 \bigoplus X_2)$, 则由于 X_2' 在 $X^{(2)}$ 中亏维有限，且 $X^{(2)}$ 又在 X 中亏维有限，故 X_2' 在 X 中的亏维是有限的，进而由事实 A, $\bigcap\limits_{i=1}^{2} N(P_i)$ 在 X 中是亏维有限的.

(iii) 一般地，归纳假设我们已经选定了 n 个有限维子空间 $X_1, X_2, \cdots, X_n$ 和 $n-1$ 个亏维有限的子空间 $X^{(1)}, X^{(2)}, \cdots, X^{(n-1)}$, 满足:

(a) 投影算子 $P_k : X^{(k)} \to X_1 \bigoplus \cdots \bigoplus X_k$ 的范数一致有界，即 $\|P_k\| \leqslant 2, k = 1, 2, \cdots, n-1$;

(b) 每个 X_{k+1} 在 $X_k' = N(P_k) = X^{(k)} \ominus (X_1 \bigoplus \cdots \bigoplus X_k)$ 中的投影常数 $\lambda(X_{k+1}, X_k') > 2^{k+1}, k = 0, 1, \cdots, n-1$;

(c) $X_{k+1} \subseteq \bigcap\limits_{i=1}^{k} N(P_i), k = 1, 2, \cdots, n-1$.

由于 $X_1 \bigoplus \cdots \bigoplus X_n$ 仍是有限维子空间，再次对它用事实 B, 又可有一个在 X 中亏维有限的子空间 $X^{(n)}$, 以及相应有一个投影 $P_n : X^{(n)} \to X_1 \bigoplus \cdots \bigoplus X_n$, $\|P_n\| \leqslant 2$. 注意到 $X_n' := N(P_n) = X^{(n)} \ominus (X_1 \bigoplus \cdots \bigoplus X_n)$ 在 $X^{(n)}$ 进而在 X 中的亏维有限，又由事实 A, $\bigcap\limits_{k=1}^{n} N(P_k)$ 在 X 中也是亏维有限，故它仍符合命题 2.2.13 中不与 Hilbert 空间同构的条件，于是又存在有限维子空间 $X_{n+1} \subseteq \bigcap\limits_{k=1}^{n} N(P_k)$ 使得 X_{n+1} 的投影常数 $\lambda(X_{n+1}, X_n') > 2^{n+1}$. 如此反复进行，就得到了满足 (a),(b),(c) 的一列有限维子空间 $\{X_k\}_{k=1}^{\infty}$ 和一列由亏维有限子空间 $X^{(k)}$ 投影到有限维子空间 $\bigoplus\limits_{i=1}^{k} X_i$ 的范数一致不超过 2 的投影序列 $\{P_k\}_{k=1}^{\infty}$.

现在，令 $X_0 = \overline{\operatorname{span}}\{X_k\}_{k=1}^{\infty}$, 以下证明 X_0 就是所构造的不可补子空间. 若 X_0 可补，则存在连续线性投影 $P_0 : X \to X_0$. 我们要证明对每个正整数 $n, X_0 \subseteq X^{(n)}$, 为此只要注意到上述性质 (c), 对一切 $m \geqslant n+1$, 都有 $X_m \subseteq \bigcap\limits_{i=1}^{m-1} N(P_i) \subseteq N(P_n) = X^{(n)} \ominus (X_1 \bigoplus X_2 \bigoplus \cdots \bigoplus X_n) \subseteq X^{(n)}$, 从而 $\operatorname{span}\{X_k\} \subseteq X^{(n)}$, 进而 $X_0 = \overline{\operatorname{span}}\{X_k\} \subseteq \overline{X^{(n)}} = X^{(n)}$. 最后，注意到 $P_n \circ P_0 - P_{n-1} \circ P_0 = (P_n - P_{n-1}) \circ P_0 : X \to X_n$ 就是一个由 X 到 X_n 上的投影算子，且范数一致有界: $\|(P_n - P_{n-1}) \circ P_0\| \leqslant \|(P_n - P_{n-1})\| \cdot \|P_0\| \leqslant (\|P_n\| + \|P_{n-1}\|)\|P_0\| \leqslant 4\|P_0\|, n = 2, 3, \cdots$, 此与 X_n 在 X_{n-1}', 更在全空间 X 中的投影常数 $\lambda(X_n, X) > 2^n \to \infty$ 矛盾，这就说明了 X_0 是不可补的.

把上述较为抽象的、一般性的构造方法应用到一些具体空间，就较为明晰、便捷地得出具体的不可补子空间.

例如，给定 $X = l_p(1 \leqslant p \leqslant \infty, p \neq 2)$，把 X 视为一列有限维子空间的直和 $X = l_p = \bigoplus_{m=1}^{\infty} l_p^{2^m}$，然后通过所谓局部理论研究，事先得知，每个子空间 $l_p^{2^m}$ 中都有一个"坏"可补子空间 M_m，其投影常数 $\lambda(M_m, l_p^{2^m}) > \frac{1}{2}(m^{|(1/p)-(1/2)|}-1) \to \infty \quad (m \to \infty)$ (例如见于文献 [20])，于是得到 $X = l_p$ 中的不可补子空间 $X_0 = \bigoplus_{m=1}^{\infty} M_m$.

例 2.2.21 l_1 中的不可补子空间 "特别多".

事实上推论 1.3.6 告诉我们，任取一个不与 l_1 同构的可分的无限维 Banach 空间 X，相应地取一个满射算子 $T \in B(l_1, X)$ (见命题 1.3.5)，则 $N(T)$ 是 l_1 的一个不可补子空间.

以上事实反映出这样一个估计：每个不与 l_1 同构的无限维可分空间都对应着 l_1 的一个不可补子空间，所以我们可以粗略地认为，l_1 中不可补子空间特别多，和可分 Banach 空间按同构分类的种数大致一样.

诚然，这种不可补子空间的构造法，仍然不脱抽象之嫌：毕竟算子的零空间还是抽象的. 但较之于上一种，应该说是具体多了.

例 2.2.22 从算子紧群公共不变子空间的可补性定理导出的判别法.

Rudin W. 在文献 [49] 的 §5，应用具有公共不变子空间的算子紧群的相当一般的定理 (见前述命题 2.1.25 等)，来说明一些子空间的不可补性. 例如，H_1 在 L_1 中不可补，但对 $1 < p < \infty$，H_p 在 L_p 中可补，等等.

由于证明工具用到较多的拓扑群、解析函数和关于 Haar 测度的向量值积分等知识，本书从略. 但其现代数学思想，尤其揭示空间结构与算子性质内在联系的思想，是非常深刻的，值得珍视.

例 2.2.23 从多视角看 c_0 在 l_∞ 中不可补.

视角一： 1940 年 Phillips 的第一次证明 (经 Jameson1974 年改进)，详见文献 [12].

视角二：应用 Grothendieck 空间的性质证明 c_0 在 l_∞ 中不可补.

我们在第 1 章提到过，一个 Banach 空间是 Grothendieck 空间，就是指 X^* 中每个 w^* 收敛序列也 w 收敛. 我们也已知 l_∞ 是 Grothendieck 空间 (命题 1.5.9). 但显然 c_0 不是 (见小结 1.2.1(26)).

现在很容易说明 c_0 在 l_∞ 中不可补，也就是说不存在 l_∞ 到 c_0 上的投影，只要用如下事实即可得证.

定理 2.2.24 设 X 与 Y 是 Banach 空间，X 是 Grothendieck 空间，$T \in B(X, Y)$ 是满射，则 Y 也是 Grothendieck 空间.

定理证明从略.

视角三：应用关于弱紧算子空间的 Rosenthal 定理证明 c_0 在 l_∞ 中不可补，事实上，如果有一个投影 $P: l_\infty \to c_0$, 应用前面的命题 1.5.6 和引理 1.5.8, $B(l_\infty, c_0) = WK(l_\infty, c_0), P$ 就是一个弱紧算子. 但显然 P 在 c_0 上的限制是恒等算子但非弱紧算子，矛盾.

视角四：应用 l_∞ 是素空间的事实 (见小结 1.5.1 的 (2)) 证明 c_0 在 l_∞ 中不可补.

视角五： Lindenstrauss 通过证明关于保存矩阵的 Wilansky 猜测，证明 c_0 在 l_∞ 中不可补，见文献 [11]§8.17 的评述或文献 [56].

展示 c_0 在 l_∞ 中不可补的多种证明方法，不仅有泛函分析方法论的探讨价值，而且往往推陈出新，可能取得实质性推广的成果. 例如， Pelczynski 和 Sudakov 的工作 (见文献 [55]), 就不限于 c_0 在 l_∞ 中不可补的结果.

我们援引 Pelczynski 和 Bessaga 题为 [Banach 空间现代理论的某些专题](见文献 [24] 的附录中译文) 中的两个讯息结束本小节：其一， Sobczyk 的文献 [57] 是可补子空间的名作 (见文献 [24] 的 p.281); 其二 (见文献 [24] 的 §12.13) $l_p(1 < p < \infty, p \neq 2)$ 中有不可补子空间与全空间同构.

3 空间的型 (余型) 与 B 凸性简介

Banach 空间的型 (type) 与余型 (cotype) 研究应纳入局部理论范畴，况且近年来在局部理论研究中已深入到空间弱型，弱余型研究. 这里概要地介绍一些型与余型的常识，是与空间 B 凸性密切相关的需要. 而 B 凸性之所以使我们感兴趣，是因为 B 凸空间有“足够多”的一致 l_p^n 型 n 维 $(n \to \infty)$ 子空间一致可补，在下一节我们将说明 B 凸空间是一种局部次投影空间，在第 5 章，我们还要说明 B 凸空间上的黎斯算子都可 West 分解. 故这里的介绍只是一种铺垫，有关论证仅指明出处.

定义 2.2.25 Banach 空间 X 称为有型 p(type p)$(1 \leqslant p \leqslant 2)$, 如果存在一个常数 $C > 0$, 使得对任意有限元 $(x_i)_{i=1}^n \subseteq X$, 都有

$$\int_0^1 \|\sum_{i=1}^n r_i(t)x_i\|dt \leqslant C\left(\sum_{i=1}^n \|x_i\|^p\right)^{1/p},$$

其中 $(r_i(t))$ 是 Radmacher 函数组，用概率论的术语来描述，它们是一种以概率 $\frac{1}{2}$ 取值 ± 1 的独立同分布随机变量序列 (或称 Bernouli 序列).

定义 2.2.26 Banach 空间 X 称为有余型 q(cotype q)$(2 \leqslant q \leqslant \infty)$, 如果存在

一个常数 $C > 0$, 使得对任意有限元 $(x_i)_{i=1}^n \subseteq X$, 都有

$$\left(\sum_{i=1}^n \|x_i\|^q\right)^{1/q} \leqslant C\int_0^1 \|\sum_{i=1}^n r_i(t)x_i\|dt,$$

与上述定义的表述形式相关的，是下面的 Kahane 不等式，它是 Khintchine 不等式的推广.

命题 2.2.27(Kahane 不等式)　对 $1 \leqslant p < \infty$, 存在一个绝对常数 $K_p > 0$, 使得对任何 Banach 空间 X, 任何 $\{x_i\}_{i=1}^n \subseteq X$, 有

$$\int_0^1 \|\sum_{i=1}^n r_i(t)x_i\|dt \leqslant \left(\int_0^1 \|\sum_{i=1}^n r_i(t)x_i\|^p dt\right)^{1/p} \leqslant K_p \cdot \int_0^1 \|\sum_{i=1}^n r_i(t)x_i\|dt.$$

从 Kahane 不等式，我们看出，在型与余型的定义中，对取值于 X, 定义于 [0,1] 上的向量值函数 $\sum_{i=1}^n r_i(t)x_i$, 取其在 $L_r[0,1]$ 中的任一 r 范数 $\|\sum_{i=1}^n r_i(t)x_i\|_{L_r} = (\int_0^1 \|\sum_{i=1}^n r_i(t)x_i\|^r dt)^{1/r} (1 \leqslant r < \infty)$ 来代替，都是等价的. 我们的定义是取 $r = 1$, 以使书写最简单，许多书更愿意取 $r = 2$.

Kahane 不等式有多种证法，例如文献 [6] 与 [20] 就取不同证明.

关于空间的型与余型，有如下基本结果.

命题 2.2.28　(1) 每个 Banach 空间 X, 都有某一型 $p, 1 \leqslant p \leqslant 2$, 而且当 X 有型 p 时，自动也有型 $p', 1 \leqslant p' < p$, 故每个 Banach 空间至少有型 1, 但不可能有型 $p > 2$.

(2) 每个 Banach 空间 X, 都有某一余型 $q, 2 \leqslant q \leqslant \infty$, 而且当 X 有余型 q 时，自动也有余型 $q', q < q' \leqslant \infty$, 故每个 Banach 空间都有余型 ∞, 但不可能有余型 $q < 2$.

(3) 空间 $L_p(\Omega, \mu)(1 \leqslant p < \infty)$ 有型 $\min\{2, p\}$ 与余型 $\max\{2, p\}$, 特别地 $l_p(1 \leqslant p < \infty)$ 有型 $\min\{2, p\}$ 和余型 $\max\{2, p\}$. 当 $\dim L_\infty(\Omega) = \infty$ 时 (特别地 l_∞), $L_\infty(\Omega)$ 只有型 1 和只有余型 ∞, c_0 也是这种具有最基本型与余型的空间.

(4) 型与余型是超性质，即当 Y 在 X 中有限表示时 ,Y 就有 X 的型或余型.

(5) 型与余型有一种“弱对偶性”，即对于 $1 < p \leqslant 2$, 当 X 有型 p 时 ,X^* 有余型 q, 其中 $\frac{1}{p} + \frac{1}{q} = 1$. 但不可逆，例如 c_0 只有型 1, 而 $c_0^* = l_1$ 有余型 2.

命题的证明主要用 Kahane 不等式及一些细致的不等式估计，参阅文献 [6].

型与余型研究在某种程度上是“度量”空间 X 与 Hilbert 空间接近的程度，有如下著名结果.

命题 2.2.29　Banach 空间 X 既有型 2 又有余型 2 的充分必要条件是 X 同构于 Hilbert 空间.

这个命题的证明应用 Gauss 随机变量工具，见文献 [6] 的定理 5.3.6.

下面我们要引入 B 凸性概念，说明有型大于 1 的空间类恰好就是 B 凸空间.

定义 2.2.30 整数 $n \geqslant 2, \epsilon > 0$,Banach 空间 X 称为是 $B(n,\epsilon)$ 凸的，如果

$$\sup\{\min \|x_1 \pm x_2 \pm \cdots \pm x_n\| : (x_i)_{i=1}^n \subseteq B_X\} < n(1-\epsilon).$$

Banach 空间 X 称为是 B 凸的，如果对某个 n, ϵ, X 是 $B(n,\epsilon)$ 凸的.

B 凸空间的概念是 Beek 于 1962 年引入的，他并且证明了这类空间恰好是能将概率论中的某种大数定律推广的 Banach 空间.

命题 2.2.31 设 X 是 Banach 空间，则如下陈述等价：

(1) X 是 B 凸的；

(2) l_1 不在 X 中有限表示；

(3) X 不一致地含 l_1^n；

(4) X 有某型 $p > 1$, 这里有一个与定义 2.2.25 等价，但不用积分表述的特征 : X 有型 $p > 1$ 就是存在常数 $p > 1$ 和 $C > 0$, 使对 X 的任一组向量 $x_1, \cdots, x_n$, 可以适当地选取 $\theta_i = \pm 1$, 使得 $\|\sum_1^n \theta_i x_i\| \leqslant C(\sum_1^n \|x_i\|^p)^{1/p}$.

其中 X 一致地含 l_1^n 是指，存在常数 $c > 0$, 使得有 X 的一列有限维子空间 $X_n, d(X_n, l_1^n) < c, n = 1, 2, \cdots$.

命题的证明参见文献 [6].

我们关注的是 B 凸空间的可补子空间性质.

命题 2.2.32 X 是 B 凸空间的充分必要条件是 X 有局部 $\pi - l_2$ 性质，即对每个整数 $n \geqslant 2$ 和实数 $\lambda > 0$, 有整数 $m = m(n,\lambda)(m \geqslant n)$, 使得 X 中任一维数大于 m 的子空间 X_m 中，都存在一个 n 维子空间 $X_n \subseteq X_m, X_n$ 与 l_2^n $(1+\lambda)$ 同构 (即 $d(X_n, l_2^n) \leqslant 1+\lambda$) 且 X_n 在全空间 X 中 $(1+\lambda)$ 可补 (即有一个 X 到 X_n 上的投影 $P, \|P\| \leqslant 1+\lambda$).

命题的证明见文献 [58] 和 [59].

我们关于 B 凸性的工作，首先是受到前苏联 Kadec 父子有关研究的影响，得到若干 B 凸性的特征刻画，详见文献 [62]. 其次，我们受俞鑫泰先生等在文献 [64] 关于 P 凸 (一种比 B 凸更强的凸性) 空间工作的影响，证明了如下：

定理 2.2.33 Banach 空间 $\{X_i\}_{i=1}^\infty$ 的 l_p 乘积 $(1 < p < \infty)(\sum \bigoplus X_i)_{l_p}$ B 凸的充分必要条件为存在整数 $n \geqslant 2$, 使对于各 $B(n, \epsilon_i)$ 凸的 X_i, $\sup\limits_i\{n(1-\epsilon_i)\} < n$.

定理证明见文献 [63].

§2.3 次投影性质和超投影性质

1 次投影空间

次投影空间概念是 Whitley 在文献 [66] 研究严格奇异算子时引入的. 回顾定义 1.2.28, Banach 空间 X 称为是次投影的, 如果对每个闭无限维子空间 M, 都存在一个闭无限维子空间 $N \subseteq M$ 及 X 到 N 上的投影.

用可补子空间的语言, X 是次投影空间, 就是那种子空间可补比 Hilbert 空间稍次一点点的空间: 虽然不能保证每个 (无限维) 闭子空间 M 可补, 但 M 含有一个 (无限维闭) 子空间 N 在 X 中可补. 有这种性质的空间, 我们并不陌生, 在第 1 章中介绍的经典序列空间 $c_0, l_p(1 \leqslant p < \infty)$ 等, 都是次投影空间.

命题 2.3.1 次投影性质是同构不变的和子空间遗传的, 即当 $X \approx Y$, 则 X 是次投影的当且仅当 Y 是次投影的; X_0 如果可嵌入次投影空间 X, 则 X_0 也是次投影的.

命题的证明由次投影空间的定义和命题 2.1.14(1) 立即得出.

命题 2.3.2 (1) 如下各 Banach 空间都是次投影空间: Hilbert 空间, 序列空间 $c_0, l_p(1 \leqslant p < \infty)$, 函数空间 $L_p[0,1]$ 和 $\Lambda_{p,w}[0,1]$, 或者更一般的 $L_p(\mu)$ 乃至 $\mathcal{L}^p(2 \leqslant p < \infty)$ 和 Tsirelson 空间 T.

(2) 下列各 Banach 空间都不是次投影空间: l_∞, $C[a,b]$, $L_p(\mu)(1 \leqslant p < 2)$ 和 $L_\infty(\mu)$.

证 (1) Hilbert 空间的每个子空间都可补, 当然是次投影空间; 第 1 章已说明过经典序列空间 $c_0, l_p(1 \leqslant p < \infty)$ 等都是次投影的; 对 $2 \leqslant p < \infty$ 时, $L_p[0,1]$ 的次投影性质见小结 1.6.2(7). 更一般的, $\mathcal{L}^p(2 \leqslant p < \infty)$ 的次投影性质在文献 [3] 中证明; 至于 Lorentz 函数空间 $\Lambda_{p,w}[0,1](2 \leqslant p < \infty)$ 的次投影性质见于文献 [67];Tsirelson 空间的次投影性后面还将单独证明.

(2) 首先, 容易说明 l_∞ 不是次投影空间: l_∞ 是素空间, 故每个 l_∞ 中的可分无限维子空间 (例如 c_0) 都不可补; 其次注意到 $C[a,b]$ 的每个无限维可补子空间一定含 c_0-copy(见小结 1.6.3 的 (12)), 而 $C[a,b]$ 又是可分万有的, 任取 l_1 或 l_2 作为 $C[a,b]$ 的子空间, 就知道不仅它们本身在 $C[a,b]$ 中不可补, 也不含无限维子空间在 $C[a,b]$ 中可补, 这说明 $C[a,b]$ 不是次投影空间. 再说明 $L_1(\mu)$ 不是次投影空间, 只要注意到一方面 l_2 可作为 $L_1(\mu)$ 的闭子空间, 另一方面, $L_1(\mu)$ 不含无限维自反的可补子空间 (见小结 1.6.2 的 (5)). 让我们来说明对 $1 < p < 2$, $L_p(\mu)$ 也不是次投影空间, 取 $1 < q < 2$, $q \neq p$, 由文献 [3], $L_p(\mu)$ 含有一子空间 $M \approx l_q$. 现在, 如果 $L_p(\mu)$ 是次投影的, 就应有 $N \subseteq M, N \overset{c}{\hookrightarrow} L_p(\mu)$, 从而也有 $N \overset{c}{\hookrightarrow} l_q$, 由 l_q 的素性, $N \approx l_q$, 但由小结 1.6.2 的 (12),L_p 的可补子空间或同构于 l_2, 或含有

一子空间同构于 l_p, 矛盾. 最后再让我们来说明 $L_\infty(\mu)$ 也不是次投影空间, 此由 $l_\infty \subseteq L_\infty(\mu)$ 以及已知 l_∞ 非次投影, 由命题 2.3.1 即得证.

2　准素空间

回顾一个 Banach 空间 X 称为准素 (primary) 空间, 如果 X 上每个投影 P, 或者 $PX \approx X$, 或者 $(I-P)X \approx X$.

显然, 素空间是准素空间.

例 2.3.3　已经知道下列空间是准素的:

(1) c_0, l_p 和 $L_p[0,1](1 \leqslant p \leqslant \infty)$(见文献 [65]p.168]);

(2) $C(K)$, K 是紧度量空间 (见文献 [65]p.168]);

(3) James 空间 J :

$$J = \{x = (a_n)_{n=1}^\infty,$$
$$\| x \| = \sup_{p_1 < \cdots < p_m} \frac{1}{\sqrt{2}}[(a_{p_1} - a_{p_2})^2 + (a_{p_2} - a_{p_3})^2 + \cdots + (a_{p_m} - a_{p_1})^2]^{\frac{1}{2}} < +\infty,$$

其中 $p_1, \cdots, p_m$ 为自然数增加列, $\lim\limits_n a_n = 0\}$(见文献 [68]);

(4) James 树空间 JT

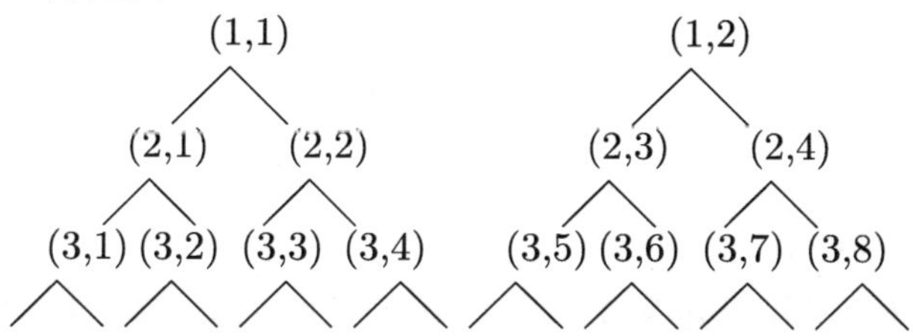

JT 空间构造如下: 令 T 是 $\mathbf{N}\times\mathbf{N}$ 的一个子集 (也称一个标准树),$T = \{(n,i), n = 1,2,\cdots,1 \leqslant i \leqslant 2^n\}$(见上图). 在 T 中引入如下偏序: $(n,i) \leqslant (m,j)$, 当且仅当 $n \leqslant m$ 且存在正整数 $i = i_n, i_{n+1}, \cdots, i_m = j$, 使 $i_l \in \{2i_{l-1}-1, 2i_{l-1}\}, l = n+1, \cdots, m$(即 i_l 或者等于 $2i_{l-1}-1$ 或者等于 $2i_{l-1}$).

T 中的一个线段是如下形式的集:

$$\{(n, i_n), (n+1, i_{n+1}), \cdots, (n+k, i_{n+k})\},$$

其中

$$i_l \in \{2i_{l-1}-1, 2i_{l-1}\}, \qquad l = n+1, \cdots, n+k \ (n = 1,2,\cdots,\ k = 0,1,2,\cdots).$$

对每个 $n \in \mathbf{N}$, 点 $(n,i)(1 \leqslant i \leqslant 2^n)$ 称为 T 的第 n 阶枝点. T 的 n 阶枝是如下形式的集:

$$\{(n,i_n),(n+1,i_{n+1}),\cdots,\},$$

其中, $i_l \in \{2i_{l-1}-1, 2i_{l-1}\}, l = n+1, n+2, \cdots$.

1 阶枝简称 1 枝.

$$JT = \{x = (x(n,i)) :\| x \| = \sup(\sum_{j=1}^{k}(\sum_{(n,i)\in S_j} x(n,i)^2))^{\frac{1}{2}} < \infty\}.$$

其中上确界取自一切 k 及一切两两不相交的线段 $\{S_1,\cdots,S_k\}$ (见文献 [69]), 关于 JT 空间详细叙述可见文献 [8].

(5) Universal 空间 U_1 :

令 $\{u_n\}_{n=1}^{\infty}$ 是 $C[0,1]$ 中一个稠集.

$$U_1 = \{x = (a_n)_{n=1}^{\infty} :\||x\||_1 = \sup\{\| \sum_{n=1}^{\infty}\theta_n a_n u_n \|; \theta_n = \pm 1, \text{任意}n\} < +\infty\}.$$

U_1 的定义见文献 [1] 的定理 2.d.10, 其准素性则见于 §3.b.

由于 Banach 空间上算子代数 K 理论研讨的需要 (见第 7 章), 空间的准素性很重要, 也还遗留不少有趣问题, 如下结果就很富启迪性.

命题 2.3.4 若 X 是具次对称基的 Banach 空间, 则对 X 上的任何投影 Q, 或者存在 $M \subseteq QX$, 使 $M \approx X$, 且 M 在 X 中可补, 或者存在 $N \subseteq (I-Q)X$, 使 $N \approx X$, 且 N 在 X 中可补.

其中次对称基 (对称基) 见定义 1.1.23, 命题的证明见于文献 [1] 的 §3.b.

3 Tsirelson 空间

下面让我们对 Tsirelson 空间进行初步认识.

1974 年 B.S.Tsirelson 构造了 Banach 空间 X_T, 使 X_T 是自反的、具无条件基, l_p 不能嵌入 X_T, $1 < p < +\infty$, 且 X_T 没有超自反无限维子空间 (X 称为超自反, 如果 $X \approx$ 一致凸空间). 下面构造的 X_T 空间实际上是原始的 Tsirelson 空间的共轭空间, 它使用起来较方便 (仍记作空间 X_T).

Tsirelson 空间构造如下:

(1) 对自然数集 $\mathbf{N}$ 的非空有限子集 E, F, 现约定 $E \leqslant F$ 为 $\max E \leqslant \min F$, $E < F$ 为 $\max E < \min F$.

(2) $c_{00}=\{(x_i)_{i=1}^{\infty}: x_i\in\mathbf{R}$, 且仅有限个 x_i 不为 0$\}$. 令 $(t_n)_{n=1}^{\infty}$ 表示 c_{00} 中单位向量, 即 $t_n=(\underbrace{0,\cdots,0,1}_{n},0,\cdots)$, 对任意

$$x=\sum_n a_n t_n\in c_{00},$$

任何 $E\geqslant 1$(这里 $E\geqslant 1$ 是 $\{1\}\leqslant E$ 的简写, 下同),

$$Ex:=\sum_{n\in E}a_n t_n.$$

(3) 在 c_{00} 上归纳定义范数序列 $(\|\cdot\|_m)_{m=0}^{\infty}$ 如下:

$$x=\sum_n a_n t_n\in c_{00},\quad \|x\|_0=\max_n|a_n|,$$

$$\|x\|_{m+1}=\max\{\|x\|_m,\frac{1}{2}\max(\sum_{j=1}^{k}\|E_jx\|_m)\},\qquad m\geqslant 0,$$

其中, 括号中 max 取自 $\mathbf{N}$ 的有限子集 $(E_j)_{j=1}^{k}$, 满足 $k\leqslant E_1<\cdots<E_k$.

(4) 容易看到 $\|\cdot\|_m$ 是 c_{00} 上范数, 且它们随 m 增加, 并且

$$\|x\|_m\leqslant\sum_n|a_n|,\quad 任意x=\sum_n a_n t_n\in c_{00}.$$

故对每个 $x\in c_{00}$

$$\lim_m\|x\|_m=\|x\|$$

存在,

$$\max_n|a_n|\leqslant\|x\|\leqslant\sum_n|a_n|,(x=\sum_n a_n t_n).$$

$\|\cdot\|$ 是 c_{00} 中范数.

(5) X_T 是 $(c_{00},\|\cdot\|)$ 的完备化.

Tsirelson 空间构造完毕.

命题 2.3.5 (1) $(t_n)_{n=1}^{\infty}$ 组成 X_T 的正规 1 无条件基.

(2) 对每个 $x=\sum_n a_n t_n\in X_T$,

$$\|x\|=\max(\max_n|a_n|,\frac{1}{2}\sup\sum_{j=1}^{k}\|E_jx\|),$$

其中, 上确界取自 $\mathbf{N}$ 的有限子集 $(E_j)_{j=1}^{k}$, 满足 $k\leqslant E_1<\cdots<E_k$.

(3) 对任何 $k\in\mathbf{N}$, 任何 k 个正规化块元 $(y_i)_{i=1}^k$,

$$y_i=\sum_{n=p_i+1}^{p_{i+1}}a_nt_n,\qquad 1\leqslant i\leqslant k,\ k-1\leqslant p_1<p_2<\cdots<p_{k+1},$$

有

$$\frac{1}{2}\sum_{i=1}^k|b_i|\leqslant\left\|\sum_{i=1}^k b_iy_i\right\|\leqslant\sum_{i=1}^k|b_i|,\quad 任意(b_i)_{i=1}^k.$$

证 (1) 显然.

(2) 令

$$\rho(x)=\max\left(\max_n|a_n|,\frac{1}{2}\sup\sum_{j=1}^k\|E_jx\|\right),\quad 任意x=\sum_n a_nt_n\in X_T.$$

易见 $\rho(x)\geqslant\|x\|$.

反之, 若

$$\rho(x)=\max_n|a_n|,$$

则 $\rho(x)\leqslant\|x\|$, 从而 $\rho(x)=\|x\|$; 若

$$\rho(x)>\max_n|a_n|,$$

令

$$B(x)=2^{-1}\sup\sum_{j=1}^k\|E_jx\|,$$

则对任何 $\epsilon>0$, 存在 k 及 $(E_j)_{j=1}^k$, 使 $k\leqslant E_1<\cdots<E_k$, 且

$$2^{-1}\sum_{j=1}^k\|E_jx\|>B(x)-\epsilon.$$

选 m, 使对 $1\leqslant j\leqslant k$, 有

$$\|E_jx\|_{m+1}>\|E_jx\|-\frac{\epsilon}{k},$$

从而

$$\begin{aligned}\|x\|&\geqslant\left\|\sum_{j=1}^kE_jx\right\|\geqslant\left\|\sum_{j=1}^kE_jx\right\|_{m+2}\geqslant 2^{-1}\sum_{j=1}^k\|E_jx\|_{m+1}\\&>2^{-1}\sum_{j=1}^k\|E_jx\|-\epsilon>B(x)-2\epsilon,\end{aligned}$$

故 $\| x \| \geqslant B(x)$, 从而 $\| x \| \geqslant \rho(x)$, 故也有 $\| x \| = \rho(x)$.

(3) $\| \sum_{i=1}^{k} b_i y_i \| \leqslant \sum_{i=1}^{k} \| b_i y_i \| = \sum_{i=1}^{k} | b_i |$,

另一方面, 由 (2),

$$\| \sum_{i=1}^{k} b_i y_i \| \geqslant \frac{1}{2} \sum_{j=1}^{k} \| E_j(\sum_{i=1}^{k} b_i y_i) \|, \quad \text{任意} k \leqslant E_1 < \cdots < E_k.$$

特别取 E_j, 使

$$E_j(\sum_{i=1}^{k} b_i y_i) = b_j y_j, \quad 1 \leqslant j \leqslant k,$$

故

$$\| \sum_{i=1}^{k} b_i y_i \| \geqslant \frac{1}{2} \sum_{i=1}^{k} \| b_i y_i \| = \frac{1}{2} \sum_{i=1}^{k} | b_i |,$$

证毕.

命题 2.3.6 l_1 不能嵌入 X_T.

证 若 $l_1 \hookrightarrow X_T$, 由 James 定理 (见小结 1.3.13 的 (33)) 及基序列选择原理 (命题 1.1.13), 可找到 (t_n) 的正规化块基 $(y_i)_{i=0}^{\infty}$, 使任意 $(b_i)_{i=0}^{\infty} \in l_1$, 有

$$\frac{8}{9} \sum_{i=0}^{\infty} | b_i | \leqslant \| \sum_{i=0}^{\infty} b_i y_i \| \leqslant \sum_{i=0}^{\infty} | b_i | .$$

特别地,

$$\| y_0 + \frac{1}{r} \sum_{i=1}^{r} y_i \| \geqslant \frac{16}{9}, \qquad r = 1, 2, \cdots .$$

任取 $k \leqslant E_1 < \cdots < E_k$, 令 $n_0 = \max\ \mathrm{supp}(y_0)$, 其中,

$$\mathrm{supp}(y_0) = \{i : y_{0,i} \neq 0, y_0 = (y_{0,i})_{i=1}^{\infty}\}.$$

(1) 若 $k > n_0$, 则

$$\sum_{j=1}^{k} \| E_j(y_0 + \frac{1}{r} \sum_{i=1}^{r} y_i) \| = \sum_{j=1}^{k} \| E_j(\frac{1}{r} \sum_{i=1}^{r} y_i) \| \leqslant 2 \| \frac{1}{r} \sum_{i=1}^{r} y_i \| \leqslant 2.$$

(2) 若 $k \leqslant n_0$, 令

$A = \{i : \| E_j y_i \| \neq 0, \text{至少二个 } j\}$,

$$B=\{i:\parallel E_j y_i\parallel\neq 0, \text{至多一个 } j\}.$$

易见， A 至多 k 个元. 故

$$\begin{aligned}
\sum_{j=1}^{k}\parallel E_j(y_0+\frac{1}{r}\sum_{i=1}^{r}y_i)\parallel &\leqslant \sum_{j=1}^{k}\parallel E_j y_0\parallel+\frac{1}{r}\sum_{j=1}^{k}\parallel E_j(\sum_{i=1}^{r}y_i)\parallel\\
&\leqslant 2\parallel y_0\parallel+\frac{1}{r}\sum_{j=1}^{k}\sum_{i=1}^{r}\parallel E_j y_i\parallel\\
&\leqslant 2\parallel y_0\parallel+\frac{1}{r}(\sum_{i\in A}\sum_{j=1}^{k}\parallel E_j y_i\parallel+\sum_{i\in B}\sum_{j=1}^{k}\parallel E_j y_i\parallel)\\
&\leqslant 2+\frac{1}{r}(2\sum_{i\in A}\parallel y_i\parallel+\sum_{i\in B}\parallel y_i\parallel)\\
&\leqslant 2+\frac{1}{r}(2k+r-k)\leqslant 3+\frac{k}{r}\leqslant 3+\frac{n_0}{r}.
\end{aligned}$$

所以当 $r\geqslant 2n_0$ 时，总有

$$\sum_{j=1}^{k}\parallel E_j(y_0+\frac{1}{r}\sum_{i=1}^{r}y_i)\parallel\leqslant\frac{7}{2}.$$

由命题 2.3.5

$$\parallel y_0+\frac{1}{r}\sum_{i=1}^{r}y_i\parallel=\frac{1}{2}\sup\sum_{j=1}^{k}\parallel E_j(y_0+\frac{1}{r}\sum_{i=1}^{r}y_i)\parallel,$$

故

$$\parallel y_0+\frac{1}{r}\sum_{i=1}^{r}y_i\parallel\leqslant\frac{7}{4}.$$

当 $r\geqslant 2n_0$ 时，矛盾！证毕.

命题 2.3.7　c_0, $l_p\not\hookrightarrow X_T$, $1<p<+\infty$.

证　若 c_0, $l_p\hookrightarrow X_T$, $1<p<+\infty$, 就应有一个嵌入算子 $S:X\to X_T$(其中 X 取为 c_0 或 l_p). 应用基序列选择原理 (此时 $c_0, l_p(1<p<+\infty)$ 的自然基 $e_n\xrightarrow{w}0$), 考虑 $x_n=Se_n\in X_T$, $n=1,2,\cdots$, 应有 $(t_n)_{n=1}^{\infty}$ 的正规化块基 $(u_n)_{n=1}^{\infty}$, 使

$$(e_i)\approx(e_{n_i})\approx(x_{n_i})\approx(u_i)$$

转到子序列，不妨假设

$$i<\operatorname{supp}u_i=\{n:u_{i,n}\neq 0, u_i=(u_{i,n})\}.$$

由命题 2.3.5(3) 立即得到矛盾！证毕.

命题 2.3.8 X_T 没有无限维超自反子空间.

证 由基序列选择原理，X_T 的每个无限维子空间 Y, 有一个子空间 $(1+\epsilon)$ 线性同胚于 $(t_n)_{n=1}^{\infty}$ 的正规化块基序列 (y_n) 张成的子空间. 如要转到子序列，可设 $n<\mathrm{supp}(y_n)$. 由命题 2.3.5(3) 知

$$\frac{1}{2}\sum_{i=n+1}^{2n}|a_i|\leqslant\|\sum_{i=n+1}^{2n}a_iy_i\|\leqslant\sum_{i=n+1}^{2n}|a_i|,\quad 任意(a_i)_{i=n+1}^{2n}.$$

故 l_1^n 可一致嵌入 Y, 故 Y 不 B 凸，从而 Y 不是超自反 (注：超自反 $\Rightarrow B$ 凸). 证毕.

命题 2.3.9 X_T 不是准素空间.

这个命题的详细证明见文献 [70] 的 pp.56~59. 我们这里给出简要思路，为此，先给出一个比“有限表示”弱一点的概念：

定义 2.3.10 称 Banach 空间 Y 在 X 中是粗有限表示的，如果存在一个常数 $c>0$, 使得每个 Y 的有限维子空间都与 X 的某一个同维数子空间 c 同构.

先是 Rosenthal *H*. 证明 $L_1[0,1]$ 的一个子空间如果一致地包含了 l_1^n-copy, 则该子空间也就含 l_1-copy. 后来 Lindenstrauss 与 Pelczynski 证明，任一可分空间如果在 L_1 中粗有限表示，则嵌入了 l_1. 这一来，实际上告诉了我们空间 X_T 不可能在 $L_1[0,1]$ 粗有限表示了.

再后来 Casazza 与 Odell 证明：对 X_T 的标准基 $\{t_n\}$, 任取一个无限子列 $\{t_{k_n}\}_{n=1}^{\infty}$, 都可以把 $\mathbf{N}$ 适当划分成两个不交子集 $\mathbf{N}=I\bigcup J$, 使 $X:=\overline{\mathrm{span}}\{t_{k_n}:n\in I\}$ 和 $Y:=\overline{\mathrm{span}}\{t_{k_n}:n\in J\}$ 彼此都不能粗有限表示. 这样实际上已经证明了 X_T 不是准素空间：只要取上面的 $k_n=n$.

命题 2.3.11 X_T 是次投影空间.

证 在文献 [70] 中有一个结果： X_T 的标准基 $\{t_n\}$ 的每一有界的块基序列 $\{u_j\}$ 张成的闭子空间都是 54 可补的. 由此应用可补基序列摄动原理 (命题 1.1.12), 就证明了 X_T 的次投影性质.

关于无条件基的这种块基序列总是可补，或者甚至一致 c 可补 (例如对空间 X_T 可取 $c=54$) 的良好性质，我们在文献 [71] 有专题讨论.

总结上述得到

命题 2.3.12 Tsirelson 空间具有如下性质：

(1) X_T 是自反的；

(2) X_T 具 1 无条件基；

(3) c_0, $l_p(1\leqslant p<+\infty)$ 不能嵌入 X_T ;

(4) X_T 没有无限维超自反子空间；

(5) X_T 在 L_1 中不能粗有限表示；

(6) X_T 不是准素空间;

(7) X_T 是次投影空间.

注 2.3.13 修改 Tsirelson 空间定义可得到 Tsirelson 型一致凸空间，仍有 c_0, $l_p(1 \leqslant p < +\infty)$ 不可嵌入.

Tsirelson 型空间专门研究见文献 [70], 它内容极其丰富，解决了下列问题:

(1) Banach 问题：是否每个 (无限维)Banach 空间或者含 c_0, 或者含 $l_p(1 \leqslant p < +\infty)$.(否定)

(2) X 是一致凸的 $\Rightarrow l_p(1 < p < +\infty) \hookrightarrow X$?(否定)

(3) X 具对称基 $\Rightarrow l_p(1 < p < +\infty) \hookrightarrow X$?(否定)

(4) 如果 X 的每个子空间具 $AP \Rightarrow X \approx l_2$?(否定)(Banach 空间 X 称为具 AP, 等价于任何紧算子 $T: Y \to X$ 可用有限秩算子逼近，其中 Y 为任何 Banach 空间).

(5) 是否每个无限维 Banach 空间含一个极小子空间？ (否定)(Banach 空间 X 称为极小的，如果对任何 Banach 空间 Y, 当 $Y \hookrightarrow X$ 时，又有 $X \hookrightarrow Y$).

(6) 自反 $\Rightarrow$ 充分 Euclid?(否定)(Banach 空间 X 称为充分 Euclid, 是指存在 $c > 0$, 使对每个 n, 存在 $E_n \subseteq X$, $\dim E_n = n, d(E_n, l_2^n) \leqslant c$, E_n c 可补).

(7) w Hilbert 空间 $\Rightarrow$ Hilbert 空间？ (否定)(Banach 空间 X 称为 w Hilbert 空间，如果存在 $C > 0$, 使对任何 n 维空间 $E_n \subseteq X$, 存在 E_n 中两个椭圆 D_1, D_2, 使 $D_1 \subseteq B_{E_n} \subseteq D_2$, 且 $\left(\dfrac{\text{Vol } D_2}{\text{Vol } D_1}\right)^{\frac{1}{n}} \leqslant C$).

(8) 是否存在自反空间 X, 使 $X \overset{k}{\approx} (\sum_{i=1}^n \bigoplus X)_1$, 任意 n.(肯定)

(9) 是否存在 Banach 空间 X, 使 X 上全纯函数全体 $H(X)$ 是自反的. (肯定)(注： c_0, $l_p(1 \leqslant p \leqslant +\infty)$ 不成立).

(10) 是否存在 Banach 空间 X, 使任何 $f: [0,1] \to X$ 的函数， f 是 Riemann 可积 $\Leftrightarrow f$ a.e. 连续. (肯定).(注： c_0, $l_p(1 \leqslant p \leqslant +\infty)$ 不成立).

在所有对 Tsirelson 空间改造中， Schlumprecht 的工作是最深刻的，以致于 Gowers 和 Mauray 构造第一例 H.I. 空间主要借鉴于 Schlumprecht 的构造. 详见本书第 6 章介绍.

4 次投影性的分类和局部化

注意到 Banach 空间上黎斯算子 West 分解问题的一些新结果经常是在具有比次投影性质更强的空间类中获取的，我们讨论 Banach 空间的各种次投影性质，分类比较，理清关系，就很有必要.

定义 2.3.14 Banach 空间 X 称为有有限维 p 块分解 (简记为 F.D.p.B.D.), 指的是存在有限维 Banach 空间列 X_n, 使得

(1) 对每一 $x \in X$, 有惟一一列 $x_n \in X_n$, 使得 $x = \sum_{n=1}^{\infty} x_n$, 级数按 X 中范数收敛;

(2) $\| x \| = (\sum_{n=1}^{\infty} \| x_n \|^p)^{\frac{1}{p}} (1 \leqslant p < \infty)$ 或 $\| x \| = \sup\limits_n \| x_n \| \ (p = \infty)$.

定义 2.3.15 Banach 空间 X 称为是 l_p 次投影的 (简记为 l_p.S.P.), 如果对某一固定的 $p(1 \leqslant p \leqslant \infty)$,$X$ 的每一无限维闭子空间 E 都含有与 l_p(这里当 $p = \infty$ 时, 特指 c_0, 下同) 同构的子空间 F,F 在全空间 X 中可补.

定义 2.3.16 Banach 空间称为是强次投影的 (简记为 S.S.P.), 如果 X 的每一个无限维闭子空间 E 都含有一个 (在 X 中) 可补的无限维闭子空间 F, 且 F 与 c_0 或 $l_p(1 \leqslant p < \infty)$ 中的某一个同构.

强次投影空间的典型例子是 $\mathcal{L}^p(2 \leqslant p < \infty)$(见定义 1.2.42).

命题 2.3.17 对每个 $2 \leqslant p < \infty$,$\mathcal{L}^p$ 是强次投影的.

证 当 $p = 2$ 时, 由于每个 $X \in \mathcal{L}^2$ 都与 Hilbert 空间同构, 结论是平凡的.

当 $p > 2$ 时, 考虑 $X \in \mathcal{L}^p$ 的一个无限维闭子空间 E, 不妨设 E 可分, 那么由文献 [3] 和 [72] 可知, 存在可分的 Z, 满足:

(1) $E \subseteq Z \subseteq X$;

(2) Z 在 X 中 1 可补, 即有 X 到 Z 上的投影 P, $\| P \| = 1$;

(3) Z 与 $L_p[0,1]$ 的一个可补子空间同构.

为明确起见, 不妨设 $J : Z \to \widehat{Z} \subseteq L_p[0,1]$ 是线性同胚, 设 $JE = \widehat{E} \subseteq \widehat{Z} \subseteq L_p[0,1]$, 注意到 $p > 2$, 依文献 [3] 知, $L_p[0,1]$ 的无限维闭子空间 $\widehat{E}$, 或同构于 l_2 且在 $L_p[0,1]$ 中可补, 或 $\widehat{E}$ 含有一个与 l_p 同构, 在 $L_p[0,1]$ 中可补的子空间 $\widehat{Y}$. 于是可知 $J^{-1}\widehat{Y} = Y \subseteq Z$ 在 Z 中也可补, 故也在 X 中可补 (因 Z 在 X 中可补),Y 与 l_2 或 l_p 同构. 证毕.

推论 2.3.18 对每个 $p > 2$, $L_p[0,1] \in$S.S.P.$\backslash l_q$.S.P.(对任意固定的 $q(1 \leqslant q \leqslant \infty)$).

证 $L_p[0,1]$ 是特殊的 $\mathcal{L}^p$ 空间, 由上面命题即知 $L_p[0,1] \in$S.S.P. 另一方面, 对 $p > 2$, $L_p[0,1]$ 中既含与 l_p 同构的可补子空间, 又含与 l_2 同构的可补子空间. 而当 $p \neq q$ 时, l_p 与 l_q 任一方不含与对方同构的可补子空间, 故不可能有一固定的 $1 \leqslant q \leqslant \infty$, 使 $L_p[0,1]$ 是 l_q 次投影的.

Banach 空间理论中, “局部理论”一般是指研究空间的有限维子空间结构与性质等. 我们相应地把各种次投影性质局部化, 给出如下定义.

定义 2.3.19 称 Banach 空间 X 是局部 l_p 次投影的 (简记为 L.l_p.S.P.), 如果有一固定的 $p(1 \leqslant p \leqslant \infty)$,$X$ 的每一无限维闭子空间 E 都有一个相应正数 $c = c(E) > 0$, 使对任一正整数 $n \in \mathbf{N}$, E 都含有 n 维子空间 E_n, E_n 与 l_p^n c 同构且在 X 中 c 可补, 具体地, $d(E_n, l_p^n) \leqslant c$, 且有一个 X 到 E_n 中的投影 P, $\| P \| \leqslant c$.

L.l_p.S.P. 空间中最为典型的一类是 B 凸空间.

由定义 2.3.19 和命题 2.2.32, 每一个 B 凸空间都是 L.l_p.S.P. 空间 (更准确地, 是 L.l_2.S.P. 空间).

定义 2.3.20　Banach 空间 X 称为是局部强次投影的 (简记 L.S.S.P.), 如果 X 的每一无限维闭子空间 E, 都有一个相应 $c=c(E)>0$, 使对任一正整数 n, E 都含有 n 维子空间 E_n, E_n 与 $l_p^n(1\leqslant p\leqslant\infty)$ 中的某一个 c 同构且在 X 中 c 可补.

定义 2.3.21　Banach 空间 X 称为是局部次投影的 (简记为 L.S.P.), 如果 X 的每一无限维闭子空间 E, 都有一个相应 $c=c(E)>0$, 使对任一正整数 n, E 都含有 n 维子空间 E_n, E_n 在 X 中 c 可补.

定理 2.3.22　前述 Banach 空间各种次投影性质之间的关系见图 2.3.22.

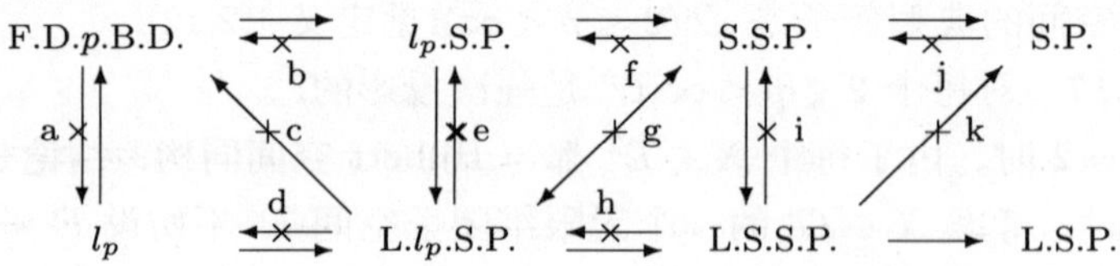

图 2.3.22　Banach 空间各种次投影性质之间的关系

l_p.S.P.→ S.S.P. 既表示性质 l_p.S.P. 蕴涵性质 S.S.P., 也表示 l_p.S.P. 空间类包含在 S.S.P. 空间类中.　l_p.S.P.← × − S.S.P. 则表示对 S.S.P.→ l_p.S.P. 的否定.

由图 2.3.22 可知: 文献 [73] 所讨论的 F.D.p.B.D. 空间类, 是作为 l_p.S.P. 空间类的一个真子集的. S.S.P. 空间类和 L.l_p.S.P. 空间类则分别都比 l_p.S.P. 空间类 (更比 F.D.p.B.D. 空间类) 来得大, 而且 S.S.P. 空间类和 L.l_p.S.P. 空间类是互不包含的.

下证图 2.3.22 中的各种关系.

首先证明各蕴涵号 " → " 成立. 事实上只需证明 F.D.p.B.D.→ l_p.S.P., 其余蕴涵关系由各定义易得.

定理 2.3.23　对某一 $p(1\leqslant p\leqslant\infty)$, 如果 X 是 F.D.p.B.D. 空间, 则 X 是 l_p.S.P. 空间.

证　设 $X=(\sum_{n=1}^{\infty}\bigoplus X_n)_{l_p}$, 其中各 X_n 是有限维的. 考虑任给一个 X 的无限维闭子空间 E, 要证明 E 含有闭子空间 F, F 在 X 中可补且与 l_p 同构.

由于 E 是无限维的, 那么对每个正整数 r, 都存在 $y\in E, \| y \|=1, y=\sum_{n=r+1}^{\infty}x_n$, 其中 $x_n\in X_n(n>r)$. 先任取一 $y_1\in E, \| y_1 \|=1$, 设 $y_1=\sum_{n=1}^{\infty}x_n^{(1)}$ 以及正整数 r_1, 使得 $u_1=\sum_{n=1}^{r_1}x_n^{(1)}$ 满足 $\| y_1-u_1 \|<\dfrac{1}{8}\cdot\dfrac{1}{2}$. 再取 $y_2\in E, \| y_2 \|=1, y_2=\sum_{n=r_1+1}^{\infty}x_n^{(2)}$, 以及正整数 $r_2>r_1$, 使得 $u_2=\sum_{n=r_1+1}^{r_2}x_n^{(2)}$ 满足 $\| y_2-u_2 \|<\dfrac{1}{8}\cdot\dfrac{1}{2^2}$, 连续地进行这一步骤, 可取得一列正整数 $r_1<r_2<r_3<\cdots, \{y_i\}_{i=1}^{\infty}\subseteq E, \| y_i \|=1$ 以及 $\{u_i\}_{i=1}^{\infty}\subseteq X$, 满足 $\| y_i-u_i \|<\dfrac{1}{8}\cdot\dfrac{1}{2^i}(i=1,2,\cdots)$,

其中 $u_i \in \sum_{k=1}^{r_i - r_{i-1}} \bigoplus X_{r_{i-1}+k}$.

易知，$\{y_i\}_{i=1}^{\infty} \subseteq E$ 成为 E 的一个基序列，与基序列 $\{u_i\}_{i=1}^{\infty}$ 等价，并且子空间 $[u_i]_{i=1}^{\infty} = F'$ 与 l_p 同构，从而子空间 $F = [y_i]_{i=1}^{\infty}$ 也与 l_p 同构. 进一步，可取得一列投影 $\{P_i\}_{i=1}^{\infty}$, 每个 P_i 是由子空间 $\sum_{k=1}^{r_i - r_{i-1}} \bigoplus X_{r_{i-1}+k}$ 到一维子空间 $[u_i]$ 上的范数为 1 的投影，由此得到一个 X 到 $F' = [u_i]_{i=1}^{\infty}$ 上的投影 $P = \sum_{i=1}^{\infty} \bigoplus P_i$, 显然 $\| P \| = 1$.

注意到 $\sum_{i=1}^{\infty} \| y_i - u_i \| < \dfrac{1}{8} \cdot \sum_{i=1}^{\infty} \dfrac{1}{2^i} = \dfrac{1}{8}$, 依据命题 1.1.12 知，$F = [y_i]_{i=1}^{\infty} \subseteq E$ 也在 X 中可补，证毕.

其次，逐一说明图 2.3.22 中的各非蕴涵号 “ $-\times\rightarrow$ ”.

(a) F.D.p.B.D.$-\times\rightarrow l_p$ 的例子.

取定满足 $1 < p < r < 2$ 的两数 p 与 r, 构造 $X = (\sum_{n=1}^{\infty} \bigoplus l_r^n)_{l_p}$, 则显然 $X \in$F.D.p.B.D., 但 X 虽同构于 l_p 的一个闭子空间却不与 l_p 本身同构. 对任一 $p' \neq p (1 \leqslant p' \leqslant \infty)$, X 也不与 $l_{p'}$ 同构. 若不然，X 与某 $l_{p'} (p' \neq p)$ 同构，而由定理 2.3.23,$X \in l_p$.S.P., 故 X 含有与 l_p 同构的可补子空间 Y. 那么一方面 Y 与 l_p 同构，另一方面 Y 作为 $l_{p'}$(在同构意义下的) 的可补无限维子空间又必与 $l_{p'}$ 同构，这就得 l_p 与 $l_{p'}$ 同构的矛盾.

由此例看出，文献 [73] 在 F.D.p.B.D. 空间类上解决黎斯算子 West 分解问题，确实比在经典序列空间 l_p 上有意义.

(b) l_p.S.P.$-\times\rightarrow$F.D.p.B.D. 的例子.

只要注意到由定义每个 F.D.p.B.D. 空间都是可分的，则例子很容易举出. 最简单的例是取 X 为一个不可分的 Hilbert 空间，则 $X \in l_2$.S.P.$\backslash$F.D.p.B.D..

(c) L.l_p.S.P.$-\times\rightarrow$F.D.p.B.D. 的例子.

取 Figiel T. 和 Johnson W.B. 在文献 [74] 所举的著名例子. 他们构造出 Banach 空间 X, X 是一致凸的，有对称基，但 X 不含有与 $l_p (1 \leqslant p \leqslant \infty)$ 同构的子空间. 现在，一方面，该 X 是一致凸的，从而是 B 凸的，故 X 是典型的 L.l_2.S.P. 空间；另一方面，对任何 $p, 1 \leqslant p \leqslant \infty, X \notin$F.D.$p$.B.D., 否则由定理 2.3.23,$X$ 就含有与 l_p 同构的子空间，矛盾.

(d) L.l_p.S.P.$-\times\rightarrow l_p$ 的例子. 同 (c) 所举.

(e) L.l_p.S.P.$-\times\rightarrow l_p$.S.P. 的例子. 同 (c) 所举.

(f) S.S.P.$-\times\rightarrow l_p$.S.P. 的例子. 见推论 2.3.18.

(g) 要说明 L.l_p.S.P. 与 S.S.P. 互不蕴涵.

L.l_p.S.P.$-\times\rightarrow$S.S.P. 的例子同 (c).

S.S.P.$-\times\rightarrow$L.l_p.S.P. 的例子，可取 $X = l_1 \bigoplus l_2$. 易知 $X \in$ S.S.P. 还需说明对任何固定的 $p (1 \leqslant p \leqslant \infty), X \notin$L.$l_p$.S.P. 若不然, 设 $X \in$L.l_p.S.P. 对某一 p 成立, 那么依定义, 当取 $E = l_2 \subseteq X$ 时, 应有 $c_1 = c_1(E) > 0$, 及子空间列 $\{E_n\}_{n=1}^{\infty}, \dim(E_n) = n$,

满足 $d(E_n, l_p^n) < c_1$ 对一切 $n \in \mathbf{N}$ 成立. 注意到这里 $E_n \subseteq l_2$, 故可视为各 $E_n = l_2^n$, 而 $d(l_2^n, l_p^n) \to \infty$(当 $n \to \infty$ 时) 对一切 $p \neq 2$ 成立, 这就要求 $p = 2, X \in$L.l_2.S.P. 当取 $E = l_1 \subseteq X$ 时, 又应有 $c_2 = c_2(E) > 0$, 以及子空间列 $\{E_n\}_{n=1}^{\infty}, \dim(E_n) = n$, $d(E_n, l_2^n) \leqslant c_2$ 对一切 $n \in \mathbf{N}$ 成立. 并且存在由 X, 从而由 $E = l_1$ 到各 E_n 上的投影列 P_n, 使 $\| P_n \| \leqslant c_2$ 也对一切 $n \in \mathbf{N}$ 成立. 但是依文献 [47] 引理 3.2 的推论: 每个 l_1 到其 n 维子空间 E_n 上的投影 P_n, 都有 $\| P_n \| \geqslant \dfrac{\sqrt{n}}{K_G \cdot d(E_n, l_2^n)}$ (这里 $K_G > 0$ 是 Grothendieck 常数), 这又推出 $\| P_n \| \geqslant \dfrac{\sqrt{n}}{K_G \cdot c_2} \to \infty (n \to \infty)$, 矛盾.

(h) L.S.S.P.$-\times\to$L.l_p.S.P. 的例子.

同上 (g) 的第二例. 事实上由于 (g) 中的例子 $X \in$ S.S.P.$\subseteq$L.S.S.P.

(i) L.S.S.P.$-\times\to$S.S.P. 的例子.

同上 (g) 的第一例. 事实上由于 (g) 中例子的 $X \in$ L.l_p.S.P.$\subseteq$L.S.S.P.

(j) Tsirelson 空间是次投影的, 也是局部强次投影的. 但因它不含经典 Banach 空间 c_0, l_p-copy, $1 \leqslant p < \infty$(见命题 2.3.12), 故当然 $X_T \notin$S.S.P.

(k) L.S.S.P.$-\times\to$S.P. 的例子.

只要取 $L_p[0,1]$, $1 < p < 2$. 注意到 $1 < p < 2$ 时, $L_p[0,1]$ 是一致凸, 更是 B 凸空间, 故它是 L.l_2.S.P., 更是 L.S.S.P. 另外, 命题 2.3.2 已说明 $L_p \notin$S.P.

从上面讨论看出, 一般说来, 对具有各种次投影性质的 Banach 空间的分类, 各有其实在意义, 彼此之间互不包含. 有趣的是, 在附加一定条件下, 若干空间类就彼此重合了.

定理 2.3.24 (1) 如果 $X \in$S.S.P., 那么 $X \in l_p$(在同构意义下) 的充分必要条件是每个有无条件基的可补子空间都与 X 同构.

(2) 如果 $X \in \mathcal{L}^p (1 < p < \infty)$ 且与 l_p 的一个子空间同构, 则 $X \in$F.D.p.B.D.

证 (1) 必要性由 $l_p (1 \leqslant p \leqslant \infty)$ 是素空间可得. 下证充分性, 由于 $X \in$S.S.P., 存在子空间 $Y \subseteq X, Y$ 与某一 l_p 同构且在 X 中可补, 于是 Y 有无条件基, 依设 Y 又与 X 同构, 故 X 与 l_p 同构.

(2) 当 $Q \in \mathcal{L}^p (1 < p < \infty)$ 且 (在同构意义下) 是 l_p 的一个子空间时, 注意到可分的 $\mathcal{L}^p$ 有基, 又依文献 [3] 可得, l_p 的每个有基的子空间, 必具有 $(\sum \bigoplus B_n)_{l_p}$ 形式, 各 $\dim B_n < \infty (n \in \mathbf{N})$, 故 $X \in$F.D.p.B.D.

5　超投影空间

超投影空间概念也是 Whitley 在研究严格奇异算子和严格余奇异算子时引入的. 下面的讨论与次投影性呈现出某种对偶性.

定义 2.3.25 Banach 空间 X 是超投影的, 如果 X 的任一亏维无限的闭子空间 N, 都存在一个包含 N 的可补子空间 M, 且 M 的亏维仍然无限.

命题 2.3.26 超投影性质是同构不变的.

证明从略.

引理 2.3.27 如果 X 是次投影空间，N 是 X^* 中亏维无限的子空间，那么如果 $\operatorname{codim}((^0N)^0) = \operatorname{codim}(\overline{N}^{w^*}) = \infty$, 就存在 X^* 的一个亏维无限的可补子空间包含 N.

证 注意到 $\dim(^0N) = \operatorname{codim}((^0N)^0) = \infty$, 由 X 的次投影性，就应有一个无限维的可补子空间 $M \subseteq {}^0N \subseteq X$. 于是 $X^* = M^0 \bigoplus R$, 并且 $M^0 \supseteq (^0N)^0 \supseteq N$, 且 $\operatorname{codim}(M^0) = \dim(X^*/M^0) = \dim M^* = \infty$.

推论 2.3.28 如果 X 是次投影空间，N 是 X^* 中亏维无限的自反的子空间，则存在 X^* 的一个亏维无限的可补子空间包含 N.

引理 2.3.29 如果 X 是超投影的 Banach 空间，N 是 X^* 的一个无限维的 w^* 闭子空间，则存在 X^* 中的无限维可补子空间含在 N 中.

证 注意到 $\operatorname{codim}(^0N) = \dim(X/{}^0N)^* = \dim((^0N)^0) = \infty$, 由 X 的超投影性，就存在一个子空间 $M \supseteq {}^0N$,$\dim(X/M) = \infty$, M 在 X 中可补，于是 M^0 在 X^* 中可补，$M^0 \subseteq (^0N)^0 \subseteq \overline{N}^{w^*} = N$, 且 $\dim(M^0) = \dim(X/M)^* = \infty$.

推论 2.3.30 如果 X 是超投影空间，N 是 X^* 的无限维自反子空间，则存在 X^* 的无限维可补子空间含在 N 中.

命题 2.3.31 设 X 是自反的 Banach 空间，那么 X 是超投影 (次投影空间) 当且仅当 X^* 是次投影 (超投影) 空间.

证 由引理 2.3.27 和引理 2.3.29 及推论 2.3.28, 推论 2.3.30 立即证得.

推论 2.3.32 $l_p(1 < p < \infty)$ 是超投影空间. 当 $1 < p \leqslant 2$ 时，$L_p(\mu)$ 是超投影空间，而当 $2 < p < \infty$ 时，$L_p(\mu)$ 不是超投影空间.

证 由命题 2.3.2 和命题 2.3.31 立即证得.

注意到 Whitley 在证明 L_1 和 l_1 非超投影空间时，用了一类空间到自反空间中的算子是严格奇异算子的命题. 我们这里采用不依赖严格奇异算子概念的方法 (请比照文献 [66] 的定理 4.3 和推论 4.4).

定理 2.3.33 设 Banach 空间 X 有商空间是 (无限维) 自反的，但不含可补的 (无限维) 自反子空间，则 X 不是超投影空间.

证 设子空间 $N \subseteq X$, 使得商空间 X/N 是无限维的自反空间. 现在如果 X 是超投影空间，就应有可补子空间 $M \supseteq N$, $\dim(X/M) = \infty$. 设 $X = M \bigoplus R$ 是一个直和分解. 由于 X/N 自反，其子空间 M/N 当然也自反，于是 $X/M = (X/N)/(M/N)$ 也自反 (这里用到事实：自反空间的商空间自反). 但这就由 $R \approx X/M$ 导出 R 自反. 这时因已设 X 不含可补的无限维自反子空间，R 就是有限维子空间. 于是得出 $\operatorname{codim} M = \dim(X/M) = \dim R < \infty$ 的矛盾.

推论 2.3.34 l_1, $L_1(\mu)$, l_∞, $L_\infty(\mu)$, $C[0,1]$, $C(K)$ 等都不是超投影空间，这

里 $(\Omega, \sum, \mu)$ 是任一有限测度空间， K 是任一紧 T_2 空间.

证　先证 l_1 非超投影空间. 首先 l_1 有商空间等距同构于 l_2(见命题 1.3.5), 其次显然 l_1 不含无限维自反子空间. 故由定理 2.3.33,l_1 非超投影空间.

再证 $L_1(\mu)$ 不是超投影空间. 注意到 $L_1(\mu)$ 有子空间与 l_2 同构，但不含无限维自反的可补子空间 (见小结 1.6.2 的 (9)). 另外，又注意到存在 L_1 到 l_1 上的投影 P, 当然是满射，再取 l_1 到 l_2 上的满射算子 T, 则算子 $TP: L_1 \to l_2$ 是满射算子， $L_1/N(TP) \approx l_2$, 故 $L_1(\mu)$ 满足了定理 2.3.33 的全部条件，也不是超投影空间.

再证 l_∞ 也不是超投影空间，我们说明定理 2.3.33 的两个条件对 $X = l_\infty$ 满足： l_∞ 有商空间同构于 l_2(命题 1.5.18),l_∞ 是素空间 (小结 1.5.1 的 (2)), 故 l_∞ 不含可补的无限维自反子空间，由定理 2.3.33,l_∞ 就不是超投影空间. $L_\infty(\mu)$ 的情况与 l_∞ 类似可证.

最后来说明 $C(K)$ 不是超投影空间. Pelczynski 证明过 $C(K)$ 有商空间同构于 l_2, 另外 $C(K)$ 是 DP 空间，我们要证 $C(K)$ 不含无限维可补的自反子空间. 若有自反的可补子空间 $Y \subseteq C(K)$, 则存在连续投影 $P: C(K) \to Y$, 但由 $C(K)$ 空间一个重要性质 $B(C(K), Y) = WK(C(K), Y)$, 对一切 c_0 不能嵌入 Y 者成立，那么现在 Y 的自反性说明 $P \in WK(C(K), Y) \subseteq DP(C(K), Y)$, 后一包含关系源于 DP 空间定义. 于是就知道，当 P 限制在 Y 上 (恒等算子) 是紧算子，故必 $\dim Y < \infty$.

我们可以用如下定理说明超投影空间较深刻的性质：

定理 2.3.35　如果 X 是超投影空间，则

(1) 或者 X 无商空间是自反，或者 X 有可补的自反子空间；

(2) 当有算子 X 到 Y(无限维) 是满射时，也有 Y 到 X 的一个无限维可补子空间上的满射.

证　(1) 是定理 2.3.33 的逆否命题.

(2) 由定理 2.3.33 的证明直接可知. 设 $Y \approx X/N$, 在定理 2.3.33 中 $R \approx X/M \approx (X/N)/(M/N)$, 即 R 与 Y 的一个商空间同构，而 R 就是 X 的无限维可补子空间.

推论 2.3.36　在 $1 < p < \infty$ 时， l_p 的每个 (无限维) 商空间与 l_p 同构.

注意到这一现象表明， $l_p(1 < p < \infty)$ 是性质最接近可分 Hilbert 空间 l_2 的一类空间. 于是可以提出问题：无限维商空间彼此都同构的可分 Banach 空间是否唯有 (在同构意义下)$l_p(1 < p < \infty)$ 呢？ Gowers-Maurey 序列成果之一是肯定解答了 “齐性 Banach 空间问题”，即证明每个无限维子空间都同构的 Banach 空间就是 l_2 的同构. 我们这里提出所谓齐性商空间问题很有对偶性味道.

另外，我们已有取 $X = c_0$ 或 l_1 说明，一般情况下， X 次投影未必蕴涵 X^* 超投影，但 Whitley 已经提出过，还没有找到实例使 X 超投影， X^* 非次投影.

6 超投影性的分类和局部化

定义 2.3.37 称 Banach 空间 X 是 l_p 超投影的，若对某一固定的 $p(1\leqslant p\leqslant\infty)$,$X$ 的每一个有无限亏维的闭子空间 E, 都存在 X 的一个可补子空间 $F\supseteq E$, 且 $X/F\approx l_p$.

定义 2.3.38 称 Banach 空间 X 是强超投影的，若 X 的每一个有无限亏维的闭子空间 E, 都存在 X 的一个可补子空间 F, 满足 $F\supseteq E$ 且 X/F 与 $l_p(1\leqslant p\leqslant\infty)$ 中的某一个同构.

我们也相应地把各种超投影性质局部化，给出如下定义.

定义 2.3.39 称 Banach 空间 X 是局部 l_p 超投影的，若有一固定的 p,X 的每一亏维无限的闭子空间 E, 都存在 $c>0$, 使对任一自然数 n, 都存在 X 的亏维为 n 的闭子空间 $E_n\supseteq E$, 且 $X/E_n\overset{c}{\approx}l_p^n$, $X/E_n\overset{c}{\hookrightarrow}X$.

定义 2.3.40 称 Banach 空间 X 是局部强超投影的，若 X 的每一亏维无限的闭子空间 E, 都存在 $c>0$, 使对任一自然数 n, 存在 X 中的亏维为 n 的闭子空间 $E_n\supseteq E$, 且 X/E_n 与 $l_p^n(1\leqslant p\leqslant+\infty)$ 中某一个 c 同构，且 $X/E_n\overset{c}{\hookrightarrow}X$.

定义 2.3.41 称 Banach 空间 X 是局部超投影的，若 X 的每一亏维无限闭子空间 E, 都存在 $c>0$, 使对任一自然数 n, 存在 X 中亏维为 n 的闭子空间 $E_n\supseteq E$, 且 $X/E_n\overset{c}{\hookrightarrow}X$.

我们在文献 [157] 和 [76] 等也对超投影空间的分类及其局部化进行了细致的讨论，得到了类似定理 2.3.22 的各种超投影性质之间的关系图.

§2.4 拟可补子空间与可分商问题简介

1 闭子空间的拟可补性

比可补性弱的一个概念是拟可补性.

定义 2.4.1 Banach 空间 X 的一个闭子空间 Y 称为是拟可补的，如果存在闭子空间 Z, 使得 $Y\bigcap Z=\{0\}$, 且 $Y+Z$ 在 X 中稠. 这时 Y 与 Z 分别称为对方的拟补子空间.

由定义可知，可补子空间一定是拟可补子空间，反之不然.

命题 2.4.2 子空间 c_0 在 l_∞ 中拟可补.

命题 2.4.2 是由 Rosenthal 于 1969 年在文献 [77] 给出第一个证明的，后来文献 [134] 进一步说明： l_∞ 的每个可分子空间都是拟可补的.

但是，要注意的是 Lindenstrauss 早在 Rosenthal 证明 c_0 在 l_∞ 中拟可补之前，就给出如下

命题 2.4.3(Lindenstrauss) 当 Γ 是一个不可数集时， $c_0(\Gamma)$ 在 $l_\infty(\Gamma)$ 中非拟可补.

由于子空间的拟可补性比可补性来得弱，就有一类 Banach 空间，其中每个子空间都拟可补 (不像可补性那样，如 §2.2 所述，只有 Hilbert 空间才使每个子空间都可补). 最早应是 Murray 和 Mackey 等人，而后又有 Gurarii,Kadec 等在 1945 年前后就发现可分空间与自反空间的每个闭子空间都拟可补. 后来， Lindenstrauss 把每个子空间都拟可补的空间类推广到弱紧生成空间类 (WCG) 上去.

定义 2.4.4 Banach 空间 X 称为是弱紧生成的 (WCG), 如果存在 X 的弱紧集 K, 使 $\overline{\text{span}K} = X$.

例 2.4.5 (1) 每个自反的 Banach 空间 X 是由其弱紧的单位球生成的.

(2) 可分 Banach 空间 X 是 WCG 的. 此由取单位球 B_X 中的一列稠元 (x_n), 令 $K = \{\frac{1}{n}x_n\}\bigcup\{0\}$, 则这个弱紧集 K 生成了 X, 即可知.

(3) 如果 Γ 是一个指标集， $\{e_r : r \in \Gamma\}$ 是 $c_0(\Gamma)$ 中典则单位向量， (e_n) 是 $\{e_r\}$ 中一列不同元, 则 e_n 处处收敛于 0, 从而在 $c_0(\Gamma)$ 中 $e_n \xrightarrow{w} 0$, 因而依 Eberlein-Smulian 定理， $\{e_r\}\bigcup\{0\}$ 是 $c_0(\Gamma)$ 中的弱紧集. 另一个视角也可以说明 $c_0(\Gamma)$ 是 WCG:$l_2(\Gamma)$ 到 $c_0(\Gamma)$ 中的形式恒同映射的值域在 $c_0(\Gamma)$ 中稠.

(4) 让我们来说明 l_∞ 不是 WCG 空间. 只要注意到 l_∞ 中的每个 w 紧集都是范数可分集，见文献 [6] 的定理 6.3.23.

(5) 当指标集 Γ 不可数时，由 Schur 性质易知 $l_1(\Gamma)$ 的每个弱紧集也是紧集，故范数可分. 而 $l_1(\Gamma)$ 不可分，故当 Γ 不可数时， $l_1(\Gamma)$ 非 WCG 空间.

(6) 当 μ 是有限或 σ 有限测度时， Hölder 不等式告诉我们由 $L_2(\mu)$ 到 $L_1(\mu)$ 的恒同映射 $T \in B(L_2(\mu), L_1(\mu))$. 易知 $T(L_2(\mu))$ 是 $L_1(\mu)$ 的一个稠子集，故 $L_1(\mu)$ 是由弱紧集 $T(B_{L_2(\mu)})$ 生成的， $L_1(\mu)$ 是 WCG 空间.

但是，当 μ 不是 σ 有限时，由于 $L_1(\mu)$ 对某个不可数 Γ, 包含 $l_1(\Gamma)$ 作为其可补子空间. 由 (5), 这时 $L_1(\mu)$ 不是 WCG 空间.

命题 2.4.6 Banach 空间 X 是 WCG 的充分必要条件是存在自反的 Banach 空间 R 以及单射算子 $T \in B(R, X)$, 使得 $\overline{T(R)} = X$.

命题 2.4.6 是 Davis-Figiel-Johnson-Pelczynski(1974) 在文献 [79] 中作为一个副产品得到的. 文献 [79] 本身最主要的结果是说明一类算子 —— 弱紧算子的特征是有因子分解通过自反空间, 这是空间结构和算子理想结合研究的出色成果之一. 俞鑫泰先生称之为 “提供了重要的方法”, 由于我们在第 4 章还要详细论述，这里证明从略，只是作为感性认识 WCG 空间，先介绍一个判定准则. WCG 空间的详细讨论可见于文献 [8]. 安徽师范大学的同行们在 20 世纪 80 年代曾对 WCG 空间有过专题研究报告. 后来，国际上还导出强 WCG 空间概念，这方面研究还留一些未定问题，例如见于文献 [80].

命题 2.4.7(Amir-Lindenstrauss) 设 X 是 WCG 的 Banach 空间，那么存在一个 $w^* - w$ 连续算子 $T \in B(X^*, c_0(\Gamma))$. 特别地，单位球 B_{X^*} 在其 w^* 拓扑下同胚

于 $c_0(\Gamma)$ 的一个弱紧集.

命题 2.4.8(Lindenstrauss) 设 X 是 WCG 的 Banach 空间, 则 X 的每个闭子空间都是拟可补子空间.

命题 2.4.6~ 命题 2.4.8 见于文献 [8].

推论 2.4.9 (1) 可分 Banach 空间的每个子空间拟可补.

(2) 自反 Banach 空间的每个子空间拟可补.

2 与无限维可分商问题的关系

泛函分析中有一个非常基本, 却长期未能圆满解决的问题: 是否每个无限维的 Banach 空间都有一个无限维、可分的商空间？就我们所知, 至今该问题仍然是未定问题. 我们认为, 自 G-M 系列成果问世以来, 无限维可分商问题与算子构成的 Pisier 问题 (即寻求一个 Banach 空间 X, 使 $B(X) = \mathbf{C}I + K(X)$) 并列, 成了空间结构与算子构成诸多问题中最为显眼的聚焦问题. 无限维可分商问题与许多问题, 诸多广义算子理想, 遗传不可分解空间的种类, 以及算子不变子空间问题等等都有内在的联系. 我们这里要指出的是, 无限维可分商问题与拟可补子空间问题有如下关系:

命题 2.4.10 Banach 空间 X 有一个无限维的可分商空间当且仅当 X 有一个无限维的可分的拟可补子空间.

这个命题的证明将在 §4.6, 作为命题 4.6.14 的一个等价结果给出.

第 3 章　算子代数 $B(X)$ 中的理想

§3.1　半 Fredholm 算子与谱论初步

1　紧算子的 Riesz-Schauder 理论

紧算子是我们最熟悉的算子类之一.

定义 3.1.1　设 X 和 Y 都是 Banach 空间，线性映射 $T: X \to Y$ 如果把 X 中的每个有界集都映射为 Y 中的范数拓扑相对紧集，则称 T 是紧算子，记为 $T \in K(X,Y)$.

命题 3.1.2　设 X, Y 是 Banach 空间，那么

(1) 紧算子集 $K(X,Y)$ 是算子空间 $B(X,Y)$ 的闭线性子空间.

(2)$K(X,Y) \supset \overline{F}(X,Y)$. 其中 $F(X,Y)$ 表示 $B(X,Y)$ 中有限秩算子集，$\overline{F}$ 则表示其算子范数闭包. 今后也称 $\overline{F}$ 为逼近算子类.

(3) 设 $T \in K(X,Y), A \in B(X_0, X), B \in B(Y, Y_0)$, 这里 X_0, X, Y, Y_0 都是任意给定的 Banach 空间，则有 $BTA \in K(X_0, Y_0)$. 于是连同 (1), 当 $X = Y$ 时，$K(X)$ 就是赋范环 (Banach 代数)$B(X)$ 中的一个闭 (两侧) 理想.

定义 3.1.3　一个复 (或者实) 的 Banach 空间 A, 同时 A 中的元素还定义了乘法运算，使 A 成为环 (这就意味着乘法满足结合律，并与线性运算满足分配律), 乘法与范数拓扑之间有如下关系：

$$\|ab\| \leqslant \|a\| \cdot \|b\|, \qquad \text{对任意} a, b \in A,$$

就称 A 是一个 Banach 代数.　A 中如果有一个元 e(有时干脆也记作 1, 当不会与数 1 混同时) 使得

$$ea = ae = a, \qquad \text{对任一} a \in A,$$

就称 A 是有单位元 e 的 Banach 代数，单位元如果存在，显然惟一.

例 3.1.4　对每个复的 Banach 空间 $X, B(X)$ 是有单位元的复 Banach 代数，单位元就是恒等算子 I.

例 3.1.5　设 Ω 是紧 T_2 空间，$C(\Omega)$ 表示 Ω 上复值连续函数的全体，依极大模取范数，$C(\Omega)$ 就成为有单位元的交换的复 Banach 代数.

例 3.1.6　$B(X)$ 同例 3.1.4, 由 $K(X)$ 是其闭理想这一事实，自然诱导出一个以最早引入者命名的 Calkin 代数 $C(X) = B(X)/K(X)$. 容易验证这个商代数也是

一个有单位元的 Banach 代数，其中 $[T] = T + K(X)$ 的范数定义为

$$\|[T]\| = \inf_{K \in K(X)} \|T + K\|.$$

通常记典则映射为 $\pi : B(X) \to C(X), \pi(T) = T + K(X)$.

需要比一般泛函分析教科书稍为全面地熟悉紧算子的谱理论 —— Riesz-Schauder 理论.

命题 3.1.7 设 T 是复无限维 Banach 空间 X 上的紧算子，那么

(1) T 有 Riesz-Schauder 总结出的如下谱结构性质：

1° $0 \in \sigma(T)$, 这里 $\sigma(T)$ 表示 T 的谱集；

2° 非零谱点必是特征值，从而所谓 Fredholm 两择一律成立：对 $0 \neq \lambda \in \mathbf{C}$, 或者 $\lambda \in \rho(T)$, 或者 $\lambda \in \sigma_p(T)$(这里 $\rho(T) = \mathbf{C} \setminus \sigma(T)$ 表示 T 的正则点集， $\sigma_p(T)$ 则表示 T 的特征值集，也称点谱)；

3° $\sigma(T)$ 的聚点只可能是 0(因而 $\sigma(T)$ 是有限集或可数集)；

4° 对每个 $0 \neq \lambda \in \sigma(T)$, 相应的特征向量空间 $\{x \in X : (T-\lambda)x = 0\}$ 是有限维的，其维数 $a(T_\lambda) := \dim N(T-\lambda)$(这里及以下， T_λ 为 $T-\lambda$ 的简记) 等于值域亏维 $b(T_\lambda) := \dim(X/R(T-\lambda))$, 称为 T 关于特征值 λ 的几何重数. 不仅如此， T 关于 λ 的升指数 $\alpha(T_\lambda) := \min\{n \in \mathbf{N} : N(T_\lambda^n) = N(T_\lambda^{n+1})\} < \infty$, 降指数 $\beta(T_\lambda) := \min\{n \in \mathbf{N} : R(T_\lambda^n) = R(T_\lambda^{n+1})\} < \infty$, 且 $\alpha(T_\lambda) = \beta(T_\lambda)$. 进而,$\lambda$ 作为 $\sigma(T)$ 的孤立点，其谱投影空间 $E(\lambda; T)X := \{x \in X :$ 存在 $n \in N$, 使得 $(T-\lambda)^n x = 0\}$ 是有限维子空间，且通常称其维数为 T 关于特征值 λ 的代数重数；

5° 设 $\lambda_1, \cdots, \lambda_n$ 是 T 的不同特征值， $x_1, \cdots, x_n$ 是各自相应的特征向量，那么 $x_1, \cdots, x_n$ 是线性无关的；

6° 对 $0 \neq \lambda, \lambda \in \rho(T)$ 的充分必要条件是下列之一成立：或者 $(T-\lambda)$ 是单射 (即 $a(T_\lambda) = 0$), 或者 $(T-\lambda)$ 是满射 (即 $b(T_\lambda) = 0$);

7° 对每个 $0 \neq \lambda$, 算子值域 $R(T_\lambda)$ 都是闭的.

(2) $T \in K(X)$ 当且仅当 $T^* \in K(X^*)$, 且有如下关系：

1° $\sigma(T) = \sigma(T^*)$;

2° $\lambda \neq \mu$, 它们分别是 T 与 T^* 的特征值时，则相应于 λ 的特征向量 x 与相应于 μ 的特征向量 f 直交，即 $f(x) = 0$;

3° 对 $0 \neq \lambda \in \sigma_p(T)$, 方程 $(T-\lambda)x = y$ 可解的充分必要条件是 y 与 T^* 的任一相应于 λ 的特征向量 f 直交，即有 $R(T_\lambda) = \overline{R(T_\lambda)} = {}^0N(T_\lambda^*)$;

4° 对 $0 \neq \lambda \in \sigma_p(T)$, 方程 $(T^* - \lambda)\phi = f$ 可解的充分必要条件是 f 与 T 的任一相应于 λ 的特征向量 y 直交，即有 $R(T_\lambda^*) = \overline{R(T_\lambda^*)} = (N(T_\lambda))^0$;

5° 对 $0 \neq \lambda \in \sigma_p(T), T$ 和 T^* 相应于 λ 的特征向量空间的维数相同，即 $\dim N(T_\lambda) = \dim N(T_\lambda^*)$;

6° 对 $0 \neq \lambda \in \mathbf{C}, \dim N(T_\lambda) = \dim(X/R(T_\lambda)) = \dim N(T_\lambda^*) = \dim(X^*/R(T_\lambda^*))$.

2 关于 Fredholm 理论

定义 3.1.8 设 X 是 Banach 空间, $T \in B(X)$, 那么

(1) 当 $R(T)$ 闭 ,$a(T) := \dim N(T) < \infty$ 时, 称 T 是一个左半 Fredholm 算子. $B(X)$ 中左半 (也称上半)Fredholm 算子的全体记为 $\Phi_+(X)$;

(2) 当 $R(T)$ 闭 ,$b(T) := \text{codim} R(T) < \infty$ 时, 称 T 是一个右半 Fredholm 算子. $B(X)$ 中右半 (也称下半)Fredholm 算子的全体记为 $\Phi_-(X)$;

(3) $T \in \Phi_+(X) \cap \Phi_-(X)$ 时, 称 T 是一个 Fredholm 算子. $B(X)$ 中 Fredholm 算子的全体记为 $\Phi(X) := \Phi_+(X) \cap \Phi_-(X)$.

$T \in \Phi_\pm(X) := \Phi_+(X) \cup \Phi_-(X)$ 时, 称 $i(T) := a(T) - b(T)$ 为 T 的 Fredholm 指标. 进而, 今后经常用记号 $\Phi_n(X) := \{T \in \Phi_\pm(X) : i(T) = n\}$, 以及对给定的 $T \in B(X), \Phi(T) := \{\lambda \in \mathbf{C} : (T-\lambda) \in \Phi(X)\}$ 和 $\Phi_n(T) := \{\lambda \in \mathbf{C} : (T-\lambda) \in \Phi_n(X)\}$ 等.

注 3.1.9 (1) 当算子值域 $R(T)$ 亏维有限时, 蕴涵了 $R(T)$ 闭. 这是算子值域与一般子空间区别之处, 请读者自行验证之. 或见于文献 [38] 和 [89] 的引理 3.2.4;

(2) 值域闭算子 $T \in B(X)$, 也称正规可解算子. 当 $a(T) = b(T) = \infty$ 时, 称 T 的指标不存在. 故对正规可解算子, 关于其指标可能有指标为有限 (正整数或负整数), 无限 ($+\infty$ 或 $-\infty$) 和指标不存在 3 种情况. 进而对正规可解算子, 有 $a(T^*) = b(T), b(T^*) = a(T)$ 与 $a(T) = a(T^{**})$;

(3) 定义 3.1.8 不限于 $B(X)$, 完全可以适用于 $B(X, Y)$ 情况, 作出平行定义;

(4) $T \in \Phi_+(X)$ 当且仅当 $T^* \in \Phi_-(X^*); T \in \Phi_-(X)$ 当且仅当 $T^* \in \Phi_+(X^*)$.

下面我们要说明半 Fredholm 算子类 $\Phi_+(X)(\Phi_-(X))$ 是一个乘法半群 (有单位元 I).

命题 3.1.10(文献 [89] 的定理 1.3.2) 设 $T \in B(X)$, 则 $T \in \Phi_+(X)$ 的充分必要条件是对 X 中每个有界但非全有界集 E 的像 TE 也非全有界.

证 充分性: 为证 $T \in \Phi_+(X)$, 首先说明 $N(T)$ 有限维. 若不然 ,$\dim N(T) = \infty$, 单位球 $B_{N(T)}$ 就不是全有界集, 但 $T(B_{N(T)}) = \{0\}$ 却是全有界集, 与充分性条件矛盾, 故 $a(T) = \dim N(T) < \infty$.

再证 $R(T)$ 闭. 设 $X = N(T) \bigoplus W$, 其中 W 是 $N(T)$ 的闭的补子空间, 显然有 $R(T) = TW$. 我们来证明 TW 是闭集, 为此只需证明 T 限制在 W 是下有界的, 若不然, 就应有 $(x_n) \subseteq W, \|x_n\| = 1$ 对每个 $n = 1, 2, \cdots$, 使得 $\|Tx_n\| \longrightarrow 0$, 于是按我们对 T 的充分性条件 ,(x_n) 就应是全有界的. 故存在收敛子列 $x_{n_k} \longrightarrow y \in W$, 从而 $Tx_{n_k} \longrightarrow Ty = 0, y \in W \cap N(T)$, 故 $y = 0$, 显然与 $\|x_{n_k}\| = 1 \longrightarrow \|y\|$ 矛盾, 故 $R(T)$ 闭.

必要性：设 $T \in \Phi_+(X)$, 则有 $X = N(T) \bigoplus W$, 其中 $\dim N(T) < \infty, W$ 是其(闭) 补子空间 .T 在 W 上的限制是单射，且 $TW = R(T)$ 闭. 故 T 在 W 上的限制是一个从 W 到 $TW = R(T)$ 上的同构. 对任一有界但无 Cauchy 子列的 $(x_n) \subseteq X$, 我们要说明 Tx_n 也无 Cauchy 子列，考虑分解 $x_n = u_n + v_n$, 其中 $u_n \in N(T), v_n \in W$, 就有 $Tx_n = Tv_n$. 假定 Tx_{n_k} 是 Cauchy 列，即 Tv_{n_k} 是 Cauchy 列，由 $(T|_W)^{-1}$ 是连续算子，我们就得 $(T|_W)^{-1}T(v_{n_k})$ 是 Cauchy 列，故 (v_{n_k}) 是 Cauchy 列，故 (v_{n_k}) 是有界的，进而知道 u_{n_k} 是有限维空间 $N(T)$ 中的有界列，于是有一子列 $(u_{n_{k_j}})$ 是 Cauchy 列，于是 $x_{n_{k_j}} = u_{n_{k_j}} + v_{n_{k_j}}$ 是 Cauchy 列，矛盾，命题证毕.

推论 3.1.11 $T_1, T_2 \in \Phi_+(X)(\Phi_-(X))$ 时 ,$T_1T_2 \in \Phi_+(X)(\Phi_-(X))$. 故特别地， $T_1, T_2 \in \Phi(X)$ 时 ,$T_1T_2 \in \Phi(X)$, 并且可以进一步证明 $i(T_1T_2) = i(T_1) + i(T_2)$, 后者可见于文献 [89] 的定理 3.2.7, 或文献 [1] 的命题 2.c.7.

推论 3.1.12 设 $T_1, T_2 \in B(X)$, 当 $T_2T_1 \in \Phi_+(X)$ 时 ,$T_1 \in \Phi_+(X)$, 而当 $T_2T_1 \in \Phi_-(X)$ 时 ,$T_2 \in \Phi_-(X)$.

推论 3.1.13 设 $T_1, T_2 \in B(X)$, 当 $T_2T_1 \in \Phi(X)$ 时 ,$T_1 \in \Phi_+(X)$ 且 $T_2 \in \Phi_-(X)$.

推论 3.1.14 (1) 如果 $T \in \Phi_+(X), K \in K(X)$, 则 $T + K \in \Phi_+(X)$;

(2) 如果 $T \in \Phi_-(X), K \in K(X)$, 则 $T + K \in \Phi_-(X)$;

(3) 如果 $T \in \Phi(X), K \in K(X)$, 则 $T + K \in \Phi(X)$.

证 只需证 (1). 而 (1) 的证明只需在应用命题 3.1.10 时注意到一个事实 : $TE \subseteq (T+K)E - KE$, 如果 KE 全有界 ,$(T+K)E$ 也全有界，则 $(T+K)E - KE$ 必全有界.

下面我们要说明半 Fredholm 算子类还是一个开半群，需要一个引理.

引理 3.1.15(见文献 [89] 及其附录 1 或文献 [1] 的引理 2.c.8 的简单形式) 设 E 和 F 是 Banach 空间 X 的两个闭子空间. 如果它们之间的 gap $\theta(E,F) < 1$, 则或者 $\dim E = \dim F < \infty$, 或者 $\dim E = \dim F = \infty$.

其中 gap $\theta(E,F)$ 定义为 $\theta(E,F) := \max\{\alpha(E,F), \alpha(F,E)\}, \alpha(E,F) := \sup\{d(x,F) : x \in E, \|x\| = 1\}$(当 $E = \{0\}$ 时特令 $\alpha(E,F) = 0$). 易知参数 θ 有对称性，即 $\theta(E,F) = \theta(F,E)$ 且总有 $0 \leqslant \theta(E,F) \leqslant 1$, 以及 $\theta(E,F) = 0$ 当且仅当 $E = F$, 且 $\theta(E,F) = \theta(E^0, F^0)$.

命题 3.1.16(文献 [89] 的定理 4.2.1) 设 $T \in \Phi_+(X)$, 那么存在 $\epsilon > 0$, 使得 $A \in B(X)$ 且 $\|A\| < \epsilon$ 时 ,$T + A \in \Phi_+(X), a(T+A) \leqslant a(T)$, 以及当 $b(T) = \infty$ 时 $b(T+A) = \infty$.

证 由 $T \in \Phi_+(X), a(T) = \dim N(T) < \infty$, 就有 $X = N(T) \bigoplus W, T$ 在 W 上的限制 $T|_W$ 实现闭子空间 W 到 $R(T)$ 上的同构，故存在 $\delta > 0$, 使得 $\|Tx\| \geqslant \delta\|x\|$, 对每个 $x \in W$ 成立.

取 $\epsilon = \dfrac{\delta}{3}$, 当 $A \in B(X), \|A\| < \varepsilon$, 我们可得

$$\|(T+A)x\| \geqslant \|Tx\| - \|Ax\| \geqslant \delta\|x\| - \frac{\delta}{3}\|x\| = \frac{2\delta}{3}\|x\|, \qquad \text{对每个} x \in W \text{成立}. \quad (*)$$

上式表明 $T+A$ 限制在 W 上是到闭子空间 $R[(T+A)|_W] = (T+A)W$ 的双射, 故有连续逆算子 $((T+A)|_W)^{-1}$. 由 $R(T+A) = (T+A)N(T) + (T+A)W$, 注意到 $\dim[(T+A)N(T)] < \infty$ (因为 $\dim N(T) < \infty$) 以及 $(T+A)W$ 闭, 故证得 $R(T+A)$ 闭.

再证 $a(T+A) \leqslant a(T)$. 设 $a(T) = n$, 若 $N(T+A)$ 有 $n+1$ 个线性无关元 $x_1, x_2, \cdots, x_{n+1}$, 那么由于 $N(T+A) \bigcap W = \{0\}$, 就得出 $x_1, x_2, \cdots, x_{n+1}$ 模 W 也是线性无关元, 但是又由 $X = N(T) \bigoplus W$, 立即得出 X/W 是 n 维的, 矛盾. 这就证明了 $a(T+A) \leqslant a(T)$.

最后, 我们要说明当 $b(T) = \infty$ 时, 也有 $b(T+A) = \infty$. 一方面, 我们利用 $T|_W$ 在 W 的下有界性得到

$$\|Tx - (T+A)x\| = \|Ax\| \leqslant \epsilon\|x\| = \frac{\delta}{3}\|x\| \leqslant \frac{1}{3}\|Tx\|, \qquad \text{对一切} x \in W.$$

另一方面, 我们应用前面的 $(*)$ 式又得到

$$\|(T+A)x - Tx\| = \|Ax\| \leqslant \|A\| \cdot \|x\| \leqslant \frac{3\|A\|}{2\delta}\|(T+A)x\| < \frac{1}{2}\|(T+A)x\|$$

也对每个 $x \in W$ 成立. 注意到这两个不等式一起说明 $\theta(R(T|_W), R((T+A)|_W)) < 1$, 但 $R(T|_W) = R(T)$, 于是 $\theta(R(T), R((T+A)|_W)) = \theta(R(T)^0, R((T+A)|_W)^0) < 1$.

现在 $\dim R(T)^0 = \dim(X/R(T))^* = \dim(X/R(T)) = b(T) = \infty$, 由引理 3.1.15, 就得 $\dim(R((T+A)|_W)^0) = \dim(X/R((T+A)|_W)) = \infty$. 最后, 由于 $R((T+A)|_W)$ 在 $R(T+A)$ 中的亏维有限, 即存在一个有限维子空间 Z, 使得 $R(T+A) = R((T+A)|_W) \bigoplus Z$, 从而看出 $b(T+A) = \dim(X/R(T+A)) = \infty$, 命题证毕.

命题 3.1.17 设 $T \in \Phi_-(X)$, 那么存在 $\epsilon > 0$, 使得当 $A \in B(X), \|A\| < \epsilon$ 时, $T + A \in \Phi_-(X), b(T+A) \leqslant b(T)$ 以及当 $a(T) = \infty$ 时也有 $a(T+A) = \infty$.

证 应用前述 T^* 与 T 的关系以及转为命题 3.1.16 的情况.

在进一步说明半 Fredholm 算子指标稳定性之前, 我们先说明 Fredholm 算子的 Atkinson 特征. 这是一个非常漂亮、非常基本的结果, 告诉我们在典则商同态 $\pi: B(X) \to C(X) := B(X)/K(X)$ 下, Fredhlom 算子恰好就是本性 (即模紧算子) 可逆算子 : $\pi(\Phi(X)) = G$, 其中 $G := G(C(X))$ 表示 Calkin 代数 $C(X)$ 中可逆元的全体. Atkinson 定理的证明有多个版本, 当空间 X 取为 Hilbert 空间 H 的情况, 证明可见于文献 [37] 的问题 142 解答. 我们改造后的证明如下.

定理 3.1.18(Atkinson 算子本性可逆特征定理)　设 X 是 Banach 空间，$T \in B(X)$. 那么如下各陈述是等价的：

(1) $T \in \Phi(X)$;

(2) T 模 $F(X)$ 可逆，即 $T+F(X) \in G(B(X)/F(X))$. 换句话说，存在 $B \in B(X)$, 使得 $BT = I - P$ 和 $TB = I - Q$, 其中 $P, Q \in F(X)$;

(3) T 模 $K(X)$ 可逆，即 $T+K(X) = [T] \in G(C(X))$. 换句话说，存在 $B \in B(X)$, 使得 $BT = I - K_1$ 和 $TB = I - K_2$, 其中 $K_1, K_2 \in K(X)$.

证　(1) ⇒ (2) : 由 $T \in \Phi(X)$, 就可得到 X 的两种直和分解：$X = N(T) \bigoplus Z = R(T) \bigoplus W$. 其中 Z 和 $R(T)$ 是闭子空间 ,$N(T)$ 和 W 是有限维子空间. 那么 T 可表示为如下的分块矩阵算子形式：

$$T = \begin{array}{c} \\ W \\ R(T) \end{array} \begin{array}{cc} N(T) & Z \\ \hline \multicolumn{1}{|c|}{0} & \multicolumn{1}{c|}{0} \\ \hline \multicolumn{1}{|c|}{0} & \multicolumn{1}{c|}{T_{22}} \\ \hline \end{array}, \text{其中 } T_{22} : Z \to R(T) \text{ 是双射，故可逆.}$$

准确的表示式应该是：取沿着 $N(T)$ 到 Z 上的投影 P_1, 则 $T = T_{22}P_1$.

设 $T_{22}^{-1} = B_{22} : R(T) \to Z$. 那么，我们取沿着 W 到 $R(T)$ 投影 Q_1 后，就可定义 $B = B_{22}Q_1, B$ 也有一个分块矩阵表示

$$B = \begin{array}{c} \\ N(T) \\ Z \end{array} \begin{array}{cc} W & R(T) \\ \hline \multicolumn{1}{|c|}{0} & \multicolumn{1}{c|}{0} \\ \hline \multicolumn{1}{|c|}{0} & \multicolumn{1}{c|}{B_{22}} \\ \hline \end{array}$$

于是从图示的矩阵分块运算可得

$$TB = \begin{array}{c} \\ W \\ R(T) \end{array} \begin{array}{cc} W & R(T) \\ \hline \multicolumn{1}{|c|}{0} & \multicolumn{1}{c|}{0} \\ \hline \multicolumn{1}{|c|}{0} & \multicolumn{1}{c|}{I_1} \\ \hline \end{array} \quad \text{和} \quad BT = \begin{array}{c} \\ N(T) \\ Z \end{array} \begin{array}{cc} N(T) & Z \\ \hline \multicolumn{1}{|c|}{0} & \multicolumn{1}{c|}{0} \\ \hline \multicolumn{1}{|c|}{0} & \multicolumn{1}{c|}{I_2} \\ \hline \end{array}$$

这里 I_1 作为分块上的算子是 $R(T)$ 上的恒等算子，作全空间 X 上的算子就应表为 $TB = Q_1 = I - Q$, 其中 $Q = I - Q_1$ 是沿着 $R(T)$ 到 W 上的投影算子，由于 $\dim W < \infty$, 故 $Q \in F(X)$.

同理 ,$BT = P_1 = I - P, P \in F(X)$.

当然，为了加强直观，我们用了图示法代替一些推导. 如果需要严密化，读者自行验证对 $TB = (T_{22}P_1)(B_{22}Q_1)$,$(TB)^2 = TB$ 是个投影算子，然后说明 $I - TB = Q$, 等等.

(2) ⇒ (3) : 由于 $F(X) \subseteq K(X)$.

(3) ⇒ (1) : 设有 $B \in B(X)$, 使得 $BT = I - P$ 和 $TB = I - Q$, 其中 $P, Q \in K(X)$. 由我们已经说明过的紧算子的 Riesz-Schauder 理论 (命题 3.1.7)$I - Q = TB$ 与 $I - P = BT$ 都是 Fredholm 算子，因而由推论 3.1.12, 既得到 $T \in \Phi_-(X)$, 也得到

$T \in \Phi_+(X)$. 由 $(X/R(T))^* \approx R(T)^0$, 就得知 $R(T)$ 是亏维有限的，由注 3.1.9, $R(T)$ 闭，又由对称性，也得出 $N(T) = {}^0R(T^*)$ 是有限维的，这就证完了 $T \in \Phi(X)$.

为了更具体地描写 Calkin 代数 $C(X) = B(X)/K(X)$ 的左 (右) 可逆元，我们有如下

命题 3.1.19 设 X 是 Banach 空间 ,$G_l(C(X))$ 与 $G_r(C(X))$ 分别表示 Calkin 代数 $C(X)$ 中的左可逆元与右可逆元集，那么对于 $T \in B(X)$, 有如下结论:

(1)$[T] = T + K(X) \in G_l(C(X))$, 即存在 $A \in B(X)$, 使得 $AT = I + K, K \in K(X)$ 的充分必要条件是 $T \in \Phi_+(X)$, 且 $R(T)$ 在 X 中可补.

(2)$[T] = T + K(X) \in G_r(C(X))$, 即存在 $B \in B(X)$, 使得 $TB = I + K, K \in K(X)$ 的充分必要条件是 $T \in \Phi_-(X)$, 且 $N(T)$ 在 X 中可补.

证 与上面定理 3.1.18 的方法类似，留作读者练习，可能要用命题 3.1.10 后的推论，以及一个同样自己可以验证的事实：当 $T \in \Phi_+(X)$ 时，对任一闭子空间 M, TM 也是闭子空间.

注 3.1.20 (1) 由于 Hilbert 空间中每个闭子空间都可补，故当 $X = H$ 是一个 Hilbert 空间时，命题 3.1.19 变得格外明晰：$\Phi_+(H) = \pi^{-1}(G_l(C(H))), \Phi_-(H) = \pi^{-1}(G_r(C(H)))$;

(2) 与命题 3.1.18 相呼应, 我们从 $G = G_l \bigcap G_r$ 对应于 $\Phi(X) = \Phi_+(X) \bigcap \Phi_-(X)$, 是一致的. 要注意的是，对应无限维空间上的算子单侧可逆未必可逆， Calkin 代数 $C(X)$ 中的元单侧可逆未必可逆;

(3) 举诸如这样的例子都会发现可进一步探讨的内容：有这样的 $T \in \Phi(X)$, 使命题 3.1.18 中的 $K_1 = K_2$, 也有这样的算子 $T \in \Phi_+(X)$ 但 $[T] \notin G_l(C(X))$, 等等;

(4) $B(X)$ 中可逆元群 $G(B(X))$ 与 $C(X)$ 中的可逆元群 $G(C(X))$ 都是拓扑群. 这是一般有单位元 Banach 代数中可逆元群的一般结论. 乘法群 G 称为拓扑群，就是指 G 不仅是群，还是拓扑空间，并且 $G \times G$ 到 G 的映射 $(x, y) \longmapsto xy$ 与 G 到 G 的映射 $x \longmapsto x^{-1}$ 都是连续 (同胚) 的. 今后我们稍许用到拓扑群的性质，有关论述可见于文献 [89] 的 §2.6 或文献 [15] 的 §4.3.2.

下面，我们要给出两个基本上也属于 Atkinson 的所谓半 Fredholm 算子的稳定性定理，第一个说明半 Fredholm 算子在小范数摄动下是稳定的.

命题 3.1.21(半 Fredholm 算子第一稳定性定理) 设 $T \in \Phi_\pm(X) := \Phi_+(X) \bigcup \Phi_-(X)$, 则存在 $\epsilon > 0$, 使得对每个 $A \in B(X), \|A\| < \epsilon$, 都有 $T + A \in \Phi_\pm(X)$, 且 $a(T + A) \leqslant a(T), b(T + A) \leqslant b(T), i(T + A) = i(T)$.

证 命题 3.1.21 的形式与证明都可以参见文献 [38] 的第四章定理 5.22(但由于文献 [38] 是置于闭算子的框架中论证，叙述多有不同，证明也相当繁琐). 这里我们仅就 $T \in \Phi(X)$ 时的情况证明 ($a(T)$ 或 $b(T)$ 有一个取 ∞ 值的情况，请读者注意，事实上由命题 3.1.16 和命题 3.1.17 已经证明).

设 $T \in \Phi(X) = \Phi_+(X) \bigcap \Phi_-(X)$, 那么由命题 3.1.16 和命题 3.1.17, 实际上已经可得一 $\epsilon_1 > 0$, 使得当 $A \in B(X), \|A\| < \epsilon_1$ 时, 也有 $T + A \in \Phi_+(X) \bigcap \Phi_-(X) = \Phi(X)$, 且 $a(T+A) \leqslant a(T), b(T+A) \leqslant b(T)$, 余下只需证明 $i(T+A) = i(T)$.

由定理 3.1.18, 存在一个 $T_0 \in \Phi(X), K \in K(X)$, 使得 $TT_0 = I + K$. 由推论 3.1.11, 我们有 $i(TT_0) = i(T) + i(T_0) = i(I+K) = 0$, 后者为零实际上由紧算子的 Riesz-Schauder 理论 (见命题 3.1.7) 容易得出：对紧算子 $K \in K(X)$, 任一 $\lambda \neq 0, \lambda I + K \in \Phi(X)$ 且 $i(\lambda I + K) = 0$.

现在 $(T+A)T_0 = TT_0 + AT_0 = I + K + AT_0$, 再取一个 $\epsilon_2 > 0$, 使 $\|A\| < \epsilon_2$ 时, $(I + AT_0)^{-1}$ 存在. 现在每个 $\|A\| < \epsilon = \min\{\epsilon_1, \epsilon_2\}$ 的 A 有

$$(I + AT_0)^{-1}(T+A)T_0 = I + (I + AT_0)^{-1}K,$$

其中 $(I + AT_0)^{-1}K \in K(X)$, 那么又有 $i(I + (I + AT_0)^{-1}K) = 0$, 进而有

$$i((I + AT_0)^{-1}) + i(T+A) + i(T_0) = 0.$$

但显然 $i((I + AT_0)^{-1}) = 0$(可逆算子的指标当然为零), 故而 $i(T+A) + i(T_0) = 0$, 连同前面已得 $i(T) + i(T_0) = 0$, 就证得 $i(T+A) = i(T)$.

第二个稳定性定理是说明半 Fredholm 算子在紧摄动下是稳定的.

命题 3.1.22(半 Fredholm 算子第二稳定性定理) 设 $T \in \Phi_\pm(X), K \in K(X)$, 则 $T + K \in \Phi_\pm(X)$ 且 $i(T+K) = i(T)$.

证 只对 $T \in \Phi(X)$ 的情况证明. 由 Atkinson 算子本性可逆特征定理 (定理 3.1.18), 有 $T_1, T_2 \in B(X)$ 和 $K_1, K_2 \in K(X)$, 使得

$$T_1 T = I + K_1 \quad \text{和} \quad TT_2 = I + K_2,$$

故对任一 $K \in K(X)$, 我们有

$$T_1(T+K) = T_1T + T_1K = I + (K_1 + T_1K) = I + K_3, K_3 \in K(X)$$

和

$$(T+K)T_2 = TT_2 + KT_2 = I + (K_2 + KT_2) = I + K_4, K_4 \in K(X).$$

再一次用 Atkinson 定理, 则有 $T + K \in \Phi(X)$.

最后, 用命题 3.1.21 类似的方法, 我们可得出 $i(T_1T) = 0$, 从而 $i(T_1) + i(T) = 0$ 以及 $i(T_1(T+K)) = 0$, 从而 $i(T_1) + i(T+K) = 0$, 于是证出 $i(T+K) = i(T)$.

3 关于算子谱的精细结构

国际上，以 Kato 的专著 [38] 为代表，用摄动观点，对算子的谱的结构进行过系统研究．而后又有 Apostol 为代表的罗马尼亚学派的工作，以及 Herrero 等人的系列工作．在国内，福建师范大学以林辰先生为代表的泛函分析学术梯队，对算子谱的精细结构，进行过长期不懈的深入探讨，取得颇有特色的成果．近年来，林辰，严子锟和阮颖彬等联系算子拟相似研究算子谱的新工作，也为国际同行所注意，见于文献 [90]~[95] 等．

本书不属算子谱理论的专门著作，但是作为重要研究工具，需要关于算子谱的精细结构方面一些自给自足知识．

首先，让我们回顾一下 Banach 空间上有界线性算子谱的基本概念和常识．

定义 3.1.23 设 X 是复的 Banach 空间， $T\in B(X)$, 那么

(1) T 的点谱 $\sigma_p(T):=\{\lambda\in \mathbf{C}:$ 有 $0\neq x\in X$, 使得 $(T-\lambda)x=0\}$;

(2) T 的近似点谱 $\sigma_a(T):=\{\lambda\in \mathbf{C}:$ 存在单位向量列 $\{x_n\}$, 使得 $(T-\lambda)x_n\rightarrow 0\}$;

(3) T 的连续谱 $\sigma_c(T):=\{\lambda\in \mathbf{C}:(T-\lambda)$ 是单射，但其值域 $R(T-\lambda)$ 在 X 中稠而非闭 $\}$;

(4) T 的剩余谱 $\sigma_r(T):=\{\lambda\in \mathbf{C}:(T-\lambda)$ 是单射，且 $\overline{R(T-\lambda)}\neq X\}$;

(5) T 的 “孤立有限代数重特征值” 集 $\sigma_p^0(T):=\{\lambda\in \mathbf{C}:\lambda$ 是 $\sigma(T)$ 的孤立点，且谱投影空间 $R(E(\lambda;T))$ 是 (非零) 有限维的 $\}$;

(6) T 的压缩谱 $\sigma_{co}(T):=\{\lambda\in \mathbf{C}:\overline{R(T-\lambda)}\neq X\}$;

(7) T 的值域非闭谱 $\sigma_d(T):=\{\lambda\in \mathbf{C}:R(T-\lambda)$ 非闭 $\}$.

我们用一个命题较集中地反映算子 T 和它的共轭 T^* 的谱的一些基本知识．

命题 3.1.24 设 X 是一个复的 Banach 空间， $T\in B(X)$, 那么

(1) $\sigma(T)=\sigma(T^*)$ 是非空有界闭集;

(2) $\sigma_r(T)\subseteq\sigma_p(T^*)\subseteq\sigma_r(T)\bigcup\sigma_p(T)$;

(3) $\sigma_a(T)$ 是 $\sigma(T)$ 中的一个非空有界闭集;

(4) $\sigma(T)$ 的边界点集 $\partial\sigma(T)\subseteq\sigma_a(T)$;

(5) $\sigma_p(T)\bigcup\sigma_c(T)\subseteq\sigma_a(T)$.

命题 3.1.24 可见于文献 [41] 的命题 1.14 和命题 1.16 等．

也用一个命题较为集中地反映算子在其 (闭) 不变子空间上限制下谱的基本性质．

命题 3.1.25 设 X 是一个复的 Banach 空间， $T\in B(X)$,Y 是 T 的 (闭) 不变子空间．记 $T|_Y:Y\rightarrow Y$ 是 T 在 Y 上的限制， $T|_Y\in B(Y)$, 那么

(1) $\sigma_p(T|_Y)\subseteq\sigma_p(T)$;

(2) $\sigma_a(T|_Y)\subseteq\sigma_a(T)$;

(3) $\sigma(T|_Y)\bigcap\rho(T)\subseteq\sigma_r(T|_Y)$, 这里及以后 $\rho(T)=\mathbf{C}\backslash\sigma(T)$ 都表示 T 的正则集;

(4) $\sigma(T|_Y)$ 与 $\rho(T)$ 的无界分支 D_∞ 的交是空集;

(5) 设 D_n 是 $\rho(T)$ 的一个有界分支，那么或者 $D_n\bigcap\sigma(T|_Y)=D_n$, 或者 $D_n\bigcap\sigma(T|_Y)=\varnothing$.

命题 3.1.25 可见于文献 [41] 的命题 1.29 和命题 1.30.

其次为了便于认识算子本性谱, 我们引用若干 Banach 代数中有关谱的知识.

定义 3.1.26 设 A 是有单位元 e 的复 Banach 代数， $b\in A$ 称为是可逆元或正则元，如果存在 $a\in A$, 使得 $ab=ba=e$, 如果仅有 $ab=e$(或 $ba'=e$), 就称 b 是左 (右) 可逆的，相应地 $a(a')$ 称为 b 的左逆 (右逆) 元，易知 b 可逆的充分必要条件是既左可逆且右可逆. b 的逆元惟一. A 的可逆元集记为 G, 左 (右) 可逆元集则记为 $G_l(G_r)$.

相应地，复数 $\lambda\in\mathbf{C}$ 称为元 $b\in A$ 的正则点，如果 $b-\lambda e\in G$,b 的正则点集记为 $\rho(b)$,b 的谱 $\sigma(b)=\mathbf{C}\backslash\rho(b)$. 类似地定义 $\sigma_l(b)$ 和 $\sigma_r(b)$.

当复 Banach 代数 A 没有单位元时, 可以考虑 A 的单位化扩充, 即令 $A_1=A\dot{+}\mathbf{C}$, 这时 A_1 中元素的乘法自然地按 $(a+c_1)(b+c_2)=ab+c_2a+c_1b+c_1c_2$ 进行，范数定义为 $\|a+c\|=\|a\|+|c|$. 这时 A_1 就成为有单位元 $e=0\dot{+}1=1$ 的 Banach 代数，并且保持 A 中的范数不变. 这时对 $a\in A$, 我们定义 $\sigma(a)=\sigma_{A_1}(a)$ 为 a 的谱.

命题 3.1.27 设 A 是一个有单位元 e 的复 Banach 代数， $a\in A$, 那么

(1) $\sigma(a)$ 是复平面中的一个非空紧集;

(2) 令 a 的谱半径 $r(a):=\max\{|\lambda|:\lambda\in\sigma(a)\}$, 则 $r(a)=\lim\limits_{n\to\infty}\|a^n\|^{\frac{1}{n}}=\inf\limits_n\|a^n\|^{\frac{1}{n}}$;

(3) 如果 $\lambda_0\in\rho(a)$, 则当 $|\lambda-\lambda_0|<\dfrac{1}{r((a-\lambda_0e)^{-1})}$ 时，$\lambda\in\rho(a)$, 且 $(a-\lambda e)^{-1}=\sum_{n=0}^{\infty}(\lambda-\lambda_0)^n(a-\lambda_0e)^{-n-1}$, 级数按范数绝对收敛;

(4) $\mathbf{C}\backslash\sigma(a)$ 是包含 $\{\lambda\in\mathbf{C}:|\lambda|>r(a)\}$ 的开集，且 $(a-\lambda e)^{-1}$ 是 (取值于 A 的)$\mathbf{C}\backslash\sigma(a)$ 中的抽象解析函数;

(5) 任给一个包含 $\sigma(a)$ 的开子集 $U\subseteq\mathbf{C}$, 存在 $\epsilon>0$, 使对 $b\in A$, 只要 $\|b-a\|<\epsilon$, 就有 $\sigma(b)\subseteq U$;

(6) 设 $P(\cdot)$ 是复系数多项式，则对任一 $a\in A$, 有 $\sigma(P(a))=P(\sigma(a))$.

定义 3.1.28 设 A 是有单位元 e 的 Banach 代数，称 $a\in A$ 是一个左 (右) 拓扑零因子，如果有一列 $(x_n)\subseteq A,\|x_n\|=1$, 使得 $ax_n\to0(x_na\to0)$. 左或右拓扑零因子统称拓扑零因子，另外 $a\in A$ 是 A 的双侧拓扑零因子是特指存在一列 $(x_n)\subseteq A,\|x_n\|=1$, 使得 $ax_n\to0$ 和 $x_na\to0$.

命题 3.1.29(见文献 [89]) 设 A 是有单位元的 Banach 代数,

(1) 若 $x_n \in G_r(G_l), x_n \to x$, 则 $x \in G_r(G_l)$ 或 x 是一个左 (右) 拓扑零因子;

(2) 若 $x_n \in G, x_n \to x$, 则 $x \in G$ 或 x 是一个双侧拓扑零因子.

推论 3.1.30(见文献 [89]) (1) $x \in \partial G$, 则 x 是双侧拓扑零因子;

(2) A 的单侧或双侧拓扑零因子都是闭集.

有了以上准备, 我们先对特殊的 Banach 代数 $B(X)$, 应用以上事实, 就可以获取如下讯息:

命题 3.1.31(见文献 [89]) 设 X 是一个复 Banach 空间, $T \in B(X)$,

(1) $T \in G_l$ 的充分必要条件是 T 单射且值域 $R(T)$ 是闭的可补子空间;

(2) $T \in G_r$ 的充分必要条件是 T 满射且 $N(T)$ 可补;

(3) T 是 Banach 代数 $B(X)$ 的左拓扑零因子当且仅当 T 不是有闭值域的单射;

(4) T 是 Banach 代数 $B(X)$ 的右拓扑零因子当且仅当 T 非满射, 即 $R(T) \neq X$.

命题 3.1.32(见文献 [89]) 设 X 是一个复 Banach 空间, 则 $B(X)$ 中的如下各成分都是开集

(1) $A_1 = \{T \in B(X) : T$ 单射且值域 $R(T)$ 闭 $\}$;

(2) $A_2 = \{T \in A_1 : R(T) \neq X\}$;

(3) $A_3 = \{T \in B(X) : R(T) = X\}$;

(4) $A_4 = \{T \in A_3 : T$ 非单射 $\}$.

推论 3.1.33 在 Banach 代数 $B(X)$ 中, 以 $H_r(H_l)$ 表示 $B(X)$ 的右 (左) 拓扑零因子的补集, 则 $H_r(H_l)$ 是开集, 并且 G 是 $H_r(H_l)$ 中的既开且闭子集, 也是 $G_r(G_l)$ 中的既开且闭子集.

现在, 对特殊的有单位元的复 Banach 代数 —— Calkin 代数 $C(X) = B(X)/K(X)$, 应用上述一般 Banach 代数谱知识, 就自然地转入算子 $T \in B(X)$ 本性谱的讨论.

定义 3.1.34 设 X 是一个复无限维 Banach 空间, $T \in B(X)$,

(1) 称 $\lambda \in \mathbf{C}$ 是 T 的左本性正则点, 如果在典则映射 $\pi : B(X) \to C(X)$ 下, $\pi(T-\lambda) = [T] - [\lambda]$ 是 $C(X)$ 的左正则元, 即 $\pi(T-\lambda) \in G_l(C(X))$, 记 T 的左本性正则点集为 $\rho_{le}(T)$, 而记 T 的左本性谱 $\sigma_{le}(T) = \mathbf{C} \backslash \rho_{le}(T)$;

(2) 称 $\lambda \in \mathbf{C}$ 是 T 的右本性正则点, 如果在典则映射 $\pi : B(X) \to C(X)$ 下, $\pi(T-\lambda) = [T] - [\lambda]$ 是 $C(X)$ 的右正则元, 即 $\pi(T-\lambda) \in G_r(C(X))$, 记 T 的右本性正则点集为 $\rho_{re}(T)$, 而记 T 的右本性谱 $\sigma_{re}(T) = \mathbf{C} \backslash \rho_{re}(T)$;

(3) T 的本性正则点集记为 $\rho_e(T) := \rho_{le}(T) \bigcap \rho_{re}(T)$, 而 T 的本性谱则记为 $\sigma_e(T) := \sigma_{le}(T) \bigcup \sigma_{re}(T)$. 为了与下面其他种类的本性谱有所区分, 今后按惯例称 $\sigma_e(T)$ 为 T 的 Calkin 本性谱或 Wolf 本性谱 (也称 Fredholm 本性谱).

由命题 3.1.27 的 (1) 可知，对无限维复 Banach 空间 X, 每个算子 $T \in B(X)$ 的本性谱 $\sigma_e(T)$ 都是一个非空紧集.

命题 3.1.35 $\sigma_e(T)=\sigma(\pi(T))=\{\lambda\in\mathbf{C}:T-\lambda\notin\Phi(X)\}$.

$\sigma_{le}(T)=\sigma_l(\pi(T))=\{\lambda\in\mathbf{C}:T-\lambda\notin\Phi_+(X)$ 或虽 $(T-\lambda)\in\Phi_+(X)$ 但 $R(T-\lambda)$ 不可补 $\}$.

$\sigma_{re}(T)=\sigma_r(\pi(T))=\{\lambda\in\mathbf{C}:T-\lambda\notin\Phi_-(X)$ 或虽 $(T-\lambda)\in\Phi_-(X)$ 但 $N(T-\lambda)$ 不可补 $\}$.

证 由定理 3.1.18 和命题 3.1.19 可知.

注 3.1.36 由于每个闭子空间可补是 Hilbert 空间特有的属性, 故当 $X=H$ 是一个 Hilbert 空间时, 一般说来算子 $T\in B(H)$ 的左 (右) 本性谱“比较小”：$\sigma_{le}(T)=\{\lambda\in\mathbf{C}:T-\lambda\notin\Phi_+(X)\}$, $\sigma_{re}(T)=\{\lambda\in\mathbf{C}:T-\lambda\notin\Phi_-(X)\}$. 这一点容易被忽略, 以至于有人也不加区分地以 Hilbert 空间算子左 (右) 本性谱的定义代替一般 Banach 空间算子的情况，这是不准确的. 同时，准确的定义也留下了可供研讨的问题，例如，当记 $\Phi_{-\infty}(T)=\Phi^1_{-\infty}(T)\bigcup\Phi^2_{-\infty}(T)$ 时，其中 $\Phi^1_{-\infty}(T):=\{\lambda\in\mathbf{C}:(T-\lambda)\in\Phi_+(X)$ 且 $i(T-\lambda)=-\infty, R(T-\lambda)$ 可补 $\}$, 而 $\Phi^2_{-\infty}(T):=\{\lambda\in\mathbf{C}:T-\lambda\in\Phi_+(X)$, 且 $R(T-\lambda)$ 不可补 $\}$, 问 $\Phi^1_{-\infty}(T)$ 与 $\Phi^2_{-\infty}(T)$ 是否为开子集或者闭子集？

除了上述由定义 3.1.34, 即按 Calkin 代数中元是否可逆，自然产生算子 $T\in B(X)$ 的 Calkin 本性谱外，还有 T 的 Browder 本性谱， Weyl 本性谱， Kato 本性谱等划分. 各种本性谱的划分不仅仅形式上表现为 T 的谱集 $\sigma(T)$ 的子集，从而成为一种精细结构，而且也都有着历史上的各种应用实际背景. 例如，早在 1909 年， Weyl 就指出， Hilbert 空间上自共轭算子 T 的谱与 T 的紧摄动 $T+K$ 的谱只可能在它们的特征值处有差异，而且 T 的谱 $\sigma(T)$ 中经过紧摄动保持不变的“最大部分”，即 $\bigcap\limits_{K\in K(H)}\sigma(T+K)$, 等于 $\sigma(T)$ 的聚点集和 T 的孤立无限重特征值的并，于是早有 Weyl 本性谱一说.

定义 3.1.37 设 X 是复的无限维 Banach 空间， $T\in B(X)$, 定义

(1) T 的 Browder 本性谱 $\sigma_B(T):=\bigcap\limits_{K\in K(X),KT=TK}\sigma(T+K)$;

(2) T 的 Weyl 本性谱 $\sigma_W(T):=\bigcap\limits_{K\in K(X)}\sigma(T+K)$;

(3) T 的 Kato 本性谱 $\sigma_K(T):=\mathbf{C}\backslash\Phi_{\pm}(T)$.

下面开始逐步地分析各种本性谱的具体结构. 首先考虑 $\sigma(T)$ 中最大真闭子集 $\sigma_B(T)$, 我们的目的是要证明 $\sigma_B(T)=\sigma(T)\backslash\sigma_p^0(T)$, 其中 $\sigma_p^0(T)$ 见定义 3.1.23 的 (5). 为此，我们引入一个重要的“洞指标原理”，在算子谱结构研究中，其地位和作用仅次于前述“第一稳定性定理” (命题 3.1.21) 和“第二稳定性定理” (命题 3.1.22). 虽然在形式与命题 3.1.21 较接近，但是更准确一些.

定理 3.1.38(半 Fredholm 算子的洞指标原理)　设 $T \in \Phi_{\pm}(X)$, 则存在 $\epsilon > 0$, 使得当 $0 <| \lambda |< \epsilon$ 时, $(T-\lambda) \in \Phi_{\pm}(X)$, 且

(1) $a(T-\lambda)$ 取常数 $n, n \leqslant a(T)$;

(2) $b(T-\lambda)$ 取常数 $m, m \leqslant b(T)$;

(3) $i(T-\lambda) = i(T)$.

定理 3.1.38 的证明从略. 与命题 3.1.21 的结论比较, 其要害处在于零指标 $a(T-\lambda)$ (亏指标 $b(T-\lambda)$) 在去心小开圆 $0 <| \lambda |< \epsilon$ 中是常数, 这个事实将非常有用. 例如, 应用于推导后面的穿孔定理 (也称打洞定理, 见后面 §5.3 中的描述) 以及下面的 $\sigma_p^0(T)$ 的刻画.

定理 3.1.39　$T \in B(X), \lambda \in \mathbf{C}$, 则如下陈述是彼此等价的.

(1) $\lambda \in \sigma_p^0(T)$, 即如定义 3.1.23 所述, λ 是 $\sigma(T)$ 的孤立点, 且谱投影 $E(\lambda;T)$ 是有限秩的;

(2) λ 是 T 的孤立有限代数重特征值, 且值域 $R(T-\lambda)$ 闭. 这里算子 $T_\lambda = T-\lambda$ 的代数重数 $alg(T_\lambda) := \lim\limits_{n\to\infty} a(T_\lambda^n)$, 它大于或等于 T_λ 几何重数 $a(T_\lambda)$, 它们是有限维空间上线性变换 (n 阶方阵) 的特征值代数重数与几何重数概念的自然延伸;

(3) $\lambda \in \sigma(T)$, 代数重数 $alg(T-\lambda) < \infty$, 且存在 $n \in \mathbf{N}$, 使 $a[(T-\lambda)^n] = b[(T-\lambda)^n] < \infty$;

(4) $\lambda \in \sigma(T), \alpha(T-\lambda) = \beta(T-\lambda) < \infty$, 且存在 $n \in \mathbf{N}$, 使 $a[(T-\lambda)^n] < \infty$, 存在 $m \in \mathbf{N}$, 使 $b[(T-\lambda)^m] < \infty$;

(5) $\lambda \in \Phi_0(T) \bigcap \sigma(T)$ 且 $\alpha(T-\lambda) < \infty$;

(6) $\lambda \in \Phi_0(T)$ 且是 $\sigma(T)$ 的孤立点;

(7) $\lambda \in \Phi_0(T) \bigcap \partial\sigma(T)$;

(8) $\lambda \in \Phi(T)$ 且是 $\sigma(T)$ 的孤立点;

(9) 存在 $n \in \mathbf{N}$, 使 $X = N[(T-\lambda)^n] \bigoplus R[(T-\lambda)^n]$ 且 $1 \leqslant a[(T-\lambda)^n] < \infty$;

(10) 存在 $A \in B(X)$ 和非零有限秩投影算子 P, 使 $(T-\lambda)A = A(T-\lambda) = I-P$.

注 3.1.40　在文献 [98] 中, 我们对 $\sigma_p^0(T)$ 的众多特征进行了更多的等价描述, 并且对通常约定俗成的“有限代数重孤立特征值”的提法进行了正名, 正如在定理 3.1.39 的 (2) 中所述, 指出其不准确在于未能蕴涵算子值域 $R(T-\lambda)$ 的闭性. 读者可从下例中得以体会.

例 3.1.41　取 $X = \mathbf{C}^2 \bigoplus L^2[0,1]$, 构造 $T \in B(X)$ 为 $T_1 \bigoplus T_2$, 其中 $T_1 = T|_{\mathbf{C}^2}$, 将 $(x,y) \in \mathbf{C}^2$ 映射为 $(0,x), T_2 = T|_{L^2[0,1]}$ 取为 $L^2[0,1]$ 上的 Volterra 积分算子, 则 T 是拟幂零算子, 0 是 $\sigma(T)$ 的孤立点且代数重数 $alg(T) = \lim\limits_{n\to\infty} a(T^n) = 2 < \infty$, 故 0 是 T 的孤立有限代数重特征值, 但显然 $0 \notin \sigma_p^0(T)$. 这里 $L^2[0,1]$ 上 Volterra 积分算子的构造见于文献 [37] 等.

有了定理 3.1.39 的准备，我们现在可以证明算子的 Browder 本性谱的结构定理了.

命题 3.1.42 $T \in B(X)$, 则 $\sigma_B(T) := \bigcap\limits_{K \in K(X), KT=TK} \sigma(T+K) = \sigma(T) \backslash \sigma_p^0(T)$.

证 先证 $\sigma(T)\backslash\sigma_p^0(T) \subseteq \sigma_B(T)$: 任一 $\lambda \notin \sigma_B(T)$, 不失一般性可设 $\lambda = 0$, 则存在 $K \in K(X)$ 使得 $TK = KT, T+K$ 可逆，则存在 $A \in B(X)$ 使得 $(T+K)A = A(T+K) = I$ 即 $TA = I - KA, AT = I - AK$. 由于 $K \in K(X)$, 故 $KA, AK \in K(X)$, 则 $\pi(T)$ 可逆，由定理 3.1.18 知 T 是 Fredholm 算子，由半 Fredholm 算子第二稳定性定理 (命题 3.1.22), 知 $i(T) = i(T+K) = 0$, 即 $0 \in \Phi_0(T)$.

当 $\ker(T) = \{0\}$ 时，易知 $0 \in \rho(T)$. 当 $\ker(T) \neq \{0\}$ 时，若 $0 \in \Phi_0(T) \bigcap \sigma(T)^0$, 又 $0 \in \rho(T+K)$, 则存在开领域 $U_0 = \{\lambda \in \mathbf{C} : \mid \lambda \mid < \delta\}, \delta > 0$, 使得 $U_0 \subseteq \Phi_0(T) \bigcap \sigma(T)^0 \bigcap \rho(T+K)$. 任意 $\lambda \in U_0$, 则 $i(T-\lambda) = 0, \ker(T-\lambda) \neq \{0\}$ 且 $a(T-\lambda) < \infty, \lambda \in \rho(T+K)$. 由于 $(T-\lambda)K = K(T-\lambda)$, 故 $K(\ker(T-\lambda)) \subseteq \ker(T-\lambda)$ 且 0 不是 $K \mid_{\ker(T-\lambda)}$ 的特征值，不然存在 $0 \neq x \in \ker(T-\lambda)$ 使得 $Kx = 0$, 则 $[(T-\lambda)+K]x = 0$, 但 $\lambda \in \rho(T+K)$, 故 $x = 0$, 矛盾. 因此 $K \mid_{\ker(T-\lambda)}$ 有非零的特征值 S_λ, 其相应的特征向量空间 $E_\lambda \subseteq \ker(T-\lambda)$. 由于 K 是紧算子, $\sigma(K \mid_{\ker(T-\lambda)}) \subseteq \sigma(K)$, 故 $\{S_\lambda : \lambda \in U_0\}$ 是可数集，又 U_0 是开集，则存在无限集 $\Delta \subseteq U_0$ 使得任意 $\lambda_1, \lambda_2 \in \Delta$, 有 $S_{\lambda_1} = S_{\lambda_2}$. 取 $0 \neq x_\lambda \in E_\lambda \subseteq \ker(T-\lambda)$, 则 $\{x_\lambda : \lambda \in \Delta\}$ 中任意有限个线性无关，这与 K 是紧算子矛盾，因此 $0 \in \Phi_0(T) \bigcap \partial\sigma(T) = \sigma_p^0(T)$.

再证 $\sigma_B(T) \subseteq \sigma(T)\backslash\sigma_p^0(T)$, 任意 $\lambda \notin \sigma(T)\backslash\sigma_p^0(T)$, 不失一般性可设 $\lambda = 0$, 若 $0 \in \rho(T)$, 取 $K = \theta \in K(X)$, 则 $TK = KT, 0 \in \rho(T+K)$. 若 $0 \in \sigma_p^0(T)$, 则 $\dim E(0)X < \infty$. 由于 0 是 $\sigma(T)$ 的孤立点， $\Phi_{i(T)} - \Phi_0$ 是开集，故存在 $\epsilon > 0$ 使得 $T + \epsilon I$ 可逆， $T + \epsilon E(0) \in \Phi_0$. 设 $x \in X$ 且 $(T + \epsilon E(0))x = 0$, 则 $Tx = -\epsilon E(0)x, TE(0)x = E(0)Tx = -\epsilon E(0)x$, 故 $(T+\epsilon I)E(0)x = 0$, 而 $T + \epsilon I$ 可逆，因此 $E(0)x = 0, Tx = -\epsilon E(0)x = 0$. 则 $x \in \ker T$. 由线性算子谱理论，知 $\ker T \subseteq E(0)X$, 故 $x = E(0)x = 0$. 因此 $T + \epsilon E(0)$ 是单射，又 $T + \epsilon E(0) \in \Phi_0$, 所以 $T + \epsilon E(0)$ 可逆且 $\epsilon E(0)$ 是有限秩算子从而是紧算子， $T \cdot \epsilon E(0) = \epsilon E(0) \cdot T$.

注 3.1.43 在文献 [99] 中我们证明了 $\sigma_B(T) = \bigcap\limits_{TS=ST, S \in R(X)} \sigma(T+S)$, 其中 $R(X)$ 表示 X 上黎斯算子集.

让我们再来认识 Weyl 本性谱的结构.

引理 3.1.44 $A \in B(X)$, 则如下各陈述等价:

(1) $A \in \Phi_0(X)$, 即 A 是指标为零的 Fredholm 算子;

(2) 存在一个有限秩算子 $F \in F(X)$, 使对每个 $\lambda \neq 0, A + \lambda F \in G(B(X))$;

(3) 存在一个有限秩算子 $F \in F(X)$, 使得 $A + F \in G(B(X))$;

(4) 存在一个有界线性算子 K, 使得 $AK = I - P_1$ 和 $KA = I - P_2$, 其中 P_1 和

P_2 都是有限秩投影算子，且 $\dim R(P_1) = \dim R(P_2) < \infty$.

引理的证明从略.

命题 3.1.45 设 $T \in B(X)$, 则 $\sigma_W(T) := \bigcap_{K \in K(X)} \sigma(T+K) = \sigma(T) \backslash \Phi_0(T) = \{\lambda \in \mathbf{C} : (T-\lambda) \notin \Phi_0(X)\}$.

证 只需证明等式两边补集相等，即 $\bigcup_{K \in K(X)} \rho(T+K) = \rho(T) \bigcup \Phi_0(T) = \Phi_0(T)$.

设对某个 $K \in K(X), \lambda \in \rho(T+K)$, 则 $\lambda \in \Phi_0(T+K)$, 由第二稳定性定理 (命题 3.1.22), $\lambda \in \Phi_0(T)$,

另一方面，设 $\lambda \in \Phi_0(T)$, 则 $A = T - \lambda \in \Phi_0(X)$, 由引理 3.1.44, 存在紧算子 K_1, 使得 $A + K_1 = T + K_1 - \lambda \in G(B(X))$ 是可逆算子，即 $\lambda \in \rho(T+K_1)$, 证毕.

注 3.1.46 命题 3.1.45 另有证法，例如见文献 [100], 但本处证明应是较简洁者.

还需要对前面已陆续地、部分地使用的记号作进一步的明确化.

记 $\Phi_+(T) := \{\lambda \in \mathbf{C} : (T-\lambda) \in \Phi_+(X)\}, \Phi_-(T) := \{\lambda \in \mathbf{C} : (T-\lambda) \in \Phi_-(X)\}, T$ 的半 Fredholm 区域 $\Phi_\pm(T) := \Phi_+(T) \bigcup \Phi_-(T), T$ 的 Fredholm 区域 $\Phi(T) := \Phi_+(T) \bigcap \Phi_-(T), \Phi_n(X) := \{T \in \Phi_\pm(X) : i(T) = n\}, n \in \mathbf{Z} \bigcup \{-\infty, +\infty\}$. 相应地 $\Phi_n(T) := \{\lambda \in \mathbf{C}, (\mathbf{T} - \lambda) \in \Phi_{\mathbf{n}}(\mathbf{X})\}, \mathbf{n} \in \mathbf{Z} \bigcup \{-\infty, +\infty\}$. 于是有 $\Phi_+(T) = \bigcup_{n \in \mathbf{Z} \cup \{-\infty\}} \Phi_n(T)$ 和 $\Phi_-(T) = \bigcup_{n \in \mathbf{Z} \cup \{+\infty\}} \Phi_n(T)$. 类似地，在需要更具体地说明 $a(T-\lambda) = n, b(T-\lambda) = m$ 时，也用记号 $\Phi_{nm}(T) := \{\lambda \in \mathbf{C} : R(T-\lambda)$闭$, a(T-\lambda) = n, b(T-\lambda) = m\}$, 这里 $m, n \in \mathbf{N} \bigcup \{0, \infty\}$ (注意这里允许有 $\Phi_{\infty,\infty}(T)$, 它不在前述 $\Phi_n(T), n \in \mathbf{Z} \bigcup \{-\infty, +\infty\}$ 的某一种中).

设 σ 是复平面的一个非空紧子集，则把 σ 的补集的一个有界分支称为 σ 的一个洞 ,$\hat{\sigma}$ 则表示 σ 与其一切洞的并集 ,$\partial\sigma$ 表示 σ 的边界，一般地有 $\partial\hat{\sigma} \subseteq \partial\sigma$.

G 是复平面的一个子集，如果对每个 $\lambda \in G, (T-\lambda) \in \Phi_\pm(X)$, 且 $i(T-\lambda) = n$, 则说 G(关于 T) 有指标 n.

命题 3.1.47 设 X 是复的无限维 Banach 空间 ,$T \in B(X)$ 则

(1) $\Phi_\pm(T), \Phi_n(T), \Phi_{0n}(T)$ 与 $\Phi_{n0}(T) (n \in \mathbf{Z} \bigcup \{-\infty, +\infty\})$ 都是开集;

(2) $\partial\Phi_\pm(T) \subseteq \mathbf{C} \setminus \Phi_\pm(T)$;

(3) $\Phi_\pm(T)$ 的每一个连通分支 G 都有某一个指标 $n \in \mathbf{Z} \bigcup \{-\infty, +\infty\}$.

证 (1) 首先，由第一稳定性定理显然各 $\Phi_n(T)$ 是开集，从而 $\Phi_\pm(T) = \bigcup_{n \in \mathbf{Z} \cup \{-\infty, +\infty\}} \Phi_n(T)$ 是开集. 其次证明 $\Phi_{0n}(T)$ 是开集. 设 $\lambda \in \Phi_{0n}(T)$. 由第一稳定性定理，存在 $\epsilon > 0$, 使得当 $|\mu - \lambda| < \epsilon$ 时，不仅有 $i(T_\mu) = i(T_\lambda)$, 且 $a(T_\mu) \leqslant a(T_\lambda) = 0$. 于是必有 $a(T_\mu) = 0$, 进而 $b(T_\mu) = a(T_\mu) - i(T_\mu) = 0 - i(T_\lambda) = n$, 即得 $\mu \in \Phi_{0n}(T)$, 对每个 $|\mu - \lambda| < \epsilon$ 都成立 ,$\Phi_{0n}(T)$ 是开集.

同理可得 $\varPhi_{n0}(T)$ 是开集.

(2) 由 (1),$\varPhi_{\pm}(T)$ 是开集，立即可得 $\partial\varPhi_{\pm}(T)\subseteq \mathbf{C}\setminus\varPhi_{\pm}(T)$.

(3) 由于复平面中开子集连通与道路连通等价，对开集 $\varPhi_{\pm}(T)$ 的连通分支 G 中取定的一点 $\lambda_0\in G\subseteq\varPhi_{\pm}(T)=\bigcup\limits_{n}\varPhi_n(T)$, 就应有某 $n_0\in\mathbf{Z}\bigcup\{-\infty,+\infty\},\lambda_0\in\varPhi_{n_0}(T)$. 我们来证明任一 $\lambda\in G$, 都有 $\lambda\in\varPhi_{n_0}(T)$. 由 G 的道路连通性，就存在连接 λ_0 与 λ 的一条闭线节 $l\subseteq G$(l 可以是由有限条闭线段衔接而成的折线，两端分别为 λ_0 和 λ). 由于每点 $\lambda'\in l\subseteq G$, 依第一稳定性定理，都存在一个小开圆 $S(\lambda',\delta')=\{\lambda\in\mathbf{C}:|\lambda-\lambda'|<\delta'\}$ 使得 $S(\lambda',\delta')$ 有指标 $n_{\lambda'}$. 现在 $\bigcup\limits_{\lambda'\in l}S(\lambda',\delta')\supseteq l$, 由有限覆盖定理就有 $\bigcup\limits_{i=0}^{n}S(\lambda_i,\delta_i)\supseteq l$, 其中 $\lambda_0=\lambda_0$ 为预定端点 ,$\lambda_n=\lambda$ 为 l 的另一端点. 于是每个 $\lambda'\in l$, 都有某 $i\in\{0,1,\cdots,n\}$, 使得 $\lambda'\in S(\lambda_i,\delta_i)$, 故 $\lambda\in\varPhi_{n_{\lambda_i}}(T)=\varPhi_{n_0}(T)$, 证毕.

注 3.1.48 命题 3.1.47 中结论 (1) 与 (3) 本质上都是应用第一稳定性定理说明算子的半 Fredholm 区域 $\varPhi_{\pm}(T)$ 中指标函数 $i(\lambda):=i(T-\lambda)(\lambda\in\varPhi_{\pm}(T))$ 具有某种连续性. 但是要注意 $i(\lambda)=a(T-\lambda)-b(T-\lambda)$, 故 $i(\lambda_1)=i(\lambda_2)$ 时，未必有 $a(T-\lambda_1)=a(T-\lambda_2)$, 请用心领会为何在结论 (1) 中没有 $\varPhi_{mn}(T),mn\neq 0$ 这种情况列入.

注 3.1.49 命题 3.1.47 结论 (3) 另有证明方法，例如见于文献 [100]. 这里所用方法不仅简捷，而且有意识地强调稳定性定理与有限覆盖定理的配套应用方法. 这种方法在算子谱论中是很有用的.

最后，我们用如下结论性描写给出 $\sigma(T)$ 的较为精细的结构，它基本上是林辰先生在文献 [146] 的总结.

命题 3.1.50 设 X 是一个复的无限维 Banach 空间 ,$T\in B(X)$, 那么

(1) $\sigma(T)\supseteq\sigma_B(T)\supseteq\sigma_W(T)\supseteq\sigma_e(T)\supseteq\sigma_K(T)$;

(2) 上述算子谱的各部分都是复平面 $\mathbf{C}$ 的非空紧子集;

(3) $\sigma(T)\setminus\sigma_B(T)=\sigma_p^0(T)$ 是一个至多可数集;

(4) $\sigma_B(T)\setminus\sigma_W(T)=\sigma_W(T)$ 的某些洞的并，这些洞有零指标，故如前所述有 $\partial\sigma_B(T)\subseteq\partial\sigma_W(T)$;

(5) $\sigma_W(T)\backslash\sigma_e(T)=\sigma_e(T)$ 的某些洞的并,这些洞有非零有限值指标;$\partial\sigma_W(T)\subseteq\partial\sigma_e(T)$;

(6) $\sigma_e(T)\setminus\sigma_K(T)=\sigma_K(T)$ 的某些洞的并，这些洞有取 $+\infty$ 或 $-\infty$ 指标; $\partial\sigma_e(T)\subseteq\partial\sigma_K(T)$;

(7) $\partial\sigma_B(T)\subseteq\partial\sigma_W(T)\subseteq\partial\sigma_e(T)\subseteq\partial\sigma_K(T)\subseteq\sigma_K(T)$;

(8) $\partial\sigma(T)=\partial\sigma_B(T)\bigcup\sigma_p^0(T)\subseteq\sigma_K(T)\bigcup\sigma_p^0(T)$.

证 (1) 与 (2) 各包含关系不证自明 .$\sigma_B(T)$ 的闭性由命题 3.1.42(任意多个闭集

$\sigma(T+K)$ 的交是闭集) 知 .$\sigma_W(T)$ 的闭性同理由命题 3.1.45 知 .$\sigma_e(T)$ 作为 Calkin 代数中元 $[T]$ 的谱是非空紧子集 (定义 3.1.34 与命题 3.1.27(1)). 而 $\sigma_K(T)=\mathbf{C}\backslash\Phi_\pm(T)$, 开集 $\Phi_\pm(T)$(命题 3.1.47(1)) 的补集是闭集. 由于 $\sigma_K(T)$ 作为紧集 $\sigma_e(T)$ 的闭子集就得知 $\sigma_K(T)$ 是紧集, 再由 $\sigma_e(T)$ 是非空紧集. 必知其边界 $\partial\sigma_e(T)\neq\varnothing$, 提前应用 (7) 的结论 $\partial\sigma_e(T)\subseteq\sigma_K(T)$ 就也证明了 $\sigma_K(T)$ 是非空紧集.

(3) 由命题 3.1.42, $\sigma_B(T)=\sigma(T)\setminus\sigma_p^0(T)$, 于是得 $\sigma(T)\setminus\sigma_B(T)=\sigma_p^0(T)$, 又由定义 $\sigma_p^0(T)$ 中每点都是 $\sigma(T)$ 的孤立点, 故 $\sigma_p^0(T)$ 至多可数.

(4) 由于 $\sigma_B(T)=\sigma(T)\setminus\sigma_p^0(T), \sigma_W(T)=\sigma(T)\setminus\Phi_0(T)$, 而 $\sigma_p^0(T)\subseteq\Phi_0(T)$.

(5)~(8) 的证明留给读者.

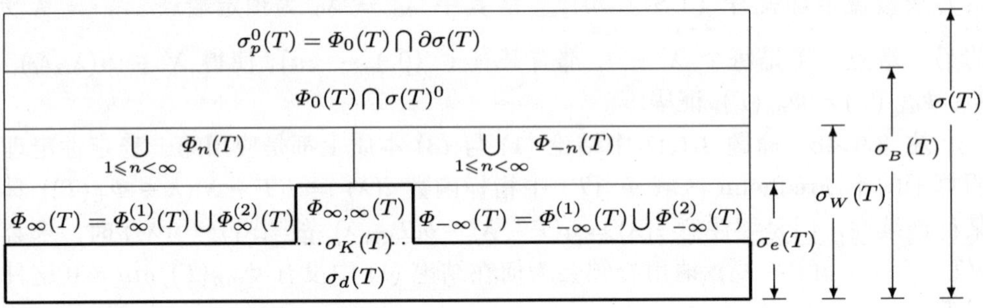

图 3.1.50 算子谱精细结构示意图($\sigma_K(T)=\Phi_{\infty,\infty}(T)\bigcup\sigma_d(T)$)

§3.2 Banach 代数 $B(X)$ 中的理想

1 $B(X)$ 中几种理想简介

我们已经通过对紧算子类的认识, 接触过由一个 Banach 空间 X 上连续线性算子全体所构成的 Banach 代数 $B(X)$ 中的算子理想的概念. 准确地说, 一个子集 $A\subseteq B(X)$ 称为赋范环 $B(X)$ 的理想, 如果 A 不仅是 Banach 空间 $B(X)$ 的一个线性子空间, 而且 A 中的元素关于乘法既有封闭性又有双向吸收性, 即对任一 $T_1\in A$, $T_2\in B(X)$, T_1T_2 与 T_2T_1 都在 A 中.

当然, 还可以考虑 A 关于乘法只有左 (右) 吸收性, 从而 A 成为 $B(X)$ 左 (右) 理想的情况. 有关概念和性质可参阅文献 [97] 和 [36] 的有关章节. 我们这里主要讨论 (双侧) 理想 A, 并且较多地注意 A 是闭理想的情况.

取 $A=\{0\}$ 或 $A=B(X)$ 时, 我们称它们是平凡的算子理想. 此外, 最常见的应该是由有限秩算子构成的理想, 记为 $F(X)$, 其基本性在于它是最小的非平凡的算子理想.

有限秩算子理想与逼近算子理想

命题 3.2.1 设 A 是 $B(X)$ 中非零的算子理想, 则 $A\supseteq F(X)$.

命题的证明从略.

容易证明, 对无限维 Banach 的空间 X,$F(X)$ 总不是闭算子理想, 因而, 我们自然地考虑其闭包 $\overline{F}(X) := \overline{F(X)}$—— 逼近算子理想.

显然, 因 $F(X) \subseteq K(X)$, 以及紧算子理想 $K(X)$ 是闭的, 故也有 $\overline{F}(X) \subseteq K(X)$. 历史上看, 曾有过好长一段时间, 人们为 $\overline{F}(X)$ 是否等于 $K(X)$ 的问题所困惑. 部分肯定的结果是如下命题

命题 3.2.2 如果 Banach 空间 X 有 (Schauder) 基, 则 $\overline{F}(X) = K(X)$.

命题的证明是容易的, 这里从略, 可参阅文献 [1].

推论 3.2.3 对有基的空间 X 而言, 任一非零的闭算子理想都包含紧算子理想.

推论 3.2.4 对常见的经典序列空间 $c_0, l_p(1 \leqslant p < \infty)$ 和函数空间 $C[a,b]$, $L_p(\mu)(1 \leqslant p < \infty)$ 而言, 其上紧算子理想与逼近算子理想是重合的.

后来, 人们在研究中发现, 如下 3 个问题之间有密切联系:

1. 是否每个可分 Banach 空间 X 有逼近性质 (其定义见文献 [1])?
2. 是否每个可分 Banach 空间 X 有 Schauder 基?
3. 是否每个可分 Banach 空间 X, 有 $\overline{F}(X) = K(X)$?

直至 Enflo P. 举出反例, 说明存在一个可分 Banach 空间 X,$\overline{F}(X) \neq K(X)$, 对 3 个问题都予以了否定的解决, 详见文献 [1] 的有关章节.

弱紧算子理想

弱紧算子顾名思义, 是比紧算子来得 "弱" 的一类算子. 我们这里认识它, 除了作为算子理想的一个品种外, 还感兴趣于如下两点: 其一, 它与紧算子的关系; 其二, 弱紧算子与空间自反性质的关系. 后者典型地体现了空间结构与算子性质的内在深刻联系, 其完美地体现为后面将提到的一个结果 (命题 4.2.14 和命题 4.2.15), 通俗地表述为弱紧算子理想与自反空间理想是互为生成的一对.

定义 3.2.5 设 X, Y 是 Banach 空间, $T \in B(X,Y)$ 称为是弱紧算子, 如果 X 的闭单位球 B_X 在 T 作用下的像 $T(B_X)$ 是按 Y 的弱拓扑相对紧. $B(X,Y)$ 中的弱紧算子的全体记为 $WK(X,Y)$.

由关于弱拓扑的紧性与序列紧性一致的 Eberlein-Smulian 定理 (见文献 [5]),T 是弱紧算子当且仅当 T 映射有界集为弱序列相对紧集, 当且仅当对每一个 B_X 中的序列 (x_n), (Tx_n) 都有弱收敛子列.

下面一个弱紧算子的特征是深刻而基本的.

命题 3.2.6 $T \in WK(X,Y)$ 的充分必要条件是 T^{**} 的值域 $R(T^{**}) \subseteq J_Y(Y)$. 其中 $J_Y : Y \to Y^{**}$ 是典则映射. 换句话说, 当 $T \in WK(X,Y)$,T^{**} 是从 X^{**} 映到 $Y \approx J_Y(Y)$ 时, 可定义一个 $T^{\pi} \in B(X^{**}, Y)$, 使得如下交换图实现:

$$\begin{array}{ccc} X & \xrightarrow{T} & Y \\ J_X \big\downarrow & \nearrow T^{\pi} & \big\downarrow J_Y \\ X^{**} & \xrightarrow{T^{**}} & Y^{**} \end{array}$$

证 设 B_1 表示 $J_X(B_X)$ 的 w^* 闭包，由于 T^{**} 可视为 T 的延拓，且 T^{**} 按 $\sigma(X^{**},X^*)$-$\sigma(Y^{**},Y^*)$ 拓扑也是连续的，则

(i) $T^{**}(B_1)\subseteq \overline{T^{**}(J_X(B_X))}^{w^*}=\overline{J_Y(T(B_X))}^{w^*}\subseteq \overline{J_Y(\overline{T(B_X)}^{w})}^{w^*}$

现在，如果 T 是弱紧的，那么 $\overline{T(B_X)}^{w}$ 在 $\sigma(Y,Y^*)$ 拓扑下是紧的，那么 $J_Y(\overline{T(B_X)}^{w})$ 在 $\sigma(Y^{**},Y^*)$ 拓扑下是紧的，从而 $\sigma(Y^{**},Y^*)$ 闭，(i) 式就导致了 $T^{**}(B_1)\subseteq J_Y(\overline{T(B_X)}^{w})$. 但 $J_X(B_X)$ 的 w^* 闭包 $B_1=B_{X^{**}}$，故得到 $T^{**}(B_{X^{**}})=T^{**}(B_1)\subseteq J_Y(\overline{T(B_X)}^{w})$，即已证得

(ii) $T^{**}(X^{**})\subseteq J_Y(Y)$

反之，设 $T\in B(X,Y)$ 满足 (ii) 式，由于 $T^{**}:X^{**}\to Y^{**}$ 也是 $\sigma(X^{**},X^*)$-$\sigma(Y^{**},Y^*)$ 拓扑连续的，$B_{X^{**}}$ 也是 $\sigma(X^{**},X^*)$ 紧的，立即得知 $T^{**}(B_{X^{**}})\subseteq J_Y(Y)$ 是 $\sigma(Y^{**},Y^*)$ 紧的，那么 $T(B_X)$ 的 $\sigma(Y,Y^*)$ 同胚像 $J_Y(T(B_X))$ 是 $J_Y(Y)$ 的一个 $\sigma(Y^{**},Y^*)$ 相对紧子集，因而 $J_Y(T(B_X))$ 的 $\sigma(Y^{**},Y^*)$ 闭包是 $J_Y(Y)$ 的一个 $\sigma(Y^{**},Y^*)$ 紧子集，故 $T(B_X)$ 的 $\sigma(Y,Y^*)$ 闭包是 Y 中的 $\sigma(Y,Y^*)$ 紧集，证毕.

推论 3.2.7 当 Banach 空间 X 或 Y 有一个自反时，$B(X,Y)=WK(X,Y)$.

证 设 $T\in B(X,Y)$, 如果 Y 自反，则 $T^{**}(X^{**})\subseteq Y^{**}=J_Y(Y)$; 如果 X 自反，则 $T^{**}(X^{**})=T^{**}(J_X(X))=J_Y(T(X))\subseteq J_Y(Y)$. 无论哪一种情况，命题 3.2.6 都说明了 $T\in WK(X,Y)$.

当然，推论的证明其实也不必从命题 3.2.6 出发，直接应用 $T\in B(X,Y)$ 也是 $w-w$ 拓扑连续性，空间自反的特征为单位球 (有界闭凸集) 弱紧，以及定义 3.2.5 中所提到的 T 弱紧特征之一为把有界列 (x_n) 射为有弱收敛子列的 (Tx_n).

下面的命题比推论更深刻.

命题 3.2.8 $T\in WK(X,Y)$ 当且仅当 T 可通过自反空间因子分解，即存在一个自反的 Banach 空间 Z, 以及算子 $A_1\in B(X,Z)$ 和 $A_2\in B(Z,Y)$, 使得 $T=A_2A_1$, 并且可选取 $\|A_1\|\cdot\|A_2\|\leqslant 4\|T\|$.

证 由推论 3.2.7 及其证后的说明，本命题“当”的部分不证自明. 只需证“仅当”部分：

不妨设 $T\in WK(X,Y)$ 是单射 (否则考虑 $\widetilde{T}:X/\ker(T)\to Y$, 它由 $\widetilde{T}([x])=Tx$ 确定). 让我们令 $T(B_X)=W$. 那么集 W 是相对弱紧的凸集，故 W 是 Y 的一个有界均衡凸集. 对每个正整数 n, 定义

$$U_n=2^nW+2^{-n}B_Y=\{y_0\in Y:y_0=2^nw+2^{-n}y,\|y\|\leqslant 1,w\in W\}.$$

每个 U_n 是凸的且 $2^{-n}B_Y \subseteq U_n \subseteq (2^n \| T \| + 2^{-n})B_Y$, 那么 U_n 诱导一个 Y 上的范数 $\| \cdot \|_n$, 使得

$$(2^n \| T \| + 2^{-n})^{-1} \| y \| \leqslant \| y \|_n \leqslant 2^n \| y \|, \qquad 对每个 y \in Y.$$

我们定义 $R := \{y \in Y : ||| y ||| = (\sum_{n=1}^{\infty} \| y \|_n^2)^{\frac{1}{2}} < \infty\}$, 显然 $(R, ||| \cdot |||)$ 是 $(\sum_{n=1}^{\infty} \bigoplus (Y, \| \cdot \|_n))_2$ 的一个闭子空间, 故 R 是一个 Banach 空间. 易知可以视为 (差一个典则嵌入)$R^{**} = \{y^{**} \in Y^{**} : (\sum_{n=1}^{\infty} \| y^{**} \|_n^2)^{\frac{1}{2}} < \infty\}$, 由于 W 是相对弱紧的, $(Y^{**}, \| \cdot \|_n)$ 中的单位球是 $2^n W + 2^{-n} B_{Y^{**}}$. 那么, 对于 $y^{**} \in Y^{**} \backslash J_Y(Y)$, 我们有 $\| y^{**} \|_n \geqslant 2^n \inf\{\| y^{**} - y \| : y \in Y\}$. 这说明对每个 $y^{**} \in Y^{**} \backslash J_Y(Y)$, 级数 $\sum_{n=1}^{\infty} \| y^{**} \|_n^2$ 发散, 另一方面显然 $R^{**} \subseteq (\sum_{n=1}^{\infty} \bigoplus (Y, \| \cdot \|_n))_2$, 那么 R 是自反的. 现在我们定义 $A_1 : X \to R$ 为 $A_1 x = Tx$, 由于 $Tx \in \| x \| \cdot W$, 我们有 $\| Tx \|_n \leqslant 2^{-n}$, 于是 $Tx \in R$, 且 $\| A_1 \| \leqslant 2$. 我们又定义 $A_2 y = y$ 对 $y \in R$, 易知 $\| A_2 \| \leqslant 2 \| T \|$, 于是 $T = A_2 A_1$ 且 $\| A_1 \| \cdot \| A_2 \| \leqslant 4 \| T \|$, 命题证毕.

有了以上两个命题作基础, 我们可以得出关于弱紧算子类成为 (广义) 闭算子理想的结论了.

命题 3.2.9 (1) 弱紧算子类有乘法吸收性, 即当 $T \in WK(X, Y), U \in B(X_1, X)$, $V \in B(Y, Y_1)$ 时, $VTU \in WK(X_1, Y_1)$;

(2) 弱紧算子类有双向对偶性, 即 $T \in WK(X, Y)$ 当且仅当 $T^* \in WK(Y^*, X^*)$;

(3) 弱紧算子 $WK(X, Y)$ 是 $B(X, Y)$ 中的闭线性子空间, 特别地, 当 $X = Y$ 时, $WK(X)$ 是 $B(X)$ 中的闭算子理想.

证 (1) 只要注意到每个范数连续的线性算子也是弱连续的, 以及紧集的连续像也是紧集, 立即得到所要结论;

(2) 应用命题 3.2.8 以及基本事实: X 自反 $\Leftrightarrow X^*$ 自反 $\Leftrightarrow B_X$ 弱紧 $\Leftrightarrow X$ 的每个闭子空间自反;

(3) 只需证明 $WK(X, Y)$ 的闭性. 为此又只需证明当 $T = \sum_{n=1}^{\infty} T_n$, 其中各 $T_n \in WK(X, Y)$, 且 $\| T_n \| \leqslant 4^{-n}$ 时, $T \in WK(X, Y)$.

对每个 T_n, 让我们应用命题 3.2.8 取因子分解 $T_n = A_2^{(n)} A_1^{(n)}$ 是通过自反空间 R_n 实现的, 并且 $\| A_1^{(n)} \| \leqslant 2 \cdot 2^{-n}, \| A_2^{(n)} \| \leqslant 2 \cdot 2^{-n}$. 我们定义 $R = (\sum_{n=1}^{\infty} \bigoplus R_n)_2$ 以及 $A_1 : X \to R$, 由 $A_1(x) = (A_1^{(n)}(x))_{n=1}^{\infty}$ 确定和 $A_2 : R \to Y$ 由 $A_2((r_n)_{n=1}^{\infty}) = \sum_{n=1}^{\infty} A_2^{(n)}(r_n)$ 确定. 空间 R 是自反的, 且 $T = A_2 A_1$, 证毕.

注 3.2.10 我们在命题 3.2.8 第一次遇上了算子 $T \in B(X, Y)$ 通过某个空间 Z 有因子分解 $T = A_2 A_1$ 的现象, 这种现象不仅是有趣的, 而且是重要的. 这种现象的研究本身就是体现了空间结构与算子性质的关系, 今后我们还会遇上可通过一类空间 (理想) 作因子分解的算子类 (理想). 作为与弱紧算子通过自反空间因子分解作比照, 我们这里给出如下有趣现象: 每个紧算子可以通过 c_0 的子空间有因子分解 (命题 3.2.12).

引理 3.2.11(Grothendieck 1955) 设 K 是 Banach 空间 X 的紧子集, 则存在

$$\{x_n\}_{n=1}^{\infty} \subseteq X, \ \lim_n \| x_n \| = 0,$$

使 $K \subseteq \overline{\text{co}}(x_n)$.

由于 Grothendieck 的证明非英文, 引理的证明可见于文献 [6] 的引理 2.3.18 和文献 [20] 的定理 1.5.

命题 3.2.12 对任意 $T \in K(X,Y)$,T 因子分解通过 c_0 的子空间.

证 因 $T : X \to Y$ 是紧算子, 故 $T^* : Y^* \to X^*$ 也是紧算子, 由引理 3.2.11, 存在 $(x_n^*)_{n=1}^{\infty} \subseteq X^*$, 使

$$T^* B_{Y^*} \subseteq \overline{\text{co}}(x_n^*), \ \lim_n \| x_n^* \| = 0.$$

对任意 $x \in X, (x_n^*(x)) \in c_0$, 且

$$\begin{aligned} \| Tx \| &= \sup\{| y^*(Tx) |: \ y^* \in B_{Y^*}\} \\ &= \sup\{| T^* y^*(x) |: y^* \in B_{Y^*}\} \\ &\leqslant \sup_n | x_n^*(x) | . \end{aligned} \tag{$*$}$$

令 $Z = \overline{\text{span}}(x_n^*(x)) : x \in X) \subseteq c_0$. 定义 $W : \{(x_n^*(x)) : x \in X\} \to Y, W(x_n^*(x)) = Tx$,$W$ 是有意义的, 事实上, 若 $(x_n^*(x)) = (x_n^*(y)), x, y \in X$, 则由 $(*)$ 式知,

$$\| T(x-y) \| \leqslant \sup_n | x_n^*(x-y) | = 0,$$

故 $Tx = Ty$. 因此 W 有确定意义, 且

$$\| Tx \| = \| W(x_n^*(x)) \| \leqslant \sup_n | x_n^*(x) | \leqslant \| (x_n^*(x)) \|,$$

知 $\| W \| \leqslant 1$, 故可将 W 延拓为 $Z \to Y$ 的有界线性算子, 且令 $S : X \to c_0, S(x) = (x_n^*(x))$, 有 $Tx = W(x_n^*(x)) = WS(x)$, 故 $T = WS$, 即 T 因子分解通过 c_0 的子空间 (见图 3.2.12), 证毕.

$$\begin{array}{ccc} X & \xrightarrow{T} & Y \\ & S\searrow \ \nearrow W & \\ & Z \subseteq c_0 & \end{array}$$

图 3.2.12

严格奇异与严格余奇异算子

为后面讨论广义算子理想的方便, 也与前面弱紧算子一样, 我们在一般 $B(X,Y)$ 中讨论, 不限于 $X = Y$.

严格奇异算子的概念是由 Kato 于文献 [102] 引入的, 故也称 Kato 算子, 如在文献 [44].

定义 3.2.13 $T \in B(X,Y)$ 称为严格奇异的，如果不存在无限维 Banach 空间 X_1 和相应的同构嵌入 $i_1 : X_1 \to X$ 与 $i_2 : X_1 \to Y$ 使得 $i_2 = Ti_1$, 即如下交换图 3.2.13 实现． $B(X,Y)$ 中严格奇异算子全体记为 $S(X,Y)$.

$$\begin{array}{ccc} X & \xrightarrow{T} & Y \\ & \nwarrow i_1 & \uparrow i_2 \\ & & X_1 \end{array}$$

图 3.2.13 1

严格余奇异算子的概念是由 Pelczynski 稍后于文献 [103] 引入的，故也称 Pelczynski 算子.

定义 3.2.14 $T \in B(X,Y)$ 称为是严格余奇异的，如果不存在无限维 Banach 空间 Y_1 以及相应的两个满同态算子 $h_1 : X \to Y_1$ 和 $h_2 : Y \to Y_1$ 使得 $h_1 = h_2T$, 即如下交换图 3.2.14 实现． $B(X,Y)$ 中严格余奇异算子全体记为 $SC(X,Y)$.

$$\begin{array}{ccc} X & \xrightarrow{T} & Y \\ & \searrow h_1 & \downarrow h_2 \\ & & Y_1 \end{array}$$

图 3.2.14 1

从定义开始，直至讨论的始终，我们都会发现 $S(X,Y)$ 和 $SC(X,Y)$ 之间有着很鲜明的某种对偶性. 在进一步讨论这两类算子的性质之前，我们需要如下引理作准备.

引理 3.2.15 $T \in B(X,Y)$ 如果有性质： T 在任何有有限亏维的子空间 X_0 上的限制 $T|_{X_0}$ 都不是同构，那么对每个 $\epsilon > 0$, 存在 X 的一个无限维闭子空间 $Z \subseteq X$, 使得 $T|_Z \in K(Z,Y)$, 且 $\| T|_Z \| \leqslant \epsilon$.

引理可见于文献 [1] 的命题 2.c.4, 但那里只给出构造性证明梗概或思路，详尽的证明可见于文献 [44] 的 1.9.1 或文献 [112] 的 §4.4.5.

我们用如下命题列举严格奇异算子的特征刻画，证明留给读者.

命题 3.2.16 $T \in B(X,Y)$, 如下陈述彼此等价：

(1) T 是严格奇异的；

(2) 任给 X 的无限维子空间 M, 都含有一个无限维子空间 $N \subseteq M$, 使得 TJ_N^X 是逼近算子 (紧算子), 其中 J_N^X 表示从 N 到 X 的嵌入；

(3) 对任一 $\epsilon > 0$, 任给的 X 的无限维子空间 M, 都存在无限维子空间 $N \subseteq M$, 使得 $\| TJ_N^X \| < \epsilon$;

(4) TJ_N^X 不是 X 的任一无限维子空间 N 所确定的同构嵌入.

现在我们可以说明 $S(X,Y)$ 构成算子理想的基本条件都满足了，即有如下

命题 3.2.17 (1) 当 $T_1, T_2 \in S(X,Y)$ 时， $T_1 + T_2 \in S(X,Y)$;

(2) 严格奇异算子有 (双侧) 吸收性，即当 $T \in S(X,Y), A_1 \in B(X_1,X), B_1 \in B(Y,Y_1)$ 时， $B_1TA_1 \in S(X_1,Y_1)$;

(3) $S(X,Y)$ 是 $B(X,Y)$ 的闭线性子空间.

证 从略，可参见文献 [1] 的命题 2.c.5 等.

转到 $SC(X,Y)$ 基本性质上讨论，也有对偶性的

引理 3.2.18 $T \in B(X,Y)$ 如果有性质: 对任何 Y 的有限维子空间 $N, Q_N^Y T$ 都不是满射，那么，对任一给定的 $\epsilon > 0$, 都存在一个有无限亏维的闭子空间 $N_\epsilon \subseteq Y$, 使得 $Q_\epsilon T$ 是一个逼近 (紧) 算子，且 $\| Q_\epsilon T \| \leqslant \epsilon$. 其中 $Q_N^Y (Q_\epsilon)$ 表示 Y 到 $Y/N(Y/N_\epsilon)$ 上的满射.

证 应用引理 3.2.15 的对偶.

命题 3.2.19 $T \in B(X,Y)$, 如下陈述彼此等价:

(1) T 是严格余奇异的;

(2) 每一 Y 的无限亏维的子空间都包含在一个无限亏维的子空间 N 中，使 $Q_N^Y T$ 是逼近 (紧) 算子;

(3) 对每一无限亏维的子空间 N, $Q_N^Y T$ 不是满射.

命题 3.2.20 (1) 当 $T_1, T_2 \in SC(X,Y)$ 时， $T_1 + T_2 \in SC(X,Y)$;

(2) 严格余奇异算子有 (双侧) 吸收性，即当 $T \in SC(X,Y), A_1 \in B(X_1,X), B_1 \in B(Y,Y_1)$ 时， $B_1TA_1 \in SC(X_1,Y_1)$;

(3) $SC(X,Y)$ 是 $B(X,Y)$ 的闭线性子空间.

证 从略，可参见文献 [103] 等.

例 3.2.21 取 T_1 为 l_1 到 l_2 上的恒同映射，则可说明 $T_1 : l_1 \to l_2$ 是完全连续算子 (定义 4.1.6), 也是弱紧算子，也是严格奇异算子，但 $T_1 \notin K(l_1, l_2)$ 为显然.

例 3.2.22 取 T_2 为 l_1 到 l_2 上的满射 (由命题 1.3.5 可有此 T_2), 则 $T_2 \in WK(l_1,l_2) \backslash K(l_1,l_2), T_2 \in S(l_1,l_2) \backslash SC(l_1,l_2), T_2^* \in SC(l_2,l_\infty) \backslash S(l_2,l_\infty)$.

例 3.2.23 令 $X = l_1 \bigoplus l_2, I$ 是 l_1 到 l_1 的恒同映射， $K : l_2 \to l_2$ 由 $Ke_n = \dfrac{1}{n} e_n$(其中 e_n 为 l_2 的自然基， $n = 1, 2, \cdots$) 确定，然后定义 $T_3 = I \bigoplus K$, 则可以验证 $R(T_3)$ 非闭， $T_3 \notin S(X)$.

例 3.2.24 对每一 $x = (x_1, x_2, x_3, \cdots) \in l_2$, 定义 $T_4 x = (x_1, 0, x_3, 0, \cdots)$, 对于 $X = l_2$, $T_4 \notin S(X)$, T_4 在每个亏维有限的闭子空间上的限制都不是同构.

现在让我们回到 $S(X,Y)$ 和 $SC(X,Y)$ 的讨论. 虽然它们是互不包含的两类算子 (简单的例 3.2.22 中已说明), 但是从定义以及特征性质的刻画 (命题 3.2.16 和命题 3.2.19) 中可以看出，就某个方向的共轭性而言，二者之间有着内在的对偶性. 这一点 Pelczynski A. 等在文献 [103] 早已注意到.

命题 3.2.25 设 X, Y 是 Banach 空间，那么

(1) 当 $T^* \in S(Y^*, X^*)$ 时， $T \in SC(X, Y)$; 当 $T^* \in SC(Y^*, X^*)$ 时，$T \in S(X, Y)$;

(2) 当 $T \in S(X, Y)$ 且 X 自反时， $T^* \in SC(Y^*, X^*)$; 当 $T \in SC(X, Y) \bigcap WK(X, Y)$ 时，$T^* \in S(Y^*, X^*)$. 特别地，当 X 自反时，$T \in S(X) \Leftrightarrow T^* \in SC(X^*)$; $T \in SC(X) \Leftrightarrow T^* \in S(X^*)$.

对命题 3.2.25 所反映的现象，我们提醒读者留意与后面 §4.7 论及空间不可比性质的关于某个方向的共轭对偶性，将感受到空间结构与算子性质的一种平行对偶关系.

命题 3.2.26 当 Y 是次投影的 Banach 空间时 (见定义 1.2.28), 如果 $T^* \in S(Y^*, X^*)$, 则 $T \in S(X, Y)$; 又当 X 自反， X^* 是次投影空间时，如果 $T \in S(X, Y)$, 则 $T^* \in S(Y^*, X^*)$.

上述两个命题由于是早期结果，证明较为初等直捷，留给读者练习. 我们下面给出与命题 3.2.26 有某种对偶性的一个推广结果.

定理 3.2.27 当 X 是超投影空间， $T^* \in SC(Y^*, X^*)$ 时， $T \in SC(X, Y)$; 当 X 自反， Y^* 是超投影空间， $T \in SC(X, Y)$ 时， $T^* \in SC(Y^*, X^*)$.

证 若 $T^* \in SC(Y^*, X^*)$, 但 $T \notin SC(X, Y)$, 则根据定义，存在无限维 Banach 空间 E 及满同态 $h_1 : X \to E, h_2 : Y \to E$, 使得 $h_1 = h_2 T$.

由于 E 同构于 $X/N(h_1)$, 故 $\operatorname{codim} N(h_1) = \infty$. 根据 X 的超投影性，存在 X 的无限亏维闭子空间 M, 包含 $N(h_1)$, 并且存在 X 到 M 上的连续投影 P. 因为 $(I - P)$ 也是连续投影，且 $(I - P)^* X^* = [N(I - P)]^0 = M^0, M^0$ 同构于 $(X/M)^*$, 故 $\dim M^0 = \infty$, 从而 $(I - P)^*$ 是 X^* 到无限维 Banach 空间 M^0 上的满同态.

因为 $M \supseteq N(h_1)$, 所以 $M^0 \subseteq [N(h_1)]^0$, 并且由于 $[N(h_1)]^0 = h_1^* E^*$, 故 $M^0 \subseteq h_1^* E^*$, 从而 $(I - P)^* h_1^*$ 是 E^* 到 M^0 上的满同态.

因为 $h_1 = h_2 T$, 所以 $h_1^* = T^* h_2^*$, 从而 $h_1^* E^* = T^* h_2^* E^* \subseteq T^* Y^*$, 故

$$[(I - P)^* T^*] Y^* \supseteq (I - P)^* (T^* Y^*) \supseteq (I - P)^* (h_1^* E^*) \supseteq (I - P)^* M^0 = M^0,$$

即 $(I - P)^* T^*$ 是 Y^* 到 M^0 上的满同态，从而 $T^* \notin SC(Y^*, X^*)$ 与前提 $T^* \in SC(Y^*, X^*)$ 矛盾.

当 X 是自反， Y^* 是超投影的时， $T^{**} = J_Y \cdot T \cdot J_X^{-1}$, 其中 J_X, J_Y 分别是 X 到 X^{**}, Y 到 Y^{**} 的典则嵌入，那么，若 $T \in SC(X, Y)$, 则 $T^{**} \in SC(X^{**}, Y^{**})$, 从而 $T^* \in SC(Y^*, X^*)$. 定理证毕.

2 摄动类算子理想

需要 Banach 代数的根的概念.

定义 3.2.28　设 B 是一个有单位元的 Banach 代数，那么 B 的 Jacobson 根 $R := \{b \in B : I + ab \in G, 对一切\ a \in B\ 成立\ \}$.

根 R 有很多等价描述，可参见文献 [36] 的第 7 章中有关内容，我们要强调的基本事实是 R 至少含有 B 中的零元，且 R 中的每个元都是拟幂零元 (文献 [36] 中也称广义幂零元). 另外，当 $R = \{0\}$ 时，称 Banach 代数 B 是半单的. 对每个无限维 Banach 空间 $X, B(X)$ 都是半单的 (证明可见于文献 [36] 的 §7.3. 中的例 3 或文献 [107] 的 pp.228~229). 而对于取 $B = C(X) = B(X)/K(X)$ 时，就很复杂了，因 X 而不同，在第 6 章我们还会提到半单的情况.

定义 3.2.29　称 $T \in B(X)$ 是黎斯算子，如果在典则同态 $\pi : B(X) \to C(X) = B(X)/K(X)$ 下，$\pi(T)$ 是 Calkin 代数 $C(X)$ 中的拟幂零元，通常也称 T 是本性拟幂零算子，$B(X)$ 中黎斯算子的全体记为 $R(X)$. 由于我们在 §3.1 已经知道，算子 $A \in B(X)$ 使 $\pi(A)$ 在 $C(X)$ 中可逆当且仅当 $A \in \Phi(X)$. 于是我们也得出 $T \in R(X)$ 当且仅当对每一复数 $\lambda \neq 0, T - \lambda I \in \Phi(X)$.

黎斯算子有众多特征刻画，在第 5 章我们要专门论及. 这里只是为下面讨论算子理想的包含关系需要给出的概念.

定义 3.2.30　称 $T \in B(X)$ 是非本性算子 (也称根算子), 如果在典则同态 $\pi : B(X) \to C(X)$ 下，$\pi(T)$ 是 Calkin 代数 $C(X)$ 的根 R 中的元素. 记 $B(X)$ 中非本性算子的全体为 $J(X)$(或 $I(X)$).

由上面对根含于拟零元集的事实介绍，我们已知 $J(X) \subseteq R(X)$.

摄动类算子理想

定义 3.2.31　设 S 是 Banach 代数 B 的一个子集, 对任何 $\alpha \neq 0$, 满足 $\alpha S \subseteq S$, 所谓关于 S 的摄动类 $P(S) := \{a \in B : a + s \in S\ 对每个\ s \in S\}$.

引理 3.2.32　$P(S)$ 是 B 的线性子空间，当 S 是 B 的开子集时，$P(S)$ 是闭的.

证　容易验证，略.

引理 3.2.33　设 S_1 和 S_2 是 Banach 代数 B 的两个满足定义 3.2.31 中条件的两个子集，其中 S_1 是开集，$S_1 \subseteq S_2, S_2$ 不含 S_1 的边界点，则 $P(S_2) \subseteq P(S_1)$.

证　设 $s_1 \in S_1$ 与 $a_2 \in P(S_2)$, 则

$$\alpha a_2 + s_1 = \alpha(a_2 + \frac{1}{\alpha}s_1) \in S_2, 对一切 \alpha \neq 0.$$

又由于 S_1 是开集，$\alpha a_2 + s_1 \in S_1$, 对充分小的 $\mid \alpha \mid$. 进而得出对一切数 α, 也有 $\alpha a_2 + s_1 \in S_1$, 否则就会有某个 α_0, 使得 $\alpha_0 a_2 + s_1$ 作为 S_1 的边界点且在 S_2 中，于是 $a_2 + s_1 \in S_1$, 证毕.

现在设 B 是一个有单位元 I 的 Banach 代数，G 是 B 的可逆元群.

引理 3.2.34 如果 $GS \subseteq S$, 则 $P(S)$ 是一个左理想; 如果 $SG \subseteq S$, 则 $P(S)$ 是一个右理想.

证 设 $a \in G, b \in P(S)$, 以及 $s \in S$, 则 $ab + s = a(b + a^{-1}s) \in S$, 故 $ab \in P(S)$. 现在，注意到 B 的每个元都可以表为两个 G 中元的和，引理的第一个结论由引理 3.2.32 得到，第二个结论则同理可证.

命题 3.2.35 如果 S 是有单位元的 Banach 代数 B 的一个开子集, 且 $\alpha S \subseteq S$, 对每个 $\alpha \neq 0$, 又 $GS \subseteq S, SG \subseteq S$, 则 $P(S)$ 是一个闭、双侧理想.

命题 3.2.36 设 G 是有单位元 e 的复 Banach 代数 B 的可逆元群, 则 $P(G) = R$——B 的 Jacobson 根，从而说明 $R = P(G)$ 是 B 的闭、双侧理想.

证 设 $b \in P(G), a \in B$, 由于 $\sigma(a)$ 是有界集，可取 $\lambda \in \rho(a)$, 则 $a - \lambda e \in G, e + ab = e + (a - \lambda e)b + \lambda b = \lambda[\frac{1}{\lambda}(a - \lambda e)((a - \lambda e)^{-1} + b) + b]$, 由于 $(a - \lambda e)^{-1} \in G, b \in P(G)$, 故 $(a - \lambda e)^{-1} + b \in G$, 从而 $\frac{1}{\lambda}(a - \lambda e)[(a - \lambda e)^{-1} + b] \in G$, 再由 $b \in P(G)$ 得 $e + ab \in G$. 由 R 的定义 3.2.28, 以及 $b \in P(G)$ 与 $a \in B$ 的任意性，已证 $P(G) \subseteq R$. 反之，设 $b \in R$, 对任一 $a \in G, b + a = a(e + a^{-1}b) \in GG \subseteq G$, 故又得 $R \subseteq P(G)$. 于是证明了 $P(G) = R$. 命题 3.2.35 告诉我们它是 B 的一个闭、双侧理想.

现在，设 $G_l(G_r)$ 表示 Banach 代数 B 的左 (右) 可逆元集， $H_l(H_r)$ 则表示 B 的非左 (右) 拓扑零因子的元素集. 我们来证明如下

命题 3.2.37 $P(H_l) \subseteq P(G_l) = R, P(H_r) \subseteq P(G_r) = R$.

证 由命题 3.1.29,$G_l(G_r)$ 的边界点只能是拓扑零因子，故我们可以应用引理 3.2.33, 我们已经得到

$$P(H_l) \subseteq P(G_l) \subseteq R \text{和} P(H_r) \subseteq P(G_r) \subseteq R.$$

再证 $R \subseteq P(G_l)$: 如果 $b \in R, a \in G_l$, 则 $e + a'b \in G$, 其中 a' 表示 a 的左逆元. 现在 $(e + a'b)^{-1}a'(a + b) = e$, 这说明 $b \in P(G_l)$. 同理可证 $R \subseteq P(G_r)$, 证毕.

我们切入所需讨论的正题: 把上述结论对 B 取 $B(X)$ 和 $C(X)$ 进行诠释. 首先回顾 $B(X)$ 中的 Fredholm 算子集 (它是一个开群且满足 $\alpha\Phi(X) \subseteq \Phi(X)$, 对 $\alpha \neq 0$ 成立) $\Phi(X) = \pi^{-1}(G)$(定理 3.1.18). 其中 $\pi : B(X) \to C(X)/K(X)$ 是自然同态， G 则是 $C(X)$ 中的可逆元群. 那么，由命题 3.2.36, 我们已经得知，在 $B(X)$ 中有一个 Fredholm 算子的摄动类 $P(\Phi(X))$—— 作为 $B(X)$ 中的一个闭双侧理想，成立着

$$P(\Phi(X)) = P(\pi^{-1}(G)) = \pi^{-1}(R) = J(X).$$

换句话说，非本性算子理想 (也称根算子理想) 就是 Fredholm 算子摄动类： $J(X) = \{T \in B(X) : T + A \in \Phi(X)$, 对一切 $A \in \Phi(X)$ 成立 $\}$.

其次，如果我们记 $\Phi_l(X) := \{T \in \Phi_+(X) : R(T)$ 在 X 中可补 $\}$, 则回顾命题 3.1.19 的 (1), 我们就有 $\Phi_l(X) = \pi^{-1}(G_l)$, 其中 G_l 表示 Calkin 代数 $C(X)$ 中的左

可逆元集, 于是把命题 3.1.37 应用到这里进行诠释, 我们又得知, 在 $B(X)$ 中, 有一个值域可补的左半 Fredholm 算子摄动类理想 $P(\Phi_l(X))$, 且也有

$$P(\Phi_l(X)) = P(\pi^{-1}(G_l)) = \pi^{-1}(R) = J(X).$$

同理, 如果我们记 $\Phi_r(X) := \{T \in \Phi_-(X) : T$ 的零空间 $N(T)$ 在 X 中可补 $\}$, 则回顾命题 3.1.19 的 (2), 我们就有 $\Phi_r(X) = \pi^{-1}(G_r)$, 其中 G_r 表示 Calkin 代数 $C(X)$ 中的右可逆元集, 于是把命题 3.1.37 应用到这里进行诠释, 也得知, 在 $B(X)$ 中所谓零空间可补的右半 Fredholm 算子摄动类理想 $P(\Phi_r(X)) = P(\pi^{-1}(G_r)) = \pi^{-1}(R) = J(X)$.

综上所述三种对非本性算子理想 $J(X)$ 的刻画, 我们实际上获得了关于 $J(X)$ 的众多讯息, 可以综合为如下

命题 3.2.38　设 X 是一个复的无限维 Banach 空间, $T \in B(X)$, 则如下各陈述是等价的:

(1) $T \in J(X)$, 即 $T \in \pi^{-1}(R)$, 等价地, 对每个算子 $A \in B(X), I + AT \in \Phi(X)(I + TA \in \Phi(X))$;

(2) 对每个 $A \in \Phi(X), T + A \in \Phi(X)$;

(3) 对每个 $A \in \Phi_l(X), T + A \in \Phi_l(X)$;

(4) 对每个 $A \in \Phi_r(X), T + A \in \Phi_r(X)$;

(5) 对每个 $A \in B(X), AT \in R(X)$;

(6) 对每个 $A \in B(X), TA \in R(X)$;

(7) 对每个黎斯算子 $A \in R(X), T + A \in R(X)$.

命题的证明从略.

非常有趣的重要事实是如下:

命题 3.2.39　非本性算子 (根算子) 理想 $J(X)$ 是含在黎斯算子类中的、最大的闭 (双侧) 理想. 换句话说, 如果 L 是 $B(X)$ 中的一个理想, 只要 $L \subseteq R(X)$, 则必有 $L \subseteq J(X)$.

证　首先, 注意到 $J(X) = \pi^{-1}(R)$. 而 $C(X)$ 中的拟幂零元集包含 R(见定义 3.2.28 后面的说明), 于是相应地有 $R(X) = \pi^{-1}(\pi(R(X))) \supseteq \pi^{-1}(R) = J(X)$.

其次, 设算子理想 $L \subseteq R(X)$, 那么对每一个 $T \in L$, 对任一 $A \in B(X)$. 由于 L 是 $B(X)$ 中的理想, 就应有 $AT \in L \subseteq R(X)$, 由命题 3.2.38 中的 (5),$T \in J(X)$, 证毕.

为了说明严格奇异算子理想 $S(X) \subseteq J(X)$, 我们需要如下

引理 3.2.40(见文献 [1] 的命题 2.c.10)　设 $S \in S(X,Y), T \in \Phi_+(X,Y)$, 则 $T + S \in \Phi_+(X,Y)$ 且 $i(T+S) = i(T)$.

命题 3.2.41　$S(X) \subseteq R(X)$, 从而由命题 3.2.39,$S(X) \subseteq J(X)$.

证　设 $S \in S(X)$, 为证 $S \in R(X)$. 由定义 3.2.29, 只要证明对每一 $\lambda \neq 0, S - \lambda I \in \Phi(X)$. 注意到 $T := -\lambda I \in \Phi(X)$, 应用引理 3.2.40, 就得到 $S - \lambda I = S + T \in \Phi_+(X)$, 且进而由 $i(S - \lambda I) = i(-\lambda I) = 0$, 事实上又证明了 $S - \lambda I \in \Phi(X)$, 证毕.

注 3.2.42　$S(X) \subseteq J(X)$ 这一结果是由 Caradus S.R.(1966) 首先发现的, 其证明相当复杂, 这里借助于文献 [1] 的命题 2.c.10 为引理, 简化了证明. 当然, 本质上是一样的, 因为引理的证明并不轻松.

命题 3.2.43　如果 $T^* \in J(X^*)$, 则 $T \in J(X)$.

证　如 $T \notin J(X)$, 由命题 3.2.38, 就应有一个 $A \in \Phi(X)$, 使得 $T + A \notin \Phi(X)$, 从而 $T^* + A^* \notin \Phi(X^*)$, 但注意到 $A^* \in \Phi(X^*)$, 就与 $T^* \in J(X^*)$ 矛盾.

注 3.2.44　现在我们可以说明, 存在 Banach 空间 X, 使 $J(X) \neq S(X)$. 事实上只要取到 $T \notin S(X)$, 且 $T^* \in S(X^*)$ 的例, 就有 $T \in J(X) \backslash S(X)$. 这是由于 $T^* \in S(X^*) \subseteq J(X^*)$, 由命题 3.2.43, 就得 $T \in J(X)$.

讨论什么样的 Banach 空间 X 使 $J(X) = S(X)$ 或者 $J(X) \neq S(X)$ 是很有趣的, 典型反映空间性质与算子性质内在联系的问题. 下面的推论 3.2.46 结果见于文献 [89], 我们采用的是不同的证法.

命题 3.2.45　$T \in J(X)$, 如果 T 在某个无限维闭子空间 $Y \subseteq X$ 上的限制 $T|_Y$ 是同构, 则 TY 不含 (在 X 中) 可补的无限维闭子空间.

证　若有 $N \subseteq TY, \dim N = \infty, N$ 在 X 中可补, 就取一个 X 到 N 上的投影 P, 易知 $P = T(T|_Y)^{-1}P$, 注意到 $(T|_Y)^{-1}P \in B(X)$, 由 $T \in J(X)$ 的等价命题 3.2.38 中的 (6), 就应有 $P = T(T|_Y)^{-1}P \in R(X)$, 从而 (依定义 3.2.29),$I - P \in \Phi(X)$, 但 $R(P) = N(I - P) \supseteq N$, 故 $\dim N(I - P) \geqslant \dim N = \infty, I - P \notin \Phi(X)$, 矛盾.

推论 3.2.46　对每个次投影的 Banach 空间 X, 都有 $J(X) = S(X)$.

证　若有 $T \in J(X) \backslash S(X)$, 则存在无限维子空间 $Y, T|_Y$ 是同构, 依 X 的次投影性质, TY 含有可补的无限维子空间, 与命题 3.2.45 矛盾, 证毕.

注 3.2.47　由于已知 Hilbert 空间, 序列空间 $l_p(1 \leqslant p < \infty), c_0$, 以及函数空间 $L_p(2 \leqslant p < \infty)$,James 空间 $J_p(1 < p < \infty)$ 等都是次投影空间, 故对其中之一的空间 X, 都有 $J(X) = S(X)$. 此外对于非次投影空间 $L_p(1 \leqslant p < 2)$ 等中的 X 也有 $J(X) = S(X)$(见于文献 [108] 等).

我们要给出一类空间的例子, 说明它们都有 $J(X) \neq S(X)$.

引理 3.2.48　设 Banach 空间 X 含有一个无限维的次投影的子空间 M, P 是 X 到 M 上的一个投影算子. 又 M 与 X 的另一个子空间 N 同构, J 是由 M 到 N 上的线性同构、拓扑同胚映射, 则 $T = JP$ 是根算子的充分必要条件为: $N = JM = TM$ 是 X 的 "很不可补" 的子空间, 即 N 不含有在 X 中可补的无限维闭子空间.

证　必要性: 如果 $T = JP \in J(X)$, 因为 $T|_M = J$ 是同构映射, 由命题 3.2.45, $TM = N$ 不含在 X 中可补的无限维闭子空间.

充分性：要证 $T=JP$ 是根算子，依据 Schechter M.(见文献 [131]) 所刻划的根算子特征，只需证明对任一 Fredholm 算子 $\Phi\in B(X),\dim N(T-\Phi)<\infty$. 若不然，就有无限维闭子空间 $L\subseteq X,(T-\Phi)\mid_L=0$, 即 $T\mid_L=\Phi\mid_L$, 由于 Φ 是 Fredholm 算子， $\dim N(\Phi)<\infty,\operatorname{codim}R(\Phi)<\infty$, 即 X 分别按 Φ 的零空间和值域空间有拓扑直和分解： $X=X_1\bigoplus N(\Phi)=X_2\bigoplus Y$, 其中 $X_2=R(\Phi),\Phi\mid_{X_1}:X_1\to X_2$ 是到上的同构映射.

由 X_1 的亏维 $\dim N(\Phi)$ 有限，不妨设 $M\subseteq X_1$ 和 $L\subseteq X_1$, 即 $\Phi\mid_L$ 是同构，则 $P\mid_L$ 也是同构，而 $PL\subseteq M,M$ 是次投影空间，故存在一个 M 到 PL 的无限维闭子空间 $M_1\subseteq PL\subseteq M$ 上的投影 Q, 那么 $U=(P\mid_L)^{-1}Q(P\mid_{X_1}):X_1\to X_1$ 是一 X_1 到其一无限维闭子空间 $(P\mid_L)^{-1}M_1$ 上的投影，而 $V=\Phi U(\Phi\mid_{X_1})^{-1}:X_2\to X_2$ 是 X_2 到无限维闭子空间 $T(P\mid_L)^{-1}M_1=JP(P\mid_L)^{-1}M_1=JM_1\subseteq JM=N$ 上的一个投影，注意到 X_2 的亏维有限， $JM_1\subseteq N$ 在 X_2 中可补， X_2 在 X 中可补，故 JM_1 在 X 中可补，导出与“ N 很不可补”所设不合的矛盾. 证毕.

定理 3.2.49 如果 Banach 空间 X 含有两个彼此同构的无限维闭子空间 M 和 N, 但其投影性质迥异：

(1)M 不仅在 X 中可补，而且 M 自身是次投影的；

(2)N 不仅在 X 中不可补，而且其任一无限维闭子空间都在 X 中不可补.

则存在非平凡黎斯算子 T, 不仅 $T\in R(X)\backslash K(X)$ 且 $T\in J(X)\backslash S(X)$.

证 如引理 3.2.48 所述，已得 $T=JP\in J(X)$. 又显然 $T\mid_M=J$ 是无限维同构，故 $T\notin S(X)$.

例 3.2.50 $X=c_0\bigoplus l_\infty$ 或 $X=l_p\bigoplus l_\infty(1\leqslant p<\infty)$ 或更一般地，令 $X=Y\bigoplus l_\infty,Y$ 为任一可分无限维次投影空间，则对这种空间 X, 都有 $T\in J(X)\backslash S(X)$.

说明：取 P 为沿着 l_∞ 到 Y(或 c_0 或 l_p) 上的投影，取 J 为 Y 到 l_∞ 中的同构嵌入映射，由于 l_∞ 对所有可分空间 (甚至对可分空间的共轭空间)是“万有”的，故 J 存在；另一方面，由于 l_∞ 是不可分的素空间 (见 §1.5), 所以 JY 在 l_∞ 中是“很不可补的”. 故 $T=JP\in J(X)\backslash S(X)$.

现在我们来讨论严格余奇异算子理想 $SC(X)$ 和根算子 (即非本性算子) 理想 $J(X)$ 之间的关系，首先，为了说明有 $SC(X)\subseteq J(X)$, 我们需要如下

引理 3.2.51 设 $T\in SC(X,Y)$, 则对每一 $A\in\Phi_-(X,Y),T+A\in\Phi_-(X,Y)$, 且 $i(T+A)=i(T)$. 换句话说， $SC(X,Y)\subseteq P(\Phi_-(X,Y))$, 即严格余奇异算子理想包含在右半 Fredholm 算子的摄动类中.

证 应用引理 3.2.40 的对偶性方法，留给读者练习，或参见文献 [44] 的定理 2.6.8.

命题 3.2.52 $SC(X)\subseteq R(X)$, 进而由命题 3.2.39,$SC(X)\subseteq J(X)$.

证 证法与命题 3.2.41 类似，从略.

定理 3.2.53 对每一超投影的 Banach 空间 X, 都有 $J(X)=SC(X)$.

证 根据命题 3.2.52, 只须证 $SC(X)\supseteq J(X)$. 若不然, 即存在 $T\in J(X)$, 但 $T\notin SC(X)$. 根据定义, 存在无限维 Banach 空间 E 及满同态 $h_1:X\to E, h_2: X\to E$, 使得 $h_1=h_2T$. 因为 $E\approx X/N(h_1)$, 所以 $\mathrm{codim}N(h_1)=\infty$. 由 X 的超投影性, 存在无限亏维闭子空间 M, 包含 $N(h_1)$, 且 M 在 X 中可补. 设其补子空间为 N, 则 $X=M\bigoplus N$. 若记 E 到 $X/N(h_1)$ 的同构映射为 $i(z)=x+N(h_1)$, 其中 $z\in E, x\in X$, 且 $h_1(x)=z$, 则 ih_1 为 X 到 $X/N(h_1)$ 的自然同态.

下面, 确定 $X/N(h_1)$ 到 X 的映射 S. 对任意 $\widetilde{x}\in X/N(h_1)$, 取 $\widetilde{x}$ 中的一个代表元 $x\in X$, 则 x 有惟一分解 $x=m+n$, 其中 $m\in M, n\in N$. 令 $S(\widetilde{x})=n$. 对任意 $\widetilde{x_i}\in X/N(h_1), x_i=m_i+n_i, m_i\in M, n_i\in N, i=1,2$. 当 $\widetilde{x}_1=\widetilde{x}_2$ 时, $x_1-x_2\in N(h_1)\subseteq M$, 从而 $n_1-n_2\in M\bigcap N=\{0\}$, 即 $n_1=n_2$. 因此 S 是确定的, 且显然 S 是线性的.

下证 S 是有界的. 对任意 $\widetilde{x}\in X/N(h_1)$, 可适当选取 $x_0\in\widetilde{x}$, 使 $\|x_0\|\leqslant 2\|\widetilde{x}\|$. 事实上, 由于 $\|\widetilde{x}\|=\inf\limits_{l\in N(h_1)}\|x+l\|$, 根据下确界定义, 对于 $\epsilon=\|\widetilde{x}\|$, 存在 $l_0\in N(h_1)$, 使得 $\|x+l_0\|\leqslant\|\widetilde{x}\|+\epsilon=2\|\widetilde{x}\|$. 令 $x_0=x+l_0$, 则 $\|x_0\|\leqslant 2\|\widetilde{x}\|$. 设 x_0 依空间 $X=M\bigoplus N$ 的分解为 $x_0=m_0+n_0$, 沿着 N 到 M 上的投影为 P, 则 $\|S\widetilde{x}\|=\|n_0\|\leqslant\|(I-P)\|\cdot\|m_0+n_0\|=\|I-P\|\cdot\|x_0\|\leqslant 2\|I-P\|\cdot\|\widetilde{x}\|$, 即 $S\in B(X/N(h_1),X)$.

注意到 $T\in J(X)$, 由于 $J(X)$ 是广义算子理想 (见定义 4.1.1), 故 $Sih_2T\in J(X)$, 因此 $(I-Sih_2T)\in\Phi(X)$, 于是 $\dim N(I-Sih_2T)<\infty$. 但是, 另一方面, 对任意 $n\in N$, $Sih_2T(n)=S(n+N(h_1))=n$, 从而 $N\subseteq N(I-Sih_2T)$, 而 $\dim N=\infty$, 这就推出了 $\dim N=\infty\leqslant\dim N(I-Sih_2T)<\infty$ 的矛盾. 因此 $SC(X)\supseteq J(X)$. 定理证毕.

后面, 我们将举例说明, 对一般 (非超投影) 空间 $X, J(X)\neq SC(X)$. 作为摄动类算子理想的最后一个内容, 我们来讨论左半 (右半)Fredholm 算子的摄动类 $P(\Phi_+(X))(P(\Phi_-(X)))$. 首先, 注意到 $\Phi_+(X)(\Phi_-(X))$ 是 $B(X)$ 中的开半群 (由推论 3.1.11 、命题 3.1.16 和命题 3.1.17), 显然, 它们分别满足命题 3.2.35 的条件, 故我们确认 $P(\Phi_+(X))(P(\Phi_-(X)))$ 是 $B(X)$ 中的闭 (两侧) 理想.

其次, 我们要说明 $P(\Phi_+(X))\subseteq P(\Phi(X))=J(X)$ 以及 $P(\Phi_-(X))\subseteq P(\Phi(X))=J(X)$. 为此需要如下

引理 3.2.54 (1) $T\in\Phi_+(X)\backslash\Phi(X)$, 则 $T\notin\overline{\Phi(X)}$;

(2) $T\in\Phi_-(X)\backslash\Phi(X)$, 则 $T\notin\overline{\Phi(X)}$.

证 设 $T\in\Phi_+(X)\backslash\Phi(X)$, 则由半 Fredholm 算子的开集性质与指标稳定性质 (命题 3.1.21). 存在一个 $\epsilon>0$, 使对满足 $\|A\|<\epsilon$ 的 $A\in B(X)$, 都有 $T+A\in\Phi_+(X)\backslash\Phi(X)$. 这已表明 $T\notin\overline{\Phi(X)}$, 同理, 当 $T\in\Phi_-(X)\backslash\Phi(X)$ 时, 也有 $T\notin\overline{\Phi(X)}$.

命题 3.2.55　作为 $B(X)$ 中的闭两侧算子理想 $P(\Phi_+(X))$ 和 $P(\Phi_-(X))$ 都含于 $P(\Phi(X))=J(X)$ 中.

证　只需逐一验证, 取 $S_1\in\Phi(X), S_2\in\Phi_+(X)$ 或 $\Phi_-(X)$ 时, 满足引理 3.2.33 的条件, 证毕.

至此, 我们可以把上述已知的 $B(X)$ 中的含于黎斯算子类 $R(X)$ 的一些算子理想的包含关系综合为如下.

命题 3.2.56　设 X 是一个无限维的复 Banach 空间, 则有

$$R(X)\supseteq J(X)=P(\Phi(X))\supseteq\left\{\begin{array}{c}P(\Phi_+(X))\supseteq S(X)\\ P(\Phi_-(X))\supseteq SC(X)\end{array}\right\}\supseteq K(X)\supseteq\overline{F}(X)\supseteq F(X)$$

注 3.2.57　(1) 一般说来 $R(X)$ 不是算子理想, 在文献 [41] 已举例说明两个黎斯算子的和、积不再是黎斯算子.　G-M 成果问世后, 才知道对特殊的 Banach 空间 X, 有可能使 $R(X)$ 成为理想 (见第 6 、 7 章).

(2) 一般说来, 上述各包含关系都是严格的, 以后逐渐通过例子可以认识到. 但有一个例外: 是否对一切无限维 Banach 空间 X 都有 $S(X)=P(\Phi_+(X)), SC(X)=P(\Phi_-(X))$? 这是一个长期没有解决的遗留问题, 据笔者所知至今仍为未解决.

让我们再举例来说明上述算子理想之间的不重合的关系, 下例为文献 [89] 中所举, 它相当集中地说明了 $K(X), S(X), SC(X), J(X)$ 之间的严格包含关系, 同时也说明了即便在自反空间的情况下, 推论 3.2.46 和定理 3.2.53 的结果也未必成立, 从而说明这两个结果中, 空间的次投影性质与超投影性质条件一般是不能缺少的.

例 3.2.58　设 $X=l_q\times L_p$, 其中 $L_p:=L_p(-1,1), 1<p<q<2$, 那么 $X^*=l_{q'}\times L_{p'}$, 其中 $q'=\dfrac{q}{(q-1)}, p'=\dfrac{p}{(p-1)}$, 故 $2<q'<p'<\infty$, 且 X 自反.

由于 $1<p<q<2, l_q$ 的线性维数小于 L_p(见文献 [110]), 故存在同构算子 V_1, 将 l_q 映到 $L_p(-1,0)$ 中的子空间 N 上, 定义 $V\in B(X)$ 为 $V(x,y)=(0,V_1(x))$, 若记 L_p 到 $L_p(0,1)$ 上的一个双射为 A_1, 定义 $A\in B(X)$ 为 $A(x,y)=(0,V_1(x)\bigoplus A_1(y))$, 则

(1) $V^*\in S(X^*)\backslash K(X^*)$;

(2) $V\in SC(X)\backslash K(X)$;

(3) $V\in J(X)\backslash P(\Phi_+(X))$;

(4) $V^*\in J(X^*)\backslash P(\Phi_-(X^*))$;

(5) $V^{**}\in SC(X^{**})$, 但 $V^*\notin SC(X^*)$;

(6) $V^*\in J(X^*)\backslash SC(X^*)$.

证　(1) 若将 V 限制在无限维空间 l_q 上, 则 V 是同构, 从而 $V\notin S(X)$. 若 $V^*\in K(X^*)$, 则 $V\in K(X)$, 从而 $V\in S(X)$, 矛盾.　$V^*\in S(X^*)$ 见文献 [89] 中的例 5.6.10;

(2) 由 (1)$V^*\in S(X^*)$ 知 $V\in SC(X), V^*\notin K(X^*)$ 知 $V\notin K(X)$;

(3) 因为 $V^* \in S(X^*) \subseteq P(\Phi_+(X^*))$, 从而 $V \in P(\Phi_-(X)) \subseteq J(X)$, 但由于 $N(A)=\{0\}, R(A)\subseteq L_p$, 故 $A\in\Phi_+(X), N(A-V)=l_q$, 从而 $(A-V)\notin\Phi_+(X), V\notin P(\Phi_+(X))$;

(4) 因为 $V^*\in P(\Phi_+(X^*))\subseteq J(X^*)$, 但是 $A\in\Phi_+(X)$, $(A-V)\notin\Phi_+(X)$, 故 $A^*\in\Phi_-(X^*)$, $(A^*-V^*)\notin\Phi_-(X^*)$, 从而 $V^*\notin P(\Phi_-(X^*))$;

(5) 由 $V\notin S(X)$, 知 $V^*\notin SC(X^*)$. 由 $V^*\in S(X^*), X$ 自反, 知 $V^{**}\in SC(X^{**})=SC((X^*)^*)$(见命题 3.2.25);

(6) 由 (4) 、 (5) 即知.

§3.3 $B(X)$ 中算子理想的复杂性与惟一性

在上一节我们对一般的无限维 Banach 空间 X, 介绍了 Banach 代数 $B(X)$ 中的一批算子理想: 有限秩算子理想、逼近算子理想、紧算子理想、弱紧算子理想、严格奇异算子理想、严格余奇异算子理想, 以及摄动类算子理想 $P(\Phi_+(X)), P(\Phi_-(X))$ 和 $P(\Phi(X))$ 等, 它们是最常见、最基本的一批算子理想. 本节作为一种补充, 不作更多的展开论证, 旨在说明: 其一, 实际上与 Banach 空间结构的千差万异相应, 算子理想的种类与性质也是千奇百怪、异常丰富、异常复杂、十分有趣的, 远非上述几种算子理想所能包容, 以免发生认识误区; 其二, 人们追求一种简捷美的奋斗是没有止境的, 具体反映在算子理想探讨中, 先是 1941 年由 Calkin J.W.发现, 对可分 Hilbert 空间 $X=l_2$ 而言, $B(l_2)$ 中紧算子理想是惟一 (非平凡的闭两侧) 的算子理想, 后来 Gohberg I. 等人又在 20 世纪 60 年代证实了对 $X=l_p(1\leqslant p<\infty)$ 与 c_0, 也有这种结果. Pietsch A. 把具有惟一非零真闭算子理想的空间称为是简单空间 (simple Banach spaces). 寻求更多的, 除序列空间 $l_p(1\leqslant p<\infty)$ 与 c_0 以外的简单空间, 曾经吸引了许多数学家的注意力. 其中有一段值得一提的有趣插曲: 继 Gohberg I. 等人之后, Herman R.H. 证明了如下结果, 似乎为寻求新的简单空间开辟了新的途径.

命题 3.3.1 如果 Banach 空间 X 有完全齐性 (perfectly homogeneous) 基以及有性质 (+), 则 X 是简单空间.

定义 3.3.2 设 $\{e_n\}$ 是 Banach 空间 X 的规范 (schauder) 基, 称之为完全齐性的, 如果 $\{e_n\}$ 与其每一规范块基序列都是等价的.

定义 3.3.3 Banach 空间 X 的规范基 $\{e_n\}$ 有性质 (+), 是指由 $\{e_n\}$ 的每个规范块基张成的闭子空间都可补.

但是, 历史给数学家们开了一个玩笑, 后来 Zippin M. 证明, 具有完全齐性规范基是序列空间 $l_p(1\leqslant p<\infty)$ 或 c_0 的同构特征 (见文献 [111] 或文献 [1] 的 2.a.9).

在寻找简单空间的历程中, 空间结构与算子理想性质之间联系的研究, 实际上从来就没有中止过. 由于人们熟知, 对于一个无限维 Banach 空间 X, 逼近算子理想 $\overline{F}(X)$ 与紧算子理想 $K(X)$, 都是 $B(X)$ 中真 (闭) 理想, 而且前者是最小的真 (闭) 理想. 于是, X 是简单空间的一个必要条件就是 $\overline{F}(X)=K(X)$, 而研究满足 $\overline{F}(X)=K(X)$ 的空间 X, 在一定程度上就是等价于研究空间的逼近性质 (AP) 问题, 后者在泛函分析的历史上是长期著名的, 直至 Enflo 的反例问世 (同时也否定地解决了 $\overline{F}(X)=K(X)$ 问题) 才暂告一段落.

到了 20 世纪 80 年代, Pisier G. 提出了一个大胆的猜想: 存在一个无限维 Banach 空间 X, 使得 $B(X)=\{\lambda I+K:\lambda\in\mathbf{C},K\in K(X)\}$, 等价地, Calkin 代数 $C(X)$ 与复数域 $\mathbf{C}$ 同构.

Pisier 猜想应可视为是寻求空间 X, 使 $B(X)$ 中理想结构简捷化概念的一种外延. 这一猜想至今未解决, 但是在世纪之交, 出现了一个似乎最为接近结果. Gowers W.T. 和 Maurey B. 给出一个迄今为止, 被认为是"最为复杂"构造的空间 X_{G_1}, 并证明 $B(X_{G_1})=\{\lambda I+S:\lambda\in\mathbf{C},S\in S(X_{G_1})\}$, 难以想像, 在"最为复杂"构造的空间上, 却有"最为简单"的算子构成.

G-M 空间 X_{G_1}, 被视为是最接近 Pisier 猜想的一个结果: 如果能证明 $S(X_{G_1})=K(X_{G_1})$.

由于对于 $X=l_p(1\leqslant p<\infty)$ 或 c_0, 证明 $K(X)$ 是 $B(X)$ 中惟一非零真闭理想有多种证法. 例如, Douglas R.G. 在文献 [104] 中对 $X=l_2$ 的证明, Pietsch A. 在文献 [44] 中 (定理 5.22) 的证明, 以及 Caradus S.R. 等三人在文献 [89] 的 §5.4 的证明等. 我们这里就不再演绎, 建议读者查阅 Pietsch A. 在文献 [44] 中的较为简捷概括的证明.

下面介绍文献 [89] 中一个有趣的例子, 用以说明 $B(X)$ 中算子理想可能具有的复杂性: 存在一个空间 X,$B(X)$ 中的理想多到不可数. 这种例子在其他文献中不多见, 而其构造思想与广义算子理想的某一种思想有联系.

定义 3.3.4 设 X,Y 是 Banach 空间, 用 $m(Y,X)$ 表示 $B(X)$ 中因子分解可通过 Y 的算子的集合, 即

$$m(Y,X)=\{T\in B(X):\text{有 }Q\in B(X,Y)\text{ 与 }S\in B(Y,X)\text{ 使得 }T=SQ\}.$$

并且用 $a(Y,X)$ 表示 $m(Y,X)$ 的范数闭包.

引理 3.3.5 当 Banach 空间 Y 等可卡 (定义 1.2.22) 时, $m(Y,X)$ 是 $B(X)$ 中的 (双侧) 理想.

证 显然对任何数 $\alpha,\alpha m(Y,X)\subseteq m(Y,X)$.

设 $T_1=S_1Q_1$ 与 $T_2=S_2Q_2$ 是 $m(Y,X)$ 中元的相应分解, 定义

$W:X\to Y\times Y$, 由 $Wx=(Q_1x,Q_2x)$ 确定,

$U_1:Y\times Y\to X$, 由 $U_1(y_1,y_2)=S_1y_1$ 确定,

以及 $U_2:Y\times Y\to X$, 由 $U_2(y_1,y_2)=S_2y_2$ 确定,

现在 $T_1+T_2=(U_1+U_2)W$, 那么 $T_1+T_2\in m(Y\times Y,X)$. 由于 Y 与 $Y\times Y$ 是同构，这就蕴涵了 $T_1+T_2\in m(Y,X)$, 于是 $m(Y,X)$ 是 $B(X)$ 的子空间.

最后，设 $T\in m(Y,X)$ 与 $W\in B(X)$, 由定义 (不必用到 $Y\approx Y\times Y$) 容易看出 WT 与 TW 都在 $m(Y,X)$ 中，证毕.

如下引理将很有用.

引理 3.3.6 恒等算子 $I\in m(Y,X)$ 当且仅当存在一个 Banach 空间 Z, 使得 Y 同构于 $X\bigoplus Z$.

证 设 $I=SQ$, 其中 $S\in B(Y,X),Q\in B(X,Y)$, 那么 $P=QS\in B(Y)$ 是 (因 $P^2=P$) 一个连续线性投影. 设 $Z=N(P),M=R(P)$, 则 $Y=M\bigoplus Z$. 易知 PQ 确定了一个 X 与 M 之间的同构，故 Y 同构于 $X\bigoplus Z$.

反之，如果 $\sigma:Y\to X\bigoplus Z$ 是一个同构，定义 $Q:X\to Y$ 由 $Qx=\sigma^{-1}(x,0)$ 确定，又定义 $S:Y\to X$, 由 $S(y)=\sigma(y)\in X\bigoplus Z$ 的第一分量，则 $SQ=I$, 故 $I\in m(Y,X)$.

引理 3.3.7 设 Y 是 Banach 空间 X 的一个 (闭) 可补子空间，则对任意的空间 Z, 如下陈述等价:

(1) $m(Y,X)\subseteq a(Z,X)$;

(2) Y 同构于 Z 的一个可补子空间.

证 设 $P\in B(X)$ 是到 Y 上的一个投影，$I=I_Y$ 是 Y 上恒等算子，$J:Y\to X$ 是包含映射，易知 $P\in m(Y,X)$, 设 $\epsilon>0$, 使 $\epsilon\parallel P\parallel<1$.

先假定 $m(Y,X)\subseteq a(Z,X)$, 则存在一个 $S\in B(Z,X)$ 与 $Q\in B(X,Z)$, 使得 $\parallel P-SQ\parallel<\epsilon$. 考虑算子 $U=I-PSQJ\in B(Y)$, 由于 $I=PJ$, 我们看出 $U=PJ-PSQJ=P(P-SQ)J$, 故

$$\parallel U\parallel\leqslant\parallel P\parallel\cdot\parallel P-SQ\parallel\cdot\parallel J\parallel\leqslant\parallel P\parallel\epsilon<1.$$

因而 $PSQJ\in B(Y)$ 是可逆元, 存在 $T\in B(Y)$, 使得 $I=TPSQJ=(TPS)(QJ)$, 但是 $TPS\in B(Z,Y),QJ\in B(Y,Z)$, 这就说明 $I\in m(Z,Y)$, 由引理 3.3.6, 我们得知 Y 同构于 Z 的一个可补子空间，有如所需.

反之，(2) $\Rightarrow$ (1) 是显然的: 如 Y' 是 Z 的与 Y 同构的可补子空间, 则 $m(Y,X)=m(Y',X)\subseteq m(Z,X)\subseteq a(Z,X)$, 引理证毕.

引理 3.3.8 设 $X,Y_1,Y_2,\cdots,Y_n$ 是 Banach 空间，对每个 $j=1,\cdots,n$, $Y_j\approx Y_j\times Y_j$, 则 $m(Y_1,X)+m(Y_2,X)+\cdots+m(Y_n,X)=m(Y_1\times Y_2\times\cdots\times Y_n,X)$.

证 归纳程序使只需对 $n=2$ 证明. 由于 Y_1 与 Y_2 可视为 (同构于)$Y_1\times Y_2$ 的可补子空间，就易知

$m(Y_1,X)\subseteq m(Y_1\times Y_2,X)$ 与 $m(Y_2,X)\subseteq m(Y_1\times Y_2,X)$, 于是

$$m(Y_1,X)+m(Y_2,X)\subseteq m(Y_1\times Y_2,X).$$

反之，如果 $T=SQ\in m(Y_1\times Y_2,X)$ 是一种相应分解，且设 $Qx=(Q_1x,Q_2x)$，那么我们定义 $S_1\in B(Y_1,X)$ 与 $S_2\in B(Y_2,X)$ 为

$$S_1y=S(y,0)\text{与}S_2y=S(0,y).$$

最后，设 $T_1,T_2\in B(X)$ 是 $T_1=S_1Q_1$ 与 $T_2=S_2Q_2$，则 $T_1+T_2=T$ 且有 $T_j\in m(Y_j,X)(j=1,2)$，故 $T\in m(Y_1,X)+m(Y_2,X)$，引理证毕.

引理 3.3.9 如果 $p,q\geqslant 1,p\neq q$，则 $m(l_q,l_p)\subseteq K(l_p)$.

证 首先注意到，由于 $p\neq q,l_p$ 与 l_q 是完全不可比的 (定义 4.7.1)，由引理 3.3.6 则知算子理想 $m(l_q,l_p)\neq B(l_p)$，而 $K(l_p)$ 是 $B(l_p)$ 中最大真闭双侧算子理想，必 $m(l_q,l_p)\subseteq K(l_p)$.

现在我们可以进入正题：构造一个 Banach 空间 X，使 $B(X)$ 中的理想足够地复杂.

命题 3.3.10 存在一个 Banach 空间 X，具有如下性质：

(1) $X=l_2(P)=\{(x_p)_{p\in P}\in\Pi_{p\in P}l_p:\Sigma_{p\in P}\|x_p\|^2<\infty\}$，$P$ 为有理数集 $\mathbf{Q}$ 的子集；

(2) X 可分自反且等距同构于 X^*；

(3) 对 P 的每个有限子集 F，都可以确定一个闭双侧理想 $a(F)\subseteq B(X)$. 映射 $F\to a(F)$ 是一一的，且双向包含对应：　$F\subseteq G$ 当且仅当 $a(F)\subseteq a(G)$.

证 令 $\mathbf{N}_1=\{n\in\mathbf{N}:n=2k+1,k\in\mathbf{N}\}$，$M=\{q\in\mathbf{Q}:\dfrac{1}{p}+\dfrac{1}{q}=1,p\in\mathbf{N}_1\}$，$P=\mathbf{N}_1\bigcup M$，$X=l_2(P)$，则显然 X 是一个可分的 Banach 空间. 对每个子集 $Q\subseteq P,l_2(Q)$ 可视为是 $l_2(P)$ 的一个可补子空间. 又由于 $P=P^*=\{q\in\mathbf{Q}:\dfrac{1}{p}+\dfrac{1}{q}=1,p\in P\}$，$l_2(P)^*\cong l_2(P^*)=l_2(P)$，故 X 自反且等距同构于 X^*.

现在，对每个有限子集 $F\subseteq P$，设 $a(F)\subseteq B(X)$ 定义为 $a(F)=a(l_2(F),X)$，由于 $l_2(F)$ 是 (同构于)$l_2(P)$ 的一个可补子空间，则由引理 3.3.7，当 $F\subseteq G$ 时，易知有 $a(F)\subseteq a(G)$. 另一方面，假定 $a(F)\subseteq a(G)$，等价地，$m(l_2(F),X)\subseteq a(l_2(G),X)$，由引理 3.3.8，等价于

$$m(l_p,X)\subseteq a(l_2(G),X),\qquad \text{对每个}p\in F.$$

应用引理 3.3.7，我们得知，对 $p\in F,l_p$ 就同构于 $l_2(G)$ 的一个可补子空间，而由引理 3.3.6 这相当于 $m(l_2(G),l_p)=B(l_p)$. 但是再次由引理 3.3.8

$$m(l_2(G),l_p)=\sum_{q\in G}m(l_q,l_p).$$

现在，如果 $p\notin G$，由引理 3.3.9 立即得出 $m(l_q,l_p)\subseteq K(l_p)$ 对每个 $q\in G$，故 $B(l_p)=m(l_2(G),l_p)\subseteq K(l_p)$，这是不可能的，于是 $p\in G$ 对每个 $p\in F$ 都成立，即 $F\subseteq G$. 于是我们已经说明了 $F\subseteq G$ 当且仅当 $a(F)\subseteq a(G)$，命题证毕.

作为本章的结束，我们把经典序列空间 l_∞ 上的算子理想间的关系，归结为如下

定理 3.3.11　(1) $J(l_\infty) = S(l_\infty) = WK(l_\infty)$;

(2) $S(l_\infty) \neq K(l_\infty)$;

(3) $J(l_\infty)(= WK(l_\infty) = S(l_\infty))$ 不仅是含于黎斯算子类 $R(X)$ 中的最大算子理想，而且是 $B(l_\infty)$ 中最大的闭、非平凡的算子理想； $K(l_\infty)$ 则是 $B(l_\infty)$ 中最小的闭、非平凡的算子理想.

我们的结果说明：一方面， l_∞(虽然它不是次投影空间) 与其他经典序列空间 $l_p(1 \leqslant p < \infty), c_0$ 一样， $J(X) = S(X)$; 另一方面， l_∞ 与其他经典序列空间不同 ——$K(l_\infty)$ 不是惟一的闭、非平凡的算子理想.

定理 3.3.11 的证明见文献 [259].

第 4 章　广义算子理想和空间理想

§4.1　广义算子理想的概念与实例

泛函分析学科的基本任务，可以说是研究赋予各种拓扑的 (线性) 空间及作用于其间的各种映射 (算子), 而且空间性质与算子性质之间的互动式联系与影响，可以说是与生俱来、贯穿始终的. 所谓绝对的、纯粹的空间理论或绝对的、纯粹的算子理论，其实是不可能、不足道的. 为了深层次地沟通空间与算子之间性质的联系与影响作用，以德国 Piestch A. 为代表的一些学者，自 20 世纪 60 年代末以来，就引入了广义算子理想和 Banach 空间理想的新概念，并研究二者互为转化的方法. 1978 年初版、 1980 年再版的 Pietsch A. 的专著《算子理想》，是这方面工作的代表作. 本章就是以该书的基本思想为指导，对这种把空间结构与算子性质，进行转化认识与处理的思想和方法，作一个相对系统的初步介绍.

定义 4.1.1　设 $\mathcal{L}$ 表示 Banach 空间的集合 ,$\mathbb{L}$ 表示作用于各对 Banach 空间之间的全体有界线性算子的集合. 即 $\mathbb{L} := \{T \in B(X,Y) : X, Y \in \mathcal{L}\}$. 称 $\mathbb{L}$ 的一个子类 $\mathbb{A}$ 为广义算子理想，如果对任意两个 Banach 空间 $X, Y \in \mathcal{L}$ 所确定的一个 $\mathbb{A}$ 的分支

$$\mathbb{A}(X,Y) := \mathbb{A} \cap B(X,Y)$$

满足如下条件:

$(\mathrm{OI}_0)\mathbb{A}$ 包含了一切有限秩算子 (在文献 [44] 中，把这个条件替换为: 对每个一维的 Banach 空间 K, 恒等算子 $I_K \in \mathbb{A}$).

(OI_1) $S_1, S_2 \in \mathbb{A}(X,Y)$ 蕴涵 $S_1 + S_2 \in \mathbb{A}(X,Y)$.

(OI_2) 当 $T \in B(X_0, X), S \in \mathbb{A}(X,Y)$ 和 $R \in B(Y, Y_0)$ 时 ,$RST \in \mathbb{A}(X_0, Y_0)$.

注 4.1.2　如上定义的广义算子理想，在许多文献中称为 Pietsch 意义下的算子理想，以下在不至于混淆的情况下，仍简称为算子理想.

命题 4.1.3　(1) 若 $\mathbb{A}$ 是一个算子理想，则其每个分支 $\mathbb{A}(X,Y)$ 是一个线性空间;

(2) 对每个 Banach 空间 X, 分支 $\mathbb{A}(X) := \mathbb{A}(X,X)$ 是 $B(X)$ 中按通常意义下的算子理想.

证　(1) 由条件 (OI_1), 只需证明 $\mathbb{A}(X,Y)$ 中每个 S 与数 λ 的乘积 $\lambda S \in \mathbb{A}(X,Y)$. 事实上，注意到 $\lambda S = (\lambda I_Y)S(I_X)$, 应用条件 (OI_2) 即完成证明;

(2) 由 (1) 以及 (OI_2) 立即可知.

命题 4.1.3 的 (2) 说明广义算子理想确实是单个 Banach 代数中通常意义下算子理想概念的外延，如下命题 4.1.4 留给读者思考，它在一定程度上进一步说明这

种外延的可能性.

命题 4.1.4 如果对每一个算子代数 $B(X,X)$, 都给定了一个理想 $\mathbb{A}(X,X) \neq \{0\}$, 那么存在一个惟一的算子理想 $\mathbb{A}$ 有各分支 $\mathbb{A}(X,X)$ 的充分必要条件是如下吸收性条件成立：只要 $T \in B(Y,X), S \in \mathbb{A}(X,X), R \in B(X,Y)$, 则必 $RST \in \mathbb{A}(Y,Y)$.

下面开始举若干广义算子理想的基本例子.

有限秩算子理想 $\mathbb{F}$

命题 4.1.5 有限秩算子理想 $\mathbb{F}$ 是最小的算子理想.

证明从略，之所以重新确立本命题，是因为文献 [44] 中对广义算子理想的定义 (OI_0) 与本书不同，不能直接看出本命题结论.

逼近算子理想 $\overline{\mathbb{F}}$

这里 $S \in B(X,Y)$ 称为是逼近算子，与通常一样是指有 $S_n \in \mathbb{F}(X,Y)$, 使得 $\|S - S_n\| \to 0(n \to \infty)$.

以后我们会看到, 对每个 (广义) 算子理想 $\mathbb{A}$, 取闭包“程序 ”后仍是 (广义) 算子理想 (见命题 4.4.4) , 故不再验证 $\overline{\mathbb{F}}$ 是算子理想了.

紧算子理想 $\mathbb{K}$

这里算子 $S \in B(X,Y)$ 称为是紧的，如果闭单位球 B_X 的象 $S(B_X)$ 在 Y 中按范数拓扑列紧 (也称相对紧，致密等). 由于这里算子紧性定义与通常无异，我们对紧算子的性质已十分熟悉， $\mathbb{K}$ 是 (广义) 算子理想的验证已由命题 3.1.2 完成.

弱紧算子理想 $\mathbb{WK}$ 或 $\mathbb{W}$

这里算子 $S \in B(X,Y)$ 称为是弱紧的，如果闭单位球 B_X 的象 SB_X 在 Y 中按弱拓扑 $\sigma(Y,Y^*)$ 是相对紧集. 弱紧算子是广义算子理想的结论实际上已由命题 3.2.9 得出.

完全连续算子理想 $\mathbb{V}$

定义 4.1.6 算子 $S \in B(X,Y)$ 称为是完全连续 (completely continuous) 的，如果 S 把 X 中的每个弱收敛列 (x_n) 映射为 Y 中的范数收敛序列 (Sx_n). 完全连续算子类用 $\mathbb{V}$ 表示.

验证 $\mathbb{V}$ 是一个算子理想，主要注意到当 $T \in B(X,Y)$ 时， T 也把 X 中弱收敛列映射为 Y 中的弱收敛列这一事实，其余验证步骤是容易的，从略.

命题 4.1.7 每个完全连续算子都把弱 Cauchy 列映射为范数收敛列.

证 设 $S \in \mathbb{V}(X,Y)$, 考虑弱 Cauchy 列 $(x_n) \subseteq X$. 若 (Sx_n) 非 Y 中按范数拓扑下的 Cauchy 列，那么就有子列 (x_{n_i}) 和 (x_{m_i}) 使得 $\|Sx_{n_i} - Sx_{m_i}\| > \epsilon > 0$, 对某个 $\epsilon > 0$ 和 $i = 1, 2, \cdots$ 都成立. 但是 $\sigma(X,X^*) - \lim\limits_i (x_{n_i} - x_{m_i}) = 0$ 又蕴涵了 $\lim\limits_i \|S(x_{n_i} - x_{m_i})\| = 0$, 矛盾.

无条件收敛算子理想 $\mathbb{U}$

定义 4.1.8 算子 $S \in B(X,Y)$ 称为是无条件收敛的，如果 X 中每个弱无条件 Cauchy 级数 $\sum x_n$ 都被映射为 Y 中的范数收敛级数 $\sum Sx_n$. 无条件收敛算子类记为 $\mathbb{U}$.

注 4.1.9 $\mathbb{U}$ 是算子理想的事实为显然，要说明的是“无条件收敛”之称是出于事实： S 把弱无条件 Cauchy 级数映射为范数无条件收敛级数，即使得级数 $\sum Sx_{\pi(n)}$ 对每个 $\mathbf{N}$ 的排列 π 都范数收敛. 其中 X 中级数 $\sum x_n$ 称为是弱无条件 Cauchy 的 (简记为 wuC), 是指对每个 $f \in X^*, \sum \mid f(x_n) \mid < \infty$(即数项级数 $\sum f(x_n)$ 是无条件收敛的). 弱无条件 Cauchy 级数有众多等价的特征刻画，见引理 1.2.55. 但是我们注意到这种形式级数有不同的名称 (在文献 [1] 称为“弱无条件收敛级数”, 在文献 [44] 则称之为 “弱无条件可和序列”), 本书取文献 [21] 的 wuC, 视为较科学. 因为 $\sum x_n$ 确实可能只是形式级数根本不 (弱) 收敛，例取各 x_n 为 c_0 的自然基 e_n 时.

如下特征是在文献 [112] 的 p.270 中证明的：

命题 4.1.10 算子 $S \in \mathbb{U}(X,Y)$ 当且仅当对每一算子 $T \in B(c_0, X)$, 乘积算子 ST 都不是一个内射嵌入.

可分算子理想 $\mathbb{X}$

定义 4.1.11 算子 $S \in B(X,Y)$ 称为是可分的，如果存在 $(x_n) \subseteq X$, 使得 (Sx_n) 在算子值域 $R(S)$ 中稠，换句话说可分算子就是值域可分算子，用 $\mathbb{X}$ 表示其全体.

$\mathbb{X}$ 是算子理想的事实，只要用后面的命题 4.2.25 就得出.

严格奇异算子理想 $\mathbb{S}$

我们在上节讨论 $B(X)$ 中严格奇异算子理想时就提及它完全可以外延为广义算子理想，在更深入讨论 $\mathbb{S}$ 前，我们先把文献 [44] 的引理 1.9.1 深化为如下：

定理 4.1.12 设 $T \in B(X,Y)$, 则以下所述等价：

(1) T 为无限奇异算子，即对任一 $\epsilon > 0$, 都有一个无限维闭子空间 $M \subseteq X$, 使得 $\| T |_M \| < \epsilon$;

(2) T 在 X 上的每一个亏维有限的闭子空间上的限制都不是同构;

(3) 对任意 $\epsilon > 0$, 存在 X 的无限维闭子空间 M, 使得 $T|_M$ 是紧算子且 $\|T|_M\| \leqslant \epsilon$;

(4) 存在 X 的无限维闭子空间 M, 使得 $T|_M$ 是紧算子;

(5) 存在 X 中有界点列 $\{x_n\}_{n=1}^{\infty}$, 使得 $\{Tx_n\}_{n=1}^{\infty}$ 按范数收敛时 , $\{x_n\}_{n=1}^{\infty}$ 却无收敛子列;

(6) 或者 T 的值域非闭，或者 T 的零空间是无限维.

注 4.1.13 文献 [44] 的引理 1.9.1 只是说明定理 4.1.12 中的 (2)$\Rightarrow$(3), 我们这里则不仅说明 (2)$\Leftrightarrow$(3), 且深入揭示这种算子的众多特征.

应用定理 4.1.12, 容易证明 $\mathbb{S}$ 是广义算子理想. 事实上在前面的命题 3.2.17 实质上已经完成了这一验证工作.

由严格奇异算子的定义显然可知, 对于两个完全不可比空间 X 和 Y(定义 4.7.1) 而言, 有 $B(X,Y)=\mathbb{S}(X,Y)$. 我们提出一个逆向的思考题留给读者: 已知 $\mathbb{S}(X,Y)=B(X,Y)$, 问 X 与 Y 是否就完全不可比呢?

严格余奇异算子理想 $\mathbb{SC}$

同样由于在 §3.2 讨论单个 $B(X)$ 中严格余奇异算子理想时已经蕴涵可以外延为广义算子理想, 故这里不必赘述. 有兴趣者可以考虑: 既然从引理 3.2.15 深化到定理 4.1.12. 那么应用对偶原理, 从引理 3.2.18 似乎也有相应的深化性系列结果.

同样地, 当我们建立起两个空间 X,Y 完全余不可比 (定义 4.7.4) 的概念: 二者不存在同构的无限维的商空间 (就是说只要有空间 Z 使得 X 和 Y 分别有到 Z 上的连续线性满同态映射, 则必 $\dim Z<\infty$), 容易得知: 当 X 和 Y 完全余不可比时 ,$B(X,Y)=\mathbb{SC}(X,Y)$. 同样也可以问逆命题是否成立.

下面的例子是典型而且有趣的.

例 4.1.14 $B(c_0,l_\infty)=\mathbb{SC}(c_0,l_\infty), B(l_\infty,c_0)=\mathbb{SC}(l_\infty,c_0)$.

说明: 只要注意到 l_∞ 的每个可分商空间是自反的, 而 c_0 的每个无限维商与 c_0 的一个子空间同构故不可能自反 (c_0 不含自反的无限维子空间), 故 c_0 与 l_∞ 是完全余不可比的, 例举的两个等式就证明了. 而且非常有趣的副产品得到了 —— 取 $T=J$ 为 c_0 到 l_∞ 中的等距嵌入算子, 则得到了反例 $T\in\mathbb{SC}(c_0,l_\infty)\setminus\mathbb{S}(c_0,l_\infty)$.

最后, 作为本节的结束, 我们以一个综合性的命题来说明本节所例举的 9 种广义算子理想之间的 (包含) 关系.

命题 4.1.15 (1) 在 7 种算子理想 $\mathbb{F},\overline{\mathbb{F}},\mathbb{K},\mathbb{V},\mathbb{X},\mathbb{W}$ 和 $\mathbb{U}$ 之间有如图 4.1.15 所示关系. 其中箭头指向 “ $\to$” 相当于 “ $\subseteq$” 记号的方向 (由小到大).

(2) 图中所有的 $\to$ 号所示包含关系 (共 7 个) 都是严格的.

(3) $\mathbb{V}$ 、 $\mathbb{W}$ 和 $\mathbb{X}$ 两两之间是没有包含关系的 (不可比大小) 的.

(4) $\mathbb{S}$ 和 $\mathbb{SC}$ 分别 (严格) 包含了 $\mathbb{K}$ 、 $\mathbb{S}$ 和 $\mathbb{SC}$ 是不可比 (没有包含关系) 的, 从而又说明了 $\mathbb{K}\neq\mathbb{S}$ 与 $\mathbb{K}\neq\mathbb{SC}$.

证 包含关系 $\overline{\mathbb{F}}\subseteq\mathbb{K}$ 为众所熟知 (从 $\mathbb{F}\subseteq\mathbb{K}$, 及 $\overline{\mathbb{F}}\subseteq\overline{\mathbb{K}}=\mathbb{K}$), 而 $\overline{\mathbb{F}}\neq\mathbb{K}$ 则随着 Enflo 所举没有逼近性质的空间反例而被证实.

包含关系 $\mathbb{K}\subseteq\mathbb{W}$ 是显然的: 每个范数紧集必是弱紧的. $\mathbb{K}\neq\mathbb{W}$ 则只要取一个无限维自反的 Banach 空间 X 上的恒等算子即得出.

包含关系 $\mathbb{K}\subseteq\mathbb{V}$ 的证明是容易的: 设 $S\in\mathbb{K}(X,Y)$, 只需证明当 $(x_n)\subseteq X$ 是一个弱收敛于零的序列时, 必 (Sx_n) 在 Y 中要范数收敛于零. 否则应用 S 的紧性, 就有子列 (Sx_{n_i}) 范数收敛于某 $y\in Y$, 而 $\|Sx_{n_i}\|\geqslant\epsilon>0$ 对某一 ϵ 成立 $(i=1,2,\cdots)$. 这时候, 一方面因 (Sx_n) 是弱收敛于零, 故必 $y=0$; 另一方面 $\|y\|\geqslant\epsilon>0$, 矛盾.

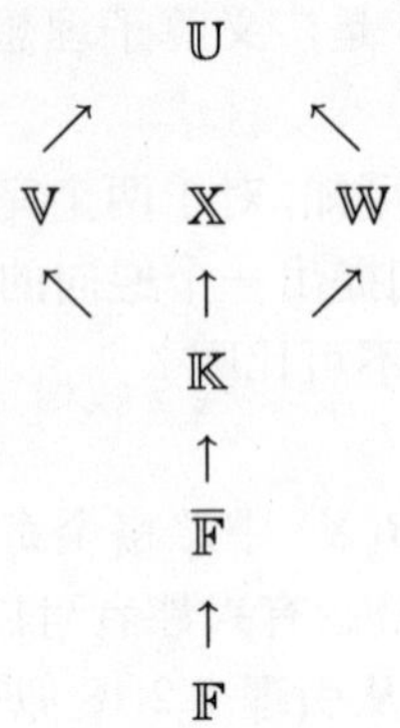

图 4.1.15

至于紧算子理想 $\mathbb{K}$ 不与完全连续算子理想 $\mathbb{V}$ 重合的例子，最容易的就是取有 Schur 性质的空间 l_1 上的恒等算子 I.

再证明弱紧算子理想 $\mathbb{W}$ 含于无条件收敛算子理想 $\mathbb{U}$ 中：设 $S \in \mathbb{W}(X,Y)$, 考虑一个弱无条件 Cauchy 级数 $\sum x_n$, 那么对每个有界数列 $(\lambda_n) \in l_\infty$, 级数 $\sum \lambda_n S x_n$ 在 Y 中都是弱收敛的，由 Orlicz-Pettis 定理 (见文献 [21] 或 [44]), $\sum S x_n$ 就应是依 Y 的范数无条件收敛的，故 $S \in \mathbb{U}(X,Y)$.

至于说明 $\mathbb{W} \neq \mathbb{U}$, 留待后面通过相应的空间理想 $\mathcal{W} \neq \mathcal{U}$(见命题 4.2.26) 来表明.

再证明完全连续算子理想 $\mathbb{V}$ 含于无条件收敛算子理想 $\mathbb{U}$ 中：设 $S \in \mathbb{V}(X,Y)$, 考虑弱无条件 Cauchy 级数 $\sum x_n$, 则 $(\sum_{n=1}^m x_n)$ 是 X 中的弱 Cauchy 列，由命题 4.1.7, $(\sum_1^m S x_n)$ 就是 Y 中的收敛序列，故 $\mathbb{V} \subseteq \mathbb{U}$.

至于说明 $\mathbb{V} \neq \mathbb{U}$, 也留待后面用命题 4.2.26 中所述空间理想 $\mathcal{V} \neq \mathcal{U}$ 来说明.

至于 $\mathbb{K} \subseteq \mathbb{X}$ 且 $\mathbb{K} \neq \mathbb{X}$ 的说明是很简单的： Banach 空间的紧子集都是可分集，故紧算子都是值域可分算子，反之显然不真.

关于 $\mathbb{V}, \mathbb{W}$ 和 $\mathbb{X}$ 两两之间没有包含关系的事实，也都移到相应空间理想讨论时从命题 4.2.26 可得到验证.

最后，还要证明 $\mathbb{S}$ 和 $\mathbb{SC}$ 之间没有包含关系：取 T 为 l_1 到 l_2 上的满射算子，则 $T \in \mathbb{S}(l_1,l_2) \setminus \mathbb{SC}(l_1,l_2)$, 又取 S 为 c_0 到 l_∞ 中的恒等嵌入映射，则 $S \in \mathbb{SC} \setminus \mathbb{S}$, 这实际上已经证明了 $\mathbb{K} \neq \mathbb{S}$ 和 $\mathbb{K} \neq \mathbb{SC}$.

§4.2 Banach 空间理想的概念与实例

定义 4.2.1 有如上一节，仍用 $\mathcal{L}$ 表示全体 Banach 空间，一个空间理想 $\mathcal{A}$ 是指满足如下性质的 $\mathcal{L}$ 的一个子类：

(SI_0) 每个一维 Banach 空间 $K \in \mathcal{A}$.

(SI_1) 由 $X_1, X_2 \in \mathcal{A}$, 蕴涵 $X_1 \times X_2 \in \mathcal{A}$.

(SI_2) 如 $X_0 \prec X$, 则 $X \in \mathcal{A}$ 就蕴涵 $X_0 \in \mathcal{A}$, 其中 $X_0 \prec X$ 表示 X_0 与 X 的一个可补子空间同构 (实际上就是 $X_0 \overset{c}{\hookrightarrow} X$, 这里沿用文献 [44] 的记号).

注 4.2.2 条件 (SI_2) 的通俗说法就是：空间理想 $\mathcal{A}$ 对可补子空间同构意义下是封闭的 (或者说遗传的). 特别地，空间理想对于同构是封闭的，即如果 $X \in \mathcal{A}$, 而 Y 与 X 同构，则必 $Y \in \mathcal{A}$.

命题 4.2.3 设 $\mathbb{A}$ 是一个广义算子理想，定义 $\mathrm{Space}(\mathbb{A}) := \{$Banach 空间 X : 恒等算子 $I_X \in \mathbb{A}\}$, 则 $\mathrm{Space}(\mathbb{A})$ 是一个空间理想.

证 (SI_0)：注意到一秩 (每个有限秩) 算子都含在任何算子理想 $\mathbb{A}$ 中，故当然对每个一维空间 K(有限维空间 F), $I_K(I_F) \in \mathbb{A}$, 故而每个一维空间 K(有限维空间 F)$\in \mathrm{Space}(\mathbb{A})$.

(SI_1)：对乘积空间 $X_1 \times X_2$, 设 P_1 为 (沿 着 X_2) 到 X_1 上的自然投影 ,P_2 为 (沿着 X_1) 到 X_2 上的自然投影 ,J_1 与 J_2 分别为 X_1 与 X_2 到 $X_1 \times X_2$ 的自然嵌入算子. 现在如果 $X_1, X_2 \in\mathrm{Space}(\mathbb{A})$, 即 $I_{X_1}, I_{X_2} \in \mathbb{A}$, 注意到 $I_{X_1 \times X_2} = J_1 I_{X_1} P_1 + J_2 I_{X_2} P_2$, 而由算子理想的吸收性 ($OI_2$), 先有 $J_1 I_{X_1} P_1 \in \mathbb{A}, J_2 I_{X_2} P_2 \in \mathbb{A}$, 再由算子理想 $\mathbb{A}$ 的可和性 (OI_1), 就又有 $I_{X_1 \times X_2} = J_1 I_{X_1} P_1 + J_2 I_{X_2} P_2 \in \mathbb{A}$, 于是由定义因 $I_{X_1 \times X_2} \in \mathbb{A}$, 也有 $X_1 \times X_2 \in \mathrm{Space}(\mathbb{A})$.

(SI_2)：设 $X \in \mathrm{Space}(\mathbb{A}), X_0 \prec X$, 要证明 $X_0 \in \mathrm{Space}(\mathbb{A})$. 首先设 $X = X_1 \bigoplus Y_1, X_0 \approx X_1, P_1$ 是 X(沿着 Y_1) 到 X_1 上的投影算子 ,J_1 是 X_1 到 X 的自然嵌入. 取 X_0 到 X_1 上的同构算子 $T: X_0 \longrightarrow X_1$, 则易知 $I_{X_0} = (T^{-1}P_1)I_X(J_1T)$. 现在由 $\mathrm{Space}(\mathbb{A})$ 的定义 ,$I_X \in \mathbb{A}$, 又由算子理想的吸收性条件 (OI_2), 就得到了 $I_{X_0} \in \mathbb{A}$, 即 $X_0 \in \mathrm{Space}(\mathbb{A})$.

已依定义 4.2.1 证明了 $\mathcal{A} =\mathrm{Space}(\mathbb{A})$ 确实是空间理想.

注 4.2.4 由空间理想的定义 4.2.1, 我们已经直接得知，有限维空间类 $\mathcal{F}$ 是 $\mathcal{L}$ 中最小的空间理想 —— 每个空间理想 $\mathcal{A} \supseteq \mathcal{F}$, 并且可以应用 $\mathcal{F} =\mathrm{Space}(\mathbb{A})$ 这种现象，定义：一个算子理想 $\mathbb{A}$ 称为是真的，如果 $\mathcal{F} =\mathrm{Space}(\mathbb{A})$. 显然，有限秩算子理想 $\mathbb{F}$, 逼近算子理想 $\overline{\mathbb{F}}$, 紧算子理想 $\mathbb{K}$, 严格奇异算子理想 $\mathbb{S}$, 严格余奇异算子理想 $\mathbb{SC}$ 等都是真算子理想. 而弱紧算子理想 $\mathbb{W}$ 则不是真算子理想：$\mathrm{Space}(\mathbb{W})$ 还包含了每个无限维的自反的 Banach 空间.

回顾一个 Banach 空间 X 称为是 (平方) 可卡 (Cartesian) 的 (定义 1.2.22), 如果 $X \times X \prec X$, 也把 $X \times X$ 同构于 X 的特殊情况称为是等可卡 (平方等可卡) 的. 例如常见的序列空间 $X = c_0, l_p(1 \leqslant p \leqslant \infty)$ 与函数空间 $X = C[a,b], L_p[a,b](1 \leqslant p \leqslant \infty)$ 都是等可卡空间 (见命题 1.2.23).

命题 4.2.5 设 X 是一个可卡的非零的 Banach 空间，记 $\mathcal{F}_X := \{M : M$ 是一个 Banach 空间，且 $M \prec X\}$, 则 $\mathcal{F}_X$ 是一个空间理想.

证明从略.

定义 4.2.6 设 $\mathcal{A}$ 是一个空间理想, 算子 $S \in B(X,Y)$ 称为是可 $\mathcal{A}$– 分解的, 如果存在分解 $S = S_2S_1$, 其中 $S_1 \in B(X,M), S_2 \in B(M,Y)$, 而 $M \in \mathcal{A}$. 所有可 $\mathcal{A}$– 分解算子的集合记为 $O_P(\mathcal{A})$.

命题 4.2.7 对每个空间理想 $\mathcal{A}, O_P(\mathcal{A})$ 是一个算子理想.

证 让我们按算子理想的定义 4.1.1 逐一验证.

(OI_0) : 由空间理想的定义, 任意一个一维子空间 $K, K \in \mathcal{A}$, 故恒等算子 I_K 当然可以通过 $K \in \mathcal{A}$ 分解, 故 $I_K \in O_P(\mathcal{A})$.

(OI_1) : 设 $S_i \in O_P(\mathcal{A}) \bigcap B(X,Y), i = 1,2$, 就分别有 $M_1 \in \mathcal{A}, T_1 \in B(X,M_1)$, $T_2 \in B(M_1,Y)$ 使得 $S_1 = T_2T_1$, 和 $M_2 \in \mathcal{A}, R_1 \in B(X,M_2), R_2 \in B(M_2,Y)$ 使得 $S_2 = R_2R_1$, 现在注意到依条件 $(SI_1), M_1 \times M_2 \in \mathcal{A}$, 我们只要证明 $S_1 + S_2$ 有因子分解通过 $M_1 \times M_2$, 为此只需验证

$$S_1 + S_2 = (T_2Q_1 + R_2Q_2)(J_1T_1 + J_2R_1),$$

其中 $J_i : M_i \longrightarrow M_1 \times M_2(i = 1,2)$ 是自然嵌入映射 ,$Q_i : M_1 \times M_2 \longrightarrow M_i(i = 1,2)$ 是自然商映射, 且 $J_1T_1 + J_2R_1 \in B(X, M_1 \times M_2), T_2Q_1 + R_2Q_2 \in B(M_1 \times M_2, Y)$, 证毕.

(OI_2) : 显然容易验证, 命题证毕.

注意到在定义 4.2.6 中, 如果空间集合 A 不是空间理想 ,$O_P(A)$ 也是有意义的: 因子分解可通过 A 中某空间的算子的全体. 当然, 在 A 不是空间理想时, 就不能保证 $O_P(A)$ 是算子理想了. 但是的确也有特别有趣的例子说明, 因子分解可通过某一个空间 M 分解的算子的全体也可能就构成算子理想. 即有如下命题:

命题 4.2.8 设 M 是一个非零的可卡的 Banach 空间, 那么算子 $S \in O_P(\mathcal{F}_M)$ 的充分必要条件是 S 的因子分解可通过 M, 即 $O_P(\mathcal{F}_M) = O_P(\{M\})$.

证 只需说明 $O_P(\mathcal{F}_M) \subseteq O_P(\{M\})$. 设 $S \in O_P(\mathcal{F}_M)$, 就应有某 $M_0 \prec M$ 使得 $S = S_2S_1, S_1 \in B(X,M_0), S_2 \in B(M_0,Y)$. 那么, 因 $M_0 \prec M$, 就可取得嵌入算子 $J : M_0 \longrightarrow M$ 和投影算子 $Q : M \longrightarrow JM_0$, 视 J 为 M_0 到 JM_0 上的同构算子, 于是 $S = S_2S_1 = S_2J^{-1}QJS_1 = (S_2J^{-1}Q)(JS_1)$ 就是一个通过 M 的因子分解, 证毕.

我们上面已看到映射 Space:$\mathbb{A} \longrightarrow \mathcal{A}$, 可以从算子理想 “制造” 出一个空间理想. 现在要深化一步地说明: 在某种意义下, 还可以说, 每个空间理想都可视为由某个算子理想通过取 Space 映射生成的. 即有如下

命题 4.2.9 设 $\mathcal{A}$ 是一个空间理想, 则 $\mathcal{A} = \mathrm{Space}[O_P(\mathcal{A})]$.

证 若 $X \in \mathcal{A}$, 则 $I_X \in \mathbb{A}_0 := O_P(\mathcal{A})$, 故又有 $X \in \mathrm{Space}(\mathbb{A}_0) = \mathrm{Space}[O_P(\mathcal{A})]$, 这就证明了 $\mathcal{A} \subseteq \mathrm{Space}[O_P(\mathcal{A})]$.

另一方面，若 $X \in \mathrm{Space}(\mathbb{A}_0)$, 则 $I_X \in \mathbb{A}_0 := O_P(\mathcal{A})$, 故应有 $I_X = QJ$, 其中 $J \in B(X, M), Q \in B(M, X)$, 且 $M \in \mathcal{A}$, 这蕴涵 $X \prec M$, 于是 $X \in \mathcal{A}$, 命题证毕.

由命题 4.2.9 自然联系到一个对称情况：从一个算子理想 $\mathbb{A}$ 出发 ,$O_P[\mathrm{Space}(\mathbb{A})]$ 与 $\mathbb{A}$ 是否也相等呢？请看如下

命题 4.2.10 设 $\mathbb{A}$ 是一个算子理想，则 $\mathbb{A} \supseteq O_P[\mathrm{Space}(\mathbb{A})]$, 当 $\mathbb{A} \neq \mathbb{F}$, 且 $\mathbb{A}$ 是真算子理想 (定义见注 4.2.4) 时，则 $\mathbb{A} \neq O_P[\mathrm{Space}(\mathbb{A})]$.

证 $\mathbb{A} \supseteq O_P[\mathrm{Space}(\mathbb{A})]$ 的事实留给读者自行验证. 对于证明 $\mathbb{A} \neq O_P[\mathrm{Space}(\mathbb{A})]$ 的情况，只要注意到当 $\mathbb{A}$ 是一个真算子理想时 $\mathrm{Space}(\mathbb{A}) = \mathcal{F}$, 从而 $O_P(\mathcal{F}) = \mathbb{F}$, 故对不与有限秩算子理想重合的 $\mathbb{A}$, 必 $\mathbb{A} \neq O_P[\mathrm{Space}(\mathbb{A})]$.

例如，取 $\mathbb{A}$ 为紧算子理想 $\mathbb{K}$, 严格奇异算子理想 $\mathbb{S}$, 严格余奇异算子理想 $\mathbb{SC}$ 等时，就都有 $\mathbb{A} \supseteq O_P[\mathrm{Space}(\mathbb{A})]$, 但 $\mathbb{A} \neq O_P[\mathrm{Space}(\mathbb{A})]$.

从命题 4.2.9 和 4.2.10 还可以得出如下结论：

命题 4.2.11 对一个给定空间理想 $\mathcal{A}$ 而言，在使 $\mathrm{Space}(\mathbb{A}) = \mathcal{A}$ 的算子理想 $\mathbb{A}$ 中，$O_P(\mathcal{A})$ 是最小的一个：即对任一满足 $\mathrm{Space}(\mathbb{A}') = \mathcal{A}$ 的算子理想 $\mathbb{A}'$, $\mathbb{A}' \supseteq O_P[\mathrm{Space}(\mathbb{A}')] = O_P(\mathcal{A})$.

问题 4.2.12(即文献 [44] 的问题 2.2.8) 对给定的一个空间理想 $\mathcal{A}$, 是否有一个最大的算子理想 $\mathbb{A}$, 使得 $\mathcal{A}$ =Space($\mathbb{A}$)?

虽然前面已经有所涉及，我们还是分类列举空间理想的实例.

有限维空间理想 $\mathcal{F}$

关于 $\mathcal{F}$, 我们已经知道，它是最小的空间理想，并用 $\mathcal{F}$ =Space($\mathbb{A}$) 来定义真算子理想. 换句话说 ,$\mathbb{A}$ 是真算子理想当且仅当对每个无限维 Banach 空间 $X, I_X \notin \mathbb{A}$. 并且我们也可以很轻松地说明：值域可分算子理想 $\mathbb{X}$(只要取一个无限维的可分空间 X), 完全连续算子理想 $\mathbb{V}$ (取 $X = l_1$), 无条件收敛算子理想 $\mathbb{U}$(也取 $X = l_1$) 等都不是真算子理想.

问题 4.2.13(文献 [44] 的问题 2.3.6) 是否有最大的真算子理想？

注意到文献 [44] 指出问题 4.2.13 是作为问题 4.2.12 的一个特殊情况，请读者自行体会.

自反空间理想 $\mathcal{W}$

命题 4.2.14 $\mathcal{W}$ =Space($\mathbb{W}$).

证 只要注意到一个 Banach 空间自反当且仅当其闭单位球弱紧.

如下结果是很深刻的，不仅在于证法，而且到目前为止，是表示空间理想与算子理想之间直接互为转化结果的一个最典型实例. 请读者比较命题 4.2.10 的结果.

命题 4.2.15 $\mathbb{W} = O_P(\mathcal{W})$, 即 $\mathbb{W} = O_P(\mathrm{Space}\mathbb{W})$.

证　由命题 4.2.10, 只需证明 $\mathbb{W} \subseteq O_P(\mathcal{W})$. 注意到我们在命题 3.2.8 已经证明了每个弱紧算子都可以通过某一自反空间因子分解，故证毕.

有 Schur 性质的 Banach 空间理想

定义 4.2.16　回忆 $\mathbb{V}$ 表示完全连续算子理想, 定义 $\mathcal{V}$:=Space($\mathbb{V}$) 称为有 Schur 性质的 Banach 空间理想.

命题 4.2.17　$\mathbb{V} \neq O_P(\mathcal{V}) = O_P(\text{Space}\mathbb{V})$.

证明将在例 4.3.8 中给出.

命题 4.2.18　对每个指标集 $I, l_1(I) \in \mathcal{V}$.

证　此由文献 [113] 的 p.283 中所证 , $l_1(I)$ 中的序列的范数收敛与弱收敛是一致的事实立即得出.

更一般地，如果 (Ω, μ) 是单点都有正测度的测度空间，则 $L_1(\Omega, \mu) \in \mathcal{V}$. 但是 $L_1[0,1] \notin \mathcal{V}$. 此由 $\{f_n(t)\} = \{\sin 2n\pi t\}$ 弱收敛于零，但不范数收敛于零可知.

有 Pelczynski 性质的 Banach 空间理想 $\mathcal{U}$

定义 4.2.19　回忆 $\mathbb{U}$ 表示无条件收敛算子理想，定义 $\mathcal{U}$:=Space($\mathbb{U}$) 称为有 Pelczynski 性质的 Banach 空间理想.

猜想 4.2.20(文献 [44] 的猜想 2.6.2)　$\mathbb{U} \neq O_P(\mathcal{U})$.

命题 4.2.21　Banach 空间 $X \in \mathcal{U}$ 当且仅当 X 不含 c_0-copy.

证　可由前面的命题 4.1.10 得出.

命题 4.2.22　对每个测度空间 $(\Omega, \mu), L_1(\Omega, \mu) \in \mathcal{U}$.

证　由于 $L_1(\Omega, \mu)$ 是弱序列完备的 (见文献 [18] 的 p.290), 故不含 c_0-copy.

注 4.2.23　回顾前面的注 1.2.59 连同命题 4.2.21, 我们就知道，有 Pelczynski 性质的空间也称 OP 型空间.

可分空间理想 $\mathcal{X}$

定义 4.2.24　记所有可分 Banach 空间的全体为 $\mathcal{X}$, 易知 $\mathcal{X}$ 是一个空间理想.

命题 4.2.25　$\mathcal{X}$ =Space($\mathbb{X}$), 其中 $\mathbb{X}$ 如前所述, 表示值域可分算子理想. 反之, 也有 $\mathbb{X} = O_P(\mathcal{X})$.

证明从略.

作为本节的结束，我们也以一个总结性的命题来说明 5 种空间理想之间的 (包含) 关系.

命题 4.2.26　由命题 4.1.15 所示 (图 4.1.15) 算子理想之间的关系，可以对应地形成如下图 4.2.26 所示的空间理想之间关系. 图中各包含关系都是严格的，而且 $\mathcal{V}, \mathcal{W}$ 和 $\mathcal{X}$ 两两之间都没有包含关系.

证　首先，显然有事实：从算子理想到空间理想的映射 Space:$\mathbb{A} \longrightarrow \mathcal{A} =$ Space($\mathbb{A}$), 是保持包含关系的, 本节所述各空间理想 $\mathcal{F}$ =Space($\mathbb{F}$), $\mathcal{V}$ =Space($\mathbb{V}$), $\mathcal{X} =$

Space($\mathbb{X}$), $\mathcal{W}$ =Space($\mathbb{W}$) 和 $\mathcal{U}$ =Space($\mathbb{U}$), 有的是从定义直接给出, 有的是从命题推出，故命题 4.1.15 所示的各包含关系直接蕴涵了图 4.2.26 箭头所示的包含关系.

$$
\begin{array}{ccccc}
 & & \mathcal{U} & & \\
 & \nearrow & & \nwarrow & \\
\mathcal{V} & & \mathcal{X} & & \mathcal{W} \\
 & \nwarrow & \uparrow & \nearrow & \\
 & & \mathcal{F} & &
\end{array}
$$

图 4.2.26

为了进而说明图 4.2.26 中各包含是严格的，而且 $\mathcal{V}$,$\mathcal{W}$ 和 $\mathcal{X}$ 之间两两不可比较，我们引用如下各例子:

(1) $L_1[0,1] \in \mathcal{U} \setminus \mathcal{V}$(前面已提及) , $L_1[0,1] \in \mathcal{U} \setminus \mathcal{W}$;

(2) 当指标集 I 的基数不可数时 , $l_1(I) \in \mathcal{V} \setminus \mathcal{X}$;

(3) 当指标集 I 的基数不可数时 , $l_2(I) \in \mathcal{W} \setminus \mathcal{X}$;

(4) $l_1 \in \mathcal{V} \setminus \mathcal{W}, l_2 \in \mathcal{W} \setminus \mathcal{V}$;

(5) $c_0 \in \mathcal{X} \setminus \mathcal{V}, c_0 \in \mathcal{X} \setminus \mathcal{W}$.

§4.3 算子理想的乘积和商

本节引入算子理想的乘积和商概念, 得到典型例子 $\mathbb{K} = \mathbb{V} \circ \mathbb{W}$ 和 $\mathbb{V} = \mathbb{K} \circ \mathbb{W}^{-1}$. 另外, 本节将说明, 对两个算子理想 $\mathbb{A}$ 和 $\mathbb{B}$, 凡使 $\mathbb{A}(X,Y) \subseteq \mathbb{B}(X,Y)$ 对任一 Banach 空间 Y 都成立的空间 X 所成的类，正好与由 $\mathbb{A}^{-1} \circ \mathbb{B}$ 生成的空间理想重合. 这个结果可用于许多特殊类型 Banach 空间的重要特征刻画.

定义 4.3.1 设 $\mathbb{A}$ 和 $\mathbb{B}$ 是算子理想, 算子 $S \in B(X,Y)$ 如果可以有分解 $S = RT$, 其中 $R \in \mathbb{A}(M,Y), T \in \mathbb{B}(X,M), M$ 则是一个适当选取的 Banach 空间，就记为 $S \in \mathbb{A} \circ \mathbb{B}$. 一般地记 $\mathbb{A}^2 = \mathbb{A} \circ \mathbb{A}$, 依此类推，就可有 $\mathbb{A}^n$ 表示算子理想 $\mathbb{A}$ 的 n 次幂.

命题 4.3.2 $\mathbb{A} \circ \mathbb{B}$ 是一个算子理想.

证 由于算子理想的条件 (OI_0) 和 (OI_2) 显然满足，只需验证 (OI_1). 现在设 $S_i \in \mathbb{A} \circ \mathbb{B}(X,Y)$, 那么就有 $S_i = R_iT_i, R_i \in \mathbb{A}(M_i,Y), T_i \in \mathbb{B}(X,M_i)(i = 1,2)$, 令 $M := M_1 \times M_2$, 以及 J_i, Q_i 如前所示分别表示 M_i 到 M 中的内射和 M 到 M_i 上的商映射，再令 $R := R_1Q_1 + R_2Q_2, T := J_1T_1 + J_2T_2$, 现在就有 $S_1 + S_2 = RT, R \in \mathbb{A}(M,Y)$ 与 $T \in \mathbb{B}(X,M)$, 故 $S_1 + S_2 \in \mathbb{A} \circ \mathbb{B}(X,Y)$.

命题 4.3.3 $\mathbb{K} = \mathbb{V} \circ \mathbb{W}$.

证 设 $S \in \mathbb{V}(Y,G)$ 与 $T \in \mathbb{W}(X,Y)$, 由于 T 是弱紧算子, 每个有界列 $(x_n) \subseteq X$, 有子列 (x_{n_i}) 使得 (Tx_{n_i}) 弱收敛于某 $y \in Y$, 注意到完全连续算子的定义, STx_{n_i} 就范数收敛于 $Sy \in G$, 故 $ST \in \mathbb{K}(X,G)$. 这已证 $\mathbb{K} \supseteq \mathbb{V} \circ \mathbb{W}$.

现在设 $S \in \mathbb{K}(X,Y)$, 考虑 $\overline{SB_X} \subseteq Y$, 作为 Y 中的一个紧子集, 由我们熟悉的 Banach 空间紧集构造定理 (引理 3.2.11), 就存在 Y 中的一个收敛于零的序列 (y_n), 使得 $S(B_X) \subseteq \overline{\text{aco}}(y_n)$(即 (y_n) 的闭绝对凸包), 令 $y_n = \lambda_n y_n^0$, 使得 $|\lambda_n| \leqslant 1, \lim\limits_n \lambda_n = 0$, 且 $\lim\limits_n y_n^0 = 0$, 令 $V_0 := \overline{\text{aco}}(y_n^0)$, 则 $Y_0 := \bigcup\{\rho V_0 : \rho > 0\}$ 是一个 Banach 空间, 带范数 $\| y \|_0 := \inf\{\rho > 0 : y \in \rho V_0\}$. 由 $S(B_X) \subseteq V_0$ 立即可知 S 诱导一个算子 $S_0 \in B(X, Y_0), S_0$ 是紧算子, 由于 $\lim\limits_n \| y_n^0 \|_0 = 0$. 并且典则映射 $J : Y_0 \to Y$ 同样是紧算子, 那么, 现在 $S = JS_0 \in \mathbb{K}^2(X,Y)$, 故 $\mathbb{K} \subseteq \mathbb{K} \circ \mathbb{K} \subseteq \mathbb{V} \circ \mathbb{W}$.

例 4.3.4 设 $Q \in B(l_1, l_2)$ 是一个满射算子, 那么命题 4.2.14 和命题 4.2.18 已说明了 $Q \in \mathbb{W} \circ \mathbb{V}$, 但显然 $Q \notin \mathbb{K}$, 故本例通过说明 $\mathbb{W} \circ \mathbb{V} \neq \mathbb{K}$ 连同命题 4.3.3 $\mathbb{V} \circ \mathbb{W} = \mathbb{K}$ 的事实说明算子理想的乘积一般是不可交换的.

定义 4.3.5 如果算子理想 $\mathbb{A} = \mathbb{A}^2$, 则称 $\mathbb{A}$ 是幂等的.

命题 4.3.6 对每个空间理想 $\mathcal{A}$, 算子理想 $O_P(\mathcal{A})$ 都是幂等的.

证 从略.

命题 4.3.7 $\mathbb{F}, \overline{\mathbb{F}}, \mathbb{K}, \mathbb{W}$ 和 $\mathbb{X}$ 都是幂等的算子理想.

证 先由 $\mathbb{F} = O_P(\mathcal{F}), \mathbb{W} = O_P(\mathcal{W})$ 和 $\mathbb{X} = O_P(\mathcal{X})$, 依命题 4.3.6 知它们都是幂等的, 此外 $\mathbb{K} = \mathbb{K}^2$ 实际上在命题 4.3.3 的证明中已蕴涵.

下面就证明 $\overline{\mathbb{F}} \subseteq \overline{\mathbb{F}}^2$. 设 $S \in \overline{\mathbb{F}}(X,Y)$, 不妨设 $\| S \| \leqslant 1$, 取 $S_1' \in \mathbb{F}, \| S - S_1' \| < \frac{\epsilon}{2}$, $\| \frac{2}{\epsilon}(S - S_1') \| < 1$, 就又可取 $S_2' \in \mathbb{F}$, 使得 $\| \frac{2}{\epsilon}(S - S_1') - S_2' \| < \frac{\epsilon}{2^2}, \cdots$, 令 $S_n = \frac{\epsilon}{2^{n-1}} S_n'$, 则可得 $S = \sum S_n, \sum \| S_n \| \leqslant K(1+\epsilon) \| S \|$($K$ 是某常数), 其中各 $S_n \in \mathbb{F} = \mathbb{F}^2$. 选取算子 $T_n \in \mathbb{F}(X, M_n)$ 与 $R_n \in \mathbb{F}(M_n, Y)$, 使得 $S_n = R_n T_n$, 且 $\|R_n\| = \|T_n\| = \|S_n\|^{\frac{1}{2}}$, 其中 M_n 是适当的 Banach 空间列. 令 $M := l_2(M_n), T := \sum_1^\infty J_n T_n$, 和 $R := \sum_1^\infty R_n Q_n$, 则 $\| T \| = \| R \| = (\sum \| S_n \|)^{\frac{1}{2}}$, 由于 $T \in \overline{\mathbb{F}}(X,M), R \in \overline{\mathbb{F}}(M,Y)$, 故 $S = RT \in \overline{\mathbb{F}}^2(X,Y)$, 这就证明了 $\overline{\mathbb{F}} \subseteq \overline{\mathbb{F}}^2$.

例 4.3.8 完全连续算子理想 $\mathbb{V}$ 不是幂等的, 从而 $\mathbb{V} \neq O_P(\mathcal{V})$.

为了说明例 4.3.8 的事实, 需要用到文献 [112] 的 p.264 与 p.267 给出的一个引理: 对每个 Banach 空间 $Y, \mathbb{V}(C[0,1],Y) = \mathbb{W}(C[0,1],Y)$.

引理的证明大致要用到如下一些有关 $C[0,1]$ 的特殊性质: $C[0,1]$ 有 Dunford-Petties 性质 (见本书第 2 章); 算子 T 弱紧当且仅当 T^* 弱紧; 当 X 有 Dunford-Petties 性质时, $\mathbb{V}(X,Y) \supseteq \mathbb{W}(X,Y)$, 以及最后证明 $\mathbb{V}(C(\Omega),Y) \subseteq \mathbb{W}(C(\Omega),Y)$ 对一切紧距离空间 Ω 都成立, 等等, 也可参见文献 [21] 的 p.113.

现在, 取 $J : C[0,1] \to L_2[0,1]$ 是典则嵌入映射, 由 $L_2[0,1]$ 自反, 故 $J \in \mathbb{W}$. 由引理 $J \in \mathbb{V}$, 如果 $\mathbb{V} = \mathbb{V}^2$, 则 $J = RT$, 其中 $T \in \mathbb{V}(C[0,1], Y)$, 且 $R \in \mathbb{V}(Y, L_2[0,1])$, 故又有 $T \in \mathbb{W}(C[0,1], Y)$. 现在由命题 4.3.3,$J = RT \in \mathbb{V} \circ \mathbb{W} = \mathbb{K}$, 矛盾.

猜想 4.3.9(文献 [44] 的猜想 3.1.9) $\mathbb{U}$ 不是幂等的算子理想.

下面我们开始讨论算子理想的商.

定义 4.3.10 设 $\mathbb{A}$ 和 $\mathbb{B}$ 是算子理想, 称一个算子 $S \in B(X,Y) \in \mathbb{A}^{-1} \circ \mathbb{B}$, 如果 $TS \in \mathbb{B}(X, Y_0)$ 对一切 $T \in \mathbb{A}(Y, Y_0)$ 成立, 其中 Y_0 是一个任意的 Banach 空间. 用类似的方法可定义两个算子理想的右商 $\mathbb{A} \circ \mathbb{B}^{-1}$.

命题 4.3.11 对任意两个算子理想 $\mathbb{A}$ 和 $\mathbb{B}$, 左商 $\mathbb{A}^{-1} \circ \mathbb{B}$ 和右商 $\mathbb{A} \circ \mathbb{B}^{-1}$ 都是算子理想.

证 从略.

下面这个结果可视为对命题 4.3.3 的加强.

命题 4.3.12 $\mathbb{V} = \mathbb{K} \circ \mathbb{W}^{-1}$.

证 包含关系 $\mathbb{V} \subseteq \mathbb{K} \circ \mathbb{W}^{-1}$ 由命题 4.3.3 直接得出, 下证 $\mathbb{V} \supseteq \mathbb{K} \circ \mathbb{W}^{-1}$. 设 $S \in \mathbb{K} \circ \mathbb{W}^{-1}(X,Y)$, 考虑任取一列弱收敛于零的 $(x_n) \subseteq X$, 我们要证 $(Sx_n) \subseteq Y$ 是范数收敛于零的. 对一切 $(\xi_n) \in l_1$, 定义 $T(\xi_n) := \sum_1^\infty \xi_n x_n$, 则 $T : l_1 \to X$, 注意到 $l_1 = c_0^*$, 故单位球 B_{l_1} 是 c_0 弱紧的, 另一方面不难验证 T^* 的值域 $R(T^*) \subseteq c_0$, 于是证得 $T \in \mathbb{W}(l_1, X)$, 故 $ST \in \mathbb{K}(l_1, Y)$. 现在易知 $(Sx_n) = (STe_n)$(其中 (e_n) 是 l_1 自然基) 是一个范数收敛于零的序列, 这就得证 $\mathbb{K} \circ \mathbb{W}^{-1} \subseteq \mathbb{V}$, 命题证毕.

命题 4.3.13 算子 $S \in \mathbb{V}^{-1} \circ \mathbb{K}(X,Y)$ 当且仅当对每一列 $(x_n) \subseteq B_X, Y$ 中的序列 (Sx_n) 有一弱 Cauchy 子列.

证 只需证明必要性. 设 $S \in \mathbb{V}^{-1} \circ \mathbb{K}(X,Y)$, 若存在 $(x_n) \subseteq B_X$ 使得 $(Sx_n) \subseteq Y$ 不含弱 Cauchy 子列, 那么由 Rosenthal 二分枝定理, 就有一个子列 (Sx_{n_i}) 与 l_1 的单位向量基序列 (e_i) 等价, 于是存在嵌入算子 $J \in B(l_1, Y)$, 使得 $(Sx_{n_i}) = (Je_i)$, 又由 Mazur 定理, 存在满射 $Q_0 \in B(l_1, l_2)$, 显然 $Q_0 \in \mathbb{V}(l_1, l_2)$, 延拓 Q_0 为 $Q \in B(Y, l_2)$ 使得 $Q_0 = QJ$, 现在 $(QSx_{n_i}) = (Q_0 e_i)$, 那么 $QS \in \mathbb{K}(X, l_2)$ 蕴涵 $Q_0 \in \mathbb{K}(l_1, l_2)$, 矛盾.

注 4.3.14 (1)$\mathbb{V}^{-1} \circ \mathbb{K}$ 也称 **Rosenthal 算子理想**.

(2) 从命题 4.3.13 中可知 c_0 上的恒等算子是 Rosenthal 算子, 故我们已经证明了 $\mathbb{W} \neq \mathbb{V}^{-1} \circ \mathbb{K}$.

命题 4.3.15 算子 $S \in \mathbb{W}^{-1} \circ \mathbb{V}(X,Y)$ 当且仅当对任一列 $X^*\text{-}\lim x_n = 0$ 和任一列 $(y_n^*) \subseteq Y^*, Y^{**}\text{-}\lim y_n^* = 0$, 都有 $\lim < Sx_n, y_n^* > = 0$.

证 设 $S \in \mathbb{W}^{-1} \circ \mathbb{V}(X,Y)$, 令 $Ty := (< y, y_n^* >)$, 则 $T \in B(Y, c_0)$, 并且由命题 4.1.7, $R(T^{**}) \subseteq c_0$, 蕴涵了 $T \in \mathbb{W}(Y, c_0)$, 故 $TS \in \mathbb{V}(X, c_0)$, 现在由 $\| TSx_n \| \to 0$, 得出 $\lim < Sx_n, y_n^* > = 0$.

反之, 设 $S \in B(X, Y)$ 满足命题中所述三个极限式条件, 假定存在 $T \in \mathbb{W}(Y, Y_0)$, 使得 $TS \notin \mathbb{V}(X, Y_0)$, 那么, 给定 $\epsilon > 0$, 我们可得到弱收敛于零的序列 (x_n), 使得 $\| TSx_n \| \geqslant \epsilon > 0$. 现在选取 $y^*_{n0} \in B_{Y_0^*}$, 使得 $< TSx_n, y^*_{n0} >=\| TSx_n \|$, 由于 $T^* \in \mathbb{W}(Y_0^*, Y^*)$, 存在子列 $(y^*_{n0_i})$ 使得 $y^*_{n_i} := T^* y^*_{n0_i}$ 是弱收敛于某个 $y^* \in Y^*$. 因此 $\lim < Sx_{n_i}, y^*_{n_i} - y^* >= 0$, 这蕴涵 $\lim < TSx_{n_i}, y^*_{n0_i} >= 0$, 矛盾.

注 4.3.16 $\mathbb{W}^{-1} \circ \mathbb{V}$ 称为是 **Dunford-Petties(简称 DP) 算子理想**.

命题 4.3.17 算子 $S \in \mathbb{X}^{-1} \circ \mathbb{W}(X, Y)$ 当且仅当 Y^* 中序列 (y_n^*) 满足 $Y\text{-}\lim y_n^* = 0$ 时蕴涵 $X^{**}\text{-}\lim S^* y_n^* = 0$.

证明留给读者, 也可参见文献 [21] 的 p.179.

注 4.3.18 $\mathbb{X}^{-1} \circ \mathbb{W}$ 也称为 **Grothendieck 算子理想**.

如下结果可以用以刻画空间的特殊类.

命题 4.3.19 设 $\mathbb{A}$ 与 $\mathbb{B}$ 是算子理想, 那么 $\mathrm{Space}(\mathbb{A}^{-1} \circ \mathbb{B}) = \{X :$ 对每个 Banach 空间 $Y, \mathbb{A}(X, Y) \subseteq \mathbb{B}(X, Y)\}$.

证 如果 $X \in \mathrm{Space}(\mathbb{A}^{-1} \circ \mathbb{B})$, 那么 $I_X \in \mathbb{A}^{-1} \circ \mathbb{B}$, 因而对每个 $S \in \mathbb{A}(X, Y)$, 就应有 $S = SI_X \in \mathbb{B}(X, Y)$; 反之是显然的.

注 4.3.20 完全可以给出一个形式对偶的命题来刻画 $\mathrm{Space}(\mathbb{A} \circ \mathbb{B}^{-1})$ 的特性, 具体表述与证明留给读者.

命题 4.3.21 Banach 空间 X 有 DP 性质当且仅当 $X \in \mathrm{Space}(\mathbb{W}^{-1} \circ \mathbb{V})$.

证明留给读者.

例 4.3.22 (1) 对任意完备的有限测度空间 $(\Omega, \mu), L_1(\Omega, \mu)$ 有 DP 性质;

(2) 对任意紧 Hausdorff 空间 $K, C(K)$ 有 DP 性质.

例 4.3.22 见前面的引理 1.2.37, 也请自行比较注 4.3.16 和前面的定义 1.2.36.

§4.4　算子理想的丰富运算程序

定义 4.4.1 如果有某种法则 (如取闭包, 取对偶等)new:$\mathbb{A} \to \mathbb{A}^{\text{new}}$, 使每个算子理想都相应地再生出一个新的算子理想 $\mathbb{A}^{\text{new}}$, 这种运算法则就称为 (再生) 程序.

经常考虑的有程序的如下两种特殊性质:

(M)(单调性): 如果 $\mathbb{A} \subseteq \mathbb{B}$ 蕴涵 $\mathbb{A}^{\text{new}} \subseteq \mathbb{B}^{\text{new}}$;

(I)(幂等性):$(\mathbb{A}^{\text{new}})^{\text{new}} = \mathbb{A}^{\text{new}}$.

一个既单调又幂等的程序 new 如果还使每个算子理想 $\mathbb{A} \subseteq \mathbb{A}^{\text{new}}$ $(\mathbb{A} \supseteq \mathbb{A}^{\text{new}})$, 就简称 new 是包程序 (核程序).

定义 4.4.2 相应于关于算子理想的一个程序 new, 通过定义

$$\mathcal{A}^{\text{new}} := \mathrm{Space}([O_P(\mathcal{A})]^{\text{new}}), \text{对每个空间理想} \mathcal{A}.$$

这样就诱导出关于空间理想的一个再生程序.

定义 4.4.3 设 $\mathbb{A}$ 是一个算子理想, 称 $S \in \mathbb{A}^{\text{clos}}(X,Y)$, 是指存在 $(S_n) \subseteq \mathbb{A}(X,Y)$, 使得 $\lim\| S - S_n \|= 0$. 有时也简记 $\mathbb{A}^{\text{clos}}$ 为 $\mathbb{A}^c$, 或 $\overline{\mathbb{A}}$.

命题 4.4.4 对每个算子理想 $\mathbb{A}$, $\mathbb{A}^{\text{clos}}$**是算子理想**.

证 略.

命题 4.4.5 程序 $\text{clos}:\mathbb{A} \to \mathbb{A}^{\text{clos}}$ 是一个包程序.

证 略.

定义 4.4.6 如果算子理想 $\mathbb{A} = \mathbb{A}^{\text{clos}}$, 则称 $\mathbb{A}$ 是闭算子理想.

例 4.4.7 (1) 算子理想 $\overline{\mathbb{F}}$ 、 $\mathbb{K}$ 、 $\mathbb{W}$ 、 $\mathbb{V}$ 、 $\mathbb{U}$ 和 $\mathbb{X}$ 等都是闭算子理想, 并且显然 $\overline{\mathbb{F}}$ 是最小的闭算子理想;

(2) 算子理想 $\mathbb{V}^{-1} \circ \mathbb{K}, \mathbb{W}^{-1} \circ \mathbb{V}$ 和 $\mathbb{X}^{-1} \circ \mathbb{W}$ 等都是闭算子理想;

(3) 算子理想 $\mathbb{S}$ 和 $\mathbb{SC}$ 都是闭算子理想.

说明: 例 4.4.7 的验证从略, 可参见文献 [44] 的 §4.2.

下面引入的算子理想的根 (radical) 运算程序, 我们似曾相识, 请读者与定义 3.2.28, 定义 3.2.30 和命题 3.2.38 等内容相联系.

定义 4.4.8 设 $\mathbb{A}$ 是一个算子理想, 其根 $\mathbb{A}^r$ 的每个分支 $\mathbb{A}^r(X,Y)$ 定义为: $\mathbb{A}^r(X,Y) = \{S \in B(X,Y)$: 对每个 $T \in B(Y,X)$, 存在一个 $R \in B(X)$ 和 $A \in \mathbb{A}(X)$, 使得 $R(I_X - TS) = I_X - A\}$.

注 4.4.9 请读者考虑, 当取定一个 Banach 空间 X, 相应确定了算子理想 $\mathbb{A}$ 的一个分支 $\mathbb{A}(X)$ 后, 在自然同态 $\pi_{\mathbb{A}} : B(X) \to C_{\mathbb{A}}(X) := B(X)/\mathbb{A}(X)$ 下, 定义 $\mathbb{A}^r(X) := \{S \in B(X)$:$\pi_{\mathbb{A}}(S)$ 是 Banach 代数 $C_{\mathbb{A}}(X)$ 的 Jacobson 根 $\}$,

那么, (1) $\mathbb{A}^r(X)$ 是 $B(X)$ 中的一个算子理想吗?

(2) $\mathbb{A}^r(X)$ 就是有如定义 4.4.8, $\mathbb{A}^r$ 在 $B(X)$ 的分支吗?

命题 4.4.10 对每个算子理想 $\mathbb{A}$,$\mathbb{A}^r$**是一个算子理想**.

证 (OI_0): 留给读者.

(OI_1): 设 $S_1, S_2 \in \mathbb{A}^r(X,Y)$, 那么, 对给定的 $T \in B(Y,X)$, 存在 $R_1 \in B(X)$ 和 $A_1 \in \mathbb{A}(X)$, 使得 $R_1(I_X - TS_1) = I_X - A_1$. 现在我们选取 $R_2 \in B(X)$ 和 $A_2 \in \mathbb{A}(X)$, 使得 $R_2(I_X - R_1TS_2) = I_X - A_2$, 那么

$$R_2R_1[I_X - T(S_1 + S_2)] = R_2[I_X - A_1 - R_1TS_2] = I_X - A_2 - R_2A_1.$$

由于 $A_2 + R_2A_1 \in \mathbb{A}(X)$, 以及 $T \in B(Y,X)$ 的任意性, 我们证明了 $S_1 + S_2 \in \mathbb{A}^r(X,Y)$.

(OI_2): 设 $T \in B(X_0,X), S \in \mathbb{A}^r(X,Y)$ 和 $R \in B(Y,Y_0)$, 对任一给定的 $L \in B(Y_0,X_0)$, 存在 $U \in B(X)$ 和 $V \in \mathbb{A}(X)$, 使得 $U(I_X - TLRS) = I_X - V$, 定义算子 $U_0 := I_{X_0} + LRSUT$ 和 $V_0 := LRSVT$, 易知 $V_0 \in \mathbb{A}(X_0,X_0)$ 且

$U_0(I_{X_0}-LRST)=I_{X_0}-LRST+LRSU(I_X-TLRS)T=I_{X_0}-LRST+LRS(I_X-V)T=I_{X_0}-LRSVT=I_{X_0}-V_0$.

故 $RST\in\mathbb{A}^r(X_0,Y_0)$, 证毕.

命题 4.4.11 算子理想的程序 $\mathbb{A}\to\mathbb{A}^r$ 是一个包程序.

证 (1) 单调性: $\mathbb{A}\subseteq\mathbb{B}$ 蕴涵 $\mathbb{A}^r\subseteq\mathbb{B}^r$ 是显然的;

(2) 包络性: 就是要证明 $\mathbb{A}^r\supseteq\mathbb{A}$ 对每个算子理想 $\mathbb{A}$ 都成立. 如果 $S\in\mathbb{A}(X,Y),T\in B(Y,X)$, 令 $U=I_X,A=TS$, 那么 $A\in\mathbb{A}(X)$ 且 $U(I_X-TS)=I_X-A$, 故 $S\in\mathbb{A}^r$;

(3) 幂等性: 设 $S\in(\mathbb{A}^r)^r(X,Y)$, 则对给定的 $T\in B(Y,X)$, 存在 $U_1\in B(X)$ 和 $A_1\in\mathbb{A}^r(X)$, 使得 $U_1(I_X-TS)=I_X-A_1$. 现在可取 $U_2\in B(X)$ 与 $A_2\in\mathbb{A}(X)$, 使得 $U_2(I_X-A_1)=I_X-A_2$, 所以

$$U_2U_1(I_X-TS)=U_2(I_X-A_1)=I_X-A_2$$

这蕴涵了 $S\in\mathbb{A}^r$, 故 $(\mathbb{A}^r)^r\subseteq\mathbb{A}^r$, 反包含在 (2) 已证, 故 $(\mathbb{A}^r)^r=\mathbb{A}^r$.

命题 4.4.12 对每一算子理想 $\mathbb{A},\mathbb{A}^r$ 总是闭算子理想.

证 设 $S\in B(X,Y)\in(\mathbb{A}^r)^c$, 则对给定的 $T\in B(Y,X)$, 存在 $S_0\in\mathbb{A}^r(X,Y)$, 使得 $\|T\|\cdot\|S-S_0\|<1$. 选取一个 $U_0\in B(X),V_0\in\mathbb{A}(X)$, 使得

$U_0(I_X-[I_X-T(S-S_0)]^{-1}TS_0)=I_X-V_0$.

令 $U:=U_0[I_X-T(S-S_0)]^{-1}$, 那么

$$\begin{aligned}U[I_X-TS]&=U_0[I_X-T(S-S_0)]^{-1}[I_X-T(S-S_0)-TS_0]\\&=U_0(I_X-[I_X-T(S-S_0)]^{-1}TS_0)\\&=I_X-V_0.\end{aligned}$$

故 $S\in\mathbb{A}^r(X,Y)$, 这就证明了 $(\mathbb{A}^r)^c\subseteq\mathbb{A}^r$.

推论 4.4.13 $\mathbb{A}^c\subseteq(\mathbb{A}^r)^c=\mathbb{A}^r$.

如下结果再度 (见命题 4.2.11 等) 说明不同的算子理想可对应相同的空间理想.

命题 4.4.14 对一个算子理想 $\mathbb{A}$, 有 Space($\mathbb{A}$) =Space($\mathbb{A}^c$) =Space($\mathbb{A}^r$).

证明留给读者.

相应于问题 4.2.12, 在文献 [44] 的 4.3.7 提出了如下猜想.

猜想 4.4.15 设 $\mathcal{A}$ 是一个空间理想, 则 $[O_P(\mathcal{A})]^r$ 是那种使 $\mathcal{A}$ =Space($\mathbb{A}$) 成立的最大的算子理想.

注 4.4.16 作为结束 $\mathbb{A}^r$ 的讨论, 我们建议读者深入考虑: 比照通常 Banach 代数 (Jacobson) 根的多种等价定义, 可以讨论 $\mathbb{A}^r$ 的更多性质或等价特征刻画. 我们将在 §4.7 中给出如下两个结果的证明:

(a) $S\in\mathbb{A}^r(X,Y)\Leftrightarrow$ 对每个 $T\in B(Y,X)$, 存在 $U\in B(X)$ 和 $A_1,A_2\in\mathbb{A}(X)$, 使得 $U(I_X-TS)=I_X-A_1$ 与 $(I_X-TS)U=I_X-A_2$.

(b) $S \in \mathbb{A}^r(X,Y) \Leftrightarrow$ 对每个 $T \in B(Y,X)$, 存在 $V \in B(Y)$ 和 $A_1, A_2 \in \mathbb{A}(Y)$, 使得 $V(I_Y - ST) = I_Y - A_1$ 与 $(I_Y - ST)V = I_Y - A_2$.

联系到在 §3.2, 我们曾经在 [摄动类算子理想] 的小节中讨论过 $B(X)$ 中的非本性算子理想 (即 Fredholm 算子的摄动类), 记取在那里我们也给过根算子理想的等价称谓, 那么自然提出问题: 把这种在 $B(X)$ 中的根算子理想, 推广定义为广义算子理想. 是否恰好就是这里取紧算子理想 $\mathbb{A} = \mathbb{K}$(或者其他某一类算子理想 $\mathbb{A}$) 的根 $\mathbb{A}^r$ 呢? 确实的, 我们在后面的 §4.7(见定理 4.7.18) 还要专门讨论非本性 (广义) 算子理想 $\mathbb{K}^r = \mathbb{F}^r = \overline{\mathbb{F}}^r = \mathbb{I}$.

下面来讨论算子理想的另一种运算程序 —— 对偶 dual:$\mathbb{A} \to \mathbb{A}^{\text{dual}}$.

定义 4.4.17 设 $\mathbb{A}$ 是一个算子理想, 算子 $S \in B(X,Y)$ 属于 $\mathbb{A}$ 的对偶算子理想 $\mathbb{A}^{\text{dual}}$ 是指 $S^* \in \mathbb{A}(Y^*, X^*)$. 即 $\mathbb{A}^{\text{dual}}(X,Y) = \{S \in B(X,Y) : S^* \in \mathbb{A}(Y^*, X^*)\}$.

命题 4.4.18 对每个算子理想 $\mathbb{A}$, $\mathbb{A}^{\text{dual}}$**是算子理想**.

证 略.

命题 4.4.19 运算 dual:$\mathbb{A} \to \mathbb{A}^{\text{dual}}$ 是一个单调程序, 即当 $\mathbb{A} \subseteq \mathbb{B}$, 则 $\mathbb{A}^{\text{dual}} \subseteq \mathbb{B}^{\text{dual}}$.

证 略.

命题 4.4.20 设 $\mathcal{A}$ 是一个空间理想, 则 $\mathcal{A}^{\text{dual}}$:=Space($[O_P(\mathcal{A})]^{\text{dual}}$) 恰好由那些 $X^* \in \mathcal{A}$ 的 Banach 空间组成: $\mathcal{A}^{\text{dual}} = \{X : X^* \in \mathcal{A}\}$.

证 由定义, $X \in \mathcal{A}^{\text{dual}}$ 当且仅当 $I_X \in [O_P(\mathcal{A})]^{\text{dual}}$, 当且仅当 $I_{X^*} = QJ$, 其中 $J \in B(X^*, M), Q \in B(M, X^*)$, 且 $M \in \mathcal{A}$. 而这时 $I_{X^*} = QJ$ 当且仅当 X^* 同构于 M 的一个可补子空间, 故 $X^* \in \mathcal{A}$. 反之, $X^* \in \mathcal{A}$, 则 $X \in \mathcal{A}^{\text{dual}}$ 显然成立, 证毕.

定义 4.4.21 算子理想 $\mathbb{A}$ 称为是对称的, 如果 $\mathbb{A} \subseteq \mathbb{A}^{\text{dual}}$. 称 $\mathbb{A}$ 是全对称的, 如果 $\mathbb{A} = \mathbb{A}^{\text{dual}}$. 类似的定义也可用于空间理想.

命题 4.4.22 对每个 (全) 对称算子理想 $\mathbb{A}$, 空间理想 Space($\mathbb{A}$) 也是 (全) 对称的.

证明从略.

例 4.4.23 算子理想 $\mathbb{F}$,$\overline{\mathbb{F}}$,$\mathbb{K}$ 和 $\mathbb{W}$ 是全对称的.

证明可参见文献 [44].

上面我们讨论了由算子理想再生新算子理想的 3 种程序 $\mathbb{A} \to$ 闭包 $\mathbb{A}^{\text{clos}}$, 根 $\mathbb{A}^r$ 和对偶 $\mathbb{A}^{\text{dual}}$. 下面还要讨论两种重要的程序 $\mathbb{A} \to$ 内射包 $\mathbb{A}^{\text{inj}}$ 和满射包 $\mathbb{A}^{\text{sur}}$.

需要回顾一下 l_∞ 所具有的延拓性质, 或等价地, l_∞ 是一个最小的内射空间 (见前面的 §1.5). 在那里我们曾经提到过如下基本事实: 每个 Banach 空间 X, 都等距同构于 $l_\infty(B_{X^*})$ 的一个子空间. 事实上, 取映射 $J_X^\infty : X \to l_\infty(B_{X^*}), J_X^\infty(x) := (< x, f >)_{f \in B_{X^*}}$, 对每个 $x \in X$, 则 J_X^∞ 就实现了 X 到 $l_\infty(B_{X^*})$ 的等距嵌入. 今后为

简便起见, 就简记 $l_\infty(B_{X^*})$ 为 X^{inj}. 对偶地, 对任一 Banach 空间 X, 我们今后简记 $X^{\text{sur}} := l_1(B_X)$, 并且记号 Q_X^1 是指对每个 $(\xi_x) \in l_1(B_X)$, 由 $Q_X^1(\xi_x) := \sum_{x\in B_X} \xi_x x$ 确定的从 X^{sur} 到 X 上的满射.

定义 4.4.24 设 $\mathbb{A}$ 是一个算子理想, 算子 $S \in B(X,Y)$ 属于其内射包 $\mathbb{A}^{\text{inj}}$, 是指 $J_Y^\infty S \in \mathbb{A}(X, Y^{\text{inj}})$.

注 4.4.25 设 $\mathcal{F}_\infty$ 表示有延拓性质 (或等价地, 有内射性质) 的 Banach 空间全体, 那么 $\mathbb{F}_\infty := O_P(\mathcal{F}_\infty)$ 就是可通过某个 Banach 空间 $l_\infty(I)$ 分解的算子的全体所组成的算子理想. 并且还有 $\mathbb{A}^{\text{inj}} = (\mathbb{F}_\infty)^{-1} \circ \mathbb{A}$.

命题 4.4.26 对每个算子理想 $\mathbb{A}$,$\mathbb{A}^{\text{inj}}$**是一个算子理想**.

证 条件 (OI_0) 和 (OI_1) 是显然满足的. 为说明 (OI_2), 设 $T \in B(X_0, X), S \in \mathbb{A}^{\text{inj}}(X,Y)$ 与 $R \in B(Y, Y_0)$. 由于 Y_0^{inj} 有延拓性质, 存在一个 $R^{\text{inj}} \in B(Y^{\text{inj}}, Y_0^{\text{inj}})$, 实现如下交换图 4.4.26. 故 $J_{Y_0}^\infty(RST) = R^{\text{inj}}(J_Y^\infty S)T \in \mathbb{A}$, 这就证明了 $RST \in \mathbb{A}^{\text{inj}}(X_0, Y_0)$.

$$
\begin{array}{ccccc}
X & \xrightarrow{S} & Y & \xrightarrow{J_Y^\infty} & Y^{\text{inj}} \\
{\scriptstyle T}\uparrow & & \downarrow{\scriptstyle R} & & \downarrow{\scriptstyle R^{\text{inj}}} \\
X_0 & \xrightarrow{RST} & Y_0 & \xrightarrow{J_{Y_0}^\infty} & Y_0^{\text{inj}}
\end{array}
$$

图 4.4.26

为了说明程序 inj:$\mathbb{A} \to \mathbb{A}^{\text{inj}}$ 是一个包程序, 还需要如下引理.

引理 4.4.27 当 Y 有延拓性质时, 总有 $\mathbb{A}^{\text{inj}}(X,Y) = \mathbb{A}(X,Y)$.

证 由假设, 存在一个 $T \in B(Y^{\text{inj}}, Y)$, 使得 $TJ_Y^\infty = I_Y$. 故对每个 $S \in \mathbb{A}^{\text{inj}}(X,Y)$, 就有 $S = I_Y S = T(J_Y^\infty S) \in \mathbb{A}(X,Y)$. 这就证明了 $\mathbb{A}^{\text{inj}}(X,Y) \subseteq \mathbb{A}(X,Y)$. 反向包含关系则是显然的, 证毕.

命题 4.4.28 程序 inj:$\mathbb{A} \to \mathbb{A}^{\text{inj}}$ 是一个包程序.

证 单调性和包络性显然, 只需证明幂等性: 设 $S \in B(X,Y) \bigcap (\mathbb{A}^{\text{inj}})^{\text{inj}}$, 则 $J_Y^\infty S \in \mathbb{A}^{\text{inj}}(X, Y^{\text{inj}})$. 应用引理 4.4.27 就得 $J_Y^\infty S \in \mathbb{A}(X, Y^{\text{inj}})$, 故 $S \in \mathbb{A}^{\text{inj}}(X,Y)$, 这就证明了 $(\mathbb{A}^{\text{inj}})^{\text{inj}} \subseteq \mathbb{A}^{\text{inj}}$, 反向包含关系是显然的, 证毕.

下面我们也把程序 inj 搬到空间理想上.

命题 4.4.29 设 $\mathcal{A}$ 是一个空间理想, 那么 $\mathcal{A}^{\text{inj}}$ 恰好是由那些同构于 $\mathcal{A}$ 的某个空间的子空间的 Banach 空间的全体构成的.

证 回顾定义 $\mathcal{A}^{\text{inj}}$:=Space$(O_P(\mathcal{A})^{\text{inj}})$, 那么 $X \in \mathcal{A}^{\text{inj}}$ 当且仅当 $J_X^\infty \in O_P(\mathcal{A})$. 这意味着存在一个算子分解 $J_X^\infty = QJ$, 其中 $J \in B(X,M), Q \in B(M, X^{\text{inj}})$, 且 $M \in \mathcal{A}$. 于是 J 必是一个内射, 故 X 同构于 M 的一个子空间.

反向逆推的证明从略.

命题 4.4.30 (1) 设 $\mathcal{A}$ 是空间理想，则 $[O_P(\mathcal{A})]^{\text{inj}} = O_P(\mathcal{A}^{\text{inj}})$;

(2) 设 $\mathbb{A}$ 是一个算子理想，则 $[\text{Space}(\mathbb{A})]^{\text{inj}} \subseteq \text{Space}(\mathbb{A}^{\text{inj}})$, 取 $\mathbb{A}$ 为严格余奇异算子理想 $\mathbb{SC}$ 时，等号不成立.

命题 4.4.30 的验证从略，详见文献 [44] 的命题 4.6.6 和 4.6.7.

定义 4.4.31 算子理想 $\mathbb{A}$ 称为是内射的，如果 $\mathbb{A} = \mathbb{A}^{\text{inj}}$. 类似地也定义内射空间理想.

下面是内射算子理想的一个重要特性，它说明对内射算子理想 $\mathbb{A}$ 而言，$S \in B(X,Y)$ 是否属于 $\mathbb{A}$, 并不依赖于值域空间的选取尺度.

命题 4.4.32 算子理想 $\mathbb{A}$ 是内射算子理想当且仅当对每个内射算子 $J \in B(Y_0, Y)$ 和算子 $S_0 \in B(X, Y_0)$, 只要 $JS_0 \in \mathbb{A}(X,Y)$ 就蕴涵 $S_0 \in \mathbb{A}(X, Y_0)$.

证 必要性 设 $S_0 \in B(X,Y_0), JS_0 \in \mathbb{A}(X,Y)$. 由于 Y_0^{inj} 有延拓性质，存在一个 $T \in B(Y, Y_0^{\text{inj}})$, 使得 $J_{Y_0}^{\infty} = TJ$, 因而由 $J_{Y_0}^{\infty} S_0 = T(JS_0) \in \mathbb{A}(X, Y_0^{\text{inj}})$ 可得 $S_0 \in \mathbb{A}^{\text{inj}}(X, Y_0) = \mathbb{A}(X, Y_0)$.

充分性 假设给定条件满足，如果 $S_0 \in \mathbb{A}^{\text{inj}}(X, Y_0)$, 那么 $J_{Y_0}^{\infty} S_0 \in \mathbb{A}(X, Y_0^{\text{inj}})$, 其中 $J_{Y_0}^{\infty}$ 是一个内射，那么 $S_0 \in \mathbb{A}(X, Y_0)$, 故 $\mathbb{A} = \mathbb{A}^{\text{inj}}$, 证毕.

下面这个性质是非常优美的，说明算子理想与空间理想之间在互相自然转换时，内射性是可以传递的.

命题 4.4.33 (1) 如果 $\mathbb{A}$ 是内射算子理想, 则 Space($\mathbb{A}$) 也是内射的空间理想;

(2) 如果 $\mathcal{A}$ 是内射空间理想，则 $O_P(\mathcal{A})$ 也是内射的算子理想.

证 (1) 由命题 4.4.30 的 (2) 可知， $[\text{Space}(\mathbb{A})]^{\text{inj}} \subseteq \text{Space}(\mathbb{A}^{\text{inj}}) = \text{Space}(\mathbb{A})$;

(2) 由命题 4.4.30 的 (1) 立即得证.

例 4.4.34 (1) $\mathbb{F}$ 、 $\mathbb{K}$ 、 $\mathbb{W}$ 、 $\mathbb{V}$ 、 $\mathbb{U}$ 和 $\mathbb{X}$ 都是内射算子理想;

(2) $\overline{\mathbb{F}}$ 不是内射算子理想;

(3) 严格奇异算子理想 $\mathbb{S}$ 是最大的真内射算子理想.

说明：(1) 和 (2) 的验证见文献 [44] 的 4.6.12 和 4.6.13 等. 由于 $\mathbb{S}$ 的重要性，我们对 (3) 给予验证. $\mathbb{S}$ 的内射性是显然的. 设 $S \in \mathbb{A}(X,Y)$ 对某一个真内射算子理想 $\mathbb{A}$, 如果 SJ_M^X 是内射，由命题 4.4.32, $SJ_M^X I_M \in \mathbb{A}$ 就得出 $I_M \in \mathbb{A}$, 则必 M 为有限维，故 $S \in \mathbb{S}$, 这已证明 $\mathbb{A} \subseteq \mathbb{S}$.

问题 4.4.35(文献 [44] 的问题 4.6.15) 对任一给定的内射空间理想 $\mathcal{A}$, 是否存在一个最大的内射算子理想 $\mathbb{A}$, 使得 $\mathcal{A} = \text{Space}(\mathbb{A})$?

下面来讨论与内射程序有着某种对偶的满射程序 sur:$\mathbb{A} \to \mathbb{A}^{\text{sur}}$.

定义 4.4.36 设 $\mathbb{A}$ 是一个算子理想，算子 $S \in B(X,Y)$ 属于其满射包 $\mathbb{A}^{\text{sur}}$, 如果 $SQ_X^1 \in \mathbb{A}(X^{\text{sur}}, Y)$. 其中 Q_X^1 和 X^{sur} 的指意在定义 4.4.24 前已作交代.

说明：(1) 易知对每个 Banach 空间 X, Q_X^1 都是 X^{sur} 到 X 上的满射，因而，比之于我们在 §1.3 所熟知的 Mazur 定理：每个可分 Banach 空间都是 l_1 的一个商空间, 现在我们可以推广为: 每个 Banach 空间都是某个有提升性质的 Banach 空间 (即 X^{sur}) 的一个商空间;

(2) 与延拓性质对偶: 也有类似的一些结论. 例如, 一个 Banach 空间有提升性质, 当且仅当它同构于某个 $l_1(I)$; $l_1(I)$ 的每个可补子空间都同构于某个 $l_1(I_0)$;

(3) 设 $\mathcal{F}_1$ 表示有提升性质的 Banach 空间的全体, 那么 $\mathbb{F}_1 := O_P(\mathcal{F}_1)$ 是可以通过某空间 $l_1(I)$ 分解的算子全体构成的理想, 并且我们有 $\mathbb{A}^{\text{sur}} = \mathbb{A} \circ (\mathbb{F}_1)^{-1}$.

下面的系列结果反映了程序 sur 和 inj 的有趣的对偶性, 不作证明.

命题 4.4.37　对每个算子理想 $\mathbb{A}$,$\mathbb{A}^{\text{sur}}$ **是算子理想**.

引理 4.4.38　当 X 有提升性质时, 总有 $\mathbb{A}^{\text{sur}}(X,Y) = \mathbb{A}(X,Y)$.

命题 4.4.39　程序 sur:$\mathbb{A} \to \mathbb{A}^{\text{sur}}$ 是一个包程序.

命题 4.4.40　设 $\mathcal{A}$ 是一个空间理想, 那么 $\mathcal{A}^{\text{sur}}$ 恰好是由那些同构于某 $M \in \mathcal{A}$ 的商空间的 Banach 空间构成.

命题 4.4.41　(1) 设 $\mathcal{A}$ 是空间理想, 则 $[O_P(\mathcal{A})]^{\text{sur}} = O_P(\mathcal{A}^{\text{sur}})$;

(2) 设 $\mathbb{A}$ 是一个算子理想, 则 $[\text{Space}(\mathbb{A})]^{\text{sur}} \subseteq \text{Space}(\mathbb{A}^{\text{sur}})$, 取 $\mathbb{A}$ 为严格奇异算子理想 $\mathbb{S}$ 时, 等号不成立.

定义 4.4.42　算子理想 $\mathbb{A}$ 称为是满射的, 如果 $\mathbb{A} = \mathbb{A}^{\text{sur}}$. 类似地也定义满射空间理想.

下面是满射算子理想的一个重要特性, 它说明对满射算子理想而言, $S \in B(X, Y)$ 是否属于 $\mathbb{A}$, 并不依赖于 (出发) 定义域空间的选取尺度.

命题 4.4.43　算子理想 $\mathbb{A}$ 是满射算子理想当且仅当对每个满射 $Q \in B(X, X_0)$ 和每个算子 $S_0 \in B(X_0, Y)$, 由 $S_0 Q \in \mathbb{A}(X, Y)$ 就蕴涵 $S_0 \in \mathbb{A}(X_0, Y)$.

下面这一性质是很优美的, 说明算子理想与空间理想之间在互相自然转换时, 满射性是可以传递的.

命题 4.4.44　(1) 如果 $\mathbb{A}$ 是满射算子理想, 则 Space($\mathbb{A}$) 也是满射的空间理想;

(2) 如果 $\mathcal{A}$ 是满射空间理想, 则 $O_P(\mathcal{A})$ 也是满射的算子理想.

例 4.4.45　(1) $\mathbb{F}$,$\mathbb{K}$,$\mathbb{W}$ 和 $\mathbb{X}$ 都是满射算子理想;

(2) $\overline{\mathbb{F}}$,$\mathbb{S}$ 和 $\mathbb{V}$ 都不是满射的算子理想;

(3) 严格余奇异算子理想 $\mathbb{SC}$ 是最大的真满射算子理想;

(4) 由于对每个 Banach 空间 X, X^{sur} 有逼近性质, 可得知 $(\overline{\mathbb{F}})^{\text{sur}} = \mathbb{K}$.

注 4.4.46　本例的逐一验证并不轻松, 有的要涉及更多知识, 这里从略. 请参阅文献 [44] 的 4.7.13 及其后评注.

问题 4.4.47　对任一给定的满射空间理想 $\mathcal{A}$, 是否存在一个最大的满射算子理想 $\mathbb{A}$, 使得 $\mathcal{A}$ =Space($\mathbb{A}$)?

作为本节的结束, 我们给出内射性与满射性对偶的某些结果, 详细推证见文献 [44] 的 4.7.16 ~ 4.7.20.

命题 4.4.48　设 $\mathbb{A}$ 是一个算子理想, 则 $(\mathbb{A}^{\text{dual}})^{\text{sur}} = (\mathbb{A}^{\text{inj}})^{\text{dual}}; (\mathbb{A}^{\text{dual}})^{\text{inj}} \subseteq (\mathbb{A}^{\text{sur}})^{\text{dual}}$, $\mathbb{A}$ 取为 $\mathbb{V}$ 时, 后一包含是严格的.

命题 4.4.49　(1) 当 $\mathbb{A}$ 是内射算子理想时, 其对偶算子理想是满射的, 即 $\mathbb{A}^{\text{dual}} = (\mathbb{A}^{\text{dual}})^{\text{sur}}$;

(2) 当 $\mathbb{A}$ 是满射算子理想时, 其对偶算子理想是内射的;

(3) 由 (1) 与 (2) 蕴涵, 对一个完全对称的算子理想而言, 其内射性与满射性是等价的;

(4) 对每个算子理想 $\mathbb{A}$, $(\mathbb{A}^{\text{inj}})^{\text{sur}} = (\mathbb{A}^{\text{sur}})^{\text{inj}}$;

(5) $\mathbb{S}^{\text{sur}} = (\mathbb{SC})^{\text{inj}} = \mathbb{V}^{-1} \circ \mathbb{K}$.

§4.5　(𝔸, 𝔹) 型算子理想

本节可以视为前两节所论算子理想运算程序的进一步延伸: 专论一种近年来引入的 $(\mathbb{A}, \mathbb{B})$ 型算子理想. 其背景大体为: 20 世纪 80 年代由 Astala K. 等较为系统地总结了 Banach 空间中有界集的非紧性测度讨论, 并开始推广到对给定的算子理想 $\mathbb{A}$, 测定这个有界集的所谓 $\mathbb{A}$ 差分 ($\mathbb{A}$ – variation).1991 年, Gonzalez M. 和 Martinon A. 等人建立起 $(\mathbb{A}, \mathbb{B})$ 型算子理想的概念, 所谓算子 $T \in (\mathbb{A}, \mathbb{B})(X, Y)$ 就是指 T 把 (关于 $\mathbb{A}$) 零差分的有界序列, 映射为 Y 中的 (关于 $\mathbb{B}$) 零差分序列者 (当时也因而称算子理想 $(\mathbb{A}, \mathbb{B})$ 为 “由序列确定的算子理想”). 通过 $(\mathbb{A}, \mathbb{B})$ 型算子理想的讨论, 可以深入了解一批人们熟悉的算子理想与空间结构的联系, 其遗留的一些待探讨的问题引人入胜, 其中一个重要应用例子, 就是把著名的 Banach 空间无限维可分商问题等价转换化 $(\mathbb{A}, \mathbb{B})$ 型算子理想的一个问题.

首先, 我们对内射与满射算子做一些定量描述, 以备今后讨论方便之需.

定义 4.5.1　设 $T \in B(X, Y)$, 其内射模 $j(T) :=\sup\{\tau \geqslant 0 : \| Tx \| \geqslant \tau \| x \|$, 对一切 $x \in X\}$. 那么, 我们知道 T 是内射 (单射且值域闭) 的充分必要条件是 $j(T) > 0$, 进而在 $j(T) = \| T \| = 1$ 时, 我们也就简称 T 为等距内射 (即对一切 $x \in X, \| Tx \| = \| x \|$).

引理 4.5.2　$T \in B(X, Y)$, 则如下各陈述等价:

(1) T 是内射的;

(2) $j(T) > 0$;

(3) T 有分解 $T = JT_0$, 其中 T_0 是 X 与 $R(T)$ 的一个同构, J 是 $R(T)$ 到 Y 中的嵌入.

定义 4.5.3　设 $T \in B(X, Y)$, 定义其满射模 $q(T) :=\sup\{\tau \geqslant 0 : TB_X \supseteq \tau B_Y\}$.

引理 4.5.4　$T \in B(X, Y)$, 那么:

(1) T 是满射，当且仅当 $q(T)>0$，当且仅当 T 可分解为 $T=T_0Q$，其中 Q 是 X 到 $X_0:=X/\ker(T)$ 上的商映射，T_0 是 X_0 到 Y 上的同构；

(2) $q(T)=\sup\{\tau\geqslant 0:\overline{TB_X}\supseteq\tau B_Y\}$；

(3) T 是等距满射 (定义为 $\|T\|=q(T)=1$)，当且仅当 T 把 X 的开单位球射满为 Y 的开单位球，当且仅当诱导算子 $\hat{T}:X/\ker(T)\to Y$ 是到上的等距同构.

命题 4.5.5(对称原理) $q(T^*)=j(T), j(T^*)=q(T)$.

推论 4.5.6 (1) T 是 (等距) 内射当且仅当 T^* 是 (等距) 满射；

(2) T 是 (等距) 满射当且仅当 T^* 是 (等距) 内射.

推论 4.5.7 若 M 是 X 的闭子空间，则 M^* 与 X^*/M^0 等距同构，M^0 与 $(X/M)^*$ 等距同构.

命题 4.5.8(摄动原理) $T,S\in B(X,Y)$，则 $j(T+S)\leqslant j(T)+\|S\|$ 且 $q(T+S)\leqslant q(T)+\|S\|$.

现在我们引入空间中一个有界集关于算子理想 $\mathbb{A}$ 的差分的概念.

定义 4.5.9 设 D 是 Banach 空间 X 中的一个有界集，D 关于算子理想 $\mathbb{A}$ 的差分定义为

$h_{\mathbb{A}}(D):=\inf\{\epsilon>0:$ 存在 Banach 空间 Z 和算子 $K\in\mathbb{A}(Z,X)$，使得 $D\subseteq KB_Z+\epsilon B_X\}$.

命题 4.5.10 设 $\mathbb{A}$ 是算子理想，C,D 是空间 X 中的有界集，则

(1) $h_{\mathbb{A}^\wedge}(D)=h_{\mathbb{A}}(D)$，其中 $\mathbb{A}^\wedge$ 表示包含 $\mathbb{A}$ 的最小闭、满射算子理想；

(2) $h_{\mathbb{A}}(D)=0$ 的充分必要条件是存在空间 Z 与算子 $K\in\mathbb{A}^\wedge(Z,X)$，使 $D\subseteq KB_Z$；

(3) $h_{\mathbb{A}}(\lambda D)=|\lambda|h_{\mathbb{A}}(D)$，对任意数 λ；

(4) $h_{\mathbb{A}}(C+D)\leqslant h_{\mathbb{A}}(C)+h_{\mathbb{A}}(D)$；

(5) 当 $C\subseteq D$ 时，$h_{\mathbb{A}}(C)\leqslant h_{\mathbb{A}}(D)$；

(6) $h_{\mathbb{A}}(\overline{\text{aco}}D)=h_{\mathbb{A}}(D)$，其中 $\overline{\text{aco}}D$ 表示 D 的闭绝对凸包.

命题 4.5.10 的证明见文献 [114] 与 [115].

定义 4.5.11 设 Banach 空间 X 的有界点列的全体记为 $l_\infty(X)$，显然按取上确界范数它也是一个 Banach 空间. 对一个给定的算子理想 $\mathbb{A}$，$l_\infty(X)$ 中的 $\mathbb{A}$ 零差分列的全体 $s_{\mathbb{A}}(X):=\{(x_n)\in l_\infty(X):h_{\mathbb{A}}((x_n))=0\}$.

$\mathbb{A}$ 零差分列有如下基本性质.

命题 4.5.12 对给定的算子理想 $\mathbb{A}$ 和 Banach 空间 X 和 Y，则

(1) $s_{\mathbb{A}}(X)$ 是 $l_\infty(X)$ 中的一个闭子空间；

(2) 对每一算子 $T\in B(X,Y)$，每个 $(x_n)\in s_{\mathbb{A}}(X),(Tx_n)\in s_{\mathbb{A}}(Y)$. 特别地，如果有 $J:Y\to X$ 是一个嵌入映射，则当 $(y_n)\in s_{\mathbb{A}}(Y)$ 时，$(Jy_n)\in s_{\mathbb{A}}(X)$，更

特殊的情况 —— 当 $T: X\to Y$ 实现 X 与 Y 的同构时, $(x_n)\in s_{\mathbb{A}}(X)$ 当且仅当 $(Tx_n)\in s_{\mathbb{A}}(Y)$, 就是说 $\mathbb{A}$ 零差分列有拓扑不变性;

(3) 如果另有算子理想 $\mathbb{A}_1\supseteq\mathbb{A}$, 则 $s_{\mathbb{A}_1}(X)\supseteq s_{\mathbb{A}}(X)$;

(4) $s_{\mathbb{A}}$ 关于可补子空间遗传,即若子空间 Y 在 X 中可补, $(x_n)\in l_\infty(Y)\bigcap s_{\mathbb{A}}(X)$, 则 $(x_n)\in s_{\mathbb{A}}(Y)$.

证 (1),(2) 见文献 [114],(3) 是显然的. (4) 的证明：取一个 X 到 Y 上的投影算子 P, 由已知 $(x_n)\in l_\infty(Y)\bigcap s_{\mathbb{A}}(X)$, 依定义对任一 $\epsilon>0$, 有空间 Z 和算子 $T\in\mathbb{A}(Z,X)$, 使得 $(x_n)\subseteq TB_Z+\epsilon B_X$. 注意到 $(x_n)\subseteq Y$, 故 $Px_n=x_n$, 于是 $(x_n)=(Px_n)\subseteq PTB_Z+\epsilon PB_X$, 又对每一 $x\in B_X$, $\|Px\|\leqslant\|P\|\cdot\|x\|\leqslant\|P\|$, 故 $\epsilon PB_X\subseteq\epsilon\|P\|B_Y$, 于是 $(x_n)\subseteq PTB_Z+\epsilon\|P\|B_Y$, 注意到 $PT\in\mathbb{A}(Z,Y)$ 与 ϵ 的任意性, 就证明了 $(x_n)\in s_{\mathbb{A}}(Y)$.

注 4.5.13 文献 [120] 有例说明性质 (4) 中子空间可补性条件不可少.

为得到刻画 $s_{\mathbb{A}}(X)$ 的一个特征 (定理 4.5.16), 我们建立如下两个引理:

引理 4.5.14 设 $T\in B(l_1,X), S\in B(Y,X)$, 且 $TB_{l_1}\subseteq SB_Y$, 则有 $\hat{T}\in B(l_1,Y)$, 使得 $T=S\hat{T}$ 且 $\|\hat{T}\|\leqslant 1$.

该引理是关于 l_1 有提升性质的有关命题的变种 (请比较命题 1.3.9 等), 证明从略.

引理 4.5.15 设算子 $R\in B(l_1,X), S\in B(Y,X)$ 和 $T\in B(Z,X)$ 且 $RB_{l_1}\subseteq SB_Y+TB_Z$, 则存在 $K_1\in B(l_1,Y)$ 和 $K_2\in B(l_1,Z)$, 使得 $R=SK_1+TK_2$, 且 $\|K_1\|\leqslant 1, \|K_2\|\leqslant 1$.

证 作乘积空间 $E=Y\times Z$, 规定 $(y,z)\in E$ 的范数 $\|(y,z)\|:=\max\{\|y\|,\|z\|\}$. 设 P_Y 和 P_Z 分别是 E 到 Y 和 Z 上的自然投影, 由 $\hat{R}x=SP_Yx+TP_Zx$ 定义算子 $\hat{R}\in B(E,X)$, 由所设 $RB_{l_1}\subseteq SB_Y+TB_Z$ 得到 $RB_{l_1}\subseteq\hat{R}B_E$, 应用引理 4.5.14, 就应有 $K\in B(l_1,E)$, 使得 $R=\hat{R}K$, 且 $\|K\|\leqslant 1$, 令 $K_1=P_YK$ 和 $K_2=P_ZK$ 就得证.

定理 4.5.16 设 $\mathbb{A}$ 是一个闭算子理想, $(x_n)\in l_\infty(X)$, K 是由 $Ke_n=x_n(n=1,2,\cdots)$ (其中 (e_n) 是 l_1 中的自然基) 确定的算子 $K\in B(l_1,X)$, 那么 $(x_n)\in s_{\mathbb{A}}(X)$ 的充分必要条件是 $K\in\mathbb{A}(l_1,X)$.

证 如果 $K\in\mathbb{A}(l_1,X)$, 那么由于 $(x_n)=(Ke_n)\subseteq KB_{l_1}$, 由定义 $h_{\mathbb{A}}((x_n))=0$, 即 $(x_n)\in s_{\mathbb{A}}(X)$.

反之, 如果 $(x_n)\in s_{\mathbb{A}}(X)$, 则依定义 $h_{\mathbb{A}}((x_n))=0$, 由命题 4.5.10 的 (6), 也有 $h_{\mathbb{A}}(\overline{\text{aco}}(x_n))=0$, 由于 $KB_{l_1}=K(\overline{\text{aco}}(e_n))\subseteq\overline{\text{aco}}(Ke_n)=\overline{\text{aco}}(x_n)$, 故 $h_{\mathbb{A}}(KB_{l_1})=0$, 由 $h_{\mathbb{A}}$ 的定义, 对任给的 $\epsilon>0$, 存在算子 $S\in\mathbb{A}(Z,X)$, 使得 $KB_{l_1}\subseteq SB_Z+\epsilon B_X$, 现在对算子 K,S 和 X 上的恒等算子 I_X 用上一引理 4.5.15, 就有 $K_1\in B(l_1,Z)$,$K_2\in B(l_1,X)$, $\|K_1\|\leqslant 1$, $\|K_2\|\leqslant 1$, 使得 $K=SK_1+\epsilon K_2$, 注意到 $\mathbb{A}$ 是闭算子理

想, $SK_1 \in \mathbb{A}$, 以及 ϵ 可任意小, 故应有 $K \in \mathbb{A}$, 证毕.

注 4.5.17 本定理是文献 [114] 中引理 2.8 的改进, 取消了对 $\mathbb{A}$ 是满射的要求.

推论 4.5.18 设 $\mathbb{A}$ 是一个算子理想, X 是一个 Banach 空间, 则 $B(l_1, X) = \mathbb{A}^{\text{clos}}(l_1, X)$ 的充分必要条件是 $l_\infty(X) = s_{\mathbb{A}}(X)$.

证 必要性 设 $(x_n) \in l_\infty(X)$, 算子 $K : l_1 \to X$ 由 $Ke_n = x_n (n = 1, 2, \cdots)$ 定义, 则 $K \in B(l_1, X)$, 故 $K \in \mathbb{A}^{\text{clos}}(l_1, X)$, 由定理 4.5.16 得 $(x_n) \in s_{\mathbb{A}^c}(X) = s_{\mathbb{A}}(X)$, 因此 $l_\infty(X) = s_{\mathbb{A}}(X)$.

充分性 设 $K \in B(l_1, X)$, 则 $(Ke_n) \in l_\infty(X)$, 故 $(Ke_n) \in s_{\mathbb{A}}(X)$. 由定理 4.5.16 得 $K \in \mathbb{A}^{\text{clos}}(l_1, X)$, 因此 $B(l_1, X) = \mathbb{A}^{\text{clos}}(l_1, X)$.

推论 4.5.19 设 $\mathbb{A}$ 是一个算子理想, X 是一个 Banach 空间, $B(l_1, X) = \mathbb{A}^\wedge(l_1, X)$ 的充分必要条件是 $l_\infty(X) = s_{\mathbb{A}}(X)$.

证 由性质 $h_{\mathbb{A}^\wedge} = h_{\mathbb{A}}$ 及推论 4.5.18 可得.

例 4.5.20 取 $X = l_p (1 < p < \infty)$, $\mathbb{A} = \mathbb{S}$ 是严格奇异算子理想, 由于 $B(l_1, X) = \mathbb{S}(l_1, X)$, 从而 $l_\infty(X) = s_{\mathbb{S}}(X)$.

更有趣, 也更有一般意义的是, 文献 [116] 和 [117] 等后来又从另一角度 (不限于从空间 l_1 出发的算子), 对文献 [114] 的引理 2.8 作了如下推广:

定理 4.5.21 设 $T \in B(E, X)$, (e_n) 是 Banach 空间 E 的一组有界的 Schauder 基, 令 $x_n = Te_n \in X, n = 1, 2, \cdots$, 如果 $TB_E \subseteq \overline{\text{aco}}(x_n)$, 那么对于闭、满射算子理想 $\mathbb{A}$ 而言, $T \in \mathbb{A}(E, X)$ 当且仅当 $(x_n) \in s_{\mathbb{A}}(X)$.

证 若 $T \in \mathbb{A}(E, X)$, 则 $\lambda T \in \mathbb{A}(E, X)$, 这里取 $\lambda = \sup\limits_n \parallel e_n \parallel < \infty$, 显然 $(x_n) \subseteq \lambda TB_E$, 故 $(x_n) \in s_{\mathbb{A}}(X)$.

反之, 若 $(x_n) \in s_{\mathbb{A}}(X)$, 则 $h_{\mathbb{A}}(x_n) = h_{\mathbb{A}}(\overline{\text{aco}}(x_n)) = 0$, 于是 $h_{\mathbb{A}}(TB_E) = 0$, 那么, 由命题 4.5.10 的 (2), 存在空间 Z 和算子 $K \in \mathbb{A}^\wedge(Z, X)$, 使得 $TB_E \subseteq KB_Z$, 但已设定 $\mathbb{A}$ 是闭、满射的, 故 $\mathbb{A} = \mathbb{A}^\wedge$, 故 $K \in \mathbb{A}(Z, X)$, 现在应用满射算子理想的一个特征性质 (例如, 见前面的命题 4.4.43 或更直接地见文献 [114] 定义 2.1 前后的说明), 就可由 $TB_E \subseteq KB_Z$ 和 $K \in \mathbb{A}(Z, X)$, 得到了 $T \in \mathbb{A}(E, X)$, 证毕.

问题 4.5.22 对一般有基空间 E 和一般算子理想, 定理 4.5.21 成立吗?

现在我们引入 $(\mathbb{A}, \mathbb{B})$ 型算子理想的概念.

定义 4.5.23 设 $\mathbb{A}, \mathbb{B}$ 是两个算子理想, 定义新算子类 $(\mathbb{A}, \mathbb{B})$, 其每个分支定义为: $(\mathbb{A}, \mathbb{B})(X, Y) := \{T \in B(X, Y) : (x_n) \in s_{\mathbb{A}}(X)$ 蕴涵 $(Tx_n) \in s_{\mathbb{B}}(Y)\}$.

命题 4.5.24 $(\mathbb{A}, \mathbb{B})$ 是算子理想.

证明留给读者.

例 4.5.25 紧算子理想 $\mathbb{K}$, 弱紧算子理想 $\mathbb{W}$ 和完全连续算子理想 $\mathbb{V}$ 都是 $(\mathbb{A}, \mathbb{B})$ 型算子理想: $\mathbb{K} = (\mathbb{L}, \mathbb{K})$, $\mathbb{W} = (\mathbb{L}, \mathbb{W})$, $\mathbb{V} = (\mathbb{W}, \mathbb{K}) = (\mathbb{R}_o, \mathbb{K})$. 这里 $\mathbb{L}$ 表示一切算

子的集合 (最大的平凡的算子理想), 故 $h_{\mathbb{L}}=0, s_{\mathbb{L}}(X)=l_\infty(X)$, 对一切 Banach 空间 X 成立. 这些基本例子的说明见文献 [114] 的 §3, 其中 $\mathbb{R}_o$ 表示 Rosenthal 算子理想, 见命题 4.3.13 与注 4.3.14.

在深入 $(\mathbb{A},\mathbb{B})$ 型算子理想讨论之前, 让我们先揭示 $(\mathbb{A},\mathbb{B})$ 型算子理想的如下基本性质:

定理 4.5.26 设 $\mathbb{A},\mathbb{B},\mathbb{A}_1,\mathbb{A}_2$ 等表示算子理想, 那么

(1) $(\mathbb{A},\mathbb{A})=\mathbb{L}$;

(2) $(\mathbb{A},\mathbb{B})\supseteq\mathbb{B}$;

(3) $(\mathbb{A},\mathbb{B})$ 总是闭算子理想;

(4) 如果 $\mathbb{A}_1\supseteq\mathbb{A}_2$, 则对任一算子理想 $\mathbb{B}$, 都有 $(\mathbb{A}_1,\mathbb{B})\subseteq(\mathbb{A}_2,\mathbb{B})$;

(5) 如果 $\mathbb{B}_1\supseteq\mathbb{B}_2$, 则对任一算子理想 $\mathbb{A}$, 都有 $(\mathbb{A},\mathbb{B}_1)\supseteq(\mathbb{A},\mathbb{B}_2)$.

证 (1) 只需证 $(\mathbb{A},\mathbb{A})\supseteq\mathbb{L}$, 但这又只要在每一分支 $(\mathbb{A},\mathbb{A})(X,Y)$ 和 $B(X,Y)$ 中应用 (上面命题 4.5.12(2) 所提到的) 基本事实: 每个 $T\in B(X,Y)$ 都把 X 中的序列 $(x_n)\in s_{\mathbb{A}}(X)$ 映射为 Y 中的序列 $(Tx_n)\in s_{\mathbb{A}}(Y)$.

(2) 设 $T\in\mathbb{B}(X,Y)$, 对任一 $(x_n)\in s_{\mathbb{A}}(X)$, 令 $\lambda=\sup\limits_n\|x_n\|<\infty$, 则 $\lambda T\in\mathbb{B}(X,Y)$ 且 $(Tx_n)\subseteq\lambda TB_X$. 由 $s_{\mathbb{B}}$ 的定义, $(Tx_n)\in s_{\mathbb{B}}(Y)$, 故 $T\in(\mathbb{A},\mathbb{B})(X,Y)$, 已证得 $(\mathbb{A},\mathbb{B})\supseteq\mathbb{B}$.

(3) 设 $T_m\in(\mathbb{A},\mathbb{B})(X,Y), T\in B(X,Y), \|T_m-T\|\to0(m\to\infty)$, 要证 $T\in(\mathbb{A},\mathbb{B})(X,Y)$. 对任一给定的 $(x_n)\in s_{\mathbb{A}}(X)$, 注意到在有界集 $\{x_n\}$ 上, T_m 一致收敛于 T, 故任一 $\lambda>0$, 只要 m 充分大, 就有 $(Tx_n)\subseteq(T_mx_n)+\lambda B_Y$, 现在 $T_m\in(\mathbb{A},\mathbb{B})(X,Y)$, 故 $(T_mx_n)\in s_{\mathbb{B}}(Y)$, 于是对任一 $\epsilon>0$, 又应有 $R\in\mathbb{B}(Z,Y)$, 使得 $(T_mx_n)\subseteq RB_Z+\epsilon B_Y$. 现在

$$(Tx_n)\subseteq RB_Z+(\epsilon+\lambda)B_Y,$$

其中 $R\in\mathbb{B},(\varepsilon+\lambda)$ 可任意小, 故已证明 $(Tx_n)\in s_{\mathbb{B}}(Y)$.

(4) 和 (5) 由 $(\mathbb{A},\mathbb{B})$ 的定义, 以及应用命题 4.5.12(3) 就可验证.

定理 4.5.26 证毕.

注 4.5.27 (1) 定理 4.5.26 说明对任意两个 (Pietsch 意义下的) 算子理想 $\mathbb{A}$ 和 $\mathbb{B}$, 都成立关系式

$$(\mathbb{A},\mathbb{B})\supseteq(\mathbb{L},\mathbb{B})\supseteq\overline{\mathbb{B}}\supseteq\overline{\mathbb{F}},\tag{$*$}$$

故由 $\mathbb{A}$ 和 $\mathbb{B}$ 构成的算子理想 $(\mathbb{A},\mathbb{B})$ 总是有意义的.

(2) 已经知道可以表为 $(\mathbb{A},\mathbb{B})$ 型的算子理想很多, 其中包括人们熟知的一些算子理想. 但从定理 4.5.26 的 (3) 也知道, 并非所有的算子理想都能表为 $(\mathbb{A},\mathbb{B})$ 型: 任何一个非闭的算子理想 (例如有限秩算子理想 $\mathbb{F}$) 都不能表为 $(\mathbb{A},\mathbb{B})$ 型. 由下面

的定理 4.5.28 还可知，凡可表为 $(\mathbb{A},\mathbb{B})$ 型的算子理想必须含有一个闭、满射算子理想作为子集.

(3) 在定理 4.5.26(以及注 4.5.27 的 (1) 中 $(*)$ 式) 中的各包含关系，一般说来都不取等号. 最显然的例子是：对任一算子理想 $\mathbb{A}, (\mathbb{A},\mathbb{F}) \supseteq \overline{\mathbb{F}} \neq \mathbb{F}$. 在文献 [119] 中还说明 $(\mathbb{L},\mathbb{S}) \neq \mathbb{S}$.

(4) 一般说来 $(\mathbb{A},\mathbb{B})$ 的内射性与 $\mathbb{A}$ 或 $\mathbb{B}$ 的内射性互不蕴涵.

(5) 一般说来 $(\mathbb{A},\mathbb{B})$ 的满射性与 $\mathbb{A}$ 或 $\mathbb{B}$ 的满射性也互不蕴涵. 例如，已知 Rosenthal 算子理想 $\mathbb{R}_o$ 和紧算子理想 $\mathbb{K}$ 都是满射的. 又已知 $\mathbb{V} = (\mathbb{R}_o,\mathbb{K})$ 却不是满射的 (例 4.4.45). 另一方面，文献 [44] 中已说明 Dunford-Pettis 算子理想 $\mathbb{DP}$ 不是满射的，而 $\mathbb{L} = (\mathbb{L},\mathbb{DP})$ 或 $\mathbb{L} = (\mathbb{DP},\mathbb{DP})$ 当然是满射的.

(6) 一个算子理想可有 $(\mathbb{A},\mathbb{B})$ 型表示时，一般并不惟一. 上面所述 $\mathbb{V} = (\mathbb{W},\mathbb{K}) = (\mathbb{R}_o,\mathbb{K})$ 就是典型一例，不同的表示从多角度刻画了同一算子理想的特征性质.

定理 4.5.28　对任一算子理想 $\mathbb{B}, (\mathbb{L},\mathbb{B})$ 都是闭、满射算子理想.

证　由定理 4.5.26 的 (3),$(\mathbb{L},\mathbb{B})$ 是闭算子理想，故只需再证 $(\mathbb{L},\mathbb{B})$ 是满射的，由命题 4.4.43, 只要验证：对任一 $T \in B(E_0,X)$, 以及任一由 E 到 E_0 上的满射 $Q \in B(E,E_0)$, 当复合算子 $TQ \in (\mathbb{L},\mathbb{B})(E,X)$ 时，必有 $T \in (\mathbb{L},\mathbb{B})(E_0,X)$.

对任一给定的 $(x_n) \in l_\infty(E_0) = s_{\mathbb{L}}(E_0)$, 由 $Ke_n := x_n$ 确定一个算子 $K \in B(l_1,E_0)$, 由于 Q 是满射，应用 l_1 的提升性质 (命题 1.3.9), 存在 $\hat{K} \in B(l_1,E)$, 使得 $K = Q\hat{K}$,(如下交换图).

设 $z_n = \hat{K}e_n$, 则 $\| z_n \| \leqslant \| \hat{K} \|$, 故 $(z_n) \in l_\infty(E) = s_{\mathbb{L}}(E)$. 由于 $TQ \in (\mathbb{L},\mathbb{B})(E,X)$, 就应有 $(TQz_n) \in s_{\mathbb{B}}(X)$, 于是得到

$$(Tx_n) = (T(Ke_n)) = (T(Q\hat{K}e_n)) = (TQz_n) \in s_{\mathbb{B}}(X).$$

已经证明，对任一 $(x_n) \in s_{\mathbb{L}}(E_0), (Tx_n) \in s_{\mathbb{B}}(X), T \in (\mathbb{L},\mathbb{B})(E_0,X)$, 故 $(\mathbb{L},\mathbb{B})$ 是满射的，证毕.

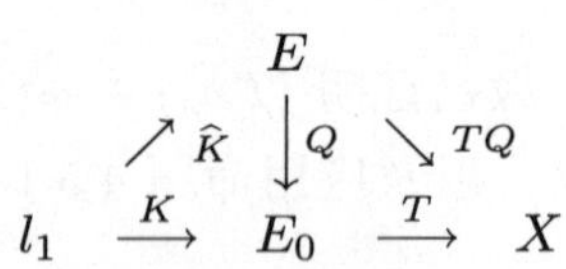

图 4.5.28

推论 4.5.29　对任一算子理想 $\mathbb{B}, (\mathbb{L},\mathbb{B}) \supseteq \widetilde{\mathbb{B}} := \overline{\mathbb{B}}^{\mathrm{sur}}$.

证　只需注意到 (见文献 [114])$\widetilde{\mathbb{B}} = \overline{\mathbb{B}}^{\mathrm{sur}}$ 是包含 $\mathbb{B}$ 的最小的闭、满射算子理想.

由上述定理和推论导致如下

问题 4.5.30　是否对每个算子理想 $\mathbb{B}$, 都有 $(\mathbb{L},\mathbb{B}) = \widetilde{\mathbb{B}}$?

在例 4.5.25 中，以及下面我们还要讨论的例，$(\mathbb{L},\mathbb{S}) = \widetilde{\mathbb{S}}$, 都是肯定的.

我们先讨论一个有趣的结论，文献 [114] 的命题 2.10 指出，当 $\mathbb{C}$ 是一个闭、满射算子理想时，有 $\mathbb{A}^{-1}\circ(\mathbb{B},\mathbb{C})=(\mathbb{B},\mathbb{A}^{-1}\circ\mathbb{C})$. 这是 $(\mathbb{A},\mathbb{B})$ 型算子理想施行算子理想的左商运算时的一个奇特现象. 我们这里给出的是对文献 [44] 改进的结果：不要求 $\mathbb{C}$ 是满射.

引理 4.5.31 设 $\mathbb{A}$ 是一个算子理想， $\mathbb{C}$ 是一个闭算子理想，定义 $(\mathbb{A}^{-1}\circ s_{\mathbb{C}})(X):=\{(x_n)\in l_\infty(X):$ 对任一空间 Y, 任一 $T\in\mathbb{A}(X,Y),(Tx_n)\in s_{\mathbb{C}}(Y)\}$. 那么 $s_{\mathbb{A}^{-1}\circ\mathbb{C}}=\mathbb{A}^{-1}\circ s_{\mathbb{C}}$.

证 如果 $(x_n)\in(\mathbb{A}^{-1}\circ s_{\mathbb{C}})(X)$, 由 $Ke_n=x_n(n=1,2,\cdots)$ 定义算子 $K\in B(l_1,X)$. 由 $\mathbb{A}^{-1}\circ s_{\mathbb{C}}$ 的定义，对每一算子 $T\in\mathbb{A}(X,Y)$, 应有 $(Tx_n)\in s_{\mathbb{C}}(Y)$, 即 $(TKe_n)=(Tx_n)\in s_{\mathbb{C}}(Y)$. 依定理 4.5.16, $TK\in\mathbb{C}(l_1,Y)$. 那么按算子理想的左商定义， $K\in(\mathbb{A}^{-1}\circ\mathbb{C})(l_1,X)$, 再依定理 4.5.16,$(x_n)\in s_{\mathbb{A}^{-1}\circ\mathbb{C}}(X)$.

另一方面，如果 $(x_n)\in s_{\mathbb{A}^{-1}\circ\mathbb{C}}(X)$, 则

$$h_{\mathbb{A}^{-1}\circ\mathbb{C}}((x_n))=h_{\mathbb{A}^{-1}\circ\mathbb{C}}(\overline{\text{aco}}(x_n))=h_{\mathbb{A}^{-1}\circ\mathbb{C}}(\overline{\text{aco}}(Ke_n))=h_{\mathbb{A}^{-1}\circ\mathbb{C}}(KB_{l_1})=0.$$

我们要证对任一 $T\in\mathbb{A}(X,Y)$, 都有 $(Tx_n)\in s_{\mathbb{C}}(Y)$. 由 $\mathbb{A}^{-1}\circ\mathbb{C}$ 差分定义，对任一 $\epsilon>0$, 存在 $S\in(\mathbb{A}^{-1}\circ\mathbb{C})(Z,X)$, 使得 $KB_{l_1}\subseteq SB_Z+\epsilon B_X$. 应用引理 4.5.15, 存在 $K_1\in B(l_1,Z),K_2\in B(l_1,X)$ 使得 $K=SK_1+\epsilon K_2$ 且 $\|K_1\|\leqslant 1$ 和 $\|K_2\|\leqslant 1$.

现在

$$(x_n)\subseteq KB_{l_1}=(SK_1+\epsilon K_2)B_{l_1}\subseteq SK_1B_{l_1}+\epsilon K_2B_{l_1}$$

故

$$(Tx_n)\subseteq(TSK_1)B_{l_1}+(\epsilon TK_2)B_{l_1}.$$

注意到 $S\in\mathbb{A}^{-1}\circ\mathbb{C}$, 于是 $TSK_1\in\mathbb{C}$, 以及 $\epsilon>0$ 的任意性，就推出 $(Tx_n)\in s_{\mathbb{C}}(Y)$. 由 $\mathbb{A}^{-1}\circ s_{\mathbb{C}}$ 的定义， $(x_n)\in\mathbb{A}^{-1}\circ s_{\mathbb{C}}(X)$.

定理 4.5.32 设 $\mathbb{A}$ 和 $\mathbb{B}$ 是任意两个算子理想， $\mathbb{C}$ 是任一闭算子理想. 则 $\mathbb{A}^{-1}\circ(\mathbb{B},\mathbb{C})=(\mathbb{B},\mathbb{A}^{-1}\circ\mathbb{C})$.

证 让我们用如下简明的等价链来完成论证.

$T\in\mathbb{A}^{-1}\circ(\mathbb{B},\mathbb{C})(X,Y)$

$\Leftrightarrow$ 任一空间 Z, 任一算子 $A\in\mathbb{A}(Y,Z),AT\in(\mathbb{B},\mathbb{C})(X,Z)$ (这里依左商定义).

$\Leftrightarrow$ 任一空间 Z, 任一算子 $A\in\mathbb{A}(Y,Z),(x_n)\in s_{\mathbb{B}}(X)\Rightarrow(ATx_n)\in s_{\mathbb{C}}(Z)$.

$\Leftrightarrow(x_n)\in s_{\mathbb{B}}(X)\Rightarrow(Tx_n)\in(\mathbb{A}^{-1}\circ s_{\mathbb{C}})(Y)=s_{\mathbb{A}^{-1}\circ\mathbb{C}}(Y)$(这里用引理 4.5.31).

$\Leftrightarrow T\in(\mathbb{B},\mathbb{A}^{-1}\circ\mathbb{C})(X,Y)$(这里用 $(\mathbb{A},\mathbb{B})$ 型理想的定义).

现在我们回到对问题 4.5.30 的深化研讨. 先让我们对 $(\mathbb{L},\mathbb{B})=\widetilde{\mathbb{B}}=\overline{\mathbb{B}}^{\text{sur}}$ 问题进行分析，因为我们毕竟有了一定认识基础.

由于 $(\mathbb{L},\mathbb{B})$ 总是闭、满射算子理想 (定理 4.5.28), 而已知 $\widetilde{\mathbb{B}}$ 是包含 $\mathbb{B}$ 的最小的闭、满射算子理想. 于是我们得到了如下包含链，即对任一算子理想 $\mathbb{A}$, 都

有: $(\mathbb{A},\mathbb{B})\supseteq(\mathbb{L},\mathbb{B})\supseteq\widetilde{\mathbb{B}}\supseteq\mathbb{B}$. 因而, (a) 可以粗略地说, $(\mathbb{L},\mathbb{B})$ 是 $\mathbb{B}$ 的 "最小" 的 $(\mathbb{A},\mathbb{B})$ 型扩张; (b)$(\mathbb{L},\mathbb{B})=\mathbb{B}$ 的必要条件是 $\mathbb{B}$ 为闭、满射; (c) 由于 $(\mathbb{L},\mathbb{B})\supseteq\widetilde{\mathbb{B}}$ 总是成立的, 故问题 " $(\mathbb{L},\mathbb{B})=\widetilde{\mathbb{B}}$? " 的实质是讨论 " $\subseteq$ " 关系是否为真.

也进一步给出一些有利于肯定回答的实例分析:

例 4.5.33 对如下各算子理想 $\mathbb{B}$, 都成立 $(\mathbb{L},\mathbb{B})=\widetilde{\mathbb{B}}$:

(1) $\mathbb{B}=\mathbb{K}$; (2) $\mathbb{B}=\mathbb{W}$; (3) $\mathbb{B}=\mathbb{V}^{\rm dual}$; (4) $\mathbb{B}=\mathbb{U}$; (5) $\mathbb{B}=\mathbb{U}^{\rm dual}$;

(6) $\mathbb{B}=\mathbb{V}$; (7) $\mathbb{B}=\mathbb{DP}$; (8) $\mathbb{B}=\mathbb{F}$; (9) $\mathbb{B}=\mathbb{WV}$; (10) $\mathbb{B}=\mathbb{S}$.

注 4.5.34 (a) $\mathbb{DP}$ 就是 Dunford-Pettis 算子理想, $\mathbb{WV}$ 则表示弱完全连续算子理想, 即 $T\in\mathbb{WV}\Leftrightarrow$(弱 Cauchy 列 $(x_n)\Rightarrow(Tx_n)$ 弱收敛).

(b) 除了对严格奇异算子理想, 由我们下面证明也成立 $(\mathbb{L},\mathbb{S})=\widetilde{\mathbb{S}}$ 外, 上述各种算子理想满足条件的结论, 在文献 [114] 中都可直接或间接地查到.

(c) 把上述 10 种情况再分为两类: (1) ~ (5) 都是 $(\mathbb{L},\mathbb{B})=\widetilde{\mathbb{B}}=\mathbb{B}$($\mathbb{B}$ 本身是一个闭、满射算子理想) 的类型: 而 (6) ~ (10) 都是 $(\mathbb{L},\mathbb{B})=\widetilde{\mathbb{B}}\neq\mathbb{B}$ 的类型.

例 4.5.35 我们单独考察取 $\mathbb{B}=\overline{\mathbb{F}}$ 的一例, 已有的讯息是 $(\overline{\mathbb{F}})^{\rm sur}=\widetilde{\overline{\mathbb{F}}}=\mathbb{K}\neq\overline{\mathbb{F}}$ (其中 $(\overline{\mathbb{F}})^{\rm sur}=\mathbb{K}$ 见于例 4.4.45 的 (1) 及其后注). 那么现在, 一方面有 $(\mathbb{L},\overline{\mathbb{F}})\supseteq\widetilde{(\overline{\mathbb{F}})}=(\overline{\mathbb{F}})^{\rm sur}=\mathbb{K}$; 另一方面由定理 4.5.26 的 (5) 和例 4.5.25 又得到 $(\mathbb{L},\overline{\mathbb{F}})\subseteq(\mathbb{L},\mathbb{K})=\mathbb{K}$, 于是得到 $(\mathbb{L},\overline{\mathbb{F}})=(\mathbb{L},\mathbb{K})=\mathbb{K}=\widetilde{(\overline{\mathbb{F}})}\neq\overline{\mathbb{F}}$. 故取 $\mathbb{B}=\overline{\mathbb{F}}$ 时, 也属于 (c) 中第二类型.

后面这个例 4.5.35 启发我们考虑映射 (如前节也可称程序)$(\mathbb{L},\cdot):\mathbb{B}\to(\mathbb{L},\mathbb{B})$ 在相差一个闭、满射包下是否为 "单射" 的如下

问题 4.5.36 如果 $(\mathbb{L},\mathbb{B})=(\mathbb{L},\mathbb{C})$, 是否必有 $\widetilde{\mathbb{B}}=\widetilde{\mathbb{C}}$?

对算子理想 $\mathbb{B}$ 缩小考虑范围, 又可以从问题 4.5.30 生发如下相关的

问题 4.5.37 是否对每一闭、满射的算子理想 $\mathbb{B}$, 都有 $(\mathbb{L},\mathbb{B})=\mathbb{B}$?

出乎意料的是, 问题 4.5.37 与问题 4.5.30 是等价的, 即有如下

定理 4.5.38 推断 a: "对每一算子理想 $\mathbb{B}$, 都有 $(\mathbb{L},\mathbb{B})=\widetilde{\mathbb{B}}$ " 成立当且仅当推断 b: "对每一闭、满射算子理想 $\mathbb{B}$, 都有 $(\mathbb{L},\mathbb{B})=\mathbb{B}$ " 成立. 并且, 当 a(或 b) 成立时, 程序 $(\mathbb{L},\cdot)$ 是幂等的, 即推断 c: "对每一算子理想 $\mathbb{B}$,$(\mathbb{L},(\mathbb{L},\mathbb{B}))=(\mathbb{L},\mathbb{B})$ " 成立.

证 $a\Rightarrow b$: 由于对闭、满射算子理想 $\mathbb{B}$ 而言, $\widetilde{\mathbb{B}}=\mathbb{B}$, 故结论显然.

$b\Rightarrow a$: 若 b 成立, 那么对任一算子理想 $\mathbb{B}$, 就应有 $(\mathbb{L},\widetilde{\mathbb{B}})=\widetilde{\mathbb{B}}$. 现在, 一方面由 $\mathbb{B}\subseteq\widetilde{\mathbb{B}}$ 可得 $(\mathbb{L},\mathbb{B})\subseteq(\mathbb{L},\widetilde{\mathbb{B}})=\widetilde{\mathbb{B}}$; 另一方面 (由前面定理 4.5.32 之后, 例 4.5.33 之前说明文字中的 (c)),$(\mathbb{L},\mathbb{B})\supseteq\widetilde{\mathbb{B}}$ 又自动成立, 故 $(\mathbb{L},\mathbb{B})=\widetilde{\mathbb{B}}$, 即推断 a 成立.

$a\Rightarrow c$: 只要注意到定理 4.5.28 已表明 $\widetilde{(\mathbb{L},\mathbb{B})}=(\mathbb{L},\mathbb{B})$.

我们给出如下相关的一个结果.

定理 4.5.39 设 $\mathbb{B}$ 是一个闭算子理想, 则如下两个陈述是等价的:

(1) $(\mathbb{L},\mathbb{B})=\widetilde{\mathbb{B}}$;

(2) 对任一对 Banach 空间 X 和 Y, 以及任一 $T\in B(X,Y)$, 如果每一列 $(x_n)\in l_\infty(X)$, 都有 $(Tx_n)\in s_{\mathbb{B}}(Y)$, 则 $h_{\mathbb{B}}(TB_X)=0$.

证 (1) $\Rightarrow$ (2): (2) 的条件说明 $T\in(\mathbb{L},\mathbb{B})(X,Y)$, 但现在 (1) 成立即 $(\mathbb{L},\mathbb{B})=\widetilde{\mathbb{B}}=\mathbb{B}^{\rm sur}$, 故 $T\in\mathbb{B}^{\rm sur}(X,Y)$, 于是依定义 $TQ_X^1\in\mathbb{B}(X^{\rm sur},Y)$, 故

$$h_{\mathbb{B}}(TQ_X^1B_{X^{\rm sur}})=h_{\mathbb{B}}(TB_X)=0.$$

(2) $\Rightarrow$ (1): 如果 $T\in(\mathbb{L},\mathbb{B})(X,Y)$, 则对每列 $(x_n)\in l_\infty(X)$,$(Tx_n)\in s_{\mathbb{B}}(Y)$, 于是由 (2),$h_{\mathbb{B}}(TB_X)=0$, 于是由上事实又得到 $h_{\mathbb{B}}(TQ_X^1B_{X^{\rm sur}})=0$, 那么注意到 $\mathbb{B}$ 是闭的, 类似于定理 4.5.16 的证明途径, 可得知 $TQ_X^1\in\mathbb{B}(X^{\rm sur},Y)$, 即 $T\in\mathbb{B}^{\rm sur}(X,Y)=\widetilde{\mathbb{B}}(X,Y)$, 证毕.

在证明 $(\mathbb{L},\mathbb{S})=\widetilde{\mathbb{S}}$ 之前, 我们回顾一下与 Rosenthal 算子理想相关的一些结果.

定义 4.5.40 $T\in B(X,Y)$ 称为是 Rosenthal 算子, 如果每一列 $(x_n)\in l_\infty(X)$, (Tx_n) 在 Y 中都有弱 Cauchy 子列. $B(X,Y)$ 中 Rosenthal 算子全体记为 $R_o(X,Y)$.

注 4.5.41 回顾命题 4.3.13, 我们实际上已知 $\mathbb{R}_o=\mathbb{V}^{-1}\circ\mathbb{K}$ 是一个 (广义) 算子理想. 不仅如此, 注意到紧算子理想 $\mathbb{K}$ 是闭的, 且 $\mathbb{K}=(\mathbb{L},\mathbb{K})$ (例 4.5.25), 那么应用定理 4.5.32 就立即得知 $\mathbb{R}_o=\mathbb{V}^{-1}\circ\mathbb{K}=\mathbb{V}^{-1}\circ(\mathbb{L},\mathbb{K})=(\mathbb{L},\mathbb{V}^{-1}\circ\mathbb{K})=(\mathbb{L},\mathbb{R}_o)$ 是一个闭、满射的算子理想 (定理 4.5.28). 并且, $\mathbb{R}_o$ 不是真算子理想 (见注 4.3.14). 再应用引理 4.5.31, 还可以深刻地得到

$s_{\mathbb{R}_o}(X)=s_{\mathbb{V}^{-1}\circ\mathbb{K}}(X)=\mathbb{V}^{-1}\circ s_{\mathbb{K}}(X)=\{(x_n)\in l_\infty(X):$ 对任一空间 Y, 任一 $T\in\mathbb{V}(X,Y)$,(Tx_n) 是 Y 中相对紧集 $\}$.

定理 4.5.42 $(\mathbb{L},\mathbb{S})=\widetilde{\mathbb{S}}=\mathbb{S}^{\rm sur}=\mathbb{R}_o$.

证 (1) 先证 $\mathbb{R}_o\subseteq\mathbb{S}^{\rm sur}$.

设 $T\in\mathbb{R}_o(X,Y)$, 由于 $\mathbb{R}_o$ 是算子理想, 故 $TQ_X^1\in\mathbb{R}_o(l_1(B_X),Y)$, 以下证 $TQ_X^1\in\mathbb{S}(l_1(B_X),Y)$.

若有 $l_1(B_X)$ 的一个闭子空间 X_1, 使得 $TQ_X^1|_{X_1}$ 是一个同构. 那么对任一 X_1 中的有界列 $(\widetilde{x_n})$, 由于 $TQ_X^1\in\mathbb{R}_o$, 依定义 4.5.40,$(TQ_X^1\widetilde{x_n})$ 就应有弱 Cauchy 子列, 但 $TQ_X^1|_{X_1}$ 是同构, 故 $(\widetilde{x_n})$ 自身就应有弱 Cauchy 子列, 再注意到 $l_1(B_X)$ 是弱序列完备的, 且 $l_1(B_X)$ 中的点列弱收敛与范数收敛等价, 故 $(\widetilde{x_n})$ 就有范数收敛子列, 这说明 X_1 中的每一有界列都有收敛子列, B_{X_1} 相对紧, 故必 $\dim(X_1)<\infty$.

以上说明 TQ_X^1 在任一无限维闭子空间上的限制都不是同构, 即 $TQ_X^1\in\mathbb{S}(l_1(B_X),Y)$, 从而 $T\in\mathbb{S}^{\rm sur}(X,Y)$.

(2) 再证 $(\mathbb{L},\mathbb{S})\subseteq\mathbb{R}_o$.

设 $T\in(\mathbb{L},\mathbb{S})(X,Y)$, 则对任一列 $(x_n)\in l_\infty(X)$, 就应有 $(Tx_n)\in s_{\mathbb{S}}(Y)$. 现在只需证明 (Tx_n) 有弱 Cauchy 子列 (Tx_{n_i}). 若不然, 由著名的 Rosenthal 定理 (见命题

1.3.12), 又可由 $Ke_i = Tx_{n_i}$, 确定一个 l_1 与 $\overline{\text{span}}\{Tx_{n_i}\}$ 的同构. $K \in B(l_1, Y)$ 显然不是严格奇异算子, 等价地 (定理 4.5.16),$\{Tx_{n_i}\}$ 就不属于 $s_{\mathbb{S}}(Y)$, 但 $(Tx_n) \in s_{\mathbb{S}}(Y)$, 其子列 (Tx_{n_i}) 也应属于 $s_{\mathbb{S}}(Y)$, 矛盾.

(3) 现在注意到 $\mathbb{S}$ 是闭算子理想, 以及应用我们已有的知识和新得到的结果 (1) 和 (2), 就构成如下包含关系链:

$$\widetilde{\mathbb{S}} = (\overline{\mathbb{S}})^{\text{sur}} = \mathbb{S}^{\text{sur}} \subseteq (\mathbb{L}, \mathbb{S}) \subseteq \mathbb{R}_o = (\mathbb{L}, \mathbb{R}_o) \subseteq \mathbb{S}^{\text{sur}} = \widetilde{\mathbb{S}},$$

定理证毕.

推论 4.5.43 设 X 是一个 Banach 空间, 则如下陈述等价:

(1) X 不含子空间与 l_1 同构;

(2) X 上恒等算子 $I_X \in (\mathbb{L}, \mathbb{S})(X)$;

(3) $(\mathbb{L}, \mathbb{S})(X, Y) = B(X, Y)$ 对任一 Banach 空间 Y.

证明留给读者作为练习, 或见于文献 [118] 的推论 3.4 的证明.

我们完成了定理 4.5.42 $(\mathbb{L}, \mathbb{S}) = \widetilde{\mathbb{S}}$ 的证明, 似乎为肯定回答问题 4.5.30, 问题 4.5.36 和问题 4.5.37 等十分有趣的问题多提供了一个例证. 但是, 应当指出, 即使是问题 4.5.37 的如下特殊化, 也远没有解决:

问题 4.5.44 对闭、满射算子理想 $\mathbb{SC}$, 是否有 $(\mathbb{L}, \mathbb{SC}) = \widetilde{\mathbb{SC}} = \mathbb{SC}$?

我们将在下一节证明, 问题 4.5.44 的肯定回答, 等价于对 "每个无限维 Banach 空间是否都有一无限维的可分的商空间" 这一著名空间理论问题的肯定回答. 这一事实表明, 所述问题的难度是可以想像的. 同时, 这一事实也说明广义算子理想 ($(\mathbb{A}, \mathbb{B})$ 型算子理想) 的讨论是很有意义的, 它可以对一些经典问题, 前沿问题发生内在联系与等价转换.

§4.6 关于无限维可分商问题

在泛函分析中有一个基本问题: 是否每个无限维 Banach 空间都有一个无限维的、可分的商空间? 该问题长期未获解决 (见文献 [121] 和 [122] 等).

本节阐述我们对这个问题探讨的一些新结果. 主要说明该问题的几个等价转换问题, 以及该问题与广义算子理想、遗传不可分解空间以及算子超不变子空间等问题的联系.

把这一内容放在本章, 一方面它确实与上一节讨论广义算子理想的一些问题有关, 另一方面与第 6 章要系统讨论的遗传不可分解空间问题有关, 有一定的承上启下作用.

定义 4.6.1 设 X 是一个无限维的 Banach 空间, 如果存在 X 的闭子空间 M, 使得商空间 $Y = X/M$ 是无限维的, 并且按商范数拓扑是可分的, 则称 X 有无限维可分商. X 有无限维可分商的一个等价叙述是: 存在一个无限维可分的 Banach 空间 Z 以及一个由 X 到 Z 上的满射的有界线性算子 T.

命题 4.6.2 如果 Banach 空间 X 满足如下条件之一, 则有无限维可分商:

(1) X 是弱紧生成空间, 特别地, X 可分或自反;

(2) X 包含一子空间同构于 c_0 或 l_1;

(3) X 是 $C(K)$ 空间的一个商, 其中 K 是紧度量空间;

(4) X 是一 Banach 格.

命题 4.6.2 的证明见文献 [123].

共轭空间 X^* 的一个子集 S 称为是完全的, 如果对每一 X 中的 $x \neq 0$ 存在一个 $f \in S$ 使 $f(x) \neq 0$. 先给出如下预备性的事实, 验证从略.

命题 4.6.3 X^* 含有一个可数完全子集当且仅当关于 X^* 的 w^* 拓扑 X^* 是可分的, 当且仅当 X^* 包含一个完全的可分子空间.

定义 4.6.4 设 $B(Y,X)$ 表示由 Banach 空间 Y 到 Banach 空间 X 的有界线性算子的全体; $B(Y,X)$ 的子集 $B_{C^-}(Y,X) := \{T \in B(Y,X) : T$ 的值域 $R(T)$ 在 X 中稠而非闭 $\}$; $B_C(Y,X) := \{T \in B_{C^-}(Y,X) : T$ 的零空间 $N(T) = \{0\}\}$.

显然, 当 $Y = X$ 时 ,$T \in B_C(X) := B_C(X,X)$ 意味着零属于算子 T 的连续谱.

引理 4.6.5 设 $T \in B(Y,X), R(T)$ 非闭, 则对任一 $\epsilon > 0$, 存在 $T_1 \in B(Y,X)$ 和 $x_1^* \in X^*$, 使得: x_1^* 在 $R(T)$ 上不恒为零 ,$(T - T_1)$ 是一秩算子, $\|T - T_1\| < \epsilon, R(T_1) \subseteq R(T) \bigcap N(x_1^*)$ 且 $R(T_1)$ 非闭.

证 由于 $R(T) \neq \overline{R(T)}$, 由纲定理, 非空闭凸集 $\overline{TB_Y}$ 在 $\overline{R(T)}$ 中无内点. 依凸集分离定理, 存在 $x_1^* \in \overline{R(T)}^*, \|x_1^*\| = 1$, 使得对一切 $x \in TB_Y, |x_1^*(x)| < \dfrac{\epsilon}{2}$, 再取 $x_1 \in R(T)$, 使 $x_1^*(x_1) = 1, \|x_1\| \leqslant 2$, 把 x_1^* 保范延拓为 $x_1^* \in X^*$.

对每一 $y \in Y$, 由 $T_1 y = Ty - x_1^*(Ty)x_1$, 确定了算子 $T_1 \in B(Y,X)$. 再验证 T_1 符合引理的各项要求.

事实上我们可以验证 $R(T_1)$ 闭当且仅当 $R(T)$ 闭. 由 $x_1 \in R(T)$, $R(T_1) \subseteq N(x_1^*)$, 故 $R(T_1) \subseteq R(T) \bigcap N(x_1^*)$. 显然还可知 $R(T_1) \neq R(T)$, 事实上 $x_1 \in R(T) \setminus R(T_1)$(若 $x_1 \in R(T_1)$ 则 $x_1^*(x_1) = 0 \neq 1$).

现在, 一方面, 当 $R(T)$ 闭时, 把 T_1 视为由 Banach 空间 Y 到 Banach 空间 $R(T)$ 的算子时, 因 $R(T_1) \subseteq \{R(T) + ax_1 | a = -x_1^*(Tx), x \in Y\}, R(T_1)$ 在 $R(T)$ 中的亏维 $\dim(R(T)/R(T_1)) = 1 < \infty, R(T_1)$ 在 $R(T)$ 中闭, 从而也在 X 中闭.

另一方面, 若 $R(T_1)$ 闭也必 $R(T)$ 闭. 若不然, 就有 $y_n = Tx_n \to y_0 \notin R(T)$, 于是 $T_1 x_n = Tx_n - x_1^*(Tx_n)x_1 = y_n - x_1^*(y_n)x_1$, 当 $n \to \infty$ 时 ,$T_1 x_n \to y_0 - x_1^*(y_0)x_1 \in \overline{R(T_1)} = R(T_1)$, 应有 $\alpha \in Y$, 使得 $y_0 - x_1^*(y_0)x_1 = T_1\alpha = T\alpha - x_1^*(T\alpha)x_1$, 由此式推出 $y_0 = T\alpha + x_1^*(y_0 - T\alpha)x_1 \in R(T)$ 的矛盾. 已证实 $R(T_1)$ 闭 $\Leftrightarrow R(T)$ 闭, 引理证

毕.

定理 4.6.6 如果存在 $T\in B_{C^-}(Y,X)$, 则 X 有无限维可分商.

证 应用引理 4.6.5, 可取到算子 $T_1=T-x_1^*T(\cdot)x_1$, 使得 $x_1^*\in S_{X^*}:=\{x^*\in X^*:\|x^*\|=1\}, \|T-T_1\|<\dfrac{1}{2}, R(T-T_1)$ 是一维的且 $R(T_1)\subseteq R(T)\bigcap N(x_1^*), R(T_1)$ 非闭. 再次应用引理 4.6.5, 构造出 $T_2=T_1-x_2^*T_1(\cdot)x_2, \|T_1-T_2\|<\dfrac{1}{2^2}, R(T_2)$ 非闭. 依此类推, 得到算子列 $T_n=T_{n-1}-x_n^*T_{n-1}(\cdot)x_n(T_0=T, n=1,2,\cdots), \|T_{n-1}-T_n\|<\dfrac{1}{2^n}$. 那么 ,$\{T_n\}$ 按算子范数拓扑收敛于某一 $S\in B(Y,X)$, 设 $T-S=K=\sum_{i=1}^{\infty}x_i^*T_{i-1}(\cdot)x_i$, 这是一个紧算子.

验证 $\{x_i^*\}_{i=1}^{\infty}$ 是线性无关序列: 由 $\{T_i\}$ 的构造 $R(T_{i+1})\subseteq R(T_i)\bigcap N(x_{i+1}^*)\subseteq N(x_{i+1}^*)$, 易得 $R(T_{k-1})\subseteq\bigcap\limits_{i=1}^{k-1}R(T_i)\subseteq\bigcap\limits_{i=1}^{k-1}N(x_i^*)$, 又由于构造时设定了 x_k^* 在 $R(T_{k-1})$ 上是不恒为零的, 存在 $y\in R(T_{k-1}), x_k^*(y)\neq 0$, 现在如果 $x_k^*=a_1x_1^*+\cdots+a_{k-1}x_{k-1}^*$, 则 $0\neq x_k^*(y)=a_1x_1^*(y)+a_2x_2^*(y)+\cdots+a_{k-1}x_{k-1}^*(y)=0+0+\cdots+0=0$, 矛盾.

验证 $\{x_i\}_{i=1}^{\infty}$ 也是线性无关序列: 注意到 $x_n\in R(T_{n-1}), x_n^*(x_n)=1$, 对给定的 $k, x_{k+t}\in R(T_{k+t-1})\subseteq R(T_k)\subseteq N(x_k^*)(t=1,2,\cdots)$. 现在若 $x_n=a_1x_1+a_2x_2+\cdots+a_{n-1}x_{n-1}$, 用 x_1^* 对等式两边作用, 得出 $0=x_1^*(x_n)=a_1+0+\cdots+0=a_1$, 再用 x_2^* 对上式两边作用, 得 $a_2=0,\cdots$, 最后用 x_{n-1}^* 作用, 得 $a_{n-1}=0$, 故 $\{x_i\}$ 线性无关.

验证 $R(S)\subseteq\bigcap\limits_{i=1}^{\infty}N(x_i^*)$: 任给 $x=Sy$, 由上面已有关系 $T_ny\in\bigcap\limits_{i=1}^{n}N(x_i^*)$, 固定 n, 对一切 $m>n, T_my\in R(T_m)\subseteq R(T_n)\subseteq\bigcap\limits_{i=1}^{n}N(x_i^*)$, 于是 $x=Sy=\lim\limits_{m\to\infty}T_my\in\bigcap\limits_{i=1}^{n}N(x_i^*)$, 由 n 的任意性 ,$x=Sy\in\bigcap\limits_{i=1}^{\infty}N(x_i^*)$, 又由 $x\in R(S)$ 的任意性, 证毕.

下面证明 $X/\overline{R(S)}$ 是无限维且可分的. 设 Q 表示商映射 : $X\to X/\overline{R(S)}$.

(a) 验证 $QX=X/\overline{R(S)}$ 是可分的. 为此只须说明序列 $\{Qx_i\}_{i=1}^{\infty}$ 的线性张是在 $X/\overline{R(S)}$ 中稠的. 由于 $R(T)$ 在 X 中稠, 因而 $Q(R(T))$ 在 QX 中稠. 只要说明对每个 $y\in B_Y$, 任一 $\epsilon>0$, 存在线性组合 $\sum a_iQx_i$ 使得 $\|QTy-\sum a_iQx_i\|<\epsilon$. 选取 n, 使得 $\|T_ny-Sy\|\leqslant\|T_n-S\|<\epsilon$, 那么 $\|Q(T_ny)\|:=\|[T_ny]\|=\inf\limits_{t\in\overline{R(S)}}\|T_ny-t\|\leqslant\|T_ny-Sy\|<\epsilon$, 又注意到 $T-T_n=\sum_{i=1}^{n}x_i^*(T_{i-1}\cdot)x_i$, 因而 $Ty-T_ny=\sum_{i=1}^{n}a_ix_i$, 其中 $a_i=x_i^*(T_{i-1}y), i=1,2,\cdots,n, QTy-QT_ny=\sum_{i=1}^{n}a_iQx_i$ 以及 $\|QTy-\sum_{i=1}^{n}a_iQx_i\|=\|QT_ny\|<\epsilon$.

(b) 验证 $\dim(QX)=\dim(X/\overline{R(S)})=\infty$, 只须说明序列 $\{Qx_i\}$ 在 $X/\overline{R(S)}$ 中是线性无关的.

注意到 $\sum_{i=1}^{n}a_iQx_i=0$ 当且仅当 $\sum_{i=1}^{n}a_ix_i\in\overline{R(S)}\subseteq\bigcap\limits_{i=1}^{n}N(x_i^*)$ 且 $x_i^*(x_j)=$

$\begin{cases} 1, & i=j \\ 0, & i<j \end{cases}$. 因而 $\sum a_i Qx_i = 0$ 蕴涵 $\sum_{i=1}^n a_i x_i \in \bigcap_{i=1}^n N(x_i^*)$, 故 $a_1 = a_2 = \cdots = 0$. 定理证毕.

推论 4.6.7 如果存在算子 $T \in B_C(Y, X)$, 则 Banach 空间 X 有无限维可分商.

推论 4.6.8 如果存在算子 $T \in B_C(X)$, 则 Banach 空间 X 有无限维可分商.

定理 4.6.9 如果 X 有无限维可分商, 则 X 有一个无限维的可分的拟可补子空间.

证 设 Q 是典则商映射 : $X \to X/Y$, 其中 Y 是 X 的一个闭子空间, 使得 X/Y 是无限维、可分的, 取 X/Y 的一个可数稠子集 $\{\bar{x}_i\} \subseteq X/Y$, 对每一 $\bar{x}_n$, 由于 Q 是满射, 总可取得 $x_n \in X$, 使得 $Qx_n = \bar{x}_n, \|x_n\| \leqslant \|\bar{x}_n\| + \dfrac{1}{n^2}(n = 1, 2, \cdots)$. 令 $Z = \overline{\mathrm{span}}\{x_n\}$, 则 Z 是 X 的可分、无限维闭子空间.

验证 $X = Z + Y$: 给定任一 $\bar{x} \in X/Y$, 存在自然数的严格单增序列 (n_p), 使得 $\|\bar{x} - (\bar{x}_{n_1} + \bar{x}_{n_2} + \cdots + \bar{x}_{n_p})\| \leqslant \dfrac{1}{p^2}, p = 1, 2, \cdots$.

由于

$$\begin{aligned}
\|x_{n_{p+1}}\| &\leqslant \|\bar{x}_{n_{p+1}}\| + \frac{1}{n_{p+1}^2} \\
&= \|\bar{x} - (\bar{x}_{n_1} + \bar{x}_{n_2} + \cdots + \bar{x}_{n_{p+1}}) - [\bar{x} - (\bar{x}_{n_1} + \bar{x}_{n_2} + \cdots + \bar{x}_{n_p})]\| + \frac{1}{n_{p+1}^2} \\
&\leqslant \|\bar{x} - (\bar{x}_{n_1} + \bar{x}_{n_2} + \cdots + \bar{x}_{n_{p+1}})\| + \|\bar{x} - (\bar{x}_{n_1} + \bar{x}_{n_2} + \cdots + \bar{x}_{n_p})\| + \frac{1}{n_{p+1}^2} \\
&\leqslant \frac{1}{(p+1)^2} + \frac{1}{p^2} + \frac{1}{n_{p+1}^2} < \frac{3}{p^2}, \quad p = 1, 2, \cdots
\end{aligned}$$

立即可知级数 $\sum_{p=1}^{\infty} x_{n_p}$ 在 X 中收敛于某一 $x' \in Z$, 使得 $Qx = \bar{x} = Qx'$, 因而 $x - x' = y \in Y$, 即 $x = x' + y$, 其中 $x' \in Z, y \in Y$, 故 $X = Y + Z$.

最后, 由于 Z 是可分的, 由推论 2.4.9, 其闭子空间 $Z \bigcap Y$ 在 Z 中必是拟可补的, 故必有闭子空间 $W \subseteq Z, W \bigcap (Z \bigcap Y) = \{0\}, \overline{W + (Z \bigcap Y)} = Z$. 现在 $W \bigcap Y = \{0\}, W + Y$ 在 X 中是稠的 (因为 $W + (Z \bigcap Y)$ 在 Z 中稠), 因而 W 是 X 的无限维、可分拟可补子空间, 证毕.

引理 4.6.10 设 $\{x_n\}_{n=1}^{\infty}$ 是空间 X 中的线性无关序列, 那么存在正实数列 $\{t_n\}_{n=1}^{\infty}$ 使得 $\{y_n = t_n x_n\}$ 满足

(1) $\sum \|y_n\| < \infty$;

(2) 对每一有界实数列 $\{a_n\}_{n=1}^{\infty}$, 当 $\sum_{n=1}^{\infty} a_n y_n = 0$ 时, 必 $a_n = 0 (n = 1, 2, \cdots)$.

证 从 $\{x_n\}_{n=1}^{\infty}$ 是 X 中的线性无关列开始, 不妨设 $\|x_n\| = 1, n = 1, 2, \cdots$, 考虑由 $f_n(a_1, \cdots, a_n) = \|\sum_{i=1}^n a_i x_i\|$ 确定的连续函数 $f_n : l_{\infty}^n \to R^+$ 在 l_{∞}^n 的紧子集

$S_n := \{x = (a_1, \cdots, a_n) \in l_\infty^n, \frac{1}{2} \leqslant \|x\| = \max_{i=1,\cdots,n} |a_i| \leqslant 1\}$ 上应取到最小值 β_n, 可知 $1 \geqslant \beta_1 \geqslant \beta_2 \geqslant \cdots \geqslant \beta_n \geqslant \beta_{n+1} \geqslant \frac{1}{2}, n = 1, 2, \cdots$, 令 $t_1 = 1, t_{n+1} = 2^{-3} t_n \beta_n (n = 1, 2, \cdots)$. 以下验证 $y_n = t_n x_n$ 满足引理 4.6.10 所需结论 (1) 和 (2).

(A): $0 < t_{n+j} \leqslant (2^{-3})^j \cdot t_n \beta_n \leqslant 2^{-3j} (j, n = 1, 2, \cdots)$

故立即可得条件 (1): $\sum \|y_n\| = \sum t_n < \infty$ 成立.

其次, 若 $\{a_n\}$ 是不全为零数列 (有界), $\alpha = \sup_{n \geqslant 1} |a_n| > 0$, 设 $|a_N| > \frac{\alpha}{2}$, 假定 $|t_{n_0} a_{n_0}| = \max_{j=1,\cdots,N} |t_j a_j|$, 则 $|t_{n_0} a_{n_0}| \geqslant |t_N a_N| > t_N \cdot \frac{\alpha}{2} > 0$ 且

(B): $\|\sum_{j=1}^N t_j a_j x_j\| = |t_{n_0} a_{n_0}| \cdot \|\sum_{j=1}^N t_j a_j x_j / (t_{n_0} a_{n_0})\| \geqslant |t_{n_0} a_{n_0}| \beta_N \geqslant |t_N a_N| \beta_N > t_N \beta_N \alpha / 2$, 又由 (A) 得

(C): $\|\sum_{j=1}^\infty t_{N+j} a_{N+j} x_{N+j}\| \leqslant \alpha \sum_{j=1}^\infty t_{N+j} \leqslant \alpha t_N \beta_N \sum_{j=1}^\infty (2^{-3j}) < \alpha t_N \beta_N / 4$.

由 (B)、(C) 两式得证: $\|\sum_{i=1}^\infty a_i y_i\| = \|\sum_{i=1}^\infty t_i a_i x_i\| \geqslant \|\sum_{j=1}^N t_j a_j x_j\| - \|\sum_{j=1}^\infty t_{N+j} a_{N+j} x_{N+j}\| > (\alpha t_N \beta_N / 2) - (\alpha t_N \beta_N / 4) = (\alpha t_N \beta_N / 4) > 0$, 即得证条件 (2).

引理 4.6.11 如果空间 X 是可分的, 空间 Y^* 是 w^* 可分的, 则存在一个紧算子 $T \in B_C(Y, X)$.

证 由前面的命题 4.6.3, 可取到线性无关列 $\{y_n^*\} \subseteq Y^*$ 和线性无关列 $\{x_n\} \subseteq X$, 使得 $\|y_n^*\| = \|x_n\| = 1, \{y_n^*\}$ 是 Y^* 中的完全子集, 且 $\overline{\text{span}}\{x_n\} = X$.

由引理 4.6.10, 存在 $\bar{y}_n^* = t_n y_n^*$ 与 $\bar{x}_n = t_n' x_n$ 使得 $\{\bar{y}_n^*\}$ 在 Y^* 与 $\{\bar{x}_n\}$ 在 X 中分别都满足引理 4.6.10 的条件 (1) 和 (2).

定义 Y 到 X 中的线性映射 $Ty = \sum_{n=1}^\infty \bar{y}_n^*(y) \bar{x}_n$, 验证 T 是一个紧算子且 $T \in B_C(Y, X)$:

注意到 T 由 $Ty = \sum_1^\infty \bar{y}_n^*(y) \bar{x}_n$ 确定且 $\sum \|\bar{y}_n^*\| \cdot \|\bar{x}_n\| < \infty$, 故作为有限秩算子列的范数极限 ,$T$ 是紧算子 ,$R(T)$ 非闭. 次证 T 是单射. 若 $Ty = 0$, 则 $\sum a_n \bar{x}_n = 0$, 其中 $a_n = \bar{y}_n^*(y)$, 由于 $\{\bar{x}_n\}$ 满足引理 4.6.10 中条件 (2), 故各 $a_n = 0$, 即 $t_n y_n^*(y) = 0$, 但各 $t_n > 0$, 故 $y_n^*(y) = 0 (n = 1, 2, \cdots)$, 再由 $\{y_n^*\}$ 的完全性选定, 得出 $y = 0$. 最后证 $\overline{R(T)} = X$. 若不然, 应有 $0 \neq x^* \in X^*$, 使一切 $y \in X$, 成立 $x^*(Ty) = 0 = x^*(\sum \bar{y}_n^*(y) \bar{x}_n) = x^*(\sum t_n t_n' y_n^*(y) x_n) = \sum t_n t_n' y_n^*(y) x^*(x_n) = (\sum t_n t_n' x^*(x_n) y_n^*)(y)$, 故 $\sum t_n t_n' x^*(x_n) y_n^* = 0$. 注意到 $\bar{y}_n^* = t_n y_n^*$ 满足引理 4.6.10 中条件 (2), 故各 $t_n' x^*(x_n) = 0$, 进而 $x^*(x_n) = 0 (n = 1, 2, \cdots)$, 但 $\overline{\text{span}}\{x_n\} = X$, 故 $x^* = 0$, 矛盾.

推论 4.6.12 对每个无限维可分的 Banach 空间 $X, B_C(X) \neq \varnothing$.

定理 4.6.13 如果 Banach 空间 X 有一个无限维的、可分的拟可补子空间, 则存在一个 Banach 空间 Y, 使得 $B_C(Y, X) \neq \varnothing$.

证 设 Z 与 M 是 X 的两个闭子空间, 其中 Z 是无限维可分的 ,$Z \bigcap M =$

$\{0\}, Z+M$ 在 X 中稠. 对于子空间 $Y_0 = Z+M$ 定义一个新范数 $\|\cdot\|_0$, 它由 $\|y\|_0 = \|z\|+\|m\|$(对每一 $z\in Z, m\in M$) 确定, 那么 $Y := (Y_0, \|\cdot\|_0)$ 是一个 Banach 空间, 且 $Y = Z\bigoplus M$, 恒同映射 $i: Y \longrightarrow Y_0 \subseteq X$ 显然是有界线性算子.

对于 $Y = Z\bigoplus M$, 设 P 是沿着 Z 到 M 上的投影. 易知 $P\in B(Y), \|P\|=1$, 应用推论 4.6.12, 我们取到一个算子 $T_0\in B_C(Z)$, 令 $T_1 = T_0(I-P)+P$, 则 $T_1\in B_C(Y)$. 再令 $T = iT_1 \in B(Y,X)$, 显然 $T\in B_C(Y,X)$, 证毕.

到此为止, 我们已经获得了如下结果:

定理 4.6.14 设 X 是无限维 Banach 空间, 则如下各陈述是彼此等价的:

(1) X 有无限维可分商;

(2) 存在一个 Banach 空间 Y, 使 $B_C(Y,X)\neq\varnothing$;

(3) 存在一个 Banach 空间 Y, 使 $B_{C^-}(Y,X)\neq\varnothing$;

(4) X 有一个无限维的可分的拟可补子空间.

证 (2)⇒(3): 依定义为显然.

(3)⇒(1): 即上述定理 4.6.6.

(1)⇒(4): 即上述定理 4.6.9.

(4)⇒(2): 即上述定理 4.6.13.

算子不变子空间问题在算子理论中扮演着极为基本的角色. 就我们所查, 是否存在一个无限维 Banach 空间 X, 其上每个有界线性算子都有不变子空间问题至今还未解决 (见文献 [22] 和 [23] 等).

下面的结果, 十分有趣地将无限维可分商问题与不变子空间问题联系起来了.

定理 4.6.15 如果 Banach 空间 X 没有无限维可分商, 则每个算子 $0\neq T\in B(X)$ 都有非平凡的超不变子空间.

证 由上述推论 4.6.8, $B_C(X)=\varnothing$, 那么对每一 $0\neq T\in B(X), T\notin B_C(X)$,

(1) 或者 $\ker(T)\neq\{0\}$, 易知 $\ker(T)$ 就是 T 的一个非平凡的超不变子空间;

(2) 或者 $\ker(T)=\{0\}$ 且 $\overline{R(T)}\neq X$, 则 $\overline{R(T)}$ 就是 T 的一个非平凡的超不变子空间;

(3) 或者 $\ker(T)=\{0\}, R(T)=\overline{R(T)}=X$, 由 Banach 逆算子定理 ,$T$ 是可逆算子, 设 $x\in X, x\neq 0$, 令 $Y=\overline{\text{span}}\{T^n x\}_{n=0}^{\infty}(T^0x=x)$, 则 $Y\neq\{0\}$, 且 $Y\neq X$, 由 X 是不可分的. 于是易知 Y 是 T 的一个非平凡的超不变子空间.

现在, 我们来说明无限维可分商空间问题与 $(\mathbb{A},\mathbb{B})$ 型广义算子理想中一个问题的联系, 需要说明的, Gonzalez 与 Martinon 已经揭示了这种联系, 见文献 [114] 的命题 2.10, 我们的工作是: 修正了他们在论证中的缺陷, 推广了其结果.

回顾上一节, 严格余奇异算子理想用 $\mathbb{SC}$ 表示. 另外记号 $(\mathbb{L},\mathbb{SC}), s_{\mathbb{A}}(X), l_\infty(X)$ 等的意义, 也同上一节.

引理 4.6.16　设 X 是一个 Banach 空间, 那么存在序列 $\{x_n\} \in l_\infty(X) \setminus s_{\mathbb{SC}}(X)$ 当且仅当 X 有无限维可分商.

证　如果 $\{x_n\} \in l_\infty(X) \setminus s_{\mathbb{SC}}(X)$, 那么依定理 4.5.16, 由 $Ke_n = x_n$ 确定的算子 K 就不属于 $\mathbb{SC}(l_1, X)$, 由严格余奇异算子的定义, 存在一个无限维的商映射 $Q \in B(X, X_0)$ 使得 $K_1 = QK$ 是一个满射, 由于 l_1 是可分的, 因而 X_0 是 X 的无限维可分商.

反之, 如果 X_0 是 X 的一个无限维可分的商空间 ,$Q \in B(X, X_0)$ 是相应的商映射. 那么, 由 Banach-Mazur 定理 (命题 1.3.5), 存在一个满射算子 $\hat{K} \in B(l_1, X_0)$. 应用 l_1 的提升性质 (命题 1.3.9), 存在一个 $K \in B(l_1, X)$ 使得 $\hat{K} = QK$. 设 $x_n = Ke_n \in X$, 那么由定义 $K \notin \mathbb{SC}(l_1, X)$, 并且由命题 4.5.16, $\{x_n\} \in l_\infty(X) \setminus s_{\mathbb{SC}}(X)$, 证毕.

定理 4.6.17　如下各陈述是彼此等价的:

(1) $(\mathbb{L}, \mathbb{SC}) = \mathbb{SC}$;

(2) $(\mathbb{L}, \mathbb{SC})$ 是真、闭与满射的算子理想;

(3) $(\mathbb{L}, \mathbb{SC})$ 是真算子理想;

(4) 对每个无限维 Banach 空间 X, 恒同算子 $I \notin (\mathbb{L}, \mathbb{SC})(X)$;

(5) 在每个无限维 Banach 空间 X 中, 存在 $\{x_n\} \in l_\infty(X) \setminus s_{\mathbb{SC}}(X)$;

(6) 对每个无限维 Banach 空间 X, 存在一个算子 $K \in B(l_1, X) \setminus \mathbb{SC}(l_1, X)$;

(7) 每个无限维 Banach 空间 X 有一个无限维可分商.

证　(1)⇒(2): 由于 $\mathbb{SC}$ 是真、闭并且满射的.

(2)⇒(3): 显然.

(3)⇒(4): 由真算子理想的定义.

(4)⇒(5): 显然.

(5)⇒(6): 由上述引理 4.6.16.

(6)⇒(7): 由上述引理 4.6.16.

(7)⇒(1): 由上述引理 4.6.16, 当 X 有无限维可分商, 就存在 $\{x_n\} \in l_\infty(X) \setminus s_{\mathbb{SC}}(X)$, 等价地, 恒等算子 $I \notin (\mathbb{L}, \mathbb{SC})(X)$, 这就意味着 $(\mathbb{L}, \mathbb{SC})(X)$ 是 $B(X)$ 中真算子理想. 现在, 由定理 4.5.26, $(\mathbb{L}, \mathbb{SC}) \supseteq \mathbb{SC}$, 另一方面 $(\mathbb{L}, \mathbb{SC})$ 是一个真、闭、满射算子理想, 但已知 $\mathbb{SC}$ 是最大的真、闭、满射算子理想, 于是又有 $(\mathbb{L}, \mathbb{SC}) \subseteq \mathbb{SC}$, 因而 $(\mathbb{L}, \mathbb{SC}) = \mathbb{SC}$, 证毕.

作为本节的结束, 我们还要说明无限维可分商问题与遗传不可分解空间的联系. 关于遗传不可分解空间的研究成果, 我们将在第 6 章详细展开.

定理 4.6.18　如果 X 是一个不可分的 Banach 空间 ,X^* 是一个遗传不可分解的空间, 则 X 没有无限维可分商.

证　假如 X 有一个无限维可分的商 X/Y, 那么由上述定理 4.6.9 的第一部分, 存在无限维可分子空间 $Z \subseteq X$ 使得 $X = Z + Y$, 注意到 Z 与 Y 是无限亏维的，那么由引理 6.1.13, Z^0 与 Y^0 就是 X^* 中互相垂直的子空间，这就导出了 X^* 有可分解的子空间 $Y^0 \bigoplus X^0$, 矛盾，证毕.

§4.7 空间的不可比性

1 空间 X 和 Y 的不可比与余不可比性

研究 Banach 空间的结构，同构问题自然是最基本的. 当然，除了特别指明外，本书所指的两个 Banach 空间 X 和 Y 同构，都是指线性同构、范数拓扑同胚. 在 X 与 Y 同构时, 还可以进一步考虑其同构程度, 例如引入二者之间的 Banach-Mazur 距离 $d(X,Y) := \inf\{\|T\|\cdot\|T^{-1}\|\}$, 其中 T 取遍 X 到 Y 的连续线性双射. 更多需要研讨的情况是当 X 与 Y 不同构时，如何来讨论二者不同构的程度，于是本节所论空间之间的不可比 (余不可比) 问题就自然是必要的. 另外，读者很快就会看到，把空间的不可比性内容置为本章的一节，确乎是恰当的：它们与算子理想和空间理想问题都有非常有趣的内在联系.

定义 4.7.1 无限维 Banach 空间 X 和 Y 称为是完全不可比的 (totally incomparable), 如果 X 与 Y 中没有同构的无限维闭子空间 (以下经常简称子空间). 换句话说，只要有空间 Z 既嵌入 X, 又嵌入 Y, 则 Z 必是有限维的. 以后把 X 与 Y 完全不可比就简称为不可比，并记为 $X \longleftrightarrow Y$.

从定义可知 ,$X \longleftrightarrow Y$, 就是指 $X(Y)$ 不含对方的 (闭无限维) 子空间 copy, 故空间不可比概念是研究空间的子空间结构问题的很自然需要，并且从本书的前两章，我们很容易得到许多不可比空间的实例. 例如 $c_0 \longleftrightarrow l_p$ $(1 \leqslant p < \infty), l_q \longleftrightarrow l_p$ $(1 \leqslant p \neq q < \infty)$.

由定义可直接得到如下

命题 4.7.2 如果 $X \longleftrightarrow Y$, 则 $B(X,Y) = S(X,Y), B(Y,X) = S(Y,X)$.

注 4.7.3 逆命题不成立，例如我们可证 $B(C[a,b],l_2) = S(C[a,b],l_2)$, 但由于 $C[a,b]$ 是对可分空间万有的，故这时 $X \longleftrightarrow Y$ 不成立. 至于每个 $T \in B(C[a,b],l_2)$ 都是严格奇异算子的原因, 只要回忆起 $C[a,b]$ 是 DP 空间 (见 §1.6), T 就是 DP算子, 它把每个弱紧集射为范数相对紧集.

定义 4.7.4 无限维 Banach 空间 X 和 Y 称为是完全余不可比的 (totally co-incom parable), 如果它们没有同构的无限维商空间. 换句话说，只要 X 与 Y 分别都有到某空间 Z 上的连续线性满射，则 Z 必是有限维的. 以后把 X 与 Y 完全余不可比就简称为余不可比，并记为 $X \overset{\text{co}}{\longleftrightarrow} Y$.

$X \overset{\text{co}}{\longleftrightarrow} Y$ 的实例相对较不直观的话，我们可以用如下对偶性命题得到一些启发.

命题 4.7.5 设 X 与 Y 是无限维 Banach 空间，那么

(i) $X^* \longleftrightarrow Y^* \Longrightarrow X \overset{\text{co}}{\longleftrightarrow} Y$

(ii) $X^* \overset{\text{co}}{\longleftrightarrow} Y^* \Longrightarrow X \longleftrightarrow Y$

注 4.7.6 (1) 命题 4.7.5 的证明是容易的, 故从略. 需要指明的是该命题的两个结论都不可逆: (i) c_0 与 l_∞ 是余不可比的 : $c_0 \overset{\text{co}}{\longleftrightarrow} l_\infty$(见例 4.1.14 后的说明), 而 $l_1 = c_0^*$ 与 $l_\infty^* = l_1^{**}$ 显然可比; (ii) $l_2 \longleftrightarrow l_1$, 但 $l_2 = l_2^* \subseteq l_1^* = l_\infty$, 故 l_2^* 与 l_1^* 当然非余不可比 (命题 1.5.18).

(2) 当然, 当 X 与 Y 自反时, 命题 4.7.5 的两个结论都是可逆的, 例如取 $X = l_p, Y = l_q$ $(1 < p \neq q < \infty)$.

命题 4.7.7 如果 $X \overset{\text{co}}{\longleftrightarrow} Y$, 则 $B(X,Y) = SC(X,Y), B(Y,X) = SC(Y,X)$. 但一般说来逆命题不成立 (留给读者考虑).

当 M 与 N 同为某个 Banach 空间 X 的 (无限维闭) 子空间时 ,$M + N$ 作为 X 的子空间是否闭的问题, 是子空间结构中基本而有趣的问题. 我们先给出如下基本事实:

命题 4.7.8 设 X 是一个无限维 Banach 空间, 那么

(1) 存在闭子空间 $M, N \subseteq X$, 使得 $M + N$ 非闭;

(2) 闭子空间 $M, N \subseteq Z$, 当 M 或 N 中的某一个是有限维时 ,$M + N$ 闭;

(3) $M + N$ 闭的充分必要条件是 $M^0 + N^0$ 在 X^* 中闭.

命题的证明留给读者, 或参阅文献 [125] 和 [106] 等.

现在, 我们来说明空间的可比性如何应用于判定 $M + N$ 闭.

命题 4.7.9 设 X 是一个无限维 Banach 空间 ,M 和 N 是 X 的两个无限维闭子空间, 那么

(1) 如果 $M \longleftrightarrow N$, 则 $M + N$ 闭;

(2) 如果 $X/M \overset{\text{co}}{\longleftrightarrow} X/N$, 则 $M + N$ 闭.

命题的证明可参阅文献 [126] 和 [106] 等.

2 关于三空间的空间理想

让我们从 Banach 空间理论的三空间问题说起.

定义 4.7.10 设 P 是 Banach 空间的某种性质 (例如 ,P 指可分性, 或 P 指自反性, 或 P 指一致凸性等), 那么关于 P 的三空间问题就是指, 设 Y 是 Banach 空间 X 的一个 (闭) 子空间, 当子空间 Y 与相应商空间 X/Y 都有性质 P 时, 问 X 是否也有性质 P? 如果对每个 Banach 空间 X, 关于 P 的三空间问题都是肯定回答, 则称 P 是三空间性质或 P 有三空间性质.

例如, 已知可分性、自反性等都是三空间性质; 逼近性质, 弱 Banach-Saks 性质都不是三空间性质 (但 Banach-Saks 性质却是). 详见文献 [127], 那里的附录开列

出 160 多种三空间问题的阶段性研究结果.

三空间性质研究的引入是自然的：它是某种性质关于子空间与商空间是否遗传的研究的反作用，要更精确的追其研究动因与背景的话，似乎源于近世代数的短正合序列：

$$0 \longrightarrow Y \xrightarrow{\ \mathrm{i}\ } X \xrightarrow{\ \mathrm{q}\ } Z \longrightarrow 0$$

于是 V.M.Onieva 在文献 [128] 巧妙地引入了三空间的 Banach 空间理想的概念.

定义 4.7.11 Banach 空间全体 $\mathcal{L}$ 的一个子类 $\mathcal{A}$ 称为是三空间的空间理想，如果满足如下 4 个条件：

(1) 1 维空间 $\mathbf{R}$(或 $\mathbf{C}$) 属于 $\mathcal{A}$;

(2) $\mathcal{A}$ 是同构稳定 (封闭) 的；

(3) 如果 $X \in \mathcal{A}, Y$ 是 X 的一个可补子空间，则 $Y \in \mathcal{A}$;

(4) $\mathcal{A}$ 关于三空间性质封闭：当空间 X 有一个子空间 $Y \in \mathcal{A}$ 与相应商空间 $X/Y \in \mathcal{A}$ 时，$X \in \mathcal{A}$.

注 4.7.12 比较空间理想的定义 4.2.1, 可以说三空间的空间理想就是关于三空间性质封闭的空间理想. 一个空间理想未必是三空间的空间理想, 例见文献 [106].

本书在这里介绍三空间的空间理想，就因为它可以由空间的不可比性诱导出，下面就予以说明.

定义 4.7.13 设 $\mathcal{A} \subseteq \mathcal{L}$ 是 Banach 空间全体 $\mathcal{L}$ 的一个给定子类，按不可比性给出 $\mathcal{A}^i$ 和 $\mathcal{A}^c$ 的如下定义：

(1) $\mathcal{A}^i := \{X \in \mathcal{L} : X \longleftrightarrow Y, \text{对每个} Y \in \mathcal{A}\}$;

(2) $\mathcal{A}^c := \{X \in \mathcal{L} : X \overset{\text{co}}{\longleftrightarrow} Y, \text{对每个} Y \in \mathcal{A}\}$;

同时也仿照对偶“程序”定义：

(3) $\mathcal{A}^{id} := \{X \in \mathcal{L} : X^* \longleftrightarrow Y^*, \text{对每个} Y \in \mathcal{A}\}$;

(4) $\mathcal{A}^{cd} := \{X \in \mathcal{L} : X^* \overset{\text{co}}{\longleftrightarrow} Y^*, \text{对每个} Y \in \mathcal{A}\}$.

命题 4.7.14 $\mathcal{A}^{id} \subseteq \mathcal{A}^c, \mathcal{A}^{cd} \subseteq \mathcal{A}^i$

证 由命题 4.7.5 即得证.

命题 4.7.15 对每个空间类 $\mathcal{A} \subseteq \mathcal{L}$, 都有

(1) $\mathcal{A}^i$ 是三空间的内射空间理想；

(2) $\mathcal{A}^c$ 是三空间的满射空间理想.

推论 4.7.16 对每个空间类 $\mathcal{A} \subseteq \mathcal{L}$, 都有

(1) $\mathcal{A}^{id}$ 是三空间的满射的空间理想；

(2) $\mathcal{A}^{cd}$ 是三空间的内射的空间理想.

命题 4.7.15 与推论 4.7.16 的证明从略，请参阅文献 [106] 和 [128] 等.

3　关于非本性算子理想 $\mathbb{I}$(根算子理想)

为了引入本性不可比 Banach 空间的概念，需要回顾与加深对于作为广义算子理想的非本性算子理想的认识. 如下定义实际上就是定义 4.4.8 中对一般 $\mathbb{A}^r$ 取 $\mathbb{A}$ 为紧算子理想 $\mathbb{K}$ 的特例.

定义 4.7.17　非本性算子理想 $\mathbb{I} := \mathbb{K}^r$, 即其每个分支

$\mathbb{I}(X,Y) := \{S \in B(X,Y)$: 对每个$T \in B(Y,X)$,存在一个$R \in B(X)$和$K \in \mathbb{K}(X)$,使得$R(I_X - TS) = I_X - K\}$.

从定义可知，所谓非本性算子理想 $\mathbb{I}$, 就是对紧算子理想 $\mathbb{K}$ 取根"运算程序"后的算子理想 (它是算子理想的结论由命题 4.4.10 保证), 或等价地称呼非本性算子理想为 (关于紧算子的) 根算子理想.

那么，容易证明如下关于非本性算子的特征刻画.

定理 4.7.18　设 X, Y 是 Banach 空间，$S \in B(X,Y)$, 则如下陈述是等价的:

(a_1) $S \in \mathbb{I}(X,Y)$(见定义 4.7.17).

(a_2) 对每个 $T \in B(Y,X)$, 存在 $R \in B(X)$ 和 $K_1, K_2 \in \mathbb{K}(X)$, 使得 $R(I_X - TS) = I_X - K_1$ 与 $(I_X - TS)R = I_X - K_2$.

(a_3) 对每个 $T \in B(Y,X)$, 存在 $V \in B(Y)$ 和 $K_1, K_2 \in \mathbb{K}(Y)$, 使得 $V(I_Y - ST) = I_Y - K_1$ 与 $(I_Y - ST)V = I_Y - K_2$.

(b_1) $S \in \mathbb{F}^r$, 即对每个 $T \in B(Y,X)$, 存在一个 $R \in B(X)$ 和 $K \in \mathbb{F}(X)$, 使得 $R(I_X - TS) = I_X - K$.

(b_2) 对每个 $T \in B(Y,X)$, 存在 $R \in B(X)$ 和 $K_1, K_2 \in \mathbb{F}(X)$, 使得 $R(I_X - TS) = I_X - K_1$ 与 $(I_X - TS)R = I_X - K_2$.

(b_3) 对每个 $T \in B(Y,X)$, 存在 $V \in B(Y)$ 和 $K_1, K_2 \in \mathbb{F}(Y)$, 使得 $V(I_Y - ST) = I_Y - K_1$ 与 $(I_Y - ST)V = I_Y - K_2$.

(c_1) $S \in \overline{\mathbb{F}}^r$, 即对每个 $T \in B(Y,X)$, 存在一个 $R \in B(X)$ 和 $K \in \overline{\mathbb{F}}(X)$, 使得 $R(I_X - TS) = I_X - K$.

(c_2) 对每个 $T \in B(Y,X)$, 存在 $R \in B(X)$ 和 $K_1, K_2 \in \overline{\mathbb{F}}(X)$, 使得 $R(I_X - TS) = I_X - K_1$ 与 $(I_X - TS)R = I_X - K_2$.

(c_3) 对每个 $T \in B(Y,X)$, 存在 $V \in B(Y)$ 和 $K_1, K_2 \in \overline{\mathbb{F}}(Y)$, 使得 $V(I_Y - ST) = I_Y - K_1$ 与 $(I_Y - ST)V = I_Y - K_2$.

(d_1) 对每个 $T \in B(Y,X), I_X - TS \in \Phi_+(X)$.

(d_2) 对每个 $T \in B(Y,X), I_X - TS \in \Phi(X)$.

(d_3) 对每个 $T \in B(Y,X), I_X - TS \in \Phi_-(X)$.

(e_1) 对每个 $T \in B(Y,X), I_Y - ST \in \Phi_+(Y)$.

(e_2) 对每个 $T \in B(Y,X), I_Y - ST \in \Phi(Y)$.

(e_3) 对每个 $T \in B(Y,X), I_Y - ST \in \Phi_-(Y)$.

证 定理证明的第一要素为证明如下一般性结果 (注 4.4.16): 设 $\mathbb{A}$ 是一个广义算子理想，则如下陈述等价:

(1) $S \in \mathbb{A}^r(X,Y)$, 即对每个 $T \in B(Y,X), I_X - TS$ 模 $\mathbb{A}$ 左可逆: 存在 $R \in B(X)$ 和 $K \in \mathbb{A}(X)$, 使得 $R(I_X - TS) = I_X - K$;

(2) 对每个 $T \in B(Y,X), I_X - TS$ 模 $\mathbb{A}$(双侧) 可逆: 存在 $R \in B(X)$ 和 $K_1, K_2 \in \mathbb{A}(X)$, 使得 $R(I_X - TS) = I_X - K_1$ 与 $(I_X - TS)R = I_X - K_2$;

(3) 对每个 $T \in B(Y,X), I_Y - ST$ 模 $\mathbb{A}$(双侧) 可逆: 存在 $V \in B(Y)$ 和 $K_1, K_2 \in \mathbb{A}(Y)$, 使得 $V(I_Y - ST) = I_Y - K_1$ 与 $(I_Y - ST)R = I_Y - K_2$.

(1)⇒(2) 的证明: 从 (1) 得出的 $R(I_X - TS) = I_X - K_1$ 出发，就可有

$$U := I_X - R = K_1 - RTS \in \mathbb{A}^r$$

这是由于 $\mathbb{A}^r$ 是一个包含了 $\mathbb{A}$ 的算子理想 (命题 4.4.10 和 4.4.11). 那么就应有 $R_0 \in B(X)$ 和 $K_0 \in \mathbb{A}(X)$, 使得 $R_0(I_X - U) = I_X - K_0$, 于是从 $R_0R + K_0 = I_X$ 得到

$$(I_X - TS)R = R_0R(I_X - TS)R + K_0(I_X - TS)R = R_0(I_X - K_1)R + K_0(I_X - TS)R$$
$$= (R_0R + K_0) - [R_0K_1R - K_0(I_X - TS)R + K_0] = I_X - K_2$$

其中 $K_2 := R_0K_1R + K_0 - K_0(I_X - TS)R \in \mathbb{A}(X)$.

(2)⇒(1) 是显然的.

(2)⇒(3) 的证明: 对 $T \in B(Y,X)$, 由于 $S \in \mathbb{A}^r(X,Y), ST \in \mathbb{A}^r(Y)$.($\mathbb{A}^r$ 是算子理想), 故对 ST 用 (1) 与 (2) 的等价性 (这里取 $X = Y$ 情况) 就推出.

(3)⇒(1): 类似可证.

定理证明的第二要素是 : $T \in \Phi(X,Y)$ 即存在 $R_1 \in B(Y,X)$, 使得 $R_1T = I_X - K_1, K_1 \in \mathbb{K}(X)$ 与 $TR_1 = I_Y - K_2, K_2 \in \mathbb{K}(Y)$, 等价于存在 $R_2 \in B(Y,X)$, 使得 $R_2T = I_X - F_1, F_1 \in \mathbb{F}(X)$ 与 $TR_2 = I_Y - F_2, F_2 \in \mathbb{F}(Y)$. 这一事实见于 §3.1.

定理证明的第三要素是非本性算子关于空间 X, Y 的某种对称性，详见下面引理 4.7.21 与推论 4.7.22.

上述结果表明，非本性算子理想本质上是我们在 §3.2 对 $B(X)$ 中讨论过的根算子理想的推广，只不过，现在我们知道的更深刻. 它就是某个广义算子理想 $\mathbb{A}$ 的根程序化 $\mathbb{A}^r$, 其中 $\mathbb{A}$ 可以取为 $\mathbb{F} \subseteq \overline{\mathbb{F}} \subseteq \mathbb{K}$ 中的任何一个. 对比在 §3.2 中我们曾有过的结果: $\mathbb{I}(X) = J(X) = P(\Phi(X))$(命题 3.2.38), 也就是说对单个 Banach 空间 $X, B(X)$ 中的非本性算子 (根算子) 理想就是 Fredholm 算子的摄动类. 于是自然会问，在 $X \neq Y$ 时，非本性算子类 $\mathbb{I}(X,Y)$ 也可以表征为 Fredholm 算子摄动类吗？

显然相继而来的前提就被提出来了: 只有在 $\Phi(X,Y) \neq \varnothing$, 即存在从 X 到 Y 的 Fredholm 算子的情况，才值得回答这个问题.

命题 4.7.19 如果 $\varPhi(X,Y) \neq \varnothing$, 则 $S \in \mathbb{I}(X,Y)$ 的充分必要条件是 $S \in P(\varPhi(X,Y))$, 即对每个 $T \in \varPhi(X,Y), T+S \in \varPhi(X,Y)$.

证 本书从略. 建议读者参照前面命题 3.2.38 的思想方法, 自行推导, 作为一个很好的练习. 如有困难, 请查阅文献 [128]、[129] 等.

推论 4.7.20 如果 $\varPhi(X,Y) \neq \varnothing$, 则如下各陈述是等价的:

(1)$S \in \mathbb{I}(X,Y)$;

(2) 对每个 $T \in \varPhi(X,Y)$, 零维 $a(S+T) < \infty$;

(3) 对每个 $T \in B(Y,X)$, 零维 $a(I_X - TS) < \infty$(文献 [129] 指出这个特征, 不必要求 $\varPhi(X,Y) \neq \varnothing$ 也成立, 其原理类似于引理 3.2.40 的证明中提到过的 Schechter 方法);

(4) 对每个 $T \in \varPhi(X,Y)$, 闭亏维 $\bar{b}(S+T) < \infty$(其中算子 $A \in B(X,Y)$ 的闭亏维 $\bar{b}(A) := \dim Y/\overline{A(X)}$);

(5) 对每个 $T \in B(Y,X)$, 闭亏维 $\bar{b}(I_Y - ST) < \infty$(文献 [129] 证明这个特征不必要求 $\varPhi(X,Y) \neq \varnothing$ 也成立).

推论 4.7.20 的详细推证, 可见于文献 [129], [131], [132] 等.

4 本性不可比的 Banach 空间

首先要说明 $B(X,Y) = \mathbb{I}(X,Y) \Leftrightarrow B(Y,X) = \mathbb{I}(Y,X)$.

引理 4.7.21 设 X, Y 是两个 Banach 空间, $T \in B(X,Y), S \in B(Y,X)$, 则

(1) $a(I_X - ST) = a(I_Y - TS)$;

(2) $b(I_X - ST) = b(I_Y - TS)$;

(3) $\bar{b}(I_X - ST) = \bar{b}(I_Y - TS)$.

引理 4.7.21 见于文献 [133] 和 [129].

推论 4.7.22 对任意两个 Banach 空间 X 和 $Y, B(X,Y) = \mathbb{I}(X,Y)$ 的充分必要条件是 $B(Y,X) = \mathbb{I}(Y,X)$.

有了以上关于非本性算子的认识基础, 我们开始介绍本性不可比空间概念.

定义 4.7.23 称 Banach 空间 X 与 Y 是本性不可比的, 如果每个由 X 到 Y 的有界线性算子都是非本性算子, 即 $B(X,Y) = \mathbb{I}(X,Y)$. 今后我们方便地用记号 $X \stackrel{\text{ess}}{\longleftrightarrow} Y$ 表示 X 和 Y 是本性不可比的.

注 4.7.24 (1) 本性不可比概念是对称的, X 与 Y 本性不可比也可称为 Y 与 X 本性不可比, 这就是推论 4.7.22 的作用.

(2) $X \leftrightarrow Y$(或 $X \stackrel{\text{co}}{\longleftrightarrow} Y$) $\Rightarrow X \stackrel{\text{ess}}{\longleftrightarrow} Y$, 此由 $X \leftrightarrow Y$($X \stackrel{\text{co}}{\longleftrightarrow} Y$)$\Rightarrow B(X,Y) = S(X,Y)(B(X,Y) = SC(X,Y)) \subseteq \mathbb{I}(X,Y)$ 可知. 反之不然,

例如取 $X = l_\infty, Y = l_2$(见下面例 4.7.25).

(3) $X \overset{\text{ess}}{\longleftrightarrow} Y \Rightarrow \Phi(X,Y) = \varnothing$, 反之不然. 例如取 $X = L_p, Y = L_q(1 < p < q < \infty)$(注意二者都有同构于 l_2 的可补子空间, 以及见后面的命题 4.7.26).

(4) $X \overset{\text{ess}}{\longleftrightarrow} Z$ 且 $Y \overset{\text{ess}}{\longleftrightarrow} Z$, 则 $X \times Y \overset{\text{ess}}{\longleftrightarrow} Z$.

(5) $X \overset{\text{ess}}{\longleftrightarrow} Z$, 则对每个可补子空间 $Z_0 \subseteq Z$, 也有 $X \overset{\text{ess}}{\longleftrightarrow} Z_0$(但 X 未必与 Z 的所有闭子空间本性不可比).

(6) $X^* \overset{\text{ess}}{\longleftrightarrow} Y^* \Rightarrow X \overset{\text{ess}}{\longleftrightarrow} Y$ (反之不然, 见文献 [134] 的注 (a)).

例 4.7.25 如下 Banach 空间 X 与 Y 是本性不可比的:

(1) X 自反, Y 有 DP 性质 (定义见 1.2.36);

(2) X 不含 l_∞ 的 copy,$Y = l_\infty$;

(3) X 不含 c_0 的 copy,$Y = C(K)$;

(4) X 不含可补的 c_0 的 copy,$Y = C[0,1]$;

(5) X 不含可补的 l_1 的 copy,$Y = L_1[0,1]$;

(6) X, Y 是 $l_p(1 \leqslant p \leqslant \infty)$ 与 c_0 中的不同的两个空间.

上面各例中 $X \overset{\text{ess}}{\longleftrightarrow} Y$ 的理由, 请见文献 [134] 的定理 1 的证明.

上面我们给出了本性不可比空间的定义, 若干性质与实例. 也许人们总还是对把握本性不可比性质远不如不可比 (余不可比) 那么直观与明捷. 确实有这样一个突出的问题: 作为描写两个 Banach 空间结构的一种特性, 为何要如定义 4.7.23 那样用算子 $B(X,Y) = \mathbb{I}(X,Y)$ 来刻画本性不可比呢？虽然其后的注 4.7.24 多少告诉我们一些讯息, 诸如不可比空间 (余不可比空间) 必是本性不可比的, 本性不可比的两个空间可能可比, 但不可能含有双方亏维都有限的同构的子空间 (即 $\Phi(X,Y) = \varnothing$), 等等. 但总还是给人以缺憾: 那么究竟两个空间 X 和 Y 本性不可比是指在不允许子空间同构方面的哪些特征指性呢？这是非常有趣, 而且至今未圆满解决的问题. 这就是本节的重点研讨内容.

首先, 如下已知结果, 在一定程度上比 $\Phi(X,Y) = \varnothing$ 更深入地反映了本性不可比空间的“无可补子空间同构”的一种属性.

命题 4.7.26 如果 X 与 Y 是本性不可比的 Banach 空间, 则必不存在无限维 Banach 空间 Z, 使得 Z 既可补嵌入 X, 也可补嵌入 Y.

证 设 $X_1 \subseteq X, Y_1 \subseteq Y$, 无限维闭子空间 $X_1 \approx Y_1$ 且它们分别在 X 与 Y 中可补, 就可以构造出一个算子 $S = JP_1 \in B(X,Y)$, 其中 P_1 是 X 到 X_1 上的投影, J 是 X_1 到 Y_1 上的同构算子. 现在我们来证 $S \notin \mathbb{I}(X,Y)$. 事实上令 $T = J^{-1}P_2 \in B(Y,X)$, 其中 P_2 是 Y 到 Y_1 上的投影, 那么很容易说明 $I_X - TS \notin \Phi(X)$, 事实上对每一 $x \in X_1 \subseteq X, TSx = (J^{-1}P_2)(JP_1)x = (J^{-1}P_2)Jx = J^{-1}Jx = x$, 故 $\ker(I_X - TS) \supseteq X_1$,$\dim \ker(I_X - TS) \geqslant \dim X_1 = \infty$. 由定理 4.7.18 的 (d_2), 已证实 $S \notin \mathbb{I}(X,Y)$, 于是 $B(X,Y) \neq \mathbb{I}(X,Y), X$ 与 Y 非本性不可比.

正是由于命题 4.7.26,Gonzales M. 在文献 [134] 提出如下:

G 猜想 4.7.27 Banach 空间 X 与 Y 本性不可比的充分必要条件是不存在一个无限维 Banach 空间 Z, 它分别同构于 X 与 Y 的可补子空间.

G 猜想的提出应该说是有比较充分的事实依据的. 一方面, 例 4.7.25 的所举事实在支持着它. 另一方面, 有如下重要而有趣的事实:

命题 4.7.28 设 X 与 Y 是两个 Banach 空间, 其中 X 或者 Y 是次投影的, 则 G 猜想关于 X 与 Y 是成立的, 即 $X \overset{\text{ess}}{\longleftrightarrow} Y \Leftrightarrow X$ 与 Y 不含同构的 (无限维) 可补子空间.

命题 4.7.29 设 X 与 Y 是两个 Banach 空间, 其中 X 或者 Y 是超投影的, 则 G 猜想关于 X 与 Y 是成立的, 即 $X \overset{\text{ess}}{\longleftrightarrow} Y \Leftrightarrow X$ 与 Y 不含同构的 (无限维) 可补子空间.

证明见文献 [129].

上述两个命题有力地支持着 G 猜想. 我们对关于本性不可比 Banach 空间问题的 G 猜想感兴趣, 也做了如下一些工作 (详见文献 [227]). 首先, 引入如下两种新型的算子.

定义 4.7.30 $T \in B(X,Y)$ 称为是本性严格奇异算子, 若不存在 X 的 (无限维) 可补子空间 M, 使得 $T|_M$ 是一个同构, 且 $T(M)$ 在 Y 中可补. 本性严格奇异算子全体记为 $S_e(X,Y)$.

定义 4.7.31 $T \in B(X,Y)$ 称为是投影严格奇异算子, 若不存在 X 的 (无限维) 子空间 M, 使 $T|_M\colon M \to T(M)$ 是同构, 且 $T(M)$ 在 Y 中可补, 投影严格奇异算子全体记为 $S_p(X,Y)$.

由上述定义知, $S(X,Y) \subseteq S_p(X,Y) \subseteq S_e(X,Y)$. 其中 $S(X,Y)$ 表示严格奇异算子.

对于上述定义的两种算子, 我们得到一些有趣的结果.

定理 4.7.32 $S_p(X,Y) = S_e(X,Y)$.

证 只需证明 $S_e(X,Y) \subseteq S_p(X,Y)$. 设 $T \in S_e(X,Y) \backslash S_p(X,Y)$, 则存在子空间 $M \subseteq X$, 使 $T|_M\colon M \to T(M)$ 是一个同构, 且 $T(M)$ 在 Y 中可补. 故可取到一个 Y 到 $T(M)$ 上的投影算子 Q. 令 $P = (T|_M)^{-1}QT$, 则 $P^2 = (T|_M)^{-1}QT(T|_M)^{-1}QT = (T|_M)^{-1}QT = P$, 且 $R(P) = M$, 故 $P: X \to M$ 是投影算子, 故 M 在 X 中可补. 这和 $T \in S_e(X,Y)$ 矛盾, 故 $S_p(X,Y) = S_e(X,Y)$.

定理 4.7.33 $\mathbb{I}(X,Y) \subseteq S_p(X,Y)$.

证 设 $T \in \mathbb{I}(X,Y) \backslash S_p(X,Y)$, 则存在 (无限维) 子空间 $M \subseteq X$, 使 $T|_M\colon M \to T(M)$ 是一个同构, 且 $T(M)$ 在 Y 中可补. 于是可取到一个 Y 到 $T(M)$ 上的投影算子 P. 令 $S = (T|_M)^{-1}P$, 则 $S \in B(Y,X)$, 且 $M \subseteq \ker(I_X - ST)$, 故 $a(I_X - ST) = \infty$. 这和 $T \in \mathbb{I}(X,Y)$ 矛盾.

定理 4.7.34 X, Y 不含同构的可补子空间 $\Leftrightarrow B(X,Y) = S_p(X,Y)$.

证 $\Rightarrow$ 设 $T \in B(X,Y)\backslash S_p(X,Y)$, 由定理 4.7.32 知 $T \notin S_e(X,Y)$, 则存在可补子空间 $M \subseteq X$, 使 $T|_M: M \to T(M)$ 是一个同构, 且 $T(M)$ 在 Y 中可补. 矛盾.

$\Leftarrow$ 设 X,Y 含有同构的可补子空间 M,N, 取 $P: X \to M$, 是一个 X 到 M 上的投影算子. $J: M \to N$ 是同构, 令 $T = JP$, 则 $T \in B(X,Y)$. 但 $T|_M = J: M \to J(M) = N$. 故 $T \notin S_p(X,Y)$. 矛盾.

推论 4.7.35 $B(X,Y) = S_p(X,Y) \Leftrightarrow B(Y,X) = S_p(Y,X)$.

定理 4.7.36 $S_p(X,Y)$ 满足左 (右) 吸收律, 即: 若 $S \in S_p(X,Y)$, 那么对任一 $R \in B(Y,Y_0)$ 和任一 $T \in B(X_0,X)$, 有 $RST \in S_p(X_0,Y_0)$, 其中 X_0,Y_0 为任意的 Banach 空间.

证 设 $RST \notin S_p(X_0,Y_0)$, 则存在 X_0 的子空间 M_0, 使 $RST|_{M_0}: M_0 \to RST(M_0)$ 是同构, 且 $RST(M_0)$ 在 Y_0 中可补. 令 $Q: Y_0 \to RST(M_0)$ 是投影算子. 易证明: $T|_{M_0}: M_0 \to T(M_0), S|_{T(M_0)}: T(M_0) \to ST(M_0), R|_{ST(M_0)}: ST(M_0) \to RST(M_0)$ 均为同构. 令 $P = (R|_{ST(M_0)})^{-1}QR$, 则 P 是由 Y 到 $ST(M_0)$ 上的投影算子. 从而 $ST(M_0)$ 在 Y 中可补. 这和 $S \in S_p(X,Y)$ 矛盾. 证毕.

下面我们再给出投影严格奇异算子的另一种刻画.

定理 4.7.37 设 $T \in B(X,Y)$, 则下列两种论述等价:

(1) $T \in S_p(X,Y)$;

(2) 不存在亏维无限的闭子空间 $N(\subseteq Y)$, 使 $Q_N T: X \to Y/N$ 是满射, 且 $T^{-1}(N) := \{x \in X: 存在\ y \in N, 使得\ Tx = y\}$ 在 X 中可补. 其中 $Q_N: Y \to Y/N$ 是商映射.

证明见文献 [135] 或 [227].

我们需要 Gowers W.T. 和 Maurey B. 在文献 [136] 建立的遗传不可分解空间的概念: X 称为可分解的, 若它可以表为两个无限维闭子空间 Y 和 Z 的拓扑直和, $X = Y \bigoplus Z$. 如果 X 不仅不可以分解, 而且 X 的每个子空间都不可分解, 称 X 是遗传不可分解. 记为 H.I.(见定义 6.1.11).

由于空间 X 的一个子空间 M 可补, 是指 X 有拓扑直和分解 $X = M \bigoplus N$, 则和次投影空间类相比, 不妨说, 遗传不可分解空间类就是可补子空间最少的一类 Banach 空间. 有趣的是, 我们下面证明对于遗传不可分解空间 G 猜想也成立. 还需要关于遗传不可分解空间上算子构成的一个重要事实: 设 X 是一个遗传不可分解空间, 则 $B(X) = \{\lambda I_X + S: \lambda \in \mathbf{R}\ 或\ \mathbf{C}, S \in S(X)\}$(见定理 6.1.41).

定理 4.7.38 设 X,Y 都为 Banach 空间, 只要 X,Y 中有一个为 H.I. 空间, 则 G 猜想关于 X 和 Y 成立, 就是下列两种情况等价:

(1) $B(X,Y) = \mathbb{I}(X,Y)$;

(2) $B(X,Y) = S_p(X,Y)$.

证 由前述的对称性, 不妨设 X 为遗传不可分解空间. 又由定理 4.7.33 知只须证明 2) $\Rightarrow$ 1). 设 $T \in B(X,Y)\backslash \mathbb{I}(X,Y)$, 由推论 4.7.20 的 (3), 则存在 $A \in B(Y,X)$, 使 $\dim\ker(I_X - AT) = \infty$. 因为 X 为遗传不可分解空间, 由上一事实, $AT = \lambda I_X + S$, 其中 λ 是数, S 是一个严格奇异算子 (更是非本性算子). 下面分两种情况推出矛盾. 当 $\lambda \neq 0$ 时, 一方面由定理 4.7.18 知 $AT = \lambda I_X + S \in \Phi(X)$. 这表明 X 有直和分解, $X = \ker(AT) \bigoplus M = \mathrm{Im}(AT) \bigoplus N$, 其中 $\dim\ker(AT) < \infty, AT\mid_M: M \to \mathrm{Im}(AT)$ 是同构, 且因 $\dim N = \dim X/\mathrm{Im}(AT) < \infty$, 于是 M 和 $\mathrm{Im}(AT)$ 都是 X 的可补子空间; 另一方面, 由定理 4.7.36, 因 $T \in S_p(X,Y)$ 导致 $AT \in S_p(X)$. AT 不能实现两个可补子空间 M 和 $\mathrm{Im}(AT)$ 之间的同构映射, 矛盾. 当 $\lambda = 0$ 时, $AT = S$ 是一个严格奇异算子 (更是非本性算子), 故又有 $I_X - AT = I_X - S \in \Phi(X)$, 就有 $\dim\ker(I_X - AT) < \infty$, 也产生矛盾. 定理证毕.

关于 G 猜想, 还有许多问题值得深入探讨. 以上权作一个导引.

注: 本书定稿后, 作者从文献: Math.Z.233(2000):471 ~ 479 获讯息, 存在 Banach 空间 X(就是本书例 6.2.59 中的移位空间), 其上有算子 $T \in S_p(X)\backslash J(X)$, 于是导致 G 猜想被否定解决.

第 5 章　黎 斯 算 子

§ 5.1　黎斯算子研究的背景与意义

由于谱论需要，本书的第 3 章已经提到过黎斯算子概念.

积分方程是现代科学技术领域中的一种数学工具. 它的理论与方法，在力学、数学物理、流体力学以及电磁场理论等问题中都有着重要的应用. 在泛函分析的发展过程中，积分方程理论起到了重要作用.

线性积分方程典型的一种 ——Fredholm 型方程一般描述为

$$\varphi(t) - \lambda \int_a^b K(t,s)\varphi(s)ds = f(t), \tag{1-1}$$

其中方程的核函数 $K(t,s)$ 在所考虑的区域 D:$a \leqslant t \leqslant b, a \leqslant s \leqslant b$ 确定. 自由项 $f(t)$ 与解函数 $\varphi(t)$ 属于某种函数空间. (例如，连续函数空间 $C[a,b]$, p 方可积函数空间 $L_p[a,b]$ 以及索伯列夫空间 $W^{n,p}(\Omega)$ 等). 例如，为了求解关于弹性体系微小振动问题，就转化为求解形如 (1-1) 式的 Fredholm 型积分方程.

一般地说，积分方程的求解，往往采用近似逼近方法，而只有在方程的可解性预先知道，并且对任意自由项而言可解时，才能有把握地应用近似方法. 这就形成了包括对解的存在性、惟一性在内的积分方程理论研究.

早在 20 世纪初叶，人们对 Hilbert 函数空间 $L_2[a,b]$ 中，由 $[a,b]\times[a,b]$ 上连续核函数 $K(t,s)$ 决定的 Fredholm 型方程 (1-1) 的研究，就取得了相当成熟的理论成果，建立了所谓 Fredholm 三定理，文献 [37] 也称 Fredholm 择一律. 在此基础上，泛函分析算子观点开始形成，人们发现，方程 (1-1) 转化为算子方程形式

$$x - \lambda Tx = y. \tag{1-2}$$

并且在向量 $x(t), y(t) \in L_2[a,b]$ 中考虑问题时，由连续核 $K(t,s)$ 所决定的算子 T 必是紧算子，记为 $T \in K(L_2[a,b])$.

后来， F.Riesz,Hildebrandt 和 Banach 等发现，对于一般的 $L_p[a,b]$ 空间 $(1 < p < \infty)$, 只要核函数 $K(t,s)$ 满足一定条件，例如有界可测等，由此导出的算子 T:$L_p \to L_p$, 仍还是紧算子. 此后，独立于积分方程的问题之外，对一般 Banach 空间 X 上的紧算子的研究成熟，形成一套如今我们熟知的关于紧算子性质的所谓 Riesz-Schauder 理论，即如本书 §3.1 所述.

几乎与此同时，人们在 Fredholm 型线性积分方程的研究中，已经发现，有一类算子，它在积分方程中，由核函数确定后，虽然也满足 Fredholm 择一律，却不是紧算子. 1934 年， Hille E. 与 Tamarkin J.D. 在他们的论文 [137] 中提到了如下一个由 V.Neumann 提供给他们的非紧算子的例子:

例 设定 $[0,1]\times[0,1]$ 上的有界可测函数

$$K(t,s)=\sum_{n=1}^{\infty}2^{-n}[\varphi_{2n-1}(t)\varphi_{2n-1}(s)-\varphi_{2n}(t)\varphi_{2n}(s)],$$

其中

$$\varphi_{2n-i}(t)=\begin{cases}2^{1/2}\sin 2n\pi t, & 0<t<1/2,\\ (-1)^{i+1}2^n, & 1-2^{-2n}<t<1-2^{-2n-1},\\ 0, & \text{其他}.\end{cases}$$

这里 ,$n=1,2,3,\cdots,i=0,1$.

然后考虑由 $K(t,s)$ 确定的，空间 $L_1[0,1]$ 上的 Fredholm 型积分方程

$$x(t)-\lambda\int_0^1 K(t,s)x(s)ds=y(t). \tag{1-3}$$

它导出的积分算子 $T{:}L_1[0,1]\rightarrow L_1[0,1]$, 完全满足 Fredholm 择一律，但是 V.Neumann 证明了它不是紧算子.

张恭庆与林源渠论及泛函分析工具中 Riesz-Fredholm 理论对讨论一类奇异积分方程可解性应用时，一再提到可“丢掉算子紧性条件 ” 的情况就是指这样一类算子的作用 (见文献 [138] 的上册， p.243~244).

从 20 世纪 30 年代起，人们一直把这类算子称为“使 Fredholm 定律成立 ” 的算子，直至 1954 年， Ruston A.F. 在其论文“ Operators with a Fredholm theory ” 中第一次公理化地定义了黎斯算子 (见定义 5.2.1), 并证明黎斯算子就是人们已经约定俗成的“使 Fredholm 定律成立” 的一类算子. 后来， Dieudonne(1960 年) 在其专著《现代分析基础》中给出了黎斯算子另一种定义：任一 $\lambda\neq 0,T-\lambda$ 都是 Fredholm 算子. 这个定义更简捷，实际上与 Ruston 的定义等价 (见文献 [139]).

从算子谱理论的角度看，黎斯算子就是无限维 Banach 空间上与紧算子有完全相同谱结构的一类算子. 进而从本性谱来认识，可以说在相差一个平移下，黎斯算子就是本性谱最小 (只有一点) 的一类算子，因而黎斯算子当然包含了紧算子和拟幂零算子，黎斯算子的研究是紧算子研究的必然延伸.

江泽坚、孙善利在文献 [140] 中指出：“线性代数的线性变换 (或矩阵) 理论，化矩阵为标准型问题，实处于一中心地位. 它也正是无穷维空间上线性算子谱论的模型 ”. 黎斯算子与紧算子一样，对任何 $\lambda\neq 0,T-\lambda$ 所满足的所谓 Fredholm 择一律，完全与有限维空间上矩阵所决定的线性方程组解的存在性规律吻合 ,T 的每个非零谱点 λ_n, 对应于一个有限维的谱投影空间 $E(\lambda_n;T)X,T$ 在无限维不变子空间 $X_0=\overline{\mathrm{span}}\{E(\lambda_n;T)X\}_{n=1}^{\infty}$ 上的限制 $T|_{X_0}$, 就可视为可数个 Jordan 块的直和拼成的一个上三角无穷矩阵. 从这一点来看，黎斯算子类是无限维空间算子理论中，较

为自然地继承线性代数研究的一种类型. 文献 [141] 在评述 West T.T. 证明 Hilbert 空间上黎斯算子 T 可分解为一个紧算子 K 和一个拟幂零算子 Q 的和 : $T=K+Q$ 时, 就认为: T 类似于一个上三角无穷矩阵, 把它的主对角线元素构成的无穷对角矩阵 (即紧算子 K), 分解出来, 剩下的就是一个主对角线元素都是零的上三角矩阵 (即拟幂零算子).

从黎斯算子的背景, 很自然地导致研究黎斯算子与紧算子的异同. 具体地说, 对于给定的一个无穷维 Banach 空间 X, 黎斯算子类 $R(X)$ 与紧算子类 $K(X)$, 除了 $R(X)\supseteq K(X)$ 外, 自然问 $R(X)=K(X)$? 人们很快发现, 对一般常见的 Banach 空间 X 而言, 都存在非平凡 (即非紧算子) 的黎斯算子. 当然, 由于 Banach 空间极其复杂多样, 不排除存在某一无限维 Banach 空间 X, 使 $R(X)=K(X)$ 的例子, 最近, Gowers W.T. 和 Maurey B. 在文献 [142] 和 [136] 中提出问题: 对于他们所构造的遗传不可分解空间 X_G, 作用在 X_G 上的严格奇异算子理想 $S(X_G)$, 是否与紧算子理想 $K(X_G)$ 重合, 即是否有 $S(X_G)=K(X_G)$? 实际上就是问 $R(X_G)=K(X_G)$?

但是对于大多数已知的 Banach 空间类型 (包括 Hilbert 空间在内) 来说, 不仅 $R(X)\neq K(X)$, 而且 $R(X)$ 关于和与复合 (即乘积运算) 也不封闭, 故 $R(X)$ 一般不成为算子理想 [41]. 进一步的研究表明 $R(X)$ 与 $K(X)$ 可能 "相去甚远 ":$R(X)$ 中可能除 $K(X)$ 外, 还含有诸如非本性算子理想, 严格奇异算子理想, 严格余奇异算子理想, 绝对可和算子理想 (这些算子理想的定义见 §3.2) 等多层次的 Banach 代数研究对象. 因此, 对黎斯算子的研究丰富了 Banach 代数的内容, 事实上在文献 [143] 中, 已经汇集了在一般 Banach 代数中研究黎斯元、非本性元、黎斯代数的专题, 更有 C^* 代数中的 West 分解定理, Stampfli 定理等.

至于黎斯算子 West 分解研究的背景和意义. 可以从如下几个方面体现.

已经知道 $R(X)\supseteq K(X), R(X)\supseteq Q(X)$, 其中 $Q(X)$ 表示 X 上的拟幂零算子全体. 进而, 算子谱理论初等研究结果还表明 $R(X)\supseteq K(X)+Q(X)$, 于是自然提出问题, 是否有 $R(X)\subseteq K(X)+Q(X)$, 即每个黎斯算子 $T\in R(X)$, 是否可分解为一个紧算子 K 和一个拟幂零算子 Q 的和: $T=K+Q$ 呢? 这就是黎斯算子的 West 分解问题. 自从 1966 年 West T.T. 在文献 [144] 中证明了 Hilbert 空间上黎斯算子都可有这种 West 分解后, 一般 Banach 空间上黎斯算子可否 West 分解的问题就被提了出来, 至今未圆满解决. 1986 年, Herrero D.A. 和 Davidson K.R. 证明在有有限维 p 块分解性质的 Banach 空间上的黎斯算子都可 West 分解, 第一次说明了存在不与 Hilbert 空间同构的一类 Banach 空间 (含经典序列空间 $c_0, l_p, 1\leqslant p<\infty$ 在内), 其上的黎斯算子都可 West 分解.

从算子紧摄动与本性谱的观点看, 黎斯算子的 West 分解的研究, 也很有意义, 见文献 [146] 的评述.

算子理论中, 经常有"改变 " 算子以使达到某种简化, 特别是谱的简化. 改

变的方法有摄动 (紧摄动、小范数摄动等)、按约化子空间分解、用各种变换 (取商代数变换、相似、拟相似、模紧酉等价等). 改变的目的，或有实践应用 (如函数逼近、方程摄动求解、插值法等), 或为了理论上对算子进行标准分类，以利研究 (如 Apostol 的简单模， B.D.F. 定理对本性正常算子依谱图像进行分类等).

§3.1 提到算子 $T \in B(X)$ 的 Weyl 本性谱 $\sigma_W(T) = \bigcap_{K \in K(X)} \sigma(T+K)$, 这是算子紧摄动下的不变量之一，有趣的问题就此提出：能否找到一个紧算子 K, 使得一次紧摄动结果 ,$T+K$ 的谱最小，达到其 Weyl 本性谱 $\sigma(T+K) = \sigma_W(T)$ 呢？1974 年 Stampfli J.G. 在文献 [147] 证明了 Hilbert 空间上的一般算子都可以通过一次紧摄动达到 Weyl 本性谱. 其后， 1976 年 Apostol C. 进而还在文献 [148] 证明 Hilbert 空间上的一般算子都可以通过一次紧摄动，使算子的谱光滑化. 对于黎斯算子 T 而言，其 Weyl 本性谱 $\sigma_W(T) = \{0\}$, 因而黎斯算子在 Stampfli 定理成立的情况, $\sigma(T+K) = \sigma_W(T) = \{0\}$, 也就是 $T+K=Q$, 或 $T=-K+Q$, 是 West 分解，所以，在一般 Banach 空间上要讨论一般算子是否也可以使 Stampfli 定理成立，或是否有 Apostol 所谓的算子的紧修正，自然也包含研究黎斯算子的 West 分解.

另外，从全体算子生成的 Banach 代数 $B(X)$, 到 Calkin 代数 $C(X) = B(X)/K(X)$, 有一个商同态 $\pi{:}B(X) \to C(X)$, 从这个角度看黎斯算子的 West 分解，也有意义：显然 $\pi(K(X)) = 0, \pi(R(X)) = Q(C(X))$, 这里 $Q(C(X))$ 表示 $C(X)$ 中的拟幂零元. 已知 $\pi(Q(X)) \subseteq Q(C(X))$. 那么，每个黎斯算子可 West 分解，就等于 $R(X) = K(X) + Q(X)$, 也就等于 $\pi(Q(X)) = \pi(R(X)) = Q(C(X))$.

由于本章主要内容属于算子谱理论，特将有关概念与记号先作交代如下：

X, Y, Z 等一般表示复数域上的无穷维的 Banach 空间 ,$B(X,Y)$ 表示定义在 X 上，取值于 Y 中的有界线性算子全体的集合，当 $X=Y$ 时，简记为 $B(X)$. 关于 $B(X,Y)$ 中 Fredholm(半 Fredholm) 算子类 $\Phi(X,Y)(\Phi_+(X,Y), \Phi_-(X,Y))$ 等记号在前面的 §3.1 关于 Fredholm 理论一节中已有过交待 (请注意定义 3.1.8 及注 3.1.9). 对于 $T \in \Phi_\pm(X,Y) := \Phi_+(X,Y) \bigcup \Phi_-(X,Y)$, 我们还要记号 min ind$(T)$:=min$\{a(T), b(T)\}$ 其中零维 $a(T)$:=dim$N(T)$, 值域亏维 $b(T)$:=dim$(Y/R(T))$.

对于 $T \in B(X)$, 以 $\sigma(T)$ 表示其谱 ,$\rho(T) = \mathbf{C} \backslash \sigma(T)$ 是 T 的正则点集. $\Phi_+(T) = \{\lambda \in \mathbf{C} : (T-\lambda) \in \Phi_+(X)\}, \Phi_-(T) = \{\lambda \in \mathbf{C} : (T-\lambda) \in \Phi_-(X)\}. \Phi_\pm(T) = \Phi_+(T) \bigcup \Phi_-(T), \Phi(T) = \Phi_+(T) \bigcap \Phi_-(T), \Phi_0(T) = \{\lambda \in \Phi(T){:}\mathrm{ind}(T-\lambda) = 0\}. \sigma_K(T) = \{\lambda \in \mathbf{C} : (T-\lambda) \notin \Phi_\pm(X)\}$. 由命题 3.1.45 知 Weyl 谱 $\sigma_W(T) = \sigma(T) \setminus \Phi_0(T)$. 又记 $\sigma_S(T) = \sigma_K(T) \bigcup ab(T)$, 其中 $ab(T) = \{\lambda \in \Phi_\pm(T){:}\text{min ind}(T-\lambda) \neq 0\}$. 在定理 3.1.39 中对 $\sigma_p^0(T)$ 有过诸多特征刻画. 回忆当 $\lambda \in \sigma_p^0(T)$ 时 ,$(T-\lambda)$ 的升指数 $\alpha(T-\lambda)$ =min$\{n \in \mathbf{N} : N((T-\lambda)^n) = N((T-\lambda)^{n+1})\}$ = $(T-\lambda)$ 的降指数 $\beta(T-\lambda)$ =min$\{n \in \mathbf{N} : R((T-\lambda)^n) = R((T-\lambda)^{n+1})\} < \infty$.

对算子 $T \in B(X)$, 如果存在一个紧算子 $K \in K(X)$, 使得 $\sigma(T+K)=\sigma(T)\setminus\sigma_p^0(T)$, 且对每一 $\lambda\in\Phi_\pm(T)$,min ind$(T+K-\lambda)\leqslant$min ind$(T-\lambda)$, 就称 T 可 West 分解. 需要说明的是, 这种对一般算子定义的 West 分解, 对黎斯算子 T 而言, 与原有的 $T=K+Q$ 的 West 分解的定义是一致的. 因为对黎斯算子 $T,\sigma(T)=\{0\}\bigcup\sigma_p^0(T)$, 当 $\sigma(T+K)=\sigma(T)\setminus\sigma_p^0(T)$ 时 ,$\sigma(T+K)=\{0\}$, 故 $T+K=Q$ 是拟幂零算子 ,$T=-K+Q$ 就是原先的 West 分解式. 如果存在 $K\in K(X)$, 使得 $\sigma(T+K)=\sigma_W(T)$, 就称关于 T,Stampfli 定理成立. 如果存在 $K\in K(X)$, 使得 $\sigma_S(T+K)=\sigma_K(T)$, 就称 T 可紧修正, 也称 $T+K$ 是光滑化了. 通俗地说, 就是指 $T+K$ 的半 Fredholm 区域中的每一点的最小指标为零.

本章中还将涉及黎斯算子类 $R(X)$ 的若干子集: 严格奇异算子类 $S(X)$ 和严格余奇异算子类 $SC(X)$, 在第三章中我们对它们已经很熟悉了. 另外, 我们也接触过绝对可和算子 (见定义 1.2.44), 回忆算子 $T\in B(X)$ 是绝对可和的, 就是指 T 把 X 中的每一 w 无条件 Cauchy 的级数 $\sum_{n=1}^\infty x_n$, 映射为绝对收敛级数 $\sum_{n=1}^\infty Tx_n,\sum_{n=1}^\infty\|Tx_n\|<\infty$.

回顾称 X 的闭子空间 Y 是 c 可补的, 如果存在一个由 X 到 Y 上的连续线性投影 P, 使得 $\|P\|\leqslant c.X$ 的闭子空间列 $\{Y_n\}$ 称为是一致好可补的, 就是指对某一正数 c, 每个 Y_n 都是 c 可补的 .$\{Y_n\}$ 与另一列空间 $\{Z_n\}$ 称为一致好同构的, 就是指对某一正数 c, 每一对 Y_n 与 Z_n 都是 c 同构的.

§ 5.2 黎斯算子的特征与实例

让我们从线性代数中的矩阵方程 ——$L_2[a,b]$ 中 Fredholm 型积分方程 —— 一般函数空间中 Fredholm 型积分方程, 这条研究方程解的结构的发展线索, 来展示黎斯算子的概念形成过程.

基本问题是: 对给定的算子 $A\in B(X)$, 它可能具有某种性质 (例如 ,A 是紧算子). 又设 $T=A-\lambda$, 问方程

$$Tx=(A-\lambda)x=y \qquad (\lambda\neq 0). \tag{2-1}$$

对哪些 $y\in X$ 有解？解的结构如何？

一、从 $X=\mathbf{R}^n$ 入手. 记 $T=(t_{ij})_{n\times n},x=\{x_j\}_{j=1}^n,y=\{y_i\}_{i=1}^n$, 为了方程 (2-1) 有解 x, 即

$$\sum_{j=1}^n t_{ij}x_j=y_i \qquad (i=1,2,\cdots,n).$$

必须且只须 $y=\sum_{j=1}^n x_jT_j$, 其中 $T_j=\{t_{ij}\}_{i=1}^n\in\mathbf{R}^n(j=1,2,\cdots,n)$. 亦即 y 可通

过 $T_j(j=1,2,\cdots,n)$ 线性表出．而这又等价于，若 $z\in\mathbf{R}^n$, 则

$$z\perp y\Leftarrow z\perp T_j\qquad(j=1,2,\cdots,n)$$

即

$$\langle z,y\rangle=0\Leftarrow\sum_{i=1}^{n}t_{ij}z_i=0\qquad(j=1,2,\cdots,n).$$

结论 a_1　为了 $y\in\mathbf{R}^n$ 使 (2-1) 式有解，必须且仅须 $\langle z,y\rangle=0$ （任意 $z\in\mathbf{R}^n$, 适合 $T^*z=0$), 其中 T^* 表示 T 的转置.

结论 b_1　关于方程 (2-1) 只有两种可能情形：

(1) 或者任意 $y\in\mathbf{R}^n$,(2-1) 式总有解，而且是惟一的；

(2) 或者 $Tx=0$ 有非零解，这里 $Tx=0$ 的非零解的极大线性无关组的个数与 $T^*x=0$ 的非零解的极大线性无关组的个数相等.

二、 Fredholm 等人研究过下列积分方程，设 $K\in C([a,b]\times[a,b])$. 考察方程

$$x(t)-\lambda\int_a^b K(t,s)x(s)ds=y(t)\qquad(\lambda\neq 0)\tag{2-2}$$

及其共轭方程

$$f(t)-\lambda\int_a^b K(s,t)f(s)ds=g(t),\tag{2-3}$$

其中 $x,y,f,g\in L_2[a,b]$, 得到如下结论：

结论 a_2　关于方程 (2-2) 只有两种可能情形：

(1) 或者任意 $y\in L_2[a,b]$,(2-2) 式存在惟一解 $x\in L_2[a,b]$;

(2) 或者当 $y=0$ 时， (2-2) 式有非零解.

结论 b_2　方程 (2-3) 与方程 (2-2) 的情形一样，即当 (2-2) 式的第一种可能发生时， (2-3) 也发生第一种可能性； (2-2) 式发生第二种可能时， (2-3) 式也发生第二种可能性．并且 (2-2) 与 (2-3) 式对应的齐次方程的线性无关解的个数是相同的有穷数.

结论 c_2　在第二种可能性下，为了 (2-2) 式有解，必须且仅须 $\int_a^b f(t)y(t)dt=0$, 对任一属于 (2-3) 式的齐次方程的解 f; 又为了 (2-3) 式有解，必须且仅须 $\int_a^b g(t)x(t)dt=0$, 对任一属于 (2-2) 式的齐次方程的解 $x(t)$.

三、比较上述线性代数矩阵方程与积分方程，它们的结论竟是如此惊人地相似．从泛函分析观点看，算子方程的三个 Fredholm 结论 a_2,b_2,c_2 就可以简练地表达为

结论 a_3　$N(T)=\{0\}\Leftrightarrow R(T)=X$, 其中 $T=A-\lambda,\lambda\neq 0$.

结论 b_3　$\sigma(T)=\sigma(T^*)$ 且 $\dim N(T)=\dim N(T^*)<\infty$.

结论 c_3 $R(T) = {}^0N(T^*), R(T^*) = N(T)^0$.

其中 ${}^0N(T^*) = \{x \in X$: 对每一$f \in N(T^*), f(x) = 0\}, N(T)^0 = \{f \in X^*$: 对每一$x \in N(T), f(x) = 0\}$.

后人的进一步研究发现，不必要求二中讨论的积分方程限于在 Hilbert 空间 $L_2[a,b]$, 可以扩展到其他函数空间，例如 $L_p[a,b], 1 < p < \infty$, 也不必要求积分算子 T 的核函数 $K(t,s)$ 限于 $[a,b] \times [a,b]$ 上连续函数，可以代之以 $K(t,s)$ 为有界可测函数. 事实上，早在 1934 年，文献 [137] 就证明，当在函数空间 $L_p[a,b], 1 < p < \infty$ 中，由有界可测函数 $K(t,s)$ 所确定的积分算子 A 是紧算子，而紧算子性质的所谓 Riesz-Schauder 理论蕴涵了，对任一 $\lambda \neq 0, T = A - \lambda$ 满足上述 Fredholm 三定理 (即结论 a_3 、b_3 和 c_3).

但是，另一方面，人们也早已发现，有的 Fredholm 型方程，虽然关于其解的结构，也满足 Fredholm 三定理，但由其积分核函数 $K(t,s)$ 所决定的积分算子，却不是紧算子.

让我们来具体说明，在 §5.1 中提到过的，由 V.Neumann 给出的例子，确实不是紧算子，而是下面所述的黎斯算子类中的一种 —— 严格奇异算子.

定义在 $[0,1] \times [0,1]$ 上的有界可测函数

$$K(t,s) = \sum_{n=1}^{\infty} 2^{-n}[\varphi_{2n-1}(t)\varphi_{2n-1}(s) - \varphi_{2n}(t)\varphi_{2n}(s)],$$

其中

$$\varphi_{2n-i}(t) = \begin{cases} 2^{1/2}\sin 2n\pi t, & 0 < t < 1/2, \\ (-1)^{i+1}2^n, & 1 - 2^{-2n} < t < 1 - 2^{-2n-1}, \\ 0, & \text{其他}. \end{cases}$$

这里 $, n = 1, 2, 3, \cdots, i = 0, 1$.

然后考虑由 $K(t,s)$ 确定的 $L_1[0,1]$ 空间上的积分算子

$$Ax(t) = \int_0^1 K(t,s)x(s)ds.$$

首先，注意到 $\{\varphi_n\}$ 是空间 $L_1[0,1]$ 中的直交系，即

$$\int_0^1 \varphi_n(t)\varphi_m(t)dt = 0 \quad (n \neq m),$$

则对每一 $t \in [0,1], s \in [0,1], K(t,s)$ 的级数表达式中至多有一项不为零，因而 $|K(t,s)| \leqslant 2^{3/2}$, 即 $K(t,s)$ 是 $[0,1] \times [0,1]$ 上的有界可测函数 $, A \in B(L_1[0,1])$.

其次，有 $A\varphi_{2n-1} = 2^{-n}\varphi_{2n-1}, A\varphi_{2n} = -2^{-n}\varphi_{2n}$, 因此，若令

$$\psi_n(t) = 2^n[\varphi_{2n-1}(t) - \varphi_{2n}(t)],$$

则有 $A\psi_n = \varphi_{2n-1} + \varphi_{2n}$, 从而得到

$$\|\psi_n\|_1 = 2^n \int_0^1 |\varphi_{2n-1}(t) - \varphi_{2n}(t)| dt = 1.$$

而当 $n \neq m$ 时，有

$$\begin{aligned}\|A\psi_m - A\psi_n\|_1 &= \int_0^1 |[\varphi_{2m-1} + \varphi_{2m}] - [\varphi_{2n-1} + \varphi_{2n}]| dt \\ &= 2^{3/2} \int_0^{1/2} |\sin 2m\pi t - \sin 2n\pi t| dt \\ &= 2^{5/2} \int_0^{1/2} |\sin(m-n)\pi t| \cdot |\cos(m+n)\pi t| dt \\ &\geqslant 2^{-1/2}.\end{aligned}$$

因此，A 映射单位向量列 $\{\psi_n(t)\}$ 为一个不含收敛子列的点列 $\{A\psi_n\}$, 故 A 不是紧算子.

最后，要说明 A 是黎斯算子类中的一种：严格奇异算子. 先由 Dunford 和 Schwartz 的研究，说明它是弱紧算子，再由 Pelczynski 的一个结果，在 $L_1[a, b]$ 中，弱紧算子也是严格奇异的，详见文献 [137].

正是由于早在 20 世纪 30 年代就出现了诸如上例“使 Fredholm 定律成立”而未必是紧算子的实际背景， Ruston 在 1954 年给黎斯算子首次作出定义，也作为本书的正式定义 (请注意我们在定义 3.2.29 为讨论需要，曾给过黎斯算子的等价定义).

定义 5.2.1(黎斯算子的 Ruston 定义) 称 $T \in B(X)$ 为黎斯算子，如果满足条件：

(1) 对每一复数 $\lambda \neq 0$, 存在正整数 m, 当 $n \geqslant m$ 时 $N((T-\lambda)^n) = N((T-\lambda)^m), R((T-\lambda)^n) = R((T-\lambda)^m)$;

(2) 对每一复数 $\lambda \neq 0$, 零空间维数 $\dim N((T-\lambda)^n) < \infty$, 这里 $n \in \mathbf{N}$ 为任一正整数;

(3) 对每一复数 $\lambda \neq 0$, 任一 $n \in \mathbf{N}, R((T-\lambda)^n)$ 都是 X 的闭子空间;

(4) T 的特征值无非零的聚点.

其中 $N(A)$ 表示算子 $A \in B(X)$ 的零空间，即 $N(A) = \ker A = \{x \in X : Ax = 0\}, R(A)$ 表示算子 $A \in B(X)$ 的值域，即 $R(A) = \{y \in X : 存在 x \in X, 使 Ax = y\}$.

$B(X)$ 中黎斯算子的全体记为 $R(X)$.

定义 5.2.2(按算子方程 Fredholm 定律三个结论的等价定义) 算子 $A \in B(X)$ 称为一个黎斯算子，如果对每个 $\lambda \neq 0$, 算子 $T_\lambda = T - \lambda$ 都满足 Fredholm 定律，即

a$_3$ $N(T_\lambda)=\{0\}\Leftrightarrow R(T_\lambda)=X$;

b$_3$ $\sigma(T_\lambda)=\sigma(T_\lambda^*)$且$\dim N(T_\lambda)=\dim N(T_\lambda^*)<\infty$;

c$_3$ $R(T_\lambda)={}^0N(T_\lambda^*), R(T_\lambda^*)=N(T_\lambda)^0$.

Ruston 在文献 [149] 所作的工作，主要就是完成定义 5.2.1 与定义 5.2.2 的等价性证明.

定义 5.2.3(Dieudonne 的等价定义) 算子 $T\in B(X)$ 称为黎斯算子，如果谱 $\sigma(T)$ 中的每一非零点都是 T 的黎斯点，其中算子 T 的黎斯点 λ 是指满足如下条件的 $\lambda\in\sigma(T)$：

1° λ 是 $\sigma(T)$ 的孤立点.

2° X 可分解为 T 的两个约化闭子空间 $F(\lambda)$ 和 $N(\lambda)$ 的拓扑直和，$\dim N(\lambda)<\infty$, $(T-\lambda)$ 在 $F(\lambda)$ 上的限制是一个同构 , $(T-\lambda)$ 在 $N(\lambda)$ 上的限制是一个幂零算子.

我们注意到 Dieudonne 在其专著《现代分析基础》 p.323 引入定义 5.2.3 后，已经指出这个定义与下面的命题 5.2.5 中的 (6) 等价.

定义 5.2.4(杨宗磐的等价定义) 算子 $T\in B(X)$ 称为一个黎斯算子，如果 $\sigma(T)$ 中的每一非零点都是黎斯点. 其中算子 T 的黎斯点 λ 是指满足如下条件的 $\lambda\in\sigma(T)$: X 可分解为 T 的两个约化闭子空间 $F(\lambda)$ 和 $N(\lambda)$ 的拓扑直和， $\dim N(\lambda)<\infty$, $(T-\lambda)$ 在 $F(\lambda)$ 上的限制是一个同构 , $(T-\lambda)$ 在 $N(\lambda)$ 上的限制是一个幂零算子.

杨宗磐在文献 [139] 中证明了定义 5.2.3 和定义 5.2.4 是等价的，并且证明了这样定义的黎斯算子满足定义 5.2.2 中的 a$_3$,b$_3$,c$_3$ 条件.

我们注意到定义 5.2.3 和定义 5.2.4 中都提到的算子的黎斯点，就是后来 (没查到最早出处) 在算子谱理论中更经常用的 "算子的孤立有限代数重特征值"(也有文献称为正规特征值), 即 $\sigma_p^0(T)$.$\lambda\in\sigma_p^0(T)$ 的一个充分必要条件为 (定理 3.1.39 的 (1)):λ 是 $\sigma(T)$ 的孤立点且 T 关于 λ 的黎斯谱投影 $E(\lambda;T)$ 的值域 $R[E(\lambda;T)]=E(\lambda;T)X$ 是有限维子空间. 这时空间 X 可分解为 T 的两个约化子空间的拓扑直和 $X=N[E(\lambda;T)]\bigoplus R[E(\lambda;T)]=X_1\bigoplus X_2, T$ 在 X_1 上的限制 T_1 的谱 $\sigma(T_1)=\sigma(T)\setminus\{\lambda\}, T$ 在 X_2 上的限制 T_2 的谱 $\sigma(T_2)=\{\lambda\}$.

算子谱理论的发展，给出了众多的黎斯算子的概念表征，我们用下面的命题归纳文献 [143],[89],[41],[44] 和 [150] 中的结果.

命题 5.2.5 设 X 是复无限维 Banach 空间 , $T\in B(X)$, 则如下各陈述等价:

(1) $T\in R(X)$, 即 T 按定义 5.2.1 是黎斯算子;

(2) $T^*\in R(X^*)$;

(3) T 的每一非零谱点都是孤立有限代数重特征值，即 $\sigma(T)=\{0\}\bigcup\sigma_p^0(T)$(允许 $\sigma_p^0(T)$ 为空集);

(4) 每一复数 $\lambda \neq 0, (T-\lambda)$ 是 Fredholm 算子 (这在本书定义 3.2.29 中提及);

(5) T 是拟紧算子, 即存在一个紧算子 K 和一个自然数 n, 使得 $\|T^n - K\| < 1$;

(6) T 是渐近拟紧算子, 即 $(d(T^n))^{1/n} \to 0$, 当 $n \to \infty$. 其中 $d(T) = \inf\{\|T-K\| : K是紧算子\}$;

(7) T 是本性拟幂零算子, 即在从 $B(X)$ 到 Calkin 代数 $C(X) = B(X)/K(X)$ 的典则映射 $\pi : B(X) \to C(X)$下, $\pi(T)$ 的谱 $\sigma(\pi(T)) = \{0\}$(这就是本书定义 3.2.29).

让我们结合前述定义 5.2.1 ~ 定义 5.2.4 对命题 5.2.5 作一点说明: 定义 5.2.1, 定义 5.2.3 和定义 5.2.4 实际上与命题 5.2.5 中的 (3) 等价, 都说明无限维空间上的黎斯算子就是使 $\sigma(T) = \{0\} \bigcup \sigma_p^0(T)$ 的一类算子, 换句话说就是非零谱点都是黎斯点的算子. 派生出多种定义的原因之一就是因为对算子的黎斯点 (即孤立有限代数重特征值) 有多种等价描述; 定义 5.2.2 与命题 5.2.5 中的 (4) 和 (7) 实际是等价的: 黎斯算子就是本性谱为零的算子; 至于命题 5.2.5 中的 (5) 和 (6), 从 Calkin 代数中的谱半径公式来看, 就是说 $\pi(T)$ 的谱半径 $r[\pi(T)] = \lim\limits_{n\to\infty} \sqrt[n]{\|\pi(T)^n\|} = 0$, 故黎斯算子就是本性谱为零的算子, 即本性拟幂零算子.

总之, 通过命题 5.2.5 说明本章所举的定义 5.2.1 ~ 定义 5.2.4 是彼此等价的. 还有黎斯算子的其它等价定义 (如 Dowson 的定义等, 见文献 [41] 的定义 3.4), 我们尊重历史, 把 Ruston 的定义 5.2.1 作为本章的正式定义. 但从表述简明、更方便实用来说, 我们更偏好于 "黎斯算子就是 $\sigma(T) = \{0\} \bigcup \sigma_p^0(T)$ 的算子" 的等价定义 (即命题 5.2.5 中的 (3)). 由它清楚地说明, 所谓黎斯算子 T 可 West 分解, 就是找到一个紧算子 K, 使摄动后把 $\sigma_p^0(T)$ 都去掉 : $\sigma(T+K) = \{0\}$.

记 $B(X)$ 中拟幂零算子的全体为 $Q(X) = \{T \in B(X) : T的谱\sigma(T) = \{0\}\}$, 那么由上说明已知 $R(X) \supseteq K(X)$ 和 $R(X) \supseteq Q(X)$. 不仅如此, 由命题 5.2.5 中的 (7) 可知, 黎斯算子类在紧摄动下不变:

命题 5.2.6(见文献[41])　$R(X) \supseteq K(X) + Q(X)$,

$$R(X) \supseteq R(X) + K(X).$$

注意到关于紧算子的研究, 形成了所谓 Riesz-Schauder 理论, 为了便于比照, 用如下命题列举黎斯算子具有来源于紧算子的 Riesz-Schauder 理论的各种性质, 其证明从略, 可见于文献 [143] 和 [41] 等.

命题 5.2.7　设 T 是复无限维 Banach 空间 X 上的黎斯算子, 那么

(1) T 满足 Riesz-Schauder 关于紧算子的特征值和特征向量空间的论述:

1° 0 是 T 的谱点;

2° 非零谱点必是特征值, 即两择一定理成立: $\bar{\lambda} \neq 0$ 时, $\bar{\lambda} \in \rho(T)$ 或 $\bar{\lambda} \in \sigma_p(T)$($T$ 的特征值集);

3° 当 $\lambda \neq 0$ 而且是 T 的特征值时, 与 λ 相应的特征向量空间必是有限维的;

4° 设 $\lambda_1, \lambda_2, \cdots, \lambda_n$ 是 T 的不同的特征值 ,$x_1, x_2, \cdots, x_n$ 是相应的特征向量, 那么 $x_1, x_2, \cdots, x_n$ 是线性无关的;

5° $\sigma(T)$ 的聚点只可能是 0(因而 $\sigma(T)$ 是有限集或可数集);

6° 当 $\lambda \neq 0$ 时 ,$\lambda \in \rho(T)$ 的充分必要条件是下列两性质之一成立: (a)$(T-\lambda)$ 是单射, (b)$(T-\lambda)$ 是满射;

7° 当 $\lambda \neq 0$ 时, 算子 $T-\lambda$ 的值域是闭的.

(2)T 满足 Riesz-Schauder 关于紧算子与其共轭算子的论述:

1° $\sigma(T) = \sigma(T^*)$;

2° $\lambda \neq \mu$, 那么 T 的相应于 λ 的特征向量 x 与 T^* 的相应于 μ 的特征向量 f 正交, 即 $f(x) = 0$;

3° 如果 λ 是 T 的非零特征值, 那么方程

$$(T-\lambda)x = y$$

可解的充分必要条件是: y 与 T^* 的任一相应于 λ 的特征向量 f 正交;

4° 如果 λ 是 T 的非零特征值, 那么方程

$$(T^*-\lambda)\varphi = f$$

可解的充分必要条件是: f 与 T 的任一相应于 λ 的特征向量 y 正交;

5° T 相应于 $\lambda(\neq 0)$ 的特征向量空间的维数与 T^* 相应于 λ 的特征向量空间的维数相同.

6° 对 $\lambda \neq 0$, 设 $T-\lambda = S$, 则下述四个数皆有限且相等:

$$\begin{aligned} a &= \dim N(S), & b &= \dim(X/R(S)), \\ a^* &= \dim N(S^*), & b^* &= \dim(X^*/R(S^*)). \end{aligned}$$

有以上事实, 我们似乎可以这样比较黎斯算子与紧算子: 紧算子的特征性质(把每个有界集映射为相对紧集), 导出了泛称 Riesz-Schauder 理论 (见 §3.1) 的一系列表现算子谱结构的性质; 但是由满足 Riesz-Schauder 理论的内容, 即具有与紧算子有相同谱结构的算子集却是比紧算子集大的黎斯算子集. 换句话说, 仅从谱结构来描述算子, 是不完全的. 除了定义不同外, 黎斯算子与紧算子很明显的区别还在于, 紧算子的值域必可分, 并且不含无限维闭子空间, 而下面的例子 (见例 5.2.14 中 (1) 的 T) 表明, 黎斯算子的值域可能是不可分的无限维闭子空间. 另外一个角度也可以说明黎斯算子集确实比紧算子集大: 黎斯算子集包含了所有的拟幂零算子. 但是一般空间 X 中的拟幂零算子却不一定是紧算子. 如果每个黎斯算子都可 West 分解的话, 就似乎更可以认为这是黎斯算子集不等同于紧算子集的根本原因了.

由于黎斯算子类是紧算子类的一种扩张，自然产生如下问题：

问题 5.2.8 是否对每一无限维的 Banach 空间 X, 都有非平凡的黎斯算子 $T \in R(X) \setminus K(X)$ 呢？

我们后来发现，这不是一个简单的问题. 现只将部分肯定的结果分述如下：

引理 5.2.9 如果 $X = Y \bigoplus Z$, 且无限维闭子空间 Y 与 Z 的某一闭子空间 Y' 同构，则存在非平凡黎斯算子 $T \in Q(X) \setminus K(X)$.

证 设 P 是沿着 Z 到 Y 上的线性投影算子 ,$J : Y \to Z$ 是线性同构、连续嵌入， $JY = Y'$, 则令 $T = JP, T$ 为所需.

事实上 ,$T^2 = 0, T$ 还是幂零算子，更有 $T \in Q(X)$, 又 $T|_Y = J : Y \to Z$ 是到无限维空间 Y' 上的同构，故 T 非紧算子.

推论 5.2.10 如果 $X \approx Y \bigoplus X$, 则有 $T \in Q(X) \setminus K(X)$.

推论 5.2.11 如果 $X \approx X \bigoplus X$, 则有 $T \in Q(X) \setminus K(X)$.

引理 5.2.12 如果 Banach 空间 X 有一可补子空间 Y, 对 Y 有 $T_0 \in R(Y) \setminus K(Y)$, 则对 X 也有 $T \in R(X) \setminus K(X)$.

证 取一 X 到 Y 上的投影 P, 作 $T = T_0 P$.

定理 5.2.13 满足如下条件之一的 Banach 空间 X, 有非平凡黎斯算子 $T \in R(X) \setminus K(X)$：

(1) X 含有与 c_0 或 $l_p (1 \leqslant p \leqslant \infty)$ 同构的可补子空间；

(2) X 是准素空间；

(3) X 自反，且有 $T^* \in R(X^*) \setminus K(X^*)$;

(4) X 是次投影空间 (其定义见本书的定义 1.2.28), 且 X 的任意两个无限维闭子空间都可比较，即 X 的任意两个无限维闭子空间 X_1 和 X_2 中存在无限维闭子空间 $M \subseteq X_1$ 与 $N \subseteq X_2, M$ 与 N 同构；

(5) X 有次对称基.

证 (1) 设 Z 是 X 的一个可补子空间，就有 X 到 Z 上的连续投影 P, 又设 Z 与 c_0 或 l_p 中的某一个同构. 由于序列空间 $Z = c_0$ 或 l_p 都满足 $Z \approx Z \bigoplus Z$, 由推论 5.2.11, 已有 $T_0 \in R(Z) \setminus K(Z)$. 又由引理 5.2.12, $T = T_0 P \in R(X) \setminus K(X)$.

(2) 准素空间 X 的任一拓扑直和分解 $X = Y \bigoplus Z$ 中 ,Y 或 Z 必与 X 同构. 由推论 5.2.10, 有 $T \in R(X) \setminus K(X)$.

(3) 当 X 自反时，若 $T^* \in R(X^*) \setminus K(X^*)$, 则 $T = T^{**} \in R(X) \setminus K(X)$.

(4) 任取 X 中一个基序列 $\{x_n\}_{n=1}^{\infty}$, 只取 $[x_n]_{n=1}^{\infty}$ 的一个闭子空间 $[x_{2n}]_{n=1}^{\infty}$, 显然 $[x_{2n}]$ 在 $[x_n]$ 中有无限亏维. 由于 X 是次投影空间，又由刚才的说明，存在 $[x_{2n}]$ 的无限维闭子空间 X_1 在 X 中可补 ,$X = X_1 \bigoplus X_2, X_2$ 也是无限维闭的. 又依假设，有 X_1 的无限维闭子空间 M_0 与 X_2 的无限维闭子空间 N_0 同构，设 $J : M_0 \to N_0$ 是一个同构映射，又一次应用空间次投影性质，在 X_1 中分出一个 M_0 的可补无限

维闭子空间 M_1, 使 $X_1 = M_1 \bigoplus Y$, 即 $X = M_1 \bigoplus Y \bigoplus X_2$. 取 P 为沿着 $Y \bigoplus X_2$ 到 M_1 上的投影，令 $T = J|_{M_1}P$, 则符合引理 5.2.9 所述条件 ,$T \in R(X) \setminus K(X)$.

(5) 设 $\{x_n\}_{n=1}^{\infty}$ 是 X 的规范 (指各 $\|x_n\| = 1$) 次对称基 ,$\{f_n\}_{n=1}^{\infty} \subseteq X^*$ 是相应的系数泛函列 ,$f_n(x_m) = \delta_{nm}, \{x_n\}$ 的次对称常数为 K.

首先，取符号集 $\theta = \{\theta_n\}$, 其中 $\theta_{2k-1} = 1, \theta_{2k} = -1$, 对每个 $x = \sum a_n x_n = \sum f_n(x) x_n \in X$, 定义算子 $M_\theta(x) = \sum \theta_n a_n x_n$, 则 $M_\theta \in B(X)$ 且 $\|M_\theta\| \leqslant K$.

其次, 由 X 的次对称性, 对递增自然数列 $\{2k\}_{k=1}^{\infty}$, 又确定算子 $S(x) = \sum_{k=1}^{\infty} a_k x_{2k}$, 对每一 $x = \sum a_k x_k \in X$, 且 $\|S\| \leqslant K$.

令 $T = S \cdot (1 + M_\theta)/2$, 则 $T \in B(X)$ 且 $\|T\| \leqslant K^2$. 易知对每一 $x = \sum a_n x_n = \sum f_n(x) x_n$,$T(x) = \sum_{k=1}^{\infty} a_{2k-1} x_{2(2k-1)} = \sum_{k=1}^{\infty} f_{2k-1}(x) x_{2(2k-1)}$.

最后，由于 $T^2 = 0$, 以及 $\|Tx_{2k-1}\| = \|x_{2(2k-1)}\| = 1$ $(k = 1, 2, \cdots)$. 已证得 $T \in Q(X) \setminus K(X)$. 证毕.

例 5.2.14　如下所述各 Banach 空间 X, 都有非平凡的黎斯算子 $T \in R(X) \setminus K(X)$.

(1) 通常所见各经典 Banach 空间.

这是由于：序列空间 $c_0, l_p (1 \leqslant p \leqslant \infty)$ 等前已提及，典型一例是当我们取 $X = l_\infty$ 时，由于 $X = X_1 \bigoplus X_2$, 各 $X_i \approx X, i = 1, 2$. 取 P 为沿着 X_2 到 X_1 上的投影 ,J 为 X_1 到 X_2 上的同构后，定义 $T = JP$, 则 $T^2 = 0, T \in R(X)$, 算子值域 $R(T) = X_2 \approx l_\infty$ 是一个闭的不可分的无限维子空间. 函数空间 $L_p[a, b] (1 \leqslant p \leqslant \infty)$ 的每一个又都含有与相应序列空间 $l_p (1 \leqslant p \leqslant \infty)$ 同构的可补子空间 (这一性质可见于 §1.6), 由定理 5.2.13, 也各都有非平凡黎斯算子. 最后 ,$C[a, b]$ 含有与 c_0 等距同构的子空间 Y, 而 c_0 是可分内射的 (见 §1.2), 也由定理 5.2.13 得出结论.

(2) 有对称基的 Banach 空间.

由于对称基是次对称基，注意到文献 [1] 说明过存在有对称基的空间，它不含有与 c_0 与 $l_p (1 \leqslant p \leqslant \infty)$ 同构的子空间，故与 (1) 所举诸例有所不同.

(3)James 空间 J,JT,H_∞ 等.

由于例 2.3.3 说明过这些空间都是准素的，另外，例 2.3.3 也说明过 Pelczynski 所构造的、对无条件基 “万有 ” 的空间 U_1 也是准素的，故也有 $T \in R(U_1) \setminus K(U_1)$.

(4)l_p 次投影空间 (见定义 2.3.15). 特别地，有有限维 p 块分解空间 (见定义 2.3.14).

由于这类空间含有与 c_0 或 $l_p (1 \leqslant p \leqslant \infty)$ 同构的可补子空间.

以上论述和实例表明，虽然黎斯算子与紧算子有相同的谱结构，但一般说来，黎斯算子未必是紧算子. West 和 Dowson 等 (见文献 [41]) 说明黎斯算子的和、黎斯算子的乘积、黎斯算子列的范数收敛极限等，都可能不再是黎斯算子. 因而，对一般 Banach 空间 X 而言，黎斯算子类 $R(X)$ 不构成 Banach 代数 $B(X)$ 中的算子

理想. 于是, 又自然产生如下基本问题:

问题 5.2.15 是否每个无限维 Banach 空间 X, 黎斯算子类 $R(X)$ 都不是算子理想?

问题 5.2.15 的否定回答见本书第 6 章, 这也应视为是 G-M 系列成果之一: 以 G-M 构造的第一例复的遗传不可分解的 Banach 空间 X_{G_1} 为例, 由于有特别简单的算子构成 $B(X_{G_1}) = \{\lambda I + S : \lambda \in \mathbf{C}, S \in S(X_{G_1})\}$, 不难证明这时 $R(X_{G_1}) = S(X_{G_1})$ 是一个算子理想.

作为 $B(X)$ 中的一类算子, 黎斯算子 $R(X)$, 不仅含有紧算子 $K(X)$, 还含有相当丰富的其他算子 (算子理想). 让我们回顾在 §3.2 中讨论过的有限秩算子理想 $F(X)$, 逼近算子理想 $\overline{F}(X)$, 严格奇异算子理想 $S(X)$, 严格余奇异算子理想 $SC(X)$, 和摄动类算子理想 $P(\varPhi_+(X))$,$P(\varPhi_-(X))$,$P(\varPhi(X)) = J(X)$ 等. 而且命题 3.2.56 已经指出有如下包含关系:

$$R(X) \supseteq J(X) = P(\varPhi(X)) \supseteq \left\{ \begin{matrix} P(\varPhi_+(X)) \supseteq S(X) \\ P(\varPhi_-(X)) \supseteq SC(X) \end{matrix} \right\} \supseteq K(X) \supseteq \overline{F}(X) \supseteq F(X).$$

不仅如此, 通常还有 $B(X)$ 中的绝对可和算子类、积分算子类、核算子类等, 实际上也都含在黎斯算子类中, 在此不作一一列举. 总之, 对黎斯算子类的研究, 例如, 研究对于具体 Banach 空间, 其上含于黎斯算子类中各算子理想的关系等, 有着丰富的内容.

还需要补充说明的是, 前面所论各种含于黎斯算子类中的算子理想, 如 $R(X) \supseteq S(X) \supseteq K(X)$ 等现象, 容易使人产生误区, 以为 $B(X)$ 中的理想都含于黎斯算子类 $R(X)$ 中, 其实不然. 在文献 [119] 中举例 $X = l_1 \oplus l_2, B(X)$ 中 Rosenthal 算子理想 $\mathbb{R}_o(X) = (\mathbb{L}, \mathbb{S})(X)$ 作为非平凡的算子理想与 $R(X)$ 互不包含.

§ 5.3 算子 West 分解与其他算子紧摄动问题的关系

为着后面讨论的需要, 我们回顾一下一般算子 $T \in B(X)$ 的谱结构的性质, 一些记号与基本概念我们在 §3.1 已经交代过.

T 的本性谱 (也称 Wolf 本性谱或 Calkin 本性谱)

$\sigma_e(T) := \sigma(\pi(T)) = \{\lambda \in \mathbf{C} : (T - \lambda) \notin \varPhi(X)\}$, 这里 $\pi(T)$ 表示 T 在 Calkin 代数 $B(X)/K(X)$ 中的像;

算子 $A \in B(X)$ 本性可逆就是在 $C(X)$ 中, $\pi(A)$ 是可逆元 $\Leftrightarrow A \in \varPhi(X) \Leftrightarrow$ 既存在 $B \in B(X)$ 使 $AB = I + K_1$, 也存在 $C \in B(X)$, 使 $CA = I + K_2, K_1, K_2 \in K(X)$.

T 的 Browder 本性谱 $\sigma_B(T) := \sigma(T) \backslash \sigma_p^0(T)$;

T 的 Weyl 本性谱 $\sigma_W(T) := \bigcap\limits_{K \in K(X)} \sigma(T + K) = \sigma(T) \backslash \varPhi_0(T)$;

T 的 Kato 本性谱 $\sigma_K(T) := \sigma(T) \backslash \varPhi_\pm(T)$.

这几种谱的基本关系是

$\sigma(T)\supseteq\sigma_B(T)\supseteq\sigma_W(T)\supseteq\sigma_e(T)\supseteq\sigma_K(T)$.

复平面 $\mathbf{C}$ 中紧集 $\sigma_K(T)$ 的余集 $\Phi_\pm(T)$, 称为 T 的半 Fredholm 区域, 其每一有界的连通分支叫做 $\sigma_K(T)$ 的一个洞. 在每一个洞 H 中的点 λ, 其指标 $i(\lambda):=a(T-\lambda)-b(T-\lambda)$ 都是某一实常数 c 或 $c=-\infty$ 或 $c=+\infty$, 故也可记为 $i(H)=c$. 但同一洞中的点, 各自的最小指标 $\min\ \mathrm{ind}(T-\lambda):=\min\{a(T-\lambda),b(T-\lambda)\}$ 未必相同. 按最小指标的情况, 洞可分为两种. 第一种洞 $H,\min\limits_{\lambda\in H}[\min\ \mathrm{ind}(T-\lambda)]>0$, 第二种洞 $H,\min\limits_{\lambda\in H}[\min\ \mathrm{ind}(T-\lambda)]=0$. 在后一种洞中, 最小指标不为零的点只有至多可数个.

$\sigma(T)\backslash\sigma_B(T)=\sigma_p^0(T)$,

$\sigma_B(T)\backslash\sigma_W(T)=\sigma(T)$ 中指标为零的那些洞的并集, 换句话说

$\sigma(T)=\sigma_W(T)\bigcup\sigma_p^0(T)\bigcup[\sigma(T)$ 中指标为零的那些洞的并集].

$\sigma_W(T)=\sigma_K(T)\bigcup[T$ 的半 Fredholm 区域中指标不为零的那些洞的并集]

$\qquad=\sigma_K(T)\bigcup[\Phi_\pm(T)\backslash\Phi_0(T)]$

$\qquad=\{\lambda\in\sigma(T):(T-\lambda)\notin\Phi_0(X)\}$.

连同前面 $\sigma_W(T)$ 的定义, 我们来看 Stampfli 定理的意义就很清楚: 由于 $\sigma_W(T):=\bigcap\limits_{K\in K(X)}\sigma(T+K)=\{\lambda\in\sigma(T),(T-\lambda)\notin\Phi_0(X)\}$, 算子 T 使 Stampfli 定理成立, 即存在紧算子 $K,\sigma(T+K)=\sigma_W(T)$, 就是一次紧摄动去除全部 $\Phi_0(T)$ 的点, 使 $\sigma(T+K)$ 最小. 这里 $\Phi_0(T)$ 的成分一般除了 $\sigma_p^0(T)$ 外, 还可能有若干指标为零的洞.

由上已经可以看出, 对黎斯算子 $T,\sigma(T)=\{0\}\bigcup\sigma_p^0(T)$, 故

$$\sigma_e(T)=\sigma_B(T)=\sigma_W(T)=\sigma_K(T)=\{0\}=\sigma(T)\backslash\sigma_p^0(T).$$

所谓 $\lambda\in\mathbf{C}$ 是 $\sigma(T)$(有时也简称是 T) 的一个光滑点, 就是指 $\lambda\in\Phi_\pm(T)$, 且 $\min\ \mathrm{ind}(T-\lambda)=\min\{a(T-\lambda),b(T-\lambda)\}=0$, 换句话说 $(T-\lambda)$ 或是单射 (这时因为值域 $R(T-\lambda)$ 闭, $T-\lambda$ 必下有界, 即存在 $c>0$, 使 $\|(T-\lambda)x\|\geqslant c\|x\|$ 对一切 $x\in X$ 成立), 或是满射.

对于 $\Phi_\pm(T)$ 的一个非光滑点 λ, 总可以通过一次紧摄动 K, 使 λ 成为 $\Phi_\pm(T+K)$ 的光滑点. 困难在于通过一次紧摄动 K, 使 $\sigma_K(T)$ 的某些个洞, 乃至所有的 $\Phi_\pm(T)$ 中的点都光滑化, 即 $ab(T+K):=\{\lambda\in\Phi_\pm(T+K):\min\ \mathrm{ind}(T+K-\lambda)\neq 0\}=\emptyset$. 故在 §5.1 中所言算子 T 可 Apostol 紧修正, 即有紧算子 K, 使 $T+K$ 光滑化, 就是使 $\sigma_S(T+K):=\sigma_K(T+K)\bigcup ab(T+K)=\sigma_K(T+K)=\sigma_K(T)$(这里 $\sigma_K(\cdot)$ 是算子紧摄动下的不变量, 故 $\sigma_K(T+K)=\sigma_K(T)$).

由上面说明, 容易看出: T 可紧修正 $\Rightarrow T$ 使 Stampfli 定理成立.

下面经常用到泛称半 Fredholm 稳定性原理的工具有

(a) $T \in \Phi_{\pm}(X), K \in K(X) \Rightarrow T+K \in \Phi_{\pm}(X)$ 且 $i(T+K)=i(T)$(命题 3.1.22);

(b) $T \in \Phi_{\pm}(X)$, 则存在 $\delta>0$, 使当 $\| T-S \|<\delta$ 时, $S \in \Phi_{\pm}(X), i(S)=i(T)$ 且 $a(S) \leqslant a(T), b(S) \leqslant b(T)$(命题 3.1.21);

(c) $T \in \Phi_{\pm}(X)$, 则存在 $\delta>0$, 使得在 $\{\lambda: 0<|\lambda| \leqslant \delta\}$ 集上 $a(T-\lambda I)$ 和 $b(T-\lambda I)$ 都是常数 (命题 3.1.38).

最后说明一下通常所谓的"穿孔原理" (也称打洞原理). 上面已经提过, 所谓洞 ——T 的半 Fredholm 区域 $\Phi_{\pm}(T)$ 的一个有界连通分支 H, 有两种, 对第一种情形, $\min\limits_{\lambda \in H}[\min \operatorname{ind}(T-\lambda)]>0$, 任取一个 $\lambda_0 \in H$, 都存在一个充分小范数的紧摄动 K, 使得不仅 λ_0 是 $T+K$ 的光滑点, 而且 H 成为第二种洞, 即除至多可数点外, H 中的点都成了 $T+K$ 的光滑点. 这就是穿孔原理 (见文献 [147]).

除了在本章前言的综述中所提的研究意义外, 本节主要目的是通过引入 West 算子的概念和一般算子 West 分解的概念, 说明一般 Banach 空间上算子紧摄动与本性谱研究的几个主要课题, 诸如强 Stampfli 定理是否成立, 算子可否紧修正等, 本质上是与算子 West 分解问题等价的.

第一步是说明对一般算子 $T \in B(X)$, 总可以通过一个范数任意小的紧摄动 K, 使得 $\Phi_{\pm}(T+K)$ 中非光滑点至多可数, 并且每一点还都是有有限升或降指数点. 这个结果比通常的所谓"穿孔原理"好. 为了证明这一结果, 需要两个引理.

由于半 Fredholm 算子的指标有性质: $i(T)=-i(T^*)$, T 下有界 $\Leftrightarrow T^*$ 满射, T 满射 $\Leftrightarrow T^*$ 下有界. 以下的证明常就一种情况进行, 另一种情形取 T^* 来证.

引理 5.3.1 设 T 是无限维 Banach 空间 X 上的一个半 Fredholm 算子, 有指标 $i(T) \leqslant 0$(或 $i(T) \geqslant 0$). 那么存在一个有限秩算子 $F \in F(X)$, 使得 $T+\lambda F$ 对一切非零复数 λ 都是下有界 (或满射).

证 不失一般性, 假定 $i(T) \leqslant 0$. 取一个到 $N(T)$ 上的投影算子 P, 再取一个与 P 同秩的有限秩投影算子 Q 使 $QT=0$. 这是可能做到的, 例如, 设 $n=\dim N(T) \leqslant \dim(X/R(T))=m<\infty$, 设 $X=R(T) \bigoplus X_m$, 又在 X_m 中分解出一个 n 维子空间 X_n 来, 即 $X=R(T) \bigoplus X_m=R(T) \bigoplus X_0 \bigoplus X_n$. 然后取一个投影算子 Q, 它沿着 $R(T) \bigoplus X_0$ 投影到 X_n 上, 则因 $R(T) \subseteq N(Q), R(Q)=X_n$, 显然 Q 满足要求.

选取算子 $A, B \in B(X)$, 使得 $AQB=P$, 令 $F=QB$, 那么 $F \in F(X)$, 就将满足 $T+\lambda F \in \Phi_{+}(X)(\lambda \neq 0)$ 并且 $T+\lambda F$ 是单射, 这是由于

$$
\begin{aligned}
(T+\lambda F) x=0 \Rightarrow T x & =-\lambda F x \\
& \Rightarrow T x=0=F x (\text{由于 } QT=0 \text{ 且 } QF=F) \\
& \Rightarrow x=P x=A Q B x=A F x=0 .
\end{aligned}
$$

现在, $\lambda F \in F(X) \subseteq K(X)$, 故由 $T \in \Phi_{+}(X)$, 就有 $(T+\lambda F) \in \Phi_{+}(X)$, 加上我们已证 $(T+\lambda F)$ 是单射, 故 $(T+\lambda F)$ 下有界, 证毕.

引理 5.3.2 设 T 是无限维 Banach 空间 X 上的一个左半 Fredholm(或右半 Fredholm) 算子. 如果存在一个 $\epsilon > 0$, 使得对一切 $0 <| \lambda |< \epsilon$ 的 λ, 都使 $T-\lambda$ 是下有界 (或满射), 那么 T 有有限升指数 (或降指数).

证 不失一般性, 设 $T \in \Phi_+(X)$(如果 $T \in \Phi_-(X)$, 就通过取 $T^* \in \Phi_+(X)$). 令 $Y = \bigcap_{n=1}^{\infty} R(T^n)$, 那么 Y 是 T 的不变子空间, 由文献 [38] 的 p.241,$T\mid_Y$ 是到 Y 上的满射. 因而对充分小的 λ,$(T-\lambda)\mid_Y$ 都是满射 (见命题 3.1.32 的 (3)).

现在, 易知当 $T-\lambda$ 是下有界时 $(T-\lambda)\mid_Y$ 也是下有界的. 我们要说明这时 $T\mid_Y$ 是 $B(Y)$ 中的可逆算子, 否则 $T\mid_Y$ 就作为 $B(Y)$ 中可逆元集的边界点, 因而是双侧拓扑零因子, 就不是一个满射 (请回顾本书命题 3.1.29(2) 和 3.1.31).

现在我们证明了 $Y \bigcap N(T) = \{0\}$. 又由于 $a(T) < \infty$, 那么对足够大的 $n \in \mathbf{N}$,

$$N(T) \bigcap R(T^n) = N(T) \bigcap Y = \{0\}.$$

因此

$$N(T^n) = N(T^{n+1}).$$

事实上, 只需证 $N(T^{n+1}) \subseteq N(T^n)$, 如果有 x, 使得 $T^{n+1}x = T(T^n x) = 0$, 而 $y = T^n x \neq 0$, 则 $y \in N(T) \bigcap R(T^n) = \{0\}$, 又得 $y = 0$, 矛盾. 引理证毕.

定理 5.3.3 设 T 是无限维 Banach 空间 X 上的算子. 对任一 $\epsilon > 0$, 存在一个 $K \in \overline{F}(X), \| K \| \leqslant \epsilon$, 使得 $\sigma_S(T+K)\backslash\sigma_K(T)$ 的可能的聚点都处于 $\sigma_K(T)$ 中, 故是一个可数集, 并且对每一 $\mu \in \sigma_S(T+K)\backslash\sigma_K(T)$, 算子 $(T+K-\mu)$ 或有有限升指数, 或有有限降指数, 视其指标是非正或非负而异.

定理 5.3.3 的结果比穿孔原理强在: 穿孔原理只说明一个没有光滑点的洞可以紧摄动为第二种洞, 现在则可以紧摄动使 $\Phi_\pm(T+K)$ 的各洞都成为第二种.

证 设 $\sigma = \{\lambda_n\}_{n=1}^{\infty}$ 是 $\Phi_\pm(T)$ 的一个稠子集.

令 $\epsilon_0 = \dfrac{1}{2}\epsilon$, 应用引理 5.3.1, 选到一个范数不超过 $\dfrac{1}{2}\epsilon_0$, 且使 $T-\lambda_1+F_1$ 是下有界或满射的有限秩算子 F_1, 然后依下有界或满射算子集的开性, 取 $\epsilon_1 < \dfrac{1}{2}\epsilon_0$, 使当 $A \in B(X), \| A \| < \epsilon_1$ 时 $T-\lambda_1+A+F_1$ 仍下有界或满射. 一般地, 连续地应用引理 5.3.1 归纳构造出正数列 $\{\epsilon_n\}_{n=0}^{\infty}$ 和有限秩算子列 $\{F_n\}_{n=1}^{\infty}$. 对第 n 步是: 取一个 $F_n, \| F_n \| < \dfrac{1}{2}\epsilon_{n-1}$, 使 $T-\lambda_n+\sum_{i=1}^{n} F_i$ 下有界或满射, 然后依下有界或满射算子集的开性, 取定 $\epsilon_n < \dfrac{1}{2}\epsilon_{n-1}$, 使当 $A \in B(X), \| A \| < \epsilon_n$ 时, $T-\lambda_n+A+\sum_{i=1}^{n} F_i$ 仍下有界或满射.

设 $\sum_{n=1}^{\infty} F_n = K \in \overline{F}(X), \| K \| < \epsilon$, 且对每个 $n \in \mathbf{N}$, 我们有

$$\left\| \sum_{i=n+1}^{\infty} F_i \right\| \leqslant \epsilon_n.$$

因而 $T+K-\lambda_n$ 都是下有界或满射算子.

由半 Fredholm 算子的洞指标原理 (定理 3.1.38), 对每一 $\alpha \in \Phi_{\pm}(T+K)$ 都存在一个 α 的邻域 δ_α 使 $a(T+K-\mu)$ 与 $b(T+K-\mu)$ 对一切 $\mu \in \delta_\alpha \backslash \{\alpha\}$ 都是常数; 并且这个常数不超过 $a(T+K-\alpha)$ 与 $b(T+K-\alpha)$. 注意每一 δ_α 与 σ 都有非空交, 故这种常数必是零. 从而 $\sigma_S(T+K)\backslash\sigma_K(T)$ 不可能有处于 $\Phi_{\pm}(T)$ 中的聚点. 故是一个可数集. 最后由引理 5.3.2, 定理证毕.

本节工作的第二步是说明, 任一无限维 Banach 空间 X 上的任一有界线性算子 T, 都可以通过一个范数任意小的紧摄动 K, 使得 $T+K$ 成为 West 算子. 从而使一般 Banach 空间上算子是否有 Apostol 紧修正问题归结为 West 算子是否有 West 分解.

定义 5.3.4 (1) 称算子 $T \in B(X)$ 是一个 West 算子, 如果 $ab(T) := \{\lambda \in \Phi_{\pm}(T) : \min\ \mathrm{ind}(T-\lambda) \neq 0\} = \sigma_p^0(T)$. $B(X)$ 中 West 算子的全体记为 $W(X)$.

(2) 称算子 $T \in B(X)$ 有 West 分解, 是指存在一个紧算子 $K \in K(X)$, 使得 $\sigma(T+K) = \sigma(T)\backslash\sigma_p^0(T)$, 且对每个 $\lambda \in \Phi_{\pm}(T), \min\mathrm{ind}(T+K-\lambda) \leqslant \min\mathrm{ind}(T-\lambda)$.

由定义 (1) 和 (2) 可知, West 算子概念是黎斯算子的概念的推广. 而对黎斯算子而言, 其原来意义下的 West 分解与新定义的 West 分解是完全一致的.

(3) 称 $T \in B(X)$ 有紧修正, 是指存在一个紧算子 $K \in K(X)$, 使得 $\sigma_S(T+K) = \sigma_K(T)$. 也就是说, $ab(T+K) = \{\lambda \in \Phi_{\pm}(T) : \min\mathrm{ind}(T+K-\lambda) \neq 0\} = \emptyset$. 按 Apostol 称呼, $T+K$ 是光滑算子.

(4) 称 $T \in B(X)$ 使强 Stampfli 定理成立, 是指存在紧算子 K, 使得 $\sigma(T+K) = \sigma_W(T)$ 且 $ab(T+K)$ 无内点.

引理 5.3.5 设 Y 与 Z 是两个 Banach 空间, $C \in B(Z,Y)$ 是一个有限秩算子, 如果存在 $A \in B(Y)$ 满足 $R(C) \subseteq R(A)$, 又存在 $B \in B(Z)$ 满足 $R(B)$ 闭且 $N(B) \subseteq N(C)$. 那么, 存在 $T_1 \in B(Z,Y)$ 与 $T_2 \in B(Z,Y)$ 使得 $T_1B = C = AT_2$, 同时 $R(T_1) = R(C)$ 和 $N(T_2) = N(C)$.

证 取 $R(C) \subseteq Y$ 中的一组基 $\{e_1, \cdots, e_n\}$, 以及 Z^* 中的一组泛函 $\{f_1, \cdots, f_n\} \subseteq Z^*$, 使得

$$C = \sum_{i=1}^{n} e_i \otimes f_i.$$

我们定义 $R(B)$ 上的有界线性泛函列为

$$\phi_i(Bz) = f_i(z) \qquad (z \in Z, i = 1, 2, \cdots, n).$$

已知条件 $N(B) \subseteq N(C)$ 保证了 $\phi_i \in R(B)^*$ 的合理性.

现在用 Hahn-Banach 定理把 ϕ_i 延拓到全空间 Z 上, 并令

$$T_1 = \sum_{i=1}^{n} e_i \otimes \phi_i,$$

于是 $T_1B = C$, 并且 $R(T_1) = R(C)$.

另一方面，由于 $R(C) \subseteq R(A)$, 我们可以选取 $\{y_1, \cdots, y_n\} \subseteq Y$, 使得

$$Ay_i = e_i \qquad (1 \leqslant i \leqslant n),$$

再令

$$T_2 = \sum_{i=1}^{n} y_i \bigotimes f_i,$$

那么

$$AT_2 = C \text{且} N(T_2) = N(C).$$

引理证毕.

引理 5.3.6 设 Banach 空间 X 可分解为两个闭子空间 Y 和 Z 的直和， $X = Y \bigoplus Z$. 假设算子 $T \in B(X)$ 有相应的矩阵表示，$T = \begin{pmatrix} A & C \\ 0 & B \end{pmatrix}$, 其中 $C \in B(Z, Y)$ 是有限秩的. 另外，或者 (a) $B \in B(Z)$ 是下有界的且 $A \in B(Y)$ 是幂零的；或者 (b) $A \in B(Y)$ 是满射的且 $B \in B(Z)$ 是幂零的，那么存在一个 X 到 Y 上的投影算子，它与 T 可交换.

证 只证情况 (a), 情况 (b) 类似可证.

由 B 下有界以及存在 $n \in \mathbf{N}$ 使得 $A^n = 0$. 连续应用引理 5.3.5 n 次，使存在 $F_1, \cdots, F_n$ 满足

$$F_1 B = C \text{且} R(F_1) = R(C),$$

$$F_i B = AF_{i-1} \text{且} R(F_i) = R(A^{i-1}C) \qquad (2 \leqslant i \leqslant n),$$

再令 $F = -(F_1 + F_2 + \cdots + F_n)$, 并且注意到 $AF_n = 0$, 那么 $AF - FB = C$, 使得投影算子

$$\begin{pmatrix} I & F \\ 0 & 0 \end{pmatrix}$$

与 T 可交换.

引理 5.3.7 设 T 是 Banach 空间 X 上的左半 (或右半)Fredholm 算子，指标 $\operatorname{ind}(T) \neq 0$, 设 $\epsilon > 0$. 如果对于零的某个邻域中的每一 $\lambda \neq 0, T - \lambda$ 都是下有界 (或满射). 那么存在一个 $F \in F(X), \| F \| < \epsilon$, 使得 $T + F$ 是下有界 (或满射), 并且对一切 $\lambda \in \mathbf{C}, \min \operatorname{ind}(T - \lambda) = 0$ 蕴涵 $\min \operatorname{ind}(T + F - \lambda) = 0$.

证 不妨设对充分小的 $\lambda \neq 0, T - \lambda$ 都是下有界的，对满射情况类似可证，由引理 5.3.2, T 就应有有限升指数，设为 k, 于是 X 有直和分解 $X = Y \bigoplus Z$, 其中 $Y = N(T^k), Z$ 是 X 中关于 Y 的闭的补子空间. 我们假定 $Y \neq \{0\}$(否则 $N(T) = 0$, 可取 $F = 0$, 结论显然成立). 于是有相应的 $T = \begin{pmatrix} A & C \\ 0 & B \end{pmatrix}$.

注意到 $\begin{pmatrix} A & C \\ 0 & 0 \end{pmatrix}$ 是有限秩算子，故 $\begin{pmatrix} 0 & 0 \\ 0 & B \end{pmatrix}$ 是半 Fredholm 算子，因而 $B \in B(Z)$ 有闭值域.

由矩阵运算可知 $T^{2k} = \begin{pmatrix} 0 & DB^k \\ 0 & B^{2k} \end{pmatrix}$, 其中 $D \in B(Z, Y)$, 于是由于 $N(T^{2k}) = N(T^k)$, 对每一 $z \in Z, B^k z = 0 \Rightarrow T^{2k} z = 0 \Rightarrow T^k z = 0 \Rightarrow z = 0$.

这说明 B^k 单射，更有 B 单射，又前述 $R(B)$ 闭，从而 B 是下有界的，又 A 是幂零的，现在可以应用引理 5.3.6, 使得存在一个 Y 的一个适当的补子空间 Z', 相应于空间分解 $X = Y \bigoplus Z'$.

$T = \begin{pmatrix} T_1 & 0 \\ 0 & T_2 \end{pmatrix}$, 其中 T_1 是幂零的，T_2 下有界，但不是满射，否则 $\text{ind}(T) = 0$.

现在对有限秩幂零算子 T_1, 从 Jordan 形表示可知，可选取范数充分小的有限秩算子 $F_{11} \in B(Y)$, 使得 $T_1 + F_{11}$ 是幂零的，且 $\dim N(T_1 + F_{11}) = 1$.

在 $X = Y \bigoplus Z'$ 上，我们令 $F_1 = \begin{pmatrix} F_{11} & 0 \\ 0 & 0 \end{pmatrix}, \| F_1 \| < \dfrac{1}{2}\epsilon$.

然后，我们选取一个 $e \in Z' \backslash R(T_2)$, 并取 $\phi \in Y^*$, 使得

$$\phi(N(T_1 + F_{11})) \neq \{0\} \text{且} \| F_2 \| < \frac{1}{2}\epsilon,$$

其中

$$F_2 = \begin{pmatrix} 0 & 0 \\ e \bigotimes \phi & 0 \end{pmatrix}.$$

检验 $F = F_1 + F_2$ 满足引理所需. 若有 $x = y + z \in X = Y \bigoplus Z'$, 其中 $y \in Y, z \in Z'$, 使得 $(T+F)x = (T_1 + F_{11})y + \phi(y)e + T_2 z = 0$, 注意空间 X 的直和分解性，$(T_1 + F_{11})y = 0, \phi(y)e + T_2 z = 0$. 又 $e \notin R(T_2)$, 故 $\phi(y)e = T_2 z = 0$, 由 ϕ 的取法与 T_2 的下有界性可知 $y = z = 0$, 证明了 $x = 0$, 即 $(T+F)$ 下有界. 类似分析不难验证 $(T - \lambda)$ 下有界 (满射) 时 $(T + F - \lambda)$ 也下有界 (满射). 引理证毕.

定理 5.3.8　对任一 Banach 空间 X 上的任一算子 $T \in B(X)$ 以及任一 $\epsilon > 0$, 存在一个 $K \in \overline{F}(X), \| K \| < \epsilon$, 使 $T + K \in W(X)$.

证　首先, 对 T 应用定理 5.3.3, 我们可以构造一个算子 $K_1 \in \overline{F}(X), \| K_1 \| < \dfrac{\epsilon}{2}$, 使得 $\sigma_S(T + K_1) \backslash \sigma_K(T)$ 的聚点只可能在 $\sigma_K(T)$ 的边界上.

对 $T' = T + K_1$, 设 $\sigma = \{\lambda \in \sigma_S(T') \backslash \sigma_K(T) : \text{ind}(T' - \lambda) \neq 0\}$. 不妨设 σ 是一个可数无限集，$\sigma = \{\lambda_n\}_{n=1}^{\infty}$, 我们归纳构造正数列 $\{\epsilon_n\}_{n=0}^{\infty}$ 和有限秩算子列 $\{F_n\}_{n=0}^{\infty}$ 如下，设 $\epsilon_0 < \min\{1, \dfrac{1}{2}\epsilon\}$, 且令 $F_0 = 0$, 对每一 $n \in \mathbf{N}$, 按如下规则相应地取 ϵ_n 和 F_n.

在确定 $\epsilon_1, \epsilon_2, \cdots, \epsilon_{n-1}$ 和 $F_1, F_2, \cdots, F_{n-1}$ 后应用引理 5.3.7, 取得范数不超过 $\frac{1}{2}\epsilon_{n-1}$ 的 F_n, 同时满足

(i) $T' - \lambda_n + \sum_{i=0}^{n} F_i$ 是下有界或满射;

(ii) 对 $\lambda \in \mathbf{C}$, 都有 $\min \operatorname{ind}(T' - \lambda + \sum_{i=0}^{n-1} F_i) = 0 \Rightarrow \min \operatorname{ind}(T' - \lambda + \sum_{i=0}^{n} F_i) = 0$;

令 $\delta_n = \{\lambda \in \mathbf{C} : \epsilon_{n-1} \leqslant \operatorname{dist}(\lambda, \sigma_S(T' + \sum_{i=0}^{n} F_i)) \leqslant \frac{1}{\epsilon_{n-1}}\}$.

同时，应用下有界 (满射) 算子集的开性，就可以取到一个正数 $\epsilon_n < \frac{1}{2}\epsilon_{n-1}$ 使得

(iii) $\lambda \in \delta_n$ 且 $\| B \| < \epsilon_n$ 时， $\min \operatorname{ind}(T' - \lambda + B + \sum_{i=0}^{n} F_i) = 0$.

这里用到两个事实： δ_n 是 $\mathbf{C} \backslash \sigma_S(T' + \sum_{i=0}^{n} F_i)$ 的紧子集，以及函数 $d_n(\lambda) = \operatorname{dist}(T' - \lambda + \sum_{i=0}^{n} F_i, B(X) \backslash \{T \in \Phi_{\pm}(X) : \min \operatorname{ind}(T) = 0\})$ 是复平面上的连续函数.

最后，令 $K_2 = \sum_{i=0}^{\infty} F_i \in \overline{F}(X), \| K_2 \| < \frac{1}{2}\epsilon$, 于是有

$$\left\| \sum_{i=n+1}^{\infty} F_i \right\| < \epsilon_n \qquad \text{对每一} \ n \in \mathbf{N}.$$

于是， $\lambda \in \delta_n \Rightarrow \min \operatorname{ind}(T' - \lambda + K_2) = \min \operatorname{ind}(T' - \lambda + \sum_{i=0}^{n} F_i + \sum_{i=n+1}^{\infty} F_i) = 0 \Rightarrow \lambda \notin \sigma_S(T' + K_2)$. 现在, 任一 $\lambda \in \Phi_{\pm}(T) \backslash \sigma_p^0(T')$, 不论 $\lambda \in \sigma = \{\lambda_n\}$ 或 $\lambda \notin \sigma$, 当 m 充分大时 (注意到由 (ii), 对任一 $n \in \mathbf{N}, \sigma_S(T' + \sum_{i=0}^{n} F_i) \subseteq \sigma_S(T' + \sum_{i=0}^{n-1} F_i) \subseteq \cdots \subseteq \sigma_S(T') \subseteq \sigma(T')$), $| \lambda | + r(T') > \operatorname{dist}(\lambda, \sigma_S(T' + \sum_{i=0}^{m} F_i)) > 0$, 因此总有 $n = n(\bar{\lambda})$, 使 $\bar{\lambda} \in \delta_n$(这里 $r(T')$ 是 T' 的谱半径). 故得到

$$\mathbf{C} \backslash \sigma_S(T' + K_2) \supseteq \bigcup_{n \in \mathbf{N}} \delta_n \supseteq \Phi_{\pm}(T) \backslash \sigma_p^0(T'),$$

那么

$$\sigma_S(T' + K_2) \subseteq \sigma_K(T) \bigcup \sigma_p^0(T').$$

令 $K = K_1 + K_2$, 则 $\| K \| < \epsilon$ 且 $T + K = T' + K_2$ 是一个 West 算子，证毕.

另外, 如果我们特别留意到上面证明中的一个事实： $\rho(T') \subseteq \Phi_{\pm}(T') \backslash \sigma_p^0(T') = \Phi_{\pm}(T) \backslash \sigma_p^0(T') \subseteq \mathbf{C} \backslash \sigma_S(T' + K_2) = \{\lambda \in \Phi_{\pm}(T' + K_2) : \min \operatorname{ind}(T' + K_2 - \lambda) = 0\}$, 又显然 $\rho(T') \subseteq \Phi_0(T') = \Phi_0(T' + K_2)$, 故 $\rho(T') \subseteq \Phi_0(T' + K_2) \bigcap \{\lambda \in \Phi_{\pm}(T' + K_2) : \min \operatorname{ind}(T' + K_2 - \lambda) = 0\} = \rho(T' + K_2)$, 还可以得到如下：

推论 5.3.9 对任一 Banach 空间 X 的任一算子 $T' \in B(X)$, 如果 $\sigma_S(T') \backslash \sigma_K(T')$ 的聚点只可能在 $\sigma_K(T')$ 的边界上, 那么对任一 $\epsilon > 0$, 存在一个紧算子 $K, \| K \| < \epsilon$, 使 $T' + K \in W(X)$ 且 $\rho(T') \subseteq \rho(T' + K)$.

现在得到了本节的如下主要结论：

定理 5.3.10 设 X 是一个无限维 Banach 空间，那么关于 X 上有界线性算子的紧摄动与本性谱的如下几个推断都是彼此等价的：

(1) X 上的每个 West 算子都可 West 分解;

(2) X 上的每个算子 T 都使强 Stampfli 定理成立, 即存在紧算子 K 使得 $\sigma(T+K)=\sigma_W(T)$, 并且 $ab(T+K)$ 无内点;

(3) X 上的每个算子都有 Apostol 紧修正.

证 (1) $\Rightarrow$ (2): 对取定的 $T\in B(X)$, 首先由上述定理 5.3.8, 存在一个紧算子 K_1, 使得 $T+K_1$ 是一个 West 算子, 现在由 (1),West 算子 $T+K_1$ 应有 West 分解, 也就是说, 存在一个紧算子 K_2 使得 $\sigma(T+K_1+K_2)=\sigma(T+K_1)\backslash\sigma_p^0(T+K_1)$, 且对每个 $\lambda\in\Phi_\pm(T+K_1), \min\operatorname{ind}(T+K_1+K_2-\lambda)\leqslant\min\operatorname{ind}(T+K_1-\lambda)$, 我们要说 明 $K=K_1+K_2$ 就是使 Stampfli 定理成立的紧算子, 即 $\sigma(T+K)=\sigma_W(T)$. 也就是 $\sigma(T+K)\bigcap\Phi_0(T)=\sigma(T+K)\bigcap\Phi_0(T+K)=\emptyset$, 若不然, 就存在 $\lambda\in\sigma(T+K)\bigcap\Phi_0(T+K)=\sigma(T+K)\bigcap\Phi_0(T+K_1)=[\sigma(T+K_1)\backslash\sigma_p^0(T+K_1)]\bigcap\Phi_0(T+K_1)$, 注意到 $T+K_1$ 是 West 算子, 那么 $\lambda\in\sigma(T+K_1)\backslash\sigma_p^0(T+K_1)$ 意味着 $\min\operatorname{ind}(T+K_1-\lambda)=0$, 又 $\operatorname{ind}(T+K_1-\lambda)=a(T+K_1-\lambda)-b(T+K_1-\lambda)=0$, 于是 $a(T+K_1-\lambda)=b(T+K_1-\lambda)=0, \lambda\in\rho(T+K_1)$ 与 $\lambda\in\sigma(T+K_1)$ 矛盾.

我们还要说明 $ab(T+K)=ab(T+K_1+K_2)$ 无内点. 事实上很容易说明 $ab(T+K)=\emptyset$. 因为由 $\min\operatorname{ind}(T+K-\lambda)\leqslant\min\operatorname{ind}(T+K_1-\lambda)$, 那么 $\lambda\in ab(T+K)\Rightarrow\lambda\in ab(T+K_1)\Rightarrow\lambda\in\sigma_p^0(T+K_1)$, 矛盾.

(2) $\Rightarrow$ (3): 对 $T\in B(X)$, 由 (2), 先取得 $K_1\in K(X)$, 使得 $\sigma(T+K_1)=\sigma_W(T)$ 且 $ab(T+K_1)$ 无内点. 我们要说明这时 $\sigma_S(T+K_1)\backslash\sigma_K(T+K_1)$ 的聚点只可能在 $\sigma_K(T+K_1)$ 的边界上. 如果存在 $\lambda\in[ab(T+K_1)]'\backslash\sigma_K(T+K_1)$, 则依半 Fredholm 算子的稳定性原理, $\lambda\in ab(T+K_1)$ 且存在 λ 的一个充分小邻域 δ, 使得一切 $\mu\in\delta\backslash\{\lambda\}, \min\operatorname{ind}(T+K_1-\mu)$ 是常数 c. 现在 $c=0\Rightarrow\lambda$ 不是 $ab(T+K_1)$ 的聚点; 而 $c\neq 0, \lambda$ 就成为 $ab(T+K_1)$ 的一个内点, 矛盾. 然后, 我们可以对 $T+K_1$ 应用前述推论 5.3.9, 又可取得 K_2, 使得 $(T+K_1+K_2)\in W(X)$, 且 $\rho(T+K_1)\subseteq\rho(T+K_1+K_2)$. 容易验证对于 $K=K_1+K_2, T+K$ 就是 T 的紧修正. 事实上由于 $T+K=T+K_1+K_2\in W(X)$, 只需证 $ab(T+K)=\sigma_p^0(T+K)=\emptyset$. 若 $\lambda\in\sigma_p^0(T+K)$, 由于 $\sigma(T+K)\subseteq\sigma(T+K_1)$, 就推出 $\lambda\in\sigma(T+K_1)\bigcap\Phi_0(T+K_1)$, 而 $\sigma(T+K_1)=\sigma_W(T), \sigma(T+K_1)\bigcap\Phi_0(T+K_1)=\emptyset$.

(3) $\Rightarrow$ (1): 由 (3), 任一算子均可紧修正; 特别地, 对 $T\in W(X)$, 也有紧修正, 这已蕴涵了 West 算子可 West 分解.

定理证毕.

§ 5.4 黎斯算子可 West 分解的几种 Banach 空间

本节通过证明每个局部加强次投影空间上的黎斯算子都可 West 分解, 来概括目前已知的、黎斯算子可 West 分解的几种 Banach 空间. 需要一个关于 Banach 空间算子本性谱的预备结果.

设 X 表示复无限维 Banach 空间， $B(X)$ 表示 X 上全体有界线性算子按范数拓扑构成的 Banach 代数，商代数 $C(X)=B(X)/K(X)$ 称为 Calkin 代数. 算子 $T\in B(X)$ 的本性谱 $\sigma_e(T)$(左本性谱 $\sigma_{le}(T)$ 和右本性谱 $\sigma_{re}(T)$) 是指在自然同态 $\pi: B(X)\to C(X)$ 下， $\pi(T)$ 的谱 $\sigma(\pi(T))(\pi(T)$ 的左谱和右谱).

由于 $\sigma_e(T)=\sigma_{le}(T)\bigcup\sigma_{re}(T)$, 以及 $\sigma_{re}(T)=\sigma_{le}(T^*)$, 本节讨论算子的本性谱，只在左本性谱中进行.

当 X 是一个 Hilbert 空间 H 时，文献 [151] 集中了若干本性谱的特征，我们把文献 [151] 的结果推广到一般 Banach 空间上，得到如下结果：

引理 5.4.1 设 X 是任意一个复无限维 Banach 空间，$T\in B(X)$ 且如果 $R(T)$ 闭时 $R(T)$ 可补，则如下陈述等价：

(1) $0\in\sigma_{le}(T)$, 即不存在 $S\in B(X)$, 使 $ST-I\in K(X)$;

(2) 或 T 的值域非闭，或 T 的零空间 $N(T)$ 是无限维的；

(3) 存在无限维子空间 $Y\subseteq X$, 使 T 在 Y 上的限制 $T|_Y: Y\to X$ 是紧算子；

(4) 对每个 $\delta>0$, 存在无限维子空间 $E(\delta)$, 使 $\|Tx\|\leqslant\delta\|x\|$, 对一切 $x\in E(\delta)$ 成立；

(5) 对每个 $\delta>0$, 存在无限维子空间 $E(\delta)$, 使 T 在 $E(\delta)$ 上的限制 $T|_{E(\delta)}$: $E(\delta)\to X$ 是紧算子，且 $\|T|_{E(\delta)}\|\leqslant\delta$;

(6) 存在一无限维子空间 $Y\subseteq X$ 和一紧算子 $K\in K(X)$, 使得 $(T+K)Y=0$.
另外，当 X 自反或 X^* 可分时，还可有

(7) 存在单位向量序列 $\{e_n\}_{n=1}^{\infty}\subseteq X$ 和 $\{f_n\}_{n=1}^{\infty}\subseteq X^*$, 成双直交序列即 $f_m(e_n)=\delta_{mn}$, 使得 e_n 弱收敛于零而 Te_n 范数收敛于零；

(8) 存在单位向量列 $\{x_n\}_{n=1}^{\infty}$, 使得 x_n 弱收敛于零，而 Tx_n 范数收敛于零. 也与 (1) ~ (6) 等价.

引理 5.4.1 的证明从略，可见于文献 [152]. 本节以下用到的只是由本引理之 (6) 直接得出的事实：对任一黎斯算子 T, 由于零是 T 的 (惟一) 的左本性谱点，故总存在一个紧算子 K, 使得 $\dim N(T+K)=\infty$.

下面开始主要结果的证明. 需要 (定义 2.3.20) 一个新概念：Banach 空间 X 称为局部加强次投影的，是指 X 的每个无限维子空间 E, 都有一个相应的 $c=c(E)>0$, 以及 E 的一个无限维闭子空间 E_c 使对任一正整数 n, E_c 的每个无限维子空间中都含有 n 维子空间 E_n, E_n 与 $l_p^n(1\leqslant p\leqslant\infty)$ 中的某一个 c 同构且在 X 中 c 可补. 由下面的需要，这里局部加强次投影空间概念与前面定义 2.3.20 中的局部强次投影空间略有不同，但容易说明，前面定义 2.3.16 中的强次投影空间都是局部加强次投影的.

引理 5.4.2 对任一 $\epsilon > 0$, 任一 $p(1 \leqslant p \leqslant \infty)$, 取正整数 $n > \left(\frac{4}{\epsilon}\right)^2$, 存在 l_p^n 上的幂零算子 J, 对某一 $x \in l_p^n$ 以及空间分解 $l_p^n = [x] \oplus Y_{n^-}$, J 的作用表为

$$\begin{cases} Jx = x + f(x)u = x + u, & u \in Y_{n^-}, \\ Jy = \varphi(y)x + Qy, & y \in Y_{n^-}. \end{cases}$$

即 J 的矩阵形式是

$$J = \begin{pmatrix} 1 & x \bigotimes \varphi \\ u \bigotimes f & Q \end{pmatrix},$$

其中 $u \in Y_{n^-}$, 泛函 $f, \varphi \in (l_p^n)^*, \| x \| = \| f \| = f(x) = 1, f(Y_{n^-}) = \varphi(x) = 0$, 算子 $Q = P_{Y_{n^-}} J P_{Y_{n^-}} \in B(l_p^n), P_{Y_{n^-}}$ 是指沿着 $[x]$ 到 Y_{n^-} 上的投影, 并且 $\| Q \| < 1 + \epsilon$, $\| \varphi \| + \| u \| < \epsilon$.

引理 5.4.2 的最早出处是文献 [73], 推证细节可参阅文献 [153] 和 [63] 等.

下面的引理 5.4.3 是本节关键, 它是文献 [73] 和 [155] 中相应结果的推广和改进.

引理 5.4.3 设 A 是局部加强次投影空间 X 上的黎斯算子, 零空间 $N(A)$ 是无限维的, $1 \in \sigma_p^0(A) = \sigma(A) \backslash \{0\}$, 则对任一 $\epsilon > 0$, 存在紧算子 K, 使得摄动后的算子 $(A + K)$ 的谱 $\sigma(A + K) = \sigma(A) \backslash \{1\}$, 并且 $\| K \| < c^2 + \epsilon$. 其中 $c = c(N(A))$ 是局部加强次投影空间 X 中关于 $N(A)$ 的常数.

证 紧算子 K 的构造分为如下几步:

(1) 由于 1 是黎斯算子 A 的孤立谱点, 其黎斯谱投影空间 $E(1; A)X$ 是 A 的不变子空间, 其维数设为 $\dim[E(1; A)X] = l < \infty$.

令 $a = \max\{c^2(1 + c), \| E(1; A) \|\}$, 取正整数

$$n > \max\left\{\left(\frac{4}{\frac{\epsilon}{2c^2}}\right)^2, \left(\frac{4}{\frac{\epsilon}{2al}}\right)^2, l\right\}.$$

因 X 是局部加强次投影的, $N(A)$ 是 X 的无限维闭子空间, 故存在 $c = c(N(A))$, 以及 $N(A)$ 的 $(l + 1)n$ 维子空间 Y 和某一 $1 \leqslant p \leqslant \infty$, 使得

(i) $d(Y, l_p^{(l+1)n}) < c$, 不妨设同构算子 $B : Y \to l_p^{(l+1)n}$,满足 $\| B \| < c, \| B^{-1} \| = 1$.

(ii) 存在一个 X 到 Y 上的投影算子 $P, \| P \| \leqslant c$, 设 P 的零空间 $N(P) = Z$, 则有 X 的直和分解 $X = Y \bigoplus Z$.

(2) 在子空间 $E(1; A)X$ 中取一组规范基 $\{s_i\}_{i=1}^l$, 设每一 s_i 依空间分解 $X = Y \bigoplus Z$ 又分解为 $s_i = y_i + z_i, y_i \in Y, z_i \in Z$, 取一组相应的线性泛函 $\{\psi_i'\}_{i=1}^l \subseteq (E(1; A)X)^*$, 满足

(i) $\| s_i \|=\| \psi_i' \|=\psi_i'(s_i)=1,\quad 1\leqslant i\leqslant l,$

(ii) $\psi_i'(s_j)=0,$ 对 $1\leqslant j<i\leqslant l,$

(iii) $As_i=s_i+t_i,$ 其中 $t_i\in[s_1,s_2,\cdots,s_{i-1}],$

延拓 ψ_i' 为 $\psi_i=\psi_i'\circ E(1;A)\in X^*$.

易知 $\{z_1,z_2,\cdots,z_l\}$ 线性无关，且 $\| z_i \|=\| s_i-Ps_i \|\leqslant 1+\| P \|\leqslant 1+c$.

设 $Y_0=[y_1,\cdots,y_l]\subseteq Y$, 那么 $\dim Y_0\leqslant l\leqslant n$, 不妨设 $\dim Y_0=n$(否则在 Y 中扩充 Y_0 到 n 维).

(3) 注意到在同构象 $BY=l_p^{(l+1)n}$ 中， BY_0 是 $l_p^{(l+1)n}$ 的 n 维子空间，故与 l_p^n 同构，记为 $BY_0\approx l_p^n(0)$, 把 $l_p^{(l+1)n}$ 直交分解为 $(l+1)$ 个 n 维子空间 l_p^n 的直和，记为 $BY=l_p^{(l+1)n}=l_p^n(0)\bigoplus l_p^n(1)\bigoplus\cdots\bigoplus l_p^n(l)$, 并记 $Y_1=B^{-1}(l_p^n(1)),\cdots,Y_l=B^{-1}(l_p^n(l))$.

对每一 $l_p^n(i),i=1,2,\cdots,l$, 依引理 5.4.2, 分别构造 $l_p^n(i)$ 上的幂零算子 J_i, 各 J_i 的分块中的 Q_i,φ_i 和 u_i 满足

$$\| Q_i \|<1+\frac{\epsilon}{2c^2},\| \varphi_i \|+\| u_i \|<\frac{\epsilon}{2al},\qquad i=1,2,\cdots,l.$$

(4) 令 $K_i=B^{-1}Q_iP_iBP+z_i\bigotimes(\varphi_i\circ P_iBP)+B^{-1}u_i\bigotimes\psi_i,i=1,2,\cdots,l$, 并且令 $K=\sum_{i=1}^l K_i$, 其中 P_i 表示由 $BY=B(Y_0\bigoplus Y_1\bigoplus\cdots\bigoplus Y_l)=l_p^n(0)\bigoplus l_p^n(1)\bigoplus\cdots\bigoplus l_p^n(l)$ 沿着其他直交分块到 $l_p^n(i)$ 上的直交投影，故 $\| P_i \|=1$.

(5) 验证 $\| K \|<c^2+\epsilon$. 只要注意到

$K=\sum_{i=1}^l K_i=B^{-1}(\sum_{i=1}^l Q_iP_i)BP+\sum_{i=1}^l[z_i\bigotimes(\varphi_i\circ P_iBP)+B^{-1}u_i\bigotimes\psi_i]$,
其中 $\| \sum_{i=1}^l Q_iP_i \|\leqslant\max\limits_{1\leqslant i\leqslant l}\| Q_i \|\leqslant 1+\dfrac{\epsilon}{2c^2}$.

(6) 验证 $(A+K)\,|_{Y\bigoplus[z_1,\cdots,z_l]}$ 是幂零算子.

首先，易知 $Y\bigoplus E(1;A)X=Y\bigoplus[s_1,\cdots,s_l]=Y\bigoplus[z_1,\cdots,z_l]$ 同为 A 和 K 的不变子空间.

其次，为了说明 $A+K$ 在 $(l+2)n$ 维子空间上的限制 $(A+K)\,|_{Y\bigoplus[z_1,\cdots,z_l]}$ 是一个幂零算子，只需作一个同构变换 $\overline{B}:Y\bigoplus[z_1,\cdots,z_l]\to l_p^{(l+1)n}\bigoplus[z_1,\cdots,z_l]$, 这里

$$\begin{cases}\overline{B}Y=BY=l_p^{(l+1)n},\\ \overline{B}z_i=z_i,i=1,2,\cdots,l.\end{cases}$$

然后说明相似算子 $\overline{B}(A+K)\overline{B}^{-1}$ 在 $l_p^{(l+1)n}\bigoplus[z_1,\cdots,z_l]$ 上的作用是幂零的.

回顾引理 5.4.2, 并注意到

$l_p^{(l+1)n}\bigoplus[z_1,\cdots,z_l]=l_p^n(0)\bigoplus[l_p^n(1)\bigoplus l_p^n(2)\bigoplus\cdots\bigoplus l_p^n(l)]\bigoplus[z_1,\cdots,z_l]=$
$l_p^n(0)\bigoplus\{[x_1]\bigoplus Y_{n^-}(1)\bigoplus[x_2]\bigoplus Y_{n^-}(2)\bigoplus\cdots\bigoplus[x_l]\bigoplus Y_{n^-}(l)\}\bigoplus[z_1,\cdots,z_l]=$
$[x_1,\cdots,x_l]\bigoplus l_p^n(0)\bigoplus\{[z_1]\bigoplus Y_{n^-}(1)\}\bigoplus\{[z_2]\bigoplus Y_{n^-}(2)\}\bigoplus\cdots\bigoplus\{[z_l]\bigoplus Y_{n^-}(l)\}$.

在空间 $l_p^{(l+1)n}\bigoplus[z_1,\cdots,z_l]$, 用 $[z_i]$ 逐一代替 $[x_i], i=1,2,\cdots,l$, 作上述分块重排后，易知算子 $\overline{B}(A+K)\overline{B}^{-1}$ 的作用如下所示，是一分块上三角矩阵：

$$\begin{pmatrix} [x_1]\bigoplus\cdots\bigoplus[x_l] & l_p^n(0) & [z_1]\bigoplus Y_{n^-}(1) & \cdots & [z_l]\bigoplus Y_{n^-}(l) \\ 0 & 0 & * & \cdots & * \\ & 0 & * & \cdots & * \\ & & J_1' & \cdots & * \\ 0 & & & \ddots & \vdots \\ & & & & J_l' \end{pmatrix},$$

其中，对每一 $i=1,2,\cdots,l$

$$\begin{cases} J_i'z_i=z_i+u_i, \\ J_i'y_i=\varphi(y_i)z_i+Q_iy_i, \qquad \text{对任一} y_i\in Y_{n^-}(i). \end{cases}$$

与引理 5.4.2 中 J_i 对 $l_p^n(i)=[x_i]\bigoplus Y_{n^-}(i)$ 的作用相比较， J_i' 是 J_i 的相似算子，故 J_i' 是幂零的 $(i=1,\cdots,l)$, 因而 $\overline{B}(A+K)\overline{B}^{-1}$ 是幂零算子.

(7) 验证算子 $(A+K)$ 的谱 $\sigma(A+K)=\sigma(A)\backslash\{1\}$.

这里采用与文献 [73] 等不同的方法, 主要应用事实: 对于 Riesz 算子 A 和 $A+K$, 任一复数 $\lambda\neq 0$ 都是 A 和 $A+K$ 的指标为零的 Fredholm 点，并且 Fredholm 算子在紧摄动下指标不变，即 $\Phi_0(A)=\Phi_0(A+K)$.

只需验证算子 $A+K$ 的正则点集

$$\rho(A+K)=\mathbf{C}\backslash\sigma(A+K)=\mathbf{C}\backslash[\sigma(A)\backslash\{1\}]=\rho(A)\bigcup\{1\}.$$

由 (6), $\sigma[(A+K)\,|_{Y\bigoplus E(1;A)X}]=\{0\}$, 那么对任一 $\lambda\neq 0$, 先有
$E(1;A)X\bigcup KX\subseteq Y\bigoplus E(1;A)X=(A+K-\lambda)[Y\bigoplus E(1;A)X]\subseteq(A+K-\lambda)X.$
注意到 $\rho(A)\bigcup\{1\}\subseteq\Phi_0(A)=\Phi_0(A+K)$, 那么

(i) 当 $\lambda=1$ 时,

$$\begin{aligned} X=E(1;A)X+E[\sigma(A)\backslash\{1\};A]X\subseteq E(1;A)X+(A-1)X\subseteq \\ E(1;A)X+(A+K-1)X-KX\subseteq(A+K-1)X\subseteq X. \end{aligned}$$

(ii) 当 $\lambda\in\rho(A)$ 时 (这时 $\lambda\neq 0$) 也有

$$\begin{aligned} X=(A-\lambda)X\subseteq(A+K-\lambda)X-KX\subseteq(A+K-\lambda)X \\ +Y+E(1;A)X\subseteq(A+K-\lambda)X\subseteq X. \end{aligned}$$

(i) 和 (ii) 都表明 $(A+K-\lambda)X=X$, 对一切 $\lambda\in\rho(A)\bigcup\{1\}\subseteq\Phi_0(A)=\Phi_0(A+K)$ 成立，故已证得 $\rho(A)\bigcup\{1\}\subseteq\rho(A+K)$.

同理可证 $\rho(A+K)\subseteq\rho(A)\bigcup\{1\}$.

引理 5.4.3 证毕.

推论 5.4.4 在引理 5.4.3 中，以一般的 $\lambda \in \sigma_p^0(A)$ 代替 $1 \in \sigma_p^0(A)$ 时，相应的结论应为：对任给的 $\epsilon > 0$, 存在紧算子 K, 使得 $\sigma(A+K) = \sigma(A)\backslash\{\lambda\}$, 且 $\| K \| \leqslant c^2 \mid \lambda \mid +\epsilon$.

证 令 $A_0 = \dfrac{A}{\lambda}$, 则显然 $1 \in \sigma_p^0(A_0)$, 对 A_0 用引理 5.4.3, 得紧算子 K_0, 再取 $K = \lambda K_0$ 即可证得.

推论 5.4.5 设 A 是局部加强次投影空间 X 上的黎斯算子， $\dim N(A) = \infty$, 则对 $\sigma_p^0(A)$ 的任一有限子集 $\sigma \subseteq \sigma_p^0(A)$ 以及任一指定的 $\epsilon > 0$, 都存在紧算子 K, 使得 $\sigma(A+K) = \sigma(A)\backslash\sigma, \| K \| < c^2 \cdot \max\limits_{\lambda\in\sigma} \mid \lambda \mid +\epsilon$, 并且 $\dim[N(A) \bigcap N(K)] = \infty$.

让我们以 $\sigma = \{\lambda_1, \lambda_2\}$ 为例，对推论 5.4.5 作简要说明. 在引理 5.4.3 的证明中，一次性考虑 $\dim[E(\sigma; A)X] = \dim[E(\lambda_1, \lambda_2; A)X] = l < \infty$, 取得相应的 $(l+1)n$ 维子空间 Y 与 $l_p^{(l+1)n}$ c 同构且在 X 中 c 可补后，先后考虑 $E(\lambda_1; A)X$ 与 $E(\lambda_2; A)X$ 中如引理 5.4.3 中处理过的各向量与逐个 $l_p^n(i)(i = 1, \cdots, l)$ 的搭配. 构造相应的 $J_i(i = 1, \cdots, l)$. 最后应用事实：在 l 个空间 $Y_1, \cdots, Y_l$ 按 l_p 范数构成的直和 $Y = (Y_1 \bigoplus Y_2 \cdots \bigoplus Y_l)_p$ 上，由各个算子 $T_i \in B(Y_i)(i = 1, \cdots, l)$ 决定的直和算子 $T = T_1 \bigoplus \cdots \bigoplus T_l \in B(Y)$ 的范数 $\| T \| \leqslant \max\limits_{1\leqslant i\leqslant l} \| T_i \|$.

现在，我们推出本节的主要结果.

定理 5.4.6 局部加强次投影空间 X 上的每个黎斯算子都可 West 分解.

证 设 A 是 X 上的任一黎斯算子，那么零属于 A 的左本性谱，依引理 5.4.1, 先取紧算子 K_0, 使得 $\dim N(A+K_0) = \infty$. 下面我们一直要用到由 X 的局部加强次投影性质决定的一个事实：存在无限维子空间 $E_c \subseteq N(A+K_0)$, 使得 E_c 中的每个无限维子空间中都有维数足够大的 l_p^n c 同构， c 可补子空间.

对黎斯算子 $A_1 = A + K_0$ 以及 $\epsilon_1 = \dfrac{1}{2}, \sigma_1 = \{\lambda \in \sigma(A_1): \mid \lambda \mid \geqslant \epsilon_1\}$, 用推论 5.4.5(由于 Riesz 算子 A_1 的谱至多可列且惟一可能的聚点是零，故 σ_1 是 $\sigma(A_1)$ 的有限子集或空集. 如果 $\sigma_1 = \emptyset$, 就取下面的 K_1 为零算子，以后各次摄动同此处理), 就有紧算子 K_1 使得 $\sigma(A_1 + K_1) = \sigma(A_1)\backslash\sigma_1, \| K_1 \| \leqslant c^2 \cdot \max\limits_{\lambda\in\sigma_1} \mid \lambda \mid +\epsilon_1$, 其中 $c = c[N(A_1)] \geqslant 1$ 是依局部加强次投影空间 X 的定义，由无限维子空间 $N(A_1)$ 确定的常数，并且 $\dim[N(A_1) \bigcap N(K_1)] = \infty$, 以及 $\dim[E_c \bigcap N(K_1)] = \infty$. 这里用到事实： K_1 是有限秩算子，故其零空间 $N(K_1)$ 的亏维是有限的，故任一无限维子空间 (如 $N(A_1)$ 或 E_c) 与 $N(K_1)$ 的交子空间都是无限维的.

注意到 $N(A_1+K_1) \supseteq [N(A_1) \bigcap N(K_1)] \supseteq [E_c \bigcap N(K_1)]$, 令 $\epsilon_2 = \dfrac{1}{2^2}, \sigma_2 = \{\lambda \in \sigma(A_1 + K_1) : \mid \lambda \mid \geqslant \epsilon_2\}$, 对黎斯算子 $A_1 + K_1$ 以及 ϵ_2, σ_2 再次应用推论 5.4.5, 并且具体地在无限维子空间 $E_c \bigcap N(K_1)$ 中取 c 可补的有限维子空间，进而构造紧算子 K_2, 满足 $\sigma(A_1 + K_1 + K_2) = \sigma(A_1 + K_1)\backslash\sigma_2, \| K_2 \| \leqslant c^2 \max\limits_{\lambda\in\sigma_2} \mid \lambda \mid +\epsilon_2 \cdots$. 一般

地，我们从 $A_1 = A + K_0$ 开始，归纳地构造出紧算子列 $\{K_n\}_{n=1}^{\infty}$, 满足

(i) $\sigma(A_1 + K_1 + \cdots + K_n) = \sigma(A_1 + K_1 + \cdots + K_{n-1})\backslash\sigma_n \subseteq \{\lambda : \mid \lambda \mid < \epsilon_n = \dfrac{1}{2^n}\}$;

(ii) $\parallel K_n \parallel < c^2 \cdot \max\limits_{\lambda\in\sigma_n} \mid \lambda \mid + \epsilon_n \leqslant c^2\epsilon_{n-1} + \epsilon_n = \dfrac{c^2}{2^{n-1}} + \dfrac{1}{2^n}$;

(iii) 说明 $K = \sum_{n=0}^{\infty} K_n$ 是一个紧算子. 另一方面，黎斯算子 $A + K$ 的谱 $\sigma(A+K)$ 是完全不连通集, 连同 (i) 表明谱半径 $r(A+K) = \lim\limits_{n\to\infty} r(A+K_0+\cdots+K_n) \leqslant \lim\limits_{n\to\infty} \dfrac{1}{2^n} = 0$(这里谱半径的连续性依据 Newburgh 的一个定理：当算子 T 的谱完全不连通时，如果算子列 (按算子范数)$T_n \to T$, 则谱 $\sigma(T_n)$ 按 Hausdorff 距离收敛于谱 $\sigma(T)$, 见 Proc.London.Math.Soc.1966,(16:3)131 ~ 140), 故 $A + K = Q$ 是拟幂零算子. $A = -K + Q$ 就是黎斯算子 A 的一个 West 分解，定理证毕.

我们要说明定理 5.4.6 涵盖了从 West 到 Herrero-Davidson, 直至目前为止关于黎斯算子可 West 分解的所有结果，换句话说，局部加强次投影性质，是目前所知，为使 X 上黎斯算子都可 West 分解对 Banach 空间要求的最弱的充分条件.

推论 5.4.7 每一个 Hilbert 空间显然都是局部加强次投影的，故其上黎斯算子都可 West 分解 (这就是 West T.T.1996 年在文献 [144] 获得的结果).

推论 5.4.8 每个有有限维 p 块分解的 Banach 空间都是 l_p 次投影的 (见定理 2.3.23), 更是局部加强次投影的，故其上黎斯算子都可 West 分解 (这就是 Davidson 和 Herrero 1986 年在文献 [73] 获得的结果).

当时 Herrero-Davidson 为证明这一结果，确实应用到 “ F.D.p.B.D. 空间中每个无限维子空间都含有一个与 l_p 同构的可补无限维子空间” 性质.

推论 5.4.9 每个 $\mathcal{L}^p$(特别地 L_p)$p \geqslant 2$ 都是强次投影空间 (见命题 2.3.17) 更是局部加强次投影空间 (见定理 2.3.22), 故其上黎斯算子都可 West 分解.

当时我们在文献 [156] 证明这一结果，也确实应用到空间的 S.S.P. 性质：空间的每个无限维子空间都含有一个与 $l_p(1 \leqslant p < \infty)$ 或 c_0 中某一个同构的可补的无限维闭子空间.

推论 5.4.10 每个 B 凸的 Banach 空间 (例如 l_p 和 $L_p, 1 < p < \infty$), 都是典型的局部加强次投影空间，故其上的黎斯算子都可 West 分解.

当时我们在文献 [63] 的证明第一次纯粹地应用局部加强次投影性质，并且指出了结果确实拓宽了黎斯算子可 West 分解的空间类： Figiel 和 Johnson 在文献 [74] 构造过一个一致凸 (更是 B 凸) 的 Banach 空间，它不含有与 l_p $(1 \leqslant p < \infty)$ 或 c_0 同构的子空间.

空间的 B 凸性在 §2.2 中已经讨论过, 尤其命题 2.2.31 和命题 2.2.32 告诉我们, B 凸空间是典型的局部加强次投影空间. 另外, 我们也已经知道，B 凸性与空间的型与余型理论研究密切相关：每个 Banach 空间 X, 都有某一型 $P(X), 1 \leqslant P(X) \leqslant 2$, 而已知 $1 < P(X)$ 当且仅当 X 是 B 凸的 (见命题 2.2.31), 故证明了 B 凸空间上黎

斯算子都可 West 分解，就从一个角度把黎斯算子 West 分解问题深化，归结于在只有型 1 的一类空间上去继续讨论.

推论 5.4.11 Tsirelson 空间是局部加强次投影空间 (见定理 2.3.22 的 (j)), 故其上的黎斯算子都可 West 分解.

从命题 2.2.31 和命题 2.3.5 的 (3) 可知， Tsirelson 空间是只有型 1 的、黎斯算子可 West 分解的空间.

第 6 章　空间结构的 Gowers-Maurey 系列成果

泛函分析可以说是无限维空间上的分析学，它作为“ 20 世纪数学的最重要分支之一” (见文献 [161]p.1457)，在世纪之交出现了其空间结构研究对象的重大突破． Gowers W. T. 和 Maurey B. 在 Tsirelson 空间构造和 Schlumprecht 空间构造的基础上，综合运用组合理论、空间局部理论和代数拓扑等工具，构造出第一例遗传不可分解的 Banach 空间，用以否定地解决无条件基序列问题．随后，出于不同问题的需要，各种所谓 G-M 型空间被构造出来．而随着 G-M 型空间的问世及研究，从视野的开拓，观念的更新，到方法的借鉴，工具的创新，都正在开创着国际 Banach 空间研究的新格局．

从 1993 年 Gowers W. T. 和 Maurey B. 成功构造出第一例遗传不可分解 (hereditarily indecomposable 以下简记为 H.I.) 的 Banach 空间，到 1998 年 8 月 Gowers 主要因 G-M 系列成果 (另有组合理论方面的开创性成果) 在 23 届 ICM(柏林) 上获得 Fields 奖，国际泛函分析学术界为之振奋鼓舞欢欣．其后又经历了近 5 年，可以说 G-M 系列成果开拓研究的 10 年历程，经受了时间的考验，雄辩地证明了其在现代泛函分析学科发展中的地位和作用．最近不少学术论文 (例如，见文献 [162],[163] 和 [164] 等) 都提到， G-M 系列成果的进一步研究，“已经成为现代 Banach 空间理论中最重要的课题之一”．

§ 6.1　遗传不可分解的 Banach 空间

1　历史回顾与问题沿革

设 X 是一个实或复的 Banach 空间，回顾 X 中的序列 $(x_n)_{n=1}^{\infty}$ 称为是一个 (Schauder) 基，如果任一 $x\in X$ 可惟一地表示为依范数收敛级数 $x=\sum_{n=1}^{\infty}a_nx_n$.

Banach-Mazur 早已证明，每个无限维 Banach 空间都存在一个有基的无限维闭子空间 (命题 1.1.5).X 中的序列 $(x_n)_{n=1}^{\infty}$ 称为是一个基序列，是指 $(x_n)_{n=1}^{\infty}$ 成为其闭线性张子空间 $\overline{\mathrm{span}}(x_n)$ 的 (Schauder) 基． Banach-Mazur 的结果就是说，基序列是普遍存在的．由于经典 Banach 空间 $c_0,l_p(1\leqslant p<\infty),L_p[0,1](1\leqslant p<\infty)$ 和 $C[a,b]$ 都有基，于是如下一个基本问题困惑了人们近 30 年：

问题 6.1.1　是否每个可分的无限维 Banach 空间都有基？

20 世纪 70 年代初，Enflo 构造出一个可分空间 (今后除另加说明，空间都是指无限维 Banach 空间)，它没有逼近性质，从而没有基，这就是著名的 Enflo 反例．

回顾如果 (x_n) 是空间 X 的基，而且在每一个 $x\in X$ 的表示式 $\sum\sigma_nx_n$ 中，级数 $x=\sum\sigma_nx_n$ 都是无条件收敛的，即对每个自然数列的全重排映射 $\pi:\mathbf{N}\to\mathbf{N}$,

级数 $\sum \sigma_{\pi(n)}x_{\pi(n)}$ 都收敛于 x, 那么 (x_n) 就称为是空间 X 的一个无条件基 (定义 1.1.15).

除了无条件基, 还讨论各种有附加性质的基, 如有界完备基、单调基、收缩基、对称基等. 讨论基的各种性质, 是空间理论的丰富内容之一.

注 6.1.2 有关基与基序列的概念与性质的基本讨论, 见 §1.1.

几乎与基序列问题肯定解决的同时, 人们进而提出了著名的无条件基序列是否普遍存在的问题:

问题 6.1.3 是否每个空间都含一个具有无条件基的子空间 (今后除另加说明, 子空间都是指无限维闭子空间)?

注 6.1.4 早在 20 世纪 40 年代 Mazur 就提出了无条件基序列问题. 目前, 最早的文献记载似乎是文献 [165] 中的问题 5.1.

解决无条件基序列问题远非解决基序列问题那么快, 它困惑了人们半个世纪. 有数学家认为, 某些重要的数学问题长期未解决并非憾事, 好比 "留着一个会生金蛋的母鸡不杀". 在无条件基序列问题的长期探讨中, 不仅极大地丰富了空间基理论的内容, 而且产生了有关空间结构理论的许多成果.

人们首先发现, 有基的空间确实未必有无条件基. 经典函数空间 $C[a,b]$ 和 $L_1[a,b]$(按常规范数拓扑) 就是典型之例, 但是这并不影响人们肯定问题 6.1.3 的热情: 也许正如对于问题 6.1.1 一样 (尽管 Enflo 的例子, 说明有可分空间无基, 但基序列只是对子空间要求的, 故仍普遍存在), 尽管有可分空间 (如 $C[a,b]$) 没有无条件基, 但无条件基序列由于只是对某一子空间要求, 故仍应该普遍存在 .$C[a,b]$ 就是很典型的例子: 它是对包括如 $X = c_0, l_p(1 \leqslant p < \infty)$ 等可分空间 "万有" 的, 因而, 它含有子空间 X 就是有无条件基的了.

自然而然地, 问题 6.1.3 和空间结构理论中源远流长的所谓 "经典序列空间总可嵌入的" 结构问题联系起来了.

问题 6.1.5 是否每个空间 X 都含有一个与 c_0 或 $l_p(1 \leqslant p < \infty)$ 中某个同构的子空间?

问题 6.1.6(三分枝问题) 每个空间都有一子空间或自反, 或同构于 c_0, 或同构于 l_1 吗?

问题 6.1.5 如果肯定解决, 显然问题 6.1.3, 即无条件基序列的问题也就肯定解决了.

问题 6.1.3 的肯定解决也蕴含问题 6.1.6 的解决, 这从如下 James 在文献 [166] 著名的结果可知.

命题 6.1.7 如果空间 X 有无条件基, 则 X 含有一个子空间或自反或同构于 c_0, 或同构于 l_1.

历史总是在每个发展阶段都给数学家们提出新的难题. 20 世纪 70 年代初

Tsirelson 在文献 [167] 构造出一个所谓 Tsirelson 空间 X_T, 否定地回答了问题 6.1.5, 这是继 Enflo 反例以来的又一个轰动, 它彻底粉碎了人们长期以来认为 "也许所有的 Banach 空间都包含着人们熟悉的经典空间复制品作为子空间" 这一幼稚纯朴的幻想.

在新的现象面前, 一部分数学家顽强地沿着 Dvoretzky 在文献 [168] 开辟的道路, 基本上是按把问题 6.1.5 局部化的思路, 开拓和发展着空间局部理论, 这方面的出色成就见文献 [6],[169] 和 [20] 等的评述. 程其襄先生在文献 [6] 的前言中对局部理论研究有一段十分精彩的评价. 另一部分数学家则秣马厉兵地投入 Tsirelson 空间构造方法的研究, 在空间结构多局化的道路上努力探索. 关于 Tsirelson 空间的研究出过许多优秀论著, 例如文献 [70] 等, 应该说, 这方面的工作为质的飞跃, 即为 G-M 成果奠定了量化基础.

如上所述, 历史还在捉弄人: Tsirelson 空间问世以来, 虽然否定地解决了问题 6.1.5 及其相关的一大批问题 (在命题 2.3.12 和注 2.3.13 中有一极为简要的开列), 但它的局限性是显然的, 仍有一大批诸如问题 6.1.3, 问题 6.1.6 及其相关问题未能回答. 这方面的高度概括和精辟分析可见于文献 [170] 和 [171] 等.

2 Gowers 和 Maurey 的第一例 H.I. 空间

作为对无条件基序列的否定, 首例 H.I. 空间 X_{G_1} 的构造是以 Schlumprecht 的出色构造为前奏. 尽管对 Tsirelson 构造早有过许多创新手法 (这在 §2.3 介绍 Tsirelson 空间基本性质时已有提及). 但 Schlumprecht 的工作是开创性的.

定义 6.1.8 设空间 X 的范数为 $\|\cdot\|$, 如果存在 X 的一个等价范数 $|\cdot|$ 和 $\lambda > 1$, 对每个 X 的子空间 Y, 都有

$$\sup\left\{\frac{|y_1|}{|y_2|} : y_1, y_2 \in Y, \|y_1\| = \|y_2\| = 1\right\} \geqslant \lambda$$

就称 X 是 λ 扭曲的. 如果对任一 $\lambda > 1, X$ 都是 λ 扭曲的, 就称 X 是任意扭曲的.

空间可否扭曲的问题, 也是极其有趣和富有成果的. 已知 c_0, l_1 是不能扭曲的 (有一个时期只知道这两个空间不能扭曲), 这方面著名的问题有如下两个.

问题 6.1.9 $l_p(1 < p < \infty)$ 尤其 l_2 是可扭曲的吗?

问题 6.1.10 每一个扭曲空间都是任意扭曲的吗? 特别地, Tsirelson 空间 X_T 是扭曲的, 那么 X_T 是任意扭曲的吗?

Schlumprecht 从文献 [172] 到 [173] 基本上就是关于解决问题 6.1.9 和问题 6.1.10 的工作. 让我们通过表 6.1.10 来简单地显示从 Tsirelson 到 Schlumprecht 到 G-M

的构造渐变过程.

表 6.1.10 X_T, X_S 和 X_{G_1} 的构造方法的比较

空间 \ 比较项目	构造目的	构造方法	范数的等同表示
X_T (1974)	说明存在空间，它不含 c_0, l_p-copy.	(1) 在 c_{00} 上归纳定义范数 $\|x\|=\lim\|x\|_n$, 其中 $\|x\|_0=\max\|a_n\|$,对$x=(a_n)\in c_{00}$. $\|x\|_{m+1}=\max\{\|x\|_m, \frac{1}{2}\max[\sum_{i=1}^k\|E_ix\|_m]\}$, 第二个 max 对 $\mathbf{N}$ 中一切满足 $k\leqslant E_1 < E_2<\cdots<E_k$ 的有限子集取. (2)X_T 是 c_{00} 按 (1) 中范数的完备化.	事实上可证明, 对任一 $x\in X_T$, $\|x\|=\max\{\|x\|_0, \sup\frac{1}{2}\sum_{i=1}^k\|E_i(x)\|\}$, $k\leqslant E_1<\cdots<E_k$, 其中 $E_i\subseteq N$ 是取 $\mathbf{N}$ 的有限子集.
X_S (1991)	说明存在一个可任意扭曲的空间.	(1) 取一个函数 $f\in F$(例如, $f(x)=\log_2(x+1)$), 在 c_{00} 中归纳定义范数 $\|x\|=\lim\limits_{m\to\infty}\|x\|_m$, 其中 $\|x\|_0=\max\|a_n\|$, $\|x\|_{m+1}=\max\{\|x\|_m, \max[1/f(k)\sum_{i=1}^k\|E_ix\|_m]\}$, 第二个 max 对 $\mathbf{N}$ 中一切满足 $E_1<E_2<\cdots<E_k$ 的有限子集取. (2)X_S 是 c_{00} 按 (1) 中范数的完备化	事实上可证明, 对任一 $x\in X_S$, $\|x\|=\max\{\|x\|_0, \sup\limits_{k\geqslant 0}1/f(k)\sum_{i=1}^k\|E_i(x)\|\}$, $E_1<E_2<\cdots<E_k$, 其中各 E_i 是取 $\mathbf{N}$ 的有限子集.
X_{G_1} (1993)	说明存在一个空间, 它不含无条件基序列.	(1) 与 X_S 大致相同，只是令 $\|x\|_{m+1}=\|x\|_m\bigvee \sup\{1/f(k)\sum_{i=1}^k\|E_ix\|_m$: $E_1<\cdots<E_k\}\bigvee\sup\{\|g(Ex)\|$: $k\in K, g\in B_k^*(X), E\subseteq\mathbf{N}\}$. $\|x\|=\lim\limits_m\|x\|_m$. (2)$X_{G_1}$ 是 $(c_{00},\|\cdot\|)$ 的完备化.	事实上可证明, 对任一 $x\in X_{G_1}$, $\|x\|=\|x\|_0\bigvee\sup\limits_{k\geqslant 2}\{1/f(k)\sum_{i=1}^k\|E_i(x)\|$: $E_1<E_2<\cdots<E_k\}\bigvee\sup\{\|g(E(x))\|: k\in K, g\in B_k^*(X), E\subseteq\mathbf{N}\}$, 其中各 E_i 是取 $\mathbf{N}$ 的有限区间.

上表中有关记号简要说明: c_{00} 表示只有有限支撑的实或复数序列构成的向量空间，设 $(e_n)_{n=1}^\infty$ 是其自然基，对任意 $x=\sum_{n=1}^\infty a_ne_n\in c_{00}$, 其支撑 $\mathrm{supp}(x)=\{n{:}a_n\neq 0\}$ 就是 $\mathbf{N}$ 的一个有限子集.

$\mathbf{N}$ 中的两个有限子集 $E_1<E_2$ 是指 $\max\{n{:}n\in E_1\}<\min\{n{:}n\in E_2\}$. 同理定义 $E_1\leqslant E_2$. 对任一 $\mathbf{N}$ 的有限子集 E 和任一 $x\in c_{00}$, 投影向量

$$Ex=\sum_{n\in E}a_ne_n.$$

$\mathbf{N}$ 中的有限子集 E 称为是一个区间, 是指有某一对 $m,l\in\mathbf{N}, E=\{m,m+1,\cdots,m+$

$l\}$.

从表中可以看出，由 Tsirelson 空间 X_T 到 Schlumprecht 空间 X_S, 其技巧变化的关键在引入一个函数族 $F, f(x) = \log_2(x+1), x \in \mathbf{R}^+$ 是其典型化代表. 利用控制函数 $f \in F$ 定义新范数，使范数满足“下 f 估计”.

由 Schlumprecht 空间 X_S 到 G-M 空间 X_{G1}, 除了继承 X_S 的构造技巧外，主要是极其巧妙地应用特殊泛函集 (即表中的 $B_k^*(X)$) 控制范数. 为此引入一系列复杂的新概念：区间集、渐进集、渐进双直交 δ 系统，带消失常数的渐进双直交系，带常数 C 的 l_{l+}^n 平均 ,l_{l+}^n 向量 ,l_{l+}^n 平均的快速增长序列 (R.I.S),(M, g) 型泛函，等等. 从表面上看，似乎除构思巧妙、工艺复杂外，没有超出经典泛函分析的理论工具，但其构造思想的内涵理论依据，至少涉及组合论、概率论、代数拓扑、 K 理论乃至非线性规划优化论的一些思想和方法. 这方面的探讨还在进行中. 在本章的 §6.2 还会提及. 总之，从简单的比较已经可以看出， G-M 成果是在积累 Tsirelson 型空间各种构造经验的基础上的飞跃性创造. 稍为准确地描述这个飞跃历程，大致可以从 1977 年追溯起，当时 Maurey 和 Rosenthal 发现，存在一个规范化 (即范数均为 1 的) 向量序列，它弱收敛于零，但它没有无条件收敛子列 (见文献 [174]), 直到 Gowers 和 Maurey 研究 Schlumprecht 空间 X_S 发现它虽然有 1 无条件基，但是它有一个非常接近于“没有无条件基序列”的主要性质：对每个 $C > 1, X_S$ 都可重赋范 $\|\cdot\|_c$, 使空间 $(X_S, \|\cdot\|_c)$ 不含 C 无条件基序列. 这个性质是如此可贵 —— 一方面，它蕴涵 X_S 是可以任意扭曲的；另一方面，它强烈地吸引着 G-M 进一步改造 X_S, 使他们坚信：离成功不远了，只要适当改造 X_S 的赋范方法，使新的范数本身就对每个 $C > 1$, 不含 C 无条件基序列就成了！

不识庐山真面目，只缘身在此山中. 科学上不乏这样的例子：在一个成果诞生时, 创造或发明者本身未必全面认识出这个成果的全部意义和将来影响. Schlumprecht 构造 X_S 时，只全神贯注地盯住它的“可任意扭曲”的性质，没有注意到 (也许它本身有无条件基这事实太障眼了) 它有更深刻的性质，即“对一切 $C > 1$ 可重赋范为不含 C 无条件基序列”，只有 G-M 旁观者清. 无独有偶，当 G-M 构造出空间 X_{G_1}, 反复核实它没有无条件基序列后，准备公诸于世时， Johnson W.B. 在认真审视、详细阅读了他们的交流打印稿后，敏锐而友善地向 G-M 指出 ,X_{G_1} 有一个比 G-M 的认识更可贵，更深刻的性质：X_{G_1} 不仅是不可分解的，而且是遗传不可分解的.

3 H.I. 空间的性质与特征

定义 6.1.11 空间 X 称为是可分解的，如果它可以表为两个 (无限维、闭) 子空间 Y 和 Z 的拓扑直和 ,$X = Y \bigoplus Z$. 等价地 ,X 可分解，就是说 X 上存在非平

凡的 (连续) 投影. 如果 X 不仅不可分解, 而且 X 的每个子空间也不可分解, 就称 X 是遗传不可分解的. 简记为 H.I.(hereditarily indecomposable).

早在 1970 年, Lindenstrauss 就提出过 "是否每个空间都是可分解的" 的问题 (见文献 [175]).

为了深刻认识 H.I. 性质, 我们引入垂直子空间的概念.

定义 6.1.12 空间 X 的两个子空间 M 和 N 称为是互相垂直的, 记为 $M \perp N$, 是指 $M \bigcap N = \{0\}$ 且 $M + N := \{x + y : x \in M, y \in N\}$ 是 X 中的闭子空间.

由定义知, 所谓 H.I. 空间就是指不含互相垂直子空间的空间.

引理 6.1.13 设 M 和 N 是空间 X 的两个子空间, 则如下各陈述是彼此等价的:

(1)$M \perp N$;

(2) 存在常数 $c > 0$, 使得 $\|x + y\| \geqslant c\|x\|$ 对一切 $x \in M, y \in N$ 成立;

(3) 存在常数 $c > 0$, 使得 $\delta(M, N) := \inf\{\|x - y\| : \|x\| = \|y\| = 1, x \in M, y \in N\} \geqslant c$;

(4) 由 $i(x, y) = x + y$ 定义的映射 $i : M \times N \to M + N$ 是同构映射, 即存在 $c > 0$, 使得 $\|x+y\| \geqslant c(\|x\|+\|y\|)$ 对一切 $x \in M, y \in N$ 成立. 其中乘积空间 $M \times N$ 中元素 (x, y) 的范数 $\|(x, y)\| := \|x\| + \|y\|$;

(5)$M^0 + N^0 = X^*$, 且 M^0 和 N^0 在 X^* 中的亏维 $\dim(X^*/M^0)$ 和 $\dim(X^*/N^0)$ 都是无限的. 其中 M^0 和 N^0 表示 M 和 N 在 X^* 中的零化子, 即 $M^0 = \{f \in X^* : f|_M = 0\}, N^0 = \{f \in X^* : f|_N = 0\}$.

证 (1) $\Rightarrow$ (2) 当 $M \perp N$ 时 $Y = M + N = M \bigoplus N$ 是 Banach 空间 Y 关于子空间 M 和 N 的拓扑直和分解. 那么由 $P(x + y) = x, x \in M, y \in N$ 定义的 $P : M \bigoplus N \to M$ 就是连续的投影算子 ,$\|P\| \geqslant 1$. 于是对一切 $x \in M, y \in N, \|x + y\| \geqslant \dfrac{1}{\|P\|}\|P(x + y)\| = \dfrac{1}{\|P\|}\|x\|$, 这就证明了 (2).

(2) $\Rightarrow$ (3) 显然.

(3) $\Rightarrow$ (4) 先证存在 $c_1 > 0$, 使 $\|x + y\| \geqslant c_1\|x\|$ 对一切 $x \in M, y \in N$ 成立. 若不然, 就有 $x_n \in M, y_n \in N, \|x_n + y_n\| < \dfrac{1}{n}\|x_n\|, n = 1, 2, \cdots$, 令 $\bar{x}_n = \dfrac{x_n}{\|x_n\|}, \bar{y}_n = \dfrac{y_n}{\|x_n\|}$, 则 $\|\bar{x}_n + \bar{y}_n\| < \dfrac{1}{n}$, 注意到 $\|\bar{x}_n\| = 1$, 就得到

$$1 - \frac{1}{n} < \|\bar{y}_n\| < 1 + \frac{1}{n}.$$

现在, 连同应用 (3) 中的 $\delta(M, N) \geqslant c$, 可得

$$\begin{aligned} c - \frac{1}{n} &\leqslant \|\bar{x}_n + \frac{\bar{y}_n}{\|\bar{y}_n\|}\| - \|\bar{y}_n\| \cdot \left(1 - \frac{1}{\|\bar{y}_n\|}\right) \\ &\leqslant \|\bar{x}_n + \frac{\bar{y}_n}{\|\bar{y}_n\|} - \frac{\bar{y}_n}{\|\bar{y}_n\|} + \bar{y}_n\| = \|\bar{x}_n + \bar{y}_n\| < \frac{1}{n}, \end{aligned}$$

取 $n \to \infty$, 矛盾.

其次，由于 (3) 中 $\delta(M,N)$ 是关于 M 和 N 完全对称的，同理也应有 $c_2>0$, 使得对一切 $x\in M, y\in N, \|x+y\|\geqslant c_2\|y\|$.

最后，取 $c=\dfrac{1}{2}\min\{c_1,c_2\}$, 则证明了 (4).

(1) ⇒ (5) 由于算子 $i: M\times N\to M+N\subseteq X$ 是由 Banach 空间 $M\times N$ 到 Banach 空间 X 中的嵌入映射，故其共轭算子 $i^*: X^*\to(M\times N)^*=M^*\times N^*$ 是一个满射. 注意到 $X^*/M^0\approx M^*, X^*/N^0\approx N^*$(已显见 M^0 和 N^0 在 X^* 中的亏维都无限), 这说明在相差一个同构的意义下, 存在一个满射 $Q: X^*\to(X^*/M^0)\times(X^*/N^0)$, 它由 $Q(f)=(Q_{M^0}f, Q_{N^0}f), f\in X^*$ 确定 (其中 Q_{M^0} 表示 $X^*\to X^*/M^0$ 的商映射，Q_{N^0} 表示 $X^*\to X^*/N^0$ 的商映射), 这等价于事实上证明了 $X^*=M^0+N^0$(这一等价性由下面的命题 6.2.31 的 (1) ⇔ (2) 可知).

(5) ⇒ (4) 由 $X^*=M^0+N^0$ 表明 $Q: X^*\to(X^*/M^0)\times(X^*/N^0)$ 是一个满射, 但如上所述, 算子 Q 在相差一个相似变换下，可表为 $Q=i^*$, 其中 $i: M\times N\to M+N\subseteq X$, 由 $i(x,y)=x+y$ 确定. 现在已知 i^* 是满射，故 i 是一个嵌入 (同构).

(4) ⇒ (1) 只要注意到 $i: M\times N\to M+N$ 建立起两个赋范空间之间的线性同胚，又已知 $M\times N$ 是 Banach 空间，故 $M+N$ 亦然，从而 $M+N$ 闭，至于 $M\bigcap N=\{0\}$ 则显然，于是 $M\perp N$.

引理 6.1.13 证毕.

由定义 6.1.12 和引理 6.1.13, 我们初步得到了 H.I. 空间的特征刻画，即有如下

命题 6.1.14 设 X 是一个无限维的 Banach 空间，则如下各陈述是等价的:

(1)X 是 H.I. 的;

(2)X 中任一对满足 $X_1\bigcap X_2=\{0\}$ 的无限维子空间 X_1 和 X_2, 其和 X_1+X_2 都是非闭的;

(3)X 中不存在两个互相垂直的子空间;

(4)X 中任一对 (无限维) 子空间 X_1 和 X_2, 任一 $\epsilon>0$, 都有 $x_1\in X_1, x_2\in X_2, \|x_1\|=\|x_2\|=1, \|x_1-x_2\|<\epsilon$.

证 由定义 6.1.12 和引理 6.1.13 直接可得.

推论 6.1.15 H.I. 空间没有无条件基序列，故 Gowers 与 Maurey 构造的第一例 H.I. 空间 (今后我们记为 X_{G_1}) 确实是很强地否定解决了无条件基序列问题.

证 如果一个 H.I. 空间 X 有无条件基序列 $(y_n)_{n=1}^\infty$, 则很容易说明 X 的子空间 $Y=[y_n]$ 可分解为 $Y=[y_{2m-1}]\bigoplus[y_{2m}]$, 此与 $X\in$ H.I. 矛盾. 至于 X_{G_1} 的其他性质，详见文献 [136] 的复杂推证，这里从略.

注 6.1.16 我们之所以称 G-M 构造出的 H.I. 空间 X_{G_1} “很强地”否定解决了无条件基序列问题，是因为显然可以说明空间的 H.I. 性质与空间的不含无条件基序列性质不会等价: 取两个 H.I. 空间 X_1 与 X_2 的乘积空间 $X=X_1\times X_2$, 则易

知 X 仍然不含无条件基序列，而 X 当然不是 H.I. 的. 更有说服力的是后面的例 6.2.59, 在那里 X_{GM_2} 有很多不可思议的奇特性质：没有无条件基序列；没有非平凡的可补子空间 (指每个可补子空间或是有限维的，或是亏维有限的). 子空间亏维有限当且仅当与全空间同构，故 X_{GM_2} 非 H.I..

应用引理 6.1.13, 还可以得到 H.I. 空间的如下特征刻画.

定理 6.1.17 无限维的 Banach 空间 $X \in$ H.I. 的充分必要条件是对每个子空间 Y, 商映射算子 $\pi : X \to X/Y$ 都是严格奇异算子.

证 必要性 设 $X \in$ H.I.,Y 是 X 的无限维闭子空间，如果 $\pi : X \to X/Y$ 不是严格奇异算子，就应有一个 X 的无限维闭子空间 Z, 使得 $\pi|_Z$ 是一个连续双射. 于是对任一 $y \in Y$ 和 $z \in Z$, 都有

$$\|z+y\| \geqslant \inf_{y\in Y}\|z+y\| = \|[z]\| = \|\pi|_Z(z)\| \geqslant \frac{1}{\|(\pi|_Z)^{-1}\|}\|z\|.$$

由引理 6.1.13,$Z \perp Y$, 此与 $X \in$ H.I. 矛盾，故 π 必是严格奇异算子.

充分性 要证 $X \in$ H.I., 只需证明 X 不含有两个互相垂直的子空间. 若不然，有 $Z \perp Y$, 于是有子空间的直和分解 $X_0 := Z \bigoplus Y \subseteq X$, 那么就可取一个沿着 Y 到 Z 上的投影算子 $P \in B(X_0)$, 使得任意 $z \in Z$ 和 $y \in Y$, 都有

$$\|z\| = \|P(z+y)\| \leqslant \|P\| \cdot \|z+y\| \qquad (\|P\| \geqslant 1).$$

现在，我们来考察商映射 $\pi : X \to X/Y$ 在 Z 上的限制，就对任一 $z \in Z$ 有

$$\frac{1}{\|P\|}\|z\| \leqslant \|\pi(z)\| := \inf_{y\in Y}\|z+y\| \leqslant \|z\|.$$

上式表明 π 在 Z 上的限制是一个同构，故 $\pi \notin S(X, X/Y)$, 此与充分性所设条件 $\pi : X \to X/Y$ 是严格奇异算子矛盾.

定理证毕.

我们再引入子空间的有界赋范集的概念，借此刻画遗传不可分解空间.

定义 6.1.18 设 X 是 Banach 空间 ,X_0 是其闭子空间, 范数有界集 $A \subseteq X^*$ 称为是 X_0 的 (有界) 赋范集, 如果存在 $c > 0$, 使得对每一 $x \in X_0$, $\|x\|^A := \sup\limits_{f\in A}|f(x)| \geqslant c\|x\|$.

定理 6.1.19 Banach 空间 $X \in$ H.I. 的充分必要条件是对于 X 的每个子空间 X_0 的每个 (有界) 赋范集 $A \subseteq X^*$, 都满足 $\dim({}^0A) < \infty$, 即 A 的下零化子是 X 的有限维子空间.

证 一方面，如果有 X 的无限维闭子空间 X_0 和它的一个 (有界) 赋范集 $A \subseteq X^*$, 使得 $\dim({}^0A) = \infty$, 则令 $X_1 = X_0 + {}^0A \subseteq X$, 注意到 ${}^0A$ 是 X 的无限维闭子空

间，我们来验证实际上 $X_0 \perp {}^0A$, 故 $X \notin$ H.I., 此由

$$a\|x+y\| = \sup_{f\in A}\|f\|\cdot\|x+y\| \geqslant \sup_{f\in A}|f(x+y)| = \sup_{f\in A}|f(x)| := \|x\|^A \geqslant c\|x\|$$

对每个 $x \in X_0, y \in {}^0A$ 都成立，其中常数 $a = \sup\limits_{f\in A}\|f\| > 0, c > 0$ 都是由所设 A 是 X_0 的 (有界) 赋范集所决定的．于是由引理 6.1.13, 已得出 $X_0 \perp {}^0A$.

另一方面，如果 X 中有两个互相垂直的子空间 $M \perp N$, 则对于 X 的闭子空间 $X_1 := M \bigoplus N$, 先有一个投影算子 $P \in B(X_1)$, 它是沿着 N 投影到 M 上的, dimker(P) =dim $N = \infty$. 定义 X_1 上的有界的连续线性泛函集 $\tilde{A} := \{f\circ P : f \in X^*, \|f\| \leqslant 1\}$, 然后应用 Hahn-Banach 保范延拓定理，把 $\tilde{A}$ 中的每个 $F = f\circ P(f \in B_{X^*})$ 延拓到全空间上 ,$\tilde{A}$ 经延拓后记为 A, 易知 $A \subseteq X^*$ 是 M 的 (有界) 赋范集，并且显然 ${}^0A \supseteq N$, 故 $\dim({}^0A) = \infty$. 定理证毕.

注 6.1.20 (1) 用有界赋范集概念来刻画 H.I. 空间是程立新教授的思想方法，我们有过 Banach 空间分解性质的讨论合作 (见文献 [176]).

(2) 赋范集 (赋范子空间) 的相关讨论可作为专题，它与分离集 ($A \subseteq X^*$ 被称为是某 $X_0 \subseteq X$ 的分离集，对 $x_0 \in X_0$, 如果 $f(x_0) = 0$, 对每个 $f \in A$ 成立，则 $x_0 = 0$), 零化子等概念有着内在联系，本书从略.

下面我们用极大子空间概念刻画空间的 H.I. 性质，这是 Ferenczi 在他的系列文章 [177] 、 [178] 和 [179] 中所用的基本工具.

定义 6.1.21 设 X 是一个无限维的 Banach 空间 ,X 的所有 (闭无限维) 子空间的集合记为 Sub(X). 两个子空间 $Y, Z \in$ Sub(X) 称为有 $(I+S)$(或 $(I+K)$) 同构子空间，如果存在 $Y_0 \subseteq Y, Y_0 \in$ Sub(X) 和严格奇异算子 $S \in S(Y_0, X)$, 使得 $(I+S)Y_0 = Z_0 \subseteq Z$. 其中 $I := I_{Y_0}$ 是 Y_0 到 X 中的包含 (恒等) 映射.

引理 6.1.22 (1) 两个子空间 $Y, Z \in$ Sub(X) 有 $(I+S)$ 同构子空间蕴涵 Y 与 Z 是可比的，即存在 $Y \supseteq Y_1 \in$ Sub(X) 和 $Z \supseteq Z_1 \in$ Sub(X), 由某个算子 $(I+S)Y_1 = Z_1$ 实现所谓 $(I+S)$ 同构.

(2) 子空间的 $(I+S)$ 同构关系有反身性、对称性和传递性，故实际上 Sub(X) 中的元素按此关系，导致一种分类.

证 (1) 设 Y 与 Z 有 $(I+S)$ 同构子空间，按定义就先有 $Y \supseteq Y_0 \in$ Sub(X) 和 $S \in S(Y_0, X)$, 使得 $(I+S)Y_0 = Z_0 \subseteq Z, Z_0 \in$ Sub(X). 那么由引理 3.2.40: "若 $T \in \Phi_+(M,N), S \in S(M,N)$, 则 $T+S \in \Phi_+(M,N)$ 且指标 $i(T+S) = i(T)$. " 在这里，特取 $M = Y_0, N = X, T = I = I_{Y_0}$, 则由于实际上所设 $R(I+S) = Z_0 \subseteq Z \subseteq X$, 那么，我们就可视为 $I+S \in \Phi_+(Y_0, Z_0)$, 于是 $Y_2 :=$ker$(I+S)$ 是 Y_0 的有限维子空间．取直和分解 $Y_0 = Y_1 \bigoplus Y_2$ 中的 Y_1, 则 $I+S : Y_1 \to Z_1 := Z_0$ 实现了 Y 和 Z 中两个子空间 Y_1 与 Z_1 的 $(I+S)$ 同构 : $(I+S)Y_1 = Z_1$.

(2) 反身性　取 $S=0$, 则每个 $Y\in \mathrm{Sub}(X)$, 显然与自身有 $(I+S)$ 同构.

对称性　设 $Y_1,Z_1\in \mathrm{Sub}(X)$ 有 $(I+S)$ 同构，即有同构算子 $A=(I_{Y_1}+S):Y_1\to Z_1$ 实现了 Y_1 到 Z_1 上的连续双射，容易验证 $A^{-1}-I_{Z_1}=(I_{Y_1}-A)A^{-1}$, 注意到 $I_{Y_1}-A=-S$, 从而 $S_1=(I_{Y_1}-A)A^{-1}$ 是严格奇异算子，故 $A^{-1}=I_{Z_1}+(I_{Y_1}-A)A^{-1}=I_{Z_1}+S_1$ 就是 Z_1 到 Y_1 上的 $(I+S)$ 同构映射.

传递性的证明留给读者自行验证.

注 6.1.23　一般说来，两个子空间 $(I+S)$ 同构是一种特殊的同构关系，请读者自行考虑同构是否也能 $(I+S)$ 同构？另外，“有 $(I+S)$ 同构子空间”是否也是一种等价关系？

定义 6.1.24　设 X 是无限维的 Banach 空间，$X_0\in \mathrm{Sub}(X)$ 称为是拟极大的，如果每一个 $Z\in \mathrm{Sub}(X)$, 都不可能有 $X_0\perp Z$.

引理 6.1.25　设 X 是无限维的 Banach 空间，$Y,Z\in \mathrm{Sub}(X)$, 如果对每个 $Z\supseteq W\in\mathrm{Sub}(X)$, 都不可能有 $Y\perp W$, 则 Y 与 Z 有 $(I+S)$ 同构的子空间.

证　考虑 $Y_0=Y\bigcap Z$, 如果 $\dim Y_0=\infty$, 显然可取 $S=0$, 这时 $Y\supseteq Y_0$ 与 $Y_0\subseteq Z$ 实现 $(I+S)$ 同构.

如果 $\dim Y_0=\dim (Y\bigcap Z)<\infty$, 不妨就设 $Y\bigcap Z=\{0\}$. 现在不能有 $Y\perp Z$, 故 $Y+Z$ 非闭，用文献 [106] 当时证明命题 4.7.9(i) 的方法，我们可构造出一个紧算子 $K\in K(X),\|K\|<1,Y$ 中的一个由单位向量列 $\{y_n\}\subseteq Y$ 张成的闭子空间 $Y_1=[y_n]\in\mathrm{Sub}(X)$, 使得 $(I+K):Y_1\to Z_0=[z_n]\subseteq Z$(其中$z_n=(I+K)y_n\in Z$) 是同构映射，即 Y 与 Z 有 $(I+S)$ 同构子空间.

注 6.1.26　文献 [178] 原来证明这个引理时，用的是文献 [126] 所采用的基序列摄动方法. 我们更乐于用文献 [106] 的方法，由之较容易看出 Y 与 Z 有 $(I+S)$ 同构子空间与有 $(I+K)$ 同构子空间是等价的.

推论 6.1.27　设 X 是无限维的 Banach 空间 ,$X_0\in \mathrm{Sub}(X)$ 是拟极大的充分必要条件是对每个 $Z\in \mathrm{Sub}(X),Z$ 与 X_0 有 $(I+S)$ 同构 ($(I+K)$ 同构) 的子空间.

证　必要性　由定义 6.1.24 与引理 6.1.25 直接得出.

充分性　如果 X_0 非拟极大子空间，就有 $Z\in \mathrm{Sub}(X),X_0\perp Z$. 于是先由已知 Z 与 X_0 有 $(I+S)$ 同构子空间，存在 X_0 的子空间 $X_1\in \mathrm{Sub}(X)$, 与 Z 的子空间 $Z_1\in \mathrm{Sub}(X)$, 使得 $(I+S)X_1=Z_1$, 且存在单位向量列 $(x_n)\subseteq S_{X_1}$, 和 $(z_n)\subseteq S_{Z_1}$, 使得 $(I+S)x_n=z_n$, 于是 $\|x_n-z_n\|=\|Sx_n\|\leqslant\|S\|$. 注意到上述 S 的范数可以适当选取 (限制 S 在 X_1 的子空间 $X_2\subseteq X_1$ 上) 任意小 (见引理 3.2.15), 故我们证明了 $\delta(X_0,Z)=0$, 由引理 6.1.13, 不可能 $X_0\perp Z$, 矛盾.

如下两个结果说明拟极大子空间的作用，它见于文献 [178].

引理 6.1.28　设 X 是无限维的 Banach 空间 ,$X_0\in \mathrm{Sub}(X)$ 是拟极大子空间. 设 Z 是任一 Banach 空间 ,$T\in B(X,Z)$, 则 $T\in S(X,Z)$ 的充分必要条件是

$T|_{X_0} \in S(X_0, Z)$.

证 只需证充分性 设 $T|_{X_0} \in S(X_0, Z)$. 对任一 $Y \in \text{Sub}(X)$, 由推论 6.1.27 存在 $Y \supseteq Y_0 \in \text{Sub}(X)$, 以及嵌入 $A = I_{Y_0} + S : Y_0 \to X_0$, 故可得 $T|_{Y_0} = T(I_{Y_0} + S - S) = T|_{X_0} A - TS$, 注意到递等式的右边是严格奇异算子, 故对每个 $\epsilon > 0$, 都有 $y \in S_{Y_0}$, 使得 $\|Ty\| < \epsilon$, 这说明 $T|_{Y_0}$ 进而 $T|_Y$ 不是同构, 由 Y 的任意性, 证毕.

引理 6.1.29 设 X 是一个无限维的 Banach 空间 , $X_0 \in \text{Sub}(X)$ 是拟极大子空间, 那么对任一 Banach 空间 Z 和任一 $T \in B(Z, X)$, 存在 $Z \supseteq Z_0 \in \text{Sub}(Z)$ 与 $T_0 \in B(Z_0, X)$, 使 $R(T_0) \subseteq X_0$, 以及 $T|_{Z_0} - T_0 \in S(Z_0, X)$.

证 如果 $T \in S(Z, X)$, 则可取 $Z_0 = Z, T_0 = 0$, 否则就有 $Z \supseteq Z' \in \text{Sub}(Z), T|_{Z'}$ 是到 X 中的一个同构, 应用推论 6.1.27, 又有一个 $Z' \supseteq Z_0 \in \text{Sub}(Z')$ 使得 $T(Z_0)$ 用同构算子 $A = I + S$ 同构地嵌入到 X_0 中去. 现在令 $T_0 = AT|_{Z_0}$, 就有 $R(T_0) \subseteq X_0$, 进而 $T|_{Z_0} - T_0 = -ST|_{Z_0}$ 是严格奇异的, 证毕.

现在, 我们给出用拟极大子空间语言刻画 H.I. 空间.

命题 6.1.30 无限维 Banach 空间 X 是 H.I. 的充分必要条件是每个子空间 $X_0 \in \text{Sub}(X)$ 都是拟极大的.

证 由拟极大子空间的定义, 必要性显然. 再证充分性. 要证 $X \in$ H.I., 只需证不存在 $Y, Z \in \text{Sub}(X)$, 使得 $Y \perp Z$. 否则, 与 Y(或者 Z) 是拟极大的矛盾.

4 算子广义延拓定理与空间 H.I. 的更多特征

为了更深刻地刻画 H.I. 空间的特征, 我们需要一个将非常有用的算子广义延拓定理, 它为文献 [180] 中所建立. 所谓算子延拓问题, 通常就是指在一个子空间上作用的算子 $T_0 \in B(X_0, Y), X \supseteq X_0$, 是否存在一个 $T \in B(X, Y)$, 使得 $T|_{X_0} = T_0$.

泛函分析的基本常识告诉我们, 算子延拓与泛函延拓截然不同, 并非普遍可行. 让我们先看已知的算子可延拓的如下几个事实:

命题 6.1.31 (1) 如果 X_0 是 X 的可补子空间, 那么对任一 Banach 空间 $Y, T_0 \in B(X_0, Y)$ 都可有形如 $T = T_0 P$ 的延拓; 反之, 如果对 X 的任一子空间 X_0, 任一 $T_0 \in B(X_0, Y)$ 都可延拓为 $T \in B(X, Y)$, 则 X 的每个子空间都可补, 等价于 X 与某一 Hilbert 空间同构 (见本书的 §2.2).

(2) 从任一 Banach 空间 X 的任一子空间 $X_0 \subseteq X$ 到 l_∞ 中的任一算子 $T_0 \in B(X_0, l_\infty)$ 都可有 T_0 的延拓 $T \in B(X, l_\infty)$(见推论 1.2.17).

(3) 从任一 Banach 空间 X 的任一子空间 $X_0 \subseteq X$ 到任一 Banach 空间 Y 中的算子 $T_0 \in B(X_0, Y)$, 如果 T_0 是 2- 绝对可和算子, 则 T_0 有延拓 $T \in B(X, Y)$(见文献 [1] 的定理 2.b.2 及其后详注).

注 6.1.32 命题 6.1.31 的 (1) 告诉我们，就出发空间 (定义域空间) 而言，子空间上的任一算子都可延拓的充分必要条件是这个 (出发) 空间与 Hilbert 空间同构； (2) 则告诉我们：就接受 (值域) 空间而言，l_∞ 是一个有 (算子) 延拓性质的空间； (3) 则告诉我们，特殊的算子类可延拓.

对照上述命题的 (1), 如下广义算子延拓的"普遍性"是非常有趣的.

定理 6.1.33 设 X 与 Y 是任意两个 Banach 空间，$T_0 \in B(X_0, Y)$ 是作用在 X 的子空间 X_0 上的任一连续线性算子，则存在一个 Banach 空间 V 与算子 $T \in B(X, V)$ 使得

1) Y 等距同构于 V 的一个子空间，即有等距嵌入 $J: Y \to V$;

2) T 是 T_0 的一个广义的保范延拓，即 T 在 X_0 上的限制 $T|_{X_0} = JT_0$ 且 $\|T\| = \|T_0\|$;

3) 商空间 X/X_0 与 $V/J(Y)$ 等距同构.

证 不失一般性，假定 $\|T_0\| = 1$. 设 $V := (X \times Y)/H$, 其中子空间 $H := \{(x, -T_0x) : x \in X_0\}$, 对 $\alpha = (x, y) \in X \times Y$, 范数 $\|\alpha\| := \|x\| + \|y\|$.

1) 定义线性算子 $J : Y \to V$ 为 $Jy = [(0, y)]$, 作为 V 中的一个陪集 $(0, y) + H$. 那么 J 是 Y 到 V 中的一个等距同构. 事实上，

一方面 $\|Jy\| = \|[(0,y)]\| = \inf\limits_{x \in X_0}\{\|(0,y) + (x, -T_0x)\|\} = \inf\limits_{x \in X_0}\{\|(x, y - T_0x)\|\}$ $= \inf\limits_{x \in X_0}\{\|x\| + \|y - T_0x\|\} \leqslant \|y\|$.

另一方面， $\|x\| + \|y - T_0x\| \geqslant \|T_0x\| + \|y - T_0x\| \geqslant \|y\|$, 对每个 $x \in X_0$ 成立，这又意味着 : $\|Jy\| = \|[(0,y)]\| \geqslant \|y\|$, 故 $\|Jy\| = \|y\|$.

2) 定义线性算子 $T : X \to V$ 为 $Tx = [(x, 0)]$, 则对每个 $x \in X_0$, 有

$$Tx = [(x,0)] = [(0, T_0x)] = JT_0x, \text{即} T|_{X_0} = JT_0.$$

并且

$$\|Tx\| = \|[(x,0)]\| \leqslant \|(x,0)\| = \|x\|, \text{对每个} x \in X,$$

因而

$$\|T\| \leqslant 1 = \|T_0\|.$$

至此，我们已经证明了 T 是 T_0 的广义的保范算子延拓.

3) 定义映射 $Q : X/X_0 \to V/J(Y)$ 为 $Q[x] := [(x, 0)] + J(Y)$, 容易验证 Q 是完全确定的. 并且由定义 $Q[x]$ 的范数

$$\begin{aligned}\|Q[x]\| &= \inf_{y \in Y}\{\inf_{x_0 \in X_0}\{\|(x + x_0, y - Tx_0)\|\}\} \\ &= \inf_{y \in Y,\ x_0 \in X_0}\{\|x + x_0\| + \|y - Tx_0\|\} \leqslant \inf_{x_0 \in X_0}\|x + x_0\| \leqslant \|[x]\|.\end{aligned}$$

另一方面，对每个 $x_0 \in X_0, y \in Y$

$$\|x + x_0\| + \|y - Tx_0\| \geqslant \|x + x_0\| \geqslant \|[x]\|.$$

这又说明

$$\|Q[x]\| \geqslant \|[x]\|.$$

于是证明了 $\|Q[x]\| = \|[x]\|$, 又显然 Q 是满射, 故 Q 是到上的等距同构, 定理 6.1.33 证毕.

有了算子的广义延拓定理, 我们就可能揭示 H.I. 空间的更多特征. 首先, 我们证明引理 6.1.28 的逆命题成立. 从而给出 $X \in$ H.I. 的一个新特征: 每个 $X_0 \in \mathrm{Sub}(X)$, 每个由 X_0 映射到任意 Banach 空间 Y 的严格奇异算子有延拓性质.

定理 6.1.34 (1) 设 X 是一个无限维的 Banach 空间, 那么其子空间 $X_0 \in \mathrm{Sub}(X)$ 拟极大的充分必要条件是: 对任意 Banach 空间 $Y, T \in S(X,Y)$ 当且仅当 $T|_{X_0} \in S(X_0, Y)$.

(2)$X \in$ H.I. 的充分必要条件是: 对每个子空间 $X_0 \in \mathrm{Sub}(X)$ 和每个 Banach 空间 Y, 算子 $T \in S(X,Y)$ 当且仅当 $T|_{X_0} \in S(X_0, Y)$.

证 (1)X_0 拟极大的必要条件就是引理 6.1.28, 只证充分性. 若 X_0 非拟极大, 就有 $X_1 \in \mathrm{Sub}(X)$, 使得 $X' := X_0 \bigoplus X_1$ 是拓扑直和, 于是可有一个投影算子 $P_0 \in B(X'), N(P_0) = X_0, R(P_0) = X_1$. 现在应用算子的广义延拓定理 6.1.33, 就应有 $P: X \to V$, 以及一个等距嵌入 $J: X' \to V$, 使得 $P|_{X'} = JP_0$, 特别地 $P|_{X_0} = JP_0|_{X_0} = 0$, 故 $P|_{X_0} \in S(X_0, V)$, 那么由所设充分性条件, 就应有 $P \in S(X,V)$, 于是也应有 $P|_{X_1} = JP_0|_{X_1} = J|_{X_1} \in S(X_1, V)$, 这就与 J 作用于 $X_1 \in \mathrm{Sub}(X)$ 是等距嵌入矛盾, 故必 X_0 拟极大.

(2) 注意到现在所给条件就是 (1) 中 X_0 拟极大特征刻画, 那么 (2) 实际上转化为 $X \in$ H.I. 的充分必要条件是每个 $X_0 \in \mathrm{Sub}(X)$ 拟极大 (命题 6.1.30), 证毕.

定理 6.1.35 Banach 空间 $X \in$ H.I. 的充分必要条件是 X 有一个拟极大的遗传不可分解子空间.

证 必要性由命题 6.1.30 显然成立, 只需证充分性. 设 X 有一个拟极大子空间 $X' \in$ H.I., 要证 $X \in$ H.I., 反证法假设存在 $Y \perp Z, Y, Z \in \mathrm{Sub}(X)$, 于是有投影算子 $P_0 : X_1 = Y \bigoplus Z \to Y, N(P_0) = Z$, 由算子的广义延拓定理 6.1.33, 就有 $P \in B(X,V)$, 以及一个等距嵌入 $J: X_1 \to V$, 使得 $P|_{X_1} = JP_0$, 特别地 ,$P|_Z = JP_0|_Z = 0$, 故 $P|_Z \in S(Z,V)$. 注意到 X' 是拟极大子空间, 由推论 6.1.27, 存在 $X' \supseteq X'' \in \mathrm{Sub}(X), Z \supseteq Z' \in \mathrm{Sub}(X)$, 和 $S \in S(X'', X)$, 使得 $I_{X''} + S$ 实现同构 $(I_{X''} + S)X'' = Z' \subseteq Z$, 于是由前述 $P|_Z \in S(Z,V)$, 更有 $P\,|_{Z'} = P|_{(I_{X''}+S)X''} := S' \in S(Z', V)$, 此即表明 $P|_{X''} + PS|_{X''} = S'(I|_{X''} + S) \in S(X'', V)$, 注意到严格奇异算子是广义算子理想, 故已证 $P|_{X''} \in S(X'', V)$, 注意到 $X' \in$ H.I., 应用定理 6.1.34(2), $P|_{X'} \in S(X', V)$, 再次注意到 X' 的拟极大性, 应用定理 6.1.34(1), $P \in S(X,V)$. 再次注意到 P 是 P_0 的广义延拓, $P|_{X_1} = JP_0$. 特别地 ,$P|_Y = (JP_0)|_Y = J|_Y$ 是一个无限维子空间 Y

到 V 中的等距嵌入，此与 P 是严格奇异算子矛盾，证毕.

留给读者思考: 定理 6.1.35 的充分性证明, 也可以不用算子的广义延拓定理.

下面我们再应用 Banach 空间基理论研究中的一个专题：最小序列的扩充，来刻画空间的 H.I. 性质.

定义 6.1.36(见文献 [181]) (1)Banach 空间 X 中的一列元 (x_n) 称为是最小序列，如果相应地存在双直交泛函列 $(f_n) \subseteq X^*$(即$f_n(x_m) = \delta_{nm}$).

(2) 最小序列 $(x_n) \subseteq X$ 如果还满足其闭线性张 $[x_n] = X$, 就称之为完备的最小序列.

(3) 完备的最小序列 $(x_n) \subseteq X$ 如果其相应的双直交泛函列 $(f_n) \subseteq X^*$ 还是完全的 (即对一切 $n, f_n(x) = 0$ 蕴涵 $x = 0$), 则称 (x_n) 是一个 M 基 (Markuševič basis). 相应也有 M 基序列定义：如果 (x_n) 是其闭线性张的 M 基.

所谓最小序列的扩充，有如下基本结果.

命题 6.1.37 (1) 设 $\{y_n\}$ 是可分 Banach 空间 X 中的一个 M 基序列，记 $X_1 = [y_n]$, 又设 X_2 是关于 X_1 的一个拟可补 (闭) 子空间，则存在 $(z_n) \subseteq X_2$, 使得 $(y_n) \bigcup (z_n)$ 成为全空间 X 的 M 基.

(2) 设 X 是可分的 Banach 空间, 则对于每一对互为拟可补的子空间 X_1 和 X_2, 都存在 X_1 的 M 基 (y_n) 和 X_2 的 M 基 (z_n), 使得 $(y_n) \bigcup (z_n)$ 成为全空间 X 的 M 基.

命题所述的两个结果见文献 [48] 的定理 8.2 和推论 8.4.

闭子空间 $X_1 \subseteq X$ 拟可补的概念见定义 2.4.1, 要说明的是命题 6.1.37 的 (1) 不能奢望加强为：从 X_1 中任一给定的 M 基 (y_n), 可找到其拟可补子空间 X_2 中的 M 基 $\{z_n\}$, 使 $(y_n) \bigcup (z_n)$ 成为 X 的 M 基. 故命题中的 (1) 与 (2) 有区别， (1) 并不蕴涵 (2), 正是基于这种对最小序列扩充的一定限制，我们要给出 H.I. 空间的一个特征刻画.

定义 6.1.38 Banach 空间 X 的一个可分无限维闭子空间 X_0 称为有性质 (N), 如果对 X 中任意一个与 X_0 零交 (即 $X_0 \bigcap Y_0 = \{0\}$) 的可分无限维闭子空间 Y_0, 都可取到 X_0 的一个 M 基 $\{x_n\}$, 使得不存在 $\{y_n\} \subseteq Y_0$, 满足

(1)$\{y_n\}$ 是 Y_0 的完备最小序列;

(2)$\{x_n\} \bigcup \{y_n\}$ 是 $\overline{X_0 + Y_0}$ 的完备最小序列.

简略地说，子空间 X_0 有性质 (N), 就是说 X_0 含有足够多的不可“双完备”扩充 (扩充者 $\{y_n\}$ 在 Y_0 中完备，且扩充后 $\{x_n\} \bigcup \{y_n\}$ 完备) 的最小序列.

定理 6.1.39 Banach 空间 X 是 H.I. 空间的充分必要条件是: X 的每个可分无限维子空间都有性质 (N).

证 如果 X 是 H.I. 空间，那么在 X 中不存在两个互相垂直的无限维闭子空间. 那么，对于任一给定的可分无限维子空间 X_0 以及与之零交的子空间 Y_0(dim

$X_0 = \dim Y_0 = \infty$), 令 $X_1 = \overline{X_0 + Y_0}$, 则必有 $X_1 \neq X_0 + Y_0$. 换句话说, X_0 是 Banach 空间 X_1 的拟可补而非 (拓扑) 可补子空间. 现在应用 [48] 的推论 8.3, 存在 X_0 的一个 M 基 $\{x_n\}$, 使得对 Y_0 中的任一完备最小序列 $\{y_n\}$, $\{x_n\}\bigcup\{y_n\}$ 都不是 X_1 的最小序列, 更不是完备最小序列. 这就证明了 X_0 含有"足够多" (虽然事实上因为零交子空间 Y_0 的变动而更动 $\{x_n\}$) 的不可"双完备"扩充的最小序列. 又由子空间 X_0 的任意性, 说明 X 的每个可分无限维闭子空间有性质 (N).

另一方面, 如果 X 的每个可分无限维闭子空间都有性质 (N), 要证 X 是 H.I. 空间, 只需证明 X 中没有互相垂直的无限维子空间 X_0 和 Y_0. 若不然, 设 $X_0 \perp Y_0$, 不妨设 X_0 与 Y_0 都可分 (因为两个垂直子空间的子空间显然仍然垂直), 则

$$X_1 = X_0 \bigoplus Y_0 = \overline{X_0 + Y_0}.$$

我们要说明这时对 X_0 的任一 M 基 $\{x_n\}$ 和 Y_0 的任一 M 基 $\{y_n\}$(注意到由文献 [20], 它们的 M 基都存在), $\{x_n\}\bigcup\{y_n\}$ 成为 $X_1 = \overline{X_0 + Y_0} = X_0 \bigoplus Y_0$ 的一个 M 基 (更是完备最小序列), 这就与 X_0 有性质 (N) 矛盾.

事实上, 由于 $X_1 = X_0 \bigoplus Y_0$, 在 X_1 中, X_0 和 Y_0 互为补子空间, 取沿着 Y_0 投影到 X_0 上的连续线性投影算子 P, 令 $Q = I - P$, 它是沿着 X_0 到 Y_0 上的连续线性投影. 又由 $\{x_n\}$ 和 $\{y_n\}$ 分别是 X_0 和 Y_0 的 M 基, 考虑到其分别相应的共轭直交泛函列 $\{x_n^*\} \subseteq X_0^*$ 和 $\{y_n^*\} \subseteq Y_0^*$, 按 $f_n(x) = x_n^*(Px)$(对任一 $x \in X_1$), 以及 $g_n(x) = y_n^*(Qx)$(对任一 $x \in X_1$) 把 $\{x_n^*\}$ 和 $\{y_n^*\}$ 一一延拓到 X_1 上, 定义

$$e_k = \begin{cases} x_n, & k = 2n-1\text{时} \\ y_n, & k = 2n\text{时} \end{cases} \quad \text{和 } F_k = \begin{cases} f_n, & k = 2n-1\text{时} \\ g_n, & k = 2n\text{时} \end{cases} \quad (n = 1, 2, \cdots).$$

最后验证 $\{e_k\}$ 是 X_1 的 M 基如下:

$1°$ $F_i(e_j) = \delta_{ij}$, 此为显然.

$2°$ $[e_k] = X_1$, 事实上 $X_1 = X_0 + Y_0 = [x_n] + [y_n] \subseteq [\{x_n\}\bigcup\{y_n\}] = [e_k] \subseteq X_1$, 故得证.

$3°$ $\{F_k\}$ 关于 X_1 是完全的, 即当对每一 k,, $F_k(x) = 0$ 时, $x = 0$. 这是因为 $X_1 = X_0 \bigoplus Y_0, x \in X_1$ 有惟一分解 $x = x_0 + y_0, x_0 \in X_0, y_0 \in Y_0$, 考虑 F_k 取遍 f_n, 使 $f_n(x) = f_n(x_0 + y_0) = 0$ 时, 由于 $f_n = x_n^* \circ P$, 而 $y_0 \in Y_0 = \ker P$, 就有

$$f_n(x_0 + y_0) = f_n(x_0) = x_n^*(Px_0) = x_n^*(x_0) \qquad (n = 1, 2, \cdots).$$

而 $\{x_n\}$ 是 X_0 的 M 基, 故相应的 $\{x_n^*\}$ 是关于 X_0 完全的, 于是必 $x_0 = 0$. 同理 $y_0 = 0$, 故 $x = 0$, 定理证毕.

下面我们开始从算子构成的角度刻画 H.I. 空间的特征. 让我们从每个复 H.I. 空间 X 有算子构成 $B(X) = \{\lambda I + S\} = \mathbf{C}I \bigoplus S(X)$ 这一基本事实说起.

引理 6.1.40 设 X 和 Y 是两个无限维的 Banach 空间, 如果 $T \notin \Phi_+(X, Y)$ 且 $T \notin S(X, Y)$, 则有 $X_1, X_2 \in \mathrm{Sub}(X)$, $X_1 \perp X_2$.

证 由于 $T \notin S(X,Y)$, 存在 $X_1 \in \mathrm{Sub}(X)$, 使得 $T|_{X_1}: X_1 \to T(X_1)$ 是一个同构, 故存在 $c>0$, 使得 $\|Tx\| \geqslant c\|x\|$ 对一切 $x \in X_1$ 成立.

又由于 $T \notin \Phi_+(X,Y)$, 那么或者 $\dim N(T)=\infty$, 或者 $R(T)$ 在 Y 中非闭, 在这两种情况下都应有 $X_2 \in \mathrm{Sub}(X)$, 使得 $\|Tx\| < \dfrac{c}{2}\|x\|$ 对一切 $x \in X_2$ 成立 (引理 5.4.1).

现在, X 中两个子空间 $X_1 \perp X_2$, 事实上, 对任一 $x_1 \in X_1$ 和任一 $x_2 \in X_2, \|x_1\| = \|x_2\| = 1$, 都有

$$\|T\|(\|x_1 - x_2\|) \geqslant \|T(x_1 - x_2)\| \geqslant \|Tx_1\| - \|Tx_2\| > \frac{c}{2} > 0.$$

由引理 6.1.13 的 (3), 证毕.

定理 6.1.41 设 X 是一个复 H.I. 空间, 则有算子构成 $B(X) = \{\lambda I + S : \lambda \in \mathbf{C}, S \in S(X)\}$.

证明见文献 [192].

问题 6.1.42 是否每个实 H.I. 空间 X, 也有如上算子构成？

问题 6.1.42 还没有圆满的解决, 尽管对 G-M 构造的第一例 H.I. 空间 X_{G_1}, 回答是肯定的. 但由于 H.I. 空间的构造手法不一 (见后面所述), 一般的答案还没有.

现在自然地提出逆向问题：有算子构成 $B(X) = \{\lambda I + S\}$ 的空间 X 是 H.I. 吗？我们这里简述否定回答的两个实例：

例 6.1.43 Ferenczi V. 在文献 [179] 构造出一个 H.I. 空间 X_F, 它自反, 共轭空间 $X_F^* \notin$ H.I., 却仍有算子构成 $B(X_F^*) = \{\lambda I + S\}$.

注 6.1.44 空间 X_F 有着特别重要的功能性意义, 我们在下一节还要说明它在 G-M 型空间分类中所起的特殊的作用. 不仅如此, 其构造方法的技巧性相当高, 我们将尽可能地在后面展示之. 可以说, 我们前述的算子广义延拓定理的建立, 受到其实质性启迪.

例 6.1.45 Argyros S. A. 与 Manoussakis A. 最近在文献 [183] 构造出一个 Banach 空间 X_{ius}, 它虽是不可分解、自反的, 却是“无条件性饱和” (unconditionally saturated) 的：每个子空间 $X_0 \subseteq X_{\mathrm{ius}}$ 都包含了一个无条件基序列. 这就意味着：其一, 虽然全空间是不可分解的, 但是可分解的子空间“随处都有”, 到了饱和程度. 其二, 对照后面提到的 Gowers 新二分枝法则：每一无限维 Banach 空间, 或者含有一有无条件基的子空间, 或者含一 H.I. 子空间, X_{ius} 有着非常有趣的“一边倒”性质 —— 它显然自身不可分解, 却根本不含 H.I. 子空间. 确实的, 如果有一个子空间 $X_0 \in \mathrm{Sub}(X_{\mathrm{ius}})$ 是 H.I. 的, 那么按无条件基序列的饱和性 ,X_0 又应含有一个有无条件基 (x_n) 的子空间 X_1, 于是 $X_1 = [x_{2n-1}] \bigoplus [x_{2n}]$, 就与 $X_0 \in$ H.I. 矛盾了. 最后, 文献 [183] 还证明对这个“很不 H.I. ”的空间 X_{ius}, 仍然有算子构成 $B(X_{\mathrm{ius}}) = \{\lambda I + S\}$.

上述两例说明，虽然 $X \in$ H.I.$\Rightarrow B(X) = \{\lambda I + S\}$, 但反向蕴涵是不成立的. Ferenczi V. 在文献 [177] 却证明了如下用算子构成刻画的空间 H.I. 特征.

命题 6.1.46 设 X 是一个复的无限维 Banach 空间, 则 $X \in$ H.I. 的充分必要条件是每个子空间 $Y \subseteq X$, 都有算子构成 $B(Y, X) = \{\lambda I_Y + S : \lambda \in \mathbf{C}, S \in S(Y, X)\}$.

证明概要: 充分性的证明是容易的, 要由已知每个子空间 $Y, B(Y, X) = \{\lambda I_Y + S\}$, 证明 $X \in$ H.I., 否则就有子空间 $X_1 \perp X_2$, 取 $Y = X_1 \bigoplus X_2 \subseteq X$, 以及投影算子 $P : X_1 \bigoplus X_2 \to X_1$, 视之为 $P \in B(Y, X)$, 验证 P 不可能表示成 $\lambda I_Y + S$ 的形式.

作为其博士学位论文的一部分，必要性的证明相当精细复杂. 大体思路为：

(1) 在 H.I. 空间 X 的子空间族 G_X 中，按照 $(I + S)$ 同构关系形成等价类后，又按 $Z \leqslant Y$(定义为 $Z(I + S)$ 同构于 Y 的子空间) 定义一个滤子. 这一来，实际上决定了 $(G_X, \sim)$ 上的一个拓扑.

(2) 对给定的每一 $Y \in G_X$, 在 $B(Y, X)$ 上赋以一个半范数

$$\|T\|_Y = \sup_{Z \subseteq Y} \inf_{Z' \subseteq Z} \|T|_{Z'}\| = \inf_{Z \subseteq Y} \|T|_Z\|,$$

容易验证, 函数 $\|\cdot\|_Y$ 的零空间就是 $S(Y, X)$, 故而用 E_Y 表示商空间 $B(Y, X)/S(Y, X)$ 后 ,$\|\cdot\|_Y$ 就成为 E_Y 中元素的一个范数. 以下的目的，就是要说明 E_Y 与复数域 $\mathbf{C}$ 等距同构. 为此，历经如下更为复杂的程序.

(3) 对 $(G_X, \sim)$ 中的 $Z \leqslant Y$, 用 $Y \supseteq Y' = (I + S)Z$, 相应地定义一个线性等距算子 $P_{YZ} : E_Y \to E_Z$, 由 $P_{YZ}([T]) = [T(I + S)]$ 确定，并证明 P_{YZ} 是一个线性等距.

(4) 在 E_Y 上引入乘法运算: 先用 E_{ZY} 表示由 E_Z 中有代表 $T, R(T) \subseteq Y$ 的元素组成的子空间. 定义 $\circ : E_Y \times E_{ZY} \to E_Z$ 为 $([T] \circ [U]) = [TU]$, 其中 T 是任一 $B(Y, X)$ 的代表 ,U 是任一 $B(Z, X), R(U) \subseteq Y$ 的代表，验证 $\|\circ\| \leqslant 1$.

(5) 构造极限空间 $E : l_\infty((E_Y)_{Y \in (G_X, \sim)})$ 中的元素 $(\alpha_Y)_{Y \in G_X}$ 称为是联结 (coheret) 的，如果存在 $Y_0 \in G_X$, 使得对一切 $Y \leqslant Y_0, \alpha_Y = P_{Y_0 Y}(\alpha_{Y_0})$, 设 $\mathcal{E}$ 是 $l_\infty((E_Y)_{Y \in G_X})$ 的所有联结元素的集合，它是一个线性空间. 注意到前述 3 中 P_{YZ} 是一个线性等距，对 $Y \leqslant Y_0, \|\alpha_Y\|_Y$ 就是一个等于 $\|\alpha_{Y_0}\|_{Y_0}$ 的常数，那么 (按前述 $\leqslant$ 所确定滤子的序)$\lim\limits_{Y} \|\alpha_Y\|$ 就成为 $\mathcal{E}$ 中的一个半范 ,$\mathcal{E}$ 中所有使得 $\lim\limits_{Y} \|\alpha_Y\|_Y = 0$ 的元构成的子空间设为 $\mathcal{K}$. 令 E 为商空间 $\mathcal{E}/\mathcal{K}$, 仍用 $\alpha = (\alpha_Y)_{Y \in G_X}$ 表示 E 的元素. 事实上，空间 E 就是一种系统 (E_Y, P_{ZY}) 的代数归纳极限.

(6) 证明 E 是一个有单位元的完备的除环，从而 $E = \mathbf{C}$, 且对每个 $Y, E_Y = \mathbf{C}$. 其中 E 中两个元素 $\alpha = (\alpha_Y)_{Y \in G_X}$ 和 $\beta = (\beta_Z)_{Z \in G_X}$ 的乘积 $\alpha\beta$ 定义为

$$\alpha\beta = \lim_{Y} (\alpha_Y \circ \beta_Z)_{Z \in G_X}, \qquad \|\alpha\beta\| = \lim_{Y} \lim_{Z} \|\alpha_Y \circ \beta_Z\|_Z$$

对每个算子 $T \in B(Y, X)$, 用 $e(T)$ 表示 E 中 $(P_{YZ}([T]))_{Z \leqslant Y}$ 这种元素.

(7) 作为有单位元的 Banach 代数 E, 是一个除环, 其乘积运算有范数 1, 且单位元 $[I]$ 的范数 $\|[I]\|=1$, 由 Gelfand-Mazur 定理 E 与 $\mathbf{C}$ 等距同构. 于是对 $Y\in G_X$, 设 $T\in B(Y,X),\lambda=e(T)$, 这时在相差一个等距同构下, 视 $e(T)=\lambda\in\mathbf{C}$ 是一个复数, 那么

$$e(T-\lambda I)=e(T)-\lambda e(I)=0.$$

于是 $0=\|e(T-\lambda I)\|=\|T-\lambda I\|_Y$, 即 $T-\lambda I$ 是一个严格奇异算子, 证毕.

问题 6.1.47 是否能用较为初等的方法证明复 H.I. 空间 X 的每个子空间 Y, 都有算子构成 $B(Y,X)=\{\lambda I_Y+S\}$?

注 6.1.48 通过上述例 6.1.43 、例 6.1.45 和命题 6.1.46, 我们知道, 使算子构成 $B(X)=\mathbf{C}I\bigoplus A(X)$(其中 $A(X)$ 为 $B(X)$ 中的某个真算子理想) 的 Banach 空间不仅存在, 而且非 H.I. 空间所独有. 于是, 研究那种有简单算子构成 (或者也称少算子构成, 不少文献称 “ few operators ”) 的 Banach 空间的专题, 就引发人们极大兴趣, 我们在后面的 §6.2 还要论及.

我们不加证明地给出如下有关 H.I. 空间的特征, 请读者自己验证.

命题 6.1.49 关于复 Banach 空间 X 的如下各论断是彼此等价的:

(1)X 是 H.I. 空间;

(2) 对 X 的任一子空间 $X_0,B(X_0,X)=\{T+F{:}T\text{是同构嵌入},F\text{是有限秩算子}\}\bigcup S(X_0,X)$;

(3) 对 X 的任一子空间 $X_0,B(X_0,X)=\varPhi_+(X_0,X)\bigcup S(X_0,X)$;

(4) 对 X 的任一子空间 X_0 和任一空间 $Y,B(X_0,Y)=\varPhi_+(X_0,Y)\bigcup S(X_0,Y)$.

5 H.I. 空间类在 Banach 空间结构中的地位和作用

也许有的读者会对上面这个小标题反感: H.I. 空间是作为一种病态空间, 被人们构造出来的, 充其量不过是 Banach 空间大家族中极为罕见、冷僻的一个类别, 何以见得有所谓地位与作用? 诚然, 我们可以称有限维空间类 ——Banach 空间族中最基本成分; 可分空间类 —— 无限维空间族中的基本成分; 自反空间类 —— 极其重要、作用显著的空间类, 与 c_0,l_1 一起被视为子空间结构的 “三分枝”, 是弱紧生成 Banach 空间类 WCG 的主体, 等等. 那么, H.I. 空间类呢? 下面我们着重从 “ H.I. 空间其实不少” 和 “ H.I. 空间类在 Banach 空间结构分枝中的重要地位和作用” 这两点加以综述.

首先说明无论从构成方法还是所具性质, H.I. 空间都愈益显得多姿多彩.

命题 6.1.50 (1) 存在一个一致凸的 H.I. 空间;

(2) 每一个 H.I. 空间都可赋严格凸等价范数;

(3) 一个 H.I. 空间 X 如果不可分, 则 X^{**} 不可赋严格凸等价范数;

(4) 每个 H.I. 空间都等距同构于 l_∞ 的一个闭子空间;

(5) 存在一族 Banach 空间 $\{X_t\}_{t\in I}$, 其中每个 $X_t \in$ H.I., 且两两不可比. 指标集 I 有连续统 c 的基数.

说明: (1) 一致凸的 H.I. 空间的例子由 Ferenczi V. 在文献 [184] 给出.

(2) ~ (4) 见文献 [185], 它告诉我们, 虽然对不可分 H.I. 空间的实例似乎还很陌生, 但已经可以肯定: 不存在自反的不可分的 H.I. 空间. 当然, 后面这个结论也可以从弱紧生成 Banach 空间的一个性质 (见文献 [16]), 尤其文献 [186] 和 [187] 最近明确地指出, 任何一个不可分的自反的空间 X, 其中任意一个可分子空间 X_0 都是 "包可补" 的, 即存在一个在全空间可补的子空间 $X_1 \supseteq X_0$, 故不可分的自反空间一定非 H.I.

(5) 见于文献 [162],Gasparis I. 首先注意到 G-M 第一例 H.I. 空间 X_{G_1} 的构建是在 Schlumprecht T. (见文献 [172]) 构建可任意扭曲的空间的基础上的创新. 而 Argyros S. A. 和 Deliyanni I. 其后 (1997) 则在文献 [188] 构造一个渐近 l_1 的 Banach 空间, 并证明它也是 H.I. 的. 渐近 l_1 空间的概念是 Maurey B., Milman V. D. 与 Tomczak-Jaegermann N. 在文献 [189] 引入的 —— 有规范基 (e_n) 的 Banach 空间 X 是渐近 l_1 的, 如果存在一个常数 $c > 0$, 使得对每一自然数 $k \in \mathbf{N}$, 存在一个 $N = N(k) \in \mathbf{N}$, 使得在 (e_n) 的从 N 开始的下标后取的每一个逐次分段规范块基列 $(x_i)_{i=1}^k$ 都 c 等价于典则 l_1^k. Gasparis I. 的工作则是文献 [188] 的继续深入, 构造出一族具有连续统势的两两不可比的渐近 l_1 同时又都是 H.I. 的空间类.

还值得一提是, Argyros S. A 与 Felouzis V. 合作, 在他们堪称 H.I. 空间研究的鸿篇巨著 [163] 中, 创建出一种构造 H.I. 空间的插值空间方法.

为了说明 H.I. 空间确实不在少数, 让我们来看一个万有空间的新结果. 设 B 是 Banach 空间的一个类, 空间 X 称为是对 B 万有, 就是说每个 $Y \in B$, 都与 X 的一个子空间同构. 例如, 我们熟知的事实 $C[a,b]$ 关于可分空间类万有 ,l_∞ 则关于可分空间及其共轭类万有. 1980 年, Bourgain J. 在文献 [29] 证明: 一个可分空间 X, 只要关于自反的可分空间万有, 就也关于可分空间类万有. 最近, Argyros S. A. 则在文献 [191] 中证明如下结果:

命题 6.1.51 设 X 是一个可分的 Banach 空间, 如果它关于自反、可分的 H.I. 空间万有, 则 X 是关于可分空间万有的.

现在, 我们再通过 A-F 在文献 [163] 的新成果, 来加深认识 H.I. 空间在 Banach 空间分类中的基本地位和重要作用.

我们已经知道, Gowers 建立了如下二分枝原理.

命题 6.1.52 每个空间 X 或者含有一个子空间是 H.I. 的, 或者含有一个子空间 X_0, X_0 有无条件基.

各种分枝原理都是空间理论的重要工具, 在文献 [192] 中说明了 Gowers 应用其建立的二分枝原理，一举肯定地解决了齐性空间问题：如果一个空间 X 的每个子空间都与其自身同构，则 X 本身 (在相差一个同构下) 就是可分的 Hilbert 空间 l_2.T-J 在文献 [193] 还用这个分枝原理解决了 H.I. 空间畸变 (distortion 也称扭曲) 问题 (即文献 [192] 中的问题 14).

命题 6.1.53 每个 H.I. 空间都是可任意扭曲的，其中空间扭曲，任意扭曲的概念，见定义 6.1.8.

众所周知，称空间 X_0 是 H.I. 空间的商，就是指存在一个 H.I. 空间 Y, 以及由 Y 到 X_0 上的满射算子 $T:Y\to X_0$, 使得 $Y/\ker(T)\approx X_0$. A-F 深入研究 H.I. 空间的商空间的普遍存在形态，建立起如下新的空间分类的二分枝原理.

命题 6.1.54 每个空间 X 或者含有一个子空间与 l_1 同构，或者含有一个子空间 X_0, X_0 是 H.I. 空间的商.

让我们说明， A-F 的新二分枝原理的重要意义至少表现在如下几个方面：

其一，此前， Gowers 的新二分枝原理，只是向人们展示 H.I. 空间是作为有无条件基的空间类 (尤其可分 Hilbert 空间) 极端对立面而存在的一个空间类，加上其构造极为复杂，容易造成 H.I. 空间病态、人造、怪异的错觉. 那么现在， A-F 的新二分枝原理却向人们表明，就相差一个商的形态而言， H.I. 空间类是普遍存在，随处可见的. 我们最熟悉的经典序列空间 $c_0, l_p(1<p<\infty)$ 和经典函数空间 $L_p[a,b](1<p<\infty)$, 原来都可表为 H.I. 空间的商. 让我们以 $X=l_p(1<p<\infty)$ 为例简单说明：由于 $p\neq 1, X$ 不含 l_1-copy, 于是按 A-F 新分枝原理，存在一个 H.I. 空间 Y 和 X 的一个子空间 X_0, 使得 $Y/Z\approx X_0$(其中子空间 $Z\subseteq Y$). 但是另一方面，由于 $X=l_p$ 是次投影的素空间 (见 §1.4), 则 $Y/Z\approx X_0$ 中又应有一个子空间 $X_1\subseteq X_0, X_1\approx X$, 于是就表现为存在 Y 的子空间 $Y_0\subseteq Y$, 使得 $Y_0/Z\approx X_1\approx X$, 注意到 Y 是 H.I. 的，故其子空间 Y_0 也是 H.I. 的. 那么 $X\approx Y_0/Z$ 就说明 X 是 (同构于)H.I. 空间的商. 这一奇妙现象堪称数学美学一景观：一方面，各经典 Banach 空间与 H.I. 空间如此格格不入，截然对立；另一方面，通过 H.I. 空间商的形式，经典 Banach 空间却与 H.I. 空间类如此融洽、沟通. 亦可得自然辩证法对立统一规律的一大写实.

其二，容易证明：l_1 不可能作为一个 H.I. 空间的商，事实上，如果存在 H.I. 空间 Y, 其商空间 $Y/Z\approx l_1$, 则由小结 1.3.1 的 (24),Y 含有一个同构于 l_1 的可补子空间，与 Y 是 H.I. 空间矛盾. 那么， A-F 的新分枝原理，在一定意义上，可以说明可分空间普遍可成为 H.I. 空间的商，惟 l_1 是仅有的例外.

其三，从 A-F 新分枝原理，可以对一个原本视为棘手的问题：H.I. 空间的共轭空间还是 H.I. 空间吗？变得十分容易否定回答了：任取 $X=l_p$ 或 $L_p[a,b](1<p<\infty)$. 由上述 ,X 可表为某 H.I. 空间 Y 的商 $Y/Z\approx X$, 就是说，存在一个满射算子 $T:Y\to X$, 使得 $Y/\ker(T)\approx X$, 于是 $T^*:X^*\to Y^*$ 就是一个内射算子. 现在 H.I.

空间 Y 的共轭空间 Y^* 就不是 H.I. 空间了：它包含显然可分解的子空间 $X^* = l_q$ 或 $L_q[a,b]\left(\dfrac{1}{p}+\dfrac{1}{q}=1\right)$ 的复制品.

§ 6.2　关于 G-M 系列成果

1　Banach 的超平面问题

Banach 空间 X 中亏维为 1 的闭子空间称为超平面, 例如任一 $0 \neq f \in X^*, N(f) = \{x \in X : f(x) = 0\}$ 就是这样的超平面.

1932 年， Banach 在它的经典大作 [24] 中就提出了超平面问题：任一无限维 Banach 空间 X, 都有 X 与 $X \bigoplus \mathbf{R}$ 同构吗？这个问题 $\Leftrightarrow$ Banach 超平面问题：对一切空间 X, X 必与其任一超平面都同构吗？ $\Leftrightarrow X$ 必与其某一个超平面同构吗？(见文献 [194])

值得一提的是, 原来的 Banach 的超平面问题实际上是奇妙的 Kalton-Peck 空间 (1979 年) 作为第一反例所否定解决的 (见文献 [195]). 当时， Kalton-Peck 本人并没有意识到他构造的空间是 Banach 超平面问题的反例，而是后来由 Johnson,Lindenstrauss 和 Schechtman 深入研究 K-P 空间，发掘出许多奇妙而有趣的性质，其中之一是: 这个空间与其任一亏维为偶数的子空间都同构，而与其任一亏维为奇数的子空间都不同构，才认识到这个空间已经是 Banach 超平面问题的反例了.

同样，作为超平面问题的第二反例，本来就应该是 G-M 空间 X_{G_1} 了，它比 K-P 空间更强有力地否定了 Banach 超平面问题：不与其任一真子空间同构！却一开始并未被 G-M 所认识. 他们经 Johnson 提醒，知道 X_{G_1} 是 H.I. 空间后，过于醉心于去证明 X_{G_1} 是非平凡的素空间了 (关于素空间问题的成果，下面再述). 他们认为，既然已知 X_{G_1} 上没有非平凡的投影，那么只要证明 X_{G_1} 与其任一亏维有限的子空间都同构， X_{G_1} 就是非平凡的素空间了.

试图证明 X_{G_1} 与其亏维有限子空间都同构的工作搁浅后， Gowers 干脆改弦易张，重新构造了一个 G-M 型空间 X_{G_2}. 于是否定了超平面问题的第三反例 X_{G_2} 诞生了 (见文献 [196]),X_{G_2} 的构造方法极具特殊意义，可以通过下表与 X_K, X_{G_1} 比较后了解.

从下页表中的特性比较中可知，虽然后来发现 X_{G_1} 已经是对超平面问题 (比 X_K) 更强的否定. 但 X_{G_2} 仍不失其独特的光辉 —— 它是第一个有无条件基的反例.

作为超平面问题反例的三个空间构造方法的比较表

空间 \ 比较项目	主要特征	构造方法
Kalton-Peck 空间 X_K (1979)	(1) 与任一偶亏维子空间同构; (2)与任一奇亏维子空间都不同构; (3) 每个无限维可补子空间都包含一个可补子空间与 X_K 同构; (4) 可补子空间都没有无条件基.	X_K 由满足下面范数条件的实数偶对 $\{(a_n,b_n)\}_{n=1}^\infty$ 组成: $\parallel \{(a_n,b_n)\}_{n=1}^\infty \parallel = (\sum_{n=1}^\infty b_n^2)^{\frac{1}{2}} + \sum_{n=1}^\infty \lvert a_n - b_n ln\left(\frac{\mid b_n \mid}{(\sum \mid b_n \mid^{2.5})^{\frac{1}{2}}}\right) \rvert < \infty$
G-M 空间 X_{G_1} (1993)	(1) 是 H.I. 空间; (2) 没有无条件基序列; (3) 与任一真子空间都不同构.	见 §6.1 中 X_T, X_S 和 X_{G_1} 的构造方法的比较表.
Gowers 空间 X_{G_2} (1995)	(1) 有无条件基; (2) 与任一真子空间都不同构.	基本上与 X_{G_1} 相同，主要技巧区别在于定义范数时，相应上确界是对一切 $E_1 < \cdots < E_n$ 的 $\mathbf{N}$ 中的有限子集取的 (而 X_{G_1} 要求各 E_i 是区间).

2 Schroeder-Bernstein 问题

除了上面提到的超平面问题， Banach 在它的经典专著 [24] 中还提到一个空间结构的基本问题：是否每个空间 X 与其双直和 $X^2 = X \bigoplus X$ 同构呢？

否定回答这个问题的第一个反例应是 James 空间 (见文献 [166]), 而第一个自反空间的这种反例是 1972 年由 Figiel T. 在文献 [197] 构造的， Figiel 空间上算子代数的 K 群被文献 [198] 研究过，有典型意义，本书后面还会提及.

其后，自然产生了如下问题：

第一， Schroeder-Bernstein 问题：两个空间 X 和 Y 彼此都可嵌入对方 (即 X 与 Y 的一个子空间同构， Y 也与 X 的一个子空间同构), 则必有 X 与 Y 同构吗？

不久第一 S-B 问题又被否定地解决了：取 $X = C[0,1], Y = C[0,1] \bigoplus l_1$. 详见 Casazza 在文献 [33] 的详述.

接踵而来的，就是后来一直被简称为 S-B 问题的如下问题：

第二， Schroeder-Bernstein 问题 (简称 S-B 问题): 两个空间 X 和 Y 彼此都可补地嵌入对方 (即 X 与 Y 的一个可补子空间同构， Y 也与 X 的一个可补子空间同构), 则 $X \approx Y$?

没有查到 S-B 问题的准确提出时间，只知道因涉及面广，吸引过诸多泛函分析专家而十分著名. 在 G-M 成果之前， Casazza 的综述文章 [33] 对这方面的工作作出了极为全面的深刻的总结. Casazza 的工作特点是高瞻远瞩，常用大手笔绘出一个专题研究的前景，不乏英明预见. 他对 S-B 问题最终解决的预见不仅十分正确：将有反例否定，而且对反例的否定方法预见也极为准确. 他提出了否定解决 S-B 问题的思路.

命题 6.2.1 如果存在空间 X, 使得 $X \approx X^3$ 但 X 不同构于 X^2, 则 S-B 问题就以反例 X 和 $Y = X^2$ 被否定解决.

Gowers 正是沿着 Casazza 的思路，改造他和 Maurey 合作构造的 X_{G_1}, 构造出解决 S-B 问题的第一个反例 X_{G_3} 的. 事实上正式发表论文含有 Casazza 和 Maurey 积极参与的工作，见文献 [199].

关于空间 X_{G_3} 的构造成因，将放到后面再叙述.

3 非平凡素空间问题 (即素问题)

回顾 (定义 1.2.30) 称空间 X 是素的，如果 X 的每个可补子空间都与 X 同构.

在第 7 章将会看到，空间准素性质与空间上算子 K 群有直接关系.

鉴于对经典空间 (包括序列空间 c_0, l_p 和函数空间 $C[a,b], L_p[a,b]$) 的素性和准素性了解已经相当清晰，人们注意到这样一个事实：到目前为止，仅有的素空间是 $c_0, l_p (1 \leqslant p \leqslant \infty)$, 于是提出问题：是否存在非平凡 (即非 c_0, l_p) 的素空间？

注 6.2.2 Casazza 在这个问题上又表现了他的前瞻意识，他曾预见，将来的第一个反例，应该是从可补子空间 “最少” 也就是不存在非平凡可补子空间的这种空间中寻求 (有文献提到 Casazza 的这一预见). 但他关于这个问题的一份综述报告，始终未正式发表.

非常有趣的是，不仅许多专家曾经走过弯路，企图在前面提及的 Kalton-Peck 空间 X_K 和 Schlumprecht 空间 X_S 中证明其素性，而且 G-M 也在他们构造出 X_{G_1}, 发现它确实 “可补子空间最少” 后，试图证明过它的素性：由于只需证明 X_{G_1} 与其每个亏维有限的子空间同构.

庆幸的是， G-M 反应很快，没有在原地徘徊，他们又娴熟地应用构造技巧，改造 X_{G_1} 的赋范方法，构造出 X_{G_4}. 它既保持了 “可补子空间最少” 这一 “可贵” 性质，又有一个怪脾性： X_{G_4} 只与其 (所有) 亏维有限的子空间同构，见文献 [200].

X_{G_4} 的构造成因，也在下一部分概述.

4 三分枝问题

著名的三分枝问题是：每个空间 X 必有一子空间或者自反，或者同构于 c_0, 或者同构于 l_1 吗？

早在 20 世纪 40 年代末 50 年代初, James 就对三分枝问题作了出色的一部分肯定的回答: 如果空间 X 有无条件基, 那么, 如果 X 既不含 c_0-copy 又不含 l_1-copy, 则 X 自反 (见命题 1.1.21).

与三分枝问题相关的许多分枝问题都是空间理论专家们的视焦所在, 它是经典 Banach 空间研究向一般空间结构研究的自然外延.

许多被肯定的、重要的分枝法则 (例如 Rosenthal 的二分枝法则: 对每一空间 X 中的任一有界序列 (x_n), 必有一子列, 它或与 l_1 的单位向量基等价, 或是弱 Cauchy 列) 都成了重要的研究工具.

Gowers 在文献 [201] 中构造的空间 X_{GM_5}, 甚至更强地否定了三分枝问题: 它不含 l_1 或有可分对偶的子空间.

构造 X_{GM_5} 的形式大体如下: 取定 $f(x)=(\log_2(x+1))^{\frac{1}{2}}$, 对一切 $x\in\mathbf{R}^+$. 在 c_{00} 上归纳定义范数, $\|x\|_0=\|x\|_{c_0}$. 对于 $n\geqslant 1$, $\|x\|_n=\|x\|_{n-1}\bigvee\sup\limits_{k\geqslant 2}\{f(k)^{-1}\sum_{i=1}^{k}$

$$\|E_ix\|_{n-1}: E_1<E_2<\cdots<E_k\}\bigvee\sup\left(\sum_{i=1}^{m}|x_i^*(x)|^2\right)^{\frac{1}{2}}.$$

其中, 在第一个 sup 中要求各 E_i 是区间, 在第二个 sup 中, 取遍 $(c_{00},\|\cdot\|_{n-1})$ 上的所有相分离的特殊泛函.

然后令 $\|x\|=\lim\|x\|_n$, X_{GM_5} 就是 $(c_{00},\|\cdot\|)$ 的完备化.

由于上面已提到, James 证明在有无条件基序列的空间中三分枝问题是成立的, 故 X_{GM_5} 也不含无条件基序列. 可以说 X_{GM_5} 是 G-M 型空间中不自反 (不含自反子空间) 的首例.

Casazza 在文献 [202] 中预言, 对 X_{GM_5} 的研究可能导致文献 [202] 中 §5 的系列问题的否定解决. Fonf 则在文献 [203] 中惊呼, X_{GM_5} 的构造使得空间理论中最美妙的猜想 (即指每个空间或含有一个有界完备基序列或含有 c_0 的猜想) 被推翻了.

5 新二分枝法则和齐性 Banach 空间问题

不破不立, 大破大立, 1995 年, 先是 Komorowski 和 Tomczak-Jaegermann(他们建立新二分枝法则 I), 后是 G-M (他们建立了新二分枝法则 II) 及时总结了 G-M 型空间在否定解决各种分枝问题中的作用, 在吸收众多成果进行比较分类的基础上, 成功地建立起新的二分枝法则 (见文献 [204] 和 [205]).

命题 6.2.3 (1) (新二分枝法则 I) 对任一有有限余型的空间 X, 或者 X 含一子空间与 l_2 同构, 或者 X 含一没有无条件基的子空间.

(2) (新二分枝法则 II) 对任一空间 X, 或者 X 含一有无条件基的子空间, 或者 X 含一 H.I. 子空间.

可以预见，和 Rosenthal 的二分枝法则一样，新二分枝法则将成为空间结构理论研究新格局中极为锐利的武器. 如下齐性 Banach 空间问题的迎刃而解，就是最好的例证之一.

齐性 Banach 空间问题：如果一个可分空间与其任一子空间同构，那么 X 是否与 l_2 同构？

命题 6.2.4 在相差一个同构下，与每个子空间都同构是 l_2 的特征.

证 首先，由文献 [205] 中的定理 8, 齐性 Banach 空间是有有限余型的，故新分枝法则 I 对其是适用的. 现在，用反证法，假定不含 l_2(同构), 由新二分枝法则 I，就含有一个没有无条件基的子空间 Y, 注意到 X 的每个子空间都与 X(也都与 Y) 同构，于是 X 不含无条件基序列，换句话说，就不含有无条件基的子空间，再由新二分枝法则 II，含有 H.I. 子空间 Z, 从而由于 $X \approx Z$,X 本身是 H.I. 空间，则 (由推论 6.2.17 的 (2))X 不与任一真子空间同构，矛盾. 命题证毕.

6 遗传有限分解的 Banach 空间

作为 Maurey B. 的学生， Ferenczi V. 在其博士学位论文中对 G-M 成果的研究做出了新的贡献. 他构造出第一例一致凸的 H.I. 空间 (我们在命题 6.1.50 提及); 他揭示了 H.I. 空间的算子构成特征 (见命题 6.1.46); 他定义了一种比 H.I. 空间有更多不可分解性质的空间 —— 商遗传不可分解空间 (今后简记为 Q.H.I.), 成功地证明 Gowers 和 Maurey 构造的第一例 H.I. 空间 $X_{G_1} \in$ Q.H.I., 又成功地构造出一个所谓 Ferenczi 空间 $X_F \in$ H.I.$\setminus$ Q.H.I.. 关于 Q.H.I. 空间的讨论我们将稍后讨论，本文综述 Ferenczi 的另一项很有趣的工作 ——H.I. 空间概念外延的研究.

定义 6.2.5 称 Banach 空间 X 是遗传有限分解的, 如果存在一个自然数 $n \in \mathbf{N}$, 使得子空间集 Sub(X) 的直和块数至多为 n. 记遗传有限分解空间类为 H.F.D., 则依定义 H.F.D.$= \bigcup_{n=1}^{\infty} HD_n$, 其中 $X \in HD_n (n \geqslant 1)$, 就是指存在形如 $X_1 \bigoplus \cdots \bigoplus X_n \subseteq X$ 的 n 块直和，其中 $X_i \in \mathrm{Sub}(X), i = 1, \cdots, n$. 但不存在 $n+1$ 块直和. 显然 $HD_1 =$H.I.$\subseteq$H.F.D., $X \in HD_n$ 等价于 X 中有 Sub(X) 的 n 块直和，且每个这种的 n 块直和都是 X 的拟极大子空间，每个 HD_n 空间 X 的每个子空间 $Y \in \mathrm{Sub}(X)$, 都是 HD_m, 对某个 $m \leqslant n$.

命题 6.2.6 (1) $X \in HD_m, y \in HD_n$, 则 $X \times Y \in HD_{m+n}$;

(2) n 个 H.I. 空间的乘积空间是 HD_n 的.

注 6.2.7 (1) 易知，与 H.I. 空间一样， H.F.D.$= \bigcup_{n=1}^{\infty} HD_n$ 中的任一个 $X \in HD_n$ 都不含无条件基序列，从而我们熟知的经典 Banach 空间都不属于空间类 H.F.D..

(2) 从命题 6.2.6 给出 HD_n 空间 $(n \geqslant 2)$ 的实例. 但是，不要误以为每个

$X \in HD_n$, 都是这种 "n 个 H.I. 空间乘积 (或直和) 的形式". 我们将在后面讨论 Ferenczi 空间 X_F 时, 说明 $X_F^* \in HD_2$, 但不能表示成两个 H.I. 直和 (乘积) 的形式.

尽管上注之 (2) 告诉我们 $X \in HD_n$ 未必就是 n 个 H.I. 空间直和 (乘积) 的形式, 但是 Ferenczi 的研究告诉我们, 研究一个 $X \in HD_n$, 确实可以归结为研究 X 中所含有的 (甚且更 "规范化") 这种形式的子空间. 为此, 他给出如下定义

定义 6.2.8 称 X 是一个基本的 HD_n 空间, 如果 X 是 n 个 H.I. 空间的直和, 且其中任意两个或者同构, 或不可比.

注 6.2.9 从定义 6.2.8 可知, 一个所谓基本 HD_n 空间, 它比 n 个 H.I. 空间的直和这种形式要求还更规范: 两两之间或同构, 或完全不可比. 为什么不考虑 "虽不同构, 但有 (无限维) 子空间同构" 这种情况呢? 这是因为这种情况出现时, 可以用同构的子空间来代替原来的直和块, 从而归并为二者同构这种情况. 这种可以 "减肥" 式代替, 将被证明是不影响实质性研究. 下面就要引进若干不变量.

定义 6.2.10 设 $X = \bigoplus_{i=1}^n X_i$ 是一个基本 HD_n 空间的一种规范表示, 即这时或 $X_i \approx X_j$ (简记为 $i \approx j$), 或 $X_i \leftrightarrow X_j$(不可比). 我们把下标集 $\{1, \cdots, i, \cdots, j, \cdots, n\}$ 记为 $[1, n]$, 令 $s(X) = \{s(i_1), s(i_2), \cdots, s(i_r)\}$, 其中 $\{i_1, i_2, \cdots, i_r\} \subseteq [1, n]$,$t \neq t'$ 时 $X_{i_t} \leftrightarrow X_{i_{t'}}$, $s(i_t) := \{i \in [1, n], i \approx i_t\}$. 简言之, 就是把 $[1, n]$ 中的各指标 i, 按相应空间 X_i 的同构分成 $r(\leqslant n)$ 类. 再定义 $n(X) = (\sum_{s \in s(X)} | s |^2)^{\frac{1}{2}} \leqslant \sum_{s \in s(X)} | s | = \sum_{t=1}^r | s(i_t) | = n$, 其中 $| s |$ 表示集合 s 中元素个数.

为了说明研究一个 HD_n 空间 X 上的算子, 只要研究 X 中一个基本 HD_n 子空间 X_b 上的算子, Ferenczi 做了如下准备工作:

(1) 每个 $X \in HD_n$, 都含有一个基本 HD_n 子空间 X_b.(文献 [178] 的引理 4)

(2) HD_n 空间的基本 HD_n 子空间是拟极大的.

(3) 一个基本 HD_n 空间 $X = \bigoplus_{i=1}^n X_i$ 是规范表示, 如果 $Y = \bigoplus_{i=1}^m Y_i$ 是 X 的一个基本 HD_m 子空间 (的规范表示), 那么可以通过 Y 的 "减肥" 小和 Y' 把后者 (同构地) 套进 X 的某 m 个直和块中去, 使该 m 个直和块成为 "减肥" 小和. (文献 [178] 的引理 5 和推论 3).

(4) $X \in HD_n$ 中的基本 HD_n 子空间族有 "滤子" 性质: X 中任意两个基本 HD_n 子空间 X_1 和 X_2 含有同构的基本 HD_n 子空间 (文献 [178] 的命题 2).

有了以上论述, 就可以保证: 对每一 $X \in HD_n$, 任取一个 X 中的基本 HD_n 子空间 X_b, 按定义 6.2.10 的示性参数 $s(X)$ 和 $n(X)$ 是不因基本 HD_n 子空间的选取而改变.

如下命题是命题 6.1.46 从 H.I. 空间推广到 HD_n.

命题 6.2.11 设 $X = \bigoplus_{i=1}^n X_i$ 是复的基本 HD_n 空间, 又设 $Y \subseteq X$, 则每个算子 $T \in B(Y, X)$ 有形如 $\sum_{i \approx j} \lambda_{ij} P_{ij} + S$ 的形式, 其中 $\sum_{i \approx j} = \sum_{t=1}^r \sum_{i,j \in s(i_t)}$,

具体地表述如定义 6.2.10 中，设按基本 HD_n 空间 $X=\bigoplus_{i=1}^n X_i$ 各直和块 $X_i(i=1,2,\cdots,n)$ 按彼此同构 (注意若不同构必不可比) 的相应下标分类分 $s(X)=\{s(i_1),\cdots,s(i_r)\}$.

证 (1) 首先取定 Y(它是一个 HD_m 空间，$m\leqslant n$) 的一个基本 HD_m 子空间 $Y_b=\bigoplus_{i=1}^m Y_i$. 然后按照上述准备工作中的 3(即文献 [178] 的引理 5 和推论 3), 在相差一个重排的意义下，不妨视为对每个 $i=1,\cdots,m$, 都有一个同构 $P_i\mid_i:=P_i|_{Y_i}$ 且 $R(P_i|_i)=P_i(Y_i)=H_i\subseteq X_i$, 这里 P_i 是 X 到直和块 X_i 的自然投影，算子 T 作用在 Y_i 上的表示，转化为 $T(P_i\mid_i)^{-1}:H_i\to X_i$, 就可以应用命题 6.1.46, 有形如 $\lambda_iI_i+S_i$ 的形式.

对应于 $j\in s(i)$(即相应的 $X_j\approx X_i$). 在相差一个同构 α_{ij} 下，$T(\alpha_{ij}P_i)^{-1}$ 就有形如 $\lambda_{ij}\alpha_{ij}^{-1}+S_j$ 的形式，这里 α_{ij} 表示 X_i 到 X_j 中取定的同构映射.

而对应于 $j\notin s(i)$, 由于 X_j 与 X_i 不可比，H_i 和 X_j 也不可比，故每个 H_i 到 X_j 的算子都是严格奇异的.

(2) 如上分析，为了分块地应用命题 6.1.46, 实际上是通过一个 Y_b 到 X 的前 m 块的同构嵌入 J, 考虑 $TJ^{-1}:\bigoplus_{i=1}^m H_i=\bigoplus_{i=1}^m J(Y_i)\to X=\bigoplus_{i=1}^n X_i$, 然后还原得出 $T\mid_{Y_b}=\sum_{i\approx j}\lambda_{ij}P_{ij}+S$, 这里 $P_{ij}=\alpha_{ij}P_i$, S 是各小 S_i 的分块总和.

(3) 考虑 $S=T-\sum_{i\approx j}\lambda_{ij}P_{ij}$, 则由于 S 在 Y_b 上的限制是严格奇异的，Y_b 在 Y 中是拟极大的，应用引理 6.1.28(或定理 6.1.34 的 (1)), 故 $S\in S(Y,X)$. 于是 $T=\sum_{i\approx j}\lambda_{ij}P_{ij}+S$ 为所求形式，证毕.

命题 6.2.12 设 X 是一个复 HD_n 空间, 子空间 $Y\in\mathrm{Sub}(X)$ 是一个 $HD_m(m\leqslant n)$ 空间，则 $\dim(B(Y,X)/S(Y,X))\leqslant n(Y)n(X)\leqslant mn$.

证 由前述准备工作，不失一般性，我们可以认为取到了 Y 的一个基本 HD_m 子空间 $Y_b=\bigoplus_{i=1}^m Y_i$, 它套入地包含在 X 的一个基本 HD_n 子空间 $X_b=\bigoplus_{i=1}^n X_i$, 这里所谓“套入”, 就是对前 m 个下标的每个 Y_i 同构地嵌入了 $X_i(i=1,2,\cdots,m)$.

设 $T\in B(Y_b,X)$, 注意到 X_b 在 X 中是拟极大的, 对于每个 $1\leqslant i\leqslant m$, 我们可对 $Z=Y_i$ 应用引理 6.1.29, 就得出一个 $Y_i'\subseteq Y_i$ 和 $T_i'\in B(Y_i',X)$ 是 $T\mid_{Y_i'}$ 的严格奇异摄动，且 $R(T_i')\subseteq X_b$. 令 $Y'=\bigoplus_{i=1}^n Y_i'$, 不妨设 Y' 是基本的 (如果需要通过再取子空间), 于是得到一个作用在 Y' 上的算子 T', 由 $T'\mid_{Y_i'}=T_i'(i=1,2,\cdots,m)$ 确定，取值在 X_b 中且是 $T\mid_{Y'}$ 的严格奇异摄动. 于是 T' 就有了如命题 6.2.11 中的表示形式，这就证明了 $T\mid_{Y'}$ 也有这种表示式，注意到 Y' 在 Y_b 中是拟极大的，应用引理 6.1.28,T 在 Y_b 上也是这种形式.

现在由 Y_b 如前所述套入 X_b 的原故，$s(Y_b)$ 中的任一等价元嵌入 $s(X)$ 中有且只有一个等价类，这就可以定义一个商映射 $e:s(Y_b)\to s(X_b)$, 于是得出

$$\dim(B(Y_b,X)/S(Y_b,X))=\sum_{s\in\alpha(Y_b)}\mid s\mid\cdot\mid e(s)\mid.$$

由 Cauchy-Schwartz 不等式

$$\dim(B(Y_b,X)/S(Y_b,X)) \leqslant n(Y_b)n(X).$$

最后，对于子空间 $Z \in \mathrm{Sub}(X)$，与算子 $U \in B(Z,X)$，设 $\widetilde{U}$ 是一个 U 模以严格奇异算子的类．我们定义映射 $\delta: B(Y,X)/S(Y,X) \to B(Y_b,X)/S(Y_b,X)$，由 $\delta(\widetilde{T}) = \widetilde{T|_{Y_b}}$，易知 δ 是线性映射且由引理 6.1.28，它是一个内射．立即得出

$$\dim(B(Y,X)/S(Y,X)) \leqslant n(Y)n(X) \leqslant mn.$$

推论 6.2.13 设 X 是一个复 HD_n 空间，则 $\dim(B(X)/S(X)) \leqslant n(X)^2 \leqslant n^2$.

注 6.2.14 (1) 推论中的不等式上限是不能减小的，如果取形如 $X = Y^n = \bigoplus_{i=1}^n Y, Y \in$ H.I.. 由定理 6.1.41，我们就有 $\dim(B(X)/S(X)) = n(X)^2 = n^2$.

(2) 存在 $n(X)^2 < n^2$ 的实例，我们在命题 6.1.50 的 (5) 中提到过存在很多 (可以有连续统的基数) 两两不可比的 H.I. 空间． X 取为 n 个这种 H.I. 空间的乘积时，就有 $n(X)^2 = n < n^2$.

(3)$\dim(B(X)/S(X)) < n(X)^2$ 的例子：取一个 $Y \in$ H.I. 与 Y 的亏维无限的子空间 $Z \in \mathrm{Sub}(Y)$．设 $X = Y \bigoplus Z$，则显然 $X \in HD_2$．这时， $Z \bigoplus Z$ 是 X 的基本 HD_2 子空间， $n(X)^2 = 4$，而由于 $B(Y,Z) = S(Y,Z)$，易知 $\dim(B(X)/S(X)) = 3$.

(4)Ferenczi 在文献 [178] 的 §5 结语中提出过一个公开问题，对 1 至 n^2 的每个值 i，是否都存在 HD_n 空间 X，使得 $\dim(B(X)/S(X)) = i$．特别地，能否举一个例子 $X \in HD_n (n \geqslant 2)$，$\dim(B(X)/S(X)) = 1$.

关于复 HD_n 空间上算子的谱理论， Ferenczi 有如下基本结果，为进一步详细讨论这种算子谱的结构奠定了基础，但是其证明过于迂回曲折，我们给以简化．

命题 6.2.15 设复 Banach 空间 $X \in HD_n$，$T \in B(X)$，则 T 的 (Calkin) 本性谱是至多 n 个点的孤立点集．

命题的证明由下面的推论 6.2.17 立即得出．

定理 6.2.16 设 X 是一个无限维的复 Banach 空间， $T \in B(X)$ 的 "左本性谱" $\sigma_{le}(T) := \{\lambda \in \mathbf{C} : (T-\lambda) \notin \Phi_+(X)\}$ 含有 n 个点 $(n \geqslant 2)$，则 X 中含有非平凡的闭子空间的 n 块 (拓扑) 直和 $Y = X_1 \bigoplus \cdots \bigoplus X_n$，其中，$X_i \in \mathrm{Sub}(X), i = 1, \cdots, n$.

证 应用一个容易验证的事实 (它是引理 6.1.13 的推广)——

$Y = \bigoplus\limits_{i=1}^{n} X_i$ 是 X 中的 n 块直和的充分必要条件是存在 $c > 0$，使得

$$\|x_1 + \cdots + x_n\| \geqslant c \cdot \max\{\|x_1\|, \cdots, \|x_n\|\} \tag{2-1}$$

对任意一组向量 $x_i \in X_i, i = 1, \cdots, n$ 成立．

现在对 n 用归纳法证明本定理．

(1) $n = 2$ 时，证明留给读者 (在相差一个平移下，可不妨 $0 = \lambda_1, \lambda_2 \in \sigma_{le}(T)$).

(2) 对每个 $\lambda \in \sigma_{le}(T)$，由引理 3.2.15，对每个 $\epsilon > 0$ 都存在 $X_\lambda(\epsilon) \in \mathrm{Sub}(X)$，使得 $(T-\lambda)$ 在其上限制的范数不超过 ϵ．因而通过取一规范基序列 (y_n)，使 $\|(T-\lambda)y_n\| \leqslant$

2^{-n} 这种手段, 我们得以在以下的证明中总假定对每个 $\lambda\in\sigma_{le}(T)$, 取定了一列 $X_\lambda\left(\dfrac{1}{m}\right)\in \mathrm{Sub}(X)$, 满足包含关系

$$X_\lambda(1)\supseteq X_\lambda\left(\frac{1}{2}\right)\cdots\supseteq X_\lambda\left(\frac{1}{m}\right)\supseteq X_\lambda\left(\frac{1}{m+1}\right)\supseteq\cdots \tag{2-2}$$

(3) 归纳假设对 $\lambda_1,\cdots,\lambda_k\in\sigma_{le}(T)$, 已有 X 中的 k 块直和 $Y'=\bigoplus\limits_{i=1}^{k}X_{\lambda_i}\left(\dfrac{1}{m_0}\right)$, 使得关于 $c_0>0$, 总有相应于 (2-1) 式的表征

$$\|x_1+\cdots+x_k\|\geqslant c_0\cdot\max\{\|x_1\|,\cdots,\|x_k\|\} \tag{2-3}$$

对任意一组 $x_i\in X_{\lambda_i}\left(\dfrac{1}{m_0}\right), i=1,\cdots,k$ 成立.

不妨设 $\lambda_{k+1}=0\in\sigma_{le}(T)$(如 $\lambda_{k+1}\neq 0$, 就作平移 $T'=T-\lambda_{k+1}$), 并且显然只需证明当 $\max\{\|x_1\|,\cdots,\|x_k\|,\|x_{k+1}\|\}=1$ 时, 可找到 $c>0$, 使 (2-1) 式对 $n=k+1$ 成立.

首先, 对单位球 B_X 中的每一组向量 $x_i\in X_{\lambda_i}\left(\dfrac{1}{m_0}\right), i=1,\cdots,k+1$, 有如下基本估计式:

$$\begin{aligned}
&\|T\|\cdot\|x_1+\cdots+x_{k+1}\|\geqslant\|T(x_1+\cdots+x_{k+1})\|\\
=&\|(\lambda_1x_1+\cdots+\lambda_kx_k)+(T-\lambda_1)x_1+\cdots+(T-\lambda_k)x_k+Tx_{k+1}\|\\
\geqslant&\|\lambda_1x_1+\cdots+\lambda_kx_k\|-(\|(T-\lambda_1)x_1\|+\cdots+\|(T-\lambda_k)x_k\|+\|Tx_{k+1}\|)\\
\geqslant&c_0\cdot\max\{|\lambda_1|\cdot\|x_1\|,\cdots|\lambda_k|\cdot\|x_k\|\}\text{-}(\|(T-\lambda_1)x_1\|+\cdots+\|(T-\lambda_k)x_k\|+\|Tx_{k+1}\|)\\
\geqslant&\lambda c_0\cdot\max\{\|x_1\|,\cdots,\|x_k\|\}\text{-}(\|(T-\lambda_1)x_1\|+\cdots+\|(T-\lambda_k)x_k\|+\|Tx_{k+1}\|)
\end{aligned} \tag{2-4}$$

这里设 $\lambda=\min\{|\lambda_1|,\cdots,|\lambda_k|\}>0$, 并用到归纳假设的 (2-3) 式.

其次, 我们取 $m_1>m_0$, 且 $\dfrac{1}{m_1}<\dfrac{\lambda c_0}{2(k+1)^2}$, 那么我们注意到在 (2) 中所设定各 $X_{\lambda_i}\left(\dfrac{1}{m_1}\right)\subseteq X_{\lambda_i}\left(\dfrac{1}{m_0}\right)$ $(i=1,\cdots,k+1)$ 以及各 $x_i\in X_{\lambda_i}\left(\dfrac{1}{m_1}\right)$, 都有 $\|(T-\lambda_i)x_i\|\leqslant\dfrac{1}{m_1}\|x_i\|$.

现在讨论第一种情况: $\max\{\|x_1\|,\cdots,\|x_k\|\}\geqslant\dfrac{1}{k+1}$(特别地, 有某一 $\|x_{i_0}\|=1, 1\leqslant i_0\leqslant k$ 时), 从 (2-4) 式就演化为

$$\|T\|\cdot\|x_1+\cdots+x_{k+1}\|\geqslant(\lambda c_0/k+1)-(k+1/m_1)\geqslant\lambda c_0/2(k+1)^2 \tag{2-5}$$

第二种情况: $\max\{\|x_1\|,\cdots,\|x_k\|\}<\dfrac{1}{k+1}$ 时, 注意到 $k\geqslant 2$, 以及 $\max\{\|x_1\|,\cdots,\|x_k\|,\|x_{k+1}\|\}=1$, 故必 $\|x_{k+1}\|=1$, 就直接得到

$$\|x_1+\cdots+x_k+x_{k+1}\|\geqslant\|x_{k+1}\|-\|x_1+\cdots+x_k\|\geqslant 1-\frac{k}{k+1}=\frac{1}{k+1} \tag{2-6}$$

综合两种情况所得的估计式 (2-5) 和 (2-6), 我们就找到了 c, 即当令 $c=\min\left\{\frac{1}{k+1},\frac{\lambda c_0}{2\|T\|(k+1)^2}\right\}$ 时, 我们就得到 $\|x_1+\cdots+x_k+x_{k+1}\|\geqslant c\cdot\max\{\|x_1\|,\cdots,\|x_{k+1}\|\}$, 对每一组 $x_i\in X_{\lambda_i}(1/m_1),(i=1,\cdots,k+1)$ 成立. 于是 (2-1) 式的归纳法证明完成, 定理证毕.

推论 6.2.17 (1) 由于算子 $T\in B(X)$ 的 Kato 本性谱有限与左 (右) 本性谱, 本性谱有限都是等价的. 故对于复 HD_n 空间 X, 每个 $T\in B(X),\sigma_e(T)=\sigma_{le}(T)=\sigma_{re}(T)=\sigma_K(T)$ 是不超过 n 点的孤立点集 (易知可能达到 n).

(2) 设 X 是复 $HD_n(n\geqslant 1)$ 空间, 则对每个 $T\in B(X),\Phi_0(T)=\Phi_+(T)=\Phi_-(T)$. 由此得知一个重要事实: 每个复 HD_n 空间 X 不与其任一真子空间同构.

证 由算子谱理论基本知识 (见 §3.1) 推证, 从略.

注 6.2.18 在后面的第 8 小节我们将提到, 当应用对偶方法, 从空间的分解到合成, 从遗传不能分解到遗传不能合成, 再从遗传不能合成到商不能分解, G-M 型空间有着若干分类. Gonzalez M. 与 Herrera J.M. 合作, 又把遗传有限分解空间概念 (H.F.D.) 对偶为商有限分解空间 Q.F.D., 对后者的算子谱理论进行了更为深刻的讨论. 有兴趣的读者请阅读文献 [206],[207] 和 [208], 尤其在文献 [208], 作者讨论与 HD_n 对偶的 QD_n 空间上算子谱理论时, 比 Ferenczi 用了更多的算子谱理论工具, 虽然某些思想和结果是继承 Ferenczi 的, 但技巧性很强, 总体结果更完善.

7 Ferenczi 空间 X_F

本小节专论 Ferenczi 在文献 [179] 构造的 Banach 空间 X_F. 当时该文作者的出发点是研究一种比 H.I. 性质更强的商遗传不可分解空间. 他发现 Gowers 和 Maurey 构造的第一例 H.I. 空间不仅是 H.I. 的 (就好比当初 Johnson W.B. 发现 X_{G_1} 不仅没有无条件基序列, 而且是 H.I. 的), 而且是商遗传不可分解的 —— 每个所谓商子空间 (QS 空间) 都是不可分解的. 这里 Z 称为是 X 的商子空间, 就是有 $X_0\subseteq X_1\in\mathrm{Sub}(X)$, 使得 $Z=X_1/X_0$ 且 $\dim Z=\infty$. 显然, 由此定义的商遗传不可分解 (记为 Q.H.I.) 空间是一种 H.I. 空间 (只要取 $X_0=0$ 这种特殊情况). 为了说明有 $X\in$ H.I.\ Q.H.I.,Ferenczi 精心构造了 X_F. 现在看来, X_F 在广泛的 G-M 型空间研究中显得特别重要, 我们已知它有如下主要功能:

(1) 说明有空间 $X_F\in$ H.I.\ Q.H.I., 以及其他分类甄别中的作用.

(2) 说明有空间 $X_F\in$ H.I., 但 $X_F^*\notin$ H.I.. 兼之已知 X_F 自反, 也就说明了有 $X^*(=X_F^{**}=X_F)\in$ H.I., 但 $X\notin$ H.I..

(3) 说明有 $X(=X_F^*)\notin$ H.I., 但仍有算子构成 $B(X)=\{\lambda I+S\}$.

(4) 说明有 $X\in$ H.F.D.(HD_n)(对 X_F^* 而言, $n=2$), 但不是基本 HD_n 空间 (见定义 6.2.8).

至于 X_F 和 X_F^* 在 G-M 型空间分类中的更多甄别作用，稍后在下一小节可知.

就 X_F 的具体构造而言， Ferenczi 所用技巧是相当复杂的，但就其思想方法而言却是十分清晰可解读的. 本小节就此作一概述.

定理 6.2.19 若有自反的 Banach 空间 $X_i \in$ H.I.,$Z_i \subseteq X_i, (i=1,2)$, 满足条件:

(1) Z_1 与 Z_2 是等距同构，故有时视为同一 $Z = Z_1 = Z_2$;

(2) X_1/Z_1 与 X_2/Z_2 是完全不可比的.

那么，当令 $X_F := \widehat{X} = (X_1 \bigoplus X_2)/\{(z,-z), z \in Z\}$ 时， $X_F \in$ H.I.,$X_F^* \notin H.I.$.

证明梗概 第一步: 证明在 $X_F^* = \widehat{X}^*$ 中有子空间 $\widehat{Z}^0 = \widehat{X_2}^0 \bigoplus \widehat{X_1}^0 \approx (X_1/Z_1)^* \bigoplus (X_2/Z_2)^*$, 从而 $X_F^* \notin$ H.I..

(1) 理解记号 $\widehat{X}$: 乘积空间 $X = X_1 \bigoplus X_2 = \{(x_1,x_2) : x_i \in X_i\}$ 按其子空间 $H = \{(z,-z), z \in Z\}$, 作商空间 $\widehat{X} = X/H$ 的含义，其中 H 中元素 $(z,-z) \in X_1 \bigoplus X_2$, 应理解为因为存在等距同构 $J : Z_1 \longrightarrow Z_2$, 实际上 $(z,-z) = (z_1, -Jz_1)$, 对某 $z_1 \in Z_1 \approx Z_2$. 这样，对 $(x_1,x_2) \in X = X_1 \bigoplus X_2$, 有 $\widehat{(x_1,x_2)}$ 的商范数 $\| \widehat{(x_1,x_2)} \| := \inf\limits_{z\in Z}\{\| (x_1,x_2)+(z,-z) \|\} = \inf\limits_{z\in Z}\{\| (x_1+z, x_2-z) \|\} = \inf\limits_{z\in Z} \| x_1 + z \| + \| x_2 - z \|$.

(2) 理解 X_1 和 X_2 分别等距嵌入了 $\widehat{X_1} = \{\widehat{(x_1,0)} : x_1 \in X_1\}$ 和 $\widehat{X_2} = \{\widehat{(0,x_2)} : x_2 \in X_2\}$, 同理 $\widehat{Z} = \widehat{Z_i} \approx Z_i$, 进而理解 $\widehat{X_1}/\widehat{Z_1} = \widehat{X_1}/\widehat{Z} \approx X_1/Z$; $\widehat{X_2}/\widehat{Z_2} \approx X_2/Z$.

现在 $\widehat{X} = \widehat{X_1} + \widehat{X_2}$(但不能理解为 $\widehat{X_1} \bigoplus \widehat{X_2}$, 否则导致 $\widehat{X} \notin$ H.I., 这里是暗藏玄机 !), 并且可验证实际上 $\widehat{X_1} \bigcap \widehat{X_2} = \widehat{Z} = \{\widehat{(z_1,0)} : z_1 \in Z_1\} = \{\widehat{(0,z_2)} : z_2 \in Z_2\} \approx Z_i \neq \{0\} = \widehat{H}$, 于是获得最重要的等式

$$\widehat{X}/\widehat{Z} = (\widehat{X_1}/\widehat{Z}) \bigoplus (\widehat{X_2}/\widehat{Z}) \approx (X_1/Z_1) \bigoplus (X_2/Z_2), \tag{2-7}$$

现在对 (2-7) 式两边取共轭, 得 $\widehat{Z}^0 \approx (\widehat{X}/\widehat{Z})^* = \widehat{X_2}^0 \bigoplus \widehat{X_1}^0 \approx (X_1/Z_1)^* \bigoplus (X_2/Z_2)^*$. 注意到 $\widehat{X}^*$ 中子空间 $\widehat{Z}^0$ 的这种分解，已表明 $X_F^* = \widehat{X}^* \notin$ H.I.. (注意到至此似乎没有用条件 (2)).

第二步：证明 $X_F = \widehat{X} \in$ H.I.

定义 $\phi_i : \widehat{X} \to X_i/Z_i \approx \widehat{X_i}/\widehat{Z}$ 为 $\phi_i(\widehat{x_1,x_2}) = \widehat{x}_i \in X_i/Z_i$, 验证 ϕ_i 是确定的.

(3) 对 $\widehat{X}$ 的任一子空间 W, 要证明至少在 $\phi_1 |_W$ 和 $\phi_2 |_W$ 中，有一个是无限奇异算子 (这里算子 $T \in B(X,Y)$ 是无限奇异就是指 $T \notin \varPhi_+(X,Y)$), 否则通过同构的传递性， X_1/Z_1 与 X_2/Z_2 就有同构子空间 (与条件 (2) 矛盾).

(4) 不妨设 $\phi_1 |_W$ 是无限奇异的，下证 W 与 $\widehat{X_2}$ 有 $(I+S)$ 同构子空间，即存在 $W_0 \subseteq W$ 与 $\widehat{X_0} \subseteq \widehat{X_2}$, 使得 $W_0 \overset{I+S}{\approx} \widehat{X_0}$(以下的详细推导要参照文献 [178] 的引理 1 的证明). 从 $\phi_1 |_W$ 无限奇异，可取到 W 中规范 (即范数为 1 的) 基序列 $\{w_n\} \subseteq W$, 使得 $\phi_1(w_n) \to 0$, 这又意味着 $d(w_n, \widehat{X_2}) \to 0(d(w_n,\widehat{X_2}) := \inf\limits_{\widehat{x_2}\in\widehat{X_2}} \|w_n - \widehat{x_2}\| =$

$\inf\limits_{x_2\in X_2}\|\widehat{(x_1^{(n)},x_2^{(n)})}-\widehat{(0,x_2)}\|\leqslant\|\widehat{(x_1^{(n)},0)}\|=\|\phi_1(w_n)\|\to 0)$.

(5) 然后说明对任意 $\epsilon>0$, 取 $\{w_n\}$ 的子列 $\{w_{n_k}\}$ 与 $\widehat{X_2}$ 中的范 1 元素列 α_k, 使 $\|w_{n_k}-\alpha_k\|<\dfrac{\epsilon}{2^k}(k=1,2,\cdots)$, 应用基序列的小范数摄动下的稳定性原理, 说明 $\widehat{X_0}:=[\alpha_k]_{k=1}^{\infty}\approx[w_{n_k}]_{k=1}^{\infty}:=W_0\subseteq W$.

(6) 注意到 $\widehat{X_2}\approx X_2\in$ H.I., 由上面命题 6.1.30,$\widehat{X_2}$ 的子空间 $\widehat{Z}$ 是拟极大的, 由拟极大子空间定义, $\widehat{Z}$ 与上面 (4) 步中的子空间 $\widehat{X_0}$ 就应有 $(I+S)$ 同构的子空间. (3),(4) 步和 (5) 步一同说明, 对 $\widehat{X}$ 中任一子空间 W(通过某 ϕ_i) 与 $\widehat{X_2}$ 中的某 $\widehat{X_0}$, 进而与 $\widehat{Z}$ 有 $(I+S)$ 同构子空间, 换句话说, $\widehat{X}$ 中有一个 H.I. 子空间 $\widehat{Z}$ 是拟极大的, 由定理 6.1.35,$\widehat{X}\in$ H.I.. 定理证毕.

定理 6.2.20(文献 [179] 的命题 24)

已给条件:

(1) $X_i(i=1,2)$ 是自反的 H.I. 空间.

(2) 分别含彼此等距的 $Z=Z_i\subseteq X_i$, 而 X_1/Z 与 X_2/Z 不可比.

(3) X_1^* 与 X_2^* 是不可比的 H.I. 空间.

结论: $B(\widehat{X}^*)=\{\lambda+S\}$,$\widehat{X}^*\in HD_2$, 其中 $\widehat{X}=(X_1\bigoplus X_2)/H$,$H=\{(z,-z),z\in Z\}$ 同上一定理 6.2.19.

证明梗概 1) 应验证 $\widehat{X}$ 自反.

2) 故任一 $R\in B(\widehat{X}^*)$ 可表为 $R=T^*=\lambda I+S^*,S\in S(\widehat{X})$.

3) 下证 $S^*\in S(\widehat{X}^*)$, 若不然, $\dim[B(\widehat{X_1}^0,\widehat{X_1}^0\bigoplus\widehat{X_2}^0)/S(\widehat{X_1}^0,\widehat{X_1}^0\bigoplus\widehat{X_2}^0)]=\dim[B(\widehat{X_1}^0)/S(\widehat{X_1}^0)]+\dim[B(\widehat{X_1}^0,\widehat{X_2}^0)/S(\widehat{X_1}^0,\widehat{X_2}^0)]=1+0=1$(这里用到 $\widehat{X_1}^0\subseteq X_2^*$,$\widehat{X_2}^0\subseteq X_1^*$, 而 X_1^* 与 X_2^* 不可比). 现在, 一方面 $\dim[B(\widehat{X_1}^0,\widehat{X}^*)/S(\widehat{X_1}^0,\widehat{X}^*)]=1$, 另一方面 $S^*|_{\widehat{X_1}^0}\notin S(\widehat{X_1}^0,\widehat{X}^*)$, 故必有 $S^*|_{\widehat{X_1}^0}=\lambda i_{\widehat{X_1}^0}+A$, 其中 $i_{\widehat{X_1}^0}$ 是包含映射, $A\in S(\widehat{X_1}^0,\widehat{X}^*)$, 对任一 $\lambda\neq 0$. 这说明 $S^*-\lambda i_{\widehat{X}^*}$ 在 $\widehat{X_1}^0$ 上的限制不是 Fredholm 算子, 此与 $S\in S(\widehat{X})$ 矛盾.

4) 最后证 $\widehat{X}^*\in HD_2$, 从定理 6.2.19 证明第一步中重要等式: $\widehat{X}/\widehat{Z}=(\widehat{X_1}/\widehat{Z})\bigoplus(\widehat{X_2}/\widehat{Z})\approx(X_1/Z_1)\bigoplus(X_2/Z_2)$ 开始, 两边取共轭后, $\widehat{Z}^0\approx\widehat{X_2}^0\bigoplus\widehat{X_1}^0\approx(X_1/Z_1)^*\bigoplus(X_2/Z_2)^*$, 其中 $\widehat{X_1}^0\approx(X_2/Z_2)^*\approx Z_2^0\subseteq X_2^*\in$ H.I.. 故 $\widehat{X_1}^0\in$ H.I.. 现在为说明 $\widehat{X}^*$ 是 HD_2 空间, 要说明两个事实: (1)$\widehat{X_1}^0\bigoplus\widehat{X_2}^0\subseteq\widehat{X}^*$; (2)$\widehat{X}^*\subseteq X_1^*\bigoplus X_2^*\in HD_2$. (1) 显然, (2) 只要认定 $\widehat{X}$ 是 $X_1\bigoplus X_2$ 的商空间, $\widehat{X}=(X_1\bigoplus X_2)/H$, 故 $\widehat{X}^*\approx H^0\subseteq(X_1\bigoplus X_2)^*\approx X_1^*\bigoplus X_2^*$. 定理证毕.

8 关于 G-M 型空间的若干分类

就像 Tsirelson 空间问世以来，在一段时期内，对其改造后的变种不少，一般就泛称 Tsirelson 型空间一样，G-M 型空间也约定俗成地作为一种泛称. 我们在 1995 年就注意到与空间分解性质的对偶概念是空间的合成性质，并且发现早在 1973 年 Davis W.,Dean D 和林伯禄等就提出过是否每个 (无限维)Banach 空间都可合成问题，于是在文献 [209] 和 [210] 引入空间的商不能合成概念，并证明 G-M 的第一例 H.I. 空间 X_{G_1} 的共轭空间 $X_{G_1}^*$ 不仅是不能合成的，而且是商不能合成的. 后来，1999 年 Ferenczi 则是从 H.I. 空间中分出一个子类 —— 商遗传不可分解的空间 (Q.H.I.), 并且构造出上节所述的空间 $X_F \in$ H.I.$\setminus$ Q.H.I.. 在此基础上，我们继续沿着两个方向给出了 G-M 型空间的如下分类:

按空间的分解性质划分为 —— 不可分解空间 (I.)—— 遗传不可分解空间 (H.I.) —— 商不可分解空间 (Q.I.)—— 商遗传不可分解空间 (Q.H.I.), 共 4 种.

按空间的合成性质划分为 —— 不可合成空间 ($\text{I}_{\text{c.}}$)—— 遗传不可合成空间 ($\text{H.I}_{\text{c.}}$)—— 商不可合成空间 ($\text{Q.I}_{\text{c.}}$)—— 商遗传不可合成空间 ($\text{Q.H.I}_{\text{c.}}$), 也可有 4 种.

定义 6.2.21 不可分解空间 (简记为 I.) 与遗传不可分解空间 (H.I.) 的定义 (同定义 6.1.11).

例 6.2.22 按定义显然 I.$\supseteq$ H.I., 另外，取上节中专论的自反 H.I. 空间 X_F 的共轭空间， $X = X_F^*$, 则可证明 $X \in$I.$\setminus$ H.I.. 事实上，上面已说明， $X \notin$H.I., 只需再证 X 是不可分解的. 若不然，存在分解 $X = X_F^* = X_1 \bigoplus X_2$, 则 $X^* = X_F^{**} = X_F = X_2^* \bigoplus X_1^*$, 此与 $X_F \in$ H.I. 更为 $X_F \in$ I. 矛盾.

定义 6.2.23 空间 X 称为是商遗传不可分解的，如果 X 的每一个 QS 空间都是不可分解的，其中 X 的 QS 空间形如 $Y/Z, Z \subseteq Y \subseteq X$,$\dim(Y/Z) = \infty$. 商遗传不可分解空间类简记为 Q.H.I.

由定义显然 Q.H.I.$\subseteq$ H.I.. 有趣的是 Q.H.I. 空间有如下所谓逆向对偶性.

命题 6.2.24 如果 $X^* \in$ Q.H.I., 则 $X \in$ Q.H.I..

证 如果 $X \notin$ Q.H.I., 存在某个 X 的 QS 空间 Y/Z 是可分解的，于是 X^* 中的 QS 空间 $(Y/Z)^* \approx Z^0/Y^0$ 是可分解的， $X^* \notin$ Q.H.I..

例 6.2.25 在文献 [179] 证明了 $X_{G_1} \in$ Q.H.I., 另外有例子说明 H.I.$\supseteq$ Q.H.I. 是真包含关系: $X_F \in$ H.I. $\setminus$ Q.H.I., 这是因为如果 $X_F \in$ Q.H.I., 则因 X_F 是自反空间 (见前面 Ferenczi 空间 X_F 的介绍), 由命题 6.2.24 就得知 $X_F^* \in$ Q.H.I.$\subseteq$ H.I., 此与 $X_F^* \notin$ H.I. 矛盾.

定义 6.2.26 空间 X 称为是商不可分解的，如果 X 的每个 (无限维的) 商空间都不能分解. 商不可分解的空间类记为 Q.I..

定理 6.2.27 H.I. 空间与 Q.I. 空间有所谓的逆向对偶性，即

(1) 如果 $X^* \in$ H.I., 则 $X \in$ Q.I.;

(2) 如果 $X^* \in$ Q.I., 则 $X \in$ H.I..

证 (1) 如果 $X \notin$ Q.I., 由定义，存在 $Y \subseteq X$, 以及空间分解 $X/Y = M \bigoplus N$, 于是由 Dieudonne 原理，在 X^* 中 $Y^0 \approx (X/Y)^* = M^* \bigoplus N^*$, 即 $X^* \notin$ H.I., 证毕.

(2) 若 $X \notin$ H.I., 由定义就存在 $X \supseteq X_0 = M \bigoplus N$, 于是又由 Dieudonne 原理，$X^*/X_0^0 \approx X_0^* = M^* \bigoplus N^*$, 因而 $X^* \notin$ Q.I., 证毕.

例 6.2.28 为举例说明 Q.I. 空间的相对独立性，我们再次用前面提到的自反空间 $X_F \in$ H.I., 从而由定理 6.2.27,$X_F^* \in$ Q.I.; 另外上面已知 $X_F^* \notin$ H.I., 更有 $X_F^* \notin$ Q.H.I., 这已说明 Q.I. 与 Q.H.I. 和 H.I. 是不同品种.

至此，我们已经关于空间的分解性质，给出了 4 种 G-M 型空间：I.,H.I.,Q.I. 和 Q.H.I., 它们中的每一种都实有其例，彼此之间有如下基本关系：

$$\text{I.} \supseteq \begin{matrix}\text{H.I.}\\ \text{Q.I.}\end{matrix} \supseteq \text{Q.H.I.}$$

并且 4 个包含关系 I.⊇ H.I.,I.⊇ Q.I.,H.I.⊇ Q.H.I. 和 Q.I.⊇ Q.H.I. 分别都是严格的，只要依次取例为 X_F^*, X_F, X_F 和 X_F^*.

另外，我们也知道 H.I. 与 Q.I. 虽然有定理 6.2.27 所述的逆向对偶性，但并无包含关系： $X_F \in$ H.I.\ Q.I.,$X_F^* \in$ Q.I.\ H.I..

提出如下问题是很自然的：

问题 6.2.29 H.I.$\bigcap$ Q.I.=Q.H.I. 吗？换句话说，如果既有空间 $X \in$ H.I., 又有 $X \in$ Q.I., 那么 $X \in$ Q.H.I. 吗？

与空间分解性质有某种对偶的，是空间合成性质.

定义 6.2.30 设 X_1 和 X_2 是空间 X 的两个子空间, 各有无限亏维：$\dim(X/X_1)$ $=\dim(X/X_2) = \infty$, 如果 $X_1 + X_2 = X$, 就称 X_1 和 X_2 合成了 X, 简记为 $X_1 \bigvee X_2 = X$. 如果不存在这样两个子空间合成 X, 就称 X 是不可合成的，简记为 $X \in \mathrm{I_c}$.

注意到早在 20 世纪 70 年代 (例如见文献 [211] 和 [212]) 实际上就提到过是否每个 Banach 空间都可合成的问题，只不过未正式使用合成概念. 我们在 G-M 的首例 H.I. 空间问世后，受到启发，在文献 [211] 和 [213] 等初步讨论了空间合成问题，现在我们更全面地比照上述具有某种分解性质的 G-M 型空间，来总结具有某种合成性质的 G-M 型空间.

回顾我们曾经用引理 6.1.13 刻画子空间的垂直，与之对偶的，我们也用如下引理来刻画子空间的合成.

引理 6.2.31 对于空间 X 的各有无限亏维的两个子空间 M 和 N, 如下各陈述彼此等价：

(1) $M+N=X$(依定义 6.2.30, 即 $M\bigvee N=X$).

(2) 由 $Qx=(Q_Mx,Q_Nx)$ 定义的映射 $Q:X\to X/M\bigoplus X/N$ 是一个满射.

(3) 在 X^* 中 $M^0\perp N^0$.

证 先给出一个容易验证的事实，由 (2) 中定义的映射 Q 的值域 $\mathrm{Im}(Q)=\{(Q_Mx,Q_Ny):x-y\in M+N,x,y\in X\}$.

(1) ⇒ (2) 当 $X=M+N$ 时，对任一 $(x+M,y+N)\in X/M\bigoplus X/N$, 由于可有 $x=m+n,y=m'+n',m,m'\in M,n,n'\in N$, 那么 $x-y=(m-m')+(n-n')\in M+N$, 故 $(x+M,y+N)\in\mathrm{Im}(Q)$, 这已证明 $\mathrm{Im}(Q)=X/M\bigoplus X/N$.

(2) ⇒ (1) 在 $\mathrm{Im}(Q)=X/M\bigoplus X/N$ 的设定下，要证 $X=M+N$. 若不然，存在一个 x, 它不能表为 $m+n$ 的形式 $(m\in M,n\in N)$. 任取一个 $m'\in M$, 则 $(x+M,m'+N)\in X/M\bigoplus X/N$, 但显然 $x-m'\notin M+N$, 故 $(x+M,m'+N)\notin\mathrm{Im}(Q)$, 矛盾.

(2) ⇒ (3) 注意到 $(X/M)^*$ 与 M^0,$(X/N)^*$ 与 N^0 分别是等距同构的. 现在，当算子 $Q:X\to X/M\bigoplus X/N$ 是满射时，其共轭算子 $Q^*:(X/M\bigoplus X/N)^*=M^0\bigoplus N^0\to X^*$ 就是一个嵌入同构，其中 $Q^*(f,g)=f+g,f\in M^0,g\in N^0$, 由引理 6.1.13 中的 (4) ⇒ (1) 立即可知在 X^* 中 $M^0\perp N^0$.

(3) ⇒ (2) 当 $M^0\perp N^0$ 时，首先有 $\{0\}=M^0\bigcap N^0$, 这说明 $M+N$ 在 X 中是稠的. 易知 $\mathrm{Im}(Q)$ 在 $X/M\bigoplus X/N$ 中是稠的. 另一方面，由于 $M^0\perp N^0$, $Q^*:M^0\bigoplus N^0\to X^*$ 是一个嵌入同构，故 $\mathrm{Im}(Q^*)$ 是闭的，从而 $\mathrm{Im}(Q)$ 是闭的，Q 是满射，引理证毕.

现在，比照引理 6.1.13 和这里的引理 6.2.31, 我们确实看到了一种有趣的对偶事实：在一个无限维 Banach 空间 X 中，子空间 $X_1,X_2\in\mathrm{Sub}(X)$ 有关系 $X_1\perp X_2$ 的充分必要条件是在 X^* 中 $X_1^0\bigvee X_2^0=X^*$; 而子空间 $X_1\bigvee X_2=X$ 的充分必要条件是在 X^* 中 $X_1^0\perp X_2^0$

有了定义 6.2.30 和特征刻画引理 6.2.31, 我们就可以比照定义 6.2.21, 定义 6.2.23 和定义 6.2.26, 平行地引入若干种与合成性质有关的 G-M 型空间了.

定义 6.2.32 空间 X 称为是商不可合成的，简记为 Q.I$_c$., 如果 X 的每个 (无限维的) 商空间都是不可合成的.

一个容易验证的事实: 定义 6.2.30 中空间不可合成 (I$_c$.) 与本定义空间商不可合成 (Q.I$_c$.) 是等价概念. 这与 I.≠ H.I.(如上说明) 的情况不同. 尽管已知 I$_c$. = Q.I$_c$.(这就否定地回答了文献 [192] 的问题 5), 为了今后方便于形式上的对偶比照：I$_c$. 对应于 I. 和 Q.I$_c$. 对应于 H.I., 我们仍乐于同时使用 I$_c$. 和 Q.I$_c$. 等记号.

定理 6.2.33 空间的 H.I. 与 Q.I$_c$. 性质有所谓的逆向对偶性，即：

(1) 如果 $X^*\in$ H.I., 则 $X\in$ Q.I$_c$.;

(2) 如果 $X^*\in$ Q.I$_c$., 则 $X\in$ H.I..

证 (1) 如果 $X \notin$ Q.I$_c$., 就应有 $M \bigvee N = X/X_0$, 由引理 6.2.31, 在 $X_0^0 \approx (X/X_0)^*$ 中 $M^0 \perp N^0$, 注意到 X_0^0, M^0 和 N^0 都是 X^* 的 (无限维) 子空间, 这表明 $X^* \notin$ H.I..

(2) 如果 $X \notin$ H.I., 则 X 中存在 $M \perp N$, 由引理 6.1.13,$M^0 \bigvee N^0 = X^*$, 则 $X^* \notin$ Q.I$_c$..

例 6.2.34 由于已知 G-M 所造首例 H.I. 空间 X_{G_1} 及其共轭都是自反的 Q.H.I. 空间, 因此由定理 6.2.33, X_{G_1} 和 $X_{G_1}^*$ 就应是 Q.I$_c$. 空间的首例. 还应进一步说明 Q.I$_c$. 空间与 H.I. 空间是互不包含的两个品种. 取前面提过的自反空间 $X_F \in$ H.I. 和 $X_F^* \notin$ H.I., 由定理 6.2.33 立即有 $X_F \in$ H.I.\ Q.I$_c$, 而 $X_F^* \in$ Q.I$_c$.\ H.I.

定义 6.2.35 空间 X 称为商遗传不可合成的, 如果 X 的每个 (无限维) 商空间是遗传不可合成的, 或者等价地, 比照定义 6.2.23, 如果 X 的每个 QS 空间是不可合成的. 商遗传不可合成的空间类简记为 Q.H.I$_c$..

定义 6.2.36 空间 X 称为是遗传不可合成的, 如果 X 的每个子空间都不可合成. 遗传不可合成的空间类简记为 H.I$_c$..

容易验证实际上 Q.H.I$_c$. = H.I$_c$., 我们有时乐于采用两种记号, 显然形式上更便于对偶比照: Q.H.I$_c$. 对应于 Q.H.I. 和 H.I$_c$. 对应于 Q.I..

定理 6.2.37 空间的 Q.H.I$_c$. 与 Q.H.I. 性质有逆向对偶性, 即

(1) 如果 $X^* \in$ Q.H.I., 则 $X \in$ Q.H.I$_c$.;

(2) 如果 $X^* \in$ Q.H.I$_c$., 则 $X \in$ Q.H.I..

证 与上述定理 6.2.33 等的证明类似, 从略.

推论 6.2.38 如果 $X^* \in$ Q.H.I$_c$.(= H.I$_c$.), 则 $X \in$ Q.I..

应指出推论 6.2.38 是不可逆的. 例如, 自反空间 $X_F^* \in$ Q.I., 而 $X_F^* \notin$ Q.H.I., 那么由定理 6.2.37,$X_F = X_F^{**} \notin$ Q.H.I$_c$.. 同理可知, 在推论中 Q.H.I$_c$. 与 Q.I. 的位置是不可掉换的.

有趣的是, 与命题 6.2.24 相似, 有如下定理.

定理 6.2.39 Q.H.I$_c$. 空间自身有逆向对偶性, 即如果 $X^* \in$ Q.H.I$_c$., 则 $X \in$ Q.H.I$_c$..

证 如果 $X \notin$ Q.H.I$_c$., 就存在 X 的一个 QS 空间 Z/Y, 其中子空间 $Y \subseteq Z \subseteq X$, 且 $\dim(Z/Y) = \infty, Z/Y$ 是可以合成的, 即有 $(M/Y) \bigvee (N/Y) = Z/Y$. 现在, 按引理 6.2.31, 在共轭空间 $(Z/Y)^* \approx Y^0/Z^0$ 中 $(M/Y)^0 \perp (N/Y)^0$, 其中 $Z^0 \subseteq Y^0 \subseteq X^*$, 当令 $W := (M/Y)^0 + (N/Y)^0 \subseteq Y^0/Z^0, W$ 作为 X^* 的一个 QS 空间 Y^0/Z^0 的子空间, 也视为 X^* 的一个 QS 空间, 它是可以合成的: $(M/Y)^0 \bigvee (N/Y)^0 = W$, 因此有 $X^* \notin$ Q.H.I$_c$., 矛盾, 证毕.

推论 6.2.40 如果 $X^* \in$ Q.H.I$_c$., 则 $X \in$ Q.I$_c$..

应指出推论 6.2.40 是不可逆的: 由于 X_F 是自反的 H.I. 空间, 那么按定理

6.2.33,X_F^* 是 Q.I$_c$. 空间，但在推论 6.2.38 之后的说明中我们已指出过 $X_F = X_F^{**}$ 不是 Q.H.I$_c$. 空间.

综合命题 6.2.24, 定理 6.2.37 和定理 6.2.39, 可有如下推论.

推论 6.2.41 对于自反的空间 X, 如下各陈述是两两等价的:

(1) $X \in$Q.H.I.;

(2) $X^* \in$ Q.H.I.;

(3) $X \in$ Q.H.I$_c$.;

(4) $X^* \in$ Q.H.I$_c$..

例 6.2.42 从自反的 Q.H.I. 空间 $X_{G_1}(X_{G_1}^*)$ 出发，由推论 6.2.41 立即得出空间 Q.H.I$_c$. 的实例 $X_{G_1}^*(X_{G_1})$.

例 6.2.43 从定义可直接知道 Q.H.I$_c$. 空间是 Q.I$_c$. 空间，但已有反例说明两种空间不重合: X_F^* 是 Q.I$_c$. 空间 (见例 6.2.34), 但 X_F^* 不是 Q.H.I$_c$. 空间 (由例 6.2.25 和推论 6.2.41).

例 6.2.44 易知 $X_F \in$H.I.\Q.H.I$_c$.

例 6.2.45 易知 $X_F^* \in$ Q.I.\Q.H.I$_c$.

以上是按照“有某种分解性质”和“有某种合成性质”的两种分类法, 讨论 G-M 型空间的若干品种, 这里“逆向对偶性”的思想起着基本作用. 但是还需作如下注.

注 6.2.46 除了空间的 Q.H.I. 性质 (见命题 6.2.24) 和 Q.H.I$_c$. 性质 (见定理 6.2.39), 它们各自有自身的逆向对偶性外，应该明确指出:

(1) H.I. 性质自身无逆向对偶性. 例如 $(X_F^*)^* = X_F \in$ H.I. 但 $X_F^* \notin$ H.I.;

(2) Q.I. 性质自身无逆向对偶性. 例如 $X_F^* \in$ Q.I. 但 $X_F \notin$ Q.I.;

(3) Q.I$_c$. 性质自身无逆向对偶性. 例如 $X_F^* \in$ Q.I$_c$. 但 $X_F \notin$ Q.I$_c$..

让我们把上述 6 种 G-M 型空间的关系综合为图 6.2.1 来简明示之.

应该强调指出，最近我们 (见文献 [99]) 对上述已归并为 6 种的 G-M 型 Banach 空间做了进一步归并，使之都能容纳入按分解性质划分的 4 种的内涵中. 虽然这种进一步分类是实质性的改进和简化，但是读者应该会理解，前面的细致工作仍然是很有意义的，使我们了解某一种空间，例如 Q.I., 它有 I$_c$. 和 Q.I$_c$. 这两种等价称呼 (特征刻画), 而 Q.H.I., 则有 Q.H.I$_c$. 和 H.I$_c$. 这两种等价称呼 (特征刻画). 这种内涵的深刻了解的重要性，从下面我们讨论 Q.I. 空间上算子构成 (定理 6.2.50) 的推证中就体现出来.

定理 6.2.47 (1) Q.I$_c$., I$_c$., Q.I. 三者是等价的;

(2) Q.H.I$_c$., H.I$_c$., Q.H.I. 三者是等价的.

证 (1) 设 X 是复的 Banach 空间，若 $X \in$ Q.I$_c$., 则由定义知 $X \in$ I$_c$..

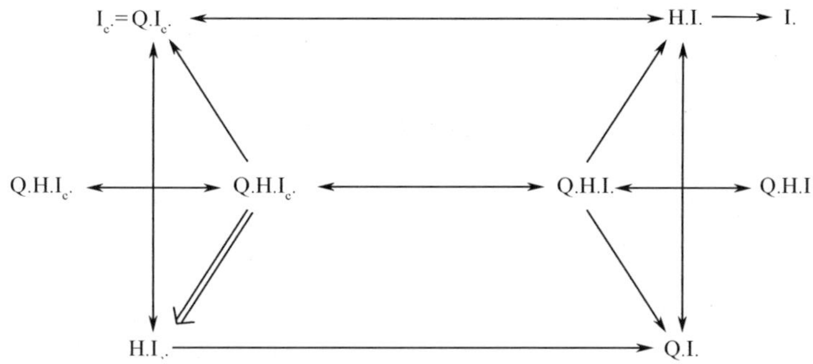

图 6.2.1 6 种 G-M 型空间的关系
图中双箭号 Q.H.I. ⇒ H.I. 表示当 $X \in$ Q.H.I. 时,
$X \in$ H.I.; 单箭号 Q.H.I. → Q.H.I$_c$. 表示一种逆向
共轭对偶：当 $X^* \in$ Q.H.I. 时， $X \in$ Q.H.I$_c$.

反之, 若 $X \notin$ Q.I$_c$., 即存在 $Y_0 \subseteq X, X/Y_0 = M/Y_0 + N/Y_0$, 其中 $X/Y_0, M/Y_0, N/Y_0$ 均为无限维商空间, 且 $M/Y_0, N/Y_0$ 在 X/Y_0 中亏维无限, 于是 M, N 在 X 中亏维无限. 由引理 6.2.31 知存在满射算子 $Q : X/Y_0 \to ((X/Y_0)/(M/Y_0)) \bigoplus ((X/Y_0)/(N/Y_0)) = X/M \bigoplus X/N$, 令 $Q' = Q\pi : X \to X/M \bigoplus X/N$, 其中 $\pi : X \to X/Y_0$ 是商映射, 故 Q' 是一个满射算子, 再由引理 6.2.31 知, $X = M + N$, 即 $X \notin$ I$_c$..

下证若 $X \in$ I$_c$., 则有 $X \in$ Q.I.. 假设 $X \notin$ Q.I., 由定义知, 有 $X \notin$ Q.I$_c$., 又由上知 $X \notin$ I$_c$., 矛盾, 即 $X \in$ Q.I..

反之, 假设 $X \notin$ I$_c$., 即存在亏维无限闭子空间 M, N, 使得 $X = M + N$, 令 $X_0 = M \bigcap N$, 则 $X/X_0 = M/X_0 + N/X_0$. 其中, 易证 $X/X_0, M/X_0, N/X_0$ 均为无限维商空间 (这是由于亏维无限), 故 $X \notin$ Q.I..

综上所述, 三者等价.

(2) 类似 (1) 的证明可以证明 Q.H.I$_c$. 与 H.I$_c$. 是等价的. 又根据定义知, 若 $X \in$ Q.H.I$_c$., 则有 $X \in$ Q.H.I.. 故只需证 $X \in$ Q.H.I., 则有 $X \in$ H.I$_c$. 即可.

假设 $X \notin$ H.I$_c$., 故存在 $X_0 \subseteq X, X_0 = M + N, M, N$ 为 X_0 中亏维无限的闭子空间. 令 $X_0' = M \bigcap N$, 则 $X_0/X_0' = M/X_0' \bigoplus N/X_0'$, 即 $X \notin$ Q.H.I., 于是 Q.H.I. 与 H.I$_c$. 等价, 定理证毕.

由定理 6.2.47 我们重新得到关于 G-M 型空间的简明分类图 (图 6.2.2):

其中我们用 Ferenczi 空间 X_F 及其共轭 X_F^* 来说明四种 G-M 型空间是不同的:

(1) $X_F \in$ H.I.,I.;

(2) $X_F \notin$ Q.H.I.(Q.H.I$_c$., H.I$_c$.), Q.I.(Q.I$_c$., I$_c$.);

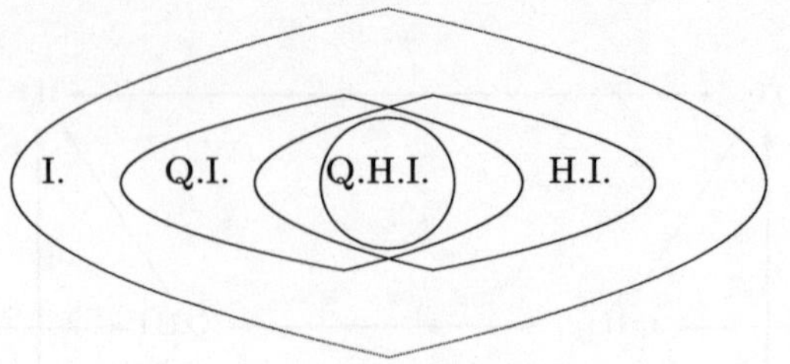

图 6.2.2

(3) $X_F^* \in$ Q.I.(Q.I$_c$., I$_c$.), I.;

(4) $X_F^* \notin$ Q.H.I.(Q.H.I$_c$., H.I$_c$.), H.I..

现在，在已经了解当复 Banach 空间 $X \in$ H.I.(Q.H.I.) 时，有简单算子构成 $B(X) = \mathbf{C}I \bigoplus S(X)$ (见前面的定理 6.1.41) 的基础上，很自然地希望 $X \in$ Q.I. 或 $X \in$ I. 时，也有类似的算子简单构成性质.

关于 Q.I. 空间上的算子构成已经完全清晰了，如下推导正是借助于 Q.I. = I$_c$. 得出的.

下面的引理 6.2.49 是文献 [210] 中引理 4 的证明粗疏之处进行了重新订正，从而使其结论再度确认. 首先我们引入一个引理.

引理 6.2.48　设 $T \in B(X, Y)$, 如果 $T^* \notin \Phi_+(Y^*, X^*)$, 则对任一 $\epsilon > 0$, 存在一个 w^* 闭的 (无限维) 子空间 $N' \subseteq Y^*$, 使得算子 T^* 在 N' 上的限制 $T^*|_{N'}$ 是紧算子, 且 $\| T^*|_{N'} \| \leqslant \epsilon$. 回顾左半 Fredholm 算子类 $\Phi_+(X, Y) := \{T \in B(X, Y) : \mathrm{Im}(T)$ 闭且 $a(T) < \infty\}$.

证　首先用归纳法构造出两个双直交列 $\{y_n\} \subseteq Y$ 和 $\{y_n^*\} \subseteq Y^*$, 使得

$$y_j^*(y_i) = \delta_{ji}, \| y_j^* \| = 1, \| y_i \| \leqslant 2^{2i-1}, \| T^* y_j^* \| < 2^{-3j}\epsilon, i, j = 1, 2, \cdots.$$

y_1 与 y_1^* 的存在是由于 $T^* \notin \Phi_+(Y^*, X^*)$, 故 T^* 在单位球面 S_{Y^*} 的作用是下无界的. 假定符合要求的 $y_1, \cdots, y_k$ 和 $y_1^*, \cdots, y_k^*$ 已经造出. 令 $Z_k = (\mathrm{span}\{y_1, \cdots, y_k\})^0 \subseteq Y^*$, 由于 $T^* \notin \Phi_+(Y^*, X^*)$, 且 Z_k 的亏维是有限的, T^* 在单位球面 S_{Z_k} 的作用仍是下无界的，于是存在一个 $y_{k+1}^* \in Z_k$, 使得 $\| y_{k+1}^* \| = 1$ 且 $\| T^* y_{k+1}^* \| < 2^{-3(k+1)}\epsilon$, 再取一个 $g_{k+1} \in Y$, 使得 $\| g_{k+1} \| < 2$ 且 $y_{k+1}^*(g_{k+1}) = 1$. 令 $y_{k+1} = g_{k+1} - \sum_{i=1}^{k} y_i^*(g_{k+1}) y_i$, 显然, $y_i^*(y_j) = \delta_{ij}, i, j = 1, 2, \cdots, k+1$, 并且

$$\| y_{k+1} \| \leqslant \| g_{k+1} \| (1 + \sum_{i=1}^{k} \| y_i^* \| \| y_i \|) \leqslant 2(1 + \sum_{i=1}^{k} 2^{2i-1}) \leqslant 2 \cdot 2^{2k+1} = 2^{2(k+1)}$$

现在定义一个算子 $A \in B(Y^*, X^*)$ 为

$$Ay^* = \sum_{k=1}^{\infty} y^*(y_k) T^* y_k^*, \qquad y^* \in Y^*.$$

不等式 $\| T^*y_k^* \| \leqslant 2^{-3k}\epsilon$ 和 $\| y_k \| \leqslant 2^{2k-1}$ 蕴涵了 A 是一个有限秩算子列的极限，故 A 是紧算子且 $\| A \| < \epsilon$.

进一步，我们如果令 $B \in B(X,Y)$ 为

$$Bx = \sum_{k=1}^{\infty}(T^*y_k^*)(x)y_k, \qquad x \in X.$$

显然有 $B^* = A$.

于是 $T^* - A = (T-B)^*$ 是一个共轭算子，故它在 Y^* 的范数拓扑下和在 Y^* 的 w^* 拓扑下都是连续的，从而 $T^* - A$ 的零空间 $N' = \ker(T^* - A)$ 是 Y^* 中 w^* 闭子空间，显然对每个 $k, y_k^* \in N'$, 故 N' 是无限维的，最后由于在 N' 上 $T^* = A$, 故 T^* 在 N' 上是紧的，且 $\| T^* |_{N'} \| \leqslant \| A \| < \epsilon$.

由于我们注意到文献 [210] 的证明中的失误在于共轭空间 Y^* 中的 (按范数) 闭子空间 N, 其下零化子后的上零化子 ${}^0(N^0) = \overline{N}^{w^*}$, N 的按 w^* 拓扑的闭包，一般未必有 ${}^0(N^0) = N$(除非 Y 是自反空间). 故这里我们对此引理重新予以严格证明.

引理 6.2.49 设 X 和 Y 是两个无限维 Banach 空间， $T \in B(X,Y), T \notin \Phi_-(X,Y)$ 且 $T \notin SC(X,Y)$, 则空间 Y 是可合成的. 回顾右半 Fredholm 算子类 $\Phi_-(X,Y) := \{T \in B(X,Y) : \mathrm{Im}(T) \text{ 闭且 } b(T) < \infty\}$.

证 由于 $T \notin SC(X,Y)$, 就有一个无限秩的商映射 $Q_M : Y \to Y/M$, 使得 $Q_M T : X \to Y/M$ 是满射，那么考虑 $(Q_M T)^* = T^* Q_M^* : (Y/M)^* = M^0 \to X^*$ 是一个内射同构，就应有 $c > 0$, 使得

$$\| T^*y^* \| \geqslant c \| y^* \|, \text{对一切} y^* \in M^0 \text{成立}. \tag{2-8}$$

又由于 $T \notin \Phi_-(X,Y)$, 等价地， $T^* \notin \Phi_+(Y^*, X^*)$, 由引理 6.2.48 知，存在一个无限维的 w^* 闭子空间 $N' \subseteq Y^*$, 使得

$$\| T^*y^* \| \leqslant \frac{c}{2} \| y^* \|, \quad \text{对一切 } y^* \in N' \text{ 成立}. \tag{2-9}$$

由 (2-8) 和 (2-9) 式有：对于一切 $x^* \in M^0, y^* \in N', \| x^* \| = \| y^* \| = 1$, 有

$$\| T^* \| (\| x^* - y^* \|) \geqslant \| T^*(x^* - y^*) \| \geqslant \| T^*x^* \| - \| T^*y^* \| > \frac{c}{2} > 0.$$

取 $\delta = \dfrac{c}{2 \| T^* \|}$, 则

$$\delta(M^0, N') := \inf\{\| x^* - y^* \| : \| x^* \| = \| y^* \| = 1, x^* \in M^0, y^* \in N'\} \geqslant \delta > 0.$$

再由引理 6.1.13 知 $M^0 \perp N' \subseteq Y^*$. 定义 N' 的下零化子 $N = {}^0(N')$, 那么 $N^0 = [{}^0(N')]^0 = \overline{N'}^{w^*}$ (N' 的 w^* 闭包) $= N'$.

最后由 $M^0 \perp N'$ 即 $M^0 \perp N^0 \subseteq Y^*$, 再根据引理 6.2.31 知 $M + N = Y$, 即 Y 是可合成的 (M 与 N 的亏维无限的验证从略).

现在我们可以轻松地证明 Q.I. 空间上的算子有简单构成.

定理 6.2.50　设 $X \in$ Q.I. 是一个复无限维 Banach 空间, 则 $B(X) = \{\lambda I + T : \lambda \in \mathbf{C}, T \in SC(X)\}$.

证　设 $A \in B(X)$, 则由 X 是无限维复 Banach 空间, 算子 A 的 Kato 本性谱非空, 于是应有一个复数 $\lambda \in \sigma_K(T)$. 现在显然 $(T-\lambda) \notin \varPhi_-(X)$, 注意到 $X \in$ Q.I.$=$ I$_c$, 于是必 $T - \lambda := S \in SC(X)$, 证毕.

推论 6.2.51　设复无限维 Banach 空间 $X \in$ H.I. 或 Q.I., 特别地 $X \in$ Q.H.I., 则分别有黎斯算子类 $R(X) = S(X) = J(X), R(X) = SC(X) = J(X)$, 特别地 $R(X) = SC(X) = S(X) = J(X)$. 不论哪一种情况, 黎斯算子类 $R(X)$ 都成为了 $B(X)$ 中最大的非平凡的算子理想.

上面的讨论还引发如下问题:

问题 6.2.52　(1) 关于上述归并后的 4 种 G-M 型空间, 已知 Q.H.I. 有自身到自身的逆向共轭对偶性, 问它是否有正向共轭对偶性? 即 $X \in$ Q.H.I. 时, $X^* \in$ Q.H.I. 吗?

(2) 不可分解空间 I. 是否有自身到自身的正向 (或逆向) 共轭对偶性?

问题 6.2.53　(1) 由于 Ferenczi 证明了: 虽然 $X_F^* \notin$H.I., 但仍然有 $B(X_F^*) = \mathbf{C}I \bigoplus S(X_F^*)$, 我们又证明了 $X_F^* \in$ Q.I., 导致 (从定理 6.2.50) 了 $B(X_F^*) = \mathbf{C}I \bigoplus SC(X_F^*)$, 于是我们得到不仅 $X = X_F^* \notin$ Q.H.I., 而且 $X = X_F^* \notin$ H.I., 也有 $S(X) = SC(X) = J(X) = R(X)$ 的首例. 那么问是否有 $X \in$ H.I.,$B(X) \neq \mathbf{C}I \bigoplus SC(X)$(等价地, $S(X) \neq SC(X)$) 的实例呢?

(2) 仅由 $X \in$ I. 能否对 $B(X)$ 的构成得到什么讯息? 逆向的一个讯息是易知的: 对每个算子 $T \in B(X)$ 的本性谱只由单点集构成的 $X(B(X) = \mathbf{C}I \bigoplus S(X)$ 或 $B(X) = \mathbf{C}I \bigoplus SC(X)$ 的空间 X 是典型的这种情况), 必有 $X \in$ I..

诚然, 目前为止, 应该说我们对 G-M 型空间实例知道还是较为有限的, 尤其是不可分的, 不自反的 G-M 型空间实例知之甚少, 上述问题的回答为时尚早.

最后, 在结束本小节时, 我们还应该说明, 我们没有把 H.F.D.$= \bigcup_{n=1}^{\infty} HD_n$ 和 Q.F.D.$= \bigcup_{n=1}^{\infty} QD_n$ 这两类作为一种外延性 G-M 型空间的空间, 置于本小节讨论. 对 Q.F.D. 空间类研究有兴趣的读者建议去阅读 [206],[207] 和 [208] 等一组文献. 特别值得注意的是, 文献 [207] 已经证实了 Q.F.D. 和 H.F.D. 都是三空间的空间理想 (见文献 [207]§4.7.2), 那么就可能相应导出广义算子理想 O_P(H.F.D.) 和 O$_{\rm P}$(Q.F.D.) 的研讨. 事实上 Argyros S.A. 和 Felouzis V. 在文献 [163] 已经开始考虑可以通过 H.I. 空间因子分解的算子类.

9 G-M 型空间构成的新视角

G-M 系列成果的深入研究, 何以有开创国际 Banach 空间理论研究新格局之盛赞？回顾当年 Weierstrass 构造 (处处连续却处处不可导的) “病态” 函数, 后来证实这类函数在 $C[a,b]$ 中是第二纲集 (可导函数充其量是第一纲集), 以至于文献 [214] 称呼 “ $[a,b]$ 上几乎所有连续函数处处不可微”. 如果以此例来比拟如今随着 G-M 型空间的发现, 在 Banach 空间这个大家族中平添奇葩异彩, “忽如一夜春风来, 千树万树梨花开”, 也许已经足以令一些认定空间理论研究没出息的人难以将息了. 但是我们还认为上述赞誉并没有触及 G-M 系列成果的深层意义: 反映空间结构 —— 算子构成 —— 算子代数 K 理论之间内在联系、制约与互动作用. 此说也许更让有偏见者视为是天方夜谭, 危言耸听. 事实上, Zsak A. 之所以对 Schroeder-Bernstein 问题的解决 (即构造出空间 X 和 Y, 彼此可补地嵌入对方, 但不同构, 见前面第 2 小节介绍) 备加赞赏 (见文献 [215]), 就是因为 Gowers 确实是把 K 理论的思想方法引入了空间理论的研究. 此例具体说来, 就是借鉴了 K 理论中著名的 Cuntz 代数的构造理念. Maurey B. 在新近问世的长篇综述 (请注意其篇名 “ Banach spaces with few operators ” 本身就表达了算子构成对空间结构的反作用) 中, 对此有着更为深刻的诠释, 其大略思想为: 对 $i=0,1,2$, 设 A_i 是所有模 3 等于 $i+1$ 的自然数的集合, 展形算子 S_i 就取为由 $\mathbf{N}$ 到 A_i 所确定的映射, 其生成恰当集 $\Phi=\{S_i$ 及其共轭 $S_i^*: i=0,1,2\}$. 根据下面提到的 G–M 基本定理 1(即 6.2.56), 就将诱导出 $X=X(\Phi)$ 满足 $X\approx X^3$, 但 X 不同构于 X^2, 进而从 K 理论的角度看, 单位元 (恒等算子) 就对应地在 K_0 群 $K_0(B(X))$ 中有阶数为 2, 从而 $K_0(B(X))\neq 0$.

本小节旨在介绍 Gowers 和 Maurey 总结出的从算子恰当集构造 G-M 型空间的思路方法. 主要取材于文献 [200], [215] ~ [217] 等. 由于我们的水平有限, 介绍流于肤浅.

定义 6.2.54 称 Banach 空间 X 是满足下 f 估计的, 是指 X 是一个由 $(c_{00}, \|\cdot\|)$ 完备化的空间. 其中对 $\|\cdot\|$ 要求使自然基 $\{e_n\}$ 成为规范双单调基, 并对函数族 F 中的某个 f, X 的范数满足所谓下 f 估计: 对每一 $x\in X$ 和任一区间列 $E_1<\cdots<E_n$

$$\|x\|\geqslant\frac{1}{f(n)}\left(\sum_{i=1}^{n}\|E_ix\|\right),$$

其中 E 称为自然数集 $\mathbf{N}$ 中的一个区间, 是指 $E=\{n,n+1,\cdots,n+m\}$ 这种 $\mathbf{N}$ 中有限个连续数集. $E_1<E_2$ 是指 $\max\{n\in E_1\}<\min\{n\in E_2\}$, 投影 E 对 $x=(x_i)$ 作为 $Ex_i=y_i:=\begin{cases}x_i, & 当 i\in E,\\ 0, & 当 i\notin E.\end{cases}$

其中函数族 $F=\{$ 非负实函数 $f:[1,+\infty]\to\mathbf{R}:f$ 满足 (1) 到 (6) 性质 $\}$, 其中性质 (1)$f(1)=1, f(x)<x$;(2)f 严格递增且 $f(x)\to+\infty(x\to+\infty)$;(3) 对任一 $q>0, \lim\limits_{x\to\infty}\dfrac{f(x)}{x^q}=0$;(4)$\dfrac{x}{f(x)}$ 是单增的凹函数; (5)$f(xy)\leqslant f(x)f(y)$;(6)f 在 1 的右导数 $f'_+(1)>0$.

最常用的 F 中的 f 是 $\log_2(1+x)$ 等.

定义 6.2.55 设 $A=\{a_1,a_2,\cdots\}$ 和 $B=\{b_1,b_2,\cdots\}$ 是 $\mathbf{N}$ 中各按递增排序的两个无穷子集, 定义一个由 c_{00} 到其自身的所谓展形 (spread) 算子 S_{AB} 为

$$S_{AB}(e_n)=\begin{cases} e_{b_k}, & \text{当}n=a_k\in A,\\ 0, & \text{当}n\notin A.\end{cases}$$

同时, 称 S_{BA} 为 S_{AB} 的形式共轭.

容易验证展形算子的一些基本运算性质, 如 $P_A:=S_{AA}$ 是一个投影算子, $S_{BC}S_{AB}=S_{AC}, S_{BA}S_{AB}=P_A$ 等.

由某些展形算子构成的集称为是一个恰当集 $\varPhi=\{S_{AB}\}$, 如果满足如下条件:

1) 复合运算封闭, 即对 $\varPhi$ 中的任意两个 S_{AB} 和 S_{CD} 都有 $S_{AB}S_{CD}\in\varPhi$;

2) 共轭运算封闭, 即当 $S_{AB}\in\varPhi$ 时, 也有 $S_{BA}\in\varPhi$;

3) 对 $\mathbf{N}$ 中不同的数对 $(i,j)\neq(k,l)$ 时, 只有有限多个 $S\in\varPhi$, 使得 $e_i^*(Se_j)\neq 0, e_k^*(Se_l)\neq 0$.

最平凡的恰当集是只含一个恒等算子的恰当集 $\varPhi=\{I\}$. 此外, 还有一个由移位算子生成的恰当集 $\varPhi=\{S_{AB}$: 其中 $A=(n,n+1,\cdots), B=(m,m+1,\cdots), m,n\in\mathbf{N}\}$.

定理 6.2.56 (G-M 基本定理 1) 设 $\varPhi$ 是展形算子的一个恰当集, 则存在一个 Banach 空间 $X=X(\varPhi)$, 它不仅对某个 $f\in F$ 满足下 f 估计, 且

(1) $\| S_{AB}x \|\leqslant\| x \|$, 对每一 $x\in X$ 和 $S_{AB}\in\varPhi$ 成立, 故 $\| S_{AB} \|=1$(因为当 $\text{supp}(x)\subseteq A$ 时, $\| S_{AB}x \|=\| x \|$);

(2) 对由 X 的任一块基生成的子空间 $Y\subseteq X$, 都有一个 $B(Y,X)$ 的半范数 $|||\cdot|||$, 使得 $B(Y,X)$ 是 $\varPhi$ 生成的算子代数到 Y 上限制后的 $|||\cdot|||$ − 闭包;

(3) 在 $B(X)$ 中, 半范 $|||\cdot|||$ 满足不等式 $|||\, UV \,|||\leqslant|||\, U \,|||\cdot|||\, V \,|||$.

定理 6.2.57 (G-M 基本定理 2) 设 $\varPhi_i(i=1,2,\cdots,n)$ 是 n 个由展形算子形成的恰当集, 那么对每个 i, 存在自反的 Banach 空间 $X_i=X_i(\varPhi_i)$, 各 X_i 都有如基本定理 1 所述性质, 且空间 $X_1,X_2,\cdots,X_n$ 两两不可比.

基本定理 1 的实用意义大体描述为: 设 A 表示由 $\varPhi$ 生成的算子代数, $A=\text{span}\varPhi$, A 按 $|||\cdot|||$ 在 $B(X)$ 中稠, 并且可以证明一个 $T\in B(X)$, 当 $|||\, T \,|||=0$ 时, T 是一个严格奇异算子. 那么, 当 $\varPhi$ 中的展形算子成员很少, 因而 A 的构成很简单时, $B(X)$ 的构成也就很简单: 每个 $T\in B(X)$ 都是 A 中算子的严格奇异摄动.

例 6.2.58 取 $A=B=\mathbf{N}$, 则 $S_{AB}=S_{AA}=I$ 是恒等算子. 令 $\varPhi_1=\{I\}$, 显然它就是一个最简单的恰当集, $\varPhi_1$ 生成的算子代数 $A_1=\{\lambda I:\lambda\in\mathbf{C}\}$. 由基本定理 1,$A$ 在 $B(X_{GM_1})$ 中按 $|||\cdot|||$ 稠, 这里 $X_{GM_1}=X(\varPhi_1)$, 于是每一 $T\in B(X_{GM_1})$, 就相应有一个 $\lambda\in\mathbf{C}$, 使得 $|||T-\lambda|||=0$, 即 $(T-\lambda)\in S(X_{GM_1})$, 证得 $B(X_{GM_1})=\{\lambda I+S\}$. 不仅如此, 基本定理 1 中的性质 (2) 还保证对每一子空间 Y, 也有 $B(Y,X_{GM_1})=\{\lambda I+S\}$. 由前面的命题 6.1.46,$X_{GM_1}\in$ H.I..

例 6.2.59 取 $A=\mathbf{N},B=\mathbf{N}\backslash\{1\}$, 按自然序排列, 则 $S=S_{AB}$ 就是我们熟悉的 (右) 移位算子, 记左移位算子为 $S_{BA}=L$. 易知恰当集 $\varPhi_2=\{S^mL^n:m,n\in\mathbf{N}\bigcup\{0\}\}$. 由 $SL-I$ 是一秩的, 每个 A_2 中的算子都是形如 $\sum_{n=1}^N\lambda_nS^n+\sum_{n=1}^N\mu_nL^n$ 的算子的有限秩摄动. 于是每个 $T\in B(X)$ 有表示 $T=(\sum_{n=1}^N\lambda_nS^n+\sum_{n=1}^N\mu_nL^n)+S_1+S_2$, 其中 S_1 是有限秩算子, $|||S_2|||=0$, 故 $S_2\in S(X)$, 故 $S=S_1+S_2\in S(X)$.

记这个空间为 $X_{GM_2}=X(\varPhi_2)$, 也称移位空间, 它有很奇特的性质:

(1) X_{GM_2} 没有非平凡的可补子空间, 子空间亏维有限当且仅当与全空间同构. 这就给出了第一例非 c_0,l_p 的素空间. 素空间是指它与每个无限维的 (拓扑) 可补子空间同构.

(2) X_{GM_2} 仍然没有无条件基序列. 但它已不是 H.I. 空间 (由 1 显然; H.I. 空间不与任何真子空间同构), 说明 H.I. 性质确实比 "没有无条件基序列" 要强.

(3) 对任何 $n\neq m,X_{GM_2}^n$ 不同构于 $X_{GM_2}^m$.

例 6.2.60 取展形算子为二阶 (右) 移位 S^2, 由它与它的共轭 L^2 及有关复合等运算生成的恰当集记为 $\varPhi_3$.

由 G-M 基本定理 1 构出的空间 $X_{GM_3}=X(\varPhi_3)$ 的突出性质有:

(1) $B(X_{GM_3})$ 中不存在带奇指标的 Fredholm 算子.

(2) 它与且只与所有亏维为偶数的子空间同构.

(3) X_{GM_3} 没有非平凡的可补子空间.

例 6.2.61 $X_{GM_4}=X(\varPhi_4)$, 其中 $\varPhi_4$ 受 Cuntz 代数的影响, 对 $i=0,1,2$, 设 A_i 是所有模 3 等于 $i+1$ 的正整数的集合, S_i 是由 $\mathbf{N}$ 到 A_i 的展形算子, $\varPhi_4$ 是 $S_i(i=0,1,2)$ 及其共轭生成的半群.

X_{GM_4} 有一个突出性质: $X\approx X^3$,X 不同构于 X^2, 这里把 X_{GM_4} 简写为 X.

正是这种预先设定某种算子代数在空间中 "稠" 的思想方法, 为讨论某些算子代数 $B(X)$ 的 K 群, 提供了新的可能性. 丰富了 Banach 空间上算子代数 K 理论的内容, 这一点在第 7 章充分体现.

第 7 章　Banach 空间上算子代数 K 理论

如果说近二三十年来，Banach 代数 (尤其 C^* 代数)K 理论分支盛兴，并且成为所谓“非交换几何”发展的重要构成部分的话，就似乎可以进而认为，自 20 世纪 90 年代以来，以 Gowers-Maurey 的系列成果为标志，空间结构理论的重要进展，为算子代数 K 理论研究提供了丰富而鲜活的新对象. 确实，从 Hilbert 空间到几乎无一例外的经典 Banach 空间，诸如序列空间 $c_0, l_p(1 \leqslant p \leqslant \infty)$, 函数空间 $C[a,b], L_p(\mu)$ 等，其上 (有界线性) 算子所构成的 Banach 代数 $B(X)$ 的 K 群 $K_i(B(X)) = 0(i = 0,1)$ 流于平凡，故似乎就无人问津了. 一大批所谓 G-M 型空间的问世，当然激起人们由新空间 $X \to$ 新代数 $B(X) \to$ 新 K 群 $K_i(B(X))$ 的探究热情. 更奇妙的是，发展中的 G-M 成果研究，不仅仅满足于从算子构成的某种需要，来 (决定性地) 构造出一个新 Banach 空间 (这本身就已经够玄乎了), 而且进入了卓有成效的二级回跳 —— 尝试从给定两个交换群 M_0 和 M_1 的需要，来构造 (求解) 一个 Banach 空间 X, 使 $K_i(B(X)) = M_i(i = 0,1)$. 数学学科中各对象互为因果的辨证统一美，足见一斑.

本章就是在第 6 章介绍 G-M 系列成果的基础上，尝试介绍近年来由 G-M 系列成果导致的 Banach 空间上算子代数 K 理论研究的新格局. 为了尽可能自成体系，增加可读性，我们在第一节简单介绍 Banach 代数 K 理论基础知识.

§7.1　Banach 代数 K 理论概述

Banach 代数 K 理论的基本要素：构造一个函子序列 $K_0, K_1, K_2, \cdots$, 每个函子 K_n 都是把范畴甲 —— Banach 代数 (及其间同态映射) 全体中的对象 A 作用为范畴乙 —— 交换群 (及其间同态映射) 中的 $K_n(A)$.

K 理论的核心结论：从 Banach 代数 A 中的一个理想 I 出发，由所获得的短正合序列

$$0 \to I \xrightarrow{i} A \xrightarrow{\pi} A/I \to 0$$

先推出长正合序列

$$\cdots \to K_{n+1}(A/I) \to K_n(I) \xrightarrow{i_n} K_n(A) \xrightarrow{\pi_n} K_n(A/I) \to K_{n-1}(I) \to \cdots \tag{1-1}$$

著名的 Bott 周期性定理指出了 (在复情况下) 这些函子序列有周期 2, 于是 $K_{n+2} = K_n$, 并且可以把上述长正合序列约化为一个精美的所谓 6 项循环正合序列 (只含有 K_0 与 K_1).

$$\begin{array}{ccccc} K_0(I) & \xrightarrow{i_0} & K_0(A) & \xrightarrow{\pi_0} & K_0(A/I) \\ \uparrow & & & & \downarrow \\ K_1(A/I) & \xleftarrow{\pi_1} & K_1(A) & \xleftarrow{i_1} & K_1(I) \end{array} \tag{1-2}$$

K 理论研究的主要技巧：6 项循环正合序列的主要精美之处不光是形式，而在于人们时常明智地选取 A 和 I 后，得以通过已知的 (少) 部分的项目，充分地应用正合性去计算 6 项中其余的项目，即所谓求 K 群或 K 群的计算.

原始的 K 理论开始于向量丛的等价关系研究. 从拓扑 K 理论的概念到 Banach 代数相对应概念的情况等更深刻的内容，参见文献 [218].

1 Banach 代数中幂等元的等价关系

赋范代数 A 中的幂等元就是 $x^2 = x$ 者，其全体记为 $P_1(A)$. 当 $A = B(X)$ 时，$P_1(A)$ 就是投影算子集. 两个幂等元 x 与 y 称为是正交的 (记为 $x \perp y$)，当 $xy = yx = 0$. 当 $xy = yx = y$ 时 (例如在 $x, y \in P_1(B(X)), y$ 的值域是 x 的值域的子集时)，记为 $y \leqslant x$，这时显然 $x - y \in P_1(A)$.

需要考虑一个代数 A 中 $P_1(A)$ 中元素的三种等价，虽然将在一定环境中把三者统一起来，但很快体会到分别定义它们并非多余. 另外，要注意在相似性的定义中需要用到 A 有单位元 e(或简记为 1).

定义 7.1.1 称 $P_1(A)$ 中的 p 和 q 是 (代数) 等价的 (记为 $p \sim_a q$)，如果有 $a, b \in A$，使 $p = ab, q = ba$；称 p 与 q 是相似的 (记为 $p \sim_s q$)，如果有可逆元 $u \in A$，使 $up = qu$；称 p 与 q 是同伦的 (记为 $p \sim_h q$)，如果有一条从 p 出发到 q 的 $P_1(A)$ 中元组成的连续道路，即存在连续映射 $\varphi: [0,1] \to P_1(A)$，使 $\varphi(0) = p, \varphi(1) = q$.

下面证明代数等价确实是一种等价 (分类) 关系. 至于相似与同伦分别是等价关系则是显而易见的.

命题 7.1.2 (1) 设 $p, q \in P_1(A)$，则 $p \perp q$ 当且仅当 $p + q \in P_1(A)$；

(2) 设 $p, q \in P_1(A)$，则 $p \sim_a q$ 当且仅当存在 $a' \in pAq, b' \in qAp$，使得 $p = a'b', q = b'a'$；

(3) $\sim_a$ 是 $P_1(A)$ 中的等价关系；

(4) 在 $P_1(A)$ 中，如果 $p_i \sim_a q_i (i = 1, 2)$，且 $p_1 \perp p_2, q_1 \perp q_2$，则 $(p_1 + p_2) \sim_a (q_1 + q_2)$.

证 (1) 如果 $p \perp q$，则显然 $(p+q) \in P_1(A)$. 反之设 $(p+q)^2 = p+q$，则 $pq + qp = 0$. 于是

$$(1-p)qp = (1-p)(pq+qp) = 0,$$

$$pqp = \frac{1}{2}(2pqp) = \frac{1}{2}p(qp+pq)p = 0.$$

因此 $qp = 0$，进而 $pq = pq + qp = 0$.

(2) 如果 $p = ab, q = ba$, 就取 $a' = paq, b' = qbp$.

(3) 只需证传递性：设 $p = ab, q = ba = cd, r = dc$, 这里 $p, q, r \in P_1(A)$. 则

$$\begin{cases} (ac)(db) = aqb = ab = p, \\ (db)(ac) = dqc = dc = r. \end{cases}$$

即 $p \sim_a r$. 因此 $\sim_a$ 是等价关系.

(4) 留给读者 (仍用 (2) 的技巧), 或见文献 [97]p.156.

命题 7.1.3 (1) $P_1(A)$ 中 $p \sim_h q$, 则 $p \sim_s q$(同伦必相似);

(2) $P_1(A)$ 中 $p \sim_s q$ 当且仅当 $p \sim_a q$ 而且 $(1-p) \sim_a (1-q)$. 故相似必代数等价.

证 (1) 设 $p, q \in P_1(A)$, 令 $u = pq + (1-p)(1-q)$ 和 $v = qp + (1-q)(1-p)$, 容易验证 $uv = vu = 1 - (p-q)^2$ 和 $pu = uq = pq$. 那么，只要 $\| p - q \| < 1$, 则 uv, vu 可逆，进而 u 可逆，于是 $p \sim_s q$. 现在设连续映射 $\varphi : [0,1] \to P_1(A)$ 使得 $\varphi(0) = p, \varphi(1) = q$, 由有限覆盖定理，可以取得 $[0,1]$ 中一组分点 $t_0 = 0 < t_1 < \cdots < t_n = 1$, 使得 $\| p_i - p_{i+1} \| < 1$, 这里 $p_i = \varphi(t_i)(i = 0, 1, \cdots, n)$. 前段证明告诉我们 $p = p_0 = \varphi(0) \sim_s p_1 = \varphi(t_1) \sim_s \cdots \sim_s p_n = \varphi(t_n) = \varphi(1) = q$, 应用相似的传递性，得证 $p \sim_s q$, 这就证明了同伦必相似.

(2) 设有 A 中可逆元 u 使得 $upu^{-1} = q$. 当然也有 $u(1-p)u^{-1} = 1 - q$, 令 $a = pu^{-1}, b = up$, 则 $ab = p, ba = q$, 即 $p \sim_a q$, 同理可证 $(1-p) \sim_a (1-q)$.

反之，设 $p \sim_a q, (1-p) \sim_a (1-q)$. 令

$$ab = p, ba = q, a'b' = 1 - p, b'a' = 1 - q,$$

并且 $a \in pAq, b \in qAp, a' \in (1-p)A(1-q), b' \in (1-q)A(1-p)$,
于是令 $v = a + a'$, 则 $v^{-1} = b + b'$, 并且

$$v^{-1}pv = (b + b')p(a + a') = ba = q,$$

命题证毕.

注 7.1.4 (1) 上述两个命题的证明中已经体现，并将继续体现 $p = ab, q = ba$ 时可用 $a' = paq, b' = qbp$ 这种替代技巧.

(2) $P_1(A)$ 中两个幂等元 p 与 q 代数等价却不相似的例子比比皆是，到 §7.2 再论 $P_1(B(X))$ 时可知：只要 Banach 空间 X 中有一个真 (闭) 子空间 X_0 与 X 同构，且在 X 中可补，则到 X_0 上的投影算子 P_0 就与恒等算子 I 代数等价 (显然不相似).

(3) $P_1(A)$ 中两个幂等元相似却不同伦的例子在文献 [219] 有提及.

2　$M_\infty(A)$ 中幂等元的等价关系

对于有单位元 e 的 Banach 代数 A, 用 $M_n(A)$ 表示由 A 中元形成的 $n\times n$ 矩阵的全体. 对于 $x\in M_n(A), y\in M_m(A)$, 用 $\mathrm{diag}(x,y)$ 表示 $M_{n+m}(A)$ 中的矩阵 $\begin{pmatrix} x & 0\\ 0 & y\end{pmatrix}$. 通过一个映射 $x\mapsto \mathrm{diag}(x,0)$, 就把 $M_n(A)$ 嵌入到 $M_{n+1}(A)$ 中了. 于是形式定义归纳极限 $M_\infty(A):=\bigcup_{n=1}^\infty M_n(A)$. 对每个 $x_1\in M_\infty(A)$, 本来只应认定有某一 n, 使得 $x_1\in M_n(A)$, 但是, 我们也需要"广义"地认为一列元 $x_1,x_2,x_3,\cdots$ 都是 x_1(零扩张后的替身), 其中 $x_{n+1}=\mathrm{diag}(x_n,0)$. 这样做的好处在于, $M_\infty(A)$ 就成了一个代数: 任意两个 $x,y\in M_\infty(A)$, 取定一个最小的 n, 使得 $M_n(A)$"含有"了 x 和 y(可能有一个是经若干次零扩张后的替身), 然后二者的加法与数乘按两个同阶矩阵的通常算法进行. 也可以把 $M_\infty(A)$ 中每个元都视为是只有有限个"数"不为零的无穷矩阵.

还需要说明 $M_n(A)$ 可以视为有单位元的 Banach 代数, 事实上显然有单位元 $e_n=\underbrace{e\oplus\cdots\oplus e}_{n}$, $M_n(A)$ 中的每个元可以视为是 Banach 空间 A^n 上的有界线性算子, 当然要先设定 $\alpha=(a_1,\cdots,a_n)\in A^n$ 的范数 $\|(a_1,\cdots,a_n)\|:=\max\limits_{1\leqslant i\leqslant n}\|a_i\|$. 这样 $M_n(A)$ 中的幂等元 (投影算子) 的集合 $P_n(A)$ 就有了拓扑. 相应地, 有 $P_\infty(A):=\bigcup_{n=1}^\infty P_n(A)$ 中的两个元素 p 与 q 的相似与同伦 (当把它们适当"零扩张" (如果需要的话) 后置于同一个 $M_n(A)$ 中) 概念, 这一来 $P_\infty(A)$ 中的三种等价关系就可以统一起来了, 即有如下

命题 7.1.5　对有单位元 e 的 Banach 代数 A,$P_\infty(A)=\bigcup_{n=1}^\infty P_n(A)$ 中的 (代数) 等价、相似和同伦是彼此一致 (等价) 的.

证　同伦 $\Rightarrow$ 相似: 注意到我们已经在 $P_1(A)$ 证明过. 现在 $P_n(A)$ 中有了范数拓扑, 那么对 $P_\infty(A)$ 中的两元 p 和 q, 当取适当 (零扩张) 的 $M_n(A)$, 视它们为 $P_n(A)$ 中的元后, 完全与 $P_1(A)$ 中证明的方法一样, 可以证明 $p\sim_h q\Rightarrow p\sim_s q$.

相似 $\Rightarrow$ 同伦: 设 $P_1(A)$ 中的两元 p 与 q 通过可逆元 $u(up=qu)$ 相似时, 我们来证明 $P_2(A)$ 中它们的替身 $\widetilde{p}=\mathrm{diag}(p,0)$ 与 $\widetilde{q}=\mathrm{diag}(q,0)$ 是同伦的 (显然只需证明这一点, 就已经一般地证明了 $P_\infty(A)$ 中的相似 $\Rightarrow$ 同伦). 首先, 令 $r_\theta=\begin{pmatrix}\cos\theta & -\sin\theta\\ \sin\theta & \cos\theta\end{pmatrix}$ $\left(\theta\in\left[0,\dfrac{\pi}{2}\right]\right)$, 验证对 A 中的可逆元 u,

$$\varphi_1(\theta)=r_\theta\begin{pmatrix}u^{-1} & 0\\ 0 & 1\end{pmatrix}r_\theta^{-1}$$

就成为连通 $\begin{pmatrix} u^{-1} & 0 \\ 0 & 1 \end{pmatrix}$ 到 $\begin{pmatrix} 1 & 0 \\ 0 & u^{-1} \end{pmatrix}$ 的道路映射；其次，令

$$\varphi_2(\theta)=\begin{pmatrix} u & 0 \\ 0 & 1 \end{pmatrix}\varphi_1(\theta),$$

又是连通 $\begin{pmatrix} 1 & 0 \\ 0 & 1 \end{pmatrix}$ 到 $\begin{pmatrix} u & 0 \\ 0 & u^{-1} \end{pmatrix}$ 的道路映射；最后，令

$$\varphi_3(\theta)=\varphi_2(\theta)\begin{pmatrix} p & 0 \\ 0 & 0 \end{pmatrix}\varphi_2(\theta)^{-1}$$

就完成了 $\widetilde{p}=\mathrm{diag}(p,0)$ 到 $\widetilde{q}=\mathrm{diag}(q,0)$ 的道路连通.

相似 $\Rightarrow$(代数) 等价：当有可逆元 u 使 $pu=uq$ 时, 则 $(pu)u^{-1}=p, u^{-1}(pu)=q$.

(代数) 等价 $\Rightarrow$ 相似：也靠零扩张来实现. 如果 $p=ab, q=ba\in P_1(A)$, 取 $u:=\begin{pmatrix} qbp & 1-q \\ 1-p & paq \end{pmatrix}\in G_2(A)\subseteq M_2(A)$, 验证 $u^{-1}=\begin{pmatrix} paq & 1-p \\ 1-q & qbp \end{pmatrix}$, 且 $u\begin{pmatrix} p & 0 \\ 0 & 0 \end{pmatrix}u^{-1}=\begin{pmatrix} q & 0 \\ 0 & 0 \end{pmatrix}$(这里及以后 $G_n(A)$ 均表示 $M_n(A)$ 中可逆元群).

注 7.1.6 (1) 由于 $M_\infty(A)=\bigcup_{n=1}^\infty M_n(A)$, 故相应对于 $p,q\in P_\infty(A)$ 按理还应该严格地定义 $p\sim q$ 是指存在某次零扩张后，在某 $P_n(A)$ 中有 $p\sim q$. 由于证明过程显见，从略.

(2) 命题 7.1.5 的证明在不同的书中有不同的方法技巧.

(3) 在矩阵描述中有时把单位元 e 写成 1, 更方便与数字矩阵发生联想与类比.

(4) 从此 $P_\infty(A)$ 中两元 p 与 q 的等价就不加区别地记为 $p\sim q$.

(5) 对于 $p\in P_m(A)$ 和 $q\in P_n(A)$, 在 $P_\infty(A)$ 中 $p\sim q$ 等价于有 $R\in M_{m,n}(A)$ 和 $T\in M_{n,m}(A)$ 使得 $p=RT$ 和 $q=TR$.

3 有单位元的 Banach 代数 A 的 K_0 群 $K_0(A)$

设 A 是有单位元的 Banach 代数，$P_\infty(A)=\bigcup_{n=1}^\infty P_n(A)$ 按前述统一后的等价分类后，其等价类的集合记为 $V(A):=P_\infty(A)/\sim$, $V(A)$ 中的元素用 $[p]$ 表示.

注意到一个有趣并且今后一直应用的事实：任意两个元 $[p],[q]\in P_\infty(A)/\sim=V(A)$, 都可以取到 $[p]$ 中的代表元 p' 和 $[q]$ 中的代表元 q', 使得在某一 $P_{2n}(A)$ 中 $p'\perp q'$. 理解这一“怪”现象，只要注意到设 1_n 与 0_n 分别表示 $M_n(A)$ 中

的单位元与零元， $u=\begin{pmatrix} 0_n & 1_n \\ 1_n & 0_n \end{pmatrix} \in M_{2n}(A)$. 那么，对任何 $p\in M_n(A)$, 因 $u\ \mathrm{diag}(p,0_n)u^{-1}=\mathrm{diag}(0_n,p)$, 故在 $M_{2n}(A)$ 中 $\mathrm{diag}(p,0_n)$ 与 $\mathrm{diag}(0_n,p)$ 是等价的. 这时我们容易在 $V(A)$ 中引入加法运算.

命题 7.1.7 (1) 在 $V(A)=P_\infty(A)/\sim$ 中可定义加法： $p,q\in P_\infty(A)$ 时，选取 $p'\in[p],q'\in[q]$, 使 $p'\perp q'$, 于是就定义

$$[p]+[q]:=[p'+q']. \tag{1-3}$$

(2) $V(A)$ 按这种定义的加法成为一个有零元的交换半群 (有的书也称亚群).

证 (1) $p'\perp q'$ 的可取性在引入本命题之前已经说明. 现在需要说明的是这种定义的加法是确定的, 即不依赖于 $p'\perp q'$ 的选取. 就是要证明当 $p\sim p',q\sim q',pq=qp=0,p'q'=q'p'=0$ 时, $p+q\sim p'+q'$. 此由设 $p=ab,p'=ba$ 和 $q=a'b',q'=b'a'$ 验证

$$(pap'+qa'q')(p'bp+q'b'q)=p+q,$$

$$(p'bp+q'b'q)(pap'+qa'q')=p'+q'.$$

(2) 依定义的加法显然是交换的, 有零元也是显然的. 要特别注意的是通过在 $P_\infty(A)$ 中取等价类, 使每两个 p,q 都可等价视为垂直的, 故 $[p]+[q]$ 仍在 $P_\infty(A)/\sim$ 中，于是成半群.

注 7.1.8 (1) 从加法运算的引入，我们已经初见 K 理论处理方法的奥妙了: $P_1(A)$ 中的元 p 和 q 一般说来对加法运算不封闭 (除非特殊的 $p\perp q$ 情况，见前面命题 7.1.2 的 (1)), 当我们把它们“嵌入” $P_\infty(A)$ 中转换视角后， $[p]+[q]$ 就总是可行了. 这种从 $P_1(A)$ 到 $P_\infty(A)$ 的处理方法，与第 6 章中我们给出的算子广义延拓定理, 似有思想共通之处. 不仅如此, 下面这种把交换半群同态为交换群的思想和方法，堪称 K 理论中最精彩的处理手法之一.

(2) 正是基于 (1) 的诠释, 有的文献干脆就定义 $V(A)=P_\infty(A)/\sim$ 中的加法运算为 (省得如 (1-3) 式中去取互为垂直的代表元):

$$[p]+[q]:=\left[\begin{pmatrix} p & 0 \\ 0 & q \end{pmatrix}\right]. \tag{1-3$'$}$$

请读者体会 (1-3) 与 (1-3)$'$ 式的等价性 —— 实际上 (1-3)$'$ 就是 (1-3) 式中取 $p'=\begin{pmatrix} p & 0 \\ 0 & 0 \end{pmatrix}$ 与 $q'=\begin{pmatrix} 0 & 0 \\ 0 & q \end{pmatrix}$ 的特殊情况.

定义 7.1.9 设 V 是一个有零元、满足 (加法) 结合律的交换半群, 如果存在一个交换群 $\mathrm{Gro}(V)$ 与同态 $\varphi:V\to\mathrm{Gro}(V)$ 满足所谓的泛性质：对于任何交换群

G 及 V 到 G 的同态 f, 都有惟一的 (群) 同态 θ :Gro(V) $\to G$, 使得 $f=\theta\varphi$, 即有交换图 7.1.9 实现，这时我们称 Gro(V) 为 V 的泛群或 Grothendieck 群.

$$\begin{array}{ccc} \mathrm{Gro}(V) & \xrightarrow{\theta} & G \\ & {}_{\varphi}\nwarrow \nearrow_{f} & \\ & V & \end{array}$$

图 7.1.9

命题 7.1.10　有零元且加法满足结合律的交换半群 V 的泛群 Gro(V) 是存在的，并且在同构意义下是惟一的.

证　存在性　在 $V\times V$ 中引入等价关系 $\sim_0$: $(m,n)\sim_0(m',n')$ 定义为存在 $t\in V$, 使得

$$m+n'+t=n+m'+t.$$

验证 $\sim_0$ 是 $V\times V$ 中的等价关系：如果有 $(m_1,n_1)\sim_0(m_2,n_2)$, 依定义存在 $t_1\in V, m_1+n_2+t_1=m_2+n_1+t_1$, 若又有 $(m_2,n_2)\sim_0(m_3,n_3)$, 依定义存在 $t_2\in V, m_2+n_3+t_2=m_3+n_2+t_2$, 于是得到

$m_1+n_3+[(n_2+t_1)+(m_2+t_2)]=(m_1+n_2+t_1)+(n_3+m_2+t_2)=(m_2+n_1+t_1)+(m_3+n_2+t_2)=m_3+n_1+[(n_2+t_1)+(m_2+t_2)]$,

取 $t_3=(n_2+t_1+m_2+t_2)\in V$, 就依定义有 $(m_1,n_1)\sim_0(m_3,n_3)$, 这就证明了 $\sim_0$ 的传递性. 至于反身性与对称性是显然的.

然后令 $\mathrm{Gro}(V):=(V\times V)/\sim_0$, 其中每个元素记为 $(m,n)_0, m,n\in V$, 并定义加法为

$$(m,n)_0+(m',n')_0:=(m+m',n+n')_0.$$

对已完成的 Gro(V) 构建，验证

(1) 定义的加法是合理的，从略.

(2) Gro(V) 按所定义的加法成为一个交换群，零元为 $(0,0)_0=(m,m)_0$, 每个 $(m,n)_0\in\mathrm{Gro}(V)$ 都有惟一的逆元 $(n,m)_0$, 特别地有

$$(m,n)_0=(m,0)_0-(n,0)_0,\qquad \text{对每个 } m,n\in V \text{ 成立}.$$

(3) 定义同态 $\varphi:V\to\mathrm{Gro}(V)$ 为

$$\varphi(m)=(m,0)_0,\qquad \text{对每个 } m\in V.$$

φ 是同态为显然，并且通过 φ, 就可以视为

$$\begin{aligned}\mathrm{Gro}(V)&=\{(m,n)_0:m,n\in V\}=\{(m,0)_0+(0,n)_0:m,n\in V\}\\&=\{(m,0)_0-(n,0)_0:m,n\in V\}=\varphi(V)-\varphi(V).\end{aligned}\tag{1-4}$$

(4) 验证 Gro(V) 与同态 $\varphi: V \to \text{Gro}(V)$ 满足泛性质: 如果有同态 $f: V \to G$, G 是一个交换群, 我们令 θ :Gro$(V) \to G$ 为

$$\theta((m,n)_0) = f(m) - f(n), \qquad \text{对每个}(m,n)_0 \in \text{Gro}(V).$$

则显然满足 $\theta \circ \varphi = f$, 倒是要检验 θ 定义的合理性. 事实上如果有 $(m,n) \sim_0 (m', n')$, 依等价定义有 $t \in V$, 使得

$$m + n' + t = m' + n + t,$$

从而 $f(m) + f(n') + f(t) = f(m') + f(n) + f(t)$. 因此在 G 中有

$$f(m) - f(n) = f(m') - f(n') = \theta((m,n)_0),$$

这说明 $\theta((m,n)_0)$ 不因 $(m,n) \in (m,n)_0$ 的选择而有异, 定义合理.

最后还应说明满足 $\theta \circ \varphi = f$ 的同态 θ :Gro$(V) \to G$ 的惟一性. 此由 θ 与 θ' 限制在形如 $(m,0)_0 \in \text{Gro}(V)$, 总应有 $\theta((m,0)_0) = \theta \circ \varphi(m) = f(m) = \theta' \circ \varphi(m) = \theta'((m,0)_0)$, 同理 θ 与 θ' 限制在形如 $(0,n)_0 \in \text{Gro}(V)$, 也有 $\theta((0,n)_0) = -\theta(-(0,n)_0) = -\theta((n,0)_0) = -\theta \circ \varphi(n) = -f(n) = -\theta' \circ \varphi(n) = -\theta'((n,0)_0) = -\theta'(-(0,n)_0) = \theta'((0,n)_0)$, 这就证明了对每个 $(m,n)_0 = (m,0)_0 + (0,n)_0 \in$Gro$(V)$, 都有 $\theta((m,n)_0) = \theta((m,0)_0) + \theta((0,n)_0) = \theta'((m,0)_0) + \theta'((0,n)_0) = \theta'((m,n)_0)$.

再证 Gro(V) 的同构惟一性: 设 $(\text{Gro}'(V), \varphi')$ 与 $(\text{Gro}(V), \varphi)$ 都满足泛群的要求. 于是将有惟一的群同态 θ :Gro$(V) \to \text{Gro}'(V)$ 与 θ' : Gro$'(V) \to$Gro(V) 使得交换图 7.1.10 实现

$$\begin{array}{ccc} \text{Gro}(V) & \underset{\theta'}{\overset{\theta}{\rightleftarrows}} & \text{Gro}'(V) \\ & {}_{\varphi}\nwarrow \quad \nearrow_{\varphi'} & \\ & V & \end{array}$$

图 7.1.10

得到

$$\begin{cases} \theta \circ \varphi = \varphi' \\ \theta' \circ \varphi' = \varphi \end{cases} \Rightarrow \theta' \circ (\theta \circ \varphi) = \varphi, \text{由惟一性得 } \theta' \circ \theta = I_{\text{Gro}(V)}.$$

同样由 $\begin{cases} \theta \circ \varphi = \varphi' \\ \theta' \circ \varphi' = \varphi \end{cases} \Rightarrow \theta \circ (\theta' \circ \varphi') = \varphi'$, 由惟一性得 $\theta \circ \theta' = I_{\text{Gro}'(V)}$.

因此有同构 Gro$(V) \xrightarrow{\theta} \text{Gro}'(V)$. 命题证毕.

注 7.1.11 (1) $\varphi: V \to \text{Gro}(V)$ 这种同态映射未必是单射. 例如当 V 中有 ∞ 元, 即对任一 $m \in V$ 时, $m + \infty = \infty$. 这时

$$\varphi(m) - \varphi(n) = \varphi(m + \infty) - \varphi(n + \infty) = \varphi(\infty) - \varphi(\infty) = 0.$$

因而 Gro$(V) = \{0\}$.

事实上， $\varphi: V \to \mathrm{Gro}(V)$ 是单射当且仅当 V 的加法满足消去律，即若 V 中任意元 m, n, t 满足 $m+t=n+t$ 都蕴涵 $m=n$. 此由

$\varphi(m) = \varphi(n) \Leftrightarrow (m,0)_0 = (n,0)_0 \Leftrightarrow (m,0) \sim_0 (n,0) \Leftrightarrow$ 存在 $t \in V$, 使得 $m+t=n+t$ 成立，可推证.

(2) K_0 是范畴"有单位元的环与保持单位元的环同态"到范畴"交换群与群同态"的协变函子. 这里函子 $K_0: C \to C'$ 称为协变，是指对任意 $A, B \in Obc$ 及 $f \in \mathrm{Hom}(A,B)$, 有 $K_0(A), K_0(B) \in Obc'$ 及 $K_0(f) \in \mathrm{Hom}(K_0(A), K_0(B))$, 使得

$$K_0(g \circ f) = K_0(g) \circ K_0(f),\ K_0(I_A) = I_{K_0(A)}.$$

任意 $f \in \mathrm{Hom}(A,B), g \in \mathrm{Hom}(B,C)$.

关于 K_0 函子的协变作用的有关论证请参阅文献 [97] 的 §4.1 和 §4.2.

有了上述系列准备工作，我们就可以自然地对一个有单位元的 Banach 代数 A 定义其 K_0 群 $K_0(A)$ 了.

定义 7.1.12 设 A 是一个有单位元的 Banach 代数， $V(A) = P_\infty(A)/\sim$ 作为一个有零元且加法满足结合律的交换半群. 定义 $K_0(A) :=\mathrm{Gro}(V)$, 即如命题 7.1.10 中所述的 $V(A)$ 的泛群 (Grothendieck 群).

可以说 K_0 群是 K 理论学习中遇到的第一个重要的抽象概念，值得花力气去准确把握它. 为此，还需要对 $K_0(A)$ 的具体表示作一些尽可能多的诠释. 下面命题 7.1.13 中所标出的 (1-5) ~ (1-9) 等各式将不断地被引用.

命题 7.1.13 设 A 是有单位元的 Banach 代数，仍以 $[p]$ 表示 $V(A) = P_\infty(A)/\sim$ 中的元，而以 $[p]_0 = \varphi([p])$ 表示 $K_0(A) = \mathrm{Gro}(V)$ 中的元. 那么可有如下性质:

(1) $$K_0(A) = \{[p]_0 - [q]_0 : p, q \in P_\infty(A)\}, \tag{1-5}$$

$$= \{[p]_0 - [I_n]_0 : p \in P_\infty(A), n = 1, 2, \cdots\}. \tag{1-6}$$

(2) 设 $p, q, p', q' \in P_\infty(A)$, 则在 $K_0(A)$ 中 $[p]_0 - [q]_0 = [p']_0 - [q']_0$ 当且仅当存在 $r \in P_\infty(A)$, 使得在 $P_\infty(A)$ 中， $(p \bigoplus q' \bigoplus r) \sim (p' \bigoplus q \bigoplus r)$. 此外，这个 r 可以取作某 I_n 的形式.

(3) 设 $p, q \in P_\infty(A)$, 则在 $K_0(A)$ 中 $[p]_0 = [q]_0$, 当且仅当存在 $r \in P_\infty(A)$, 使得在 $P_\infty(A)$ 中， $p \bigoplus r \sim q \bigoplus r$, 此外这个 r 可以取为某 I_k 的形式. 故我们今后还常用如下形式

$$[p]_0 = [q]_0 \text{ 当且仅当在 } P_\infty(A) \text{ 中，} \begin{pmatrix} p & 0 \\ 0 & I_k \end{pmatrix} \sim \begin{pmatrix} q & 0 \\ 0 & I_k \end{pmatrix} \text{ 对某 } k \in \mathbf{N}. \tag{1-7}$$

(4) 对每个 $n \in \mathbf{N}$ 与 $p \in P_n(A)$ 成立

$$[p]_0 + [I_n - p]_0 = [I_n]_0. \tag{1-8}$$

(5) 对每个 $n \in \mathbf{N}$ 与在 $P_n(A)$ 中 $p \perp q$ 时，成立

$$[p]_0 + [q]_0 = [p+q]_0. \tag{1-9}$$

证 让我们回顾 $V = P_\infty(A)/\sim$, $K_0(A) = \mathrm{Gro}(V) = (V \times V)/\sim_0 = \{([p],[q])_0 : [p],[q] \in V\} = \{([p],0)_0 + (0,[q])_0 : [p],[q] \in V\} = \{([p],0)_0 - ([q],0)_0 : [p],[q] \in V\} = \{\varphi([p]) - \varphi([q]) : [p],[q] \in V\}$. 上述的递推请联系命题 7.1.10 中的 (1-4) 式，这里只是把 V 具体化.

现在既然有本命题的设定记号 $[p]_0 = \varphi([p])$, 我们就得到了

$$\begin{aligned} K_0(A) = \mathrm{Gro}(V) &= \{[p]_0 - [q]_0 : [p],[q] \in V\} \\ &= \{[p]_0 - [q]_0 : p, q \in P_\infty(A)\}, \end{aligned}$$

这就先证明了 (1-5) 式.

现在设 $p, q \in P_n(A)$ 且 $p \perp q$, 注意到这时 $p + q \in P_n(A)$ 本身就有意义了，并且由 $V = P_\infty(A)/\sim$ 中加法的定义式 (1-3), 作为 V 中的元素 $[p] + [q] = [p+q]$. 现在又按记号规定，一方面

$$[p]_0 = \varphi([p]) = ([p], 0)_0, \quad [q]_0 = \varphi([q]) = ([q], 0)_0.$$

按 $\mathrm{Gro}(V) = K_0(A)$ 中定义的加法，就得到

$$[p]_0 + [q]_0 = ([p] + [q], 0)_0 = ([p+q], 0)_0 = \varphi([p+q]) = [p+q]_0.$$

这就证明了 (1-9) 式.

特别地, 在 (1-9) 式中, 取 $q = I_n - p$, 就又证明了 (1-8) 式 $[p]_0 + [I_n - p]_0 = [I_n]_0$.

现在回头来证 (1-6) 式. 如前所证 (1-5) 式，在 $K_0(A)$ 的每个元表示 $[p]_0 - [q]_0$ 中，设 $q \in P_n(A)$, 则应用 (1-8) 式得到

$[p]_0 - [q]_0 = [p]_0 - ([I_n]_0 - [I_n - q]_0) = ([p]_0 + [I_n - q]_0) - [I_n]_0 = (\varphi([p]) + \varphi([I_n - q])) - [I_n]_0 = \varphi([p] + [I_n - q]) - [I_n]_0 = \varphi([p \bigoplus (I_n - q)]) - [I_n]_0 = [p \bigoplus (I_n - q)]_0 - [I_n]_0$

现在令 $p' = p \bigoplus (I_n - q) \in P_\infty(A)$, 就得到了所要证的 (1-6) 式:

$K_0(A) = \{[p]_0 - [q]_0 : p, q \in P_\infty(A)\} = \{[p']_0 - [I_n]_0 : p' \in P_\infty(A), n = 1, 2, \cdots\}$

再来验证 (3) 所需证的事实：由 $\mathrm{Gro}(V) = (V \times V)/\sim_0$ 的定义,

$[p]_0 = [q]_0 \Leftrightarrow ([p],[0])_0 = ([q],[0])_0 \Leftrightarrow$ 存在某 $[r] \in V$, 使得 $[p] + [0] + [r] = [q] + [0] + [r]$, 其中 $p, q, r \in P_\infty(A)$. 亦即

$$[p \bigoplus r] = [q \bigoplus r], \qquad p, q, r \in P_\infty(A).$$

由 $P_\infty(A)$ 中的等价定义，就是

$$p \bigoplus r \sim q \bigoplus r.$$

还需要证明 $[p]_0 = [q]_0$ 当且仅当在 $P_\infty(A)$ 中 $\begin{pmatrix} p & 0 \\ 0 & I_k \end{pmatrix} \sim \begin{pmatrix} q & 0 \\ 0 & I_k \end{pmatrix}$ 对某 $k \in \mathbf{N}$. 注意到依命题 7.1.7 中的 (1-3) 式或 $(1\text{-}3)'$ 式

$$\begin{pmatrix} p & 0 \\ 0 & I_k \end{pmatrix} = p \bigoplus I_k, \qquad \begin{pmatrix} q & 0 \\ 0 & I_k \end{pmatrix} = q \bigoplus I_k,$$

故 $\begin{pmatrix} p & 0 \\ 0 & I_k \end{pmatrix} \sim \begin{pmatrix} q & 0 \\ 0 & I_k \end{pmatrix}$ 就是 $p \bigoplus I_k \sim q \bigoplus I_k$.

由上已证中取 $r = I_k$ 的特别情况，就证明了 $[p]_0 = [q]_0$.

反之，如果 $[p]_0 = [q]_0$, 由上所证，应存在 $r \in P_\infty(A)$ 使得 $p \bigoplus r \sim q \bigoplus r$, 则 $p \bigoplus r \bigoplus (I_k - r) \sim q \bigoplus r \bigoplus (I_k - r)$, 对某 $k \in \mathbf{N}$, 于是 $p \bigoplus I_k \sim q \bigoplus I_k$, 即 $\begin{pmatrix} p & 0 \\ 0 & I_k \end{pmatrix} \sim \begin{pmatrix} q & 0 \\ 0 & I_k \end{pmatrix}$.

综上述，证明了 (3) 中所需证，特别是 (1-7) 式成立.

最后，为证在 (2) 中 $[p]_0 - [q]_0 = [p']_0 - [q']_0$ 的充分必要条件，只要转化为 $[p \bigoplus q']_0 = [p' \bigoplus q]_0$, 然后对 $p_0 = p \bigoplus q'$ 和 $q_0 = p' \bigoplus q$ 应用 (3) 中结论. 命题证毕.

例 7.1.14 为了说明对于无单位元 Banach 代数 A, 如何定义 $K_0(A)$, 我们这里先给出关于复数域 $\mathbf{C}$, $K_0(\mathbf{C}) = \mathbf{Z}$ 的一种证明 (事实上应该有多种证明):

注意到在有单位元的 Banach 代数 $A = \mathbf{C}$ 的特殊情况. $M_n(\mathbf{C})$ 就是复 n 阶数字矩阵, 由线性代数基本常识, 每个 $p \in P_n(\mathbf{C})$ 相似于标准单位块阵 $\mathrm{diag}(I_k, 0)$, $(k = 0, 1, \cdots, n)$, 其中秩 $p = k$. 于是应用相似的传递性，我们就知道，任意两个 $p, q \in P_n(\mathbf{C})$, $p \sim_s q$ 当且仅当秩 $p = k =$ 秩 q, $(k = 0, 1, \cdots, n)$.

推广到 $P_\infty(\mathbf{C}) = \bigcup_{n=1}^\infty P_n(\mathbf{C})$ 的情况也一样，对任意两个 $p, q \in P_\infty(\mathbf{C})$, 不妨设 $p \in P_m(\mathbf{C}), q \in P_n(\mathbf{C}), n \geqslant m$, 把 p 作 $n - m$ 阶零扩张后成为 $p' = \mathrm{diag}(p, 0_{n-m})$, 仍有 $p \sim q \Leftrightarrow p' \sim q \Leftrightarrow$ 秩 $p = k =$ 秩 q, $(k = 0, 1, \cdots, m)$.

于是存在一个 $V := P_\infty(\mathbf{C})/\sim$ 到非负整数 (按整数加法) 集所构成的亚群 $\mathbf{N}_0$ 的双射 $T: V = P_\infty(\mathbf{C})/\sim \to \mathbf{N}_0 = \{0, 1, 2, \cdots\}$, 而且显然 T 是一个保持零元的同构到上映射.

现在应用 K_0 作为协变函子的性质，可以说求 $K_0(\mathbf{C})$ 归结为求 $\mathrm{Gro}(\mathbf{N}_0)$, 很容易验证 $\mathrm{Gro}(\mathbf{N}_0, +) = \{m - n, m, n \in \mathbf{N}_0\} = \mathbf{Z}$, 这就证明了 $K_0(\mathbf{C}) = \mathbf{Z}$.

当然, 具体推证可以有多种变化. 例如, 应用注 7.1.6 的 (5), 我们完全也可以从代数等价 (上面是用相似, 甚至酉相似) 观点来说明秩 p 是 $p \in P_\infty(\mathbf{C})$ 的示性数: $p \in P_m(\mathbf{C}), q \in P_n(\mathbf{C}), p \sim_a q \Leftrightarrow$ 有 $R \in M_{m,n}(\mathbf{C}), S \in M_{n,m}(\mathbf{C})$, 使得 $p = RS$ 和 $q = SR \Leftrightarrow$ 秩 $p =$ 秩 q, 等等. 这正体现了命题 7.1.5 的统一性和多样性的优点.

思考 7.1.15 (1) 取 $\mathbf{N}_0 = \mathbf{N} \bigcup \{0\} = \{0, 1, 2, \cdots\}$, 按通常数的加法， $\mathbf{N}_0$ 成为交换亚群，求交换亚群 $(\mathbf{N}_0, +)$ 的泛群 (Grothendieck 群).

(2) 取 $M = \mathbf{N}_0 \bigcup \{+\infty\}$, 加法定义为如通常广义实数的加法，即对每个 $m \in \mathbf{N}_0$, $m + (+\infty) = +\infty$, 而 $\mathbf{N}_0$ 中的数相加如常，求交换亚群 $(M, +)$ 的泛群.

(3) (a) 把复数域 $\mathbf{C}$ 视为复 1 维空间，应用不同于例 7.1.14 的方法证 $K_0(\mathbf{C}) = \mathbf{Z}$(整数加群);

(b) 以复数域 $\mathbf{C}$ 有限生成投影 $\mathbf{C}$ 模的观点证明 $K_0(\mathbf{C}) = \mathbf{Z}$. (参见文献 [97]p163 例等);

(c) 求 $K_0(M_n(\mathbf{C}))$;

(d) 对 n 维复空间 X_n, 求 $K_0(B(X_n))$.

(4) 设 H 是可分无限维的复 Hilbert 空间，求证对于 Banach 代数 $A = B(H)$, $K_0(B(H)) = 0$.

(5) 自然数集 $\mathbf{N}$ 按通常数的乘法是一个交换亚群，问 $\mathbf{N}$ 的泛群是什么？又整数集 $\mathbf{Z}$ 按通常数的乘法作为一个交换亚群，问 $\mathbf{Z}$ 的泛群是什么？

4　A 无单位元时 $K_0(A)$ 的概念

由于对每个无单位元的代数 A, 总可以“添加单位元”为 $A^+ := A \bigoplus \mathbf{C}$, 其加法运算定义为“分别相加”，但其乘法运算则应理解为“交叉相乘”，即 $(x,\lambda)(y,\mu) = (xy + \lambda y + \mu x, \lambda\mu)$, 于是 A^+ 就有了单位元 $(0,1)$, 定义 A^+ 中元 (a,λ) 的范数 $\|(a,\lambda)\| := \|a\| + |\lambda|$.$A^+$ 含有子代数 $(A,0)$, 后者视为 A 的嵌入，因而也视 $A = (A,0)$ 为 A^+ 中的一个理想.

一种可能的思路是不妨就定义 $K_0(A) = K_0(A^+)$, 似乎很省事. 可惜此路不通：函子 $K_i(i = 0,1)$ 的协变要求保持一定条件下的 (如 6 项正合列中) 正合性. 为了揭示这一点，我们先接受一个基本事实，其中 $K_0(\mathbf{C}) = \mathbf{Z}$ 的证明见例 7.1.14 或思考 7.1.15 的 (3), $K_1(\mathbf{C}) = 0$ 的证明见例 7.1.29.

引理 7.1.16　$K_0(\mathbf{C}) = \mathbf{Z}$,　$K_1(\mathbf{C}) = 0$.

现在从短正合列

$$0 \to A \xrightarrow{i} A^+ \xrightarrow{\pi} \mathbf{C} \to 0 \tag{1-10}$$

出发，比照于前述函子 K_i 的宗旨 (保持一定条件下的正合性), 尤其保持可裂正合性 (就是当我们取定 $0 \in A$, 定义一个同态映射 $\theta : \mathbf{C} \to A^+$ 为 $\theta(\lambda) = (0,\lambda)$ 时，就有 $\pi \circ \theta = I_{\mathbf{C}}$), 就应该 (参照前述 (1-1) 式) 有正合列

$$\cdots \to K_1(\mathbf{C}) = K_1(A^+/A) \to K_0(A) \xrightarrow{i_0} K_0(A^+) \xrightarrow{\pi_0} K_0(A^+/A) = K_0(\mathbf{C}) \to 0, \tag{1-11}$$

其中最后一个零项是由于 K_0 函子对可裂短正合列 (1-10) 保持正合性，而 π 是满射，就导致 π_0 也是满射. 同样，让我们提前应用 $K_1(\mathbf{C}) = 0$ 的事实，就得到如下关于 K_0 函子的短正合列：

$$0 \to K_0(A) \xrightarrow{i_0} K_0(A^+) \xrightarrow{\pi_0} K_0(\mathbf{C}) \to 0. \tag{1-12}$$

这就使我们别无选择地应该定义

$$K_0(A) := \ker(\pi_0). \tag{1-13}$$

注 7.1.17 (1) 一个映射 $f : A \longrightarrow B$, 有"右逆"要比"满射"来得强. 函子 K_0 一般只保持"有右逆"(就如 π"可裂", 使之有右逆一样), 故 (1-11) 式中 π_0 得以是满射, 不要误以为函子对任何正合都保持, 这正是上面我们一再强调 K_i 只保持一定条件下的正合性的原因 (准确地说, K_0 一般不保持短正合, 但保持可裂正合; K_1 一般不保持短正合, 但保持强可裂短正合), 故所谓核心公式, 即 6 项循环正合列已经是在一般情况下的最佳境界了.

(2) 在 $A^+ = A \bigoplus \mathbf{C}$ 这种特殊情况, (1-10) 式中 π 的可裂性导致式 (1-11) 右末端为 0, 又提前用 $K_1(\mathbf{C}) = 0$ 得到 (1-12) 式. 我们强调从 (1-12) 式推出定义式 (1-13) 是"别无选择"有双重含义. 其一, (1-12) 式的前半部正合性决定应有 $\ker(\pi_0) = \operatorname{Im}(i_0)$(而后者 $\approx K_0(A)$), 故必然导致 (1-13) 式定义; 其二, 用 $K_0(\mathbf{C}) = \mathbf{Z}$ 结论的作用在于说明不允许当初幼稚的构想 $K_0(A) = K_0(A^+)$, 否则就从 (1-12)、(1-13) 式得出所谓同构性正合列

$$0 \longrightarrow K_0(A) = K_0(A^+) \longrightarrow K_0(\mathbf{C}) = \mathbf{Z} \longrightarrow 0,$$

就有对一切 Banach 代数 (无论有无单位元)A 都是 $K_0(A) = \mathbf{Z}$ 的荒诞且平庸结论.

至此, 问题显然不因强制地定义 $K_0(A) = \ker(\pi_0)$ 而圆满作结: 至少还要解决的新问题有: (1) 当 A 有单位元时, 按 $A^+ = A \bigoplus \mathbf{C}$ 后, 本来可定义的 $K_0(A)$ 与新 定义的 $K_0(A) = \ker(\pi_0)$ 是否一致? 如不一致, 则所谓"按下了葫芦冒出了个瓢". (2) $K_0(A)$ 在 A 无单位元时构成这么复杂, 能否给出好的一般元素表达式呢?

下面就圆满地作答. 先回答 (2).

命题 7.1.18 Banach 代数 A 无单位元时, $K_0(A)$ 中的每个元有 $[\widetilde{x} \bigoplus p_n]_0 - [p_n]_0$(对某个 $n \in \mathbf{N}$) 的形式, 其中 $\widetilde{x} \in M_{2n}(A)$,$p_n$ 是 $M_n(A^+)$ 的单位元.

证 按 $K_0(A) = \ker(\pi_0)$ 的定义, 注意到 $\pi_0 : K_0(A^+) \longrightarrow K_0(\mathbf{C}) = \mathbf{Z}$, 那么一个 $K_0(A)$ 中的元素有形式为 $[x]_0 - [y]_0$, 其中 $x, y \in P_\infty(A^+)$, 且要求 $\pi_0([x]_0 - [y]_0) = 0$. 如果 $x, y \in P_n(A^+)$, 则 $x \leq p_n, y \leq p_n$, 设 $x' \in P_{2n}(A^+)$, 它相似于 x 且与 $p_n - y$ 垂直 (由 x 可移动成对角块得到), 则 $x' \bigoplus (p_n - y)$ 和 p_n 都是幂等元且

$$[x' \bigoplus (p_n - y)]_0 - [p_n]_0 = [x']_0 + [p_n - y]_0 - ([p_n - y]_0 + [y]_0) = [x']_0 - [y]_0 = [x]_0 - [y]_0,$$

于是, 表明 $K_0(A)$ 中每个元都取适当 n 后表为 $[\overline{x}]_0 - [p_n]_0$ 的形式 (其中 $\overline{x} = x' \bigoplus (p_n - y)$), 且 $\pi_0([\overline{x}]_0 - [p_n]_0) = 0$.

另外, 一个 $x \in M_n(A^+)$ 可惟一地剥离为 (x_1, x_2), 其中 $x_1 \in M_n(A)$,$x_2 \in M_n(\mathbf{C})$, 后者称为 x 的数部 (标量部). 易知当 $x \in P_n(A^+)$ 时, $x_2 \in P_n(\mathbf{C})$. 要使

$\pi_0([x]_0-[p_n]_0)=0$, 就意味着 x 的标量部等价于 p_n. 现在, 对上面的 $\overline{x}\in M_{2n}(A^+)$, 我们可取一个可逆元 $u\in M_{2n}(\mathbf{C})$, 使得 $u^{-1}\overline{x}u$ 的数部等价于 p_n. 于是表述形式 $[\overline{x}]_0-[p_n]_0$ 就转化为 $[\widetilde{x}\bigoplus p_n]_0-[p_n]_0$ 形式, 其中 $\widetilde{x}\in M_{2n}(A)$, 命题证毕.

注 7.1.19 $x\in P_n(A^+)$ 的标量剥离也记为 $s_n(x)$(如文献 [216]), 甚且对无单位元的 Banach 代数 A, 就定义为

$$K_0(A):=\{[x]_0-[s_n(x)]_0:n\in\mathbf{N},x\in P_n(A^+)\}. \tag{1-14}$$

引理 7.1.20 如果 A 有单位元, 则 $A^+:=A\bigoplus\mathbf{C}\approx A\times\mathbf{C}$.

证 首先, $A\times\mathbf{C}$ 与 $A^+=A\bigoplus\mathbf{C}$ 的不同在于, 前者的乘法是各分量自乘 (不交叉) 来定义的. 其次, 映射 $T:A^+\longrightarrow A\times\mathbf{C}$ 由 $T(x,\lambda)=(x+\lambda e,\lambda)$ 确定, 则容易验证 T 实现了代数同构, 特别地, T 把 A^+ 中单位元 (0,1) 映射为 $A\times\mathbf{C}$ 中的单位元 $(e,1)$(诚如文献 [97]p168 中所言, 则 $A^+=A\bigoplus\mathbf{C}(1-e)$).

引理 7.1.21 设 A 与 B 是有单位元的 Banach 代数, 则 $K_0(A\bigoplus B)=K_0(A)\bigoplus K_0(B)$.

证 在 $A\bigoplus B$ 中, 当 (x,y) 相似于 (x',y') 时, 则 x 与 x',y 与 y' 分别在 A 与 B 中是相似的. 这说明 $V(A\bigoplus B)=V(A)\bigoplus V(B)$. 所需结果由 Grothendieck 群的定义不难得证.

现在我们圆满回答问题 (1), 用如下结果说明无论 A 是否有单位元, $K_0(A)$ 的定义都是一致的.

命题 7.1.22 设 A 是一个有单位元的 Banach 代数, 则从短正合列 $0\longrightarrow A\stackrel{i}{\longrightarrow}A^+\stackrel{\pi}{\longrightarrow}\mathbf{C}\longrightarrow 0$ 可导出 $K_0(A)=\ker(\pi_0)$, 其中 π 可视为 A^+ 到 $\mathbf{C}$ 的投影.

证 投影 $\pi:A^+\longrightarrow\mathbf{C}$ 是定义为 $(a,\lambda)\mapsto\lambda$. 由于 (a,λ) 对应于 $A\bigoplus\mathbf{C}$ 中的 $(a-\lambda,\lambda)$(通过引理 7.1.20 中的同构), 相应的 $A\bigoplus\mathbf{C}$ 上的投影是同一形式给出的. 另一方面, 映射 $\pi:A\bigoplus\mathbf{C}\longrightarrow\mathbf{C}$ 诱导一个映射 $\pi_0:K_0(A\bigoplus\mathbf{C})=K_0(A)\bigoplus K_0(\mathbf{C})\rightarrow K_0(\mathbf{C})$, 故其核 $\ker(\pi_0)=K_0(A)$.

注 7.1.23 不难说明, 对无单位元的 Banach 代数之间的同态, K_0 仍是一个函子, 即当 $\varphi:A\rightarrow B$(A,B 不管有无单位元), 都相应有一个同态 $\varphi^*:K_0(A)\rightarrow K_0(B)$, 验证从略.

5 关于 $K_1(A)$

对给定一个有单位元的 Banach 代数 A, 设 $G_n(A)\subseteq M_n(A)$ 为 n 阶可逆元全体. 类似于 $P_n(A)$ 到 $P_{n+1}(A)$ 的 "零扩张", 我们用 $x\mapsto\operatorname{diag}(x,1_A)$ 确定一种 $G_n(A)$ 到 $G_{n+1}(A)$ 的 "1 扩张", 于是把 $G_n(A)$ 嵌入 $G_{n+1}(A)$, 进而得到极限 $G_\infty(A)=\bigcup_{n=1}^{\infty}G_n(A)$.

对给定一 $x\in A$, 我们可以定义 $\exp(x)$, 如通常幂级数一样, 当然收敛. 一般说

来 $\exp(x+y)=\exp(x)\exp(y)$ 只在 $x\smile y$(表示 $xy=yx$, 下同) 时成立. 对 $\|x\|<1$, 也如通常定义收敛幂级数 $\ln(1+x)$, 且很容易验证 $\exp(\ln(1+x))=(1+x)$.

K_1 的定义要比 K_0 简单多了，尽管如此，也还需要如下两个引理作准备.

引理 7.1.24 设 A 是有单位元的 Banach 代数，则 $G(A)$ 的主分量，即单位元 1 所在的分支是由形如 $\exp(x)$, $x\in A$ 的有限个乘积组成的. 记这个主分量为 $G_1^0(A)=\{\exp(x_1)\exp(x_2)\cdots\exp(x_n): x_i\in A, i\in \mathrm{N}\}$.

证 假设有一从 1 到 μ 的可逆元的道路，由标准紧连续映射性质，就可取到可逆元列 $1=\mu_0,\mu_1,\cdots,\mu_r=\mu$ 使得 $\|1-\mu_{i-1}^{-1}\mu_i\|<1$, 对每一 i 成立. 于是通过定义 $x_i=\ln(\mu_{i-1}^{-1}\mu_i)$, 就可有 $\mu=\exp(x_1)\cdots\exp(x_r)$, 详尽推导见文献 [97] 的定理 1.3.7 的证明.

注意到 $G_n(A)$ 作为有单位元的 Banach 代数，我们又可记 $G_n^0(A)$ 作为 $G_n(A)$ 中的主分量，且引理当然对 $G_n^0(A)$ 也成立.

引理 7.1.25 设 A 与 B 是有单位元的 Banach 代数，φ 是 A 到 B 的连续同态满射，则每个 $G_n^0(B)$ 中的元可提升为 $G_n^0(A)$ 的元.

证 设 $\nu\in G_n^0(B)$, 把 ν 表为形如 $\exp(y_i)$ 的乘积，提升每个 y_i 到 $x_i\in M_n(A)$, 则 $\exp(x_i)$ 的乘积被射为 ν, 前者在 $G_n^0(A)$ 中.

注 7.1.26 当对某个 A 的理想 I, 取 B 为 A/I 时，上述引理特别有用.

当我们认定两个 $G_\infty(A)$ 的元处于同分支, 就是对某个 n(需要的话用“1 扩张”实现), 它们在 $G_n(A)$ 中处于同分支.

现在, 定义 $K_1(A)=G_\infty(A)/G_\infty^0(A)$, 如果 A 无单位元, 就简单地定义 $K_1(A)=K_1(A^+)$. 不必担心有什么麻烦，因为 $K_1(\mathbf{C})=0$, 后者不难从验证 $G_\infty(\mathbf{C})$ 本身是连通集这一事实可得出.

$K_1(A)$ 有一个容易验证的基本事实： $K_1(A)$ 是交换群. 此由 $[x][y]=[xy]=[\mathrm{diag}(xy,1)]=[\mathrm{diag}(x,1)\mathrm{diag}(y,1)]$, 然后如命题 7.1.5 证明的方法, 我们证明 $\mathrm{diag}(y,1)$ 与 $\mathrm{diag}(1,y)$ 连通，说明 $[xy]=[\mathrm{diag}(x,y)]$. 类似地，我们可说明 $[y][x]=[yx]=[\mathrm{diag}(y,x)]$.

6 $K_1(A/I)$ 到 $K_0(I)$ 的指标映射

设 I 是 Banach 代数 A 的一个理想，这里的指标是算子的 Fredholm 指标的推广. 当 $A=B(H)$,I 取紧算子理想 $K(H)$ 时，我们熟知 A/I 中的每个可逆元的原象就是一个有完全确定指标的 Fredholm 算子，并且，主分量 $G_1^0(A/I)$ 的原象对应于指标为零的 Fredholm 算子集合.

首先注意到 $I=K(H)$ 时， $K_0(I)=\mathbf{Z}$. 这是由于 I 是有限秩算子的闭包，可以用基于考虑 $\mathbf{C}$ 一样得出 $K_0(I)=K_0(\mathbf{C})=\mathbf{Z}$, 那么应当有若干途径说明 $K_1(A/I)$

到 $K_0(I)$ 的指标映射. 下面一例应是比较自然的.

设 $[x]\in K_1(A/I)$,$x\in G_n((A/I)^+)$, 我们本想把 x 提升到 $G_n(A^+)$ 中的元，但一般不能. 取代方法是取一个形如 $\mathrm{diag}(x,y)$(例如取 $\mathrm{diag}(x,x^{-1})$), 它就在 $G^0_{m+n}((A/I)^+)$ 中, 于是再把它提升为 (根据引理 7.1.25) $G^0_{m+n}(A^+)$ 中的元 u. 设 $\pi: G_\infty(A^+)\longrightarrow G_\infty((A/I)^+)$ 是商映射 (注意到 $(A/I)^+$ 同构于 A^+/I), 存在 $w\in G_{m+n}(A^+)$, 使得 $\pi(w)=u$, 则 $\pi(wp_nw^{-1})=p_n$, 那么 wp_nw^{-1} 是 I^+ 中一元, 且 wp_nw^{-1} 是幂等的. 我们现在就定义

$$\delta_1[x]:=[wp_nw^{-1}]_{\circ}-[p_n]_{\circ}\in K_0(I).$$

还有如下许多工作要做: 验证 δ_1 不依赖于 $[x]$ 的表示, y 的选取, $\mathrm{diag}(x,y)$ 的提升, 最后验证 δ_1 是群同态, 等等. 并且最终有如本节前言中所勾勒的 (即如前面所示的 (1-1) 或 (1-2) 式中相关的) 正合关系. 具体地, 按我们的处理, 先验证指标映射 δ_1 是完全确定, 而后说明如下

引理 7.1.27 $\delta_1: K_1(A/I)\longrightarrow K_0(I)$ 是群同态.

应用事实: 在 $K_1((A/I)^+)$ 中 $[xy]=[\mathrm{diag}(x,y)]$ 以及事实: 提升不依赖 y 的选取, 就容易得出引理的证明, 从略.

7 6 项循环正合列的证明

6 项循环正合列的证明相当复杂: 在完成 $K_0(A)$ 处, $K_0(I)$ 处以及 $K_1(A/I)$ 处的正合性证明后, 归结为证明 $K_2=K_0$, 这就是著名的 Bott 周期性定理. 本书从略, 建议读者参考文献 [218] 的完全证明, 或者文献 [97] 的严格推证.

为了熟悉 K_1 群的求法, 我们也举最基本的 $K_1(\mathbf{C})$ 为例. 为此, 先给出如下今后常用的一个引理

引理 7.1.28 (1) 考虑矩阵代数 $M_n(A)$ 中可逆群 $G(M_n(A)$, 也简记为 $G_n(A)$. $G(M_n(C))$ 的单位矩阵 I_n 所在的分支 (即主分量) 记为 $G^0_n(\mathbf{C})$, 则如下通称的三种初等变换矩阵 $E_n(\alpha)_k$,$E_n(k\smile l)$ 和 $E_n((i,j))$ 都在 $G^0_n(\mathbf{C})$ 中.

其中, 倍行 (列) 矩阵

$$E_n(\alpha)_k=\begin{pmatrix}1&&&&&&\\&\ddots&&&&0&\\&&1&&&&\\&&&\alpha&&&\\&&&&1&&\\&0&&&&\ddots&\\&&&&&&1\end{pmatrix}=(c_{ij})_{n\times n},$$

$$\begin{cases} c_{ij}=0, & 1\leqslant i\neq j\leqslant n;\\ c_{kk}=\alpha\neq 0, & 1\leqslant k\leqslant n,\ \alpha\in\mathbf{C};\\ c_{ii}=1, & i\in\{1,\cdots,n\}\backslash\{k\}.\end{cases}$$

互换行列矩阵:

$$E_n(k\smile l)=$$

$$\begin{matrix} \\ \\ \\ k- \\ \\ l- \\ \\ \\ \\ \end{matrix}\begin{pmatrix} 1 & & & & & & & \\ & \ddots & & & & & 0 & \\ & & 1 & & & & & \\ & & & 0 & 1 & & & \\ & & & & 1 & & & \\ & & & 1 & 0 & & & \\ & & & & & 1 & & \\ & 0 & & & & & \ddots & \\ & & & & & & & 1 \end{pmatrix}=(c_{ij})_{n\times n},$$

$$\begin{cases} c_{ii}=1, & i\in\{1,\cdots,n\}\backslash\{k,l\};\\ c_{kl}=c_{lk}=1, & k\neq l;\\ \text{其余各项为零}. \end{cases}$$

i 行 (列) 加到 j 行 (列) 矩阵 : $E_n((i,j))=I_n+\alpha e(i,j)$, 其中 $e(i,j)$ 是一个只在 $c_{ij}=1$, 其余各 $c_{kl}=0$ 的 n 阶数字矩阵, $\alpha\in\mathbf{C}$.

(2) 初等变换不改变矩阵 $(a_{ij})\in G_n(A)$ 在 $G_n(A)/G_n^0(A)$ 中的等价类.

引理 7.1.28 的证明见文献 [97] 的 §4.3.

例 7.1.29 $K_1(\mathbf{C})=0$.

证 只要证明对每个 $n\in\mathbf{N}$,$G_n(\mathbf{C})$ 是平凡的: $G_n(\mathbf{C})=G_n^0(\mathbf{C})$. 由高等代数可知, 每个 n 阶可逆矩阵 $(a_{ij})_{n\times n}\in G_n(\mathbf{C})$ 都可以通过初等变换过渡到单位矩阵, 而由上面的引理立即可知 (a_{ij}) 与单位矩阵属于同一个分支, 故 $G_n(\mathbf{C})=G_n^0(\mathbf{C}),K_1(\mathbf{C})=0$.

思考 7.1.30 (1) 用你自己认为适合的方法, 再次求 $K_1(\mathbf{C})$;

(2) 求 $K_1(M_n(\mathbf{C}))$;

(3) 求 $K_1(B(H))$, 这里 $B(H)$ 是复可分 Hilbert 空间上连续线性算子全体构成的 Banach 代数;

(4) $B(X_n)$ 是 n 维复 Banach 空间上线性算子全体构成的 Banach 代数, 求 $K_1(B(X_n))$;

(5) $B(H)$ 记号同上 (3),$K(H)$ 表示 $B(H)$ 中紧算子理想, 求 $K_1(K(H))$;

(6) 证明 K_1 函子不仅是协变的，而且有同伦不变性.

思考 7.1.31 (1) 设 A 和 B 是两有单位元的 Banach 代数，是否有 $K_1(A \bigoplus B) = K_1(A) \bigoplus K_1(B)$? 这个问题可与前面引理 7.1.21 关于 K_0 有相应“可加性”结果相联系.

(2) 如果不设 A 或 B 有单位元， K_0 或 K_1 的上述“可加性”又如何？

§7.2 Banach 空间上算子代数 K 理论基础

上一节我们对一般 Banach 代数的 K 理论作了概述. 本节开始对特殊的 Banach 代数 ——Banach 空间 X 上连续线性算子构成的 Banach 代数 $B(X)$ 的情况进行探讨. 当然，我们以下不加说明时，都是认定 X 指无限维的复 Banach 空间. 这是因为有限维情况已属平凡熟知的结果： $K_0(B(X_n)) = \mathbf{Z}$和$K_1(B(X_n)) = 0$(见思考 7.1.15 的 (3) 以及 7.1.30 的 (4)).

本节需要广义算子理想，特别是非本性算子理想 $\mathbb{J}$ 及其子类 (理想): 严格奇异算子理想 $\mathbb{S}$ 和严格余奇异算子理想 $\mathbb{SC}$ 等概念，也需要空间不可比等基本概念，它们在 §3 和 §4 中都有过介绍.

现在，让我们来考察：对 $B(X)$ 求 K 群的特殊性.

我们熟知，对于闭子空间 $X_i \subseteq X, i = 1, 2, \cdots, n$, 当 $X_1 \bigoplus \cdots \bigoplus X_n \subseteq X$ 是 n 个直和块时，它作为 X 的子空间，与这 n 个空间的笛卡儿积 (Cartesian product) $(X_1 \times X_2 \times \cdots \times X_n)$ 是同构的. 这里对 $(x_1, \cdots, x_n) \in X_1 \times \cdots \times X_n$ 一般取 l_∞^n 范数较为简便，即 $\|(x_1, \cdots, x_n)\| := \max\limits_{1 \leqslant i \leqslant n} \|x_i\|$(当然也不妨取 l_p^n 范数，例如 $p = 1$时, $\|(x_1, \cdots, x_n)\|_1 := \sum_{i=1}^n \|x_i\|$). 那么，一般对于 n 个 Banach 空间 $X_1, \cdots, X_n$, 我们也沿用比较方便的直和记号 $\bigoplus_{i=1}^n X_i$ 来表示笛卡儿积 $(X_1 \times \cdots \times X_n)_\infty$, 今后不再说明. 这时候由于各 X_i 不再同属于某个 X 的子空间， $x_1 + \cdots + x_n$ 就没有意义了 ,$\bigoplus_{i=1}^n X_i$ 中的加法只能是 $(x_1, \cdots, x_n) + (y_1, \cdots, y_n) = (x_1 + y_1, \cdots, x_n + y_n)$. 当各 X_i 同为某 X 时，简记 $X^n := \bigoplus_{i=1}^n X_i = \underbrace{X \times \cdots \times X}_{n}$, 有时也简称 X^n 为 X 的 n 次方.

回顾定义 4.2.1, 记号 $Y \prec X$ 表示 Banach 空间 Y 与 Banach 空间 X 的一个可补子空间同构，或也称 Y 可补地嵌入 X. 称 X(平方) 可卡，如果 $X^2 = X \times X \prec X$, 而 $X^2 = X \times X$ 与 X 同构时，称 X 是等可卡的.

例 7.2.1 (1) 经典序列空间 $c_0, l_p(1 \leqslant p \leqslant \infty)$ 是等可卡的.

(2) 经典函数空间 $L_p[0,1](1 \leqslant p \leqslant \infty)$ 和 $C(K)$ 是等可卡的，其中 K 是一个无限的紧度量空间.

以上事实或见于本书第 1 章有关论述，或见于文献 [216] 中所指明的出处.

(3) Figiel 空间 F_{ig} 是第一例自反而非等可卡空间，由于后面例 7.5.12 还要用到其特殊结构性质，简介如下：

取定 $p>1$, 以及一列严格单调减少实数列 $\{p_i\}$, 使得 $\max(2,p) <\lim p_i$, 而后适当选取自然数列 $n_i\to\infty$, 构造出

$$\text{Fig}:=\left(\sum_{i=1}^{\infty}\bigoplus l_{p_i}^{n_i}\right)_p=\left\{x=(x_i)|x_i\in l_{p_i}^{n_i},\sum\|x_i\|^{p_i}<\infty,i=1,2,\cdots\right\}.$$

其中，每个 $x=(x_i)\in$Fig 的范数定义为 $\|x\|:=\left(\sum\|x_i\|^{p_i}\right)^{1/p}$. 详见文献 [197].

(4) James 空间是典型的非自反非等可卡空间.

(5) 不可分解空间类显然是非可卡空间类.

回顾 (定义 1.2.30) 称 Banach 空间 X 是素的，如果其每个可补 (无限维、闭) 子空间都与 X 同构；称 Banach 空间 X 是准素的，如果对每一拓扑直和分解 $X=X_1\bigoplus X_2$, 都有某个 $X_i(i=1或2)$ 与 X 同构.

例 7.2.2　(1) 经典序列空间 $c_0, l_p(1\leqslant p\leqslant\infty)$ 是素的 (更是准素的).

(2) 经典函数空间 $L_p[0,1](1\leqslant p\leqslant\infty)$ 和 $C(K)$ 都是准素的.

以上事实或见于本书第 1 章有关论述或见于文献 [216] 中所指明的出处.

(3) 一种构造一大类非准素空间的方法：如果 X 与 Y 是不可比的，则 $X\bigoplus Y$ 显然是非准素的. 特别地 , $l_p\bigoplus c_0(1<p<\infty), l_p\bigoplus l_q(1<p\neq q<\infty)$ 都是典型的非准素空间.

(4) 不与其超平面同构的 Banach 空间都是非准素的，特别地，不与其任何一个真子空间同构的 Banach 空间都是非准素的，例如，我们前述的三种典型 G-M 型空间 H.I.,Q.I. 和 Q.H.I. 以及它们的外延 H.F.D.$=\bigcup\limits_{n=1}^{\infty}HD_n$ 和 Q.F.D.$=\bigcup\limits_{n=1}^{\infty}QD_n$ 等.

问题 7.2.3　不可分解空间都是非准素的吗？

请考虑一个典型的例子，它是我们在例 6.2.59 提到过的 G-M 应用右移位展形算子生成的恰当集，由 G-M 基本定理 1 构造出的 X_{GM_2}—— 移位空间. 它非 H.I. 空间，但是素空间. 另也可以考虑 Ferenczi 空间的共轭空间 X_F^*.

让我们回到乘积空间之间算子的概念. 对于算子组 $T_i\in B(X_i,Y_i)(i=1,\cdots,n)$, 我们相应地定义

$$T_1\bigoplus\cdots\bigoplus T_n:\bigoplus_{i=1}^n X_i\to\bigoplus_{i=1}^n Y_i,(x_1,\cdots,x_n)\mapsto(T_1x_1,T_2x_2,\cdots,T_nx_n).$$

显然，这是一个连续线性算子.

更一般地，对两组给定的 Banach 空间 $X_1,\cdots,X_n$ 与 $Y_1,\cdots,Y_m$(未必 $n=m$), 在算子 $T\in B(\bigoplus_{i=1}^n X_i,\bigoplus_{j=1}^m Y_j)$ 与 $(m\times n)$ 阶算子矩阵 $(T_{kl})_{k,l=1}^{m,n}$ (其中 $T_{kl}\in B(X_l,Y_k)$) 之间有一一对应.

命题 7.2.4　对于一个 (广义) 算子理想 $\mathbb{A}, T\in\mathbb{A}(\bigoplus_{i=1}^n X_i,\bigoplus_{j=1}^m Y_j)$ 当且仅当每个 $T_{kl}\in\mathbb{A}(X_l,Y_k)$.

证 只要注意到实际上这里的 $T_{kl} = P_kTi_l(1 \leqslant l \leqslant n, 1 \leqslant k \leqslant m)$,$i_l$ 是 X_l 到 $\bigoplus_{i=1}^n X_i$ 的嵌入，P_k 是 $\bigoplus_{j=1}^m Y_j$ 到 Y_k 的投影，应用广义算子理想的吸收性与加法封闭性立即得知.

需要注意的是，当 A 是一个有单位元的 Banach 代数时，以 A 中元素构成的 n 阶方阵全体 $M_n(A)$, 作为 $B(A^n)$ 的闭子代数 (请读者思考，为何一般 $M_n(A) \neq B(A^n)$?); 而我们可以视 $B(X^n, X^m) = M_{m,n}(B(X))$, 特别地 $B(X^n) = M_n(B(X))$. 现在问：对 $T \in M_n(B(X))$ 按 $B(X^n)$ 中的元赋范是否等价于按 $B[(B(X))^n]$ 中的元赋范？答案肯定，证明留给读者.

下面的结果典型地表现出 Banach 空间上算子代数 K 理论的特殊性.

命题 7.2.5 设 X 是一个复 Banach 空间, 作为特殊的 Banach 代数 $B(X)$, 则:

(1) $P, Q \in P_\infty(B(X))$, 有等价关系 $P \sim Q$ 当且仅当算子值域 $R(P)$ 与 $R(Q)$ 同构;

(2) $[P]_0 - [Q]_0 = 0$ 当且仅当对某个 $k \in N, R(P) \bigoplus X^k \approx R(Q) \bigoplus X^k$.

证 (1) 设 I_P 与 I_Q 分别表示 $R(P)$ 与 $R(Q)$ 到 X^n 中的包含映射, 如果 $P = BA$ 与 $Q = AB$, 对某 $A, B \in M_n(B(X))$, 则易知 QAI_P 是一个 $R(P)$ 到 $R(Q)$ 的同构，有逆映射 PBI_Q. 反之，如果 $U : R(P) \to R(Q)$ 是同构，有逆元 V, 则易知 $P = (I_PVQ)(I_QUP), Q = (I_QUP)(I_PVQ)$.

(2) 如果 $[P]_0 - [Q]_0 = 0$ 依前述命题 7.1.13, 应有某个 $k \in \mathbf{N}$, 与投影 $R \in P_k(B(X)) = P_1(B(X^k))$, 使得在 $V = P_\infty(B(X))/\sim$ 中

$$[P] + [R] = [Q] + [R],$$

等式两边加上 $[I_k - R]$, 应用命题 7.1.13 中的 (1-8) 式，得 $[P] + [I_k] = [Q] + [I_k]$, 也就是 $P \bigoplus I_k \sim Q \bigoplus I_k$. 用以上证过的 (1), 这等价于 $R(P \bigoplus I_k) \approx R(Q \bigoplus I_k)$, 故显然 $R(P) \bigoplus X^k \approx R(Q) \bigoplus X^k$.

反之 ,$R(P) \bigoplus X^k \approx R(Q) \bigoplus X^k$, 由 (1) 等价于 $\text{diag}(P, I_k) \sim \text{diag}(Q, I_k)$, 由命题 7.1.13 中 (3) 的 (1-7) 式，已证 $[P]_0 = [Q]_0$, 证毕.

现在，我们开始讨论空间的等可卡性与准素性如何影响着 K_0 群 $K_0(B(X))$ 的结构.

命题 7.2.6 如果对某自然数 $n, k \in \mathbf{N}$,Banach 空间 X 的 n 次方 $X^n \approx X^{n+k}$, 则 $K_0(B(X)) = \{[P]_0 - [Q]_0 : P, Q \in P_n(B(X))\}$.

证 注意到 $B(X)$ 是有单位元的 Banach 代数. 由 K_0 群的元素构成的一般式 (1-5) (命题 7.1.13),$K_0(B(X)) = \{[P]_0 - [Q]_0 : P, Q \in P_\infty(B(X))\}$, 只要证明对每个 $P \in P_m(B(X))$, 存在一个投影算子 $P' \in P_n(B(X))$ 使 $P \sim P'$, 为此，取 $j \in \mathbf{N}$, 使得$n + jk \geqslant m$, 由 $X^n \approx X^{n+k} \approx X^{n+jk}$ 的条件，就用命题 7.2.5 的 (1), 应有 $I^{(n+jk)} \sim I^{(n)}$, 这又等价于有算子 $R \in M_{n+jk,n}(B(X))$和$T \in M_{n,n+jk}(B(X))$ 使

得 $RT = I^{(n+jk)}$ 和 $TR = I^{(n)}$ (参见注 7.1.6 的 (5)), 令 $P' := T(P \bigoplus 0)R$, 则易知 $P' \in P_n(B(X))$, 并且 $P' \sim P \bigoplus 0 \sim P$, 已证所需.

命题 7.2.7 若 Banach 空间 X 是准素的，且 $X \approx X^2$, 则 $K_0(B(X)) = 0$.

证 首先证明作为特殊的投影算子 $I \in P_1(B(X))$, 在 $K_0(B(X))$ 中有 $[I]_0 = 0$. 注意到 $X \approx X^2$, 故 $I^{(2)} \sim I$, 于是 $[I]_0 = [I^{(2)}]_0 = [I]_0 + [I]_0$, 故 $[I]_0 = 0$.

由上面命题 7.2.6, 只需证对每个 $P \in P_1(B(X)), [P]_0 = 0$. 如果 $R(P) \approx X$, 则已有 $[P]_0 = [I]_0 = 0$, 否则由 X 的准素性，必有 $R(I-P) \approx X, [I-P]_0 = [I]_0 = 0$. 于是由命题 7.1.13 中的 (1-8) 式 ,$[P]_0 = [I]_0 - [I-P]_0 = 0$, 证毕.

例 7.2.8 对经典 Banach 空间 $X = c_0, l_p, L_p[0,1](1 \leqslant p \leqslant \infty), C(K)$ 等，都有 $K_0(B(X)) = 0$, 这是由于它们无一例外地满足等可卡与准素性 (见例 7.2.1 和例 7.2.2).

命题 7.2.7 所引发的关于 $K_0(B(X)) = 0$ 的条件的讨论是很吸引人的专题，有关问题及部分结果，我们置于本章最后一节讨论.

现在，我们给出上述经典 Banach 空间 X 也都有 $K_1(B(X)) = 0$ 的基本事实，它们统一表现在如下命题中.

命题 7.2.9 如果 Banach 空间 $X \approx X^2$, 且 $B(X)$ 中的可逆元群 $G_1(B(X))$ 是连通的，则 $K_1(B(X)) = 0$.

证 由 $X \approx X^2$ 导致对任何 $n \in \mathbf{N}, X \approx X^n$, 于是 $G_1(B(X))$ 的连通性，就导致了每个 $n, G_n(B(X)) = G_1(B(X^n)) \approx G_1(B(X))$ 的连通性. 由 $K_1(B(X))$ 的定义， $K_1(B(X)) = 0$.

例 7.2.10 经典 Banach 空间 $X = c_0, l_p, L_p[0,1](1 \leqslant p \leqslant \infty), C(K)$ 等都有 $K_1(B(X)) = 0$. 这些空间上可逆算子的连通性的相关出处在文献 [216] 也都有一一开列.

作为 Banach 空间上算子代数 K 理论，还有一些从 C^* 代数移植来的概念和工具，以及算子谱理论的一些常用知识. 我们选取一些作介绍.

定义 7.2.11 设 A 是一个 (有单位元的)Banach 代数，那么

(1) 如果 A 的可逆元集 $G(A)$ 在 A 中稠密，就称 A 有稳定秩 1(stable rank 1) 记为 $\mathrm{sr}(A) = 1$.

(2) 如果对满足如下关系的任意 4 个幂等元 : $e \perp g, f \perp h, e \sim_a f, e+g \sim_a f+h$, 蕴涵 $g \sim_a h$, 则称 A 有 (关于幂等元的) 消去律.

(3) 如果 $P(A)$ 中 $e \leqslant f, e \sim_a f$ 时蕴涵 $e = f$, 则称 A 是有限的；如果对每个 $n \in \mathbf{N}, M_n(A)$ 都是有限的，则称 A 是稳定有限的.

命题 7.2.12 (1) 有单位元的 Banach 代数 A 有稳定秩 1 时，则有消去律;

(2) Banach 代数 (未必有单位元) 有消去律时必是稳定有限的;

(3) A 是有单位元 1 的 Banach 代数时 ,A 是有限的等价于不存在真幂等元与 1 代数等价;

(4) Banach 代数 A 有消去律当且仅当半群 $V(A)$ 有消去律 (故也等价于对每个 $n, M_n(A)$ 有消去律).

命题 7.2.12 见于文献 [219] 的 p40 ~ 43.

命题 7.2.13 设 A 是有单位元的 Banach 代数, 则下述等价:

(1) A 有稳定秩 1;

(2) 对某个 $n \in \mathbf{N}, M_n(A)$ 有稳定秩 1;

(3) 对于任意 $n \in \mathbf{N}, M_n(A)$ 有稳定秩 1.

证 (2) $\Rightarrow$ (1) 已知对于某个 $n+1 \in \mathbf{N}, M_{n+1}(A)$ 有稳定秩 1, 故对于任意 $t \in A, \begin{pmatrix} t & 0 \\ 0 & I_n \end{pmatrix} \in M_{n+1}(A)$, 任意给定 $1 > \epsilon > 0$, 存在 $\begin{pmatrix} a & B \\ C & D \end{pmatrix} \in G_{n+1}(A)$, 使得 $\left\| \begin{pmatrix} a & B \\ C & D \end{pmatrix} - \begin{pmatrix} t & 0 \\ 0 & I_n \end{pmatrix} \right\| < \epsilon$, 于是有 $\|t-a\| < \epsilon, \|B\| < \epsilon, \|C\| < \epsilon, \|D - I_n\| < \epsilon$, 故 D 在 $M_n(A)$ 中可逆, 又由 $\|D - I_n\| < \epsilon, \|D^{-1}\| < (1-\epsilon)^{-1}$. 再由 $\begin{pmatrix} 1 & -BD^{-1} \\ 0 & I_n \end{pmatrix} \begin{pmatrix} a & B \\ C & D \end{pmatrix} \begin{pmatrix} 1 & 0 \\ -D^{-1}C & I_n \end{pmatrix} = \begin{pmatrix} a - BD^{-1}C & 0 \\ 0 & D \end{pmatrix} \in G_{n+1}(A)$

故 $a - BD^{-1}C \in G(A)$, 于是由

$$\|t - (a - BD^{-1}C)\| \leqslant \|t-a\| + \|BD^{-1}C\| \leqslant \epsilon(1-\epsilon)^{-1}.$$

即 A 有稳定秩 1.

(1) $\Rightarrow$ (3) 用数学归纳法证明.

已知 $n=1$ 时成立.

假设对 $n=k$ 时, 命题成立, 则当 $n=k+1$ 时, 给定 $\begin{pmatrix} a & B \\ C & D \end{pmatrix} \in M_{k+1}(A)$, 其中 $D \in M_k(A), a \in A$, 对于任意 $\epsilon > 0$, 存在 $a_0 \in G(A)$, 使得 $\|a_0 - a\| < \epsilon$. 已知 $n=k$ 时 ,$M_k(A)$ 有稳定秩 1, 故对 $D - Ca_0^{-1}B \in M_k(A)$, 存在 $D_0 \in G_k(A)$, 使得 $\|D_0 - (D - Ca_0^{-1}B)\| < \epsilon$, 令 $D' = D_0 + Ca_0^{-1}B$, 则 $\begin{pmatrix} a_0 & B \\ C & D' \end{pmatrix} = \begin{pmatrix} I & 0 \\ Ca_0^{-1} & I_k \end{pmatrix} \begin{pmatrix} a_0 & B \\ 0 & D_0 \end{pmatrix}$ 在 $M_{k+1}(A)$ 中可逆, 又

$$\left\| \begin{pmatrix} a_0 & B \\ C & D' \end{pmatrix} - \begin{pmatrix} a & B \\ C & D \end{pmatrix} \right\| = \left\| \begin{pmatrix} a_0 - a & 0 \\ 0 & D' - D \end{pmatrix} \right\| \leqslant \|a_0 - a\| + \|D' - D\| < 2\epsilon.$$

即 $G_{k+1}(A)$ 在 $M_{k+1}(A)$ 中稠密 ,$M_{k+1}(A)$ 有稳定秩 1.

(3) $\Rightarrow$ (2) 显然成立.

命题 7.2.14 设 A 是有单位元 Banach 代数, 则下面各叙述等价:

(1) A(关于幂等元) 有消去律;

(2) 若 $e \sim_a f$, 则 $1-e \sim_a 1-f$;

(3) 若 $e \sim_a f$, 则 $e \sim_s f$.

证 (1) $\Rightarrow$ (2) 已知 $e \sim_a f$, 令 $g = 1-e, h = 1-f$, 则有 $e \perp g, f \perp h$ 且 $e+g = 1 \sim_a 1 = f+h$, 由于 A 满足幂等元消去律, 由定义 7.2.11 知 ,$1-e = g \sim_a h = 1-f$.

(2) $\Rightarrow$ (1) 设已知 $e,f,g,h \in P(A), e \perp g, f \perp h, e \sim_a f, e+g \sim_a f+h$, 由 (2) 知 $1-e-g \sim_a 1-f-h$, 由定义 7.1.1 知存在 $x_1,x_2,y_1,y_2 \in A$, 使得 $x_1y_1 = e, y_1x_1 = f, x_2y_2 = 1-e-g, y_2x_2 = 1-f-h$, 令 $x_1' = ex_1f, y_1' = fy_1e, x_2' = (1-e-g)x_2(1-f-h), y_2' = (1-f-h)y_2(1-e-g)$, 则 $(x_1'+x_2')(y_1'+y_2') = 1-g, (y_1'+y_2')(x_1'+x_2') = 1-h$, 即 $1-g \sim_a 1-h$, 再由 (2) 知 $g \sim_a h$.

(2) $\Leftrightarrow$ (3) 见命题 7.1.3 中的 (2).

命题 7.2.15 设 A 是一个有单位元的复 Banach 代数, 如果每个 $a \in A$, 其谱 $\sigma(a)$ 都至多可数, 则 A 有稳定秩 1.

证 这是很容易证明的事实: 每个 $a \in A$, 由于 $\sigma(a)$ 至多可数, 则必存在一列 $\lambda_n \in \mathbf{C}$, 使得 $a-\lambda_n \in G(A), \lambda_n \to 0$, 则 $a-\lambda_n \to a$, 证毕.

思考 7.2.16 A 有稳定秩 1 与命题 7.2.9 中所述 $G_1(A)$ 是连通的有何联系? 请考虑取 A 为可分 Hilbert 空间 l_2 上算子代数 $B(l_2)$ 时的情况.

§7.3 某些算子理想的 K 群及到 G-M 型空间中的应用

本节是充分展示 G-M 成果开创 Banach 空间上算子代数 K 理论新格局的一道风景线: 有了 H.I.,Q.I. 和 Q.H.I. 等新型结构的 Banach 空间 —— 有了 $B(X) = S(X) \bigoplus \mathbf{C}I$, $B(X) = SC(X) \bigoplus \mathbf{C}I$ 等特殊的算子构成 —— 必然打破一般经典 Banach 空间 $K_i(B(X)) = 0 (i=0,1)$ 的平庸格局. 当 $X \in$ H.I.,Laustsen 证明 $K_0(B(X)) = K_0(S(X)) \bigoplus K_0(\mathbf{C}) = \mathbf{Z} \bigoplus \mathbf{Z} = \mathbf{Z}^2$, 我们则证明对 $X \in$ Q.I., 也有 $K_0(B(X)) = K_0(SC(X)) \bigoplus K_0(\mathbf{C}) = \mathbf{Z}^2$. 进而通过空间的 "混合叠加" 方法, 可以构造出各种 Banach 空间 X, 使 $K_i(B(X)) (i=0,1)$ 是各种丰富的交换群.

如上分析, 突破口在于求出某些算子理想的 K 群. 在 Laustsen 和 Zsak 求出含于严格奇异算子理想 S 的算子理想的 K 群的基础上, 我们则进一步推广到可求出每个含于黎斯算子类中的算子理想的 K 群. 本书前面的内容已经让我们了解这一推广的意义: 除了严格奇异算子理想 S, 还适用严格余奇异算子理想 SC, 非本性算子理想 J 等等, 它们都是含于黎斯算子类的.

除了在上面 §7.2 中的基本工具外, 我们还需做一些准备.

命题 7.3.1 设 A 是有单位元的复 Banach 代数, 可逆元 $a \in G(A)$ 的谱是一个至多可数集, 则 $a \in G^0(A)$(可逆元群 $G(A)$ 的主分量), 即 a 处于含单位元的那个连通分支中.

证 由于 $\sigma(a)$ 是至多可数集，我们断言可取到某 $\theta\in[0,\pi]$, 使得在复平面的一条直线 $\mathbf{R}e^{i\theta}$ 上无 $\sigma(a)$ 的点，即 $\sigma(a)\bigcap(\mathbf{R}e^{i\theta})=\emptyset$. 现在对这一取定的 θ 作道路 $te^{i\theta}I+(1-t)a\in G(A)$, 就证明了 $a\in G^0(A)$.

在谱理论中如下结果是很有用的 (见于文献 [49] 的定理 10.18 推论).

引理 7.3.2 (1) 如果 A 是复 Banach 代数 B 的闭子代数，并且 A 包含了 B 的单位元，则 $G(A)$ 是 $A\bigcap G(B)$ 的若干支集 (分支) 的并.

(2) 在上述条件下，对 $x\in A$, 则 $\sigma_A(x)$ 是 $\sigma_B(x)$ 与 $\sigma_B(x)$ 的余集的若干有界支集族 (可能是空集) 之并. 特别地， $\sigma_A(x)$ 的边界 $\partial\sigma_A(x)\subseteq\sigma_B(x)$.

(3) 如果 $\sigma_B(x)$ 不分离 $\mathbf{C}$(即 $\sigma_B(x)$ 的余集连通), 则 $\sigma_A(x)=\sigma_B(x)$.

应用这个引理我们给出如下结果，它是文献 [216] 命题 3.1 和命题 3.6 从严格奇异算子到更广泛算子理想的推广.

定理 7.3.3 设 X 是复无限维 Banach 空间 ,$A(X)$ 是含于黎斯算子类 $R(X)$ 中的一个闭算子理想，则对于给定 $n\in\mathbf{N}$, 以及 $T=(T_{ij})_{i,j=1}^n\in M_n(A^+),T$ 的谱与视 T 为 $M_n(A^+)$ 或 $M_n(B(X))$ 中的元无关，即有

$$\sigma_{M_n(A^+)}(T)=\sigma_{M_n(B(X))}(T),$$

并且 $\sigma(T)$ 是至多可数集.

证 回顾 $A^+:=A(X)\bigoplus\mathbf{C}I_X$, 它是 $B(X)$ 的一个闭子代数，且单位元 $I_X\in B(X)$. 记 $T_{ij}=S_{ij}+\lambda_{ij}I_X$, 其中 $S_{ij}\in A(X),\lambda_{ij}\in\mathbf{C}$. 就相应有 $T=((T_{ij})_{i,j=1}^n)=((S_{ij})_{i,j=1}^n)+((\lambda_{ij}I_X)_{i,j=1}^n)=S+R$, 其中 $S=((S_{ij})_{i,j=1}^n)\in A(X^n)\subseteq J(X^n)$, 由于 J 也以 Fredholm 算子摄动类得名 (这里 J 是指非本性算子理想，它是含于黎斯算子类的最大理想，见命题 3.2.39), 关于 (Wolf) 本性谱有关系

$$\sigma_e(T)=\sigma_e(R)\subseteq\sigma_{B(X^n)}(R)=\sigma_{M_n(B(X))}(R)\subseteq\sigma_{M_n(\mathbf{C})}(R).$$

由此看出：作为 $M_n(B(X))=B(X^n)$ 中的算子 T, 其本性谱 $\sigma_e(T)=\sigma_e(R)\subseteq\sigma_{M_n(\mathbf{C})}(R)=\sigma_{M_n(\mathbf{C})}((\lambda_{ij})_{i,j=1}^n)$ 是有限的，由于显然 T 的 Kato 谱 $\sigma_K(T)\subseteq\sigma_e(T)$, 以及文献 [38] 的 IV 的定理 5.33,$\sigma_K(T)$ 有限蕴涵 $\sigma(T)$ 是至多可数集. 最后注意到 $M_n(A^+)$ 作为 $M_n(B(X))$ 的一个闭子代数，且有相同的单位元 I_{X^n}, 由上述引理 7.3.2 的 (3), 就有 $\sigma_{M_n(A^+)}(T)=\sigma_{M_n(B(X))}(T)$.

定理 7.3.4 设 X 是复无限维 Banach 空间， $A(X)$ 是含于黎斯算子类 $R(X)$ 中的闭算子理想, 则对于有单位元的 Banach 代数 A^+, 在 $V=P_\infty(A^+)/\sim$ 中, 加法的消去律成立，即对 $P_1,P_2,Q\in P_\infty(A^+)$, 当 $[P_1]+[Q]=[P_2]+[Q]$ 时， $[P_1]=[P_2]$.

证 注意到对每个 $T\in A^+$, 有形式 $T_1+\lambda I,T_1\in A(X)\subseteq R(X)$, 那么由我们熟悉的 $\sigma(T_1)$ 从而其平移 $\sigma(T_1+\lambda)$ 在 $B(X)$ 中至多可数. 由上定理 7.3.3,$\sigma(T)$ 在

A^+ 中也是至多可数的，于是由命题 7.2.15, A^+ 有稳定秩 1, 进而对每个 n, 由命题 7.2.13,$M_n(A^+)$ 也有稳定秩 1. 再由命题 7.2.12 就证明 $V=P_\infty(A^+)/\sim$ 中加法消去律成立，证毕.

现在我们可以轻松地求出 K_1 群 $K_1(A^+)$, 如下定理是对文献 [216] §3 和文献 [217] 引理 7 的推广，在他们那里，限于 A 是含于严格奇异算子类中的情况.

定理 7.3.5 设 X 是一个复的无限维 Banach 空间，算子理想 $A(X)\subseteq R(X)$, 则 $K_1(A(X))=0$.

证法一 由于显然理想 $A(X)$ 不含单位元，而 $A(X)^+=\mathbf{C}I\bigoplus A(X)$, 简记 A^+ 的单位元为数 1. 考虑 $G_n(A^+)$ 中的元素 $T=\tilde\lambda+\tilde S$, 其中 $\tilde\lambda=(\lambda_{ij})_{n\times n}$ 是 n 阶数字阵，$\tilde S=(S_{ij})_{n\times n}$ 中的各 $S_{ij}\in A(X)$, 更方便地视为 $\tilde S\in A(X^n)\subseteq J(X^n)$. 显然，$M_n(A^+)$ 中的单位元是 I_n, 故 $T\in G_n(A^+)$ 时必 $\tilde\lambda\in G_n(\mathbf{C})$. 现在由 $G_n(\mathbf{C})$ 的连通性，不妨设 $\tilde\lambda=I_n$, 注意到 $\tilde S$ 是 $B(X^n)$ 中的非本性算子，其谱是至多可数点集，故必存在 $\theta\in(0,\pi)$, 使得对一切 $t\geqslant 0, te^{i\theta}I_n-T$ 都是可逆算子. 因而 $t\mapsto\dfrac{1}{te^{i\theta}-1}(te^{i\theta}I_n-T)$ 建立起由 $T(t=0)$ 到 $I_n(t\to\infty)$ 的连通道路，由 n 与 T 的任意性，已证毕 $K_1(A(X))=K_1(A(X)^+)=0$.

证法二 考虑 $A(X)^+=A(X)\bigoplus\mathbf{C}I$, 每个元 $a\in A^+(X)$, 有形如 $a=S+\lambda I, S\in A(X)\subseteq R(X)$, 故从 $a\in B(X)$ 中看 $\sigma(a)$ 至多可数，由引理 7.3.2 和定理 7.3.3, 对每个 $n, M_n(A^+(X))$ 中每个元的谱都至多可数. 故由命题 7.3.1,$M_n(A^+)$ 中的可逆元群 $G_n(A^+)$ 是连通的，$K_1(A^+)=0$, 证毕.

下面我们转入求 K_0 群 $K_0(A^+)$, 需要如下两个引理.

引理 7.3.6 设 X 是 Banach 空间，P 是 X 上的投影，S 是 X 上的非本性算子 (即根算子), 令 $Q=P+S$, 则 Q 的谱 $\sigma(Q)$ 是至多可数集，且 0 和 1 是仅有可能的极限点.

证 由于 P 是 X 上的投影，故当 $\lambda\in\mathbf{C}\setminus\{0,1\}$ 时，$P-\lambda I$ 是可逆算子. 又因为 $S\in J(X)$, 于是 $Q-\lambda I=P-\lambda I+S$ 是 Fredholm 算子. 由定理 3.1.38 知，在 $\mathbf{C}\setminus\{0,1\}$ 上的任意两点 λ_0,λ_1, 存在有限个开球 $O_i:=O(a_i,r_i), i=1,2,\cdots,n$, 且 $a_1=\lambda_0, a_n=\lambda_1$, 使得 $O_i\cap O_{i+1}\neq\emptyset,(i=1,2,\cdots,n-1)$, 且任意 $\lambda\in O_i\setminus\{a_i\}$, $a(Q-\lambda I)$ 是跟 i 有关的常数，则对于每个 $\lambda\in(\bigcup\limits_{i=1}^{n}O_i)\setminus\{a_1,\cdots,a_n\}, a(Q-\lambda I)$ 是常数. 于是对于整个复平面上，除了可数的孤立点和 0,1 外，$a(Q-\lambda I)$ 是一个常数. 又由于当 $|\lambda|>\|Q\|$ 时，有 $a(Q-\lambda I)=0$, 即对于整个复平面上，除了可数的孤立点和 0,1 外，$a(Q-\lambda I)=0$.

由于 $P-\lambda I$ 可逆 (任意 $\lambda\in\mathbf{C}\setminus\{0,1\}$), 故 $(P-\lambda I)^{-1}(Q-\lambda I)=I+(P-\lambda I)^{-1}S\in$

$\varPhi(X)$ 且

$$\begin{aligned} 0 &= i(I+(P-\lambda I)^{-1}S)=i((P-\lambda I)^{-1}(Q-\lambda I)) \\ &= i((P-\lambda I)^{-1})+i(Q-\lambda I)=0+i(Q-\lambda I), \end{aligned}$$

故有 $i(Q-\lambda I)=0$, 又因为有 $a(Q-\lambda I)=0$, 故 $\lambda\notin\sigma(Q)$.

综上有 $\sigma(Q)$ 是可数集且 0,1 为其仅有可能的极限点.

引理 7.3.7 设 X 是 Banach 空间, $A(X)$ 表示含于黎斯算子中的某算子理想. 设 $P\in P(A(X)^+)$, 则 $P\in P(F(X)^+)$, 且形式为 S 或 $I+S$, 其中 $S\in F(X)$. 这里 $F(X)$ 仍表示有限秩算子理想.

证 设 $P=S+\lambda I\in P(A(X)^+)$, 其中 $S\in A(X),\lambda\in\mathbf{C}$. 由 $(S+\lambda I)^2=S+\lambda I$, 有

$$S^2+2\lambda S+\lambda^2 I=S+\lambda I.$$

于是有 $\lambda^2=\lambda$, 故 $\lambda=0$ 或 $\lambda=1$.

当 $\lambda=0$ 时, 有 $S^2=S$, 即 S 是投影算子. 由于 $S\in A(X)\subseteq R(X)$, 知 $(I-S)\in\varPhi(X)$, 且 $\dim(\ker(I-S))=\dim(R(S))<\infty$, 即 S 是有限秩投影.

当 $\lambda=1$ 时, 由 $S^2+2S+I=S+I$, 有 $(-S)^2=-S$, 同上可得 $-S$ 是有限秩投影, 即 S 是有限秩算子. 得到 $P=S+I,S\in F(X)$.

有了以上的准备工作, 我们就能以如下定理 7.3.8 的形式, 给出本节起关键作用的结果, 它是所谓 " E-W(Edelstein I. S. 和 Wojtaszczyk P.) 对角化方法" 的进一步推广与改造, 与文献 [216] 的引理 3.4 比较, 不仅结果从严格奇异算子理想推广到一切含于 $R(X)$ 中的各种算子理想, 在证明难度上也明显增加.

定理 7.3.8 设 X,Y 是 Banach 空间, $P=\begin{pmatrix} S_1 & S_2 \\ S_3 & S_4 \end{pmatrix}\in P(B(X\bigoplus Y))$, 其中 $S_2\in J(Y,X),S_3\in J(X,Y)$, 则存在自同构算子 $\varOmega\in G(B(X\bigoplus Y))$ 和投影算子 $Q_1\in P(B(X))$ 与 $Q_4\in P(B(Y))$, 满足 $R(\varOmega P)=R(Q_1\bigoplus Q_4)$. 这里的 J 仍表示非本性算子理想.

定理被通俗地称为投影算子的 E-W 对角化方法.

证 不妨设 P 是非平凡投影, 即 $\dim R(P)=\operatorname{codim} R(P)=\infty$. 否则结果显然易得.

令 $Q=\begin{pmatrix} S_1 & 0 \\ 0 & S_4 \end{pmatrix}$, 则有 $Q=P-\begin{pmatrix} 0 & S_2 \\ S_3 & 0 \end{pmatrix}$, 且 $\begin{pmatrix} 0 & S_2 \\ S_3 & 0 \end{pmatrix}\in J(X\bigoplus Y)$.

故由引理 7.3.6 知 $\sigma(Q)$ 是可数集, 且 0 和 1 是它仅有可能的极限点. 于是存在简单闭曲线 $\varGamma$, 其中 $\varGamma$ 与 $\sigma(Q)$ 不交且 1 在 $\varGamma$ 的内部, 0 和 2 在 $\varGamma$ 的外部. 令

$$P'=\frac{1}{2\pi i}\int_{\varGamma}(\lambda-Q)^{-1}d\lambda$$

则 P' 为 $\sigma(Q)$ 的含有 1 的某个开闭子集上的谱投影. 故 P' 是投影且与 Q 可交换, 且由 $Q=\begin{pmatrix} S_1 & 0 \\ 0 & S_4 \end{pmatrix}$, 故 $P'=\begin{pmatrix} P_1 & 0 \\ 0 & P_4 \end{pmatrix}$ 与 Q 有相同的对角分块表示. 于是易证 $P_1 \in P(B(X)), P_4 \in P(B(Y))$. 又注意到

$$P=\frac{1}{2\pi i}\int_{\Gamma}(\lambda-P)^{-1}d\lambda$$

并且对每一 $\lambda \in \Gamma, (\lambda-P)-(\lambda-Q)=Q-P \in J(X\bigoplus Y)$, 又

$$(\lambda-P)^{-1}-(\lambda-Q)^{-1}=(\lambda-Q)^{-1}((\lambda-Q)-(\lambda-P))(\lambda-P)^{-1} \in J(X\bigoplus Y),$$

因而

$$P'-P=-\frac{1}{2\pi i}\int_{\Gamma}((\lambda-P)^{-1}-(\lambda-Q)^{-1})d\lambda \in J(X\bigoplus Y)$$

令 $X_0=P'(X\bigoplus Y)\bigcap(I-P)(X\bigoplus Y)$, X_0 作为 Riesz 算子 $P'-P$ 的不变子空间, $(P'-P)|_{X_0}=I|_{X_0} \in R(X_0)$, 故 X_0 为有限维子空间.

再令 $T=I+P'-P$, 则有 $T \in \Phi(X\bigoplus Y)$ 且 $i(T)=0$. 下证 $TP(X\bigoplus Y)$ 在 $P'(X\bigoplus Y)$ 中亏维有限. 首先由 $TP=P'P$ 知, $TP(X\bigoplus Y)\subseteq P'(X\bigoplus Y)$, 要证明 $TP(X\bigoplus Y)$ 在 $P'(X\bigoplus Y)$ 中亏维有限, 只须证 $P(X\bigoplus Y)$ 在 $T^{-1}(P'(X\bigoplus Y))$ 中亏维有限 (这是由于 T 是 $X\bigoplus Y$ 上指标为 0 的 Fredholm 算子). 假设 $\dim T^{-1}(P'(X\bigoplus Y))/ P(X\bigoplus Y)=\infty$, 则存在无限维子空间 $W\subseteq X\bigoplus Y$, 使得 $P|_W=0, T|_W$ 是同构, 且 $TW\subseteq P'(X\bigoplus Y)$. 对于任意的 $w\in W$, 有 $w=Tw-P'w\in P'(X\bigoplus Y)$, 于是 $W\subseteq P'(X\bigoplus Y)$, 故 $W\subseteq P'(X\bigoplus Y)\bigcap(I-P)(X\bigoplus Y)=X_0$, 这与 X_0 是有限维子空间矛盾, 即 $TP(X\bigoplus Y)$ 在 $P'(X\bigoplus Y)$ 中亏维有限.

由于 T 是 $X\bigoplus Y$ 上指标为 0 的 Fredhlom 算子且 $TP(X\bigoplus Y)$ 在 $P'(X\bigoplus Y)$ 中亏维有限, 故存在有限秩算子 R, 使得 $\tau_1=T+R\in G(B(X\bigoplus Y))$, 因而存在有限维子空间 $B, C\subseteq X\bigoplus Y$, 有$\tau_1(P(X\bigoplus Y))\bigoplus B=P'(X\bigoplus Y)\bigoplus C$. 通过适当选取有限维子空间 $C_X, C_Y, C_X\subseteq X, C_Y\subseteq Y$, 使得 $\tau_1(P(X\bigoplus Y))\subseteq X_1\bigoplus X_2, C\subseteq C_X\bigoplus C_Y$, 其中 $X_1=P_1X\bigoplus C_X, X_2=P_4Y\bigoplus C_Y$.

设 Y_1, Y_2 分别为 X_1, X_2 的亏维有限的子空间, 且满足

$$\dim((X_1\bigoplus X_2)/(\tau_1 P(X\bigoplus Y)))=\dim((X_1\bigoplus X_2)/(Y_1\bigoplus Y_2))<\infty$$

则存在 $X_1\bigoplus X_2$ 上的自同构 τ_2, 使得 $\tau_2(\tau_1 P(X\bigoplus Y))=Y_1\bigoplus Y_2$ (事实上, 这里 $\tau_2=R'+(I-P_m)$, R' 是 $X_1\bigoplus X_2$ 上的某个有限秩算子 ,P_m 是一个有限秩投影, 且 $R'(I-P_m)=0$). 由于 $X_1=P_1X\bigoplus C_X, C_X$ 是 X 中有限维子空间, 故存在值域为 C_X 的有限秩算子 F_1, 使得 $F_1P_1=0$, 记 $P_1'=P_1+F_1\in P(B(X))$, 有 $P_1'X=X_1$; 同理, 存在 $P_4'\in P(B(Y))$, 使得 $P_4'Y=X_2$, 故令

$$\tau_2'=(I-(P_1'\bigoplus P_4'))+j\tau_2(P_1'\bigoplus P_4')\in G(B(X\bigoplus Y))$$

这里 j 是 $X_1\bigoplus X_2$ 到 $X\bigoplus Y$ 的嵌入映射. 令 $\Omega=\tau_2'\tau_1\in G(B(X\bigoplus Y))$, 有 $R(\Omega P)=Y_1\bigoplus Y_2$.

又由于 Y_1 与 Y_2 分别在 X_1 与 X_2 中是亏维有限的, 同样地存在 $Q_1 \in P(B(X))$, 使得 $Q_1X = Y_1, Q_4 \in P(B(Y))$, 使得 $Q_4Y = Y_2$. 于是 $R(\Omega P) = R(Q_1 \bigoplus Q_4)$. 定理证毕.

注 7.3.9 (1) 我们非常看重 E-W 对角化方法, 它使我们在讨论一个乘积空间上的投影算子时 (在一定条件下) 可能转化为两个主对角块上的投影算子的直和来处理对待. 据我们所知, 它还有各种推广应用, 例如在算子空间研究中也得到推广.

(2) 似乎 Zsak 在文献 [217] 中提到 Maurey B. 不用这种 E-W 对角化方法, 也可证明 $K_0(S(X)) = \mathbf{Z}$.

推论 7.3.10 设 X, Y 为 Banach 空间 , $P = \begin{pmatrix} S_1 & S_2 \\ S_3 & S_4 \end{pmatrix} \in P(B(X \bigoplus Y))$, 其中 $S_1 \in A(X)^+, S_2 \in A(Y,X), S_3 \in A(X,Y), S_4 \in A(Y)^+$, 则存在 $\Omega \in G(A(X \bigoplus Y)^+)$, $Q_1 \in P(A(X)^+), Q_4 \in P(A(Y)^+)$, 满足 $R(\Omega P) = R(Q_1 \bigoplus Q_4)$. 这里 A 仍设为是含于 $R(X)$ 中的某个算子理想.

从定理 7.3.8 的证明过程中容易看出当 $S_1 \in A(X)^+$ 且 $S_4 \in A(Y)^+$ 时 , $\Omega \in G(A(X \bigoplus Y)^+)$ 且 $Q_1 \in P(A(X)^+), Q_4 \in P(A(Y)^+)$, 故推论得证.

推论 7.3.11 设 $Y_1, \cdots, Y_n (n \geqslant 2)$ 是 n 个复 Banach 空间, 令 $X = Y_1 \bigoplus Y_2 \bigoplus \cdots \bigoplus Y_n$, 则若 $P = (S_{ij})_{n\times n} \in P(B(X))$, 当 $i \neq j$ 时 , $S_{ij} \in A(Y_j, Y_i)$, 而 $S_{ii} \in A(Y_i)^+$, 则存在 $\Omega \in G(A(X)^+), Q_i \in P(A(Y_i)^+)(i = 1, 2, \cdots, n)$, 满足 $R(\Omega P) = R(Q_1 \bigoplus Q_2 \cdots \bigoplus Q_n)$.

推论 7.3.11 是推论 7.3.10 的推广, 证明方法相似, 故证明从略.

推论 7.3.12 设 $Y_1, \cdots, Y_n (n \geqslant 2)$ 是两两本性不可比的复 Banach 空间, 令 $X = Y_1 \bigoplus Y_2 \bigoplus \cdots \bigoplus Y_n$, 则若 $P \in P(B(X))$, 则存在 $\Omega \in G(B(X)), Q_i \in P(B(Y_i))(i = 1, 2, \cdots, n)$, 满足 $R(\Omega P) = R(Q_1 \bigoplus Q_2 \bigoplus \cdots \bigoplus Q_n)$.

推论 7.3.12 是定理 7.3.8 和推论 7.3.11 的一个典型应用实例, 事实上由于本性不可比空间的定义 "恰好" 是 $B(Y_j, Y_i) = J(Y_j, Y_i)$, 对每一对 $i \neq j$ 成立 (见定义 4.7.23), 故从推论 7.3.11 即可得.

定理 7.3.13 对于任意的 $P \in P_n(A(X)^+)$, 则存在 $P_1, P_2, \cdots, P_n \in P(F(X)^+)$, $\Omega \in G_n(A(X)^+)$, 满足 $R(\Omega P) = R(P_1 \bigoplus \cdots \bigoplus P_n)$. 特别地, 在 $P_\infty(A(X)^+)$ 中, 有 $P \sim P_1 \bigoplus \cdots \bigoplus P_n$. 这里 $F(X)$ 表示有限秩算子理想 , $A(X)$ 同上.

证 设

$$\begin{aligned} P &= \begin{pmatrix} S_{11} + \lambda_{11} I & \cdots & S_{1n} + \lambda_{1n} I \\ \vdots & & \vdots \\ S_{n1} + \lambda_{n1} I & \cdots & S_{nn} + \lambda_{nn} I \end{pmatrix} \\ &= (S_{ij})_{n\times n} + (\lambda_{ij} I)_{n\times n}, \end{aligned}$$

其中 $S_{ij} \in A(X), \lambda_{ij} \in \mathbf{C}$. 由 $P^2 = P$, 得 $(\lambda_{ij})_{n\times n}^2 = (\lambda_{ij})_{n\times n}$, 即 $(\lambda_{ij})_{n\times n}$ 是一个投影算子, 其谱为 $\{0,1\}$, 故存在可逆矩阵算子 $T \in G_n(\mathbf{C}I) \subseteq G_n(A(X)^+)$, 使得

$$T(\lambda_{ij}I)_{n\times n}T^{-1} = \begin{pmatrix} I_k & 0 \\ 0 & 0 \end{pmatrix},$$

其中 I_k 表示对角线上元素是单位元 1, 其余元素是 0 的 $k \times k$ 矩阵算子. 于是有

$$\begin{aligned} TPT^{-1} &= (S'_{ij})_{n\times n} + \begin{pmatrix} I_k & 0 \\ 0 & 0 \end{pmatrix}_{n\times n} \\ &= (S'_{ij} + \delta_{ij}I)_{n\times n}, \end{aligned}$$

其中 $S'_{ij} \in A(X), 1 \leqslant i, j \leqslant n$; 当 $i = j \leqslant k$ 时 ,$\delta_{ij} = 1$, 其余 $\delta_{ij} = 0$.

由推论 7.3.11 知, 存在 $\tau \in G_n(A(X)^+), P_i \in P(A(X)^+), i = 1, 2, \cdots, n$, 使得 $R(\tau(TPT^{-1})) = R(P_1 \bigoplus P_2 \bigoplus \cdots \bigoplus P_n)$. 于是有 $R(P) \approx R(P_1 \bigoplus P_2 \bigoplus \cdots \bigoplus P_n)$. 由命题 7.2.5 知, 在 $P_\infty(A(X)^+)$ 中, 有 $P \sim P_1 \bigoplus P_2 \bigoplus \cdots \bigoplus P_n$. 再由引理 7.3.7 知 ,$P_1, \cdots, P_n \in P(F(X)^+)$.

定理 7.3.14　设 $Q \in P_\infty(F(X)), \dim R(Q) = 1, n \in \mathbf{N}$, 则对于每一个 $P \in P_n(F(X))$, 在 $K_0(A(X)^+)$ 中, 有 $[P]_0 = \dim R(P)[Q]_0$ 且 $[I_n - P]_0 - [I_n]_0 = -\dim R(P)[Q]_0$; 特别地, 对任意 $P \in P_n(A(X)^+)$, 有 $[P]_0 - [s_n(P)]_0 \in \mathbf{Z}[Q]_0$, 这里的 A 同上.

证　不妨设 $Q \in P(F(X)), \dim R(P) = m < \infty$, 已知 $\dim R(Q) = 1$, 故有 $\dim P(X^n) = \dim((\overbrace{Q \oplus Q \oplus \cdots \oplus Q}^{m})X^m) = m$. 由命题 7.2.5 知 $P \sim \overbrace{Q \oplus Q \oplus \cdots \oplus Q}^{m}$, 即 $[P]_0 = m[Q]_0$. 由 $[I_n - P]_0 + [P]_0 = [I_n]_0$, 得 $[I_n - P]_0 - [I_n]_0 = -[P]_0 = -m[Q]_0$.

由 $P \in P_n(A(X)^+)$, 根据定理 7.3.13 知存在 $P_1, \cdots, P_n \in P(F(X)^+)$, 使得 $P \sim P_1 \bigoplus P_2 \bigoplus \cdots \bigoplus P_n$. 又根据引理 7.3.7 知 $P_i = S_i$ 或 $P_i = I - S_i, S_i \in F(X), i = 1, 2, \cdots, n$, 故 $[P_j]_0 - [s(P_j)]_0 = [S_j]_0 - [0]_0$ 或 $[I - S_j]_0 - [I]_0, S_j \in P(F(X)), 1 \leqslant j \leqslant n$, 由上面的结论知 $[P_j]_0 - [s(P_j)]_0 \in \mathbf{Z}[Q]_0, 1 \leqslant j \leqslant n$, 又因为

$$\begin{aligned} [P]_0 - [s_n(P)]_0 &= [P_1 \bigoplus P_2 \bigoplus \cdots \bigoplus P_n]_0 - [s_n(P_1 \bigoplus P_2 \bigoplus \cdots \bigoplus P_n)]_0 \\ &= \sum_{j=1}^{n}([P_j]_0 - [s(P_j)]_0), \end{aligned}$$

故 $[P]_0 - [s_n(P)]_0 \in \mathbf{Z}[Q]_0$.

定理 7.3.15　设 $Q \in P_\infty(F(X)), \dim R(Q) = 1$, 则映射 $\omega : m \mapsto m[Q]_0, \mathbf{Z} \to K_0(A(X))$ 是个群同构, 从而 $K_0(A(X)) = \mathbf{Z}$.

证　易证 ω 是群同态. 下证 ω 是双射.

ω 是满射: 设 $g \in K_0(A(X))$, 由定义知存在 $n \in \mathbf{N}, P \in P_n(A(X)^+)$, 使得 $g = [P]_0 - [s_n(P)]_0$. 由定理 7.3.14 知 $g \in \mathbf{Z}[Q]_0$.

ω 是单射: 假设 ω 不是单射, 即存在 $m\in\mathbf{N}$, 使 $[0]_0=m[Q]_0=[\overbrace{Q\oplus Q\oplus\cdots\oplus Q}^{m}]_0$. 由定理 7.3.3, 我们可以得知, 对于每个 $T\in A(X)^+$, 作为 Banach 代数 $B(X)$ 中的元素与作为 Banach 代数 $A(X)^+$ 中的元素 ,T 的谱相同是至多可数集. 于是由命题 7.2.15 知 $A(X)^+$ 有稳定秩 1, 再由命题 7.2.12 知 ,$A(X)^+$ 满足消去律, 故在 $P_\infty(A(X)^+)$ 中, 有 $\overbrace{Q\oplus Q\oplus\cdots\oplus Q}^{m}\sim 0$, 由命题 7.2.5 知, 这与 $\dim\, R(Q)=1$ 相矛盾. 因此 ω 是单的.

综上得 ω 是 $\mathbf{Z}$ 到 $K_0(A(X))$ 的一个群同构.

现在让我们把从本节开始到此的讨论, 也就是定理 7.3.5 和定理 7.3.15 归结为如下

定理 7.3.16 设 X 是任一复 Banach 空间 ,$A(X)$ 是含于黎斯算子中的任一算子理想, 特别地取 $A=\bar{F},K,S,SC,J$ 等, 都有 $K_0(A(X))=\mathbf{Z},K_1(A(X))=0$.

现在把定理 7.3.16 应用到我们在第六章归并过的 3 种最基本的 G-M 型空间, 就得到

定理 7.3.17 设 X 是一个无限维的复 Banach 空间, 则当 $X\in$ H.I. 或 $X\in$ Q.I. 或 $X\in$ Q.H.I. 时, 都有 $K_0(B(X))=\mathbf{Z}^2,K_1(B(X))=0$.

证 (1) 我们在第 6 章已熟知 $X\in$ H.I.(特别地, $X\in$ Q.H.I.) 时 (定理 6.1.41), 有

$$B(X)=S(X)\bigoplus \mathbf{C}I;$$

而当 $X\in$ Q.I.(特别地, $X\in$ Q.H.I.) 时 (定理 6.2.50), 有

$$B(X)=SC(X)\bigoplus \mathbf{C}I.$$

在上述两种情况下, 都因分别有 $S(X)\subseteq R(X)$ 和 $SC(X)\subseteq R(X)$, 故可统一表示为 $B(X)=A(X)\bigoplus\mathbf{C}I$ 这种形式.

(2) 为求 $K_1(B(X))$, 只要注意到正好 $B(X)=A(X)^+$ 这种形式, 于是直接应用定理 7.3.16 得到 $K_1(B(X))=K_1(A(X)^+)=K_1(A(X))=0$. 其中 $K_1(A(X)^+)=K_1(A(X))$ 是依据无单位元的 Banach 代数 K_1 群的定义.

(3) 为求出 $K_0(B(X))$, 让我们来考虑短正合列

$$0\to A(X)\xrightarrow{i}B(X)=A(X)\bigoplus\mathbf{C}I\xrightarrow{\pi}B(X)/A(X)\to 0.\tag{3-1}$$

即由此导出的六项循环正合列 (把 $A(X),B(X)$ 分别简记为 A,B)

$$\begin{array}{ccccc} K_0(A) & \xrightarrow{i_0} & K_0(B) & \xrightarrow{\pi_0} & K_0(B/A)\\ {\scriptstyle\delta_1}\uparrow & & & & \downarrow{\scriptstyle\delta_0}\\ K_1(B/A) & \xleftarrow{\pi_1} & K_1(B) & \xleftarrow{i_1} & K_1(A)\end{array}\tag{3-2}$$

连同注意到 $B(X)=A(X)\bigoplus\mathbf{C}I$ 的特殊情况, 实际上我们已知 (3-2) 式中的 4

项

$$K_0(A) = K_0(B/A) = K_0(\mathbf{C}) = \mathbf{Z}, K_1(A) = K_1(B/A) = K_1(\mathbf{C}) = 0. \tag{3-3}$$

现在，证法一：把 (3-3) 式代入 (3-2) 式就得到

$K_1(B/A) = 0 \xrightarrow{\delta_1} \mathbf{Z} = K_0(A) \xrightarrow{i_0} K_0(B) \xrightarrow{\pi_0} \mathbf{Z} = K_0(B/A) \xrightarrow{\delta_0} 0$, 即

$$0 \xrightarrow{\delta_1} \mathbf{Z} \xrightarrow{i_0} K_0(B) \xrightarrow{\pi_0} \mathbf{Z} \xrightarrow{\delta_0} 0. \tag{3-4}$$

现在由 $K_0(B)$ 处的正合性，就有 $\ker(\pi_0) = \mathrm{Im}(i_0) = \mathbf{Z}$.(其中 $\mathrm{Im}(i_0) = \mathbf{Z}$, 是由前一 $\mathbf{Z}$ 处的正合性， $\ker(i_0) = \mathrm{Im}(\delta_1) = 0$ 知道 i_0 是单射，故 $\mathrm{Im}(i_0) = \mathbf{Z}$), 但由后一 $\mathbf{Z}$ 处的正合性可知 π_0 是满射，故 $K_0(B)/\ker(\pi_0) = \mathbf{Z}$, 即 $K_0(B)/\mathbf{Z} = \mathbf{Z}$, 于是 $K_0(B) = \mathbf{Z}^2$.

证法二：注意到在短正合列 (3-1) 的中项 $B(X) = A(X) \bigoplus \mathbf{C}I$ 的特殊情况，显然是强可裂的 (即有连续映射 $\theta: \mathbf{C} = B/A \to B$, 使得 $\pi \circ \theta = I$), 注意到 K 理论中的重要事实 : K_0 函子对可裂性保持短正合 (K_1 函子则对强可裂性保持正合), 则有：

$$0 \to K_0(A) = \mathbf{Z} \xrightarrow{i_0} K_0(B) \xrightarrow{\pi_0} K_0(B/A) = K_0(\mathbf{C}) = \mathbf{Z} \to 0.$$

于是不需要应用六项正合列的 (3-2) 式，直接得到 (3-4) 式，证得 $K_0(B) = \mathbf{Z}^2$.

思考 7.3.18 (1) 对不可分解空间 X(未必是遗传不可分解空间), 是否 $K_i(B(X))$ 也有一定讯息？例如，对于第 6 章中的 Ferenczi 空间 X_F 的共轭空间 $X_F^* \in$I.\H.I., $K_i(B(X_F^*)) =$?

(2) 对第 6 章提及的遗传有限分解空间类和商有限分解空间类中的 $X, K_i(B(X))$ 如何？

(3) 我们之所以不厌其烦地在定理 7.3.17 证明 (3) 中给出两种证法，是希望读者认真总结：常见 6 项循环正合列中，如果已知其中 4 项，求其余的 $2 = 6 - 4$ 项，有几种类型？可总结出何规律？

§7.4 Laustsen 方法和 Gowers-Zsak 构想

1 K 群计算的常用类型

在上一节我们已经知道，通过基本的算子代数 K 理论技巧和复杂的 E-W 对角化技巧，我们不仅可以求得严格奇异算子理想 $S(X)$ 的 K 群，而且可以推广到求出每个算子理想 $A(X) \subseteq R(X)$ 的 K 群

$$K_0(A(X)) = \mathbf{Z}, K_1(A(X)) = 0. \tag{4-1}$$

进而，我们对基本 G-M 型空间 $X \in$ H.I. 或 $X \in$ Q.I. 等情况，依照如下 K 理论的基本正合图

$$\textstyle\sum_X \qquad 0 \to A \xrightarrow{i} B \underset{\theta}{\overset{\pi}{\rightleftarrows}} B/A \to 0 \tag{4-2}$$

和

$$\begin{array}{ccccccc} \mathbf{Z} & = & K_0(A) & \xrightarrow{i_0} & K_0(B) & \xrightarrow{\pi_0} & K_0(B/A) \\ & & \delta_1\big\uparrow & & & & \big\downarrow\delta_0 \\ & & K_1(B/A) & \xleftarrow{\pi_1} & K_1(B) & \xleftarrow{i_1} & K_1(A) \quad = \quad 0 \end{array} \tag{4-3}$$

针对 H.I. 或 Q.I. 上算子构成 $B(X) = A(X) \bigoplus \mathbf{C}I$ 的特殊情况，我们又获得图 (4-3) 中的另外两项：

$$K_0(B/A) = K_0(\mathbf{C}) = \mathbf{Z}, K_1(B/A) = K_1(\mathbf{C}) = 0. \tag{4-4}$$

于是，为了求图 (4-3) 的中间两项 $K_i(B)(i = 0, 1)$, 就成了一种已知 4 项 (即两对角) 求 $2 = (6 - 4)$ 项的典型问题. 作为探讨和总结，我们给出如下

小结 7.4.1 用 6 项循环正合列图 (4-3) 求 2 =(6-4) 的常见类型有：

(B$_1$) 已知 4 个角，求中项 ($K_0(B)$ 与 $K_1(B)$), 在 (4-2)(强) 可裂时 (即指 π 连续，且有 $\theta : B/A \longrightarrow B$ 使 $\pi \circ \theta$ 为恒等映射)——

根据 “ K_0 函子对可裂短正合列保持正合性”，与 “ K_1 函子对强可裂短正合列保持正合性” (见文献 [216]) 得出

$$0 \longrightarrow K_0(A) \xrightarrow{i_0} K_0(B) \xrightarrow{\pi_0} K_0(B/A) \longrightarrow 0. \tag{4-5}$$

从而得到 $K_0(B) = K_0(A) \bigoplus K_0(B/A)$.

例如， $X \in$ H.I. 或 Q.I. 时，求得 $K_0(B(X)) = \mathbf{Z} \bigoplus \mathbf{Z} = \mathbf{Z^2}$, 以及

$$0 \longrightarrow K_1(A) \xrightarrow{i_1} K_1(B) \xrightarrow{\pi_1} K_1(B/A) \longrightarrow 0. \tag{4-6}$$

从而得到 $K_1(B) = K_1(A) \bigoplus K_1(B/A)$.

例如， $X \in$ H.I. 或 Q.I. 时，求得 $K_1(B(X)) = 0 \bigoplus 0 = 0$.

(B$_2$) 已知 4 个角，求中项 ($K_i(B)$), 在 (4-3) 式中的指标映射 δ_1 是零射 (等价于 i_0 单射) 时 ——

由于我们的设定， (4-3) 式中 $K_0(A) = \mathbf{Z}$,$K_1(A) = 0$, 无论 $K_1(B/A)$ 是否为零，都可以得到上面 (4-5) 式，从而也求出 $K_0(B)$. 至于求 $K_1(B)$, 就可以从比 (4-6) 更简单的

$$0 \longrightarrow K_1(B) \xrightarrow{\pi_1} K_1(B/A) \longrightarrow 0 \tag{4-7}$$

直接得出 $K_1(B) = K_1(B/A)$.

例如， $X \in$ H.I. 或 Q.I. 时，实际上另有这种求 $K_0(B)$ 法，也另有用 (4-7) 式，求出 $K_1(B(X)) = 0$ 的方法 (请与定理 7.3.17 的证法比较).

(B₃) 已知 4 个角，求中项 $(K_i(B))$, 在 (4-3) 式中的指标映射 δ_1 是满射 (等价于 i_0 是零射) 时 ——

从 (4-3) 式的上半圈分出 (无论 $K_0(A)$ 是否为 $\mathbf{Z}$)

$$0 \longrightarrow K_0(B) \xrightarrow{\pi_0} K_0(B/A) \xrightarrow{\delta_0} 0, \tag{4-8}$$

从而得到 $K_0(B) = K_0(B/A)$.

而从 (4-3) 式的下半圈分出

$$0 \longrightarrow K_1(B) \xrightarrow{\pi_1} K_1(B/A) \xrightarrow{\delta_1} K_0(A) \longrightarrow 0,$$

就可能在一定条件下求出 $K_1(B)$(作为 $K_1(B/A)$ 的子群).

例如，典型的 Laustsen 构造，见下面定理 7.4.5 的证明的最后步骤.

((B/A)₁) 已知 2 个中项 $(K_i(B))$ 和 2 个主对角 $(K_i(A))$, 求副对角 $(K_i(B/A))$ 的一种典型：$K_i(B) = 0 (i = 0, 1)$ 时 ——

(4-3) 式演化为

$$\begin{array}{ccccc} \mathbf{Z} & \xrightarrow{i_0} & 0 & \xrightarrow{\pi_0} & K_0(B/A) \\ \delta_1 \Big\uparrow & & & & \Big\downarrow \delta_0 \\ K_1(B/A) & \xleftarrow{\pi_1} & 0 & \xleftarrow{i_1} & 0 \end{array} \tag{4-9}$$

于是立即得出 $K_0(B/A) = 0$ 和 $K_1(B/A) = \mathbf{Z}$.

例如，对于我们提到过几乎所有经典 Banach 空间 $X = c_0, l_p, L_p (1 \leqslant p \leqslant \infty)$ 等，虽然 $K_i(B) = 0 (i = 0, 1)$ 是平凡的，但我们用 (4-9) 式求出 $K_1(B/A) = \mathbf{Z}, K_0(B/A) = 0$, 这一讯息将在下面派上大用场 (见定理 7.4.5 证明中的 (1)).

注 7.4.2 (1) 在 (4-9) 式中，我们发现了特殊的现象，只要上下两个中项为零，则左右两项分别相等. 那么，由此给我们以启示：有某一种求 $2 = (6 - 4)$ 项问题未必可有准确解. 例如，在 (4-9) 式中，只知道某理想 A 的 $K_0(A) = K_1(B/A)$, 以及 $K_0(B) = K_1(B) = 0$, 要求剩余两项 $K_0(B/A) = K_1(A) = ?$

(2) 求 $2 = (6 - 4)$ 项问题的其他可能情况留给读者自行讨论.

2 m 个两两不可比 H.I. 空间的叠加型

首先，由 G-M 基本定理 2(见第 6 章), 两两不可比的 H.I. 空间是足够多的.

其次，我们这里构建一个 Banach 空间 X 使得 $K_0(B(X)) = \mathbf{Z}^{m+1}$ 的方法，比 Laustsen(文献 [216] 的命题 4.5 ~ 推论 4.7) 简捷得多 (见注 7.4.4 的 (4)).

定理 7.4.3 设 $X_1, \cdots, X_m$ 是两两不可比的复 H.I. 空间, 则对于 $X = \bigoplus_{i=1}^m X_i$, 有 $K_0(B(X)) = \mathbf{Z}^{m+1}, K_1(B(X)) = 0$.

证 注意到对每个 $T \in B(X)$, 有 m 阶算子矩阵表示 $T = (T_{ij})_{i,j=1}^{m}$, 其中 $T_{ij} \in B(X_j, X_i)(i, j = 1, \cdots, m)$, 又有具体简单表示为:

(1) $T_{ii} = \lambda_i I_i + S_{ii}(i = 1, 2, \cdots, m)$, $\lambda_i \in \mathbf{C}, I_i \in B(X_i)$ 是 X_i 上的恒等算子, $S_{ii} \in S(X_i)$ 是严格奇异算子, 此由 $X_i \in$ H.I. 空间的算子构成可得.

(2) $T_{ij} \in S(X_j, X_i)$, 对每一对 $i \neq j$ 成立, 此由所设 X_i 与 X_j 不可比得到.
于是 T 表示为

$$
\begin{aligned}
T &= \begin{pmatrix} \lambda_1 I_1 + S_{11} & S_{12} & \cdots & \cdots & S_{1m} \\ S_{21} & \lambda_2 I_2 + S_{22} & S_{23} & \cdots & S_{2m} \\ \vdots & \vdots & \vdots & & \vdots \\ S_{m1} & S_{m2} & \cdots & \cdots & \lambda_m I_m + S_{mm} \end{pmatrix} \\
&= \begin{pmatrix} \lambda_1 I_1 & & & \\ & \lambda_2 I_2 & & 0 \\ 0 & & \ddots & \\ & & & \lambda_m I_m \end{pmatrix} + \begin{pmatrix} S_{11} & S_{12} & \cdots & S_{1m} \\ S_{21} & S_{22} & \cdots & S_{2m} \\ \vdots & \vdots & & \vdots \\ S_{m1} & \cdots & \cdots & S_{mm} \end{pmatrix}.
\end{aligned}
$$

于是有 $B(X) \approx S(X) \bigoplus \mathbf{C}^m$.
容易验证如下短正合列是强可裂的:

$$0 \longrightarrow S(X) \longrightarrow B(X) \approx S(X) \bigoplus \mathbf{C}^m \longrightarrow \mathbf{C}^m \approx B(X)/S(X) \longrightarrow 0.$$

由前述 (B_1) 型 K 群求法, 立即得证

$$
\begin{aligned}
K_0(B(X)) &= K_0(S(X)) \bigoplus K_0(\mathbf{C}^m) = \mathbf{Z} \bigoplus \mathbf{Z}^m = \mathbf{Z}^{m+1}, \\
K_1(B(X)) &= K_1(S(X)) \bigoplus K_1(\mathbf{C}^m) = 0.
\end{aligned}
$$

注 7.4.4 (1) 从形式到结论都可以认为定理是 $m = 1, X \in$ H.I. 空间情况的推广, 之所以丝毫不增加复杂性, 关键在于所叠加的 H.I. 空间两两不可比, 得以对角化.

(2) 如果考虑到仅仅是假设 H.I. 空间两两本性不可比, 把严格奇异算子 S 相应地替换为非本性算子理想 J 结论应该也成立. 当然是否有必要: 对 H.I. 空间类而言, 不可比与本性不可比是否等价呢?

(3) 形式上这里出现了 $K_0(A \bigoplus B) = K_0(A) \bigoplus K_0(B)$ 与 $K_1(A \bigoplus B) = K_1(A) \bigoplus K_1(B)$ 的可加性现象, 提供我们再思考引理 7.1.21 的更多推广.

(4) Laustsen 原来的构造是: 先取定一个 $X_1 \in$ H.I., 然后取真包含的子空间列 $X_1 \supseteq X_2 \supseteq \cdots \supseteq X_m$, 应用 Ferenczi 所证明的 H.I. 空间的强算子构成性质, 使得

(a) $T_{ij} = \lambda_{ij} I_j + S_{ij}$, 对于 $j \geqslant i$(即 $X_j \subseteq X_i$),

(b) $T_{ij} = S_{ij} \in S(X_j, X_i)$, 对于 $j < i$.
这样, 每个 $T \in S(X) \bigoplus M_m'(\mathbf{C})$.

这里 $M_m'(\mathbf{C})$ 表示 $M_m(\mathbf{C})$ 中的一个 (同构的) 子代数: $M_m(\mathbf{C})$ 中上三角 m

阶复矩阵的全体.

3 $(n+1)$ 个两两不可比的经典空间的叠加型

定理 7.4.5 设 $X_1,\cdots,X_{n+1}(n\in\mathbf{N})$ 是取自于 c_0 或者 $l_p(1\leqslant p<\infty)$ 中的不同空间, 令 $X=\bigoplus_{i=1}^{n+1}X_i$, 则 $K_0(B(X))=0,K_1(B(X))=\mathbf{Z}^n$.

证 仍然取定算子理想 $A(X)$ 为 $S(X)$, 或 $SC(X),J(X)$ 等含于黎斯算子的某一算子理想, 注意到 X_i 的取法保证了他们是两两不可比的, 故每一对 $i\neq j$, 都有 $B(X_j,X_i)=S(X_j,X_i)\subseteq J(X_j,X_i)$.

下面的证明实际上比定理 7.4.3 更多一次用 6 项正合列求 K 群的技巧, 很有趣但思路并不复杂.

(1) 对每个 $X_i(i=1,\cdots,n+1)$, 依据已有的 4 项基本条件

$$K_0(B(X_i))=K_1(B(X_i))=K_1(A(X_i))=0\text{和}K_0(A(X_i))=\mathbf{Z},$$

应用上面的 (4-9) 式, 一一获得

$$K_0(B(X_i)/A(X_i))=0,\quad K_1(B(X_i)/A(X_i))=\mathbf{Z},\quad i=1,\cdots,n+1.$$

(2) 易知 $B(X)/A(X)\approx\bigoplus_{i=1}^{n+1}(B(X_i)/A(X_i))$, 此由每个 $T\in B(X)$ 有 $(n+1)$ 阶算子矩阵表示 $T=(T_{ij})_{i,j=1}^{n+1}$, 其中每一对 $i\neq j$ 都有 $T_{ij}\in S(X_j,X_i)\subseteq A(X_j,X_i)$, 立即可知. 于是不难验证

$$\begin{aligned}K_0(B(X)/A(X))&=\textstyle\bigoplus_{i=1}^{n+1}K_0(B(X_i)/A(X_i))=0^{n+1}=0,\\ K_1(B(X)/A(X))&=\textstyle\bigoplus_{i=1}^{n+1}K_1(B(X_i)/A(X_i))=\mathbf{Z}^{n+1}.\end{aligned}$$

(3) 现在在已知 4 项: $K_1(A(X))=K_0(B(X)/A(X))=0,K_0(A(X))=\mathbf{Z}$, $K_1(B(X)/A(X))=\mathbf{Z}^{n+1}$ 的基础上, 我们要说明 6 项正合列中的指标映射 δ_1 是满射.

$$\begin{array}{ccccccccc}\mathbf{Z} & \overset{\omega}{\underset{=}{\longrightarrow}} & K_0(A) & \overset{i_0}{\longrightarrow} & K_0(B) & \overset{\pi_0}{\longrightarrow} & K_0(B/A) & = & 0\\ \sigma\big\uparrow & & \delta_1\big\uparrow & & & & \big\downarrow\delta_0 & & \\ \mathbf{Z}^{n+1} & \underset{=}{\longleftarrow} & K_1(B/A) & \overset{\pi_1}{\longleftarrow} & K_1(B) & \overset{i_1}{\longleftarrow} & K_1(A) & = & 0\end{array}\tag{4-10}$$

让我们来说明 (4-10) 式中左侧的矩阵图是交换的. 事实上诱导群同态 σ 是用加法定义的: $\sigma(\nu_1,\cdots,\nu_{n+1})=\sum_{i=1}^{n+1}\nu_i$. 它基于指标映射 δ_1 的意义为: 对于 Fredholm 算子 $T_i\in B(X_i)(i=1,\cdots,n+1)$, 算子 $T_1\bigoplus\cdots\bigoplus T_{n+1}\in B(X)$ 是 Fredholm 算子, 指标就是 $\sum_{j=1}^{n+1}i(T_j)$. 现在 σ 是满射, δ_1 也是满射.

于是我们就可以应用前述求 K 群的 (B_3) 型中的式 (4-8) 得到 $K_0(B(X))=K_0(B(X)/A(X))=0$. 进而 (注意 δ_1 满射等价于 i_0 是零射) 从正合列

$$0\longrightarrow K_1(B(X))\xrightarrow{\pi_1}K_1(B(X)/A(X))=\mathbf{Z}^{n+1}\xrightarrow{\delta_1}K_0(A(X))=\mathbf{Z}\longrightarrow 0.$$

我们有 $K_1(B(X))\approx\mathrm{Im}(\pi_1)\approx\ker(\delta_1)\approx\ker(\sigma)=\mathbf{Z}^n$.

注 7.4.6 这个定理在文献 [216] 中是作为推论 5.3 给出的. 我们给出独立的证明, 其思路与技巧仍属于 Laustsen. 本书作这种处理, 是试图更清晰地说明 Laustsen 的思想方法是靠三种空间叠加类型完成的. 其一是纯粹 H.I. 空间的不可比叠加 (如我们在第 2 小节所述), 其二是纯粹经典空间的不可比叠加 (如这里定理 7.4.5 所示), 最后是二者混合型叠加.

4 混合型叠加的创新效果

上面我们已经通过 H.I. 空间的叠加，得到空间 X, 使得 $K_0(B(X)) = \mathbf{Z}^m$, $K_1(B(X)) = 0$, 而通过经典空间的叠加，又恰好可得到 X, 使得有 $K_0(B(X)) = 0, K_1(B(X)) = \mathbf{Z}^n$. 这种大路朝天，各走一边的现象，就自然导致了 Laustsen 方法中最精彩的合龙 —— 混合型叠加法.

命题 7.4.7 对任意的非负整数 m 和 n, 存在一个复 Banach 空间 X, 使得 $K_0(B(X)) = \mathbf{Z}^m, K_1(B(X)) = \mathbf{Z}^n$, 其中 $\mathbf{Z}^0 := 0$.

证 令 $X = Y \bigoplus X_{n+2}$, 其中 $Y = \bigoplus_{i=1}^{n+1} X_i$ 取为定理 7.4.5 所述的 $(n+1)$ 个两两不可比的经典序列空间的乘积空间，而 X_{n+2} 的取法为

$$X_{n+2} = \begin{cases} 0, & \text{如果} m = 0, \\ \bigoplus_{i=1}^{m} Z_i, & \text{如果} 0 \neq m \in \mathbf{N} \text{即取为定理7.4.3中的} m \text{个不可比H.I.空间的叠加}. \end{cases}$$

强调一个事实，X 仍是不可比空间的混合叠加，Y 组合中的每个 X_i 取为 c_0 或 $l_p(1 \leqslant p < \infty)$ 中的一个，它们都是有无条件基的空间，而 X_{n+2} 组合中的每个都是 H.I. 空间 (不含无条件基序列), 故每一对 $X_i(1 \leqslant i \leqslant n+1)$ 与 $Z_j(1 \leqslant j \leqslant m)$ 都是不可比的，于是有

$$B(X_i, X_j) = S(X_i, X_j), \qquad \text{对} 1, \cdots, n+2 \text{中的} i \neq j \text{都成立}.$$

如定理 7.4.3 中所证，先有

$$K_0(B(X_{n+2})/S(X_{n+2})) \approx \mathbf{Z}^m (\mathbf{Z}^0 = 0), \qquad K_1(B(X_{n+2})/S(X_{n+2})) = 0.$$

又 $\bigoplus_{i=1}^{n+2}(B(X_i)/S(X_i))$ 到 $B(X)/S(X)$ 的对角嵌入实际上是一个同构. 特别地，这蕴涵

$$K_\mu(B(X)/S(X)) = \bigoplus_{i=1}^{n+2} K_\mu(B(X_i)/S(X_i)) = \begin{cases} \mathbf{Z}^m, & \mu = 0, \\ \mathbf{Z}^{n+1}, & \mu = 1. \end{cases}$$

现在，完全与定理 7.4.5 类似， 我们又可得到如下正合列图:

$$\begin{array}{ccccccccc}
\mathbf{Z} & \xrightarrow[=]{\omega} & K_0(S(X)) & \xrightarrow{i_0} & K_0(B(X)) & \xrightarrow{\pi_0} & K_0(B(X)/S(X)) & = & \mathbf{Z}^m \\
\sigma \uparrow & & \delta_1 \uparrow & & & & \downarrow \delta_0 & & \\
\mathbf{Z}^{n+1} & \xleftarrow[=]{} & K_1(B(X)/S(X)) & \xleftarrow{\pi_1} & K_1(B(X)) & \xleftarrow{i_1} & K_1(S(X)) & = & 0
\end{array}$$

当然，与 (4-10) 式比，略有变化的是右上角 $K_0(B(X)/S(X)) = \mathbf{Z}^m$(在 $m=0$ 时其实也同 $\mathbf{Z}^0 = 0$).

故这里与前同理得到的是 $K_0(B(X)) = K_0(B(X)/S(X)) = \mathbf{Z}^m$.

至于 $K_1(B(X))$ 则与前完全相同： $K_1(B(X)) = \mathbf{Z}^n$.

注 7.4.8 (1) 到命题 7.4.7, 我们才令人信服地展示出由 G-M 系列成果改变了 Banach 空间结构格局，带来了 Banach 空间上算子代数 K 群的全新变化 —— 按 Laustsen 在文献 [216] 中所述：每一对无挠率 (torsion-free), 有限生成的交换群 $\mathbf{Z}^m$ 和 $\mathbf{Z}^n$, 都可以分别作为 $K_0(B(X))$ 和 $K_1(B(X))$.

(2) 定理 7.4.5 和定理 7.4.3 的差异值得细加比较、推敲. 同是若干个不可比空间的叠加，各成员性质不同 (前者是极端经典空间，后者是极端 G-M 型空间), 处理方法与所得结果就不同. 定理 7.4.5 中的 $\sigma = \delta_1$ 是满射，导致 i_0 是 0 射，导致 $K_0(B(X)) = K_0(B(X)/S(X))$, 而在定理 7.4.3, 情况恰好相反， δ_1 是 0 射 (正好与短正合列可裂性一致), 导致了 $K_0(B(X)) = K_0(S(X)) \bigoplus K_0(B(X)/S(X))$.

通常的经验告诉我们 (除了各 X_i 全是 H.I. 空间这种特异情况),$\sigma = \delta_1$ 多为满射，故就研究指标映射 δ_1 而言，定理 7.4.5 和 7.4.3 是两个典型品种.

(3) 应该就此对指标映射 $\delta_1 : K_1(B(X)/S(X)) \to K_0(S(X)) = \mathbf{Z}$ 作更为深刻的理解 (例如文献 [217] 就特作为一个引理 8 来诠释):$K_1(B(X)/S(X))$ 的一般元素是 $[\pi(T)]_1$(其中 T 是 $M_n(B(X)) = B(X^n)$ 中的一个 Fredholm 算子， π 是 $B(X)$ 到 $B(X)/S(X)$ 的商映射), 其指标 $\delta_1[\pi(T)]_1 = \text{ind } T$——Fredholm 指标. 进一步对应于几何直观，至少可以认为复平面上谱图象中同一 Fredholm 指标的点形成的洞 (hole) 的点，当然是道路连通的.

出于对指标映射 δ_1 的重视， Laustsen 特意指出原来在 Hilbert 空间上成立的一个结果，可以推广到一般 Banach 空间中 (文献 [216] 的命题 4.1), 鉴于 Laustsen 没有给出详细推证，陈东晓在文献 [99] 做了如下诠释：

命题 7.4.9 对于每个 $m \in \mathbf{N}$, X 为 Banach 空间，则图 7.4.9 为交换图 (其中 $\varphi(X)$ 为含于黎斯算子中的算子理想)

$$\begin{array}{ccccc}
\Phi(X^m) & \xrightarrow{\pi_m} & G_m(B(X)/\varphi(X)) & \xrightarrow{[\cdot]_1} & K_1(B(X)/\varphi(X)) \\
i\Big\downarrow & & & & \Big\downarrow\delta_1 \\
\mathbf{Z} & \cdots\cdots & \cdots\cdots\cdots\cdots\cdots\cdots & \xrightarrow{\omega} & K_0(\varphi(X))
\end{array}$$

图 7.4.9

证 由于 $B(X^m) = M_m(B(X)), G_m(B(X)/\varphi(X)) = G(B(X^m)/\varphi(X^m))$, 定义 $\pi_m : B(X^m) \to B(X^m)/\varphi(X^m)$, 对于每一个 $T = (T_{ij})_{m\times m} \in B(X^m), \pi_m(T) = ([T_{ij}])_{m\times m}$, 其中 $[T_{ij}]$ 表示 T_{ij} 在典则映射 $\pi : B(X) \to B(X)/\varphi(X)$ 作用下的象.

对于任意 $u \in \Phi(X^m)$, 存在 $v \in \Phi(X^m)$, 使得 $uv = I_m - P, vu = I_m - Q$, 其中 Q 是有限秩投影算子，其值域为 $\ker(u)$, P 为有限秩投影算子，其值域为 $\mathrm{Im}(u)$ 在 X^m 中的补子空间. 故 $\pi_m(u) = (\pi_m(v))^{-1} \in G_m(B(X)/\varphi(X))$.

设 $\pi_m(u)$ 在 $K_1(B(X)/\varphi(X))$ 中象为 $[\pi_m(u)]_1$, 于是易证

$$\begin{pmatrix} u & P \\ Q & v \end{pmatrix} \in G_{2m}(B(X)).$$

其逆为 $\begin{pmatrix} v & Q \\ P & u \end{pmatrix}$, 又

$$\pi_{2m}\left(\begin{pmatrix} u & P \\ Q & v \end{pmatrix}\right) = \pi_m(u) \bigoplus \pi_m(v), \pi_m(u), \pi_m(v) \in G_m(B(X)/\varphi(X)).$$

故

$$\begin{aligned}\delta_1([\pi_m(u)]_1) &= \left[\begin{pmatrix} u & P \\ Q & v \end{pmatrix}\begin{pmatrix} I_m & 0 \\ 0 & 0 \end{pmatrix}\begin{pmatrix} v & Q \\ P & u \end{pmatrix}\right]_0 - \left[\begin{pmatrix} I_m & 0 \\ 0 & 0 \end{pmatrix}\right]_0 \\ &= \left[\begin{pmatrix} I_m - P & 0 \\ 0 & Q \end{pmatrix}\right]_0 - \left[\begin{pmatrix} I_m & 0 \\ 0 & 0 \end{pmatrix}\right]_0 \\ &= [Q]_0 - [P]_0.\end{aligned}$$

又因为 $i(u) = \dim(\mathrm{Im}(Q)) - \dim(\mathrm{Im}(P))$, 由定理 7.3.15 知

$$w^{-1}([Q]_0) = \dim(\mathrm{Im}(Q)), \quad w^{-1}([P]_0) = \dim(\mathrm{Im}(P)),$$

故图 7.4.9 是交换图，命题证毕.

指标映射分析研究的重要性在后面命题 7.4.12 的 Zsak 构造中可得到进一步体现.

5 Gowers-Zsak 构想

应该说，Laustsen 宣布的结果已经够新奇了：任何一对交换加群 $(\mathbf{Z}^m, \mathbf{Z}^n)$, 都可以找到一个 Banach 空间 X, 使 $(K_0(B(X)), K_1(B(X)))$ 与之对应.

然而，话音刚落，Gowers-Zsak 就在文献 [217] 提出了如下

G-Z 高级猜想 7.4.10 对预先任意给出的两个交换群 G 和 H, 都有空间 X, 使得 $K_0(B(X)) = G, K_1(B(X)) = H$.

G-Z 初等猜想 7.4.11 (1) 对每个整数 $\mathbf{Z}$ 的模 r 剩余类加群 $\mathbf{Z}_r (r \in \mathbf{N}, r \geqslant 2)$, 都有一个 Banach 空间 X, 使得 $K_0(B(X)) = \mathbf{Z}_r$;

(2) 有一个 Banach 空间 X, 使得 $K_0(B(X)) = \mathbf{Z}_2$.

我们之所以称为 G-Z 猜想，是因为它们虽然是以 Zsak 单独署名的文献 [217] 向外界提出，但它是 Gowers 指导下 Zsak 的博士学位论文的一部分，而且实际上在 Gowers 主持的讨论班上早已提出过.

应该说 Laustsen 也有过类似反应，他在文献 [216] 的结束语中就以命题 5.4 的形式，说明不应该满足于 $\mathbf{Z}^m$ 这种无挠群的结果上：对每个 $k \in \{2, 3, \cdots, \}$, 都有一个 Banach 空间 X, $K_0(B(X))$ 含有循环阶数为 k 的元素.

围绕 G-Z 猜想，作为比 Laustsen 结果走得更远的第一个成功作品是在文献 [217] 中的如下：

命题 7.4.12 存在一个 Banach 空间 X, 使得 $K_0(B(X)) = \mathbf{Q}, K_1(B(X)) = 0$, 这里 $\mathbf{Q}$ 是有理数加群.

证明是构造性的叙述与分析性的证明相结合，相当抽象复杂，其核心是 G-M 基本定理 1 的成功应用，我们这里概述如下：

第一步 根据有理数集元素构成特点，设计出一个展形算子的恰当集 $\mathcal{S}$.

思路：单位 (恒等) 算子 I 在 K_0 群中对应于 $\mathbf{Q}$ 中的 1, 对每个 $n \in \mathbf{N}$, 为了出现与 $\dfrac{1}{n}$ 对应的投影算子元，自然想像有两两同构的子空间直和 $Y_1 \bigoplus \cdots \bigoplus Y_n$, 则 $P_1 \bigoplus P_2 \bigoplus \cdots \bigoplus P_n = I$, 导出 $[I]_0 = [P_1 + \cdots + P_n]_0 = \sum_{i=1}^n [P_i]_0 = n[P_1]_0$. 于是 $[P_1]_0$ 对应于 $\mathbf{Q}$ 中 $\dfrac{1}{n}$. 于是构思出一个展形算子 S_{ji}^n, 由 $A(i) = \{r \in \mathbf{N}, r \equiv i (\text{mod}\, n)\}$ 到 $B(j) = \{r \in \mathbf{N}, r \equiv j(\text{mod}\ n)\}$, S_{ji}^n 的具体作用为

$$S_{ji}^n(e_r) = \begin{cases} e_{r-i+j}, & \text{如果} r \equiv i(\text{mod}\ n) \\ 0, & \text{否则} \end{cases} \quad (i, j = 1, 2, \cdots, n).$$

由于每个 $\dfrac{1}{n} \in \mathbf{Q}$ 都需要做 S_{ji}^n, 故令

$$\mathcal{S} = \{S_{ji}^n : n \in \mathbf{N}, i, j \in \{1, \cdots, n\}\}.$$

验证 $\mathcal{S}$ 是一个展形算子恰当集 (即文献 [217] 的引理 9):(1) 共轭封闭 $S_{ji}^{n\,*} = S_{ij}^n$;(2) 复合封闭; (3) 满足技巧性条件.

这第一步的设计构思是奠基性的，要有很强的预见性和洞察力，其基本思想在文献 [200] 中已经形成，只是付诸实施时显得需要精工缜密.

第二步 根据 G-M 基本定理 1, 对所获得的空间 $X = X(\mathcal{S})$, 验证 $K_0(B(X)) = \mathbf{Q} \bigoplus \mathbf{Z}, K_1(B(X)) = 0$.

验证相当精细： $\mathcal{S}$ 生成的代数 $\mathcal{A} \supseteq F_n := \text{span}\{S_{ji}^n : i, j = 1, \cdots, n\}$, 在 $n = dm$, 即 $m \mid n$ 时， $F_m \subseteq F_n$, 说明 $P_{nj} := S_{jj}^n$ 是到子空间 $X_{nj} = \overline{\text{span}}\{e_r : r \equiv j(\text{mod}\ n)\}$ 上的投影，且对每一个 n, 群 $K_0(F_n) \approx \mathbf{Z}$, 生成元是 $[P_{n1}]_0$. 为此关键在说明 $F_n \approx M_n(\mathbf{C})$(验证 $S_{ij}^n S_{kl}^n = \delta_{jk} S_{il}^n$).

在 6 项循环正合列图中指出指标映射是零映射，而后从 $K_1(B(X)/S(X)) = K_1(B(X))$ 来求出 $K_1(B(X)) = 0$, 从短正合列

$$0 \to K_0(S(X)) \xrightarrow{i_0} K_0(B(X)) \xrightarrow{\pi_0} K_0(B(X)/S(X)) \to 0$$

求出 $K_0(B(X)) = \mathbf{Q} \bigoplus \mathbf{Z}$. 其中难度高处：要说明 $\alpha(\mathbf{Q}) \bigcap i_0(K_0(S(X))) = \{0\}$. 这里 (见文献 [217] 的引理 14) 映射 $\alpha : \mathbf{Q} \to K_0(B(X)), \dfrac{m}{n} \mapsto m[P_n]_0 (n \in \mathbf{N}, m \in \mathbf{Z})$ 是一个内射群同态，且 $\alpha(\mathbf{Q})$ 包含了所有形如 $[P]_0 - [Q]_0$ 的元素 (P 与 Q 是 $\mathcal{A}$ 上幂等矩阵).

当说明了 $\alpha(\mathbf{Q}) \approx \mathbf{Q}, i_0(K_0(S(X))) \approx \mathbf{Z}, \alpha(\mathbf{Q}) \bigcap i_0(K_0(S(X))) = \{0\}$ 后，就基本完成了 $K_0(B(X)) = \mathbf{Q} \bigoplus \mathbf{Z}$ 的证明.

这第二步的证明要求对 K 群的构成相当娴熟，有分析的深厚功底，把抽象的事物具体化.

$K_1(B(X)) = 0$ 的证明相对容易些，详见文献 [217] 的定理 17 证明.

第三步　在已有 $K_0(B(X)) = \mathbf{Q} \bigoplus \mathbf{Z}, K_1(B(X)) = 0$ 的基础上，设法再找一个空间 Y, 使得 $B(X \bigoplus Y)$ 的 K_0 群消去多余的 $\mathbf{Z}$(又保留住 $\mathbf{Q}$).

分析： $K_0(B(X))$ 的 $\mathbf{Z}$ 分支，是 X 的有限秩投影的产物，这就对应于 (a): 让 Y 同构于超平面.

要保住 $\mathbf{Q}$ 分支，这就对应于 (b): 让 Y 与 X 不可比.

当然不能让 $K_0(B(Y))$ 本身产生非零元 (否则可能又加到 $K_0(B(X \bigoplus Y))$ 上)，这就对应于 (c):$K_0(B(Y)) = 0$.

于是找 $Y = l_p(1 \leqslant p < \infty)$ 就很自然了 (注意到每个按 G-M 基本定理 1 构造出的空间不含无条件基序列，故必与 l_p 不可比).

最后证明了 $K_0(B(X \bigoplus Y)) = \mathbf{Q}, K_1(B(X \bigoplus Y)) = 0$.

Zsak 等人对初等猜想 7.4.11 是相当自信的. 当然，更推崇其意义在于：其一，深信只要能对 $r = 2$, 构造出 $K_0(B(X)) \approx \mathbf{Z}_2$ 的空间 X, 就不难推广到一般 $\mathbf{Z}_r (r \in \mathbf{N}, r \geqslant 2)$ 上去；其二，只要实现了初等目标 $\mathbf{Z}_r$, 就可以预期实现高级猜想 7.4.10 的终极目标. 初等猜想确实诱人：至今为止，还没有 $K_0(B(X))$ 是有限群的实例！

在文献 [217] 中，对构造 X 使 $K_0(B(X)) = \mathbf{Z}_2$ 提供了如下思路：

Zsak 看好文献 [200](即我们在第 6 章提到的例 6.2.61) 中用展形算子 S_1 、S_2 、S_3 生成的恰当集 $\mathcal{S}$, 依 G-M 基本定理 1 导出的 Banach 空间 $X = X(\mathcal{S})$, 它就是著名的 $X \approx X^3$, 但 $X \not\approx X^2$ (否定 S-B 问题) 的例子. Zsak 之所以对这个 X 抱有信心，是因为文献 [200] 已经证明 $X^3 \approx X \not\approx X^2$, 因而 $[I]_0$ 有阶 2, 从而 $[I]_0$ 生成一个子群同构于 $\mathbf{Z}_2$.Zsak 认为在这个基础上，很有可能 $K_0(B(X)) = \mathbf{Z}_2 \bigoplus \mathbf{Z}$, 这里 $\mathbf{Z}$

分项来自有限秩投影. 假设 Zsak 的这个猜测真能成立, 则通过叠加 l_1, 就可以成功地保留 $\mathbf{Z}_2$ 又消去 $\mathbf{Z}$, 得到 $K_0(B(X \bigoplus l_1)) = \mathbf{Z}_2$.

Zsak 还认为应该指出 (文献 [200] 里也曾指出过) 上述的 $X = X(\mathcal{S})$ 从某种意义说, 明显类似于 Cuntz 的 C^* 代数 θ_3, Cuntz 在文献 [220] 中证明过 $K_0(\theta_3) = \mathbf{Z}_2, K_1(\theta_3) = 0$.

以上所述, 显然可以推广于由 n 个展形算子生成的恰当集 $\mathcal{S}$ 导出的空间 $X = X(\mathcal{S})$ 以及 $K_0(B(X \bigoplus l_1)) = \mathbf{Z}_{n-1}$.

我们正在研究 Zsak 提供的讯息, 林辰先生对这一问题有兴趣, 做了一些探讨, 并鼓励我们完成这件工作.

§7.5 其他相关问题讨论

如果说 G-M 系列成果的问世, 才使 Banach 空间上算子代数 K 理论研究得以新生, 那么惟其年轻, 可供探讨的问题是很多的, 许多还是很基本的, 就是熟悉 C^* 代数 K 理论的人也搞不清楚有哪些结论移植到 Banach 空间算子 K 理论中仍会成立, 更何况方法与工具大不相同了.

水平有限, 更囿于眼界, 下述例举挂一漏万, 评析甚或讹误, 权作抛砖引玉.

1 稳定秩 1, 消去律和有限性问题

$B(X)$ 作为一个有单位元 Banach 代数, 许多基本性质, 诸如有稳定秩 1,(关于幂等元的) 消去律成立, 有限性或稳定有限性, 可逆元群的连通性, 都有着与空间结构相联系的特殊性. 在 G-M 成果问世之前, 在经典 Banach 空间的圈子里, 有些性质的实例甚或都难以想像. 例如, $B(X)$ 有稳定秩 1 的 Banach 空间 X. 现在我们知道, 有 $X \in$ H.I. 或 Q.I.. 从 $B(X)$ 的特别简单构成, 很容易知道 $B(X)$ 有稳定秩 1, 也有 (幂等元的) 消去律. 于是相应的新问题讨论就变得有意义了, 诸如

问题 7.5.1 已知 $B(X)$ 有稳定秩 1 蕴涵 (关于幂等元) 有消去律, 那么有消去律必有稳定秩 1 吗?

回顾我们在命题 7.2.12 给出过有消去律的特征刻画, 并且请留意当初我们对交换半群 $V(A)$ 到它的 Grothendieck 群 $\mathrm{Gro}(V)$ 所做的同态映射 φ, 注意 φ 的单射与 $V(B(X)) = P_\infty(B(X))/\sim$ 加法消去律的关系.

问题 7.5.2 (1) $B(X)$ 有消去律蕴涵 $B(X)$ 的有限性 (即不存在可补真子空间与全空间同构), 那么 $B(X)$ 的有限性蕴涵它有消去律吗?

(2) 有限性必稳定有限吗? 这里稳定有限是指 $M_n(B(X)) = B(X^n)$, 对每个 n 具有有限性.

很显然，对常见的经典 Banach 空间 $X,B(X)$ 都不具有上述两个问题所提到的 3 种性质之一. 从本质上说，问题的解答涉及 G-M 型空间结构的性质特征.

2 指标映射是零射的特征刻画问题

这是 Banach 空间上算子代数 K 理论研究中最基本而重要的问题之一，因为本章所有讨论无一不以下图为基准：

$$\begin{array}{ccccccc}
\mathbf{Z} & = & K_0(A(X)) & \xrightarrow{i_0} & K_0(B(X)) & \xrightarrow{\pi_0} & K_0(B(X)/A(X)) \\
 & & \delta_1\big\uparrow & & & & \big\downarrow\delta_0 \\
 & & K_1(B(X)/A(X)) & \xleftarrow{\pi_1} & K_1(B(X)) & \xleftarrow{i_1} & K_1(A(X)) \quad = \quad 0
\end{array}$$

其中 $A(X)$ 是满足于 $K(X)\subseteq A(X)\subseteq J(X)$ 的某个算子理想，最常见是取 $A(X)=S(X)$.

我们曾经提到过，在 G-M 空间问世前，δ_1 多为满射 (等价于 i_0 多为零射), 实际这也正是 δ_1 得名为指标映射的历史原因.

但是自从如 H.I. 之类的空间问世以来，δ_1 可能是零射的现象凸显了出来，文献 [216] 给出了如下

命题 7.5.3 对于一个复 Banach 空间 X, 如下各陈述是等价的：

(1) $i_0: K_0(A(X))\to K_0(B(X))$ 是一个内射；

(2) $\delta_1: K_1(B(X)/A(X))\to K_0(A(X))$ 是零射；

(3) $\pi_1: K_1(B(X))\to K_1(B(X)/A(X))$ 是满射 (进而就是同构);

(4) 对每个 $m\in\mathbf{N}$, X^m 都不可能同构于一个真的亏维有限的闭子空间；

(5) 对每个 $m\in\mathbf{N}$, 每个 X^m 上的 Fredholm 算子的指标都是零.

我们从第 3 章的算子谱理论知识足以认识到：δ_1 的零射性蕴涵：对每个 $T\in B(X),T$ 的 Weyl 本性谱 $\sigma_w(T)=\sigma_e(T)(\sigma_e(T)$ 仍表示 (Calkin) 本性谱).

问题 7.5.4 如果对每个 $m\in\mathbf{N}$, 每个 $T\in B(X^m)$, 都有 $\sigma_w(T)=\sigma_e(T)$, 则 δ_1 是零射吗？

问题 7.5.5 对取定的一个算子理想如 $A=S$, 由每个空间 X 相应地确定了一个上 6 项循环正合列图中的一个指标映射 $\delta_1=\delta_1(X)$, 现在问：δ_1(是零射) 有所谓稳定性 ——$\delta_1(X)=0$ 蕴涵 $\delta_1(X^m)=0(m\in\mathbf{N})$ 吗？

问题 7.5.6 (1) 每个遗传有限分解空间 $X\in HD_n$ 有 $\delta_1(X)=0$ 吗？

(2) 每个商有限分解空间 $X\in QD_n$ 有 $\delta_1(X)=0$ 吗？

应该说围绕 $\delta_1(X)$ 是否为零射还会有很多值得探讨的问题. 诸如更多的等价刻画、充分性、必要性以及 $\delta_1(X)=0$ 与其他性质的关系，等等，足以成专题，尤其与空间结构、算子结构、算子谱理论联系起来，饶有新意. 下例只是开个头：

例 7.5.7

复空间 $X \in$ H.I.$\Rightarrow$ [$\sigma_e(T)$ 是单点集, 对每个 $B(X)$ 中的 T] $\Rightarrow$ [$\sigma(T)$ 至多可数, 对每个 $B(X)$ 中的 T] $\Rightarrow G(B(X))$ 连通

[$\sigma(T)$ 至多可数, 对每个 $B(X)$ 中的 T] $\Rightarrow \mathrm{sr}(X) = 1 \Rightarrow \delta_1$

$\delta_1 \,\|\, 0 \Rightarrow K_0(B(X))$ 含子群 $\mathbf{Z}$

Σ_X 强可裂 $\Rightarrow$ Σ_X 代数可裂 $\Rightarrow$ 0

其中 Σ_X 就是指短正合列: $0 \to A(X) \xrightarrow{i} B(X) \xrightarrow{\pi} B(X)/A(X) \to 0$, 而 sr 是稳定秩的简写.

问题 7.5.8 $\delta_1(X) = 0$ 蕴涵 Σ_X 代数可裂吗?

这个问题在文献 [216] 的评注 4.4 之后提出过, 他说 "好像未必".

注意: $K_0(B(X))$ 含子群 $\mathbf{Z}$ 不蕴涵 $\delta_1(X) = 0$ 已为文献 [216] 所重视过, 它是 G-M 基本定理 1 非常典型的产物之一 X_{GM_2}(见第 6 章的例 6.2.59). 我们下面还要提到它.

问题 7.5.9 $\delta_1(X) = 0$ 是 $\mathrm{sr}(X) = 1$ 的充分条件吗?

问题 7.5.10 $\mathrm{sr}(X) = 1$ 与 Σ_X 代数可裂 (或强可裂) 之间关系如何?

问题 7.5.11 在 6 项循环正合序列中, 还有哪些环节与空间结构和算子理论的问题密切相关?

3 $K_0(B(X)) = 0$ 的条件

首先, 不应该从本章第二节 (例 7.2.8 和例 7.2.10) 涉入误区: 以为除了 G-M 型空间 H.I.,Q.I. 等, 所有此前的 Banach 空间的 K 群都是平凡的. 事实上, 我们不应该忽视有限个不可比经典空间叠加的效果, 它已经使我们获取了 $K_1(X) = \mathbf{Z}^n (n \in \mathbf{N})$ 的非平凡 K_1 群 (见定理 7.4.5). 不仅如此, 如下两个讯息也是重要的:

例 7.5.12 (1) 对 Figiel 的自反空间 $X =$Fig, $K_0(B(\mathrm{Fig}))$ 有一个可除子群.

(2) 对实 James 空间 J, 有 $K_1(B(J)) = \mathbf{Z}_2$.

前面 (例 7.2.1 的 (3)) 我们曾经提到过 Figiel 空间, 它是作为自反非可卡 Banach 空间的第一例, 不仅如此, 后来文献 [78] 还指出过它是非常非准素的, 即有一列互补子空间列 $(Y_n, Z_n), X = Y_n \bigoplus Z_n$, 使 (X, Y_n, Z_n) 两两都是不同构的, Laustsen 最近在文献 [198] 证明这个空间上算子的 K_0 群含有一个子群 $c_{00}(\mathbf{N}, \mathbf{Q}) := \{x = (x_n) \in c_{00}$: 偶数 $x_{2m} \equiv 0$, 奇数 $x_{2m-1} \in \mathbf{Q}\}$.

至于实 James 空间，$K_1(B(J)) = \mathbf{Z}_2$ 的现象为文献 [217] 所重视，但他非常强调实结构与复结构的不同，不认为复 James 空间也有这一结果，我们知道 James 空间是典型的非自反的不可卡空间的例子，但它是准素的.

以上说明，G-M 型空间的问世，给 Banach 空间上算子代数 K 群的研究很大的推动，开创了丰富、鲜活的格局，但不等于说此前一片空白，除了 $K_0(B(X)) = K_1(B(X)) = 0$ 的平凡情形外，就没有他例.

如此看来，探究 $K_0(B(X)) = 0$ 的条件还是有着很重要、很基本的意义.

问题 7.5.13 $X \approx X^2$ 是 $K_0(B(X)) = 0$ 的充分必要条件吗？

据悉，在 Gowers 主持的讲习班上，是对该问题持肯定意向的. 回忆命题 7.2.7 所给出的一个充分条件：等可卡性 (Cartesian)$X \approx X^2$ 与准素性 (Primary), 今后为称呼方便，我们简称这个充分条件为 CP 条件. 显然，问题 7.5.13 是挑战于条件准素性的，认为它可以不必，是有实例为其依据：作为不可比经典 Banach 空间叠加的特例，取 $X = l_1 \bigoplus l_2$, 则由定理 7.4.5 得知有 $K_0(B(X)) = 0$ $(K_1(B(X)) = \mathbf{Z})$, 现在我们容易说明 $X = l_1 \bigoplus l_2$ 不是准素性，因为无论 l_1 或 l_2 都不可能与全空间 $X = l_1 \bigoplus l_2$ 同构.

当然准素性条件更不是充分的：前面提到的 X_{GM_2} 的典型性质为它不仅是准素性而且是素的，因为它只有亏维有限的子空间可补 (且与全空间同构), 但是它又是强非 C 条件空间： $X^n \approx X^m$, 当且仅当 $n = m$. X_{G_2} 的 K_0 群含子群 $\mathbf{Z}$ 的事实说明单纯 P 条件不足以使 K_0 群为零.

在一段时间的探讨中，我们发现无论是证明 C 条件作为 K_0 群为零的充分，抑或充要条件都不那么容易，虽然目前所知的实例也都是正面的，包括例 7.5.12. 那些为数不多的非 C 条件的空间 X, 果然也都 $K_0(B(X)) \neq 0$.

值得一提的是，林辰先生以其耄耋之年，对这一问题有一定探索.

定义 7.5.14 无限维 Banach 空间 X 关于可补子空间是择一等可卡的，是指在每个 X 的可补子空间 X_1 所导出的空间 (拓扑) 直和分解式 $X = X_1 \bigoplus X_2$ 中，或 $X_1 \approx X_1^2$ 或 $X_2 \approx X_2^2$, 空间的这种性质简记为 C_1.

注 7.5.15 (1) 易知 $CP \Rightarrow CC_1$, 故通常经典 Banach 空间 $c_0, l_p, L_p (1 \leqslant p \leqslant \infty)$ 等都是 C_1 空间，但存在 $X = (l_p \bigoplus l_q) \in CC_1 \backslash CP (1 \leqslant p \neq q < \infty)$.

(2) 依定义 C_1 空间的每个亏维有限的真子空间都是等可卡的，但要注意 C_1 定义的本身未必蕴涵全空间 X 的等可卡性.

(3) $(l_p \bigoplus l_q) \in C_1 \backslash P (1 \leqslant p \neq q < \infty)$.

问题 7.5.16 X 的等可卡性与 C_1 性有何关系？

问题 7.5.17 是否准素性空间都是 C_1 的 (是否有 $X \in P \backslash C_1$)?

下面就是林辰先生给出的 $K_0(B(X)) = 0$ 的一个充分条件，由注 7.5.15 的 (1), 它确实比命题 7.2.7 的条件 CP 弱.

定理 7.5.18 每个满足 CC_1 条件的 Banach 空间 X, 都有 $K_0(B(X))=0$.

证 (1) 首先, 由 $X\approx X^2$, 对恒等算子 I, $[I]\in V(B(X))/\sim$, 我们有 $[I]_0+[I]_0=[\mathrm{diag}(I,I)]_0=[I^{(2)}]_0$, 但 $I^{(2)}$ 是 $B(X^2)$ 上的恒等算子. 由于算子值域 $R(I)=X\approx X^2=R(I^{(2)})$, 故由命题 7.2.5 的 (1),$[I^{(2)}]_0=[I]_0$, 于是得到 $[I]_0+[I]_0=[I^{(2)}]_0=[I]_0$, 故 $[I]_0=0$.

(2) 其次, 对任一 $P\in B(X)$, 当 $Y=R(P)\approx Y^2=R(P\bigoplus P)$ 时, 得 $P\bigoplus P\sim P$, 即 $[P]_0+[P]_0=[P]_0$, 得 $[P]_0=0$, 或者 Y 不同构于 Y^2, 则由空间 X 的 C_1 性, 必有 $R(I-P)\approx[R(I-P)]^2$, 与上同理立即得出 $[I-P]_0=0$. 再根据命题 7.1.13 中的 $(1-8)$ 式, 也得出

$$[P]_0=[I]_0-[I-P]_0=0.$$

总之, 我们已经证明了对每个 $P\in P(B(X))$, $[P]_0=0$, 故由命题 7.2.6 得 $K_0(B(X))=0$.

定理 7.5.19 有限个两两不可比的等可卡的素空间的乘积 (直和) 空间是 CC_1 空间.

证 设 $X_1,\cdots,X_n$ 是两两不可比的、等可卡的素空间, 则显然 $X:=\bigoplus_{i=1}^n X_i$ 也是等可卡的, 再证 X 有 C_1 性质. 设投影算子 $P\in P(B(X))$, 那么由推论 7.3.11, 则存在自同构算子 $\Omega\in G(B(X))$, 及 $Q_i\in P(B(X_i)),i=1,2,\cdots,n$, 使得算子值域 $R(\Omega P)=R(Q_1\bigoplus\cdots\bigoplus Q_n)$, 于是 $R(P)\approx R(Q_1)\bigoplus\cdots\bigoplus R(Q_n)$.

情况 1: $0\leqslant\dim R(Q_i)<\infty$ 对每个 $i=1,\cdots,n$ 成立, 则由各 X_i 的素性, 必有 $R(I_i-Q_i)\approx X_i,i=1,2,\cdots,n$(这里 I_i 表示 X_i 上的恒等算子), 于是 $R(I-P)\approx X_1\bigoplus\cdots\bigoplus X_n\approx X_1^2\bigoplus\cdots\bigoplus X_n^2\approx[R(I-P)]^2$.

情况 2: 至少有一个 $i\in\{1,\cdots,n\}$, 使得 $\dim R(Q_i)=\infty$. 注意到 X_i 的素性蕴涵 $X_i\bigoplus Y\approx X_i$ 对每个有限维空间 Y 都成立, 故不妨设 $R(Q_1)\bigoplus\cdots\bigoplus R(Q_n)\approx R(Q_{i_1})\bigoplus\cdots\bigoplus R(Q_{i_k})$, 其中下标集 $\emptyset\neq\{i_1,\cdots,i_k\}\subseteq\{1,\cdots,n\}$, $\dim R(Q_{i_1})=\cdots=\dim R(Q_{i_k})=\infty$. 现在再次用各 X_i 的素性, 就得到 $R(P)\approx R(Q_1)\bigoplus\cdots\bigoplus R(Q_n)\approx R(Q_{i_1})\bigoplus\cdots\bigoplus R(Q_{i_k})\approx X_{i_1}\bigoplus\cdots\bigoplus X_{i_k}\approx X_{i_1}^2\bigoplus\cdots\bigoplus X_{i_k}^2\approx R(Q_{i_1})^2\bigoplus\cdots\bigoplus R(Q_{i_k})^2\approx[R(P)]^2$.

综合 1 与 2, 已证明每个 $P\in P(B(X))$, 或者 $R(P)$ 等可卡, 或者 $R(I-P)$ 等可卡, 故 X 是 CC_1 空间, 证毕.

由这个定理, 我们可以直接得到类似定理 7.4.5 的推广.

推论 7.5.20 设 X 可表为有限个两两不可比 (或本性不可比) 的、等可卡的素空间的乘积, 则 $K_0(B(X))=0$.

定理 7.4.5 中求 K_0 群的情况就是应用此推论的典型实例.

问题 7.5.21 有限个 CP 空间的乘积空间是 CC_1 空间吗？

问题 7.5.22 $K_0(B(X))=0$ 的 Banach 空间必是 CC_1 空间吗？

林辰先生提出如下

思考 7.5.23 设 X 是一个无限维的 Banach 空间，考虑如下各陈述的蕴涵或等价关系：

(1) $K_0(B(X)) = 0$;

(2) 任一 X 的可补子空间 Y, 存在自然数 $k = k(Y)$, 使 $X^k \approx X^k \bigoplus Y$;

(3) 存在自然数 k, 使得 $X^{k+1} \approx X^k$, 且任一 X 的可补的真子空间 Y, 存在 (最小的) 自然数 $k = k(Y)$, 使得 $X^k \approx X^k \bigoplus Y$ 或存在 (最小的) 自然数 $l = l(Y)$, 使得 $X^l \approx X^l \bigoplus Z$, 其中 Z 是 Y 的某个补子空间 (即 $Z \bigoplus Y = X$).

进而提出

问题 7.5.24 如果无限维 Banach 空间 $X \approx X^2$, 则 $K_0(B(X)) = 0$ 是否当且仅当对每个可补子空间 $Y \subseteq X$, 或者 $Y \bigoplus X \approx X$, 或者有一个 Y 的补子空间 Z, $Z \bigoplus X \approx X$?

4 叠加不可比 (本性不可比) 空间求 K 群的一般方法

我们把 §7.4 中涉及叠加不可比 (本性不可比) 空间求 K 群的方法再一般化，作一个分析. 简明起见，只讨论两个空间的叠加，推广到 n 个的情形完全类似.

命题 7.5.25 设已知 $K_\mu(B(X_i))(\mu = 0,1; i = 1,2)$, X_1 与 X_2(本性) 不可比，则在一定条件下可求 $K_\mu(B(X_1 \bigoplus X_2))$.

步骤说明如下：

第一步：从已知 $K_\mu(B(X_i))$, 一般选定算子理想 $S(X_i)$(严格奇异算子理想), 用 6 项循环正合列图 (4-3), 求出 $K_\mu(B(X_i)/S(X_i)), \mu = 0,1; i = 1,2$. 具体求法参见小结 7.4.1 中的若干类型.

这一步未必用 6 项循环正合列，因为当短正合列可裂时，有时更容易达到求 $K_\mu(B(X_i)/S(X_i)), \mu = 0,1; i = 1,2$ 的目的.

第二步：求出 $K_\mu(B(X_1 \bigoplus X_2)/S(X_1 \bigoplus X_2)), \mu = 0,1$.

方法是先认定 $B(X_1 \bigoplus X_2)/S(X_1 \bigoplus X_2) \approx (B(X_1)/S(X_1)) \bigoplus (B(X_2)/S(X_2))$ (这里用到 X_1 与 X_2 的不可比性).

于是由第一步结果，就可直接得出

$K_\mu(B(X_1 \bigoplus X_2)/S(X_1 \bigoplus X_2)) = K_\mu(B(X_1)/S(X_1)) \bigoplus K_\mu(B(X_2)/S(X_2)), \mu = 0,1$. (这里实际上用到引理 7.1.21 等).

第三步：在已知 $K_0(S(X_1 \bigoplus X_2))$,$K_1(S(X_1 \bigoplus X_2))$, $K_0(B(X_1 \bigoplus X_2)/S(X_1 \bigoplus X_2))$ 和 $K_1(B(X_1 \bigoplus X_2)/S(X_1 \bigoplus X_2))$ 的基础上，再用 $X_1 \bigoplus X_2$ 的 6 项循环正合列图，求出 $K_0(B(X_1 \bigoplus X_2))$ 和 $K_1(B(X_1 \bigoplus X_2))$.

问题 7.5.26 令 $X = X_1 \bigoplus \cdots \bigoplus X_{k+m} \bigoplus l_{p_1} \bigoplus \cdots \bigoplus l_{p_{n+1}}$, 其中前 $k+m$ 个两两不可比的空间直和中, k 个是 H.I. 的, m 个是 Zsak 所构造的 "有理空间" (这两部分的存在性都依据 G-M 基本定理 2), 各 $1 \leqslant p_i < \infty$, 且两两不等. 现在问: 如何如 Zsak 在文献 [217] 中所预测, 严格证明 $K_0(B(X)) = \mathbf{Z}^k \bigoplus \mathbf{Q}^m$, $K_1(B(X)) = \mathbf{Z}^n$?

问题 7.5.27 设 $X = X(\mathcal{S})$ 是一个 r 阶右移位空间, 即恰当集是由一个展形算子 $S_{\{r+1,r+2,\cdots\},\mathbf{N}}$ (取复合与共轭等运算后) 生成的, 然后应用 G-M 基本定理 1 所得出的空间 X. 现在问: 如何如 Zsak 所预测, 严格证明 $K_0(B(X)) = \mathbf{Z} \bigoplus \mathbf{Z}_r$, $K_1(B(X)) = \mathbf{Z}^2$?

问题 7.5.28 设 $X = X_1 \bigoplus \cdots \bigoplus X_{k+m+n+1}$, 其中各 X_i 两两不可比, 前 k 个是 H.I. 空间, 接下来是 m 个 "有理空间", 最后配上 $n+1$ 个移位空间 (每个都是某 r 阶右移位). 现在问: 如何如 Zsak 所预测, 严格证明 $K_0(B(X)) = \mathbf{Z}^{k+n+1} \bigoplus \mathbf{Q}^m \bigoplus \mathbf{Z}_r$, $K_1(B(X)) = \mathbf{Z}^n$?

问题 7.5.29 两个展形算子 S_1 和 S_2, 满足 $S_1^* S_1 = S_2^* S_2 = I$ 与 $S_1 S_1^* + S_2 S_2^* = I$, 由它们生成的恰当集 $\mathcal{S}$, 所决定的 Banach 空间记为 $X = X(\mathcal{S})$, 问 $K_0(B(X)) =$?, $\Phi(B(X)) = \Phi_0(B(X))$(该问题见于文献 [217] 的结束语)?

问题 7.5.30 对 $K_1(B(X))$ 的前景所知, 相对于 K_0 群更少. Zsak 在文献 [217] 的结束语中, 提出一种借鉴 Banach 代数同纬映射 (suspension) 方法: 从 $K_0(SA) = K_1(A)$, $K_1(SA) = K_0(A)$ 这种关系来开拓思路. 那么问: 如何在取 $A = B(X)$ 的实践中, 具体地实现联系 K_0 群与 K_1 群关系的应用价值?

问题 7.5.31 Laustsen 在文献 [216] 中提到真无限 (properly infinite) 性质: 一个有单位元 e 的 C^* 代数 A, 如果有 a_1 、 a_2 、 b_1 和 $b_2 \in A$ 满足 $b_i a_j = \delta_{ij} e$. 真无限的 Banach 代数关于 K_1 群有性质: 从可逆元群 $G(A)$ 到 $K_1(A)$ 的群同态是满射. 现在对取 $A = B(X)$ 的情况, 如何理解 A 真无限与存在某 $n \geqslant 2$, $X \approx X^n$ 之间存在的联系?

问题 7.5.32 考虑空间理想与 K 理论是否有某种联系.

从最小的空间理想 —— 有限维空间类考虑伊始, 考虑角度似可有: 空间 X 与 Y 同属于某一空间理想 $\mathcal{X}$, 则 $B(X)$ 与 $B(Y)$ 的 K 群有何共性? X 与 Y 的叠加 $X \bigoplus Y$, 其 K 群分别与 X 和 Y 的 K 群有何关系? 等等. 当然, 一般说来, 与 K 理论发生联系的空间理想可能不多. 可考察遗传有限分解空间理想 H.F.D.$= \bigcup_{n=1}^{\infty} HD_n$ 和商有限分解空间理想 Q.F.D.$= \bigcup_{n=1}^{\infty} QD_n$.

参 考 文 献

1 Lindenstrauss J. and Tzafriri L. Classical Banach Spaces I. New York: Springer-Verlag, 1977

2 Beauzamy B. Introduction to Banach Spaces and Their Geomotry. MS.68, Amsterdam: North-Holland, 1995

3 Lindenstrauss J. and Tzafriri L. Classical Banach Spaces. LNM.388, Springer-Verlag, 1973

4 Wojtaszczyk P. Banach Spaces for Analysts Cambridge Unik. Press, 1991

5 俞鑫泰. Banach 空间几何理论. 上海：华东师范大学出版社， 1986

6 俞鑫泰. Banach 空间选论. 上海：华东师范大学出版社， 1992

7 Johnson W.B. and Lindenstrauss J. (eds) Handbook of the Geometry of Banach Spaces. Vol.1. Amsterdam: Elsevier, 2001

8 Diestel J. Geometry of Banach Spaces. LNM.485, Springer-Verlag, 1975

9 Schwartz L. Probilities cylindriques et applications radonifiantes. C.R. Acad Paris, **268** (1969): 646 ~ 648

10 Kwapien S. On a theorem of L. Schwartz and its applications to absolutely summing operators. Studia Math. **38**(1970): 193 ~ 201

11 汪林. 泛函分析中的反例. 北京：高等教育出版社， 1994

12 Fabin M. Habala P. and Hajek P. et al. Functional Analysis and Infinite-Dimensional Geometry. New York: Springer-Verlag, 2001

13 Halmos P.R. 著. 王建华译. 测度论. 北京：科学出版社， 1965

14 夏道行，吴卓人，严绍宗等. 实变函数与泛函分析. 北京：高等教育出版社， 1988

15 夏道行，严绍宗，童裕孙等. 泛函分析第二教程. 北京：高等教育出版社， 1987

16 Diestel J. and Uhl J. Vector Measures. MS.15, Providence: AMS. 1977

17 Day M.M. Normed Linear Spaces. Berlin: Springer-Verlag, (1958)1973

18 Dunford and Schwartz. Linear Operators I. New York-London: Interscience publishers, 1958

19 Holmes R.B. Geometry Functional Analysis and Its Applications. GTM.24, Springer, 1975

20 赵俊峰. Banach 空间结构理论. 武汉大学出版社， 1993

21 Diestel J. Sequences and Series in Banach Spaces. Springer-Verlag, 1984

22 Radjavi H. and Rosenthal P. 王振鹏译. 不变子空间. 长春：吉林大学出版社， 1991

23 Beauzamy B. Introduction to Operator Theory and Invariant Subspaces. Amsterdam: North-Holland, 1987

24 Banach S. 著. 俞鑫泰，张广禄译. 线性算子理论. 北京：石油大学出版社， 1992

25 Kothe G. Hebbare lokalkonvexe raume. Math. Ann. **165**(1966): 181 ~ 195

26 Johnson W.B. and Lindenstrauss J. (eds) Handbook of the Geometry of Banach Spaces. Vol.2. Amsterdam: Elsevier, 2003

27 钟怀杰. 刍议组合理论在现代分析中的应用 —— 从菲尔兹奖得主高尔斯研究特色谈起 (待发表)

28 [日] 儿玉之宏，永见启应著. 方嘉琳译. 拓扑空间论. 北京：科学出版社， 2001

29 Bourgain J. On separable spaces, universal for all separable reflexive spaces. Proc. AMS. **79:2** (1980): 241 ~ 246

30 Lanman D.G. and Phelps R.R. Gateaux differentiability of convex function on Banach spaces. J. London Math. **S.2:20** (1979): 115 ~ 127

31 Lindenstrauss J. and Benyamini Y. Geometric Nonlinear Functional Analysis. Vol.1. AMS: Colloquim Publication, 2001

32 Bourgain J. m/c_0 has not equivalent strictly convex norm. Proc. AMS. **78:2**(1980): 225 ~ 226
33 Casazza P.G. The Schroeder-Bernstein Property for Banach Spaces in Banach Spaces Theory, Bor-L Lin (editor). Contern. Math. Vol.85. AMS: PRI, 1989
34 Lacey H.E. The Isometric Theory of Classical Banach Spaces. Springer-Verlag, 1974
35 徐登洲，姚庆六，张华孝等．拓扑线性空间．兰州大学出版社， 1987
36 定光桂．巴拿赫空间引论．北京：科学出版社， 1984
37 Halmos P.R. 著．林辰译．希尔伯特空间问题集．上海科学技术出版社， 1984
38 Kato T. Perturbation Theory for Linear Operators. Springer-Verlag,1980 (second edit)
39 Rudin W. Function Theory in the Unit Ball of $\mathbf{C}^n$. Springer-Verlag, 1980
40 Pokrzywa A. Method of orthogonal projections and approximation of the spectrum of a bounded operator. Studia Math. **65**(1979): 21 ~ 29
41 Dowson H.R. Spectral Theory of Linear Operators. London, New York: Academic press, 1978
42 Dvoretzky A. Some results on convex bodies and Banach spaces. Proc. Symp. on Linear Spaces, Jerusalem, (1961): 123 ~ 160
43 Lindenstrauss J. and Tzafriri L. On the complemented subspaces problem. Israel J. Math. **9**(1971): 263 ~ 269
44 Pietsch A. Operator Ideals. Berlin: DVW. 1978.(Amsterdam-New York-Oxford: North-Hollard, 1980)
45 Dunford N. and Schwartz J.T. Linear Operators. Vol.III. New York: Inter Science, 1971
46 Figiel T. Lindenstrauss J. and Milman V. The dimension of almost spherical sections of convex sets. Acta Math. **139**(1977): 52 ~ 93
47 钟怀杰．关于黎斯算子 West 分解的两个猜想．数学年刊， **11A:6**(1990): 699 ~ 706
48 Singer I. Bases in Banach Spaces, II. Springer-Verlag, 1980
49 Rudin W. 著．赵俊峰，刘培德译．泛函分析．武汉：湖北教育出版社， 1989
50 Rudin W. Real and Complex Analysis. New York: McGraw-Hill Book Company, 1996
51 Davis W.J. , Dean D.W. and Singer I. Complemented subspaces and a systems in Banach spaces. Israel J. Math. **6**(1968): 303 ~ 309
52 Johnson W.B. A complementary universal conjugate Banach space and its relation to the approximation problem. Israel J. Math. **13:(3-4)**(1972) 301 ~ 310
53 Lindenstrauss J. On the modulus of smoothness and divergent series in Banach spaces. Michigan Math. J. **10**(1963): 241 ~ 252
54 Odell E. On complemented subspaces of $(\sum l_2)_{l_p}$. Israel J. Math. **23:(3-4)** (1976): 353 ~ 367
55 Pelczynski A. and Sudakov V.N. Remark on non-complemented subspaces of the space m(s). Colloq. Math. **9**(1962): 85 ~ 88
56 Lindenstrauss J. A remark concerning projections in summability domain. Amer Math Monthly. **70**(1963): 977 ~ 978
57 Sobczyk A. Projections in Minkowski and Banach spaces. Duke Math. J. **8**(1941): 78 ~ 106
58 Pisier G. Holomorphic semi-groups and the geometry of Banach spaces. Annals of Math. **115** (1982): 375 ~ 392
59 Figiel T. and J-T N. Projections onto Hibert subspaces of Banach spaces. Israel J. Math. **33**(1979): 155 ~ 171
60 卡捷茨 符米， 卡捷茨 米依．向量值函数黎曼和极限集的凸性条件．数学札记 (俄文版),**35:2** (1984): 161 ~ 167
61 卡捷茨 米依．巴拿赫空间中级数的重排 (俄文版)．塔尔图：塔尔图大学出版社， 1988

62 钟怀杰. B- 凸空间的某些特征. 福建师范大学学报, **11:3**(1995): 6 ~ 15
63 钟怀杰. B- 凸空间及其上黎斯算子 West 分解. 数学学报, **34:7**(1994): 563 ~ 569
64 俞鑫泰, 臧军. 关于 P- 凸的 Banach 空间. 数学年刊, **A8**(1987): 88 ~ 93
65 Lindenstrauss J. and Tzafriri L. Classical Banach Space II. New York: Springer-Verlag, 1979
66 Whitley R.J. Strictly singular operators and their conjugates. TAMS. **113** (1964): 252 ~ 267
67 Figiel T. , Johnson W.B. and Tzafriri L. On Banach lattices and spaces having local unconditional structure with applications to Lorentz function spaces. J. Approximation Theory, **13**(1975): 395 ~ 412
68 Casazza P.G. James space is primary. Israel J. Math. **26:3 ~ 4**(1977): 294 ~ 305
69 Andrew A.D. The Banach spaces JT is primary. Pacific J. Math. **108:1**(1983): 9 ~ 17
70 Casazza P.G. and Shura T.J. Tsirelson's Space. LNM.1363. Springer-Verlag, 1989
71 钟怀杰. 关于带无条件基的空间的一个性质. 福建师范大学学报, **12:1**(1996): 1 ~ 6
72 Lindenstrass J. and Pelczynski A. Absolutely summing operators in L_p space and their applications. Studia Math. **29**(1968): 275 ~ 326
73 Davidson K.R. and Herrero D.A. Decomposition of Banach space operator. Indiana University Math. J. **35:2**(1986): 333 ~ 343
74 Figiel T. and Johnson W.B. A uniformly convex Banach space which contains no l_p. Composition Math. **29**(1974): 179 ~ 190
75 荣维坚. 关于投影算子的某些注记. 福建师范大学学报, **19:1**(2003): 15 ~ 19
76 陈东阳. 空间的几种超投影性质及其局部化. 数学研究与评论, **24:2**(2004): 291 ~ 296
77 Rosenthal H.P. On quasi-complemented subspaces of Banach spaces. J. Funct. Anal. **4**(1969): 176 ~ 214
78 Casazza P.G. , Kottman C.A. and Lin Bor-Luh. Remarks on Figiel's reflexive Banach spaces not isomorphic to their square. J. Math. Ann. Appl. **63**(1978): 750 ~ 752
79 Davis W.J. , Figiel T. , Johnson W.B. and Pelczynski A. Factoring weakly compact operators. J. Func. Ann. **17**(1974): 311 ~ 327
80 Schlüchtermann G. and Wheeler R.F. On strongly WCG Banach spaces. Math. Z. **199** (1988): 387 ~ 398
81 Cross R.W. On the continuous linear image of a Banach space. J. Austral. MS. **29**(1980): 219 ~ 234
82 Goldberg S. Unbounded Linear Operator. New York: McGraw-Hill, 1966
83 Fillmore P.A. and Williams J.P. On operator ranges. Advances in mathematics, **7**(1971): 254 ~ 281
84 Cross R.W. The range of a linear operator. Math. Colloq. Univ. Cape Town, **11**(1977): 135 ~ 143
85 Cross R.W. , Ostrovskii M.I. and Shevchik V.V. Operator ranges in Banach spaces, I. Math. Nachr, **173**(1995): 91 ~ 114
86 Fonf V.P. and Shevchik V.V. On decompositions of Banach spaces into a sum of operator ranges. Studia mathematics,**132:1**(1999): 91 ~ 100
87 江泽坚. 关于线性算子的结构, 在第五届全国泛函分析学术会议上的报告. 南京, 1990
88 江泽坚, 孙善利. 泛函分析. 北京: 高等教育出版社, 1994 年第一版, 2003 年第 3 次印刷
89 Caradus S.R. et al. Calkin Algebras and Algebras of Operators on Banach Spaces. New York, 1974
90 林辰, 严子锟. p- 亚正常算子都是次标量的. Proc. AMS. **131:9**(2003): 2753 ~ 2759

91 林辰，严子锟．算子 RS 与 SR 的共同性质． Intergr. equ. oper. theory, **43**(2002): 313 ~ 325
92 林辰，严子锟．拟相似算子的本质谱与 Bishop 性质． Proc. AMS. **128:2**(2000): 485 ~ 493
93 林辰，严子锟． p- 亚正常算子的谱结构与次可分解性． Proc. AMS. **128**(2000): 2069 ~ 2074
94 严子锟，阮颖彬．p- 亚正常算子的本质谱与拟相似． Acta Math. Sinica, **43**(2000): 343 ~ 348
95 严子锟．重单值扩张算子的谱结构与拟相似． Acta Math. Sinica, **42:4**(1999): 605 ~ 610
96 Taylor A.E. and Lay D.C. Introduction to Functional Analysis (secend edit). New York: JWS, 1980
97 李炳仁． Banach 代数．北京：科学出版社， 1992 年第一版， 1999 年第三次印刷
98 陈剑岚．空间结构和算子理论的若干问题 (福建师范大学硕士学位论文).1998
99 陈东晓． Banach 空间上算子代数 K 理论的初探 (福建师范大学硕士学位论文).2003
100 阮颖彬．算子拟相似与本性谱的有关问题 (福建师范大学硕士学位论文).1998
101 林辰．线性算子谱的精密结构． 1991 年在苏州大学的访问讲稿
102 Kato T. Perturbation theory for nullity deficiency and other quantities of linear operators. J. Analyse Math. **6**(1958): 273 ~ 322
103 Pelczynski A. On strictly singular and strictly cosingular operators I strictly singular and strictly cosingular operators in $C(S)$-space. Bull, Pol. Sci. Serites M. **13**(1965): 31 ~ 41
104 Douglas R.G. Banach Algebra Techniques in Operator Theory. GTM.179. Second Edit Springer, 1998
105 陈东晓，陈剑岚．关于无限奇异算子．福建师范大学学报， **18:2**(2002): 6 ~ 10
106 Alvarez T. , Gonzalez M.and Onieva V.M. Totally incomparable Banach spaces. Math. Nachr. **131**(1987): 83 ~ 88
107 关肇直．泛函分析讲义．北京：高等教育出版社， 1959
108 Weis L. On perturbation of Fredholm operators in $L_p(\mu)$ spaces. PAMS. **67**(1977): 287 ~ 292
109 钟怀杰．含在黎斯算子类中的算子理想．福建师范大学学报， **4**(1988): 10 ~ 16
110 Kadec M.I. Linear dimension of the spaces L_p and L_q. Uspehi Mat. Nauk, **13**(1958): 95 ~ 98(Russian)
111 Zippin M. On perfectly homogeneous bases in Banach spaces. Israel J. Math. **4**(1966): 265 ~ 272
112 P-Rolewicz D. , Rolewicz S. Equations in Linear Spaces. Warszawa: Polish Scientific Pub. 1968
113 Kothe G. Topological Vector Spaces I. Springer-Verlag, 1969.
114 Gonzalez M. and Martinon A. On operator ideals determined by sequences. Bull. Australian Math. Soc. **44**(1991): 285 ~ 295
115 Astala K. On Measures of Noncompactness and Ideal Variations in Banach Spaces. Ann. Acad. Sci Fenn Ser. A 1 Math. Dissertations, 29(1980)
116 钟怀杰．关于 $(\mathbb{A},\mathbb{B})$ 型算子理想的某些注记．福建师范大学学报， **13:4** (1997): 1 ~ 6
117 Zhong Huaijie. Some properties of operator ideals determined by sequences. Conference on Banach Space Theory (Wuhan, 1996): 242 ~ 248
118 钟怀杰．关于 $(\mathbb{A},\mathbb{B})$ 型算子理想．数学年刊， **A17:1**(1996): 59 ~ 62
119 钟怀杰．算子理想的一例 (英文)．东北数学， **12:2**(1996): 161 ~ 164
120 阮颖彬，钟怀杰．广义算子理想的零差分序列．福建师范大学学报， **14:1**(1998): 6 ~ 9
121 钟怀杰．巴拿赫空间的无限维可分商．科学通报， **40:16**(1995)(中文版): 1441 ~ 1443; **41:9**(1996)(英文版): 714 ~ 718
122 钟怀杰．无限维可分商问题的某些新结果．数学物理学报， **16:3**(1996)(英文版): 248 ~ 256
123 Lacey H.E. Separable quotients of Banach spaces. An. Acad. Brasilci, **44** (1972): 185 ~ 189

124 Johnson W.B. On quas-complements. Pacific J. Math. **48**(1973): 113 ~ 118
125 吴祝宁. 关于两个闭子空间和的闭性. 福建师范大学学报, **14:3**(1998): 18 ~ 21
126 Rosenthal H.P. On totally incomparable Banach spaces. J. Funct. Anal. **4** (1969): 167 ~ 175
127 Castillo J.M.F. and Gonzalez M. Three-space Problems in Banach Space Theory. LNM. 1667. Berlin: Springer, 1997
128 Onieva V.M. Notes on Banach space ideals. Math. Nachr. **126**(1986): 27 ~ 33
129 Pietro A. and Gonzalez M. Essentially incomparable B.S. and Fredholm theory. Proc. R. Ir. Acad. **39A:1**(1993): 49 ~ 59
130 Pietsch A. Theorie der Operatorenideale. Wissenschaft. Beitrage der Univ. Jena. 1972
131 Schechter M. Riesz operators and Fredholm perturbations. Bull. AMS. **74**(1968): 1139 ~ 1144
132 Pietsch A. Inessential operators in Banach spaces. Integral Equations and Operator Theory, **1**(1978): 589 ~ 591
133 Mertins U. Verwandte operatoren. Math. Zeit. **159**(1978): 107 ~ 121
134 Gonzalez M. On essentially incomparable Banach spaces. Math. Zeit. **215**(1994): 621 ~ 629
135 陈东阳. 巴拿赫空间的可比性及有关问题 (福建师范大学硕士学位论文).2001
136 Gowers W.T. and Maurey B. The unconditional basic sequence problem. J. AMS. **6**(1993): 851 ~ 874
137 Hille E. and Tamarkin J.D. On the theory of linear integral equations I. Ann of Math. **35**(1934): 445 ~ 455
138 张恭庆, 林源渠. 泛函分析讲义. 北京大学出版社, 1987
139 杨宗磐. 关于黎斯算子. 数学进展, **8**(1965): 83 ~ 89
140 江泽坚, 孙善利. 关于完全不可约算子. 吉林大学自然科学学报, **4**(1992): 20 ~ 29
141 Havin V.P. , Nikolski N.K. and Khrushchev S.V. Linear and Complex Analysis Problem Book. Berlin-New York: Springer-Verlag, 1984
142 Gowers W.T. Recent results in the theory of infinite-dimensional Banach spaces. Zurich: Proc. of ICM, 1994. 99 ~ 100
143 Barnes B. , Muphy G. , Smyth M. and West T.T. Riesz and Fredholm Theory in Banach Algebras. Research Note in Math, 67(1982)
144 West T.T. The decomposition of Riesz operators. Proc. London Math. Soc, **6**(1966): 737 ~ 752
145 钟怀杰. 黎斯算子的分解 (词条). 《现代科技综述大词典 (上) 》, 北京出版社, 1998. 40 ~ 41
146 林辰. 线性算子的本性谱及有关问题. 在全国第二次高师院校泛函分析教学、科研交流会上的报告, 泰安: 1982
147 Stampfli J. Compact perturbations, normal eigenvalues and a problem of salinas. J. London MS. **9**(1974): 165 ~ 175
148 Apostol C. The Correction by compact perturbation of the singular behavior of operators. Rev. Roumaine Math pures Appl, **21**(1976): 155 ~ 175
149 Ruston A. Operator with a Fredholm theory. J. London Math Soc, **29**(1954): 318 ~ 326
150 West T.T. Riesz operators in Banach spaces. Proc. London Math. Soc, **3** (1966): 131 ~ 140
151 Fillmore P. , Stampfli R. and Williams J. On the essential numerical range, the essential spectrum and a problem of Halmos. Acta Sci. Math. **33**(1972): 179 ~ 192
152 钟怀杰. 关于 Banach 空间算子的本性谱. 数学杂志, **10**(1990): 382 ~ 384
153 钟怀杰. Tsirelson 空间及其上黎斯算子的 West 分解. 中国科学, **A26**(1996): 322 ~ 327
154 钟怀杰. Banach 空间结构研究的新进展. 吉林大学自然科学学报, **129:3**(1999): 30 ~ 36
155 钟怀杰. Davidson 和 Herrero 的一个算子分解问题. 科学通报 (英文版),**36**(1989): 614

156 钟怀杰. 空间 L_p 上的黎斯算子可 West 分解. 东北数学, **4**(1988): 282 ~ 287

157 陈剑岚, 钟怀杰. 关于超投影空间与严格余奇异算子. 福建师范大学学报, **13:4**(1997): 19 ~ 21

158 Harte R. Invertibility and Singularity for Bounded Linear Operators. New York: Dekker, 1988

159 Laurie C. and Radjavi H. On the West decomposition of Riesz operators. Bull. London MS. **18**(1986): 130 ~ 132

160 钟怀杰. 关于黎斯算子 West 分解的条件. 福建师范大学学报, **3**(1987): 12 ~ 18

161 吴文俊. 世界著名数学家传记. 北京: 科学出版社, 1995

162 Gasparis I. A Continuum of totally incomparable hereditarily indecomposable Banach spaces. Studia Math. **151:3**(2002): 277 ~ 298

163 Argyros S.A. and Felouzis V. Interpolating hereditarily indecomposable Banach spaces. J. Amer. Math. Soc, **13**(2000): 243 ~ 294

164 Odell E. On subspaces, asymptotic structure, and distortion of Banach spaces. in Analysin and Logic(Edited by Finet C. and Michaux C.),(London M.S. LNS. 262),Cambridge Univ. Press. 2003

165 Bessaga C. and Pelczynski A. Generalization of results of James concerning absolute bases in Banach spaces. Studia Math. **17**(1958): 165 ~ 174

166 James R.C. Bases and reflexirity of Banach spaces. Ann. of Math. **52** (1950): 518 ~ 527

167 Tsirelson B.S. Not every Banach spaces contains l_p or c_0. Funct. Anal. Appl, **8**(1974): 138 ~ 141

168 Dvoretzky A. A theorem on convex bodies and applications to Banach spaces. Proc. Nat Acad. Sci (USA), **45**(1959): 223 ~ 226

169 Milman V.D. Thirty years of the local theory of Banach spaces. 1994 unpublication

170 Bessaga C. and Pelczynski A. On bases and unconditional convergence of series in Banach spaces. Studia Math. **17**(1958): 151 ~ 164

171 Rosenthal H.P. Some aspects of the subspaces structure of infinite dimentional Banach spaces. Approximation Theory and Functional Analysis (C. Chui, ed). Academic Press, New York, 1991. 151 ~ 176

172 Schlumprecht T. An arbitrarily distirtable Banach space. Israel J. Math. **39**(1991): 81 ~ 95

173 Maurey B. A remark about distortion problem. GAFAO. T. 77, B: Khouser Basel, 1995. 131 ~ 142

174 Maurey B. and Rosenthal H.P. Normalized weakly null sequence with no unconditional subsequence. Studia Math. **61**(1977): 77 ~ 98

175 Lindenstrauss J. On complemented subspaces of m. Israel J. Math. **9** (1971): 279 ~ 284

176 程立新, 钟怀杰. 关于 Banach 空间的分解性质 (待发表)

177 Ferenczi V. Operators on subspaces of hereditarily indecomposable Banach spaces. Bull London. MS. **29**(1997): 338 ~ 344

178 Ferenczi V. Hereditarily finitely decomposable Banach spaces. Studia Math. **123**(1997): 135 ~ 149

179 Ferenczi V. Quotient hereditarily indecomposable Banach spaces. Canad. J. Math. **51** (1999): 566 ~ 581

180 Zhong Huaijie. A theorem for generalized extension of operators and some applications. Northeastern Math. J, **17:4**(2001): 469 ~ 475

181 Singer I. Bases in Banach Spaces, I. Springer-Verlag, 1970

182 Argyros S.A. and Gasparis I. Unconditional structures of weakly null sequences. TAMS. **353** (2001): 2019 ~ 2058

183 Argyros S.A. and Manoussakis A. An indecomposable and unconditional saturated Banach space. Studia Math. **159:1**(2003): 1 ~ 32

184 Ferenczi V. A uniformly convex hereditarily indecomposable Banach spaces. Israel J Math. **102**(1997): 199 ~ 205

185 Cheng Lixin, Zhong Huaijie. On hereditarily indecomposable Banach spaces. Acta Math. Sinica. to appear

186 Argyros S.A. and Tolias A. Methods in the theory of hereditarily indecomposable Banach spaces. Memoirs AMS. Memo 170/186(2004)

187 Wark H.M. A non-separable reflexive Banach space on which there are few operator. J. London Math. Soc. **64:2**(2001): 675 ~ 689

188 Argyros S.A. and Deliyanni. Examples of asymptotic l_1 Banach spaces. TAMS. **349:3** (1997): 973 ~ 995

189 Maurey B. , Milman V.D. and T-J. N. Asymptotic infinite-dimensional theory of Banach spaces. in: Oper. Theory: Adv. Appl. 77, Birkhauser, 1994, 149 ~ 175

190 Habala P. A Banach space all of whose subspaces fail the Gordon-Lewis property. Math. Annalen, **310**(1998): 197 ~ 219

191 Argyros S.A. On separable Banach spaces,universal for all separable reflexive H.I. Spaces. PAMS. **129:11**(2001): 3231 ~ 3239

192 钟怀杰. Banach 空间结构理论的重大进展. 数学进展, **29:1**(2000): 1 ~ 18

193 T-J. N. Banach spaces of type p have arbitrarily distortable subspaces. GAFA, **6:1**(1996): 1075 ~ 1082

194 林鸿钊, 张云南. 关于线性空间的超平面. 福建师范大学学报, **20:2**(2004): 8 ~ 14

195 Kalton N.J. and Peck T. Twisted sums of sequence space and the three space problem. Trans. AMS. **255**(1979): 1 ~ 30

196 Gowers W.T. A solution to Banach's hyperplane problem. Bull. LMS. **26**(1994): 523 ~ 530

197 Figiel T. An example of infinite dimensional reflexive Banach space non-isomorphic to its cartesion square. Studia Math. **42**(1972): 295 ~ 306

198 Laustsen N.J. Divisibility in the K_0-Group of the algebra of operators on a Banach space. K-Theory, **22**(2001): 241 ~ 249

199 Gowers W.T. A solution to the Schroeder-Bernstein problem for Banach spaces. Bull. London. MS. **28**(1996): 197 ~ 304

200 Gowers W.T. and Maurey B. Banach spaces with small spaces of operators. Math. Ann. **307** (1997): 543 ~ 568

201 Gowers W.T. A Banach space not containing c_0, l_1, or a reflexive subspace. Tran. Amer. MS. **344**(1994): 407 ~ 520

202 Casazza P.G. Some questions arising from the homogeneous Banach space problem. Contemp. Math. **144**(1993): 35 ~ 52

203 Fonf V.P. Boundedly complete basic sequences, c_0-subspaces, and injections of Banach spaces. Israel J. Math. **89**(1995): 173 ~ 188

204 Komorowski R.A. and Tomczak-Jegermann N. Banach spaces without local unconditional structure. Israel J. Math. **89**(1995): 205 ~ 226

205 Gowers W.T. A new dichotomy for Banach spaces. Geome. Funct. Anal. **6**(1996): 1083 ~ 1093

206 Gonzalez M. and Herrera J.M. Operators on quotient indecomposable spaces. Publ. Math. Debrecen, **59:3**(2001): 271 ~ 288

207 Gonzalez M. and Herrera J.M. Finitely decomposalbe Banach spaces and the three-space property. Archivder Math. **80**(2003): 647 ~ 657

208 Gonzalez M. and Herrera J.M. Calkin algebras for Banach spaces with finitely decomposable quotients. Studia Math. **157:3**(2003): 279 ~ 293

209 钟怀杰. Gowers-Maurey 空间及其共轭空间. 科学通报, **42:1**(1997)(英文版): 14 ~ 16

210 钟怀杰. 关于 Banach 空间的遗传不可分解性质和商遗传不能合成性质. 数学物理学报, **17**(1997): 274 ~ 279

211 Bor-luh· Lin, et al. Bibasic sequences and norming basic sequences. Tran AMS. **13**(1973): 89 ~ 95

212 Singer I. On pseudo-complemented subspaces of Banach spaces. J. Func. Anwl. **176**(1973): 223 ~ 232

213 钟怀杰, 陈剑岚. 关于 G-M 型 Banach 空间. 福建师范大学学报, **18:3**(2002): 1 ~ 6

214 胡适耕. 泛函分析. 北京: 高等教育出版社 -Springer 出版社, 2001

215 Maurey B. Banach spaces with few operators. Handbook of the Geometry of Banach Space Vol.2. Amsterdam: North-Holland, 2003

216 Laustsen N.J. K-Theory for algebras of operators on Banach spaces. J. London Math. Soc, **59:2**(1999): 715 ~ 728

217 Zsak A. A Banach space whose operator algebra has K_0-group Q. Proc. London Math. soc, **84:3**(2002): 747 ~ 768

218 Wegge-Olsen N.E. K-Theory and C^*-algebras. Oxford Sci Pub, 1993

219 Blackadar B. K-Theory for Operator Algebras. New York: Springer-Verlag, 1986

220 Cuntz J. K-Theory for certain C^*-algebras. Annals of Math. **113**(1981): 181 ~ 197

221 Saksman E. and Tylli H-O. Compact and inessential perturbations of operators with closed range. Integr. Equat. Oper. theory **17**(1993): 404 ~ 416

222 江泽坚, 邹承祖. 关于谱型算子. 长春: 吉林大学自然科学学报, **1**(1964): 65 ~ 75

223 邹承祖. 线性算子的谱分解理论. 长春: 吉林大学出版社, 1987

224 Odell E. Applications of Ramsey theorems to Banach space theory. in: Notes in Banach spaces, H.E. Lacey (ed.), Univ. Texas Press, 1980. 379 ~ 404

225 钟怀杰, 陈剑岚. 关于 Banach 空间最小系的扩充. 数学学报, **47:1**(2004): 35 ~ 40

226 Diestel J. , Jarchow H. and Tonge A. Absolutely summing operators. Cambridge Stud. Adv. Math. 43 Cambridge 1995

227 陈东阳, 钟怀杰. 本性不可比的 Banach 空间. 应用泛函分析学报 **2:3**(2001): 261 ~ 265

228 Weis L. Perturbation classes of semi-Fredholm operators. Math. Z. **178** (1981): 429 ~ 442

229 Gasparis I. Strictly singular non-compact operators on hereditarily indecomposable Banach spaces. PAMS. **131:4**(2002): 1181 ~ 1189

230 Androulakis G. and Schlumprecht Th. Strictly singular, non-compact operators exist on the space of Gowers and Maurey. J. London MS. **64:2**(2001): 655 ~ 674

231 Read C.J. Strictly singular operators and the invariant subspace problem. Studia Math. **132:3** (1999): 203 ~ 226

232 Gowers W.T. An infinite Ramsey theorem and some Banach space dichotomies. Annals of Math. **156:2**(2002): 797 ~ 833

233 Odell E. On quotients of Banach spaces having shrinking unconditional bases. Illinois J. Math. **36**(1992): 681 ~ 695

234 Rabiger F. and Ricker W.J. c_0-groups and c_0-semigroups of linear operators on hereditarily indecomposable Banach spaces. Arch. Math. **66**(1996): 60 ~ 70

235 Rabiger F. and Ricker W.J. c_0-semigroups and cosince families of linear operators in hereditarily indecomposable Banach spaces. Acta Sci. Math. **64**(1998): 697 ~ 706

236 Ricker W.T. Well-bounded operators of type(B) in H.I. spaces. Acta Sci. Math (Szeged), **59**(1994): 475 ~ 488

237 Gowers W.T. On the indecomposable Banach spaces. Acta Comment. Univ. Tartu. Math. **5**(2001): 89 ~ 105

238 Matia P.A. On a certain property of hereditarily indecomposable Banach spaces. Univ. Iagel. Acta Math. **38**(2000): 283 ~ 288

239 Rabiger F. and Richer W.J. Aspects of operator theory in hereditarily indecomposable Banach spaces. Rend. sem. Math. Fis. Milano, **67**(1997): 139 ~ 149(2000)

240 钟怀杰, 陈东晓, 陈剑岚. 某些 G-M 型 Banach 空间及其上算子代数的 K 群. 中国科学, **33:4**(2003): 338 ~ 353(英文版 **47:3**(2004):372 ~ 392)

241 Qingping Cheng and Doust I. Compact well-bounded operators. Glasgow Math.**434**(2001): 467 ~ 475

242 Rordam M., Larsen F. and Laustsen N. An Introduction to K-Theory for C^*-Algebras. Cambridge Univ.Press,2000

243 Kadison R.V. and Ringrose J.R. Fundamentals of the theory of operator algebras.London: Academic Press,1986

244 Murphy G.J. C^*-algebras and operator theory. London:Academic Press,1990.

245 Pedersen G.K. C^*-algebras and their automorphism groups.London: Academic Press,1979.

246 蒋春澜. 强不可约算子与算子结构. 在中国数学会第九次全国代表大会暨学术年会上的报告 (武汉).2003. 10

247 Su Weigang,Zhong Huaijie.On Gowers-Maurey type Banach spaces. Functional Space Theory and its Applications(International Conference,Wuhan. 2003).United Kingdom:Research Information,2004,243 ~ 247

248 张云南，林丽琼．关于几种单调基与超平面的好可补性．福建师范大学学报， **20:2**(2004):15 ~ 20

249 林丽琼，林鸿钊．关于投影算子的等价关系．福建师范大学学报， **20 : 2**(2004):21 ~ 26

250 江樵芬，钟怀杰．关于 Grothendieck 空间的某些注记 (待发表)

251 陈晓玲，钟怀杰．关于凸性模的若干应用 (待发表)

252 钟怀杰．可补子空间的一个定理．福建师范大学学报， **4:1**(1988):6 ~ 10

253 钟怀杰． Banach 空间投影算子收敛序列及其应用．福建师范大学学报， **6:3**(1990):8 ~ 16

254 钟怀杰．空间的几种次投影性质及其局部化．福建师范大学学报， **8:3**(1992):13 ~ 18

255 钟怀杰．算子级数的无条件收敛．数学研究与评论， **13:1**(1993):143 ~ 146

256 钟怀杰．关于非平凡的黎斯算子．福建师范大学学报， **9:3**(1993):10 ~ 14

257 Zhong Huaijie. A note on rearrangements of series in Banach spaces. J.Math Study.**27:1** (1994):205 ~ 208

258 钟怀杰．级数性质与空间无限维特征．福建师范大学学报， **10:3**(1994):23 ~ 29

259 钟怀杰．空间 l_∞ 上的算子理想．数学杂志， **15:3**(1995):315 ~ 318

260 钟怀杰，程立新．关于 G-M 成果研究的若干新动态 I(G-M 型空间若干品种)．应用泛函分析学报， **4:1**(2002):60 ~ 68

261 钟怀杰，程立新．关于 G-M 成果研究的若干新动态 II(与 G-M 型空间相关的算子)．应用泛函分析学报，**5:3**(2003):240 ~ 248

262 Su Weigang,Zhong Huaijie. The West decomposition of operators and other compact perturbation problems.Acta Math.Sinica,2005 to appear

263 钟怀杰．黎斯算子的 West 分解及有关问题 (吉林大学博士学位论文).1999

《现代数学基础丛书》已出版书目

1 数理逻辑基础(上册) 1981.1 胡世华 陆钟万 著
2 数理逻辑基础(下册) 1982.8 胡世华 陆钟万 著
3 紧黎曼曲面引论 1981.3 伍鸿熙 吕以辇 陈志华 著
4 组合论(上册) 1981.10 柯 召 魏万迪 著
5 组合论(下册) 1987.12 魏万迪 著
6 数理统计引论 1981.11 陈希孺 著
7 多元统计分析引论 1982.6 张尧庭 方开泰 著
8 有限群构造(上册) 1982.11 张远达 著
9 有限群构造(下册) 1982.12 张远达 著
10 测度论基础 1983.9 朱成熹 著
11 分析概率论 1984.4 胡迪鹤 著
12 微分方程定性理论 1985.5 张芷芬 丁同仁 黄文灶 董镇喜 著
13 傅里叶积分算子理论及其应用 1985.9 仇庆久 陈恕行 是嘉鸿 刘景麟 蒋鲁敏 编
14 辛几何引论 1986.3 J.柯歇尔 邹异明 著
15 概率论基础和随机过程 1986.6 王寿仁 编著
16 算子代数 1986.6 李炳仁 著
17 线性偏微分算子引论(上册) 1986.8 齐民友 编著
18 线性偏微分算子引论(下册) 1992.1 齐民友 徐超江 编著
19 实用微分几何引论 1986.11 苏步青 华宣积 忻元龙 著
20 微分动力系统原理 1987.2 张筑生 著
21 线性代数群表示导论(上册) 1987.2 曹锡华 王建磐 著
22 模型论基础 1987.8 王世强 著
23 递归论 1987.11 莫绍揆 著
24 拟共形映射及其在黎曼曲面论中的应用 1988.1 李 忠 著
25 代数体函数与常微分方程 1988.2 何育赞 萧修治 著
26 同调代数 1988.2 周伯壎 著
27 近代调和分析方法及其应用 1988.6 韩永生 著
28 带有时滞的动力系统的稳定性 1989.10 秦元勋 刘永清 王 联 郑祖庥 著
29 代数拓扑与示性类 1989.11 [丹麦] I. 马德森 著
30 非线性发展方程 1989.12 李大潜 陈韵梅 著

31　仿微分算子引论　1990.2　陈恕行　仇庆久　李成章　编
32　公理集合论导引　1991.1　张锦文　著
33　解析数论基础　1991.2　潘承洞　潘承彪　著
34　二阶椭圆型方程与椭圆型方程组　1991.4　陈亚浙　吴兰成　著
35　黎曼曲面　1991.4　吕以辇　张学莲　著
36　复变函数逼近论　1992.3　沈燮昌　著
37　Banach 代数　1992.11　李炳仁　著
38　随机点过程及其应用　1992.12　邓永录　梁之舜　著
39　丢番图逼近引论　1993.4　朱尧辰　王连祥　著
40　线性整数规划的数学基础　1995.2　马仲蕃　著
41　单复变函数论中的几个论题　1995.8　庄圻泰　杨重骏　何育赞　闻国椿　著
42　复解析动力系统　1995.10　吕以辇　著
43　组合矩阵论(第二版)　2005.1　柳柏濂　著
44　Banach 空间中的非线性逼近理论　1997.5　徐士英　李　冲　杨文善　著
45　实分析导论　1998.2　丁传松　李秉彝　布　伦　著
46　对称性分岔理论基础　1998.3　唐　云　著
47　Gel'fond-Baker 方法在丢番图方程中的应用　1998.10　乐茂华　著
48　随机模型的密度演化方法　1999.6　史定华　著
49　非线性偏微分复方程　1999.6　闻国椿　著
50　复合算子理论　1999.8　徐宪民　著
51　离散鞅及其应用　1999.9　史及民　编著
52　惯性流形与近似惯性流形　2000.1　戴正德　郭柏灵　著
53　数学规划导论　2000.6　徐增堃　著
54　拓扑空间中的反例　2000.6　汪　林　杨富春　编著
55　序半群引论　2001.1　谢祥云　著
56　动力系统的定性与分支理论　2001.2　罗定军　张　祥　董梅芳　著
57　随机分析学基础(第二版)　2001.3　黄志远　著
58　非线性动力系统分析引论　2001.9　盛昭瀚　马军海　著
59　高斯过程的样本轨道性质　2001.11　林正炎　陆传荣　张立新　著
60　光滑映射的奇点理论　2002.1　李养成　著
61　动力系统的周期解与分支理论　2002.4　韩茂安　著
62　神经动力学模型方法和应用　2002.4　阮　炯　顾凡及　蔡志杰　编著
63　同调论——代数拓扑之一　2002.7　沈信耀　著
64　金兹堡-朗道方程　2002.8　郭柏灵　黄海洋　蒋慕容　著

65　排队论基础　2002.10　孙荣恒　李建平　著
66　算子代数上线性映射引论　2002.12　侯晋川　崔建莲　著
67　微分方法中的变分方法　2003.2　陆文端　著
68　周期小波及其应用　2003.3　彭思龙　李登峰　谌秋辉　著
69　集值分析　2003.8　李　雷　吴从炘　著
70　强偏差定理与分析方法　2003.8　刘　文　著
71　椭圆与抛物型方程引论　2003.9　伍卓群　尹景学　王春朋　著
72　有限典型群子空间轨道生成的格(第二版)　2003.10　万哲先　霍元极　著
73　调和分析及其在偏微分方程中的应用(第二版)　2004.3　苗长兴　著
74　稳定性和单纯性理论　2004.6　史念东　著
75　发展方程数值计算方法　2004.6　黄明游　编著
76　传染病动力学的数学建模与研究　2004.8　马知恩　周义仓　王稳地　靳　祯　著
77　模李超代数　2004.9　张永正　刘文德　著
78　巴拿赫空间中算子广义逆理论及其应用　2005.1　王玉文　著
79　巴拿赫空间结构和算子理想　2005.3　钟怀杰　著
80　脉冲微分系统引论　2005.3　傅希林　闫宝强　刘衍胜　著
81　代数学中的 Frobenius 结构　2005.7　汪明义　著
82　生存数据统计分析　2005.12　王启华　著
83　数理逻辑引论与归结原理(第二版)　2006.3　王国俊　著
84　数据包络分析　2006.3　魏权龄　著
85　代数群引论　2006.9　黎景辉　陈志杰　赵春来　著
86　矩阵结合方案　2006.9　王仰贤　霍元极　麻常利　著
87　椭圆曲线公钥密码导引　2006.10　祝跃飞　张亚娟　著
88　椭圆与超椭圆曲线公钥密码的理论与实现　2006.12　王学理　裴定一　著
89　散乱数据拟合的模型、方法和理论　2007.1　吴宗敏　著
90　非线性演化方程的稳定性与分歧　2007.4　马　天　汪宁宏　著
91　正规族理论及其应用　2007.4　顾永兴　庞学诚　方明亮　著
92　组合网络理论　2007.5　徐俊明　著
93　矩阵的半张量积:理论与应用　2007.5　程代展　齐洪胜　著
94　鞅与 Banach 空间几何学　2007.5　刘培德　著
95　非线性常微分方程边值问题　2007.6　葛渭高　著
96　戴维-斯特瓦尔松方程　2007.5　戴正德　蒋慕蓉　李栋龙　著
97　广义哈密顿系统理论及其应用　2007.7　李继彬　赵晓华　刘正荣　著
98　Adams 谱序列和球面稳定同伦群　2007.7　林金坤　著

99 矩阵理论及其应用 2007.8 陈公宁 编著
100 集值随机过程引论 2007.8 张文修 李寿梅 汪振鹏 高 勇 著
101 偏微分方程的调和分析方法 2008.1 苗长兴 张 波 著
102 拓扑动力系统概论 2008.1 叶向东 黄 文 邵 松 著
103 线性微分方程的非线性扰动(第二版) 2008.3 徐登洲 马如云 著
104 数组合地图论(第二版) 2008.3 刘彦佩 著
105 半群的 S-系理论(第二版) 2008.3 刘仲奎 乔虎生 著
106 巴拿赫空间引论(第二版) 2008.4 定光桂 著
107 拓扑空间论(第二版) 2008.4 高国士 著
108 非经典数理逻辑与近似推理(第二版) 2008.5 王国俊 著
109 非参数蒙特卡罗检验及其应用 2008.8 朱力行 许王莉 著
110 Camassa-Holm 方程 2008.8 郭柏灵 田立新 杨灵娥 殷朝阳 著
111 环与代数(第二版) 2009.1 刘绍学 郭晋云 朱 彬 韩 阳 著
112 泛函微分方程的相空间理论及应用 2009.4 王 克 范 猛 著
113 概率论基础(第二版) 2009.8 严士健 王隽骧 刘秀芳 著
114 自相似集的结构 2010.1 周作领 瞿成勤 朱智伟 著
115 现代统计研究基础 2010.3 王启华 史宁中 耿 直 主编
116 图的可嵌入性理论(第二版) 2010.3 刘彦佩 著
117 非线性波动方程的现代方法(第二版) 2010.4 苗长兴 著
118 算子代数与非交换 L_p 空间引论 2010.5 许全华 吐尔德别克 陈泽乾 著
119 非线性椭圆型方程 2010.7 王明新 著
120 流形拓扑学 2010.8 马 天 著
121 局部域上的调和分析与分形分析及其应用 2011.4 苏维宜 著
122 Zakharov 方程及其孤立波解 2011.6 郭柏灵 甘在会 张景军 著
123 反应扩散方程引论(第二版) 2011.9 叶其孝 李正元 王明新 吴雅萍 著
124 代数模型论引论 2011.10 史念东 著
125 拓扑动力系统——从拓扑方法到遍历理论方法 2011.12 周作领 尹建东 许绍元 著
126 Littlewood-Paley 理论及其在流体动力学方程中的应用 2012.3 苗长兴 吴家宏 章志飞 著
127 有约束条件的统计推断及其应用 2012.3 王金德 著
128 混沌、Mel'nikov 方法及新发展 2012.6 李继彬 陈凤娟 著
129 现代统计模型 2012.6 薛留根 著
130 金融数学引论 2012.7 严加安 著
131 零过多数据的统计分析及其应用 2013.1 解锋昌 韦博成 林金官 著

132　分形分析引论　2013.6　胡家信　著
133　索伯列夫空间导论　2013.8　陈国旺　编著
134　广义估计方程估计方程　2013.8　周　勇　著
135　统计质量控制图理论与方法　2013.8　王兆军　邹长亮　李忠华　著
136　有限群初步　2014.1　徐明曜　著
137　拓扑群引论(第二版)　2014.3　黎景辉　冯绪宁　著
138　现代非参数统计　2015.1　薛留根　著